RICHARD M. LANGWORTH · JAMES R. FLAMMANG

AMERIKANISCHE AUTOMOBILE DER 60ER JAHRE

HEEL

Impressum

HEEL-Verlag GmbH
Hauptstraße 354
53639 Königswinter
Tel. 0 22 23 / 2 30 27
Fax 0 22 23 / 2 30 28

Übersetzung: Luis Fernandes, Bestwig
Satz (Fremddatenübernahme): Fotosatz Hoffmann, Hennef

Printed in Slovenija

ISBN 3-89365-313-9

Autoren
James R. Flammang
Richard M. Langworth
Chris Poole

Fotos
Unser Dank gilt den Fotografen, die am Zustandekommen dieses Buches maßgeblich beteiligt waren. Sie sind nachfolgend mit den Seitenangaben ihrer Fotos aufgeführt:

Nicky Wright; 6, 7, 14, 15, 17, 32, 33, 41, 44, 45, 54, 58, 59, 94, 119, 131, 135, 136, 137, 154, 155, 172, 173, 174, 175, 182, 183, 186, 189, 190, 192, 218, 219, 231, 251, 262, 267, 302, 303 **Milton Gene Kieft;** 8, 34, 35, 52, 53, 75, 81, 90, 123, 129, 133, 140, 226, 227, 241, 260, 261, 263, 279 **Sam Griffith;** 18, 21, 60, 61, 75, 96, 97, 131, 170, 171, 180, 187, 188, 201, 236, 237, 271, 272, 275 **Doug Mitchel;** 20, 24, 26, 27, 28, 29, 33, 42, 50, 51, 55, 56, 57, 59, 65, 76, 79, 86, 87, 88, 89, 104, 105, 117, 135, 144, 145, 148, 149, 153, 159, 161, 168, 169, 180, 181, 187, 193, 204, 210, 211, 224, 225, 232, 233, 240, 241, 250, 252, 253, 254, 256, 260, 264, 265, 266, 269, 276, 277, 278, 280, 281, 288, 289, 294, 295, 305, 311 **Mark Garcia;** 22, 23 **Vince Manocchi;** 23, 62, 63, 65, 66, 68, 69, 74, 76, 77, 80, 82, 83, 86, 87, 100, 101, 102, 103, 108, 109, 113, 126, 132, 146, 147, 163, 189, 209, 221, 255 **Lisa Orrison, Buick Public Relations;** 30, 32, 34, 36, 37, 38, 40, 43, 44, 45, 47, 48 **Mike Mueller;** 30, 31, 37, 46, 47, 49, 85, 90, 91, 111, 116, 128, 130, 153, 166, 177, 179, 194, 195, 198, 199, 212, 276, 277, 288, 289, 298, 299, 300, 301 **David Gooley;** 35, 312 **Scott Baxter;** 39, 40, 72, 73 **Ken Beebe / Kugler Studio;** 46, 84, 118, 156, 157 **Jerry Heasley;** 49, 60, 164, 165, 205, 290, 291 **Dan Lyons;** 54, 55, 99, 124, 125, 138, 139, 151, 152, 153, 155, 166, 196, 197, 202, 203, 242, 244, 245, 273 **Bud Juneau;** 56, 57, 70, 71, 81, 88, 91, 110, 111, 141, 150, 151, 160, 162, 167, 208, 209, 213, 215, 234, 235, 282, 283, 307, 313 **Larry A. Paule;** 59 **Colin Peck;** 63 **Orazio Aiello;** 64, 78 **Richard Spiegelman;** 67, 178, 179, 184, 185, 304, 308, 309, 314, 315, 316, 317 **Kari St. Antoine, Chevrolet Public Relations;** 79, 92 **Jim Smart;** 84, 227, 230, 243 **Rob van Schaick;** 92, 93, 132, 191 **Terry Boyce;** 98, 242, 243, 245 **Bob Tenney;** 106, 107 **David Talbot;** 109, 123 **Chrysler Historical Collection;** 112, 117, 118, 120, 121, 122, 126, 131, 182,

185, 244, 247, 259, 263 **S. Scott Hutchinson;** 114, 115 **Thomas Glatch;** 134, 140, 141, 159, 165, 220, 221, 285, 286, 287 **Alice Preston, Brooks Stevens Automotive Museum, Mequon, Wisconsin;** 142, 143 **Ford Photographic Service;** 149, 161, 171, 190, 194, 209, 214, 216, 300 **Andre VanDePutte;** 176 **John Collier;** 189 **Gary D. Smith;** 200, 201 **Robert Sorgatz;** 206, 207 **Jeff Medves;** 210 **Mitchell Dannenberg;** 216, 217 **Helen J. Early, Oldsmobile History Center;** 222, 223, 224, 227, 228, 229, 231, 238, 239 **Joseph J. Bohovic;** 248, 249, 256, 257 **Alan Hewko;** 257 **Scott Brandt;** 268, 269 **Gene's Studio;** 270 **Abey Studio;** 274 **Mitch Frumkin;** 274 **Rick Asher, Pontiac Photo Archives;** 274, 276, 280, 284, 292, 293 **Alex Gabbard;** 290 **Joseph H. Wherry;** 310, 311 **Zoom Photos;** 312

Die Fahrzeugbesitzer
Natürlich gilt unser Dank auch den Besitzern der in diesem Buch abgebildeten Fahrzeuge für ihre tätige Unterstützung. Die Fahrzeugbesitzer sind nachfolgend mit den Seitenangaben ihrer Fahrzeuge aufgeführt:

Michele King; 6, 7 **Frank Wrenick;** 8 **Ken Carmack;** 14 **Ken Havekdst;** 14, 15 **Lee Pontius;** 17 **James and Robert Lojewski;** 18 **Paul Gallo;** 20 **James Lojewski;** 21 **Samuel and Wanda Roth;** 22, 23 **John L. Maciejewski;** 23 **Rick Shick;** 26, 27 **Larry E. Driscoll;** 28, 29 **John Wacha;** 30 **Russel and Shirley Dawson;** 30, 31 **Rex Harris;** 32, 33 **Nick Schafsnitz;** 33 **Les Raye;** 34, 35 **Junior Markin;** 37 **Sue and Horace Mennella;** 39 **Sue and Sally Kuss;** 40 **Ted West;** 41 **Larry Simex;** 42 **Barney Smith;** 44, 45 **Dennis M. Phipps;** 46, 47 **Larry Miller;** 46 **Dan Curry;** 49 **M & W Gutowski;** 49 **James Rudnick;** 50, 51 **Christine and Robert Waldock;** 52, 53 **Ed Oberhaus;** 54, 58, 59 **Dean Stansfield;** 54, 55 **John Gaylord;** 55 **Pete Bose;** 56 **Robert Hallada;** 56, 57 **Sid Slayton;** 59 **Larry A. Paule;** 59 **Bill Woodman;** 60 **Paul S. Bellino;** 60 **Eugene Fattore;** 61 **Alfred L. Olson;** 62, 63 **William Douwsma;** 64 **Terry Lucas;** 65 **John T. Finster;** 66, 86 **Chip Werstein;** 68, 69 **Thomas Crockatt;** 69 **Don Maich;** 70, 71 **Chuck Swafford;** 70, 71 **Jack Gratzianna;** 72, 73 **Douglas and Bev Finch;** 74 **Herbert Zinn;** 75 **David Dawes;** 75 **William R. Beutel;** 76 **Les Huckins;** 76 **John and Jeanne Finster;** 77 **Gregory Alan Bruns;** 78 **Howard L. Baker;** 81 **Scott Maze;** 81 **Allen Cummins;** 83 **Bill Kuntz;** 84 **Frank Spittle;** 84, 118, 156, 157 **Mr. and Mrs. Richard D. Miller;** 85 **Burt and Lynda Neuner;** 86 **Earl F. Hansen;** 87 **David A. Ulrich;** 87 **Ernest Gigliotti;** 88 **Ramshead Auto Collection;** 88 **Mike D'Amico;** 88, 89 **Paul McGuire;** 90, 91 **Donald R. Crile;** 90 **Charley Lillard;** 91 **Greg G. Grams, Volo Museum, Volo, IL;** 92, 93, 132, 191 **„T“ and Ed DeCamp;** 94 **Kenneth J. Patt, M.D.;** 96, 97 **William Korbel;** 99 **Richard Carpenter;** 100, 101, 102, 103 **Lou Schultz;** 104, 105 **Duane and Carol Silvius;** 105 **Bryan McGilvray;** 106, 107 **Alois Peter Warren II;** 109 **Specialty Sales;** 110, 111 **Larri Stumpf;** 113 **Paul Garlick;** 114, 115 **Patti and J.R. Buxman;** 116 **Larry Rohde;** 117 **Jim Donaldson;** 119 **Scott Brubaker;** 123 **Larry Barnett;** 123 **Ray Banuls;** 124, 125 **Manny Montgomery;** 126, 127 **Tony and Suzanne George;** 128 **William E. Wetherholt;** 129 **Mike Marra;** 130 **Dennis Guest;** 131 **Robert Fraser;** 131 **Eric D. Rosynek;** 132 **Gary R. Thalman;** 133 **Jeffrey Baker;** 134 **Al Fraser;** 135 **Mark Hansen;** 135 **Larry Bell;** 136, 137 **Jack Bart;** 138, 139 **Charlie Wells;** 140 **David Hooten;** 140, 141, 165 **Mike Cowles;** 141 **George Holterman;** 145 **Jack and Holly Stewart;** 146 **Barbara Walker Cadena;** 147 **Claud E. Daniel, Jr.;** 148, 149 **Howard A. Moore;** 150, 151 **Arnie Addison;** 150, 151 **Dick Kainer;** 152 **Kenneth and Linda Coleman;** 153 **Richard Monaco;** 153 **Daniel Mitchell;** 154, 155 **Vic and Cathy Falcone;** 155 **Jerry Butak;** 159 **Christopher M. Krueger;** 159 **Quentin Bacon;** 160 **George Lyons;** 161 **Alice Greunke;** 163 **Ed and Debbie Werder;** 166 **Edward J. Wey;** 166 **Jerry Gibino;** 167 **Robert and Mary Lu Secondi;** 168, 169 **Ed Putz;** 170, 171 **Chris Dawalt;** 172 **Biff and Donna Hitzeman;** 172 **Tom Haase;** 172, 173 **Gary Parttee;** 174, 175 **Glenn Moist;** 176 **Robert Kurtz;** 177 **Jack Shrum;** 178, 179 **Lawrence Pavia;** 180 **Joseph Pieroni;** 180, 181 **Allan S. Murray;** 182, 183 **Blaine Jenkins;** 186 **Col. J.L. Sanders;** 187 **Andy Hotton;** 187 **Frank J. Monhart III;** 187, 188 **Patricia and Rexford Parker;** 189 **Sherman Williams;** 189 **Christine's Classic Continentals, St. Petersburg, FL;** 189 **Vince and Norma Rhodes;** 190 **Donald C. McCallum;** 192 **A. Boyd Anderson;** 193 **Donald F. and Chris Dunn;** 194, 195 **Mark E. Figliozzi;** 196, 197 **Joseph Barrera;** 200, 201 **Bob Sejnost;** 201 **Michael Tesauro, Jr.;** 202, 203 **Bob Bychowski;** 204 **Jim Labertew/RPM Motors, Scottsdale, AZ;** 206, 207 **Jack Karleskind;** 208, 209, 213, 215 **Joe Burke;** 209 **William Peterson;** 210 **John Cook;** 210 **Ron Voyles;** 211 **Carl J. Beck;** 212 **Hal Kemp;** 216, 217 **George Kling;** 218, 219 **Henry Isaksen;** 220, 221 **Jim Davidson;** 221 **Dennis Urban;** 226, 227 **James and Mary Engle;** 231 **Ken Nelson;** 232, 233 **Michael Morocco;** 234 **Scott Campbell;** 234, 235 **Doug and Judy Badgley;** 236 **Robert Klein;** 237 **David and Norma Wasilewski;** 240, 241 **Jack Driesenga;** 241 **Ron and Kate Hanaway;** 242, 243, 245 **Don McLennan;** 242, 244, 245 **Charles P. Geissler;** 248, 249 **Walter Schenk;** 249 **William W. Kramer;** 252, 253 **Jeff and Trish Holmes;** 254 **Harry and Virginia DeMenge;** 255 **Dave Bartholomew;** 256, 257 **Mary Lee Cipriano;** 257 **Steve Maysonet;** 288, 289 **Rodney Brumbaugh;** 294, 295 **David L. Robb;** 298, 299 **Keith Hazley;** 300, 301 **Stephen Schonegg;** 302, 303 **Rudy and Bonnie Patane;** 304 **Janet Carter Wright;** 304 **M.J. Shelton;** 305 **Bob Patrick;** 307 **Doug Anderson;** 308 **Stephen Gottfried;** 308 **Robert Thorton;** 308, 309 **Doug Moysuik;** 309 **Ronald A. Smith;** 310 **Harold Von Brocken;** 312 **Tom Griffith;** 313 **Don Ross;** 314 **Mel Quirk;** 314, 315 **Mr. and Mrs. Ralph M. Mathiot;** 315 **Mark Ward;** 316 **Brad and Bev Taffs;** 317 **The Beechy Family;** 260, 261 **Mike Baker;** 260 **Tony Legacher;** 262 **Robert Beechy;** 263 **Carl S. Berg;** 264, 265 **Barry and Barb Bales;** 267 **Robert and Karen Christanell;** 268, 269 **Joseph Smiesko;** 269 **Melvin Lewis;** 270 **Wanda Habenicht;** 271 **Michael and Patricia Kelso;** 272 **John W. Siebel;** 273 **Alan N. Basile;** 274 **Jerry Yonker;** 274 **Richard Witek;** 275 **Joe Kelly;** 276, 277 **Autoputer, Inc.;** 276, 277 **Mike and Jim Schaudek;** 278 **Richard and Madeline Martindale;** 279 **Paul Habura;** 280, 281 **Chris Terry;** 282, 283 **Don and Linda Davis;** 282, 283 **David Snodgrass;** 285, 287 **Bill Pearson;** 285 **Si Rogers;** 286

INHALT

Vorwort

Die sechziger Jahre werden wohl in die Annalen der Automobilhistorie als das Jahrzehnt der „ponycars" und „muscle machines" eingehen. Diese Fahrzeuge stehen heutzutage zwar im Vordergrund des Sammlerinteresses, können aber nicht die Tatsache verdecken, daß sie nur ein kleiner Teil der innovativen Konzepte sind, die dieses Jahrzehnt automobiler Vielseitigkeit bestimmt haben.

Die Expansion im Produktangebot, die in den Sechzigern zu beobachten war, ging auf den Untergang vieler unabhängiger Autohersteller in den 50er Jahren und natürlich auf die Rezession zurück, die 1958 die amerikanische Wirtschaft ins Wanken brachte. Vor dieser Wende konnte man einfach unterscheiden zwischen Herstellern von Luxusautomobilen, Mittelklassewagen, Billigautos oder sparsamen Fahrzeugen; es kam selten vor, daß ein Hersteller in mehreren Sparten gleichzeitig erfolgreich war (oder es gar nur versuchte). Weniger Konkurrenten bedeutete aber in den meisten Marktbereichen auch weniger Konkurrenz, und die rezessive Lage weckte erneut das Interesse an wirtschaftlichen Fahrzeugen. Also bemühten sich die verbliebenen Hersteller, die Lücken zu füllen. Während die Nobelhersteller zu der Überzeugung gelangt waren, daß es keinen Sinn machte, durch billigere Produkte ihr hart erarbeitetes Image zu „unterwandern", hatte praktisch jeder andere Hersteller zur Dekadenmitte bereits drei (oder mehr) Modellreihen in seinem Programm.

Sparautos waren im Jahre 1960 für die Amerikaner nichts neues mehr, und ihnen hatten noch nie zuvor so viele Modelle zur Auswahl gestanden. Bis zu diesem Zeitpunkt gab es in diesem Marktsegment vorwiegend nicht ganz ernstzunehmende europäische Automarken mit fragwürdigem Image und uneinheitlichem Händlernetz, aber das änderte sich schlagartig mit der Einführung von Chevrolet Corvair, Ford Falcon und Plymouth Valiant – alles Modelle, die im gleichen Jahr debütierten. „Personal luxury cars" kannte man ja aus früheren Zeiten, nur nicht in solchen Stückzahlen. Der Studebaker Hawk, die Chrysler-300-„letter series" und der Ford Thunderbird, sie alle hatten ihren Ursprung in den 50er Jahren; Pontiac Grand Prix und Buick Riviera bereicherten jedoch das Angebot 1962/63, und der Olds Toronado, der 1966 vorgestellt wurde (den Cadillac Eldorado von 1967 im Schlepptau), brachte Amerika endlich den Frontantrieb (wieder).

In der Erinnerung vieler sind die sechziger Jahre das Jahrzehnt der „muscle cars", Coupés mittlerer Größe mit hubraumstarken Motoren. Dem Pontiac GTO von 1964 gebührt zwar die Ehre, dieses Konzept hoffähig gemacht zu haben, Automobilhistoriker aber weisen auf erste Exemplare dieser Gattung bereits in den zwanziger Jahren hin. Wie auch immer, der überwältigende Erfolg des GTO rief eine Unmenge an Konkurrenten auf den Plan, da praktisch jeder Hersteller auf den PS-Zug aufsprang. Fahrmaschinen wie der Oldsmobile 4-4-2, der Ford Torino GT und der Plymouth GTX waren die logische Konsequenz; der seltsame AMC SC/Rambler hingegen nicht.

Während die Begeisterung für die „muscle cars" Anfang der Siebziger immer mehr abebbte (oder genauer: erstickt wurde), konnte das andere automobile Vermächtnis der 60er Jahre – der „ponycar" – seine Popularität auch weiterhin behaupten. Der Ford Mustang stieß 1965 in eine bislang unberührte Marktlücke vor und hatte durchschlagenden Erfolg – eine Revolution auf dem Automobilsektor. Dieser begeisternde Emporkömmling inspirierte viele Nachahmer, und obwohl diese längst das Zeitliche gesegnet haben, überlebte das „Wildpferd" die automobilen Wirren der nachfolgenden Jahrzehnte und ist noch heute unter uns.

Obwohl viele der unabhängigen Automobilhersteller in den sechziger Jahren nicht mehr mit von der Partie waren, brachte das erweiterte Modellangebot der „Big Three" (Chrysler, Ford und General Motors) sowie AMC und Studebaker dem amerikanischen Publikum eine unüberschaubare Automobilvielfalt. Vom „ponycar" bis zum „muscle car", vom „economy car" bis zum „personal luxury car", sah sich der Kunde einem Angebot gegenüber, das in dieser Form noch nie dagewesen war. Viele der erinnerungswürdigsten Modelle finden in den Seiten diese Buches Erwähnung. Wir hoffen, daß *Amerikanische Automobile der 60er Jahre* Ihre Phantasie anregt und Ihnen Stil, Geist und Bedeutung dieser klassischen Automobile näherbringt.

1967 Mustang

OHIO
656-EDJ

1960-61
AMC / Rambler Ambassador

Der Entschluß, wohlbekannte Markennamen wie Nash und Hudson der Vergangenheit angehören zu lassen, war vielleicht nicht der geschickteste Zug von George Romney, gleichzeitig aber auch nicht von großer Wichtigkeit. Entscheidend dabei war, daß nach dem Tod von AMC-Präsident George Mason im Jahre 1954 und nachdem Romney die Führung der neu ins Leben gerufenen American Motors übernommen hatte, man darauf verzichtete, mit dem Dreigestirn der amerikanischen Automobilindustrie weiterhin gleichziehen zu wollen.

Romney setzte dabei auf den Rambler, der sich eine Marktnische bei wirtschaftlich denkenden Kunden erobert hatte. Für 1956 ging Rambler mit neuem Styling und erweiterter Modellpalette ins Rennen, und als 1958 eine unerwartete Rezession zum Umdenken zwang, war Romney der gemachte Mann: Der Markt für große Wagen brach zusammen, und er konnte sich, nicht ohne eine gewisse Schadenfreude an den Tag zu legen, an seinem überraschenden Erfolg weiden. Man mußte ihm hervorragendes Timing zugestehen. Allerorten schnellte die Nachfrage nach dem Rambler nach oben.

American Motors, die in den ersten drei Jahren seit der Firmentaufe nicht über die Produktionsmarke von 100 000 Stück hinauskamen, sahen sich plötzlich mit einer Verdoppelung ihrer Verkaufszahlen konfrontiert. Und ein Jahr später verdoppelten sie sich noch einmal. Schließlich konnte Rambler im Jahr 1960 den traditionell Dritten, Plymouth, auf die Plätze verweisen. Es war das erste Mal, daß ein „Unabhängiger" seit dem Essex im Jahr 1929 so hoch auf der Verkaufshitliste geklettert war.

Nash und Hudson als Markennamen fallenzulassen, diente nicht zur Eliminierung zweier ruhmreicher Namen, sondern war für AMC der Startpunkt für neue Marktstrategien. Trotzdem trug das Tonmodell eines großen, auf dem Rambler basierenden Wagens, namens „Ambassador" (der alte Modellname von Nash), noch bis ganz zuletzt Embleme von Nash und Hudson. Als dieses Modell dann schließlich 1958 als „Rambler Ambassador" in Produktion ging, erschien er den Nash und Hudson gegenüber nur geringfügig abgespeckt. Der Radstand verringerte sich um 115 mm und das Gewicht um einige Zentner, er behielt aber mit dem AMC-5,4-Liter-V8 einen Antrieb, der in dieser Version sogar mehr leistete als in den 57er-Modellen. Das machte ihn zwar lebendiger, gab aber nicht unbedingt zu Begeisterungsstürmen Anlaß. Die Vorstellung eines benzinschluckenden Dinosauriers lag daher sehr nahe – ein Fahrzeug, das Romney so eigentlich nicht mehr bauen wollte.

„Die ganze Sache war narrensicher", erinnerte sich Roy D. Chapin, Jr., ehemals Vorsitzender von AMC. „Wären die kleineren Wagen nicht in dem gewünschten Maße gegangen, hätten wir immer noch auf den Ambassador umschwenken und seine Palette ausbauen können. Als er vorgestellt wurde, verkauften sich die kleinen Wagen ganz gut, so daß der Ambassador mehr ein Schattendasein führte." In der Tat eine sehr treffende Bemerkung, wurden doch im ersten Modelljahr 1958 vom Ambassador im Rambler-Gewand ganze 1340 Stück verkauft.

Während AMC sich in Amerika immer mehr als der Hersteller von kompakten Fahrzeugen schlechthin erwies, gelang es dem Ambassador, sich aus seiner Außenseiterrolle zu befreien. Obwohl er noch zu unbedeutend für große Werbekampagnen war, besaß er doch genug Prestige, um zu überleben.

Die Verkaufszahlen hielten sich weiterhin in Grenzen, erreichten aber 1960 die 23 000-Marke. Das Ergebnis konnte sich für einen so relativ kleinen Hersteller wie American Motors sehen lassen, und es rechtfertigte die Position, die der Ambassador im Gesamtangebot innehatte.

Angeboten wurden drei jeweils viertürige Karosserietypen: Limousine, Hardtop-Coupé und Hardtop-Kombi, obgleich einige Kombi-Modelle als Sechs- oder Achtsitzer erhältlich waren. Es gab drei Ausstattungsstufen: Deluxe (preiswerte Ausstattung für den ausschließlichen Einsatz als Firmenfahrzeug), Super und Custom. Neun verschiedene Modellvarianten standen also zur Auswahl, unter denen einige extrem rar sind: Nur 302 Limousinen mit Deluxe-, 637 achtsitzige Kombi mit Super- und 435 Hardtop-Kombi mit Custom-Ausstattung wurden produziert. Custom-Versionen unterschieden sich vom Super nur durch geringfügig anderen Karosserie-Zierat, hatten zusätzlich eine Uhr, große Radzierblenden, schaumgepolsterte Rücksitze, gepolstertes Armaturenbrett und gepolsterte Sonnenblenden als Standardausstattung. Der Grundpreis für das Deluxe-Firmenmodell betrug $ 2395, für den Custom Hardtop-Kombi $ 3200. Mit einer typischen Ausstattung kostete der Ambassador Custom $ 4000, zirka $ 300 mehr als ein vergleichbarer 57er Nash Ambassador.

Die stilistischen Änderungen waren rein kosmetischer Natur, sie standen dem 60er-Modell aber gut zu Gesicht: Zum Einsatz kam ein Wabengrill, über dem in erhabenen Buchstaben der Schriftzug „Ambassador" prangte. Neu zeigte sich auch die Windschutzscheibe aus Verbundglas, die oben wie auch an den Seiten stark gebogen war. Eine Zierleiste, die sich über die ganze Fahrzeugseite erstreckte, diente beim Custom als Einfassung für einen schmalen Streifen aus gebürstetem Aluminium, beim Super als Einfassung für die zweite Wagenfarbe. Diese Zierleiste ließ den Wagen länger erscheinen und diente als zusätzliches Unterscheidungsmerkmal zum doch sehr viel kürzeren Rambler. Die Fahrleistungen, die der 5,4-Liter-Motor mit 250 oder 270 SAE-PS ermöglichte, waren nicht gerade aufregend, aber durchaus akzeptabel: Es waren schließlich keine Hot Rods, die den Chevy, Ford oder Plymouth mit ihren Big-Block-Motoren Paroli bieten sollten.

1960 war das Jahr für American Motors, nahezu 500 000 Fahrzeuge wurden gebaut. AMC konnte damit den in seiner Geschichte höchsten Jahresumsatz von $ 1 Milliarde verbuchen. Dabei darf natürlich nicht vergessen werden (und AMC vergaß es nicht), daß der Ambassador nur ein kleines Segment im gesamten Modellspektrum war, basierte doch der wirtschaftliche Erfolg sehr stark auf dem Rambler.

Aufgrund dessen wurde das Modellangebot für das Jahr 1961 erheblich umstrukturiert. Da das Kundeninteresse an viertürigen Hardtops schwand, wurden sie kurzerhand aus dem Programm genommen. Übrig blieben Limousine und Kombi mit der konventionellen B-Säule. Das Deluxe-Firmenmodell blieb zwar, fand aber nur 273 Käufer (der Ambassador war nicht sehr als Firmenwagen geeignet). Neu hinzu kam der fünfsitzige Custom 400, eine Luxusversion des Custom mit vorderen Schalensitzen und einem Aufpreis von $ 200 gegenüber der Standardversion. Der Publikumsgeschmack schrieb Schalensitze und Mittelschaltungen vor, und man wollte damit dem Zeitgeist Rechnung tragen, nur leider gab es bei AMC keine Knüppelschaltung, und die Lenkradschaltung war zudem auch noch für ihre Schwergängigkeit berühmt.

Das 61er-Modell behielt die bekannte Karosserieform bei, wurde aber von Grund auf neu gestaltet, die vorderen Kotflügel bekamen zur Stoßstange hin die Form eines Schiffsbugs und ähnelten damit einem Kriegsschiff aus dem spanisch-amerikanischen Krieg. Die Doppelscheinwerfer wanderten links und rechts neben einen nun kleiner gehaltenen, horizontal verstrebten Kühlergrill, der nach oben hin zulief, und somit den Gesamtcharakter einer scharf gezeichneten Nase unterstrich. Fahrzeugseiten und Innenausstattung wurden geglättet, der Antriebsstrang beibehalten.

Technische Daten

Motor: V8, hängende Ventile, 5360 ccm (101,6 × 82,6), 250/270 SAE-PS

Getriebe:	3-Gang-Schaltgetriebe; auf Wunsch Overdrive oder Flash-O-Matic-Dreigangautomatik
Fahrwerk, vorn:	obere und untere Dreiecksquerlenker, Schraubenfedern
Fahrwerk, hinten:	Starrachse, Schraubenfedern
Bremsen:	vorne/hinten Trommelbremsen
Radstand (mm):	2972
Gewicht (kg):	1518–1631
Höchstgeschwindigkeit (km/h):	o. A.
Beschleunigung 0–96 km/h (s):	o. A.
Produktionszahlen:	**1960** 23 798 **1961** 18 842

(linke Seite, Mitte) Das Ambassador-Spitzenmodell von 1960 hatte einen längeren Radstand als der „kleinere" Rambler, sonst waren sie sich aber sehr ähnlich. (linke Seite, oben) Das zweifarbig gehaltene Interieur paßte gut zum eigenwillig gestylten, äußeren Erscheinungsbild des 61er Ambassador (unten und linke Seite unten), der sich in diesem Modelljahr merklich von anderen Ramblern unterschied.

1963-64 AMC / Rambler Ambassador & Classic

American Motors erreichte den Zenit des Erfolges in den frühen 60er Jahren. Man hatte Neuland beschritten und mit dem untersetzt wirkenden und langsamen, aber gut gefertigten und wirtschaftlichen Rambler einen Unterschied zu herkömmlichen Bauweisen markiert. 1960 war aber auch das Jahr, in dem für AMC die Zeichen auf Sturm standen, als die großen Hersteller ebenfalls ihre „Compacts" lancierten. Im Laufe der Jahre verringerte sich der Anteil, den AMC an den Gesamtumsätzen in der Fahrzeugbranche verbuchen konnte, immer mehr. 1963 beispielsweise verließen ebensoviele Fahrzeuge die Produktion wie 1960, in der Gesamtstatistik aber, reichte es nur für Platz sechs. Das amerikanische Produktionsvolumen war mittlerweile so stark gestiegen, daß AMC den vormals dritten Platz nicht mehr halten konnte.

Im Frühjahr 1962 gab George Romney den Posten als Präsident und Vorsitzender von AMC auf, wechselte in die Politik und kandidierte für den Gouverneursposten in Michigan. Der Nachfolger Roy Abernethy, vormals bei Kaiser und Packard, der unter Romney für den immensen Erfolg von AMC mitverantwortlich zeichnete, reagierte konsequent auf das Verkaufsproblem: „Laßt uns das Romney-Image vergessen." Für ein Kopf-an-Kopf-Rennen mit den Großen aber war AMC nicht gerüstet. Es fehlte an Potential, bei General Motors, Ford und Chrysler im Überfluß vorhanden, und es fehlte an Geld, um es für die Entwicklung neuer Modelle und in die Vermarktung zu investieren. Retter in der Not war Chefdesigner Richard A. Teague, der sich als fähig erwies, die unmodernen Produkte seiner Vorgänger neu zu gestalten, und der neue und interessante Modelle wie den Marlin, Javelin und AMX entwickelte (siehe nachfolgende Seiten). Die Spitzenmodelle hatten bereits zu dieser Zeit wiederholte Änderungen erfahren, als sich das Management dazu entschloß, sie besser in die AMC-Familie zu integrieren und in einem Marktsegment anzubieten, das bessere Umsätze versprach. 1962, die Verkaufszahlen bei den Kompakten konnten sich noch sehen lassen, wurde eine Luxusversion des Rambler vorgestellt, die dessen Fahrgestell und auch dessen Karosserie besaß.

Für das Modelljahr 1963 wurden der Rambler und auch der Ambassador von Teague komplett neu gestylt. Die alte Karosserie hatte ihre Ursprünge im Jahr 1956, und ein Ersatz war dringend erforderlich. Der Nachfolger, den Teague kreierte, hatte weiche, glatte Linien, besaß einen geringfügig längeren Radstand (2845 mm), leicht gewölbte Seitenverglasung und einen schnörkellosen Kühlergrill. Die merkwürdigen Verwinkelungen, Pseudo-Heckflossen und das ganze Zierblech gehörten der Vergangenheit an. Teague war alles in allem ein gutes Design gelungen, das er im darauffolgenden Jahr auch dem Rambler American angedeihen ließ.

Mercedes stand Pate bei den neuen, dreistelligen Modellbezeichnungen, so bekamen der American 200-400, der Rambler Classic 500-700 und der Rambler Ambassador 800-900 als Serienkennzeichnung. Zu den viertürigen Limousinen und Kombiwagen gesellten sich eine zweitürige Limousine und 1964 ein zweitüriges Hardtop-Coupé. Die grundlegende Umstrukturierung der Modelle war natürlich

Technische Daten

Motor: 6 Zylinder in Reihe, hängende Ventile, 3210 ccm (79,5 × 108), 127/138 SAE-PS; V8, hängende Ventile, 4704 ccm (95.3 × 82.6), 198 SAE-PS; 5360 ccm (101,6 × 82,6), 250/270 SAE-PS

Getriebe:	3-Gang-Schaltgetriebe; auf Wunsch mit Overdrive oder Flash-O-Matic-Dreigangautomatik
Fahrwerk, vorn:	obere und untere Dreiecksquerlenker, Schraubenfedern
Fahrwerk, hinten:	Starrachse, Schraubenfedern
Bremsen:	vorne/hinten Trommelbremsen
Radstand (mm):	2845
Gewicht (kg):	1408–1516
Höchstgeschwindigkeit (km/h):	o. A.
Beschleunigung 0–96 km/h (s):	o. A.

Produktionszahlen: **1963 Classic Six** 194 840 **Classic Eight** 41 186 **Ambassador** 37 811 **1964 Classic Six** 146 813 **Classic Eight** 59 486 **Ambassador** 18 693

(beide Seiten, unten) Der Ambassador besaß 1963 das gleiche Fahrgestell wie der Classic, das Design unterschied sich nur in kleinen Ausstattungsdetails. Seine Reize erhielt der Ambassador durch seinen serienmäßigen V8-Motor, der im Classic nicht zum Einsatz kam. 1964 wurde auch im Classic als Option ein V8 angeboten (allerdings in einer schwächeren Version), während die Ambassador-Familie Zuwachs von einem 990 H genannten zweitürigen Hardtop bekam (unten).

ein enormer finanzieller Aufwand für eine kleine Firma wie AMC, und so mußte man sich mit den betagten 3,2-Liter-Sechszylindern und 5,4-Liter-V8 begnügen, Motoren die schon bei Nash und Hudson im Einsatz waren. 1964 wurde mit verringerter Bohrung eine 4,7-Liter-Version des V8 angeboten, die im Rambler Classic als Alternative zum Sechszylinder erhältlich war.

Die Basisversion des Classic 550 war in der Regel als Firmenmodell konzipiert, mit spartanischer Ausstattung und einem Preis von $ 2100 war die Limousine durchaus konkurrenzfähig. Sie brachte es auf beachtliche 75 000 Stück. Der „Brot-und-Butter-Rambler" trug die Bezeichnung 660 (135 000 verkaufte Exemplare) und war eine doch etwas elegantere Version mit Teppichen, Armlehnen, Sicherheitsbereifung bei Kombis (Felge und Reifen waren so konstruiert, daß bei Schäden die Luft nur langsam entwich) und weiteren kleinen Extras. Beim Rambler 770 kamen noch Uhr, gepolstertes Armaturenbrett und gepolsterte Sonnenblenden, Radzierblenden und Sitze mit Schaumpolsterung hinzu.

Der Ambassador wurde ebenfalls in drei Ausstattungsvarianten angeboten: Serie 800 (Schaumpolsterung und einige weitere Details, die nicht unbedingt als Bonus gewertet werden konnten), Serie 880 (Armlehnen, Teppiche, Motorhaubenisolierung, schaltbare Innenraumbeleuchtung usw.) und Serie 990 (gleiche Ausstattung wie Rambler 770).

Den Hauptunterschied zum Rambler markierte indes der serienmäßig eingebaute V8, der mit 250 SAE-PS bzw. als Option mit 270 SAE-PS geliefert wurde. Die Ausstattung war mit der des preiswerteren Rambler vergleichbar, und somit der V8 der einzige Grund für den Kunden, den Aufpreis von $ 300–$ 400, je nach Ausführung, zu bezahlen. Und das auch nur, wenn man keinen Rambler mit V8-Motor bekommen konnte. Offenkundig hatte AMC beim Ambassador auf eine Erfolgsformel gesetzt: die Verkaufszahlen kletterten über rekordverdächtige 37 000 Stück hinaus. Luxus war das entscheidende Stichwort: Der Ambassador 990 verkaufte sich doppelt so oft wie der 880er, der 800 dagegen fast überhaupt nicht.

1964 konzentrierte sich AMC auf den American, von Dick Teague mit neuem Design wundervoll in Szene gesetzt. Rambler und Ambassador erfuhren die üblichen Karosserieretuschen und wurden durch ein zweitüriges Hardtop-Coupé ergänzt. Es wurde nur als Rambler 770 oder Ambassador angeboten, hatte eine fabelhafte Rundumsicht und verkaufte sich prächtig. Besonders attraktiv war der Rambler Typhoon, auf 2520 Exemplare limitiert, besaß er vordere Schalensitze und glänzte in einem Sonnengelb mit schwarz abgesetztem Dach.

Die Idee, die Marketingstrukturen zu verfeinern, ließ Roy Abernethy zu einer Maßnahme greifen, die alles andere als die Zustimmung von George Romney gefunden hätte: V8-Motoren im Rambler. Um dem Projekt bessere Chancen einzuräumen, strich er die Ambassador Reihe auf vier 990er-Modelle zusammen. Der 4,7-Liter-Motor war sehr spritzig und durchaus zu höherer Leistung in der Lage; die Lösung für anspruchsvolle Kunden war er jedoch nicht. Dem Rambler lastete immer noch das Image eines „Sparmobils" an, und so war es auch nicht verwunderlich, daß wesentlich mehr Sechszylinder ihre Käufer fanden. Die 660er-Modelle konnten wieder einmal die höchsten Verkäufe erzielen.

Das Jahr 1964 war für AMC mit 400 000 gebauten Fahrzeugen das schwächste seit 1961, mit dem Resultat nun auf Platz acht zurückzufallen. In den nächsten Jahren ging es immer weiter bergab, und AMC hatte Ende der Sechziger mit jährlich 250 000 Stück keinen guten Stand. AMC mußte mit zwei Problemen kämpfen: Zum einen war deren Bestseller, der Rambler, nicht mehr gefragt, hatte der wieder auflebende Wohlstand doch den Wunsch nach mehr Motor- und Fahrleistungen geschürt; zum anderen waren die neuen Modelle nicht von der Natur, gestandene Kunden von GM, Ford und Chrysler abzuwerben. Es gab zwar noch viele interessante Entwicklungen, American Motors hatte aber sein Pulver als ernsthafter Konkurrent für „the Big Three" verschossen.

1965-66 AMC/Rambler Ambassador & Classic

Mitte der Sechziger galt der Rambler als Beispiel für Widersprüchlichkeit schlechthin, nicht zuletzt aufgrund eines Werbeslogans. „The Sensible Spectaculars“ war gewiß der Widerspruch, der das schizoide Image von AMC am besten charakterisierte. Ein Grund dafür ließ sich an der Tatsache festmachen, daß AMC einen Wandlungsprozess durchlief, eine Wandlung vom Spezialisten für wirtschaftliche Fahrzeuge zum Hersteller, der „für jeden etwas“ im Programm hatte – wie General Motors, nur nicht in so großem Stil.

Spätere Analysen weisen zwar deutlich darauf hin, daß AMC mit der Entscheidung, sein so erfolgreiches Spezialgebiet zu verlassen, Unrecht hatte, die Realität aber zeigte, daß die Chancen für weitere Erfolge in der alten Marktnische sehr gering waren. Das Konzept, kompakte Fahrzeugmaße mit Luxus und Wirtschaftlichkeit zu paaren, stellte Ende der fünfziger Jahre für Amerika sicherlich eine Innovation dar, war aber auch Anlaß für „the Big Three“, hier gute Verkaufsmöglichkeiten zu wittern. Sie kopierten schnell und drängten AMC in eine Randposition. Als der Publikumsgeschmack sich immer mehr von dem Wunsch nach längeren, breiteren und niedrigeren Karosserieformen leiten ließ, konnten GM, Ford und Chrysler dank ihrer Größe und ihres Potentials viel schneller ihr Modellangebot umstrukturieren. AMC dagegen blieb nichts anderes übrig, als diese Richtung ebenfalls einzuschlagen, war doch das Publikum mit neuen „Compacts“ nicht mehr zufriedenzustellen. Der Zeitfaktor für die Präsentation neuer Modelle war das eigentliche Problem, nicht etwa ein schlecht geführtes Management, wie man vielleicht annehmen könnte. George Romney und seine Nachfolger hatten schließlich in fetten Jahren $ 300 Millionen in neue Fabrikanlagen und -ausrüstungen gesteckt – sie warfen das Geld nicht, und Studebaker ist ein Beispiel hierfür, bei großzügigen Tarifabschlüssen oder als Dividenden für Aktionäre, zum Fenster hinaus. Sie taten alles, was umsichtige Manager für die Existenzsicherung zu tun hatten, aber die Zeichen standen schlecht für sie.

Roy Abernethy machte seinen Job hervorragend. Der Ambassador war zwiespältig als die luxuriösere Variante des Rambler aufgenommen worden; Abernethy dachte aber an einen Wagen, der größer und erfolgreicher sein mußte, um eine kontinuierliche Rolle spielen zu können. Dick Teague und seiner kleinen Designabteilung war aufgetragen worden, das Fahrgestell des Ambassador auf 2,95 m zu verlängern (GM beispielsweise verfuhr mit seinen „Compacts“ in der gleichen Art) und ihn so zu gestalten, daß er sich klar vom Classic abhob.

Im Profil ähnelten die neuen Ambassador-Modelle 880 und 990 mit ihrer durch verchromte Zierleisten betonten, hohen Gürtellinie, dem scharfgeschnittenen Lincoln Continental. Die Frontpartie war durch senkrechte Doppelscheinwerfer und einfachen, querverstrebten Kühlergrill unverkennbar, und der längere Radstand machte den Ambassador zu dem Luxuswagen, der er ja war. Für den Antrieb sorgte

Technische Daten

Motor:	6 Zylinder in Reihe, 3210 ccm (79,5 × 108), 128 SAE-PS; 3803 ccm (95,3 × 82,6), 145/155 SAE-PS; V8, hängende Ventile, 4704 ccm (95,3 × 82,6), 198 SAE-PS, 5360 ccm (101,6 × 82,6), 270 SAE-PS
Getriebe:	3-Gang-Schaltgetriebe; auf Wunsch 4-Gang-Schaltgetriebe (**1966 Ambassador**) oder Dreigangautomatik
Fahrwerk, vorn:	obere und untere Dreiecksquerlenker, Schraubenfedern
Fahrwerk, hinten:	Starrachse, Schraubenfedern
Bremsen:	vorne/hinten Trommelbremsen
Radstand (mm):	**Classic** 2845 **Ambassador** 2946
Gewicht (kg):	1298–1558
Höchstgeschwindigkeit (km/h):	o. A.
Beschleunigung 0–96 km/h (s):	o. A.
Produktionszahlen:	**1965 Classic** 204 016 **Ambassador** 64 145 **1966 Classic** 126 006 **Ambassador** 34 222

Das Design von Classic und Ambassador zeichnete sich für das Modelljahr 1965 durch eine klare und gerade Linienführung aus. Einziger Unterschied waren die unterschiedlich angeordneten Leuchten: Beim Classic waren Doppelscheinwerfer und Rückleuchten horizontal, beim Ambassador vertikal ausgerichtet. Für 1966 wurden beide Modelle geringfügig geändert, der Ambassador (beide Seiten) behielt den gegenüber dem Classic um 10 cm längeren Radstand.

ein V8, 4,7-Liter als Standard, 5,4-Liter als Option. Der Ambassador bot zudem eine luxuriöse Ausstattung, die mit „Jacquard"-Stoffen und Vinyl, unüblichem Standard- und Sonderzubehör, besonderem Teppichvlies und sogar einer Nachhalleinrichtung am Radio reichhaltig ausfiel. Mit dem 5,4-Liter-Motor angemessen schnell motorisiert, litt er doch unter einer übersensiblen, nicht ganz ruckelfreien Bremsanlage. Der Grundpreis lag unter $ 3000 und kam mit der üblichen Sonderausstattung selten über $ 4000 hinaus.

Dieses Mal lag AMC mit seiner Strategie goldrichtig, die Händler verkauften 1965 fast 65 000 Fahrzeuge. Das bei weitem beste Ergebnis für den Ambassador und fast doppelt so viel wie im darauffolgenden Jahr. Abernethy, Teague und das Verkaufs-Department hatten ganze Arbeit geleistet.

Die größte Beachtung fanden 1965 Ambassador und Classic Convertible, ein Beweis für die sich abzeichnende Wandlung in der Firmenphilosophie, weg also vom augenzwinkernden Anderssein, hin zur Orientierung an Marktbedürfnissen. Der Rambler American existierte als Convertible bereits seit 1961, für Classic und Ambassador aber war es ein Neuanfang. Mit seinem flott-eleganten 65er Styling war das Convertible recht beliebt, und beide Modelle verkauften zu gleichen Anteilen zusammen 7000 Stück. Convertibles gab es bei den 770er und 990er Top-Modellen, und sie boten fürs Geld einen hervorragenden Gegenwert – $ 2700 war der Preis für einen Classic 770. Sie waren gut verarbeitet und schauten gut aus, spielten aber mehr die Rolle des Ideenlieferanten als die des Verkaufsschlagers. Und sie zeigten den Leuten, daß dies nicht mehr Vaters alter Rambler war.

1965 konnte AMC als gutes Jahr verbuchen, verglichen aber mit den Rekordzahlen der Konkurrenz, nahm sich dieses Ergebnis eher bescheiden aus – Chevrolet beispielsweise, produzierte über 2,5 Millionen Fahrzeuge, ein Rekord für die Ewigkeit. 1966 kamen die ersten Gerüchte über mögliche personelle Veränderungen im AMC-Management auf, konnten aber bis Januar 1967 nicht bestätigt werden.

In der Zwischenzeit tat sich nicht viel. Das 66er Line-Up war eine Wiederholung des Vorjahres, mit der Ausnahme, daß die Top-Modelle Ambassador und Marlin Fastback nicht mehr unter der Marke Rambler, sondern unter dem Namen AMC firmierten. Diese Namensänderung war schon lange überfällig, konnte allerdings die Verkaufsbilanz nicht positiv beeinflussen: Seit 1958 war das Produktionsergebnis von 280 000 nicht mehr so niedrig gewesen. Der anfängliche Erfolg des 65er Ambassador und der Convertibles verlor sich in zunehmendem Maße. Der Ambassador konnte nur die Hälfte des Vorjahreswertes erreichen; ähnlich erging es dem Classic. Darüber konnte auch der neue, sportliche Kompakte mit altem Namen (Rambler Rebel), Schalensitzen, $ 2500-Basispreis und einem auf Wunsch lieferbaren V8 nicht hinweghelfen. Der Rambler konnte sich einfach nicht gegen die landläufige Meinung durchsetzen, etwas anderes als ein „Sparmobil" zu sein. Dennoch fanden 7500 Stück ihre Käufer.

Der 66er Classic bekam eine geänderte Dachlinie und eine neue Front- und Heckpartie. Das 660er-Modell nahm man aus dem Programm, um die Unterscheidung zwischen einfachem 550er und luxuriösem 770er zu erleichtern. Der Ambassador kam als Limousine, Kombi und Hardtop, als Convertible bot man ihn nur bei den 880er- und 990er-Modellen an, außerdem gab es ein neues zweitüriges Luxus-Hardtop-Coupé. Die Convertibles gehörten weiterhin zur Classic- und Ambassador-Reihe und verkauften sich fast so gut wie 1965 – damit gehörten sie zu den wenigen Modellen bei AMC, die das von sich behaupten konnten.

1965-67
AMC / Rambler Marlin

Ford benannte seinen 2+2sitzigen Mustang Fastback nach einem Wildpferd, und er verkaufte sich so gut, daß Chevrolet 1970 seine Mustang-Kopie (Camaro) strikt als Fließheck konzipierte. Der AMC Marlin war ein „3+3", wurde benannt nach einem Raubfisch und war ein Riesenflop. Rückblickend betrachtet hätten sie ihn vielleicht „Flounder" (Flunder) taufen sollen.

Seit der Erfindung des Fließhecks Ende der Dreißiger, gab es immer wieder Zeitpunkte in der amerikanischen Automobilgeschichte, an denen die Amerikaner verrückt nach „fastbacks" waren. Ende 40er, Anfang 50er Jahre waren es die GM-„torpedos", Mitte der 60er die „ponycars", wie der Mustang oder der Plymouth Barracuda. Es gab sogar „vollwertige" Fahrzeuge mit Fastback-Dachpartie, wie den Dodge Charger. AMC, die die Detroiter Verkaufszahlen genauestens im Auge hatte, präsentierte im Januar 1964, anläßlich einer Show der „Society of Automotive Engineers", seinen Rambler Tarpon.

Dick Teague kreierte mit dem Tarpon eine Fastback-Version des Rambler, mit dem kürzeren Radstand des American (2,70 m), 4,57 m lang und knappe 1,27 m hoch. Seine flach angestellte Windschutzscheibe war aus Verbundglas geformt, die horizontalen Rückleuchten fügten sich glatt in das Blechkleid ein, Rundinstrumente spickten das sportliche Armaturenbrett, Schalensitze und schicke Leichtmetallfelgen rundeten das sportive Gesamtbild ab. In einem goldmetallisierten Zinnoberrot begeisterte er die sonst so abgebrühten Fachleute auf der SAE-Show (die Öffentlichkeit war zwar nicht zugelassen, AMC präsentierte den Tarpon aber wie eine absolute Messeneuheit). Der Tarpon sah aus, wie es Dick ‚sich vorgestellt hatte', sagten sie. Der Marlin dagegen tat es nicht.

Als Rambler-Modell 1965 angekündigt (AMC als Markenname kam erst 1966–67), sah der Marlin aus wie ein Tarpon, den man für das 2,85 m-Fahrgestell des Rambler in die Länge gezogen hatte. Und das war ein Unterschied. „Er war zu lang", erinnerte sich Dick Teague. „Seine Basis stimmte nicht. Wir hätten den Tarpon bauen sollen." Verwunderlich war auch, daß es von Roy Abernethy keine Stellungnahme dazu gab, warum er sich für den längeren Radstand entschied. Auf dem kürzeren Fahrgestell des American hätte der Marlin „richtig" ausgesehen und es mit den Mustangs und Barracudas aufnehmen können. Solche Fahrzeuge ließen sich viel besser verkaufen als große oder mittelgroße Fastbacks.

Es mag wohl an der Vorlaufzeit gelegen haben: Als diese Entscheidung bei AMC fiel, war der Mustang noch nicht vom Band gelaufen und der Barracuda auf dem Markt noch nicht so erfolgreich.

Ein Fastback mit Platz für eine fünfköpfige Familie erschien die vernünftigere Lösung zu sein. Ästhetisch gesehen war es jedoch ein Fehlgriff. Bob Nixon, Designer bei Teague, erzählte dem früheren Public Relations Manager von AMC, John Conde, daß er sich bei der Konstruktion des Marlin so gefühlt habe, „als würde er eine Corvette auf ein großes Buick-Fahrgestell setzen", und verurteilte es als „eine äußerst peinliche Angelegenheit".

Der Marlin verkaufte sich im ersten Jahr über 10 000 mal, aber es ist nicht sonderlich schwer, in Amerika etwas 10 000 mal an den Mann zu bringen. Ein Beweis dafür, ob ein Modell erfolgreich ist oder nicht, sind meistens die Verkaufszahlen des zweiten Modelljahres, aber 1966 erreichte der Marlin noch

Vorgestellt 1965, war der erste Marlin in erster Linie ein Classic mit Fließheck. Für 1966 erfuhr er einige Detailänderungen (oben und linke Seite, oben), verkaufte sich aber nur halb so gut, trotz des um $ 500 niedrigeren Preises. Für 1967 setzte man Marlin-Heck und Ambassador-Karosserie zusammen (linke Seite, Mitte und unten) und erhielt den schönsten Marlin, der je gebaut wurde — und der am wenigsten gekauft wurde.

Technische Daten

Motor: 6 Zylinder in Reihe, hängende Ventile, 3803 ccm (95,3 × 82,6), 145 / 155 SAE-PS; V8, hängende Ventile, 4704 ccm (95,3 × 82,6), 198 SAE-PS, 5360 ccm (101,6 × 82,6), 270 SAE-PS

Getriebe:	3-Gang-Schaltgetriebe; auf Wunsch 4-Gang-Schaltgetriebe oder Dreigangautomatik
Fahrwerk, vorn:	obere und untere Dreiecksquerlenker, Schraubenfedern
Fahrwerk, hinten:	Starrachse, Schraubenfedern
Bremsen:	vorn / hinten Trommelbremsen **1967** auf Wunsch vorn Scheibenbremsen
Radstand (mm):	2845 **1967** 2997
Gewicht (kg):	1468—1517
Höchstgeschwindigkeit (km / h):	o. A.
Beschleunigung 0—96 km / h (s):	o. A.
Produktionszahlen:	**1965** 10 327 **1966** 4547 **1967** 2545

nicht einmal die 5000er-Marke. Die 67er-Version bekam nur geringe Änderungen mit auf den Weg, der Kühlergrill war aus extrudiertem Aluminium gefertigt, Sechszylinder-Modelle erhielten einen Querstabilisator, und als Option wurde ein Vinyldach angeboten. 1965 kostete der Marlin $ 3100, der gleiche Preis, der für ein Classic Hardtop zu zahlen war. 1966 senkte man den Preis um $ 500, verzichtete dafür auf Bremskraftverstärkung und andere Dinge, die vorher Standardausrüstung gewesen waren, und ersetzte den Markennamen „Rambler" durch „AMC". Aber es half nichts. Der Marlin kam 1966 nicht über die normalen Anfangsverkäufe hinaus, zumal er auch nicht das Zeug hatte, die Kunden zufriedenzustellen, die ihn mit anderen Fahrzeugen verglichen. 1966 war aber auch sonst für AMC kein gutes Jahr: Die Gesamtproduktion wies 60 000 weniger Fahrzeuge aus als im Vorjahr, ein Gewinn von $ 5 Millionen 1965 stand 1966 einem Verlust von $ 12,6 Millionen gegenüber. John Conde bemerkte dazu sarkastisch: „Das Romney-Image schwindet in der Tat sehr schnell." Unklar bleibt, warum der Marlin für 1967 komplett überarbeitet wurde; Conde zufolge hatte AMC zu dem Zeitpunkt bereits entschieden, den Marlin mit Ablauf des Jahres in der Versenkung verschwinden zu lassen. Der Marlin bekam das Fahrgestell vom Ambassador (jetzt auf 3 m verlängert), und die Karosserie wurde neu gestylt. Offenbar waren die Werkzeugkosten für die Herstellung des neuen Daches nicht gravierend hoch. Des Marlins Schicksal wäre vielleicht revidiert worden, hätten die Zahlen dafür gesprochen, aber die niedrigsten Verkaufszahlen seiner Laufbahn zwangen ihn ins Unausweichliche: Nur 2545 Raubfische wurden gefangen. Ironischerweise war er der schönste aller Marlins.

Den 67er kennzeichneten in erster Linie der schwarz gehaltene Ambassador-Kühlergrill, flankiert von schwarz umrandeten Doppelscheinwerfern, dünne Zierleisten unterhalb der Gürtellinie und eine glattflächigere Kofferraumpartie. Das alles fügte sich sehr schön in die Gesamtform ein. „Selbst mit Einzelsitzen", war in einem AMC Prospekt zu lesen, „bietet der Wagen genug Platz für sechs Personen ... das Flair eines Fastback, der Luxus eines Ambassador." Der Marlin war für $ 3000 in der Basisversion zu haben, zusätzlich wurden 4-Gang-Knüppelschaltung, Drehzahlmesser und Scheibenbremsen mit Bremskraftverstärker als Option angeboten. Dick Teague und auch heutige Fahrzeugsammler halten diesen für den besten Marlin, der je gebaut wurde. Die geringe Produktionszahl (15 % aller gebauten Marlins) macht ihn zum gesuchtesten und wertvollsten Marlin auf dem Oldtimermarkt.

Der 1967er Mißerfolg des Marlin war nur ein kleiner Hinweis auf die schlechte Verfassung von AMC. 230 000 verkaufte Fahrzeuge und ein Verlust von $ 75,8 Millionen waren die traurige Bilanz. Der Verkauf des Kelvinator, der bereits bei Nash eine Rolle spielte, trug nur wenig dazu bei, den Gesamteindruck zu verbessern. Die lang erwartete Krise im Management trat nun zu Tage.

Roy D. Chapin, Jr, lange Zeit schon Verkaufschef bei AMC und Sohn einer der Hudson-Gründer, nahm den Platz von Richard Cross als Vorsitzender ein, während Bill Luneberg Roy Abernethy als Präsident ablöste. Gemeinsam sollten Chapin und Luneberg AMC in den letzten Überlebenskampf führen, in den ersten 18 Monaten ihres Wirkens sechs neue Modelle präsentieren und die Weichen für Hornet, Gremlin, Pacer, Concord und Eagle stellen. AMC sollte noch mit diesem letzten Aufbäumen den Beweis antreten, daß ihr ein Stammplatz in der Geschichte der amerikanischen Automobilindustrie sicher ist.

1967-69
AMC Ambassador

In späten Jahren vermochte Richard A. Teague aus wenig sehr viel zu machen, und das besser als die meisten seiner Kollegen – und für gewöhnlich mußte er es auch. Bei Packard hatte er im Laufe der Fünfziger viel dazugelernt, bewies sein Können aber erst während einer 25jährigen Karriere, die 1959 bei der kleinen, aber streitlustigen American Motors Corporation begann.

21 Jahre lang war Teague Vizepräsident der Designabteilung, ein Posten, den er seinem 1964er American zu verdanken hatte, einem schönen „compact", abgeleitet vom 1963/64er Classic/Ambassador seines Vorgängers Ed Anderson. Für 1965 erhielt Teague ein stattliches Budget – zumindest für AMC-Verhältnisse. Der Rambler sollte in das nächste Modelljahr gehen, und Teague gelang es, ein flottes, geradliniges Design zu entwerfen. Beachtenswert war auch die Tatsache, daß der Ambassador wieder sein angestammtes, langes Chassis erhielt. So konnte er, zum ersten Mal seit 1961, wieder als vollwertiges Automobil um die Käufergunst werben. Belohnt wurde dieser Aufwand durch über 64 000 verkaufte Ambassador-Modelle.

Roy Abernethy aber wollte mehr, und 1967 sollte das Jahr neuer und konkurrenzfähiger Modelle werden. Sein Ziel war es, den meisten Produktreihen der „Big Three" Paroli zu bieten, und das bedeutete einen sportlichen „ponycar" (Javelin) mit dem Image eines Ford Mustang, und dazu neue Classic- und Ambassador-Modelle. Der Ambassador sollte sich als eines der schönsten Automobile des Jahrzehnts erweisen.

Einige technische Änderungen waren dabei sehr nützlich. Der Radstand wurde einmal mehr verlängert (auf 3,00 m), Fahrverhalten und Optik verbesserten sich dadurch gleichermaßen – zu fürchten brauchte man sich jetzt nur noch vor den größten Chevy, Ford und Plymouth. Die Fahrzeuglänge wuchs um fast 6,5 cm auf 5,15 m, die Breite um 10 cm, Platzangebot und Fassungsvermögen des Kofferraums waren gut wie nie zuvor. Das Federungssystem stammte noch aus früheren Nash-Tagen, die alte Schubrohr-Hinterachse wurde jetzt aber durch eine neue Starrachse mit vier Längslenkern und leichterem, offenliegendem „Hotchkiss"-Antrieb ersetzt.

Das Motorenangebot wurde erweitert, und neue, auf Wunsch lieferbare V8-Motoren kamen anstelle der betagten 4,7- und 5,4-Liter-Aggregate zum Einsatz. Moderne, dünnwandige („thinwall") Motorblöcke ermöglichten große Hubräume, ein 4,8-Liter mit 200 SAE-PS und ein auf 5,6 Liter aufgebohrter Motor mit 235 bzw., höher verdichtet, 280 SAE-PS, machten den Ambassador stark wie nie zuvor. Standard blieb der immer noch moderne 3,8-Liter-Sechszylinder, den man ja erst 1964 vorgestellt hatte, mit 145 bzw. optionalen 155 Pferdestärken. Als Getriebe standen zur Auswahl ein 3-Gang-Schaltgetriebe mit oder ohne Overdrive, gegen Aufpreis eine 4-Gang-Mittelschaltung und zwei verschiedene Auto-

Technische Daten

Motor:	6 Zylinder in Reihe, hängende Ventile, 3803 ccm (95,3 × 88,9), 145/155 SAE-PS; V8, hängende Ventile, 4753 ccm (95,3 × 83,3), 200 SAE-PS, 5622 ccm (103,6 × 83,3), 235/280 SAE-PS, 6392 ccm (105,9 × 90,7), 315 SAE-PS
Getriebe:	3-Gang-Schaltgetriebe; auf Wunsch Overdrive, 4-Gang-Schaltgetriebe oder Dreigangautomatik
Fahrwerk, vorn:	obere und untere Dreiecksquerlenker, Schraubenfedern
Fahrwerk, hinten:	Starrachse, Schraubenfedern
Bremsen:	vorn/hinten Trommelbremsen; auf Wunsch vorn Scheibenbremsen
Radstand (mm):	2997 **1969** 3099
Gewicht (kg):	1450–1694
Höchstgeschwindigkeit (km/h):	145–185
Beschleunigung 0–96 km/h (s):	9,0–11,5
Produktionszahlen:	**1967** 62 839 **1968** 54 681 **1969** 76 194

matikgetriebe: Borg-Warners „Flash-O-Matic" und Chryslers „TorqueFlite", das als „Shift Command" vermarktet wurde. Vordere servounterstützte Scheibenbremsen waren auf Wunsch ebenfalls erhältlich. Eine strengere Gesetzgebung bedingte außerdem solche Änderungen wie Warnblinkanlage, größere Blinkleuchten, Sicherheitslenksäule, Sicherheits-Armaturenbrett und -Türverkleidungen.

Auffallendstes Merkmal aber war Teagues geschmackvolles Styling, fließende Linien und wohl proportioniert. Kein Wunder, daß der 1967er Ambassador vielerorts gelobt wurde, stand er doch im krassen Gegensatz zu den „Schachteln" von 1965 und 66. Und wenn er auch hier und dort ein wenig von Ford oder General Motors hatte, ließ er sich nicht mit anderen vergleichen.

1967 gab es vom Ambassador drei Ausstattungsstufen, viertürige Sedan- und Kombimodelle als 880 in der Grundausstattung und 990 in der gehobenen Ausstattung, dazu noch ein 880 B-Säulen-Coupé und ein zweitüriges 990 Hardtop, beide mit einem gefälligen, fließheckähnlichen Dachprofil. Spitzenmodelle waren das Convertible und Hardtop in DPL-Luxusausführung. Das Convertible behielt die niedrige Dachlinie des ersten 65er-Modells, die Rücksitze wurden aber für drei Personen ausgelegt.

Es war eigentlich schade, daß die Innenausstattung der DPL-Modelle etwas übertrieben daherkam, mit reicher, brokatähnlicher Polsterung, die *Motor Trend* beschrieb als „Tante Gerdas mit Spitzenkissen gespicktes Biedermeiersofa". Sportiver orientierte Kundschaft durfte sich aber für vinylbezogene Einzelsitze und Mittelschaltung entscheiden.

Der 1967er Ambassador hätte sich wunderbar verkaufen müssen, seine Verkaufszahlen lagen jedoch 8800 Stück unter denen des Vorjahres. Sie fielen noch stärker ab, als man für 1968 das Styling auffrischte und weitere sicherheitstechnische und schadstoffsenkende Maßnahmen ergriff. Das Modellangebot schrumpfte, übrig blieben Limousine und Hardtop in Basis-, DPL- und neuer SST-Ausführung, hinzu kam noch ein DPL-Kombi. Das Basis-Hardtop fiel für 1969 weg, Front- und Heck wurden neu gestylt, Radstand und Gesamtlänge um 10 cm vergrößert. Der bereits 1968 auf Wunsch erhältliche 6,4-Liter-V8 (315 SAE-PS) wurde weiter verbaut, eine zwingende Maßnahme, war doch der neue Ambassador mittlerweile größer als seine „Big Three"-Konkurrenten.

Trotz steigendem Verkauf in 1969 sank die Popularität des Ambassador im Laufe der Jahre, bis ihn AMC, krisengeschwächt, 1974 in der Versenkung verschwinden ließ. Im Rückblick kann man sagen, daß Abernethys Entschluß an vorderster Marketing-Front mitzumischen, eine Fehlentscheidung war – eine Tatsache, die allerdings nicht für das Design des 1967er Ambassador gilt. Teague war nie besonders stolz darauf, obwohl er es durchaus hätte sein können. Der Ambassador hinterließ zwar nicht den bleibenden Eindruck des AMX, war aber auch nicht gerade ein Pacer.

Trotz des neuen 1967er Designs verkaufte sich der Ambassador (linke und rechte Seite ganz oben) nicht so gut wie im Vorjahr. 1968 sah es sogar noch schlechter aus. Erst beim 1969er-Modell, mit 10 cm längerem Radstand, konnte sich das geschmackvolle Design von Richard Teague auch in den Verkaufszahlen niederschlagen.

1968-69 AMC AMX

Richard A. Teague bezeichnete sich selbst einmal als „Zweisitzer-Fan“ und so war es nicht verwunderlich, daß der AMX genau sein Ding war. Er erblickte das Licht der Automobilwelt im Spätjahr 1965, als Teague vier „show cars“ für den American-Motors-Vorsitzenden Roy D. Chapin, Jr. fertigstellte, der damit der Öffentlichkeit beweisen wollte, daß AMC mehr zu bieten hatte als ein „Rambler-Sparmobil“.

Zu diesen Wagen, die die Lande als „Project IV“ bereisten, gehörte ein schnörkelloses Fließheckcoupé, daß Teague AMX getauft hatte – „American Motors Experimental“. Seine größte Neuerung war etwas, was Teague aus einer Laune heraus „Ramble Seat“ („Flanier-Sitz“) genannt hatte, modifizierte Notsitze (rumble seat), die als Schalensitze ausgeformt, eine zusätzliche hintere Windschutzscheibe erhielten. Bei Bedarf konnte der Kofferraumdeckel umgeklappt werden, und bot damit zwei Personen Platz, die sich während der Fahrt lieber den Fahrtwind um die Nase wehen lassen wollten. Außerdem gab es noch normale Rücksitze, was Teague zu der Bezeichnung „2+2+2“-Sitzer inspirierte. Seine straffe, verheißungsvolle Linienführung kam so gut an, daß AMC sich entschloß in Italien bei Vignale ein funktionsfähiges Modell bauen zu lassen.

In der Zwischenzeit arbeitete Teague am Javelin, der 1967 AMC's Antwort auf den Ford Mustang sein sollte, und der sehr viel vom AMX mit auf den Weg bekommen hatte. Warum sollte da nicht Platz sein für einen zweisitzigen AMX-Ableger auf dem um 30 cm gekürzten Fahrgestell des Javelin (das ursprünglich 2,76 m lang war), und den die Leute auch wirklich kauften? Das konnte mit relativ geringem finanziellem Aufwand geschehen und würde für den Image-Schub sorgen, den sein Boss unbedingt wollte.

Das Resultat kam im Februar 1968 auf den Markt, ohne „Ramble Seat“, aber immer noch als AMX. Obwohl die Abstammung vom Javelin nicht zu verkennen war, hatte er ein „schnelleres“ Heck, einen einzigartigen Kühlergrill und einen überaus sportlichen Schwung in der hinteren Kotflügelpartie. Die Motorabteilung hatte dazu ihr bis dahin stärkstes Kraftpaket beigesteuert: eine 6,4-Liter-Version des „thinwall“-V8, der bereits in früheren Jahren als 4,8-Liter (serienmäßig 1966) und 5,6-Liter (optionell 1967) erhältlich war.

Mit seinen zwei Sitzen und dem verkürzten Radstand wurde der AMX in der Presse oft mit der Corvette von Chevrolet verglichen, obgleich AMC ihn zu keiner Zeit als Sportwagen bezeichnet hatte. Der AMX konnte aber, wie damals die frühen Ford Thunderbird, sich gewaltig in Szene setzen. Um das zu beweisen, heuerte AMC „Land Speed Record“-As Craig Breedlove und seine Frau Lee an, die zwei AMX auf einer texanischen Rennstrecke ein paar Runden um den Parcours fahren sollten. „Fahren“ war, gelinde gesagt etwas untertrieben, sie erjagten mit den Wagen in 24 Stunden über 106 nationale und

Der AMX „show car“ (rechte Seite) war ein „2+2+2“-Sitzer, mit kleinen Rücksitzen und einem „Ramble Seat“ genannten Notsitz, der in den Kofferraum integriert war. Seine Beliebtheit bei diversen Messepräsentationen legte den Grundstein für die Produktion des AMX (unten), der 1968, nur noch mit zwei Sitzen, debütierte.

internationale Rekorde und fuhren dabei einen Schnitt von 226,4 km/h. Später erreichten sie bei einem von der „USAC“ gesponsorten Rennen in Bonneville eine Geschwindigkeit von 304,1 km/h. AMX begannen bei Dragster-Rennen abzuräumen (Dank an Lou Downy, Shirley Shahan, u.a.) und in der Amateur-Sportwagen-Klasse Erfolge einzufahren. Und fast hätte der AMX 1969 die „SCCA national championship“ gewonnen (eine Corvette war leider eine Haubenlänge voraus).

Der AMX sorgte für genug Aufregung, aber für wenig Verkäufe: Mit 6725 Exemplaren fiel sein Debüt 1968 eher mager aus. AMC hatte so etwas schon befürchtet. Abgesehen von minimalen Änderungen und einem geringfügig erhöhten ($ 52) Einstandspreis (und der lag noch unter akzeptablen $ 3300), neuen „schreienden“ Farben (ein *sehr* strahlendes Blau, Orange und Grün), und einer auf Wunsch erhältlichen „Go“-Ausstattung, die Verbesserungen in Optik und Handling brachte, ging er in das Modelljahr 1969 – und verkaufte 8293 Stück. Das war leider nicht genug. AMC entschied sich, den AMX nach dem 1970er-Durchlauf fallenzulassen. Er bekam noch eine abgeänderte Front, eine „kräftigere“ Motorhaube, normale Rücksitze und einen neuen 5,9-Liter-V8 mit auf den Weg. Trotzdem verkaufte er nur halb so viele Exemplare wie 1969. Teague setzte alles daran, den Wagen am Leben zu erhalten, kam aber mit seiner AMX-Version des 71er Javelin nicht zum Zuge.

Teague hatte dennoch einen moralischen Sieg davongetragen. Seine Fähigkeiten stellte er bei zwei Mittelmotor-Versionen des AMX unter Beweis, dem fahruntüchtigen AMX/2 von 1969 und dem voll funktionsfähigen AMX/3 von 1970, von dem sechs Stück gebaut wurden. Letzterer war mit Hilfe von BMW und dem legendären Sportwagen-Schneider Giotto Bizzarrini entstanden und besaß Einzelradaufhängung mit Dreieckslenkern, rundum große Scheibenbremsen, eine 340 SAE-PS starke 6,4-Liter-Maschine und straffe, kraftvolle Linien – vielleicht Teagues schönste Arbeit. Schön auch deshalb, weil man sich entschlossen hatte, diesen Entwurf dem von Giorgetto Giugiaro vorzuziehen, der überraschenderweise ein eher glanzloses AMX-Design vorgelegt hatte.

Der AMX/3 wäre, nötigenfalls als limitierte Serie, produktionsreif gewesen, aber AMC hatte kein Geld. Bereits im Abstieg begriffen, konnte man sich nur noch einen AMX auf Javelin-Basis leisten. Heute gehört AMC der Vergangenheit an, und Teague ebenfalls, er verstarb 1991.

Heute sind Oldtimerfreunde froh, in Dick Teague einen Mann gehabt zu haben, der Zweisitzer liebte. Der AMX war der Wagen, den er selber gerne fuhr und der die Krönung seines Schaffens war. Ein in jeder Hinsicht wunderbares Kompliment.

Technische Daten

Motor:	V8, hängende Ventile; 4753 ccm (95,3 × 83,3), 225 SAE-PS, 5622 ccm (103,6 × 83,3), 280 SAE-PS, 6392 ccm (105,9 × 90,7), 315 SAE-PS
Getriebe:	3/4-Gang-Schaltgetriebe; Dreigangautomatik
Fahrwerk, vorn:	obere und untere Dreiecksquerlenker, Schraubenfedern
Fahrwerk, hinten:	Starrachse, Halbelliptik-Blattfedern
Bremsen:	vorn Scheibenbremsen/hinten Trommelbremsen
Radstand (mm):	2464
Gewicht (kg):	1407
Höchstgeschwindigkeit (km/h):	193–209
Beschleunigung 0–96 km/h (s):	6,7–9,0
Produktionszahlen:	**1968** 6725 **1969** 8293

(rechte Seite) Dieses war Amerikas zweiter *Zweisitzer, mit beliebter „Red Line“-Bereifung und für 1968 mit dem stärksten Motor der AMX-Reihe ausgerüstet: 315 SAE-PS aus einem 6,4-Liter-V8, angeflanscht an ein 4-Gang-Schaltgetriebe. Das Interieur schmückten Sitze mit perforierten Vinylbezügen und Holzimitat. Das 1969er-Modell bekam neue „knallige“ Farben (Grün, Blau und Orange), erfuhr aber sonst nur kleine Retuschen (unten).*

AMX · 380

AMX
AMX

1968-69
AMC Javelin

Gemessen an internationalem Standard legten Amerikas Automobilbauer in den Sechzigern merkwürdige Verhaltensmuster an den Tag. Obwohl jeder Hersteller für jedes Marktsegment ein eigenes Fahrzeug anbot, sahen die Wagen sich doch alle sehr ähnlich. Einzige Ausnahmen von dem herkömmlichen Konzept der schweren Motoren und sperrigen Hinterachsen waren Corvette, Corvair und Toronado/Eldorado, alles Konstruktionen, die auf ein spezielles Kundenspektrum abzielten – und trotzdem starker Kritik ausgesetzt, fast vom Markt zu verschwinden drohten. Hätte es sie nicht gegeben, wären die sechziger Jahre wohl als das Jahrzehnt mit dem geringsten technologischen Fortschritt in die Geschichte eingegangen.

Aber warum neue Wege beschreiten? Die Konjunktur befand sich im Aufschwung und es wurden, für damalige Verhältnisse, tolle Autos gebaut. Dick Teagues AMC Javelin war eines davon. In aller Eile von AMC als „ponycar"-Antwort auf Mustang und Camaro lanciert, besaß er alles, was die Konkurrenten ebenfalls auszeichnete. Und war noch wunderschön dazu. Mit nur 2,5 cm mehr Radstand als der Mustang bot er, vor allem hinten, mehr Platz als alle anderen „ponycars". Der Preis stimmte ebenfalls: In der Grundversion kostete er $ 2482, und damit weniger als ein Mustang.

Der Javelin war mehr als nur die Antwort auf den Mustang; es war der Versuch, das Image von American Motors zu verändern – und das dramatisch. Der ehemalige Präsident von AMC, George Romney, war der Ansicht, daß AMC den falschen Weg beschritt – seine Nachfolger hatten ja schließlich den Rambler fallengelassen und andere Pläne verfolgt – und daß AMC nicht mit den Großen wie General Motors mithalten konnte. Der Nachteil „unabhängig" zu sein bestand darin, nach dem Erfolg der eigenen, guten Idee, sofort von den Großen an die Wand gedrängt zu werden.

Gut, der Rambler war, so plump er auch daherkam, eine Pionierleistung – zumindest in den Fünfzigern und Anfang der Sechziger. Grund genug für alle anderen Hersteller, und viele davon um einiges größer als AMC, diesem Beispiel zu folgen. Mitte der Sechziger gab es für AMC auch keine andere Wahl mehr, als verschiedenste Produkte zu probieren, sie versuchten mal dies, mal das, und sicherlich wollten sie auch nicht unbedingt mit den Großen gleichziehen – ihre Übermacht und Vielseitigkeit war schier erdrückend.

Vom reinen Design-Standpunkt aus betrachtet, war die erste Serie des Javelin von 1968–69, die gleichwohl beste. Teague zeigte hier wieder seine Vorliebe für klare, fließende Formen. Es gab zwei Modelle, beides Hardtops: die Normalversion und eine $ 105 teurere SST-Luxusausführung.

Die betagten Nash-Motoren waren immer noch ein Problem für AMC, so konnte der Javelin mit seinem alten Nash-Sechszylinder (3,8-Liter) und 3-Gang-Schaltgetriebe nicht recht überzeugen. Das reichte für eine ausreichende Motorisierung, konnte aber einem Vergleich mit Chryslers „Slant Six" zum Beispiel nicht standhalten. Dafür gab es den 4,8-Liter-V8 (290 ci), vergleichbar mit dem 4,7-Liter (289 ci) des Mustang, oder aber für ganz Anspruchsvolle, den 5,6-Liter-V8 (343 ci) in einem „Go Package" mit 280 SAE-PS, Doppelauspuffanlage, E70×14-Bereifung, vorderen, servounterstützten Scheibenbremsen, sportlichem Fahrwerk, und einigen optischen Verbesserungen.

Heute ist der „Go-Package-SST" weitaus gesuchter als der normale Javelin, jedoch besitzen beide genügend Charme, um von ihren Liebhabern auch im Alltag gern gefahren zu werden. Zweifellos sehen sie moderner aus als ihre gleichaltrigen Mitbewerber, die Mustangs. Und für die Straße war die 4,8-Liter-Maschine eine feine Sache – für „Trans Am"-Rennen allerdings nicht, bis sie 1970 auf 5,0-Liter (304 ci) aufgebohrt wurde.

AMC zeigte sich mehr als zufrieden mit ihrem „ponycar", 45 000 waren anvisiert, 56 000 wurden verkauft. 1969 entschieden sich nur noch 40 000 für den Javelin, das „ponycar"-Fieber war abgeklungen, seine Rivalen gingen ebenfalls langsam zu Boden.

Das geradlinige Styling und das relativ gute Platzangebot sind die Pluspunkte des Javelin. Eine Fachzeitschrift nannte ihn sogar ein „rundum spritziges, angenehmes, schönes Auto". Und das gilt noch heute.

Einer von vielen „ponycars" ist der AMC Javelin, der in Standard- und SST-Ausführung angeboten wurde (rechte Seite, oben). Die 1969er-Modelle wiesen nur geringe Änderungen auf, das hier gezeigte Exemplar (unten und rechte Seite, unten) hatte eine „Go"-Ausstattung mit 5,6-Liter-Motor, verstärkter Federung und optischen Details wie Zierstreifen, Lufthutzen auf der Motorhaube und andere Felgen.

Technische Daten

Motor: 6 Zylinder in Reihe, hängende Ventile, 3803 ccm (95,3 × 82,6), 145 SAE-PS; V8, hängende Ventile, 4753 ccm (95,3 × 83,3), 200/225 SAE-PS, 5622 ccm (103,6 × 83,3), 280 SAE-PS, 6392 ccm (105,9 × 90,7), 315 SAE-PS

Getriebe:	3/4-Gang-Schaltgetriebe; Dreigangautomatik
Fahrwerk, vorn:	obere und untere Dreiecksquerlenker, Schraubenfedern
Fahrwerk, hinten:	Starrachse, Halbelliptik-Blattfedern
Bremsen:	vorn Scheibenbremsen/hinten Trommelbremsen
Radstand (mm):	2769
Gewicht (kg):	1288
Höchstgeschwindigkeit (km/h):	**5622 ccm V8** 195
Beschleunigung 0–96 km/h (s):	**5622 ccm V8** 8,6
Produktionszahlen:	**1968** 55 124 **1969** 40 675

028 HAY

257
0C M13
GOODYEAR

1965-69
Avanti II

Es existieren nur wenige Fahrzeuge, die eine zweite Chance erhalten, nachdem ihr Hersteller das Zeitliche gesegnet hat. Als Studebaker seinen langjährigen Firmensitz in South Bend, Indiana, verließ, um in Ontario sein neues Glück zu versuchen, sah es so aus, als ob der zukunftsweisende Avanti sein nur zweijähriges Leben ausgehaucht hätte. Und nachdem das kanadische Projekt 1966 gescheitert war, hätte er auch endgültig tot, wenn nicht gar vergessen sein müssen. Selbst die besten Autos überleben schließlich nicht, wenn niemand sie mehr baut.

Leo Newman und Nathan (Nate) Altman, lange Zeit schon in South Bend gemeinsame Studebaker- und Packard-Händler, hatten eine Vision – dieses beispiellose Coupé sollte vor dem Untergang bewahrt werden. Sie erstanden nicht nur die Namens- und Herstellungsrechte, sie kauften auch einen Teil einer verlassenen, ehemaligen Studebaker-Fabrik und gründeten die neue Avanti Motor Corporation.

Im Spätjahr 1965 begann die Fertigung in den wiederbelebten Werkhallen an der Lafayette Avenue mit dem Ziel, jährlich 300 Avanti II zu bauen. Dieses Ziel wurde nie erreicht, der Avanti aber blieb am Leben – bis in die neunziger Jahre hinein.

Dieser Erfolg ist um so überraschender, wenn man weiß, daß der originale Avanti sich eigentlich nicht so gut verkaufte. Und dieser kleine Verkaufserfolg zehrte auch noch vom Studebaker-Image; andere Hersteller konnten ein Lied davon singen, sie verkauften schlecht, obwohl ihre Modelle Rennerfolge einheimsten und Geschwindigkeitsrekorde herausfuhren.

Die Karosserie des Original-Avanti fertigte man ja aus Glasfiber, hätte sie jedoch aus Stahlblech bestanden, wäre es vielleicht nicht zu einer Wiedergeburt gekommen. Karosserieteile von der „Molded Fiber Glass Body Company" und eine kleine Fertigungsstraße, garantierten verhältnismäßig niedrige Kosten. Die Montage übernahmen ehemalige Mitarbeiter von Studebaker, die trotz bescheidener Löhne lieber die Möglichkeit nutzten, handgearbeitete, sportliche Luxus-Automobile zu bauen.

Der Avanti hatte nicht nur eine Zubehörliste, die so lang war, daß die Konkurrenz vor Neid erblaßte, sondern dem Käufer oder der Käuferin wurde praktisch jeder Wunsch erfüllt. Farben standen so viele zur Auswahl, wie der Regenbogen herzugeben vermochte. Bezugsstoff konnte alles sein, was sich gerade noch zu Sitzbezügen verarbeiten ließ – und von einem Fachmann verarbeitet wurde, der schon große Erfahrung bei Studebaker gesammelt hatte.

Als Antriebseinheit mußte man nun auf die Studebaker-Motoren der R-Serie verzichten und griff statt dessen ins Chevrolet-Regal: Der Corvette-V8 mit 5,4-Litern (327 ci) sollte den Avanti beflügeln. Der automatische „Power-shift" ermöglichte zwar manuelles Schalten zwischen erstem und zweitem Gang, doch wünschten viele Kunden das von Borg-Warner stammende Viergang-Schaltgetriebe, oft in Kombination mit einem Schalthebel von Hurst.

Avanti und Avanti II waren nur durch kleine Details, und das auch nur für einen passionierten Liebhaber, voneinander zu unterscheiden, sieht man einmal von der „II" im Typenschild ab. Das Erscheinungsbild hatte sich kaum geändert, bis auf die Tatsache, daß das neue Modell „gerader" auf den Rädern stand. Der frühere „Keil" war verschwunden (Vorderpartie niedriger zur Straße als das Heck). Gemeinsam waren weiterhin die kühlermaskenlose Front, die scharfkantigen vorderen Kotflügel, die schlanken Stoßstangen und das „Colaflaschen-Design" mit geringfügig kleineren, vorderen Radausschnitten.

Das geringere Gewicht gab ihm eine bessere Gewichtsverteilung, die vorderen Scheibenbremsen brachten den Wagen fadingfrei zum Stehen. Automobiltester lobten seine Sicherheit, seine Laufruhe und sein stabiles, aber komfortables Fahrverhalten.

Der originale Avanti hatte mehr auf Fahrleistungen gesetzt, der neue dagegen war ein viersitziges „Luxusmobil", nicht zuletzt auch wegen des höheren Preises. Betrug der Preis für einen „I" noch $ 4445, ging es beim „II" erst bei $ 7200 los – oder aber bei $ 6550, wenn man auf gewisse Dinge verzichtete. Orderte man jedoch einen Avanti in all seiner Pracht, inklusive jeglichen Zubehörs, waren $ 10 000 schnell erreicht.

Das Zubehörprogramm umfaßte Klimaanlage, elektrische Fensterheber, getönte Scheiben, Scheinwerfer von „Eppe", Sperrdifferential, „Magnum 500"-Chromfelgen, und vieles mehr. Für $ 200 Aufpreis erhielt man strukturiertes „Raphael vinyl", für $ 500 bekam man eine komplette Lederausstattung. Wie in der damaligen Presse zu lesen war, hatte der Avanti-Kunde mehr als 400 Möglichkeiten sich in einem Avanti zu „ruinieren".

Das tat den Fahrleistungen des Avanti durchaus keinen Abbruch, die Höchstgeschwindigkeit lag bei 200 km/h, und ein Automatik-Modell schaffte es auf 60 mph (etwa 96 km/h) in weniger als 9 Sekunden. Eugene Hardig, letzter Chefingenieur bei Studebaker, war es, der dem Motor 1969 zu „gesunden" 5,7 (350 ci) und später 6,5 Litern (400 ci) verhalf.

Nach dem Tod von Nate Altman im Jahre 1976 hielten verschiedene Besitzer die Avanti Motor Corporation am Leben. Obwohl die Zukunft oftmals düster aussah, konnte der Avanti seinem drei Jahrzehnte alten Ursprung treu bleiben – ein schlagendes Argument für sein zeitloses Design.

Technische Daten

Motor:	V8, hängende Ventile; **1965–69** 5360 ccm (101,6 × 82,6), 300 SAE-PS **1969** 5737 ccm (101,6 × 88,4), 300 SAE-PS
Getriebe:	Borg-Warner 4-Gang-Schaltgetriebe oder Power-Shift-Dreigangautomatik
Fahrwerk, vorn:	obere und untere Dreiecksquerlenker, Schraubenfedern, Querstabilisator
Fahrwerk, hinten:	Starrachse, Blattfedern
Bremsen:	vorn Scheibenbremsen/hinten Trommelbremsen
Radstand (mm):	2769
Gewicht (kg):	1444–1461
Höchstgeschwindigkeit (km/h):	195–201
Beschleunigung 0–96 km/h (s):	7,5–8,8
Produktionszahlen:	**1965** 21 **1966** 98 **1967** 60 **1968** 89 **1969** 103

Der Avanti II konnte genau auf die Wünsche der Kunden zugeschnitten werden, der Hersteller bot nahezu jede Kombination aus Farbe und Ausstattung an. Die Innenausstattung war überaus luxuriös gehalten, und das Motto des Herstellers lautete: „Jede Farbe ist lieferbar, sofern sie hergestellt wird". Eine Philosophie, die etliche Avanti entstehen ließ, die in ihrer Einmaligkeit, im Wortsinn, einzigartig sind.

Avanti II

1960
Buick Electra

Waren die 50er Jahre noch das Jahrzehnt des Überschwangs, so begannen die 60er Jahre weniger euphorisch – zumindest in GM-Kreisen. Viel war für die 1959er-Buicks geändert worden, mit ihren riesigen Heckflossen („Delta wings") und schräggestellten Doppelscheinwerfern. Manche hielten sie für die „dramatischsten" Buicks, die je gebaut wurden – und im krassen Gegensatz zu den 1958er-Modellen, überfrachtet mit ihrem chromglänzenden Zierat.

Für 1960 wurden die 1959 eingeführten Modellnamen und Karosserieformen beibehalten: das Basismodell LeSabre, der (mehr oder weniger) sportliche, mittlere Invicta, der luxuriöse Electra und der überdimensionale Electra 225, dessen Modellbezeichnung gleichzeitig Auskunft über die Fahrzeugabmessungen gab und der damit um 12 cm länger war als ein normaler Electra.

In ihren Grundzügen ähnelten die 1960er-Modelle denen des Vorjahres, mit ihrem langen „Deck", der filigranen Dachkonstruktion und der daraus resultierenden, riesigen Glasfläche. Die Änderungen gingen dennoch soweit, daß einige der exzessivsten Partien geglättet und manche Ecken entschärft wurden. Vertikal verlaufende, konkav nach innen gezogene Streben formten jetzt die Kühlermaske – wesentlich dezenter als der bullig wirkende Kühlergrill des 59er Modells, und die Doppelscheinwerfer waren nicht mehr schräg, sondern horizontal angeordnet.

Im Jahre 1959 verliefen die Heckflossen ähnlich schräg und integrierten sich in das Gesamtbild. Sie zogen sich von der Windschutzscheibe bis hin zum Heck, ragten aber längst nicht so hoch gen Himmel und betonten dadurch die stark modellierten Seitenflächen. Die Hardtop-Limousinen gab es mit zwei unterschiedlichen Dachkonstruktionen: ein Riviera-Modell, mit sechs Glasflächen, die Heckscheibe war herumgebogen, dreieckige, hintere Seitenscheiben schlossen sich an, und eines mit vier Glasflächen, flachem Dach, dünnen Dachpfosten und einer riesigen, ganz herumgezogenen Heckscheibe.

Traditionsbewußte bekamen etwas, daß sie schon lange nicht mehr gesehen hatten: „VentiPorts". Das Erkennungszeichen der 1949er Buick-Flossen, die „Bullaugen", waren wieder da, wenn auch in modifizierter Form.

Electra und Invicta beherbergten unter ihren Hauben den 6,5-Liter-V8 (401 ci) von 1959, „Wildcat 445" genannt (als Bezeichnung für das Drehmoment von 594 Nm), mit 325 SAE-PS. Den LeSabre befeuerte ein 6,0-Liter-Motor (364 ci) mit 235 bis 300 SAE-PS.

Die Electras besaßen Bremskraftverstärker und Servolenkung sowie eine Doppelrohr-Auspuffanlage, die in diesem Modelljahr mit nur einem Endschalldämpfer auskommen mußte. Geringe Nachfrage und hoher Kostenaufwand bedeuteten das Aus für das „Triple Turbine Drive"-Automatikgetriebe, gegen

Technische Daten

Motor:	V8, hängende Ventile, 6572 ccm (106,4 × 92,5), 325 SAE-PS
Getriebe:	Turbine Drive-Automatikgetriebe (Doppelturbine)
Fahrwerk, vorn:	obere und untere Dreiecksquerlenker, Schraubenfedern
Fahrwerk, hinten:	Starrachse, Schraubenfedern
Bremsen:	vorn/hinten Trommelbremsen
Radstand (mm):	3208
Gewicht (kg):	2022–2113
Höchstgeschwindigkeit (km/h):	177–190
Beschleunigung 0–96 km/h (s):	11,0–12,0

Produktionszahlen: **Electra Sdn 4tür.** 13 794 **Hardtop 2tür.** 7416 **Hardtop 4tür.** 14 488 **Electra 225 Riviera Hardtop 4tür. 6window** 8029 **Hardtop 4tür. 4window** 5841 **Convertible** 6746

Trotz Zähmung des flamboyanten 1959er-Modells, besaß der Electra 1960 noch eine stark stilisierte Linienführung. „VentiPorts", die Bullaugen längs der vorderen Kotflügel und Buicks Markenzeichen, schmückten nach zweijähriger Abstinenz, wieder das Blechkleid des Electra. Für die Heckflossen aber sollte es das letzte Jahr werden. Motorisiert wurde er durch den 6,5-Liter-V8, auch „Wildcat 445" genannt, eine Bezeichnung, die er seinem eindrucksvollen Drehmoment (594 Nm) zu verdanken hatte. Die Instrumententafel (oben), auf der sich Tacho, Kilometerzähler und Warnleuchten ablesen ließen, war in Wirklichkeit ein Spiegel, der die horizontal liegenden Instrumente widerspiegelte.

Aufpreis bereits seit 1958 erhältlich. Zum Einsatz kam ein neuer „Turbine Drive" mit variabler Ölflußkontrolle, die die gewöhnlichen Schaltstufen ersetzte. Buicks Getriebe-Ingenieur Harold Fischer erklärte *Car Life*, daß für „maximale Beschleunigung . . .nicht geschaltet wird, sondern man einen permanenten Ölfluß regelt." Statt des „Kopfnick-Effekts" bei Gangwechseln, berichtete die Zeitschrift von einer „weichen, aber stetig wachsenden Beschleunigung."

Weitere Überraschungen zeigten sich im Inneren des Electra: Eine „Mirromagic"-Instrumententafel ermöglichte es dem Fahrer, Tachometer und Warnleuchten über einen justierbaren Schwenkspiegel abzulesen. Wichtiger für die Insassen war allerdings ein flacher verlaufender Mitteltunnel und ein abgesenktes Bodenblech, was einiges mehr an Beinfreiheit bedeutete. Die hinteren Türen ließen sich weiter öffnen, zweifellos eine Konzession an das Durchschnittsalter eines typischen Electra-Kunden. Ein sanftes Fahrverhalten war schon immer das Markenzeichen von Buick gewesen, deshalb vermarktete man verstärkt Vorzüge des Electra: Schubrohr-Hinterachse, Schraubenfedern und solider „K-Form"-Rahmen. Die luftunterstützte Federung, früher als Option erhältlich, gehörte nun der Vergangenheit an.

Der Radstand war gegenüber den anderen Buicks um 8,4 cm auf 3208 mm angewachsen, die Bereifung mit 8.00×15″ gut dimensioniert. Ein Convertible bot man nur in der Electra-225-Serie an und verkaufte es für $ 4192. Kunden, die nicht ganz so viel ausgeben wollten, konnte man mit einem normalen Electra Hardtop Sedan für $ 3818 zufriedenstellen. Das umfangreiche Zubehörprogramm bot solche Dinge an, wie „Twilight Sentinel", eine Einrichtung, die abhängig von den Lichtverhältnissen, die Scheinwerfer automatisch einschaltete, und eine „Guide-Matic", die die Helligkeit variierte, des weiteren elektrische Fensterheber, sechs Sitzplätze, Klimaanlage und einen Sendersuchlauf („Wonder Bar") für das Radio.

Die Produktionszahlen stiegen merklich im Jahr 1959, obwohl Buick es damit nur auf Platz sieben der Gesamtverkaufszahlen brachte. 1960 jedoch verließen nur 253 807 Fahrzeuge das Band (darunter 56 314 Electras), 284 248 waren es noch im Vorjahr gewesen. Das bedeutete nur Platz neun, das schlechteste Ergebnis für Buick in 55 Jahren, und einen Gewinn für den rivalisierenden Stammesbruder Pontiac.

Ob es die schlechten Verkaufszahlen waren oder das etwas konservativere Styling, die nicht zum erhofften Erfolg führten, der Entschluß stand fest: Das Erscheinungsbild mußte gezähmt und die Heckflossen sollten ad acta gelegt werden. Buick konnte es jetzt ruhiger angehen lassen, statt der äußeren, nun die inneren Werte pflegen. Die Motorleistung wurde erhöht und eine Kleinserie aufgelegt, die großen Luxusgeschöpfe mußten ja schließlich adäquat bewegt werden.

„Wenn einmal bessere Automobile gebaut werden", tönten Werbeanzeigen in schöner Regelmäßigkeit, „dann wird Buick sie bauen." Weder der Electra von 1960 war „besser", noch war der Electra von 1959 ein Streitfall für den Geschmack. Trotzdem wird man heute nach beiden, und besonders nach einem offen vorbeigleitenden Convertible, den Kopf verdrehen – auch wenn es Beobachtern die Sprache verschlägt angesichts eines solchen chromblitzenden Überflußes.

1961-62 Buick Electra

Betrachtet man die damalige Zeit vom Standpunkt der neunziger Jahre aus, fällt es leicht, die riesigen Heckflossen und das chromblitzende Zierwerk, Symbole amerikanischer Traumwagen vergangener Jahrzehnte, zu verurteilen. „Was waren wir doch unverbesserlich", ist die Meinung vieler, „so einem Unsinn zu verfallen."

Vielleicht haben sie recht, aber es waren genau diese Wagen, die damals ganz Amerika begeisterten. Größer, glänzender, kühner war die Devise – und für viele hieß das auch „besser". Wie groß muß erst der Schock gewesen sein, als diese Glitzerwelt in sich zusammenbrach und praktisch vom Markt verschwand. Die Modelle, die Buick für das Jahr 1961 präsentierte, gingen in diese Richtung, sie hatten nichts mehr mit ihren Vorgängern gemein.

So schien es zumindest. Unter all dem Blech verbarg sich das gleiche Fahrgestell, der gleiche Antrieb vorhergehender Modellreihen. Dieses Blechkleid jedoch wies klare und moderne Linien auf, die Spuren ostentativer und exzessiver Selbstdarstellung waren nahezu verwischt. Die Heckflossen waren verschwunden, normale Abmessungen und einfache, horizontale Rückleuchten bestimmten jetzt die Heckpartie. Diesen neuen, sehr sachlichen Stil nannte Buick „the clean look of action".

Die bereits 1960 wieder vorgestellten „Bullaugen" zierten auch die 61er-Modelle: LeSabre und Invicta erhielten drei, Electra und Electra 225 vier der nun ovalen „portholes". Die vorderen Kotflügel ähnelten in ihrem projektilartigen Profil den Stoßstangenenden. Die Fahrzeugseiten waren nicht mehr so stark modelliert, trugen aber, dank dreier über die gesamte Länge parallel verlaufender Falzen, weiterhin zur Gesamtoptik bei.

Die Doppelscheinwerfer saßen horizontal, links und rechts in einer Kühlermaske, die nunmehr kaum etwas mit dem übertriebenen Styling früherer Jahre gemeinsam hatte: ein Grill aus einfachen, horizontal angeordneten Streben, dessen Mitte ein Emblem zierte. Verglichen mit der jüngsten Geschichte, war dies ein Buick von geradezu außergewöhnlicher Schlichtheit.

Die Windschutzscheibe besaß nicht mehr diese ausladenden Rundungen, war sanft gebogen und paßte sich gut an die ebenfalls gerundeten Ausstellfenster an. Niedrigere Seitenschweller verringerten die Einstiegshöhe um fast 13 cm und ermöglichten ein bequemeres Ein- und Aussteigen. Eine neue, platzsparende Kardanwelle sorgte für einen niedrigeren Mitteltunnel und für mehr Platz, der den in der Mitte sitzenden Insassen zugute kam. Das Hardtop war mit zwei verschiedenen Dächern lieferbar: mit Riviera-Dach und dreieckigen, hinteren Seitenfenstern, sowie als Flachdach-Version mit ganz herumgezogener Heckscheibe.

Der Radstand verringerte sich nur minimal, das Gewicht dagegen konnte um mehrere Zentner gesenkt werden. Für den Antrieb war weiterhin der „Wildcat 445"-V8 mit 6,5-Litern Hubraum und 325 SAE-PS zuständig. Übernommen wurde auch das „Turbine Drive"-Automatikgetriebe, bereits bekannt für seine sanfte Kraftübertragung. Invicta-Modelle bekamen ebenfalls den „Wildcat", LeSabres aber mußten mit einem kleineren 6,0-Liter-V8 vorliebnehmen. Schaltgetriebe gab es von nun an auch nicht mehr, obwohl einige wenige LeSabre noch damit ausgerüstet wurden.

Kunden, die über ihren Komfortanspruch hinaus auch sportlich ambitioniert waren, konnten den Electra-Motor in einer neuen Hülle bekommen, dem Buick Wildcat (siehe späteres Kapitel). Traditionsbewußtere hingegen hatten die Sicherheit, daß „ihr" Buick noch viele Jahre ohne große Änderungen zu durchlaufen weiterexistieren würde.

Die vorderen Kotflügel wurden für das Modelljahr 1962 „geschlichtet" und die Dachlinie neu definiert. Die „VentiPorts" verlängerte man etwas und das Heck wurde weniger ausladend gestylt. Die hinteren Dachpfosten gewannen an Basisbreite und der Kühlergrill erreichte eine Phase einfachster Schlichtheit. Zwecks besserer Gewichtsverteilung und sanfteren Kardanreaktionen verlagerte man den Motor nach vorn (auch als „Advanced Thrust"-Design bezeichnet). Erfreulich für einen Mitfahrer, der nun den vorderen Sitzplatz in der Mitte voll nutzen konnte, ohne daß seine Fußfreiheit eingeschränkt wurde. Die Electra-Basismodelle nahm man nun aus dem Programm, und die Topmodelle bekamen alle die Bezeichnung Electra 225.

Die Öffentlichkeit reagierte vielleicht etwas zurückhaltender als Buick es sich mit seinem „gezügelten„ Electra erhofft hatte – 1961 lag die Produktion um 8391 Stück unter der des Vorjahres – aber das mag auch daran gelegen haben, daß das Grundmodell weggefallen war. Als Akzeptanz auf breiterer Ebene einsetzte, sah es mit den Verkaufszahlen auch schon wieder besser aus: Waren es 1961 noch 47 923 Exemplare, so konnten 1962 62 468 Fahrzeuge abgesetzt werden, ein deutlicher Anstieg gegenüber dem Jahr 1960.

So beliebt diese großen Buicks auch damals gewesen sein mögen, können sie heute mit ihrer nüchternen Formgebung der Begeisterung, die ihren Vorgängern, aufgrund ihres bunten und überladenen Auftretens gezollt wird, nichts mehr entgegensetzen. Sieht man einmal davon ab, so ist diese Buick-Ära eher als ein Umschwung zu neuen formalistischen Ideen der späten sechziger Jahre zu werten.

Technische Daten

Motor:	V8, hängende Ventile, 6572 ccm (106,4 × 92,5), 325 SAE-PS
Getriebe:	Turbine Drive-Automatikgetriebe (Doppelturbine)
Fahrwerk, vorn:	obere und untere Dreiecksquerlenker, Schraubenfedern, Querstabilisator
Fahrwerk, hinten:	Starrachse, Schraubenfedern, Panhardstab
Bremsen:	vorn/hinten Trommelbremsen
Radstand (mm):	3200
Gewicht (kg):	1923–2016
Höchstgeschwindigkeit (km/h):	185
Beschleunigung 0–96 km/h (s):	10,0–11,0

Produktionszahlen: **1961 Electra Sdn 4tür.** 13 818 **Hardtop 2tür.** 4250 **Hardtop 4tür.** 8978 **Electra 225 Riviera Hardtop 4tür.** 13 719 **Convertible** 7158 **1962 Electra 225 Sdn 4tür.** 13 523 **Hardtop 2tür.** 8922 **Hardtop 4tür.** 16 734 **Riviera Hardtop 4tür. 6window** 15 395 **Conv.** 7894

Das Styling des 1961er Electra (rechte Seite, oben) war ein radikaler Bruch mit den Ideen des Vorjahres, die Heckflossen wurden eingetauscht gegen ein pfeilähnliches Profil. Weitere Designänderungen kamen mit dem folgenden Modelljahr 1962 (rechte Seite unten, und diese Seite, ganz oben), als die 1961er Verkaufszahlen unter die des vorangegangenen Jahres fielen. Unter ihrer Haut tat sich wenig, der seit 1959 angebotene „Wildcat 445" verrichtete immer noch seinen Dienst.

BUICK
26 916

1961-63 Buick Special Skylark

Das soll ein Buick sein? So oder ähnlich muß wohl die Reaktion der Öffentlichkeit auf diesen kompakten Buick Special gewesen sein, der für das Modelljahr 1961 angekündigt wurde. Dieses Modell war einer von mehreren „compacts", die GM im Zuge einer zweiten „Kompakt-Ära" in der Tradition des heckangetriebenen Chevrolet Corvair auf den Markt brachte. Mit einem Radstand von 2847 mm war dies der kleinste Buick in 50 Jahren, und damit im Gefolge von Oldsmobile F–85 und Pontiac Tempest.

Wären da nicht die verräterischen „VentiPorts" an den vorderen Kotflügeln gewesen, so hätte man das Modell einem x-beliebigen Hersteller zuordnen können. Buick beschrieb den Special als „revolutionär", und als einen Wagen, der schon auf Grund seiner „Fahrspaß verheißenden Abmessungen" „ohne Zugeständnisse an alte Konzepte" auskommt. Er fiel zwar unter die Kategorie „compact", war aber gedacht, um sechs Erwachsene mit einem gewissen Maß an Komfort zu befördern, was *Motor Trend* dazu veranlaßte, dem Special ausreichende Dimensionen zu bescheinigen.

Die Verbindung zwischen pfeilartig nach vorn hin zulaufenden Kotflügeln und einem faltenreich gestalteten Heck stellten stark modellierte Seitenpartien her, die in Höhe der Gürtellinie zusätzlich von einer verchromten Zierleiste betont wurden. In einer seiner farbenreichen Ausführungen bemerkte Tom McCahill, Autor bei *Mechanix Illustrated*, daß die Karosserie „mehr Kanten und Ecken habe als eine zerbrochene Fensterscheibe."

Besonderes spielte sich unter der Motorhaube ab, unter der ein leichtgewichtiger (und sparsamer) „Fireball"-Aluminium-V8 mit 3524 ccm, entwickelt von GM Engineering, eine Leistung von 155 SAE-PS abgab. Buick war damit der erste amerikanische Automobilhersteller, der in Großserie Aluminium-Motoren verbaute.

Der Special wurde anfangs mit vier Türen als Sedan und Wagon, in einer Basis- oder Deluxe-Ausstattung angeboten. Eine „Dual-Path Turbine Drive"-Automatik mit Planetengetriebe gab es als Option für das serienmäßige Dreigang-Schaltgetriebe. Eine Starrachse mit offenliegendem Kardantrieb ersetzte die herkömmliche Schubrohr-Hinterachse.

Kurz nach seinem Debüt gesellte sich zur Special-Familie das Deluxe Skylark Coupé, das seinen Namen dem von 1953–54 gebauten Convertible entliehen hatte. Im Frühjahr 1961 für $ 2395 ($ 95 mehr als ein Special Deluxe Sedan) angeboten, war es mit Schalensitzen und einer stärkeren 185 PS-

Die kompakten 1961er Special-Modelle (unten) waren die kleinsten Buicks seit 50 Jahren. Gegenüber seinen Rivalen Oldsmobile F-85, Pontiac Tempest und Chevrolet Corvair, gab sich der Special doch recht konservativ, mit konventionellem Antriebsstrang und einem Styling, das den großen Buicks des gleichen Jahres sehr nahe kam. Ein schickeres Skylark Coupé wurde Mitte 1961 vorgestellt. Das Styling wurde für 1962 wenig geändert, das sportliche Skylark Coupé (oben, und rechte Seite) bekam ein Convertible zur Seite gestellt (ebenso wie der Special). Glattere Linien kennzeichneten die 63er-Modelle (diese Seite, ganz unten), und die Leistung des 3,5-Liter-Aluminium-V8 wurde auf 200 SAE-PS angehoben.

Technische Daten

Motor: V6, hängende Ventile, **1962–63 Special** 3245 ccm (92,2 × 81,3), 135 SAE-PS; V8, hängende Ventile, **1961–63 Special** 3524 ccm (88,9 × 71,1), 155 SAE-PS **1961 Skylark** 185 SAE-PS **1962 Skylark** 190 SAE-PS **1963 Skylark** 200 SAE-PS

Getriebe: 3-Gang-Schaltgetriebe **1962–63** auf Wunsch Borg-Warner-4-Gang-Schaltgetriebe; auf Wunsch Dual-Path-Turbine-Drive-Zweigangautomatik

Fahrwerk, vorn: obere und untere Dreiecksquerlenker, Schraubenfedern

Fahrwerk, hinten: Starrachse, Schraubenfedern

Bremsen: vorn/hinten Trommelbremsen

Radstand (mm): 2847

Gewicht (kg): 1171–1315

Höchstgeschwindigkeit (km/h): 153–172

Beschleunigung 0–96 km/h (s): **V6** 14,4–15,0 **V8** 10,2–14,0

Produktionszahlen: **1961 Special Sdn 4tür.** 18 339 **Deluxe Sdn 4tür.** 32 986 **Sport Coupé 2tür.** 4232 **Wagon 4tür/2sitzer** 6101 **Wagon 4tür/3sitzer** 798 **Deluxe Wgn 4tür.** 11 729 **Skylark Sport Coupé** 12 683 **1962 Special Sdn 4tür.** 23 249 **Deluxe Sdn 4tür.** 31 660 **Cpé 2tür** 19 135 **Wagon 4tür/2sitzer** 7382 **Wagon 4tür/3sitzer** 2814 **Deluxe Wgn 4tür.** 10 380 **Convertible** 7918 **Deluxe Conv.** 8332 **Skylark Hardtop Cpé** 34 060 **Skylark Conv.** 8913 **1963 Special Sdn 4tür.** 21 733 **Deluxe Sdn 4tür.** 37 695 **Cpé 2tür.** 21 886 **Kombi 4tür/2sitzer** 5867 **Wagon 4tür/3sitzer** 2415 **Deluxe Wgn 4tür.** 8771 **Conv.** 8082 **Skylark Sport Cpé** 32 109 **Skylark Conv.** 10 212

Version des Alu-V8 ausgerüstet. Ein weißes Vinyldach war auf Wunsch ebenfalls erhältlich. Der stärkere V8 des Coupés war jetzt auch als Option beim Special zu haben. Die 30 Mehr-PS hatte man durch Erhöhung der Kompression von 8,8 : 1 auf stramme 10,25 : 1 und durch eine Änderung im Vergasertrakt erreicht, die zwei Vierfachvergaser wurden durch vier Zweifachvergaser ersetzt. Der Chromschmuck bestand aus verschiedenen Zierstreifen und -leisten, die horizontal angeordneten Rückleuchten beispielsweise, wurden durch Zierstreifen betont, die um das Heck herum in die Seitenflächen hineinliefen. Die Optik des Skylark-Kühlergrills war einmalig, sie wurde bestimmt durch dünne Stäbe, die oben und unten von zwei kräftigen Streben begrenzt wurden (der Grill schien zwischen den Doppelscheinwerfern zu schweben). Diese Kühlermaske sollte im darauffolgenden Jahr auch den normalen Special zieren. Die „portholes" wurden beim Special durch angedeutete Längsschlitze ersetzt, der Skylark bekam größere Radausschnitte. Für die Polsterung hatte man Vinyl und diverse Stoffe aufwendig verarbeitet und imitierte damit die teurere Innenausstattung der Electra-Modelle.

Im ersten Jahr verkaufte sich die stattliche Anzahl von 12 683 Coupés, trotzdem es erst im Frühjahr vorgestellt worden war. 1962 kam ein Convertible hinzu und trug dazu bei (sicherlich auch zusammen mit dem optionalen Borg-Warner-4-Gang-Schaltgetriebe), die Verkaufszahlen des Skylark auf 42 000 ansteigen zu lassen. Weitere Änderungen gegenüber dem Vorjahr gab es, bis auf die schmalen Weißwandringe in der Bereifung, nicht. Obwohl der Skylark nicht gerade die Beschleunigungswerte eines Dragsters erreichte, war er doch ganz schön flott, er schaffte es auf 96 km/h in etwas über 10 Sekunden.

Für das Special-Basismodell wurde ab Mitte 1962 ein 3,2-Liter-V6 angeboten. Buick wurde für „den einzigen V6 in einem amerikanischen Wagen" von *Motor Trend* die Auszeichnung „Auto des Jahres" verliehen. Der Skylark behielt seinen Alu-V8, der jetzt 190 SAE-PS leistete. Skylark-Modelle kamen nur als Coupé oder Convertible, während der Special auch als viertüriger Sedan bzw. Wagon erhältlich war.

Für 1963 wichen die modellierten Seitenflächen weniger auffallenden, vollmundiger gestylten Seitenteilen. Früheres Standard-Equipment, wie z.B. Einzelsitze, waren nur noch gegen Aufpreis erhältlich. Die Motorleistung des Skylark wuchs auf stolze 200 PS an.

Die Popularität der Buick-Zwillinge (Hand in Hand mit dem Wunsch nach „full-size"-Modellen) verhalf dem Hersteller wieder auf die Erfolgsleiter. Der 215 ci-Alu-V8 (der nur knappe 145 kg wog) sollte aber im neuen Modelljahr nicht mehr zum Einsatz kommen. Statt dessen verkaufte man ihn nach Grossbritannien, wo er als Antrieb von Rover-Limousinen und auch im Land Rover und Range Rover eine ruhmreiche Wiedergeburt feierte. Und was den Skylark betraf, hatte Buick für seine kleinste Fahrzeugkategorie bereits einen neuen Antrieb auf Lager.

1962-64 Buick Wildcat

Eine „kleine“ Karosse mit einem großen Motor zu beflügeln war nichts Neues bei Buick. Diesen Trick hatte man schon beim 1937er Century angewendet und Mitte 1950 wieder aufgegriffen, als dieses Modell eine Renaissance erlebte. Der Invicta von 1959–61 war eine Mischung aus verkürztem LeSabre und Electra-Motor. Tom McCahill, der bekannte Autotester der *Mechanix Illustrated,* schaffte es, einen Invicta von 0 auf 96 km/h in genau 8 Sekunden zu beschleunigen und eine Höchstgeschwindigkeit von 193 km/h zu erreichen. Buick hatte also schon einen Wildcat im Programm, nur unter anderem Namen.

1962 kam dann der Wildcat als zweitüriges Hardtop auf den Markt. Als Subserie zum Invicta gedacht, hatte er durchaus mehr zu bieten als nur einen 5,7-Liter-Motor (401 ci) und eine geänderte Achsübersetzung. Er brachte Frische, eine neue Identität und zeigte den Willen zu Leistungsbereitschaft. Buick forderte interessierte Kunden auf, die „Advanced Thrust“-Technologie für sie maßgeschneidert in diesem „brandheißen Luxus-Sportwagen“ zu erleben.

Der Wildcat, dessen Name vom gleichnamigen Motor abstammte, war ausgestattet mit nappabezogenen Einzelsitzen und einem in die Mittelkonsole integrierten Drehzahlmesser, besaß ein weißes oder schwarzes Vinyldach und kostete stolze $ 3927. Mehr als nur ein Imageträger war er „the real thing“ – mit dem nötigen Buick-Komfort, versteht sich.

Motor Trend bezeichnete den Wildcat als einen Wagen, der es „richtig krachen ließ“, und das mit allem Luxus. Sein Interieur war für die gestandenen Tester ein „bucket-seat palace“. Ausgestattet mit bereits reichhaltigem Standardequipment, bot er eine ebenfalls reiche Auswahl an Zubehör, von der Klimaanlage, über den „Twilight Sentinel“ (Sensor, der die Scheinwerfer einschaltete), breiterer Bereifung bis hin zu einem Kompass.

Es waren bestimmt nicht die Verkaufsergebnisse des Jahres 1962, die die „Wildkatze“ aus ihrem Invicta-„Käfig“ befreiten, das eindrucksvolle Potential, das in ihr steckte, ließ sie von nun an eigene Wege gehen. Als einziger Invicta vermochte 1963 nur noch der Kombi zu überleben, und das auch nur für ein weiteres Jahr. 1964 wurde auf Wunsch ein größerer 7,0-Liter-„Wildcat 465“ angeboten, der mit wahlweise 340 oder 360 SAE-PS aus einem oder zwei Vierfachvergasern lieferbar war. Der Aufpreis betrug nur $ 48 für die 340 und $ 188 für die 360 PS-Version, übrigens der gleiche Motor, der auch das Riviera Coupé antrieb.

Frühe Wildcat-Modelle waren mit der sanften „Turbine Drive“-Automatik von Buick ausgerüstet. Da auch kein Schaltgetriebe zu haben war, gingen die Meinungen über die vielgerühmte Sportlichkeit des Wildcat auseinander. Das schadete ihm keineswegs. Mit so viel „Dampf“ unter der Haube machte der Wildcat seinem Namen alle Ehre – solange der Fahrer kurvenarme Strecken bevorzugte und es vermied, schnell aufeinander folgende, enge Kurven zu befahren. Es war ja schließlich ein Buick, und Buick bescheinigte ihm zwar Sportwagenqualitäten, gab aber an, den Wagen nur für amerikanische Verhältnisse gebaut zu haben. Als dann das Geschwindigkeitsreglement verschärft wurde, löste sich dieses Problem von selbst.

Anfangs nur als zweitüriges Hardtop Sportcoupé angeboten, bekam der Wildcat 1963 Gesellschaft, ein viertüriger Hardtop Sedan und ein Convertible ergänzten die Reihe. Gebürstete Zierstreifen an vorderen Kotlügeln und Heck machten den Wildcat leicht erkennbar, ebenso der auffällige Kühlergrill mit seinen dicken, horizontal verlaufenden Streben. Einzelsitze und Konsole blieben serienmäßig, nur das viertürige Hardtop mußte mit einer normalen Sitzbank auskommen. Das „Advanced Thrust“-Design erlaubte auch hier durch einen flacheren Fahrzeugboden im vorderen Fußraum größere Beinfreiheit für die Frontpassagiere.

Für 1964 wurde der Wildcat, wie auch andere große Buicks, länger (der Radstand blieb gleich) und gleichzeitig leichter, die Modellpalette ergänzte man durch einen viertürigen B-Säulen-Sedan. Die Preise wurden um $ 500 gesenkt, der Wildcat verkaufte sich nun erheblich besser. Fast doppelt so viele Hardtops und Sedans fanden den Weg zu ihren Kunden als noch ein Jahr zuvor. Diesem Jahrgang hatte man auch völlig andere, viel längere „VentiPorts“ mitgegeben, die hinter dem vorderen Radausschnitt nicht mehr hintereinander, sondern übereinander angeordnet waren. Weitere Erkennungsmerkmale waren die breiten, gerippten Zierbleche, die sich oberhalb der Türschweller über die ganze Fahrzeugseite erstreckten und die oft auf Wunsch gelieferten „Formula Five“-Chromfelgen.

Ein neues „Super Turbine 400“-Automatikgetriebe mit dreielementigem Drehmomentwandler und Zweigang-Planetengetriebe wurde zusätzlich zum Turbine Drive ins Programm genommen. Sanfte Beschleunigung konnte jetzt gegen ein temperamentvolleres Fortkommen eingetauscht werden. Serienmäßig war ein Dreigang-Schaltgetriebe installiert, als Option standen besagte zwei Automatikvarianten zur Auswahl. Entgegen früherer Äußerungen, es würde für den Wildcat kein Viergang-Schaltgetriebe geben, konnte es 1964 nun doch noch auf Wunsch geordert werden.

Buicks „wilder“ Performer war als Erfolg auf ganzer Linie zu werten. Mit diesen „Sportgeräten“ brauchte sich Buick auf der Jagd nach Hubraum und Fahrleistungen vor der Konkurrenz nicht mehr zu fürchten.

Der 1962er Wildcat (rechte Seite, oben) war anfangs eine Subserie des Invicta mit Schalensitzen und Mittelkonsole (ganz oben). Die Verkaufszahlen beliefen sich auf magere 2000 Exemplare, erreichten aber 1963 weit höhere Regionen, als der Wildcat zum eigenständigen Modell erklärt wurde (rechte Seite, unten). 1964 erhielt er einen, auf Wunsch lieferbaren 7,0-Liter-„Wildcat 465“ der in der stärksten Version 360 PS leistete (oben).

Technische Daten

Motor: V8, hängende Ventile; **1962–64** 6572 ccm (106,4 × 92,5), 325 SAE-PS **1964** 6966 ccm (109,5 × 92,5), 340/360 SAE-PS

Getriebe:	**1962–63** Turbine Drive-Dreigangautomatik (Doppelturbine) **1964** 3-Gang-Schaltgetriebe; auf Wunsch 4-Gang-Schaltgetriebe oder Super-Turbine-400-Automatik
Fahrwerk, vorn:	obere und untere Dreiecksquerlenker, Schraubenfedern, Querstabilisator
Fahrwerk, hinten:	Starrachse, Schraubenfedern, Panhardstab
Bremsen:	vorn/hinten Trommelbremsen
Radstand (mm):	3124
Gewicht (kg):	1817–1920
Höchstgeschwindigkeit (km/h):	183–193
Beschleunigung 0–96 km/h (s):	8,1–10,0

Produktionszahlen: **1962** 2000 **1963 Hardtop Sdn** 17 519 **Hardtop Cpé** 12 185 **Conv.** 6021 **1964 Sdn** 20 144 **Hardtop Sdn** 33 358 **Hardtop Cpé** 22 893 **Conv.** 7850

Anmerkung: Wildcat Produktionszahlen von 1962 sind ein Annäherungswert (im ganzen wurden 12 355 Invicta Hardtop Coupé, incl. Wildcat gebaut).

BUICK

1963-65 Buick Riviera

General Motors beobachtete fünf Jahre lang die Entwicklung der „Squarebirds" (die viersitzigen Ford Thunderbird), bevor man ein eigenes Luxusgeschöpf in die Welt setzte. Und was für eins! Der Riviera wurde sofort als Statement im Automobildesign gefeiert, er war das, was Buick 1963 so formulierte: „Amerikas Beitrag zu den klassischen Automobilen dieser Welt".

Seine Entwicklungsphase begann ein Jahr nachdem Ford 1958 seinen viersitzigen Thunderbird vorgestellt hatte, der damals trotz rezessiver Marktlage weitaus höhere Absatzzahlen erzielte als die Zweisitzer. Das erste Ergebnis aller Bemühungen brachte GM ein 1 : 1-Modell und etliche Spitznamen wie „Double Bubble" oder „Buck Rogers"-Mobil ein. So ein Fahrzeug war absolute Zukunftsmusik in den Augen des neuen GM-Designchefs William L. Mitchell. Für ihn mußte ein Rivale für den Thunderbird aussehen wie dieser rasiermesserscharfe Rolls—Royce, den er kurz zuvor im nebligen London zu Gesicht bekommen hatte.

Zur gleichen Zeit entsprang dem Chefdesigner von Buick, Ned Nickles, eben dieser Wagen dem Zeichenbrett. Er sollte als erneuter Vorschlag für die Wiedergeburt des LaSalle, des von 1927—40 gebauten Cadillac-Modells, Verwendung finden. Nickles hatte schon einmal, für die Motorama 1955, einen „LaSalle II" in zwei Versionen fertiggestellt: Convertible und Hardtop Sedan. Viele glaubten deshalb an ein Comeback dieses doch etwas romantisierten Modells. Mitchell war einverstanden, und Nickles' Arbeit legte den Grundstein für das experimentelle Projekt XP—715.

Convertible, Hardtop Sedan, Hardtop Coupé und selbst ein Tourenwagen gelangten zum Entwurf, aber nur das Hardtop Coupé sollte in Produktion gehen, und das, obwohl Ford seinen Thunderbird auch als Convertible anbot. Im wesentlichen wurde die Arbeit Mitte April 1960 abgeschlossen und das Projekt an Buick vergeben. Cadillac hatte keine Möglichkeiten ein gleichwertiges Produkt mit in die Fertigung aufzunehmen, Oldsmobile und Pontiac waren, obwohl sie sich sehr um das Projekt bemüht hatten, mit wichtigeren Dingen beschäftigt.

Der Entschluß war genau richtig, Buick brauchte dringend eine Vitaminspritze. War Buick 1955 mit 750 000 Autos noch strahlender Dritter gewesen, so reichte es 1960 nur für den neunten Rang und 250 000 verkaufte Fahrzeuge. Eine Erholung der Finanzlage war zwar bereits wieder in Sicht, als der Riviera 1962 debütierte, diese Verkörperung luxuriöser Eleganz aber sollte so stark Buicks Image heben, wie es ein Jahrzehnt zuvor nur das limitierte Skylark Convertible vermocht hatte.

Individuell und elegant gestylt, war der Riviera eine gelungene Mischung aus scharfkantigen Ecken und weichzeichnenden Linien, betont durch genau die richtige Menge an Chrom und eine niedrige Gürtellinie, die ihren Abschluß in einer leicht hervorgehobenen Schwellerpartie fand. Selbst die beiden Lufthutzen-Attrappen vor den hinteren Radausschnitten hätten nicht besser plaziert sein können, ebenso wie der horizontal und vertikal zu kleinen Rechtecken dünn verstrebte Kühlergrill, zu beiden Seiten flankiert von einem LaSalle-ähnlichen, gewölbten vertikalen Mini-Grill, der als Aufnahme für Blinker und Standlicht diente.

Die inneren Werte waren bewußt konventionell gehalten und typisch Buick. Die recht kompakt wirkende Karosserie stand auf einem knapp 3 Meter langen Fahrgestell, war 35 cm kürzer und zwei bis drei Zentner leichter als die anderen großen Buicks. Das Chassis hatte die bei GM übliche X-Form (oft kritisiert wegen seines geringen Seitenaufprallschutzes) mit Schraubenfedern, großen Trommelbremsen, Bremskraftverstärker und Servolenkung. Der Motor stammte aus dem Electra, leistete 325 PS aus 6572 ccm und war angeblockt an eine Turbine-Drive-Zweigangautomatik, die allmählich ans Ende ihrer Karriere gelangte.

Abgesehen von einem leicht „schwammigen" Kurvenverhalten konnte das Handling durchaus mit den Fahrleistungen konkurrieren — und die waren hervorragend: 0—96 km/h in guten 9 Sekunden, die stehende Viertelmeile (etwa 400 m) auf knappe 137 km/h in 16 Sekunden. Das waren natürlich sehr gute Werte, und *Car and Driver* schrieb: „... konkurrenzlos gegenüber anderen amerikanischen Automobilen ... vereinigt er Luxus und Performance mit dem Fahrverhalten eines Bentley Continental, und das zum halben Preis" — und der belief sich auf $ 4333 in der Anfangsphase.

Buick hatte sich vorgenommen, 1963 40 000 Rivieras zu bauen, und erfüllte sein Soll auf das Exakteste. 1964 waren es circa 2400 Exemplare weniger, trotz einem nur geringfügig höheren Preis ($ 32 mehr) und zwei bedeutenden technischen Neuerungen. Als Option gab es jetzt eine 7,0-Liter-Maschine (425 ci), die 340 mit einem Vierfachvergaser oder 360 SAE-PS mit zweien leistete, und eine neue, effizientere Super-Turbine-400-Dreigangautomatik (Turbo Hydra-Matic), die für alle Motorisierungen lieferbar war. Das Styling änderte sich nur kaum, und das war auch gut so. Ebenso beließ man das Interieur, nobel eingerichtet mit vier Schalensitzen, langer Mittelkonsole und angenehmer Nappa- oder optionaler Lederpolsterung.

1965 verzichtete man auf die seitlichen „Lufthutzen", die Rückleuchten wurden in die Stoßstangen integriert, und die horizontalen Doppelscheinwerfer wanderten in die Kotflügel, wo sie, übereinander angeordnet, hinter einem Grill verschwanden, der sich bei Bedarf, einer „Baggerschaufel" gleich, elektrisch öffnete. Begeistert wurde die Gran-Sport-Ausführung aufgenommen, die ausgestattet war mit Holzimitat im Interieur, 360 PS-V8, Sperrdifferential und verstärkter Federung in Kombination mit einer Vorrichtung, die die Seitenneigungskräfte der Karosserie verminderte („Gyro-Poise" roll control). Fünfspeichen-Räder waren für den GS ebenfalls auf Wunsch erhältlich. Die Fahrleistungen dieses potenten Riviera konnten sich sehen lassen, von 0 auf 96 km/h beschleunigte er in 8 Sekunden und erreichte 185 km/h Höchstgeschwindigkeit. Die Verkaufszahlen zeigten sich unbeeindruckt von diesen Verbesserungen, sie fielen um weitere 3000 Stück.

Buick hatte sein Ziel erreicht, wieder einmal hatten sie Automobilgeschichte geschrieben. Heute ist der Riviera der Jahre 1963—65 nicht nur der bedeutendste seines Typs, sondern auch eines der gesuchtesten Nachkriegsfahrzeuge überhaupt. Es vergingen zwar fünf lange Jahre bis zu seinem Debüt, aber jeder Tag davon hat sich gelohnt.

Dieses Herstellerfoto zeigt den 63er Riviera (ganz oben) in seiner wohlproportionierten Pracht. Die 63er-Modelle besaßen noch normale Rückleuchten und Scheinwerfer (oben, und rechte Seite, oben). Das Styling änderte sich für 1964 nur geringfügig; auf Wunsch erhältlich waren eine stärkere Maschine und eine Dreigangautomatik, die gegenüber der Zweigangversion verbesserte Fahrleistungen zuließ. 1965 wurden die Scheinwerfer hinter die im Kotflügel sitzenden, vertikalen Grills verbannt (rechte Seite, unten) und die Rückleuchten in die Stoßstange integriert.

Technische Daten

Motor:	V8, hängende Ventile, **1963—65** 6572 ccm (106,4 × 92,5), 325 SAE-PS **1964—65** 6966 ccm (109,5 × 92,5), 340/360 SAE-PS
Getriebe:	2/3-Gang-Automatik
Fahrwerk, vorn:	obere und untere Dreiecksquerlenker, Schraubenfedern
Fahrwerk, hinten:	Starrachse, Schraubenfedern
Bremsen:	vorn/hinten Trommelbremsen
Radstand (mm):	2972
Gewicht (kg):	1811—1832
Höchstgeschwindigkeit (km/h):	177—185
Beschleunigung 0—96 km/h (s):	8,1—9,5
Produktionszahlen:	**1963** 40 000 **1964** 37 658 **1965** 34 586

063-LAR

1964-65
Buick Skylark & Gran Sport

Buicks Experiment, kompakte Abmessungen und distinguiertes Design miteinander zu verknüpfen, war vortrefflich gelungen, und es hatte sogar Erfolg. Der Skylark und der plebejischere Special verkauften sich im Zeitraum 1961–63 ausgezeichnet. Vom Special wurden im Anfangsjahr 74 185 und im folgenden Jahr bereits 110 870 Stück produziert. Die Chancen für den Skylark standen ebenfalls gut, man rechnete mit 42 000 Exemplaren im Jahr, und das, obwohl nur zwei Karosserieformen angeboten wurden.

Trotz dieser guten Aussichten, flossen etliche Modifikationen in die neue Modellgeneration ein. Hauptsächlich bei den Abmessungen fügte man einige Zoll hinzu, und rutschte damit wohl eher in die Mittelklasse hinein. Die Karosserie wurde breiter und länger, blieb aber dem urprünglichen Design von 1963 treu, das die damaligen tief modellierten Seiten gegen glatte, leicht nach außen gewölbte Flächen eingetauscht hatte. Die gleiche Karosserie mit ihrer „aufrechten" Silhouette auf einem 115-Zoll-Fahrgestell war auch die Basis der neuen Chevrolet Chevelle.

Zwei neue Motoren pflanzte man unter die Hauben von Skylark und Special: als Standard einen 225 ci-Fireball-V6 mit eindrucksvollen 155 PS, und einen neuen 300 ci-V8, der 210 PS mit Zweifachvergaser oder 250 PS mit Vierfachvergaser und hoher 11 : 1-Kompression leistete. Das Extra-Paket kostete $ 71, respektive $ 93. Das serienmäßige Dreiganggetriebe konnte durch eine Viergangschaltung oder eine Super-Turbine-300-Automatik ersetzt werden.

Nappaleder-bezogene Einzelsitze und eine Mittelkonsole wurden in das Sport Coupé auf Wunsch eingebaut. Skylarks bekamen größere Bremsen mit verrippten, gußeisernen Trommeln und anstatt der Handbremse die in größeren Modellen übliche Fuß-Feststellbremse. Die Reifendimensionen wuchsen auf 14 Zoll an. Der Preis für ein Skylark Sport Coupé betrug $ 2669, für ein Convertible mußte der Käufer $ 2823 bezahlen.

Die Produktionszahlen des Skylark näherten sich 1964 denen des Special an, und es sah so aus, daß er ihn überrunden würde. Daraufhin gab man dem Skylark 1965 den Vorzug, zumal man jetzt ein Auge auf die ebenfalls autokaufende Jugend werfen mußte. Weder der Special noch der ein wenig sportlichere Skylark waren in der Lage, die nötigen Emotionen freizusetzen. Der Gran Sport sollte das ändern. Was bei Buick letztlich *der* Performer der ausgehenden 60er Jahre werden sollte, begann als Skylark-Option in der zweiten Hälfte des Jahres 1965.

Der kompakte Special/Skylark bekam für 1964 größere Abmessungen (oben und unten) und ebenfalls größere Motoren. Standard war ein 225 ci-V6 mit 155 PS, Option ein gußeisener 300 ci-V8 mit 210/250 PS. Für 1965 bekam der Skylark ein Facelifting (rechte Seite, linke Spalte), Einzelsitze und Mittelkonsole trugen zum sportlichen Anspruch bei. Ein noch größerer Beitrag war allerdings die Einführung der Gran-Sport-Ausführung (rechte Seite, rechts) mit einem 401 ci-V8 und starken 325 PS.

Technische Daten

Motor: V6, hängende Ventile, 3688 ccm (95,3 × 86,4), 155 SAE-PS; V8, hängende Ventile, 4917 ccm (95,3 × 86,4), 210/250 SAE-PS **1965 Gran Sport** 6572 ccm (106,4 × 92,5), 325 SAE-PS

Getriebe:	3-Gang-Schaltgetriebe; auf Wunsch 4-Gang-Schaltgetriebe oder Super-Turbine-300-Zweigangautomatik
Fahrwerk, vorn:	obere und untere Dreiecksquerlenker, Schraubenfedern
Fahrwerk, hinten:	Starrachse, Schraubenfedern
Bremsen:	vorn/hinten Trommelbremsen
Radstand (mm):	2921 **Wagon** 3048
Gewicht (kg):	1388–1703
Höchstgeschwindigkeit (km/h):	159–187
Beschleunigung 0–96 km/h (s):	**GS** 7,0–7,8

Produktionszahlen: **1964 Sport Cpé** 42 356 **Sdn 4tür.** 19 635 **Sport Wagn 4tür.** 2709 **Sport Wgn 4tür/3sitzer** 2586 **Custom Sport Wgn** 3913 **Conv.** 10 225 **Custom Sport Wgn** 4446 **1965 Cpé** 4195 **Hardtop Cpé 2tür.** 4549 **Sdn 4tür.** 3385 **V8 Sdn 4tür.** 22 335 **Wgn 4tür.** 4226 **Wgn 4tür/3sitzer** 4664 **Custom Wgn** 8300 **Custom Wgn 3sitzer** 11 166 **Conv.** 1181 **Gran Sport Cpé** 11 877 **Gran Sport Hardtop Cpé** 47 034 **Gran Sport Conv.** 10 456

Bedeutendstes Element dieser Frischzellenkur war ein monströser 401 ci-„Nail Head"-V8 (so benannt aufgrund seiner kleinen, vertikal stehenden Ventile). Dem wesentlich größeren Wildcat entnommen, ermöglichte dieser Antrieb dem Gran Sport, in der ersten Riege der „muscle cars", angeführt durch Pontiac GTO und den auf dem Oldsmobile Cutlass basierenden 4–4–2, mitzuspielen. Im Vergleich lieferte diese Maschine sogar mehr Drehmoment (594,4 Nm) als die der beiden Rivalen, trotz einer etwas geringeren Leistung von 325 PS. Diese Kraft wurde via Dreigang- oder kürzer übersetztem Viergang-Schaltgetriebe oder Super-Turbine-Automatik mit Wählhebel auf der Mittelkonsole an die Hinterachse weitergegeben. Als Zubehör waren Drehzahlmesser, Sperrdifferential und verchromte Stahlfelgen erhältlich.

Unter dem Blech des Gran Sport, den Buick eine „Haubitze mit Scheibenwischern" nannte, befand sich ein verstärktes Convertible-Chassis mit ebenfalls verstärkter Federung und üppig dimensionierter 7.75 × 14 Zoll-Bereifung. Eine sorgfältig abgestimmte Achsübersetzung brachte, laut Werbeprospekt, „die Kraft überlegen auf die Straße". Eine serienmäßige Doppelrohr-Auspuffanlage sorgte für den nötigen, geringen Staudruck, nappabezogene Einzelsitze, oft gewünschtes Zubehör, für den nötigen Komfort.

Rot unterlegte Schriftzüge im Kühlergrill, am Kofferraumdeckel und an den hinteren Kotflügeln galten als Indiz für einen Gran Sport der ersten Serie, der auf der Basis des Skylark Hardtop-Coupé, „thin-pillar"-Coupé oder Convertible aufgebaut wurde. Für 1965 verzichtete Buick auf etwas Chrom, ansonsten blieb der Gran Sport so wie er war. Buicks General Manager Ed Rollert bezeichnete ihn als „completely engineered performance car". Überaus zutreffend, wenn man das Gaspedal kitzelte; nicht ganz so zutreffend, wenn man versuchte, ihn um schnelle Kurven zu drücken – obwohl der Gran Sport einen Stabilisator hatte, der doppelt so hohe Festigkeit aufwies wie das Pendant im Skylark.

Der zweitürige Skylark verkaufte sich 1965 eher schleppend, wogegen der muskulöse (und schickere) Gran Sport erstaunlichen Anklang fand: 69 367 Exemplare wurden gebaut, davon 10 456 Convertibles. Sein Debütjahr sollte auch sein bestes werden, ein Jahr mit 325 kräftigen Pferden in einer Hülle, die kaum etwas von dem erkennen ließ, was unter ihr steckte. Der Gran Sport war nicht der einzige „Sleeper", der in den Sechzigern von sich reden machte, aber er ist einer, an den man sich gern erinnert.

1965-69
Buick Electra 225

Der Electra von 1965 (rechte Seite) setzte die klare, formale Linienführung der vorangegangenen Generation fort, mit geringen Änderungen im Styling, wie z.B. einem wulstigeren hinteren Radausschnitt. Die 66er-Modelle gingen fast unverändert in Produktion. Für 1967 (diese Seite, ganz oben) bekam der Radausschnitt eine stärkere Wulst und die Fahrzeugseiten eine diagonal verlaufende Falte. Dieses Design übernahm man für 1968 (diese Seite, Mitte). 1969 wurde die Blechfalte ausgedehnt, sie zog sich jetzt vom vorderen Radausschnitt bis zur hinteren Stoßstange (diese Seite, unten), und es verschwanden die vorderen Ausstellfenster.

Schon lange sahen die großen Buick, und auch alle anderen amerikanischen Automobile nicht mehr so aus, als ob sie jeden Moment abheben würden. Sachlichkeit hatte Bombast und Extravaganz der Fünfziger auf ein rechteckiges Format zurechtgestutzt. Schnitt man die Flossen 1961 einfach nur ab, so bestimmte das Jahr 1963 bereits ein eigenständiges, mit rechtwinkligen Themen arbeitendes Design, dem die großen und luxuriösen Buick der Jahre 1965–69 treu blieben.

Größe war „in", und die Electras der Mittsechziger waren mit ihrer Größe und ihren rechteckigen Heckpartien genau zur richtigen Zeit am richtigen Ort. Seltsamerweise besaßen diese Electras wieder Ansätze der schon vergessen geglaubten Heckflossen. Die hinteren Kotflügel schwangen sich noch einmal auf, um hinter der Kofferraumpartie 50er-like in der Luft zu enden. Zufall? Oder war es gar eine kleine Reminiszenz an vergangene Kühnheit?

So oder so, der Horizontal-Look war jetzt das Maß der Dinge. Der Electra erfüllte diesen Standard mühelos, betont durch einen breiten, geriffelten Chromstreifen, der sich vom vorderen Radausschnitt über die Radlaufverkleidungen bis hin zur hinteren Stoßstange zog, erschien der Wagen endlos lang zu sein. Die unvermeidlichen Doppelscheinwerfer saßen nebeneinander in einem senkrecht stehenden, maschenartigen Kühlergrill. Erst vier längliche, hintereinander liegende VentiPorts gaben dem Betrachter endlich Aufschluß über die Herkunft des Wagens.

„Er ist groß, er ist elegant, und er fährt sich wie ein Traum", informierten 1965er Werbeprospekte interessierte Kunden. Und, „er ist der Inbegriff des Erfolges", genau das Richtige, um Mitmenschen wissen zu lassen: „Hier bin ich". Das war in der Tat keine Übertreibung. Wer einen Electra sein eigen nannte, kam nicht umhin, als jemand zu gelten, der es zu Weltruhm gebracht hatte, wie es Zero Mostel einmal in *The Producers* eindrucksvoll demonstrierte. Mit exakt 5690 mm Länge proklamierte man mit jedem Millimeter seine Rolle auf der Weltbühne, und das mit jeglicher Spielerei entsagender, vornehmer Zurückhaltung.

Für die Innenausstattung, und das überraschte niemanden, war Luxus oberstes Gebot, eine Auswahl erlesener Stoffe und feinstes Lederimitat sorgten für das richtige Ambiente. Natürlich mußte der Kunde sich nicht mit einem Antrieb begnügen, er hatte gleich drei zur Auswahl. Der Electra bot sämtliche Wildcat-Aggregate an: drei V8 mit 325, 340 oder aber, dank zweier Vierfachvergaser, 360 PS. Eine Super-Turbine-Automatik mit variabler Ölfluß-Kontrolle war Standard, denn wer wollte schon in solchem Luxus Gänge einlegen, wenn er nicht gerade altmodisch veranlagt oder gar ein typisch neureicher Europäer war.

Teuer? Selbstverständlich, obwohl ein Electra Convertible mit $ 4440 nur einen Hunderter teurer war als ein Riviera. Und das lag noch $ 1000 unter dem Preis eines vergleichbaren Cadillac. Zu dieser Zeit hatte Buick sich auf den fünften Rang in der Verkaufsstatistik emporgearbeitet und produzierte jetzt 50 Prozent mehr Fahrzeuge als noch 1960 (die Beliebtheit des Riviera hatte immens dazu beigetragen).

Buick wollte für 1966 einen von Grund auf optimierten Electra präsentieren, beließ es aber bei kleinen Änderungen. Die Kühlermaske und die Heckpartie wurden neu gestaltet, das Fahrwerk in zwei Punkten verbessert. Niedrigere Federraten und ein stärkerer Querstabilisator brachten bessere Handling-eigenschaften. Die Super-Turbine-Automatik war jetzt mit zwei Planetengetrieben ausgerüstet und besaß weiterhin eine Ölfluß-Kontrolle. Als Motor wurde serienmäßig der 401 ci-„Wildcat 445" mit 325 PS oder auf Wunsch ein 7,0-Liter-V8 mit 340/360 PS angeboten.

„Langweilig? Niemals". Das war Buicks Meinung zum neu gestylten 1967er Electra. Das Dach war „fließender", ebenso die Seitenflächen, die durch eine diagonal verlaufende Konturlinie betont wurden. Das Hardtop Coupé hatte ein fließheckähnliches Profil bekommen und tauchte in der Werbung auf als „das Luxusauto für Mann oder Frau, die jung genug sind, einen Luxuswagen zu fahren". Custom-Modelle erhielten Holzimitat in den Türverkleidungen. Als Motor stand Buicks bis dahin hubraumstärkster V8 zur Verfügung: ein 430 ci (7048 ccm), der zwar die gleiche Leistung hatte wie sein Vorgänger, der 425, aber mit deutlich mehr Kraft aus dem Drehzahlkeller aufwarten konnte.

Für 1968 wurde der Kühlergrill ebenso wie die Stoßstange, geteilt, die Scheibenwischer versteckte man in einer Nische hinter der neuen Motorhaube, Heckleuchten und hintere Stoßstange bekamen ein neues Design, und auf Wunsch ließen sich die vorderen Trommeln durch Scheibenbremsen ersetzen.

Die vorderen Türen des 1969er-Modells bekamen einteilige Scheiben, nachdem Buick auf die Ausstellfenster verzichtet hatte. Der letzte Electra der 60er Jahre war sogar noch gerader und sachlicher als seine Vorgänger. Vom vorderen Radausschnitt bis zur hinteren Stoßstange verlief diagonal eine Konturlinie, die die Länge des Wagens zusätzlich betonte. Auf die Super-Turbine-Automatik verzichtete man ebenfalls, sie wurde durch eine Turbo-Hydra-Matic 400 ersetzt. Und unter der Haube? Da arbeitete natürlich der 430 ci-V8.

Mit über 665 000 produzierten Einheiten lag Buick nun an lang ersehnter vierter Stelle in der Zulassungsstatistik. Es schien, als ob viele Amerikaner zu schätzen wußten, was Buick unter einem großen Automobil verstand.

Technische Daten

Motor: V8, hängende Ventile; **1965–66** 6572 ccm (106,4 × 92,5), 325 SAE-PS **1965–66** 6966 ccm (109,5 × 92,5), 340/360 SAE-PS **1967–69** 7048 ccm (106,4 × 99,1), 360 SAE-PS

Getriebe:	Super-Turbine-Dreigangautomatik oder (**1969**) Turbo-Hydra-Matic-400
Fahrwerk, vorn:	obere und untere Dreiecksquerlenker, Schraubenfedern, Querstabilisator
Fahrwerk, hinten:	Starrachse, Schraubenfedern
Bremsen:	vorn/hinten Trommelbremsen; **1968–69** auf Wunsch vorn Scheibenbremsen
Radstand (mm):	3200
Gewicht (kg):	1896–1972
Höchstgeschwindigkeit (km/h):	183–190
Beschleunigung 0–96 km/h (s):	9,0–10,0 (gesch.)

Produktionszahlen: **1965 Hardtop Cpé** 15 872 **Hardtop Sdn** 42 774 **Sdn 4tür.** 19 656 **Custom Conv.** 8505 **1966 Hardtop Cpé** 15 001 **Hardtop Sdn** 44 941 **Sdn 4tür.** 21 108 **Custom Conv.** 7175 **1967 Hardtop Cpé** 19 001 **Hardtop Sdn** 53 469 **Sdn 4tür.** 20 893 **Custom Conv.** 6941 **1968 Hardtop Cpé** 27 531 **Hardtop Sdn** 66 222 **Sdn 4tür.** 23 633 **Custom Conv.** 7976 **1969 Hardtop Cpé** 40 146 **Hardtop Sdn** 81 223 **Sdn 4tür.** 28 955 **Custom Conv.** 8294

Anmerkung: Angaben für Hardtop Cpé/Sdn und Sedan 4tür. inkl. Basis- und Custom-Modelle

B U I C K
SUZ CAR

1965-69 Buick Wildcat

Die Mischung aus eindrucksvollen Fahrleistungen und luxuriösem Komfort war für die Verkaufszahlen von Buick alles andere als schädlich gewesen. Es gab nur wenige, die sportliche Power ohne die für Amerika üblichen Annehmlichkeiten und Platzverhältnisse erleben wollten. Auf den Spuren seines ersten Erfolges, noch errungen auf einem LeSabre-formatigen Chassis, bediente sich der Wildcat jetzt eines drei Zoll längeren Electra-Fahrgestells.

Und wie sah es jetzt mit der Power aus? Recht gut, legt man solche Zahlen zugrunde, wie sie von Tom McCahill, von *Mechanix Illustrated*, vorgelegt wurden: 0 auf 60 mph (96 km/h) in 9,1 Sekunden, Höchstgeschwindigkeit 125 mph (201 km/h), erreicht mit dem PS-stärksten Motor, dem Super Wildcat. In einem Werbekatalog von 1965 war zu lesen: „Wildcats come in three strenghts: wild (325 bhp), wilder (340 bhp), and wildest (360 bhp)". Ein Jahr später schaffte Tom McCahill es dann in 7,5 Sekunden.

Den Wildcat schmückten auch nicht mehr die traditionellen VentiPorts, statt dessen griff man zu drei hinter dem vorderen Radlauf angeordneten Zierleisten. Knapp unterhalb des Türgriffes verlief eine Blechfalte, die das langgestreckte Profil des Wagens betonte. Ein Fastback-ähnliches Dach und langgezogene hintere Fenster verliehen dem zweitürigen Wildcat eine weniger formelle Optik – genau das, was Buick wollte.

Die Preise lagen nur geringfügig über denen des Vorjahres, begannen bei $ 3182 für den viertürigen Sedan und endeten bei $ 3727 für das Custom Convertible. Die Zubehörliste enthielt so verführerische Dinge wie Drehzahlmesser, kürzer übersetztes Vierganggetriebe, Super-Turbine-Dreigangautomatik und verchromte Stahlfelgen.

Der 66er Wildcat besaß einen wie ein V nach vorn gezogenen Kühlergrill mit dünnen senkrechten Streben. Die hinteren Kotflügelenden wurden ebenfalls neu gestylt, und ein neues Armaturenbrett wurde installiert. Zwei Motoren standen zur Auswahl: der bekannte 401 in einer 325 PS-Version und in einer aufgebohrten Version (425 ci) mit 15 Mehr-PS.

Hatten bereits der kleinere Skylark und der „personal-size" Riviera Gran-Sport-Impfungen erhalten, so konnte der Wildcat nicht tatenlos zusehen. Mit $ 254,71 kaufte man ein Gran-Sport-High-Performance-Paket, das einen größeren V8 enthielt, und natürlich, wen wunderts, weitere praktische und auch schöne Dinge. Für die ersten Freuden sorgten ein verchromter Luftfilter, Aluminium-Zylinderkopfdeckel, Doppelrohr-Auspuffanlage, Sperrdifferential, 3,23:1-Achsübersetzung und eine verstärkte Federung. Und damit die Außenwelt daran teilhaben konnte, gab es einen „Gran Sport"-Schriftzug am

Während frühere Wildcats als Basis das LeSabre-Chassis hatten, bekam der 65er Wildcat das 3 Zoll längere Fahrgestell des Electra (oben und unten). Das Styling hatte, verglichen mit dem Electra, jetzt rundere und fließendere Formen. Das Convertible (unten) ist ausgerüstet mit den auf Wunsch erhältlichen seitlichen Zusatzleuchten. Kleine „facelifts" an Front und Heck kennzeichneten die 66er-Modelle (rechte Seite).

WILDCAT

Kühlergrill dazu. Damit nicht genug. Die Liste weiterer „Goodies" erstreckte sich von Klimaanlage ($ 421) über Speichen-Radzierblenden ($ 58) bis hin zum Vinyldach ($ 111).

Während jedoch GS Skylarks bis in die 70er hinein Buicks „Performance-Image" pflegten, wurde der Beutezug des Wildcat Gran Sport bereits nach einem Jahr beendet.

Für das Jahr 1967 bekamen alle Wildcats neue Blechkleider, eine neue Kühlermaske und ein neues Heck. Die hinteren Seitenpartien bekamen neuen Schwung, der sich auch durch die hinteren Seitenfenster zog. Ferner betonte man die Seitenflächen mit einer diagonal verlaufenden Blechfalte. Als Heckbeleuchtung hatten sich die Designer zwei schmale, die volle Breite des Hecks ausschöpfende Leuchtenbänder einfallen lassen. Der 67er Wildcat war nach Buicks Worten ein Wagen, der in all seinen Parametern seinem Namensgeber alle Ehre machte und trotzdem jeglichen Luxus bot. *Car Life* nannte ihn „mehr freundlich als wild".

Die Neuerungen unter der Motorhaube waren nicht minder: 430 cubic inches sorgten für 360 PS. Der Kunde sollte „das 360 PS-Herz in seinen Fußspitzen schlagen hören", in einem Wagen, der „schnellen und sicheren Kontakt zur Straße" bot. Die Super-Turbine-Dreigangautomatik war jetzt serienmäßig eingebaut.

1969 geschah dann allerdings für amerikanische Verhältnisse etwas Seltsames, der Radstand des Wildcat wurde von 126 auf 123 Zoll gekürzt, just die Länge, die schon einmal aktuell gewesen war. Die neue Karosserie zeichnete sich jetzt durch eine längere Motorhaube und ein kürzeres Heck aus, im Zusammenspiel mit modifizierter, seitlicher Zierfalte und neuem Kühlergrill. In die Stoßstange wurden zwei Lufteinläße integriert. Wie alle anderen größeren Buicks besaß der Wildcat keine vorderen Ausstellfenster mehr.

Die Kraftübertragung änderte sich ebenfalls, die Turbo-Hydra-Matic ersetzte die Super-Turbine-Automatik unter Verwendung des gleichen 430 ci-Aggregates von 1967–68. Gewählt wurde über einen Hebel, der entweder an der Lenksäule oder in der Mittelkonsole untergebracht war. Weitere Änderungen die Mechanik betreffend waren ein „Directional Stability System", Scheibenbremsen mit Bremskraftverstärker und ein „Accu Drive"-Federungssystem, das nach dem „reverse-camber"-Prinzip (Radsturz-Umkehr-Prinzip) funktionierte und Straßenunebenheiten besser „schlucken" sollte.

Wildcat als Modellbezeichnung sollte nur noch ein weiteres Jahr überdauern, das allerdings an einem Wagen, der 1970 noch ganz andere Töne anschlagen würde: ein 455 ci-V8 (7458 ccm) auf einem modifizierten LeSabre-Chassis. Muscle cars wurden aber immer mehr zu einer bedrohten Spezies. Kraft und Luxus zu vereinen war für viele schon ein Widerspruch in sich geworden – und deshalb auch dem Untergang geweiht.

Technische Daten

Motor: V8, hängende Ventile; **1965–66** 6572 ccm (106,4 × 92,5), 325 SAE-PS; 6966 ccm (109,5 × 92,5), 340/360 SAE-PS **1967–69** 7048 ccm (106,4 × 99,1), 360 SAE-PS

Getriebe: 3-Gang-Schaltgetriebe; auf Wunsch Super-Turbine-Automatik oder **1969** Turbo-Hydra-Matic-400-Dreigangautomatik

Fahrwerk, vorn: obere und untere Dreiecksquerlenker, Schraubenfedern, Querstabilisator

Fahrwerk, hinten: Starrachse, Schraubenfedern

Bremsen: vorn/hinten Trommelbremsen; **1969** vorn Scheibenbremsen

Radstand (mm): 3200 **1969** 3124

Gewicht (kg): 1782–1916

Höchstgeschwindigkeit (km/h): 188–201

Beschleunigung 0–96 km/h (s): 7,5–9,6

Produktionszahlen: **1965 Hardtop Cpé** 33 544 **Hardtop Sdn** 36 280 **Sdn 4tür.** 19 949 **1966 Hardtop Cpé** 20 574 **Hardtop Sdn** 28 141 **Sdn 4tür.** 14 389 **Conv.** 5480 **1967 Hardtop Cpé** 22 456 **Hardtop Sdn** 28 657 **Sdn 4tür.** 14 579 **Conv.** 5189 **1968 Hardtop Cpé** 21 984 **Hardtop Sdn** 29 212 **Sdn 4tür.** 15 201 **Custom Conv.** 3572 **1969 Hardtop Cpé** 24 552 **Hardtop Sdn** 27 401 **Sdn 4tür.** 13 126 **Custom Conv.** 2374

Anmerkung: Produktionszahlen inkl. Basis-, Deluxe- (nur **1965**) und Custom-Modelle

Das Styling änderte sich für 1967 (oben) und wurde mit kleinen Änderungen auf die 68er-Modelle übertragen (links, und rechte Seite, oben). Hardtops hatten jetzt einen Fastback-Look und alle Modelle die geschwungene, seitliche Blechfalte wie beim Electra. Nach dem Motto „what goes up must come down" verkürzte sich 1969 (rechte Seite, unten) das Fahrgestell von 126 Zoll wieder auf 123 Zoll. Im gleichen Zuge veränderte man auch Front, Heck und die Optik der seitlichen Zierfalten.

WILDCAT

1966-69
Buick Riviera

Erfolg verführt zum Übermut: Zuviel kann einen schnell übers Ziel hinausschießen lassen. Nehmen wir doch mal die zweite Generation des Buick Riviera als Beispiel. Als der neue 1966er Riviera vorgestellt wurde, sah man nicht mehr viel von der edlen Linienführung und der zurückhaltenden Eleganz, die das Original 1963 so stark von allem anderen unterschieden hatte. Länger, breiter und schwerer war er jetzt geworden.

Das Schlimmste aber war, und das vor allem für viele Buick-Fans, der Riviera war nicht mehr allein. Der hohe Anspruch des Originals und seine hervorragenden Verkaufszahlen hatten schnell Oldsmobile und Cadillac auf den Plan gerufen. Sie rangen der GM-Mutter die Erlaubnis ab, auch solche Autos bauen zu dürfen: den 66er Toronado und den 67er Eldorado. Der neue Riviera unterschied sich prinzipiell nur durch seinen Heckantrieb von seinen Geschwistern, die bereits einem neuzeitlichen Frontantrieb huldigten.

Wohlgemerkt, das war an sich nichts Schlechtes. GM hatte es schon immer verstanden, seine verschiedenen Produkte auf einem Niveau zu halten, die neuen Riviera/Eldorado/Toronado waren da keine Ausnahme. Zudem war das 66er-Styling des Riviera, wenn auch nicht so richtungsweisend wie bei seinem Vorgänger 1963, mit seinem Hüftschwung doch um einiges graziler und eleganter als vergleichbare Produkte von GM oder anderen Herstellern. Hauptinitiator des „Riviera II-Projektes", David R. Holls, der nach vierjähriger Tätigkeit als Buick-Chefdesigner kurz nach Fertigstellung des Projekts zu Chevrolet wechselte (wo er eine glückliche Hand bei der Entwicklung der 68er Corvette beweisen sollte), bezeichnete den Riviera als seinen persönlichen Favoriten.

Bei den Kunden kam er ebenfalls gut an, was für den 66er über 10 000 Einheiten mehr bedeutete als für seinen Vorgänger. 45 500 im ganzen – auch dank eines nur um $ 16 (auf $ 4424) erhöhten Preises. Und zu Buicks vollster Zufriedenheit sollte ihr Schützling seine Blutsbrüder deutlich überrunden. Nur der Ford Thunderbird vermochte noch mehr zu verkaufen, 69 000 waren eine stolze Zahl.

Mit einem um zwei Zoll längeren Radstand war er insgesamt 3,2 Zoll länger (jetzt 5,39 m), 2 Zoll breiter (jetzt 1,95 m) und ein halbes Zoll niedriger, und obwohl sein Äußeres es suggerierte, nur etwas über einen Zentner schwerer als das Original. Das Chassis selbst hatte keine großen Änderungen erfahren. Die Scheinwerfer blieben auch weiterhin verborgen, obwohl sie aus den vorderen Kotflügelecken heraus leicht nach innen und hinten versetzt wurden. Eventuell schlecht schließende Scheinwerferklappen (wie beim ersten Riviera öfter der Fall) sollten dadurch umgangen werden. Mit einer flüssigeren Dachlinie bekam man ein Fastback-ähnliches Design, Grundzüge des alten „Rasiermesser-Looks" aber schimmerten immer noch durch.

Das jetzt kleinere Armaturenbrett enthielt ebenso verkleinerte, spielerisch anmutende Rundinstrumente, die zurückversetzt erheblich schlechter lesbar waren als die früheren Zeigerinstrumente. Das, und die größere Karosserie trugen einiges zum verbesserten Platzangebot bei. Nun konnten anstatt fünf beengt sitzender Personen sechs Insassen bequem Platz finden. Eine durchgehende vordere Sitzbank (der rechte Teil ließ sich als Liegesitz zurückdrehen) war von nun an Standard. Die Einzelsitze konnte man nur noch als Option erhalten, dann aber mit Mittelkonsole, die einen neuen, wie ein umgekehrtes „U" aussehenden Wählhebel für die serienmäßige Hydra-Matic beherbergte. Als bedeutende Komfortverbesserung hatten die Konstrukteure eine Belüftungsvorrichtung eingebaut, die sich vom Armaturenbrett aus regulieren ließ und zusammen mit Entlüftungsschlitzen im Fond für eine gute Belüftung sorgte. Buick verzichtete beim Riviera, wie bei den meisten Modellen, ebenfalls auf die Ausstellfenster in den vorderen Türen.

Ein brandneuer 430 ci-V8 (7048 ccm) kam im 67er Riviera zum Einsatz. Wie auch bei anderen großen Buicks leistete er hier 360 PS. Genauso viel wie die Top-Version des nun nicht mehr verbauten 425ers. Das bedeutete für den Gran Sport die gleiche Leistung, die auch ein normaler Riviera zur Verfügung stellte. Trotzdem hatte der GS die Nase vorn, mit einer Hinterachsübersetzung von 3,42 : 1 ließ er sich vom Stand weg besser beschleunigen als die 3,07 : 1-Version. Auf Wunsch erhältliche Scheibenbremsen vorn und eine verbesserte Verrippung an den serienmäßigen 12-Zoll-Trommeln sorgten dafür, daß der GS wieder gut zum Stehen kam. Außerdem umfaßte das GS-Paket noch Luftfilter mit Doppel-Lufteinlaß, Sperrdifferential, Weißwandreifen und selbstverständlichen, wenn auch diskreten GS-Zierat.

Weitere Änderungen wurden am Riviera bis 1969 nicht vorgenommen, mit Ausnahme von sicherheits- und emissionstechnischen Modifikationen aufgrund verschärfter Gesetzgebung. Das betraf aber erst die 68er-Modelle. Das Äußere wurde etwas aufpoliert, obwohl die neue Kombination aus Stoßstange und Kühlergrill sicherlich eine Sache des Geschmacks ist. Die Gesamtlänge erhöhte sich dadurch um gute 10 cm. Ebenso diskutabel war das auf Wunsch erhältliche Vinyldach, der fließende Übergang zwischen Dach und Karosserie wurde erheblich gestört. Zum Glück gab es die Gran-Sport-Option – und die war mit $ 132 billiger denn je.

Für 1969 mußte sich der Riviera nur geringe Änderungen gefallen lassen: einen neuen Kühlergrill, eine etwas aufgemotzte Mittelkonsole sowie die üblichen neuen Farben und Ausstattungsdetails. Er verkaufte sich besser als je zuvor und durchbrach die 50 000-Mauer, nachdem er sich in den vorangegangenen Jahren bei 40 000–45 000 Einheiten gehalten hatte.

Wieder einmal bewies Buick Erfolg durch seine konsistente Marktpolitik, und der Riviera war das beste Beispiel dafür. Trotz des aussichtslosen Kampfes gegen den Ruhm seines Vorgängers wird der Riviera der zweiten Generation von Liebhabern aufgrund seines Erfolges geschätzt.

Technische Daten

Motor:	V8, hängende Ventile; **1966** 6966 ccm (109,5 × 92,5), 340/360 SAE-PS **1967–69** 7048 ccm (106,4 × 99,1), 360 SAE-PS
Getriebe:	Dreigangautomatik
Fahrwerk, vorn:	obere und untere Dreiecksquerlenker, Schraubenfedern
Fahrwerk, hinten:	Starrachse, Schraubenfedern
Bremsen:	vorn/hinten Trommelbremsen; **1967** auf Wunsch vorn Scheibenbremsen
Radstand (mm):	3023
Gewicht (kg):	1902
Höchstgeschwindigkeit (km/h):	o. A.
Beschleunigung 0–96 km/h (s):	o. A.
Produktionszahlen:	**1966** 45 348 **1967** 42 799 **1968** 49 284 **1969** 52 872

Das 1966er-Design (ganz oben) wurde bis 1969 (oben) bis auf die üblichen jährlichen Schönheitskuren beibehalten. Das Gran-Sport-Paket für 1966 (rechte Seite, oben), identifizierbar durch den um das GS-Emblem erweiterten Riviera-Schriftzug, brachte einige sportliche Ausstattungsdetails und eine kürzer übersetzte Hinterachse mit Sperrdifferential. Für 1968 verlegte man die Rückleuchten in die Stoßstange (rechte Seite, unten), wo sie auch für 1969 belassen wurden.

66 RIVIERA

MA 9639

1966-67 Buick Skylark & Gran Sport (GS)

Hatte die vorangegangene Modellreihe des Skylark noch rechteckiges Profil gezeigt, so kam der neue Skylark leicht nach vorn gebeugt daher. Vorder- und Heckpartie waren komplett neu gestaltet worden, die Gesamtlänge der Coupés z. B. war, trotz gleichgebliebenem Radstand (2921 mm), auf 5182 mm angewachsen. Das sorgte bei vielen Fans alter und neuer Skylarks natürlich für einigen Diskussionsstoff, die einen fanden den neuen Skylark (und neuen Gran Sport) nicht mehr so distinguiert wie den alten – und umgekehrt. Bleibt offen, wer wohl recht haben mag.

„Bleifuß"-Fans profitierten natürlich wieder einmal von der Entscheidung, den Gran Sport von dem 401 ci-V8 mit seinen 325 SAE-PS antreiben zu lassen. Die C-Säule hatte man dieses Jahr näher zum Heck hin, flacher auslaufen lassen, was dem Skylark den Touch eines zum Sprung bereiten Raubtieres verlieh.

Bescheidenheit schrieb der Gran Sport immer noch groß, er ließ dem Betrachter wenig Identifizierungsmöglichkeiten. Abgesehen von einem einfachen „GS"-Emblem an den hinteren Seitenflanken, einem mattschwarz lackierten Heckblech und einem „Gran Sport"-Schriftzug im schwarz unterlegten Kühlergrill, war von außen nicht zu erkennen, welche Fahrfreuden unter den Blechkleidern von GS-Coupés, -Hardtops und -Convertibles schlummerten. Doch da war doch etwas. Die „falschen" Lufthutzen auf der Motorhaube wären vielleicht ein Indiz gewesen, wenn sie wichtig genug ausgesehen hätten.

Der Gran Sport hatte ein komplettes Vinyl-Interieur und serienmäßig eine durchgehende Sitzbank, die nicht selten sofort durch „Strato"-Einzelsitze ($ 47 Aufpreis) ersetzt wurde. Ebenfalls beliebt waren eine Viergang-Mittelschaltung für $ 184 (oder eine Super-Turbine-Automatik für $ 205) und eine sportliche Hinterachsübersetzung für $ 42. Große Radzierblenden schlugen mit $ 63 zu Buche. Kaufte man einen Basis-GS als „thin pillar"-Coupé für $ 2956, so erhielt man bereits Doppelrohr-Auspuffanlage, verstärkte Federung, 3-Gang-Schaltgetriebe – und die „Wildcat 445"-Maschine. Ein Convertible kostete $ 211 extra.

Im Laufe des Jahres wurde von Buick auf Wunsch eine stärkere Motorvariante geliefert, die 15 Extra-PS auf die Straße brachte. *Car and Driver* jagte eine solche 340 PS-Version über die Viertelmeile in etwas weniger als 15 Sekunden, mit einer Geschwindigkeit von über 95 mph (etwa 153 km/h). Außerdem offerierte Buick noch spezielle Bremsbeläge aus Sintermetall und einen hinteren Stabilisator.

Leider konnten die Verkaufszahlen des Gran Sport das Vorjahresniveau nicht erreichen, nur 13 816 GS fanden ihre Käufer. Der Skylark im allgemeinen verkaufte sich jedoch recht gut, 106 217 Einheiten wurden produziert.

Geringe Modifikationen flossen ins Modelljahr 1967 ein; bedeutendste Änderung dabei war die Umbenennung des Gran Sport in ein offizielles „GS" (resp. GS400) und die Initiierung einer eigenen, unabhängigen Modellreihe. Ein rotes „GS" schmückte fortan den leicht abgeänderten, mit einem roten Streifen durchzogenen Kühlergrill und die hinteren Kotflügel. Weitere äußere Merkmale des GS, den Buick seinen „personal sports car" (Werbetext) nannte, waren seine schwarzen Schweinwerfereinfassungen, die beiden Lufthutzen, Rallyestreifen und rot oder weiß gerandete Reifen (F70×14 in „Wide-Oval"-Ausführung). Hinter dem vorderen Radausschnitt angebrachte, „falsche" gitterförmige Luftaustrittsöffnungen waren einer doppelstreifigen, schräggestellten Attrappe gewichen, die einen nicht minder sportlichen Appeal verströmte. Wie bei allen Skylarks hatte man auch die Rückleuchten neu gestylt. Als Option zum 3-Gang-Schaltgetriebe gab es entweder eine Knüppelschaltung mit vier Gängen oder eine Super-Turbine-Dreigangautomatik.

Überraschenderweise präsentierte Buick ein neues 400 ci-Aggregat (6556 ci) für den GS, das, von Cliff Studaker entwickelt, den 401er-V8 ersetzen sollte. Der neue Kraftspender gab stolze 340 PS ab und sah aufgrund seines großen Luftfilters aus rotem Plastik zudem auch noch muskulöser aus. Im ganzen wurden von diesem GS 13 813 Stück, inklusive der 2140 Convertibles, gebaut.

Der neue V8 sorgte nun für richtigen Wind in den GS-Kleidern: *Car and Driver* maß sprachlose 6,0 Sekunden für 60 mph aus dem Stand, und das mit dem Automatikgetriebe. Vergleichsweise müde 6,6 Sekunden erreichte man mit dem 4-Gang-Schaltgetriebe von Muncie. „Durchdrehende Räder", schrieb das Magazin, „und das bei sanftestem Umgang mit dem Gaspedal."

Für diejenigen, die in den Genuß eines Gran Sport kommen wollten, ohne jedoch mit überflüssiger Leistung umherzufahren, gab es Mitte 1967 eine Alternative: ein rot geziertes GS340 Sport Coupé, das im Aussehen wie sein größerer Bruder gehalten war, jedoch einen kleineren V8 mit 340 ci und 260 SAE-PS unter der Haube hatte. Nur in den Farben „White" und „Platinum Mist" erhältlich, besaß der GS340 feuerrote Lufthutzen, rote Rallyestreifen in Höhe der Radausschnitte, rote Rallye-Felgen und einen roten Zierstreifen an der Heckklappe. Auf Wunsch war noch ein „Sport Pac" zu haben, das Stabilisator für die Hinterachse, Federn und Stoßdämpfer in verstärkter Ausführung enthielt. Das verhalf dem GS340, trotz seines Leistungsdefizites, zu wesentlich mehr Agilität. Vordere Scheibenbremsen waren auf Wunsch ebenfalls erhältlich.

Die Skylarks und Gran Sports hatten wie die meisten amerikanischen Fahrzeuge dieser Fertigungsperiode sehr stark mit Korrosionsproblemen zu kämpfen, die Fahrzeuge, die aber überlebt haben, finden noch heute mit ihren klaren Formen und ihrer versteckten Kraft große Beachtung. Ein Werbeprospekt schrieb einmal: „Eure Väter haben euch nie gesagt, daß es Buicks wie diesen gibt, nicht wahr?" – und der Skylark sollte noch für mehr Überraschungen sorgen.

Technische Daten

Motor: **Skylark** V6, hängende Ventile, 3688 ccm (95,3 × 86,4), 160 SAE-PS; V8, hängende Ventile, 4917 ccm (95,3 × 86,4), 210 SAE-PS **1966 GS** V8, hängende Ventile, 6572 ccm (106,4 × 92,5), 325/340 SAE-PS **1967 GS340** V8, hängende Ventile, 5573 ccm (95,3 × 97,8), 220/260 SAE-PS **1967 GS400** V8, hängende Ventile, 6556 ccm (102,6 × 99,1), 340 SAE-PS

Getriebe: 3-Gang-Schaltgetriebe; auf Wunsch 4-Gang-Schaltgetriebe oder Super-Turbine-Dreigangautomatik

Fahrwerk, vorn: obere und untere Dreiecksquerlenker, Schraubenfedern

Fahrwerk, hinten: Starrachse, Schraubenfedern

Bremsen: vorn/hinten Trommelbremsen; **1967** auf Wunsch vorn Scheibenbremsen

Radstand (mm): 2921 **Kombi** 3048

Gewicht (kg): 1377–1760

Höchstgeschwindigkeit (km/h): 159–196

Beschleunigung 0–96 km/h (s): **GS400** 6,0–7,6

Produktionszahlen: **1966 V6 Cpé** 1454 **V8 Cpé** 6427 **V6 Hardtop Cpé** 2552 **V8 Hardtop Cpé** 33 326 **V6 Hardtop Sdn** 1422 **V8 Hardtop Sdn** 18 873 **V6 Conv.** 608 **V8 Conv.** 6129 **V6 Wgn 4tür.** 2469 **Custom Wgn 4tür.** 6964 **V6 Wgn 4tür/3sitzer** 2667 **Custom Wgn 4tür/3sitzer** 9510 **GS Cpé** 1835 **GS Hardtop Cpé** 9934 **GS Conv.** 2047 **1967 V6 Cpé** 894 **V8 Cpé** 3165 **Hardtop Cpé** 41 084 **Hardtop Sdn** 13 721 **sdn 4tür.** 9213 **Conv.** 6319 **Wgn 4tür.** 5440 **Kombi 4tür/3sitzer** 5970 **Custom Wgn 4tür.** 3114 **Custom Wgn 4tür/3sitzer** 4559 **GS340 Hardtop Cpé** 3692 **GS400 Cpé** 1014 **GS400 Hardtop Cpé** 10 659 **GS400 Conv.** 2140

Die 66er Skylark-Modelle kennzeichnete eine rundere, flüssigere Linienführung, ebenso die Gran Sport-Versionen (ganz oben, und rechte Seite, oben). Unter dem neuen Blech tat sich in punkto Mechanik sehr wenig, bis auf eine Mitte 1966 auf Wunsch lieferbare 340 PS-Version des 401 ci (6572 ccm) mit serienmäßig 325 PS. 1967 erhielt der Gran Sport einen neu entwickelten 400 ci-V8 (6556 ccm) mit 340 PS, der ihm auch den Namen gab (rechte Seite, unten). Ihm zur Seite stand eine zahmere Version, der GS340 (oben).

11 013

1968-69
Buick Skylark & GS

Das Modelljahr 1968 begann mit einer neuen Karosserieform, und mit dieser auch die Diskussion um Geschmack und Geschmacksverirrung. Die neue Form der kleinen Buicks, sowohl in der normalen Special- bzw. Skylark-Ausführung als auch in der reich ausgestatteten GS-Version, fand nicht unbedingt breite Anerkennung. Das Vorderteil war klar und angenehm gezeichnet, es strahlte mit seiner Kühlermaske, die Erinnerungen an den Riviera wachrief, sogar eine gewisse Ehrlichkeit aus. Die jetzt längere Motorhaube und das kürzere Heck waren ebenfalls nicht das Problem. Und auch nicht die versteckten Scheibenwischer. Ganz allein verantwortlich für dieses schleichende Unbehagen war für einige Mitmenschen – gestern und heute – die überaus markante Seitenlinie, die, als Blechfalte ausgebildet, sich über die ganze Seite bis hin zum hinteren Radausschnitt bog und damit an längst vergangene Pompzeiten erinnerte. Nicht minder widersprüchlich gab sich das Heck der neuen Modelle, das, konkav ausgeformt, die Rückleuchten in einer riesigen Stoßstange beherbergte. Ebenso vielfältig wie die Meinungen über die neuen Buicks waren auch die Fahrgestelle der verschiedenen Modelltypen: Zweitürer kamen mit einem Radstand von 112 (2845 mm), Viertürer mit 116 (2946 mm) und der Sportwagon mit 121 Zoll (3073 mm).

Trotz geschmacklicher Streitbarkeit schienen die „Neuen“ viele Fans gefunden zu haben, die Verkaufszahlen erreichten für den Skylark 1968 Rekordhöhen. Zweifelsohne war dieser (in einem Verhältnis von 5 : 1) auch der beliebtere, für den Special waren die Tage bereits gezählt.

Skylark-Grundmodelle erhielten anstatt des V6 von nun an den altbewährten Reihen-Sechszylinder. Änderungen betrafen auch den GS340; als GS350 wiedergeboren, kam er in den Genuß des bisherigen, nun auf 350 ci aufgebohrten V8-Triebwerks, leistungsgesteigert auf 280 SAE-PS und mit einem Drehmoment von 501 Nm. Eine abgespeckte Version dieses Motors (230 SAE-PS) fand Verwendung im Skylark Custom und war auch auf Wunsch für alle anderen Modelle lieferbar.

Ganz obenauf war natürlich wieder der GS400, der mit seinem 6,5-Liter-Treibsatz kräftige 340 PS aus dem Ärmel schüttelte. Genug für sensationelle 6 Sekunden von 0 auf 60 mph. Konnte man dem Vorgänger schon seine Kraft von außen nicht ansehen, erging es der 68er Muskelvariante des GS ebenso – und damit befand sie sich auf Corvette-Terrain.

Die „Macher“ dieser kraftstrotzenden Boliden waren sich alle einig darin, ihre „muscle cars“ fast ausschließlich auf ein männliches Publikum abzuzielen. Buick machte da keine Ausnahme: „Clean. Fresh. Masculine.“ waren die (in beiderlei Hinsicht) treffenden Worte.

Die 68er Skylarks (oben und unten) wirkten durch ihre betonte Seitenlinie „schwerer“, wie man an diesen GS350 sehr gut sehen kann. Wie die neue Namensgebung vermuten läßt, wuchs der Hubraum um 10 ci und die Leistung um 20 PS (nun 280 SAE-PS). Die 69er erfuhren geringe Änderungen (rechte Seite, rechts), konnten aber in der GS400-Ausführung mit einem zusätzlichen „Stage I“-Paket aufgefrischt werden. Dazu gehörten ein modifizierter V8 (rechte Seite, links) mit schärferer Nockenwelle, größerem Vergaser, Zwangsbelüftung (ram air induction) und Auspuffanlage mit geringem Staudruck.

Technische Daten

Motor: **Skylark** 6 Zylinder in Reihe, hängende Ventile, 4096 ccm (98,6 × 89,7), 155 SAE-PS; V8, hängende Ventile, 5737 ccm (96,5 × 97,8), 230 SAE-PS **1968–69 GS350** V8, hängende Ventile, 5737 ccm, 280 SAE-PS **GS400** V8, hängende Ventile, 6556 ccm (102,6 × 99,1), 340 SAE-PS

Getriebe: 3-Gang-Schaltgetriebe; auf Wunsch 4-Gang-Schaltgetriebe (**GS**), Super-Turbine-Automatik oder (**1969**) Turbo-Hydra-Matic 350

Fahrwerk, vorn: obere und untere Dreiecksquerlenker, Schraubenfedern

Fahrwerk, hinten: Starrachse, Schraubenfedern

Bremsen: vorn/hinten Trommelbremsen; auf Wunsch vorn Scheibenbremsen

Radstand (mm): 2845 **Sdn/Wgn 4tür.** 2946

Gewicht (kg): 1471–1632

Höchstgeschwindigkeit (km/h): 169–193

Beschleunigung 0–96 km/h (s): **GS350** 8,0–10,0 **GS400** 6,0–7,7

Produktionszahlen: **1968 Hardtop Cpé** 32 795 **Custom Hardtop Cpé** 44 143 **Custom Hardtop Sdn** 12 984 **Sdn 4tür.** 27 387 **Custom Sdn 4tür.** 8066 **Custom Conv.** 8188 **Sportwagon** 22 908 **GS350 Hardtop Cpé** 8317 **GS400 Hardtop Cpé** 10 743 **GS400 Conv.** 2454 **1969 Hardtop Cpé** 38 658 **Custom Hardtop Cpé** 35 639 **Custom Hardtop Sdn** 9609 **Sdn 4tür.** 22 349 **Custom Sdn 4tür.** 6423 **Custom Conv.** 6552 **Sportwagon 4tür.** 20 670 **GS350 Hardtop Cpé** 4933 **GS400 Hardtop Cpé** 6356 **GS400 Conv.** 1776

Nicht jeder GS war diesmal auch ein „richtiger“ GS. Buick lancierte parallel zum 350er und zum 400er einen California GS, der selbstredend mit GS-Emblemen und auch mit GS-Felgen geschmückt war. Aber unter diesem Schmuck steckte ein Schaf im Wolfspelz: ein vinylbedachtes Special Deluxe-Coupé als Verkleidung für die kleinere V8-Maschine.

Die stärkeren GS-Coupés und GS-Convertibles unterschieden sich nur durch ihre Typenembleme, die Aufschluß über die jeweilige Motorisierung gaben. Gemeinsames Merkmal war eine breite Lufthutze am Windlauf der Motorhaube.

Für 1969 erhielt die Motorhaube ein neues Lufteinlaßsystem, die Hutze bekam Typenembleme. Das Luftansaugsystem der GS400-Modelle war noch effektiver gestaltet, die Luft wurde in einen Luftfilter mit Doppelschnorchel geleitet.

Die vorderen Kotflügel wurden von ihren breiten Zierstreifen befreit, und auch sonst zeigten sich die 69er GS, mit Ausnahme der Radlaufzierleisten und der fünfspeichigen Chromfelgen, mit Zierat recht spärlich bedacht. Ein neuer, gitterförmiger Kühlergrill betonte mit seinen großen Öffnungen die Frontpartie, während ein doppelter Farbstreifen die seitliche Zierfalte hervorhob. Augenscheinlicher jedoch war die Tatsache, daß Buick dem Trend folgend, die vorderen Ausstellfenster weggelassen hatte.

Der California GS machte da allerdings eine Ausnahme. Seiner Basis, dem Special Deluxe Coupé entsprechend, besaß er weiterhin besagte Ausstellfenster. Ein California GS war in der Lage, in den Händen eines Fahrers, wie der unverwüstliche Tom McCahill von *Mechanix Illustrated* einer war, den Spurt auf 96 km/h in 9,5 Sekunden zu bewältigen.

Eine Bereicherung der Zubehörliste stellte 1969 die Turbo-Hydra-Matic dar, die das Super-Turbine-Automatikgetriebe als Auswahlmöglichkeit ersetzte. Freunde guter Beschleunigungswerte schenkten dem erweiterten Tuningangebot weitaus mehr Beachtung. Eine „Stage I“ betitelte Leistungssteigerung ermöglichte dem GS400 345 statt 340 SAE-PS (bei erhöhter Drehzahl). Das erscheint nicht viel, bewirkte aber um so mehr, wenn es darum ging, „die Pferde richtig fliegen zu lassen“. Das Stage-I-Paket umfaßte eine scharfe Nockenwelle, Spezialvergaser, Doppelauspuffanlage und ein Sperrdifferential und 3,64 : 1-Achsübersetzung. Um die Kraft auch flüssig umzusetzen, konnte ein Hurst-Shifter mit kurzen Schaltwegen dem 4-Gang-Schaltgetriebe zur Seite gestellt werden.

Korrosionsprobleme quälten weiterhin viele Skylark/GS-Besitzer, ebenso die Verarbeitung und das Finish, die nicht unbedingt den von Buick gewohnten Standard widerspiegelten. Aber man mochte ihn trotzdem. 21 514 GS (inkl. 2454 GS400 Convertibles) wurden 1968 gebaut, 1969 jedoch rutschte die Produktion auf 13 065 Stück ab. Dennoch war es ein Erfolg für Buick, als Vierter auf der Gesamtskala erfüllte sich Buick einen langgehegten Wunsch und beschloß damit zufrieden ein weiteres Jahrzehnt Automobilkultur. Für den GS sollte aber noch ein Kapitel aufgeschlagen werden, Anfang der 70er wuchs sein V8-Riese auf 455 ci (7458 ccm) an und schrieb „muscle car“-Geschichte. Und überdies eines der letzten Kapitel, da dieser Trend bald seinem Ende zusteuerte. Buick konzentrierte sich ganz auf sein angestammtes Image und baute fortan nur noch „gemütliche“ Autos.

1960 Cadillac

Läßt man die Cadillacs von 1959 mit ihren meterhohen Heckflossen noch einmal Revue passieren, wirken sie in ihrer Art doch sehr unbekümmert und exzessiv, ganz im Gegensatz zu ihren Nachfolgern, die eher einen stark gezähmten Eindruck machten. Strahlten die 59er-Flossen noch eine gewisse Überpräsenz aus – es war unmöglich sie zu ignorieren – übertrieben es die 60er-Pendants in eine andere Richtung. Man muß aber sagen, daß die roten Leuchten, die in den Knick der Flossen eingelassen waren, dem Heck einen graziösen Touch gaben, zumindest wenn man sie mit ihren dreisten und prahlerischen Vorgängerinnen vergleicht. Obwohl die 60er-Flossenvariante gerade mal nur knappe 2,5 cm niedriger war, wies sie eine wesentlich flüssigere Linienführung auf, anstatt einfach aufgepropft auf den Kotflügeln zu sitzen.

Die Vernunft wies den Flossen nun ihren Weg, und der hatte nach unten zu gehen. Ganz besonders seitdem Harley Earl, innovativer Designchef von GM – ein Fan von projektilartigen Silhouetten und mit seinem 1948er Cadillac Initiator der Heckflossen-Ära – ,1958 in den Ruhestand getreten war. Sein Nachfolger Bill Mitchell leitete eine neue, zurückhaltendere Epoche ein, tauschte schwindelerregendes Durcheinander gegen klare Formgebung aus. Er zog anmutige Eleganz einem chrombeladenen Protz vor – solange die Identität eines Cadillac dabei gewahrt blieb.

Von den Heckflossen einmal abgesehen, hatte sich wenig bei den neuen Modellen getan, obgleich Cadillac von einem neuen, klassischen Design und von einem deutlich geringeren Maß an Verzierungen sprach. Ausreichend war es allemal, trotz des einfacher gehaltenen Kühlergrills, der ein dem Vorjahr ähnliches Muster an verchromten „Knöpfen" aufwies, aber auf die den Grill teilende Strebe verzichtete. In den nächsten Jahren sollten die Flossen an Größe und Bedeutung verlieren und Mitte des Jahrzehnts endgültig das Zeitliche segnen (einige „Überreste" blieben aber dennoch für Jahre erhalten).

Jeder Cadillac war serienmäßig mit Hydra-Matic-Getriebe, Servolenkung und Bremskraftverstärker ausgerüstet. Der Antrieb war der gleiche wie schon 1959, versehen mit einem Vierfachvergaser leistete der 390 ci-V8 (6392 ccm) 325 SAE-PS. Besser bedient war dagegen der Eldorado, drei Zweifachvergaser lieferten ihm 20 Mehr-PS. Neu waren 1960 selbstnachstellende Bremsen und eine automatische Hilfsbremsanlage.

Die Preise waren identisch geblieben, ein Hardtop Coupé der Serie 62 kostete $ 4892, eine Limousine der Serie 75 $ 9748. Auch dieses Jahr wurden zwei viertürige Hardtops angeboten. Die vierfenstrige Version besaß ein flaches Dach (Vista roof) und eine stark herumgezogene Panoramaheckscheibe. Tradi-

Cadillacs Star unter den Convertibles war 1960 der Eldorado Biarritz, von dem nur 1285 Exemplare gebaut wurden. Ohne Zweifel trug sein Preis ($ 7401) zu seinem Status bei, lag dieser doch $ 2000 höher als für ein Convertible der Serie 62. Alle Eldorados kamen mit feinerem Zierat, besserer Ausstattung und 20 SAE-PS mehr als „normale" Cadillacs, eine Leistungsspritze, die drei Zweifachvergasern (statt des üblichen Vierfachvergasers) zu verdanken war. Zum Standard beim Biarritz gehörte auch eine Glasfiber-Abdeckung für das Verdeck.

Technische Daten

Motor:	V8, hängende Ventile, 6392 ccm (101,6 × 98,6), 325/345 SAE-PS
Getriebe:	Dual-Range-Hydra-Matic
Fahrwerk, vorn:	obere und untere Dreiecksquerlenker, Schraubenfedern
Fahrwerk, hinten:	Starrachse, Schraubenfedern
Bremsen:	vorn/hinten Trommelbremsen
Radstand (mm):	3302 **Serie 75** 3804
Gewicht (kg):	2120–2524
Höchstgeschwindigkeit (km/h):	190–201
Beschleunigung 0–96 km/h (s):	10,0–11,5

Produktionszahlen: Serie 62 Hardtop Sdn 4tür. 4window 9984 **Hardtop Sdn 4tür. 6window** 26 824 **Hardtop Cpé** 19 978 **Conv.** 14 000 **DeVille Hardtop Sdn 4tür. 4window** 9225 **Hardtop Sdn 4tür. 6window** 22 579 **Hardtop Cpé** 21 585 **Serie 60 Special Hardtop Sdn** 11 800 **Serie 75 Sdn 9sitzer** 718 **Pullman-Limousine 9sitzer** 832 **Eldorado Seville Hardtop Cpé** 1075 **Biarritz Conv. Cpé** 1285

tioneller fiel die Version mit sechs Fensterflächen aus, die Heckscheibe war nicht ganz so dramatisch ausgefallen, und in den Fondtüren saßen große, dreieckige Ausstellfenster. Wie zuvor standen die neunsitzigen Sedan und Pullman-Limousinen der Serie 75 auf einem 149,8 Zoll (3804 mm) langen Fahrgestell, alle anderen Modelle begnügten sich mit einem Radstand von 130 Zoll (3302 mm).

Die Produktionszahlen hielten sich mit denen des Vorjahres die Waage, 142 184 Exemplare wurden gebaut. Jedes Jahr hatte bis jetzt Rekordzahlen eingefahren, gut für einen zehnten Stammplatz in der Gesamtwertung. Die Serie 62 verkaufte sich wieder am besten, gefolgt aber vom höher angesiedelten DeVille, der erst 1959 vorgestellt worden war.

Der luxuriöse Fleetwood Sixty Special fiel auf 11 800 Einheiten zurück. Sie waren leicht an dunkelroten Cloisonné-Hauben auf den vorderen Kotflügeln, verchromten Zierjalousien unterhalb der Heckflossen und vor allem am lederähnlichen Dachbezug zu erkennen. Drei Eldorado-Modelle standen zur Auswahl, ein Seville Hardtop Coupé, ein Biarritz Convertible und der auf Bestellung gefertigte Brougham (siehe gesondertes Kapitel). Dem Biarritz „Emerald Edition"-Convertible mit seiner smaragdgrünen Lackierung und dazu komplementärem Verdeckstoff stand das neue Styling sehr gut zu Gesicht. Die etwas aufdringlich wirkende Wölbung der Heckklappe wurde durch dieses Zusammenspiel entschärft.

Caddys hatten noch nichts von ihrer Größe eingebüßt, dementsprechend eindrucksvoll gaben sich ihre Maße, 5715 mm war ein stolzer Wert (6218 mm der Serie 75 allerdings auch). Die Luftfederung mit automatischem Niveauausgleich (beim Eldorado serienmäßig) wurde weiterhin als Option angeboten, obwohl sich ihre Reparaturanfälligkeit bereits herumgesprochen hatte und sie sich deshalb nicht unbedingt gut verkaufte. Radio und Heizungsgebläse gehörten nur beim Eldorado zur Standardausstattung, ebenso Nebelscheinwerfer und Zentralverriegelung. Neben anderen Extras beinhaltete das Zubehörangebot auch Klimaanlage, Tempomat (cruise-control), elektrisch verstellbare Sitze, elektrische Fensterheber, „Guide-Matic"-Helligkeitsregulierung für die Scheinwerfer und „E-Z-Eye"-Scheinwerferverglasung.

Riesig – oder gar grotesk – erscheinen diese Cadillacs aus heutiger Sicht, legt man gewohnte Fahrzeugabmessungen zugrunde. Aber sie waren nicht nur riesig, sondern auch rostanfällig. Und 1960 beanspruchte Cadillac immer noch den „Standard of the World", und nur wenige vermochten, angesichts solch hervorstechender Heckflossen zu widersprechen. Galt der 59er-„Höhenflug" noch als Statement für die damalige Zeit, als Ikone eines optimistischen Jahrzehnts, so beging Cadillac mit seinen 60er-Modellen einen viel subtileren Weg in eine neue Zeit.

1960
Cadillac Eldorado Brougham

In den zwanziger und dreißiger Jahren waren maßgeschneiderte Karosserieaufbauten für Luxusautomobile an der Tagesordnung. Wohlbetuchte Kunden konnten ein Cadillac-, Lincoln- oder Duesenberg-Chassis bestellen und es dann von einem guten Karosseriebauer mit einem individuellen Blechkleid versehen lassen. In den 50ern existierten die amerikanischen Karosserieschneider bereits nicht mehr, nur in Europa – und das speziell in Italien – gaben weiterhin Künstler wie Ghia, Zagato oder Pininfarina Sport- und Luxuswagen ihr unnachahmliches Design.

Als Cadillac für seinen Brougham der Jahre 1957–58 eine stilgerechte Weiterentwicklung plante, lag es nahe, doch einmal einen Blick nach Europa zu werfen. Und in das Designstudio von Pininfarina in Turin, wo ein Entwurf angefertigt und auch gebaut wurde, der sich gar nicht so weit vom „normalen" Cadillac-Design entfernt hatte, ein Charakterzug, der den Brougham vor ihm ebenfalls kennzeichnete. Genug Aufwand also, um mit einem Preis von $ 13 075 geschlagene $ 5674 teurer zu sein als ein Eldorado Biarritz Convertible.

Im Gegensatz zum Brougham der vorangegangenen Serie, der solch distinguierte Dinge wie ein Dach aus gebürstetem Edelstahl und „Mouton"-Teppiche sein eigen nannte, zeigte der neue Brougham seine enge Verwandtschaft zu den Alltags-Eldorados. 1959 war es auch der Brougham, der als einziges Modell auf die monströsen Heckflossen mit ihren „bullet lights" verzichtete. Der Kühlergrill war ähnlich verziert, ohne allerdings die horizontale Strebe aufzuweisen. Dieser Cadillac sollte bereits einige der Designänderungen vorwegnehmen, die spätere Modelle kennzeichneten.

Im zweiten Brougham-Jahr bewegten sich die Unterschiede zu anderen Cadillacs auf eher subtilem Niveau. Letztere waren zwar neu gestylt worden, aber es ist und bleibt schwierig, einen Brougham mit seinen Geschwistern vergleichen zu wollen. Bei genauerer Betrachtung ergeben sich doch einige Unterschiede, wie die zum Dach hin gebogene Windschutzscheibe beweist. Die extreme seitliche Wölbung mit angrenzender, dünner A-Säule und kleinen rechteckigen Ausstellfenstern war einer nur am unteren Rand leicht herumgezogenen Scheibe gewichen. Größere, dreieckige Ausstellfenster zierten nun die seitliche Glasfläche und paßten somit gut zu den hinteren Dreiecksfenstern. Die Heckscheibe wies eine nur geringe Wölbung auf, die C-Säulen fielen dementsprechend schmaler aus. Die Dachpartie war formeller und flacher gehalten, die Rundungen früherer Dachkonstruktionen fehlten ganz.

Geringe Änderungen gab es auch zwischen den 59er und 60er Brougham-Modellen. Der originale Pininfarina-Schriftzug verschwand, die Radblenden wurden etwas abgeändert, Cloisonné-Embleme zierten die Endpartien der hinteren Kotflügel. Eine niedrig in Höhe des vorderen Radausschnittes verlaufende Zierlinie betonte die Seitenflächen. Beide Jahrgänge des Brougham (und nur die) erhielten serienmäßig schmalbandige Weißwandbereifung.

Für die serienmäßige Ausstattung des Brougham hatte man sich reichlich am feinen Zubehör bedient, das für andere Cadillac nur gegen Aufpreis zu haben war. Dazu gehörten unter anderem Guide-Matic-Helligkeitsregulierung für die Scheinwerfer, Klimaanlage und E-Z-Eye-Scheinwerferverglasung. Luftfederung war ebenfalls Standard, automatisch nivellierte sie den Wagen, unabhängig von der Anzahl der Passagiere oder Gepäckstücke.

Cadillac bezeichnete seinen 60er Brougham als „Ausdruck einer neuen Ära automobilistischer Eleganz." Selbst unter Cadillacs galt der Brougham als „Maß der Dinge." So konnte der Kunde seine Wagenfarbe aus einer eigens für den Brougham angebotenen Farbenpalette auswählen.

Da italienische Karosseriebauer Kunststoffspachtel bei der Fertigung ihrer Karosserien verwendeten, gaben Broughams dem Rostfraß viel eher nach als andere Cadillac-Modelle. Zudem wurden die Blechteile bei keinem anderen Modell verbaut, so daß es heute schier unmöglich ist, Ersatz zu beschaffen. Und sollte ein Brougham noch seine originale Luftfederung besitzen, so werden mehr als nur ein paar kleine Undichtigkeiten die Freude trüben.

Während seiner zwei Produktionsjahre wurden nur 200 Brougham (und davon 99 Stück in 1959) aus Italien importiert. Eine magere Ausbeute, legt man die Zahlen der 57er- und 58er-Modelle zugrunde. Diese 704 Exemplare waren noch in Amerika von Fleetwood gebaut worden und zeichneten sich durch bessere Qualität und Verarbeitung aus. So entfleuchte sehr schnell die über lange Jahre hinweg geschaffene Tradition des „custom-built Cadillac" kurz nach der Wiedergeburt.

Brougham als Name blieb auch in der Zukunft erhalten, bis zu den letzten heckgetriebenen Cadillacs der 90er Jahre; der Mythos von Automobilen allerdings, handgarbeitet für eine kleine Schar Auserwählter, wurde mehr und mehr ein Teil der Vergangenheit. Europäische Marken, und im besonderen Mercedes-Benz, wahrten diese Tradition, die Amerikaner nicht.

Statt dessen wandte man sich höheren Verkaufszahlen und einem Massengeschmack zu, der Begriff „Custom" verkümmerte zu einem x-beliebigen Modellnamen. Es dauerte bis in die späten achtziger Jahre, als Cadillac sich dazu entschloß, für seinen zweisitzigen Allanté, einen europäischen Karosseriedesigner – auch diesmal wieder Pininfarina – aufzusuchen. Luxuriöse Sedans und Pullman-Limousinen werden mittlerweile von solchen Designern entworfen, die Klasse mit Größe verwechseln.

Unterbringung erster Klasse, Anno 1960 (oben). Der unerhört teure Brougham wurde nur 200 mal in zwei Jahren gebaut. Das gezeigte Exemplar (rechte Seite) stammt aus dem Jahre 1959 und unterscheidet sich nur in kleinen Ausstattungsdetails vom 60er-Modell. Die eckige und formelle Dachgestaltung nahm das Design der 1961er Cadillac-Limousinen bereits vorweg.

Technische Daten

Motor:	V8, hängende Ventile, 6392 ccm (101,6 × 98,6), 345 SAE-PS
Getriebe:	Dual-Range-Hydra-Matic
Fahrwerk, vorn:	obere und untere Dreiecksquerlenker, Schraubenfedern
Fahrwerk, hinten:	Starrachse, Schraubenfedern
Bremsen:	vorn/hinten Trommelbremsen
Radstand (mm):	3302
Gewicht (kg):	2361
Höchstgeschwindigkeit (km/h):	193
Beschleunigung 0–96 km/h (s):	10,5
Produktionszahlen:	**1960** 101

N-7708

1961-62 Cadillac

Verglichen mit den grellen Exzessen von 1959 und 1960 wirkt der „gesäuberte" und auch prägnantere 62er Cadillac wie ein Triumphzug des guten Geschmacks, obwohl diese Modellreihe, mal abgesehen von wirklich umfassenden Automobil-Retrospektiven, kaum Erwähnung findet. Grund dafür muß wohl der noch bessere Geschmack von Lincoln gewesen sein, für den der 61er Continental den besten Beweis lieferte. Ein Beweis, der ihm vom renommierten „Industrial Design Institute" eine Auszeichnung für exzellentes Styling einbrachte.

Auszeichnung hin oder her, die 61er Caddys waren maßgeblich daran beteiligt, Cadillacs Talfahrt in Richtung nicht standesgemäßen Designs zu stoppen – und wieder für steigende Verkaufszahlen zu sorgen. Trotz Lincoln war Cadillac bis 1961 das amerikanische Luxus-Flaggschiff der letzten zwanzig Jahre schlechthin gewesen und sollte in dieser Position in punkto Image oder Verkaufszahlen auch nicht mehr herausgefordert werden (mit Ausnahme natürlich von ausländischen Marken).

Mit der neuen C-Karosserie waren die 61er-Modelle die ersten von William L. Mitchell, GM-Designchef seit 1958, beeinflußten Cadillacs. Sein Beitrag fiel zwar nicht so bedeutsam aus – große Teile der Entwicklung hatten während der wechselhaften Schaffensperiode seines namhaften Vorgängers Harley Earl und aufgrund der Erkenntnisse, die der von Pininfarina 1959–60 gebaute Eldorado Brougham gebracht hatte, bereits stattgefunden – markierte aber für Cadillac und die anderen GM-Marken einen Wendepunkt zwischen zwei wichtigen Design-Epochen.

Den 60er-Modellen waren die Flügel, die 1959 noch absurde Dimensionen erreichten, buchstäblich gestutzt worden, den 61er Cadillacs fehlten sie fast völlig. Die kleinen „Alibiflossen" hatten dafür jetzt Gesellschaft in Form von chromverzierten „Schwimmflossen" erhalten, die etwas oberhalb der Schweller, sich vom vorderen Radausschnitt bis in die Spitzen der Stoßstangen zogen. Dieses Stylingelement stammte noch aus Earls Feder und hatte schon den 59er Cadillac Cyclone Show Car geziert, wie es ebenso die bekannte „Double Bubble"-Studie (die ihrerseits den 61er Oldsmobile beeinflußte) von Drew Hare im Spätjahr 1959 „befügelt" hatte. Die neuen Typen erhielten die nun aktuellen, vorgezogenen A-Säulen, die dank ihrer Form („French curve") ein knieschonendes Ein- und Aussteigen ermöglichten (die alten A-Säulen firmierten unter dem Beinamen „doglegs"). Somit entfiel bei allen „full size"-Caddys auch die stark gewölbte Windschutzscheibe. Eine Ausnahme machten nur die Modelle der Serie 75, sie behielten ihr 59er-Styling und ihren eindrucksvollen Radstand (3804 mm) bei, und das bis 1965.

Die anderen Modelle ruhten weiterhin auf ihren 129,5 Zoll langen Fahrgestellen; die Fahrzeugbreite betrug 80 Zoll (2,03 m), die Fahrzeuglänge schrumpfte gegenüber 1960 um 3 Zoll (72 mm). Im gleichen Atemzug reduzierte man auch das Gewicht um 55 Kilogramm – eine sehr willkommene Maßnahme. Fahrgestell war das bekannte X-Chassis, ausgerüstet mit Schraubenfedern, Servo-Kugelumlauflenkung, großen, verrippten Trommelbremsen und Bremskraftverstärker. Die Luftfederung wurde von der Zubehörliste gestrichen, nachdem sie fünf Jahre lang Reparaturanfälligkeit bewiesen und somit für schlechten Verkauf gesorgt hatte. Darüber brauchten sich die Kunden nicht zu ärgern, denn Cadillac spendete mehr als nur ein Trostpflaster: Warmluftgebläse für die Heckscheibe, Sperrdifferential und ein System zur Kurbelgehäuseentlüftung für Fahrzeuge, die in das smoggefährdete Kalifornien geliefert wurden.

Keine Auswahl hatte man in Sachen Motorisierung: der 1959 vorgestellte 390 ci-V8 mit 325 SAE-PS aus einem Vierfachvergaser, angeblockt an die unverwüstliche Dual-Range-Hydra-Matic. Die 345 PS leistende Maschine des Eldorado mit ihren zwei Vierfachvergasern gehörte von nun an zum alten Eisen. Ebenso erging es dem Seville Hardtop Coupé und dem Brougham, als einziger Eldorado verblieb nur das Biarritz-Convertible. Eine Maßnahme, die das Feld zwischen Oberklasse und „Alltags-Cadillacs" der Serie 62 noch weiter ausdünnte.

In dieser Einsteigerklasse gab es keine grundlegenden Veränderungen, vier- und sechsfenstrige Hardtop Sedans und das obligatorische B-säulenlose Coupé gingen in eine neue Modellrunde. Mit leichten Verbesserungen in einigen Ausstattungsdetails (Ausnahme war das Convertible) kamen sie dann als Serie 63 DeVilles auf den Markt. Der 60 Special blieb als Sechsfenster-Hardtop Sedan weiterhin das Topmodel der Standardklasse. Das neue Jahr bescherte aber auch einen Newcomer: eine in der Heckpartie um 7 Zoll gekürzte, viertürige Hardtop-Limousine mit sechs Fensterflächen. Aber dieser „Short Deck Sedan" mit seinem kleineren V8-Motor kam für den nach dem Rezessionsschock von 1958 kritischeren Markt zu spät. Dementsprechend verkaufte er sich schlecht, in dem Jahr verließen nur 3800 Stück die Werkshallen.

1961 hatte Cadillac mit 139 000 seine niedrigsten Verkaufszahlen seit 1958. Der neue Continental hatte zweifelsohne einige Kunden gekostet. Offensichtlich nicht genug, denn Cadillac lag in der Luxus-Oberklasse noch immer an der Spitze, weit vor Lincoln und Imperial.

Unter dem Einfluß von Mitchell waren dann auch die 62er-Modelle im Grunde abgespeckte 61er. Die Heckflossen gaben sich noch niedriger und der Kühlergrill aufgeräumter, Blinker, Rück- und Bremslicht verschwanden hinter einer gemeinsamen, weißlichen Glasabdeckung. Serienmäßig war jetzt auch ein Sicherheits-Zweikreisbremssystem. Die stark gewölbte Heckscheibe der 59–61er „four-window sedans" tauschte man gegen flachere Scheiben und breitere C-Säulen aus. Eckleuchten für die vorderen Kotflügel waren als Option für alle Modelle erhältlich. Neu waren auch zwei „Kurz-"-Modelle: der Serie 62 Town Sedan (für die Sechsfenster-Version) und der DeVille Park Avenue. Wiederum wenig erfolgreich, jeweils nur 2600 Exemplare fanden ihre Käufer.

Cadillac konnte aber sein Geschäftsjahr 1962 mit fast 161 000 Gesamtverkäufen abschließen, ein Rekordwert. Und das war nur der Anfang, Cadillac sollte, mehr noch als die anderen Hersteller, einen Höhenflug sondergleichen antreten.

Das 61er-Styling der Cadillacs wurde im wesentlichen von der „langen" Optik und aufgeräumt elegantem Interieur bestimmt (oben und rechte Seite, unten). 1962 schrumpften die Heckflossen noch einmal (rechte Seite, oben), und Cadillac konnte einen der höchsten Verkaufserfolge verbuchen (über 160 000 Fahrzeuge).

Technische Daten

Motor: V8, hängende Ventile, 6392 ccm (101,6 × 98,6), 325 SAE-PS

Getriebe:	Viergangautomatik
Fahrwerk, vorn:	obere und untere Dreiecksquerlenker, Schraubenfedern
Fahrwerk, hinten:	Starrachse, Schraubenfedern
Bremsen:	vorn/hinten Trommelbremsen
Radstand (mm):	3289 **Serie 75** 3804
Gewicht (kg):	2070–2461
Höchstgeschwindigkeit (km/h):	ca. 188
Beschleunigung 0–96 km/h (s):	11,2

Produktionszahlen: **1961 Serie 62 Hardtop Sdn 6window** 26 216 **Hardtop Cpé** 16 005 **Hardtop Sdn 4window** 4700 **Town Sedan Hardtop 6window** 3756 **Conv.** 15 500 **Fahrgestelle** 5 **DeVille Hardtop Sdn 6window** 26 415 **Hardtop Cpé** 20 156 **Hardtop Sdn 4window** 4847 **Eldorado Biarritz Conv.** 1450 **Serie 60 Special Hardtop Sdn** 15 500 **Serie 75 Sdn 4tür/9sitzer** 699 **Pullman-Limousine 9sitzer** 926 **Fahrgestelle** 2204 **1962 Serie 62 Hardtop Sdn 6window** 16 730 **Hardtop Sdn 4window** 17 314 **Hardtop Cpé** 16 833 **Conv.** 16 800 **Town Sedan Hardtop 4window** 2600 **DeVille Hardtop Sdn 6window** 16 230 **Hardtop Sdn 4window** 27 378 **Hardtop Cpé** 25 675 **Park Avenue Hardtop Sdn 4window** 2600 **Eldorado Biarritz Conv.** 1450 **Serie 60 Special Hardtop Sdn 6window** 13 350 **Serie 75 Sdn 4tür/9sitzer** 696 **Pullman-Limousine 9sitzer** 904 **Fahrgestelle** 2280

62 CAD

NEW YORK
CLASSY61

1963-64 Cadillac

Diejenigen, die denken, Automobilhersteller würden – unabhängig vom Publikumsgeschmack – nur das bauen, was ihren eigenen Vorstellungen entspricht, müssen ihre Meinung angesichts der Cadillacs der 60er Jahre revidieren. Das neue Jahrzehnt bedeutete für Cadillac (und andere) die Auseinandersetzung mit einer Öffentlichkeit, die den Protz, die Spielereien und die Unwirtschaftlichkeit der 50er Jahre ablehnte, mit dem Ergebnis geschmackvollen Stylings, nützlichen Zubehörs und wirtschaftlicher Motoren. Cadillac wartete dazu noch mit der breitesten Modellpalette auf, und es verwundert nicht, daß der Markt diese Umorientierung mit jährlich neuen Verkaufsrekorden belohnte. Je formaler und rationaler Cadillacs wurden, desto mehr wurden sie gekauft.

Das galt zumindest für 1963, als 163 000 verkaufte Cadillacs ein Zeugnis davon ablegten. Das Styling, vielleicht sogar das beste bis dahin, war genau auf den Markt zugeschnitten: ausgeprägter als 1961/62, aber dennoch schlichter. Die Heckflossen dienten nur noch dazu, laut *Motor Trend*, „eine niedrigere Gürtellinie zu schaffen"; die A-Säulen hatte man ebenfalls begradigt, um den Einsatz einer weniger gekröpften Windschutzscheibe zu ermöglichen. Die Fahrzeugseiten zeigten sich leicht bauchig, eine längere, wie ein V auslaufende Motorhaube schloß mit einem einfach gehaltenen Kühlergrill ab, die Dachpartie hatte an Frische gewonnen. Selbst das Heck blieb nicht verschont, größere senkrechte Heckleuchtengehäuse trugen zum schönen Gesamtbild bei, daß seinen letzten Schliff durch den Umstand erhielt, daß die niedrige Mittelpartie des Wagens ihn breiter erschienen ließ als er eigentlich war. Der Radstand änderte sich dagegen nicht, obwohl die Gesamtlänge um 2 Zoll zugenommen hatte. Erfreulich war aber auch, daß das Leergewicht trotz dieser Maßnahme gesenkt werden konnte.

Grund dafür war unter anderem die Revision des seit 14 Jahren unveränderten ohv-Triebwerks. Von der 62er-Version des V8 wurden Ventile, Kipphebel, Köpfe und Pleuel übernommen, die Kompression bei 10,5 : 1 belassen. Aber alles andere war neu: Die Kurbelwelle war leichter, hatte aber an Festigkeit gewonnen, ebenso der Motorblock, der jetzt über 20 kg weniger auf die Waage brachte. Eine Neuerung war der erstmalige Einsatz leichten Aluminiums bei den Nebenaggregaten. Das drückte sich zwar alles nicht in besseren Fahrleistungen aus, der „neue" 390er lief aber wesentlich ruhiger und sanfter. Um diese Verbesserungen voll auszunutzen, versah man die Kardanwelle mittig und hinterachsseitig mit Gleichlaufgelenken. Der neue V8 baute zudem kompakter als sein Vorgänger (seit 1949 immer weiter ausgereizt, hatte er seine Grenzen erreicht), nun um 25 mm niedriger, 101 mm breiter und 38 mm kürzer.

Cadillacs bewiesen schon immer gute Fahrleistungen, und die 63er bauten diesen Status weiter aus – 115 mph (185 km/h) Höchstgeschwindigkeit, 0–60 mph in 9,5 Sekunden, die stehende Viertelmeile (ca. 400 m) in 17 Sekunden. Relativ gering war auch der Verbrauch von 16,8–19,6 Litern. Ruhiger

Chrom, Leder, Holzimitat und schöne Teppichausstattungen bestimmten das Interieur der 63er Eldorados (oben), das Äußere wies gegenüber „Standard"-Cadillacs mehr Zierat auf (rechte Seite). Bemerkenswert waren auch die „roulette wheel"-Radblenden des Eldorado. Das Serie 62 Convertible (unten) zeigt sehr schön das etwas bauchige Seitenprofil und die niedrigeren Heckflossen der 63er-Modelle. Mit $ 5590 war dieses Convertible um $ 1000 billiger als sein Eldorado-Pendant, vielleicht liegt hierin die Erklärung, warum sich das Serie 62 Convertible zehnmal besser verkaufte.

Technische Daten

Motor: V8, hängende Ventile; **1963** 6392 ccm (101,6 × 98,6), 325 SAE-PS **1964** 7031 ccm (104,9 × 101,6), 340 SAE-PS

Getriebe:	**1963** Viergangautomatik **1964** Dreigangautomatik
Fahrwerk, vorn:	obere Längslenker, untere Dreieckslenker, Schraubenfedern
Fahrwerk, hinten:	Starrachse, Schraubenfedern
Bremsen:	vorn / hinten Trommelbremsen
Radstand (mm):	3289 **Serie 75** 3804
Gewicht (kg):	2045 – 2406
Höchstgeschwindigkeit (km / h):	185 – 193
Beschleunigung 0 – 96 km / h (s):	8,5 – 9,7

Produktionszahlen: 1963 Serie 62 Hardtop Sdn 6window 12 929 **Hardtop Cpé** 16 786 **Hardtop Sdn 4window** 16 980 **Conv.** 17 600 **Fahrgestelle** 3 **DeVille Hardtop Sdn 6window** 15 146 **Hardtop Cpé** 31 749 **Hardtop Sdn 4window** 30 579 **Park Avenue Hardtop Sdn** 1575 **Eldorado Biarritz Conv.** 1825 **Serie 60 Special Hardtop Sdn** 14 000 **Serie 75 Sdn 4tür / 9sitzer** 680 **Pullman-Limousine 9sitzer** 795 **Fahrgestelle** 2527 **1964 Serie 62 Hardtop Sdn 6window** 9243 **Hardtop Sdn 4window** 13 670 **Hardtop Cpé** 12 166 **Conv.** 17 900 **DeVille Hardtop Sdn 6window** 14 627 **Hardtop Sdn 4window** 39 674 **Hardtop Cpé** 38 195 **Eldorado Biarritz Conv.** 1870 **Serie 60 Special Hardtop Sdn** 14 550 **Serie 75 Sdn 4tür / 9sitzer** 617 **Pullman-Limousine 9sitzer** 808 **Fahrgestelle** 2639

Fahrkomfort bei hohen Geschwindigkeiten galt als Domäne der Cadillacs, und auch hier vermochten die 63er-Modelle ihre Vorläufer auszustechen. Selbst Rolls-Royce schnitt für viele Amerikaner in dieser Disziplin nicht so gut ab wie Cadillac.

Für viele repräsentierte ein Cadillac vielleicht sogar einen besseren Gegenwert, absolut gesehen aber bot Cadillac sicherlich die umfangreichere Modellpalette. Und die war bis auf den Serie 62 Town Sedan (short-deck), dessen Produktion mangels Nachfrage eingestellt wurde, mit der von 1962 identisch. Der ähnlich konzipierte DeVille Park Avenue blieb im Programm, fand aber noch weniger Käufer als im Vorjahr – genau 1575. Es war nach den üblichen Marketing-Gepflogenheiten vorauszusehen, daß er das folgende Jahr nicht erleben würde.

Die Preise stiegen gegenüber dem Vorjahr nur gering, obwohl Cadillac reichlich Verbesserungen in die neuen Modelle hatte einfließen lassen. Ein Serie 62 kostete bescheidene $ 5026 und selbst ein Eldorado Biarritz Convertible bot mit $ 6608 einen reellen Gegenwert. Die Serienausstattung war wie gewohnt großzügig, sie beinhaltete Hydra-Matic, Servolenkung, automatische Bremsennachstellung, Bremskraftverstärker, Heizungsgebläse, Rückfahrscheinwerfer, und einen elektrisch verstellbaren Außenspiegel für den Fahrer. Eldorados kamen in den Genuß elektrisch sechsfach verstellbarer Sitze, und alle Modelle erhielten elektrische Fensterheber (außer geschlossene Fahrzeugen der Serie 62). Getreu seinem Image verbesserte Cadillac den Komfort und nahm weitere Annehmlichkeiten in sein Zubehörprogramm auf: ab 1963 gab es auf Wunsch zusätzlich elektrisch betätigte Ausstellfenster, sechsfach höhenverstellbares Lenkrad und AM / FM-Radio sowie, nicht zu vergessen, verschiedene Vinyldächer. *Motor Trend* zählte rekordverdächtige 143 Einzeloptionen für die Innenausstattung auf, unter anderem auch Polstermaterialien aus Wolle, Leder und Nylon; ferner konnte der Kunde zwischen Sitzbank und Einzelsitzen auswählen. Holzimitat für das Armaturenbrett, die Türverkleidungen und sogar die Rückseite der Sitze rundete das Angebot ab.

Die Änderungen für 1964 fielen recht gering aus. Die Heckflossen waren noch niedriger gehalten und verliehen dem Wagen, bedingt durch die nun fast durchgängige Gürtellinie, ein längeres Erscheinungsbild, der Grill bekam eine in Wagenfarbe lackierte horizontale Strebe, und die Gehäuse für die Rückleuchten wurden ebenfalls neu gestylt. Eine neue „Comfort Control"-Heizungs- / Klimaanlage sorgte, unabhängig von der Außentemperatur, mittels Thermostat für die eingestellte Temperatur. 1964 bot Cadillac erstmalig „Twilight Sentinel" an, eine Einrichtung, die die Scheinwerfer über eine Fotozelle automatisch ein- oder ausschaltete.

Eine bedeutende Änderung hatte sich auch unter der Motorhaube abgespielt: Der 390er war auf 429 ci (7031 ccm) aufgebohrt worden und leistete jetzt 340 SAE-PS. Im Zusammenspiel mit der neuen und effizienteren Turbo-Hydra-Matic-Dreigangautomatik mit Drehmomentwandlung verbesserten sich die Fahrleistungen dementsprechend. Testergebnisse bestätigten dies: 8,5 Sekunden von 0 auf 60 mph und die Viertelmeile in etwas über 16 Sekunden waren ordentliche, wenn nicht gar begeisternde Werte, ein Punkt, der im Zusammenhang mit den 60er Caddys oft vergessen wird.

Cadillac hatte mit 166 000 verkauften Fahrzeugen eine gute Nase für den Publikumsgeschmack gehabt, und damit auch ein neues Rekordjahr. Aber es sollten noch bessere Cadillacs – und bessere Verkaufsergebnisse – nicht allzu lange auf sich warten lassen.

1965-69 Cadillac

Verglichen mit anderen Standard-Cadillacs lassen sich kaum gefälligere Modelle benennen als die der Jahre 1965–69. Der 65er-Jahrgang hatte ja auch etwas Besonderes: Es waren wohl die stärksten, leisesten und vielleicht auch die ansehnlichsten Modelle, die in der Clark Avenue seit den trendsetzenden Heckflösslern von 1948/49 das Licht der Automobilwelt erblickten.

Die Bewertung von *Motor Trend* war denn auch dementsprechend: „... (D)er ganze Wagen strahlt architektonische Präzision aus, und jeder Zentimeter ... ist ganz und gar Cadillac." Obwohl der 65er mehr Gemeinsamkeiten mit „einfacheren" Wagen aus dem GM-Stall hatte als alle Cadillacs vor ihm, und lange bevor General Motors dazu überging, Markenphilosophie und Markenprofil gegen Einförmigkeit und Rentabilität einzutauschen.

Durch die neue Karosserieform wirkten die 65er-Basismodelle wesentlich straffer und schmucker, doch irgendetwas störte den Gesamteindruck. Genau. Die Heckflossen, sie waren einfach weg! Die hinteren Kotflügel verliefen *wirklich* gerade und waren derart geformt, das sie sich, mit den aus dem Heckblech ragenden, vertikalen Rückleuchten zu einer angedeuteten Flosse verbanden. Die Doppelscheinwerfer standen jetzt vertikal und ermöglichten eine noch breitere Kühlermaske. Die Seitenverglasung war nun leicht gewölbt, und die seit 1958 bei Limousinen unübliche B-Säule feierte ihre Wiederkehr zum Leidwesen des sechsfenstrigen Hardtop Sedan, der aus dem Angebot gestrichen wurde.

Unter diesem sensationellen Design verbarg sich ein neuer, festerer Kastenrahmen (anstatt des betagten X-Rahmens), dessen Karosserieaufnahmen man einer Modifikation unterzogen hatte und die jetzt weniger Geräusche, Vibrationen und Härte übertrugen. Die Schraubenfederung hatte man ebenfalls einer Revision unterzogen und die Längslenker/Hinterachsgeometrie mit einer Vorrichtung versehen, die das Anfahrnicken vermindern sollte (anti-squat control). Gleichermaßen wurde auch die vordere Radaufhängung (obere Längslenker und untere Dreieckslenker) gegen Bremstauchen modifiziert.

Die 65er Cadillacs sahen zwar kürzer aus als die 64er, waren aber in Wirklichkeit etwas länger: 5,69 bzw. 5,78 m waren majestätische Fahrzeugabmessungen. Das Topmodell Sixty Special stellte man wieder auf seinen 1958er-Radstand (133 Zoll), die anderen Modelle, bis auf die Serie 75, behielten ihr Fahrgestell bei (129,5 Zoll). Das Leergewicht der einzelnen Modelltypen änderte sich kaum.

Zur Auswahl standen immer noch 11 verschiedene Modelle, wobei die Fahrzeuge der Serie 62 (eine Typenbezeichnung, die man bereits 1940 einführte) von nun an den Modellnamen Calais trugen. An Karosserieformen wurden zwei- und viertürige Hardtops und der B-Säulen-Sedan angeboten. Analog dazu setzte sich die DeVille-Reihe zusammen, die allerdings noch ein Convertible umfaßte. Dieses nahm Cadillac als Basis für das Eldorado Biarritz Convertible, das mit umfangreicherer Ausstattung stolze $ 1100 mehr kostete. Der Sixty Special mutierte mit der neuen B-Säule zum Sedan und konnte sich jetzt mit dem „Fleetwood"-Emblem des Eldorado und der Serie 75 schmücken. Dazu kamen noch Zierstreifen in Höhe der Radläufe und rechteckige Appliqués am Heck. Die neue Fleetwood-Brougham-Ausstattung beinhaltete außerdem noch ein Vinyldach und einen „Brougham"-Schriftzug an der unteren Heckpartie. Neu war auch die Option, und das auch nur beim Sixty Special, die Hinterradfederung mit automatischer Niveauregulierung zu ordern.

Die Motoren wurden aus der Vorserie übernommen, die Auspuffanlage geräuschoptimiert. Der 429 V8 war immer noch in der Lage, einen Caddy gehörig in Fahrt zu versetzen. In einem japanischen Testbericht trieb man einen Sixty Special in 8,5 s von 0 auf 60 mph und in 16,4 s über die Viertelmeile,

Technische Daten

Motor: V8, hängende Ventile; **1965–67** 7031 ccm (104,9 × 101,6), 340 SAE-PS **1968–69** 7736 ccm (109,2 × 103,1), 375 SAE-PS

Getriebe: Dreigangautomatik

Fahrwerk, vorn: obere Längslenker und untere Dreiecksquerlenker, Schraubenfedern

Fahrwerk, hinten: Starrachse, Schraubenfedern

Bremsen: vorn/hinten Trommelbremsen; **1967–68** auf Wunsch vorn Scheibenbremsen

Radstand (mm): **Calais/DeVille** 3289 **60 Special** 3378 **Serie 75** 3804

Gewicht (kg): 1993–2522

Höchstgeschwindigkeit (km/h): 193–201

Beschleunigung 0–96 km/h (s): 8,5–10,0

Produktionszahlen: **1965 Calais Hardtop Sdn** 13 975 **Hardtop Cpé** 12 515 **Sdn 4tür.** 7721 **DeVille Hardtop Sdn** 45 535 **Hardtop Cpé** 43 345 **Conv.** 19 200 **Sdn 4tür.** 15 000 **Eldorado Biarritz Conv.** 2125 **Sixty Special Sdn 4tür.** 18 100 **Serie 75 Sdn 4tür/9sitzer** 455 **Pullman-Limousine 9sitzer** 795 **1966 Calais Hardtop Sdn** 13 025 **Hardtop Cpé** 11 080 **Sdn 4tür.** 4575 **DeVille Hardtop Sdn** 60 550 **Hardtop Cpé** 50 580 **Conv.** 19 200 **Sdn 4tür.** 11 860 **Eldorado Biarritz Conv.** 2250 **Sixty Special Sdn 4tür.** 5455 **Fleetwood Brougham Sdn 4tür.** 13 630 **Serie 75 Sdn 4tür/9sitzer** 980 **Pullman-Limousine 9sitzer** 1037 **1967 Calais Hardtop Cpé** 9085 **Hardtop Sdn** 9880 **Sdn 4tür.** 2865 **DeVille Hardtop Cpé** 52 905 **Hardtop Sdn** 59 902 **Conv.** 18 202 **Sdn 4tür.** 8800 **Sixty Special Sdn 4tür.** 3550 **Fleetwood Brougham Sdn 4tür.** 12 750 **Serie 75 Sdn 4tür/9sitzer** 835 **Pullman-Limousine 9sitzer** 965 **1968 Calais Hardtop Cpé** 8165 **Hardtop Sdn** 10 025 **DeVille Hardtop Cpé** 63 935 **Hardtop Sdn** 72 662 **Conv.** 18 025 **Sdn 4tür.** 9850 **Sixty Special Sdn 4tür.** 3300 **Fleetwood Brougham Sdn 4tür.** 15 300 **Serie 75 Sdn 4tür/9sitzer** 805 **Pullman-Limousine 9sitzer** 995 **1969 Calais Hardtop Cpé** 5600 **Hardtop Sdn** 6825 **DeVille Hardtop Cpé** 65 755 **Hardtop Sdn** 72 958 **Conv.** 16 445 **Sdn 4tür.** 7890 **Sixty Special Sdn 4tür.** 2545 **Fleetwood Brougham Sdn 4tür.** 17 300 **Serie 75 Sdn 4tür/9sitzer** 880 **Pullman-Limousine 9sitzer** 1156

1965 begann mit einer geraden Gürtellinie und einem rechteckig gestylten Heck mit vertikal angeordneten Rückleuchten (linke Seite). Für das 66er-Modell (oben) griff man kaum zum Zeichenstift, für den 67er allerdings schon eher. Charakteristisch für ihn war die nach vorn geneigte Frontpartie und der wulstige Verlauf des hinteren Radausschnittes (unten). 1969 ordnete man die Scheinwerfer nebeneinander im Kühlergrill an und eliminierte die vorderen Ausstellfenster (ganz unten).

an Höchstgeschwindigkeit wurden 121 mph (etwa 195 km/h) erreicht – begeisternd für solch einen opulenten Straßenkreuzer. Genauso Anlaß zur Freude gaben die Preise, sie befanden sich auf ähnlichem Niveau wie noch in den Vorjahren. Kein Wunder, die Produktion war auf knappe 182 000 Stück geklettert – 16 000 mehr als 1964.

1966 erreichte das Verkaufsvolumen mit über 200 000 produzierten Fahrzeugen einen neuen Rekord, und das waren genau 14 250 mehr als 1965. Eine neue Stoßstange und ein neuer Kühlergrill brachten eine andere Vorderansicht, besser integrierte Rückleuchten ein homogeneres Heck. Die Modelle der Serie 75 (seit 1959 unverändert) wurden komplett neu gestaltet und erhielten mit dem aktuellen Kastenrahmen sogar eine neue Rahmenkonstruktion. Zubehöroption für 1966 war unter anderem eine „denkende" Servolenkung, die, je weiter das Lenkrad aus der Mittelstellung herausgedreht wurde, um so stärker die Lenkkräfte unterstützte. Der Brougham wurde jetzt als separates Modell geführt, in der Ausstattung dem Sixty Special in punkto Luxus überlegen und dementsprechend $ 320 teurer.

Sehr gute Neuigkeiten gab es 1967 zu vermelden, ein sensationelles, frontgetriebenes Fleetwood Eldorado Coupé (siehe folgendes Kapitel) gab sich die Ehre und ersetzte den offenen Eldorado Biarritz. Die Standardmodelle bekamen größere „Maschen" in den Kühlergrill, die vorderen Kotflügel zog man etwas in die Länge. Ähnlich verfuhr man mit den hinteren Kotflügeln, nur daß sie statt dessen in die Höhe gezogen wurden und damit wieder Erinnerungen an Heckflossen-Tage hervorriefen. Unterstützt durch den neuen Eldorado kletterten auch dieses Jahr die Produktionszahlen auf 200 000.

Für 1968 lag das Hauptaugenmerk auf der Antriebseinheit, einem völlig neuen, 472 ci (7736 ccm) großen V8 mit 375 PS. Entwickelt, um die in diesem Jahr in Kraft tretenden Emissionsgesetze zu erfüllen, hatte er über 800 000 Laborkilometer hinter sich gebracht. Obwohl nicht so verbrauchsgünstig wie der 429, vermochte der 472er ein Coupé DeVille von 0 auf 100 mph in weniger als 30 Sekunden zu beschleunigen. Äußere Veränderungen beschränkten sich auf die jetzt gesetzlich vorgeschriebenen Seitenleuchten, versenkte Scheibenwischer, einen neuen Grill und einen neu gestalteten Kofferraumdeckel, der das Stauvolumen um einiges vergrößerte.

1969 steuerte Cadillac einen weiteren Rekord an, 266 798 Fahrzeuge reichten für einen neunten Platz hinter Chrysler und American Motors. Aber noch befand man sich auf dem elften Platz, und bei etwas mehr als 223 000 Einheiten. Die Basismodelle wurden vollkommen neu karossiert, die Dachpartie wurde dabei eckiger gestaltet und die vorderen Ausstellfenster eliminiert. Statt ihrer vertraute man auf ein neuartiges Ventilationssystem, das eine gute Frischluftversorgung garantieren sollte. Die Scheinwerfer setzte man horizontal in den Grill, die Parkleuchten bogen sich, angefangen an der jetzt höheren Kühlermaske, um die Kotflügelenden herum in die Seitenfläche hinein. Aufgrund gesetzlicher Bestimmungen mußten weitere Zugeständnisse bei der Konzipierung der neuen Modelle gemacht werden. Kopfstützen an den Frontsitzen, Sicherheitslenksäule, Druckverschlüsse für die Sicherheitsgurte, Zündschlüsselwarneinrichtung und diebstahlgesichertes Zündschloß gehörten jetzt zur Serienausstattung. Die Preise waren gestiegen und betrugen für einen Calais $ 5400, für die Pullman-Limousine der Serie 75 über $ 10 000.

Ohne Frage hatte Cadillac in den 60ern zum richtigen Zeitpunkt auch genau das richtige getan. Das konnte aber nicht verhindern, daß eine gewisse Orientierungslosigkeit die Nobelmarke für die nächsten 20 Jahre aus der Bahn werfen sollte.

1967-69
Cadillac Eldorado

Für Cadillac war der frontgetriebene Eldorado eine revolutionäre Entwicklung, vergleichbar mit dem V8 von 1915, dem Sixteen von 1930, dem Sixty Special von 1938 und dem V8 von 1949. Es war der erste Cadillac mit Frontantrieb, und nicht nur das, es war der Versuch, das Eldorado-Marktsegment neu zu definieren.

Die Technologie, die er mitbrachte, war nicht neu. Oldsmobile, normalerweise die „Experimentierabteilung" von General Motors, hatte ein Jahr zuvor den Toronado präsentiert. Das Eldorado-Design aber unterschied sich stark von dem des Toronado. Eine Grundsatzentscheidung, die Designchef Bill Mitchell gefällt hatte (die nur zu oft von GM ignoriert wurde) und die besagte, daß jedes Produkt und jede GM-Division ein eigenes Profil besitzen müsse, gleichgültig wieviel unter ihren Blechkleidern an Gemeinsamkeiten steckte. Es war das erste Mal, daß Mitchell seine Vorstellung des fünfsitzigen „personal car" auf einen Cadillac projiziert hatte (seine wichtigsten Arbeiten waren die Buick Riviera ab 1963). Das Ergebnis gehört zu den herausragenden optischen Leckerbissen der 60er Jahre, vollkommen ohne Makel, aus jeder Perspektive gutaussehend und doch formell genug, dem aktuellen Cadillac-Design zu entsprechen.

Den Namen Eldorado verband man unweigerlich mit Tradition: Cadillac hatte seinen ersten Eldorado, einen in limitierter Produktion gebauten „personal car" 1953 vorgestellt. Die nächsten zehn Jahre bis zu *dem* Eldorado vergingen mit weniger interessanten Konstruktionen, die mehr auf Kommerz als auf Innovation getrimmt waren. Der Inbegriff von Exklusivität wurde ihnen deswegen aber nie abgesprochen. Während der Entwicklungsphase keimte kurzfristig der Gedanke auf, aus nostalgischen Erwägungen heraus den Wagen „LaSalle" zu taufen; eine Idee, die aber wieder verworfen wurde, nachdem sich die Verantwortlichen das LaSalle-Projekt unter Jeff Godshall noch einmal vor Augen geführt hatten, um es dann als den einzigen Fehlgriff zu erachten, den sich Cadillac je geleistet hatte. Das brachte, laut Insidern der Cadillac-Szenerie, die einstimmige Entscheidung für „Eldorado". Das einzige, was noch fehlte, war jetzt eine offene Version – ein solches Convertible war bei GM noch nicht im Programm –, und das sollte mit der nächsten Designgeneration kommen.

Der Eldorado hatte alles was er brauchte, ein unverwechselbares, „scharfes" Design und feinste Technologie. Cadillac schuf damit einen Wagen, der alle traditionellen Werte und überragende Fahreigenschaften miteinander verband – eine Kombination, die es so noch nie gegeben hatte. Als Kraftübertragung für seinen 429 ci-V8 (7031 ccm) wählte Cadillac eine geteilte Lösung: Drehmomentwandler und Getriebegehäuse wurden getrennt und durch einen Kettentrieb verbunden. Der Clou dabei war die von der Hydra-Matic Division und Borg-Warner entwickelte Kette, die bruchsicher, flexibel, leicht, und günstig herzustellen war. Der geteilte Kraftfluß machte den Antriebsstrang sehr kompakt, obwohl der Wagen sonst riesige Dimensionen aufwies: 221 Zoll (5613 mm) Gesamtlänge auf einem Radstand von 120 Zoll (3048 mm). Dimensionen, die allerdings kein Garant für ein ausreichendes Platzangebot im Fond waren – aber das schien nur wenige zu stören.

Der Frontantrieb verlieh dem Eldorado ein vorwiegend neutrales Fahrverhalten, eine Novität bei Cadillacs, die berühmt waren für ihr gnadenloses Untersteuern. Don Vorderman, Autor bei *Automobile Quarterly*, beschrieb den Eldorado als einen Wagen, der in Kurven „bei Vollast stark untersteuerte", dann aber „durch Zurücknehmen des Gaspedals das Heck in bester Fronttriebler-Tradition folgen ließ, um sich wieder zu neutralisieren." Vorderman gab allerdings auch zu, daß „unabhängig davon, ob nur einer unter tausend Kunden in solche Grenzbereiche vorstoßen würde, die Ingenieure bei Cadillac ganze Arbeit geleistet hätten."

Der Eldorado erfuhr wenig Änderungen in seiner dreijährigen Produktionszeit. Ein schöner, großmaschiger Kühlergrill zierte die 67er- und 68er-Modelle, letztere gut erkennbar an den Parkleuchten, die aus den Stoßstangen in die Kotflügelspitzen gewandert waren. 1968/69 wurde auch die Motorisierung geändert, ein 472 ci-V8 sorgte jetzt für Bewegung.

Obwohl der „reparatursichere" Kettentrieb dann und wann ausfiel und die Kreuzgelenke regelmäßig das Zeitliche segneten, war der Eldorado für seine Komplexität doch sehr zuverlässig. Sammler halten zwar den 67er als den ersten Eldorado auch für den besten, die 472er-Maschine ist aber vorzuziehen. Schöne Exemplare bewegen sich auf einem akzeptablen Preisniveau und lassen sich, was sehr bemerkenswert ist, in „show condition" für unter $ 10 000 erwerben. Und das ist eine Menge Cadillac fürs Geld.

Der Eldorado debütierte 1967 (rechte Seite), basierend auf dem ein Jahr zuvor vorgestellten Olds Toronado, unterschied sich aber sehr im Styling und wurde von Cadillacs 429 ci-V8 angetrieben. Für 1968 wurde das Design übernommen (diese Seite, unten), nur die vorderen Parkleuchten wanderten aus den Stoßstangen in die Kotflügel. Motor war jetzt ein 472 ci-V8. 1969 wurden die Scheinwerfer freigelegt (ganz unten), weitere Änderungen gab es kaum.

Technische Daten

Motor: V8, hängende Ventile; **1967** 7031 ccm (104,9 × 101,6), 340 SAE-PS **1968–69** 7736 ccm (109,2 × 103,1), 375 SAE-PS

Getriebe:	Turbo-Hydra-Matic-Dreigangautomatik
Fahrwerk, vorn:	obere und untere Dreiecksquerlenker, Längsdrehstäbe, Querstabilisator
Fahrwerk, hinten:	Starrachse, Blattfedern
Bremsen:	**1967** vorn/hinten Trommelbremsen (auf Wunsch vorn Scheibenbremsen) **1968–69** vorn Scheiben-/hinten Trommelbremsen
Radstand (mm):	3048
Gewicht (kg):	2043–2079
Höchstgeschwindigkeit (km/h):	o.A.
Beschleunigung 0–96 km/h (s):	o.A.
Produktionszahlen:	**1967** 17 930 **1968** 24 528 **1969** 23 333

Cadillac

1960-69
Checker

Morris Markin, russischer Emigrant, der 1922 Checker Motors gründete, hatte eines mit Henry Ford gemeinsam: eine Abneigung gegen Änderungen. Hatte man erstmal, laut Markin, den richtigen Weg gefunden, so machte es Sinn, ihn auch weiter zu begehen. Neben dem T-Modell von Ford, wird es nur wenige Fahrzeuge geben, die so wenig Modelländerungen erfahren haben wie der Checker.

Checker waren robust gebaut und fuhren sich auch so. Als Markin in das Taxigeschäft Chicagos einstieg, war der Konkurrenzkampf mit John Hertz und seinen „Yellow Taxi" alles andere als zimperlich. Taxifahrer, die ihre Fäuste gebrauchen konnten, waren um einiges nützlicher als die, die nur ihren Stadtplan vor Augen hatten. So rollten auch in schöner Regelmäßigkeit „Checker cabs" in Kalamazoo, Michigan, vom Band.

Aber was haben Taxis eigentlich mit den großen Automobilen dieser Zeit zu tun? Sehr viel, denn Checker entschloß sich, jedem Amerikaner die Möglichkeit zu bieten, einen der robusten und verläßlichen (und altmodischen) „Schuhkartons" zu fahren. Checker ging für das Modelljahr 1960 her, nahm sein vier Jahre zuvor vorgestelltes A8-Taxi, motzte das Interieur etwas auf, und verkaufte es als „Superba" für $ 2542. Ein viertüriger Kombi kam ebenfalls auf den Markt. Bis auf ihre Innenausstattung und die fehlenden Werbeflächen waren sie identisch mit jenen Checkers, die Tag und Nacht die Straßen fast jeder amerikanischen Stadt befuhren. Diejenige Kundschaft, die nicht ganz so asketisch orientiert war, konnte auch einen Special ordern; und selbst der war nicht gerade feudal ausgestattet.

Man wartete nicht unbedingt zu Tausenden mit gezückten Scheckbüchern auf die einmalige Chance, einen Checker sein eigen nennen zu dürfen, aber immerhin zeigten sich jährlich ein paar hundert Kunden bereit, die Freuden eines bewährten, bodenständig schlichten, „Vernunftautos" zu erleben, „auf das Amerika schon immer gewartet hatte." Wenn die Taxis schon die Strapazen eines Tag-und-Nacht-Lebens aushielten, dachten manche Kunden, wie würde sich dann erst ein Checker im normalen Hausgebrauch machen? Sicherlich würde er es mit einem langen Autoleben lohnen.

Sehr zu dieser Zuverlässigkeit trug der 3,7-Liter-Reihensechszylinder von Continental bei, erhältlich mit 80 PS in der „L-head"-Version oder 122 PS in der ohv-Version. Er produzierte beträchtliches Drehmoment bereits bei 1400 bis 1800 Upm und erlaubte dadurch guten Durchzug, ohne allzusehr die Schaltung in Anspruch nehmen zu müssen.

Mit seinem für eine amerikanische Limousine untypischen, längeren Radstand maß der Wagen insgesamt nur 5,07 m. Sage und schreibe acht Insassen konnten akzeptabel in einem Superba unter Zuhilfenahme von zwei optional erhältlichen Klappsitzen untergebracht werden. Weit aufschlagende Türen erleichterten zudem das Ein- und Aussteigen.

1961 ersetzte ein neuer Marathon Sedan den Superba Special, und alle Sedan-Modelle erhielten 14" statt 15"-Räder. Kombis bekamen die ohv-Maschine jetzt serienmäßig. Die Preisstaffelung reichte von $ 2542 für einen Superba Sedan bis zu $ 3004 für einen Marathon Wagon. Checker-Kunden kamen auch in den Genuß eines wachsenden Zubehörangebotes, das u.a. Klimaanlage, Servolenkung und Automatikgetriebe umfaßte. Ende der 60er konnte man sogar zwischen Einzelsitzen, Vinyldach, Zweifarbenlackierung und „Powr-Lok"-Hinterachse wählen.

Die Sedans bekamen 1962 wieder ihre 15"-Bereifung zurück. In diesem Jahr wurde auch eine Town Custom Limousine mit 129-Zoll-Fahrgestell (9 Zoll länger als normal) eingeführt, die neben ihrem Vinyldach und einem durch Glas abgetrennten Fahrerabteil einen *üppigen* Preis von $ 7500 mit sich brachte. Die Leistung des ohv-Motors stieg 1963 auf 141 SAE-PS. 1964 verzichtete man auf Superba als Modellname, alle Basismodelle hießen jetzt Marathon.

1965 entschloß Checker sich, die Continental-Motoren durch Fabrikate von Chevrolet zu ersetzen. Anfangs angeboten wurden ein 230 ci-Reihensechszylinder (140 PS), ein 283 ci-V8 (195 PS) und ein 327 ci-V8 (250 PS). Außerdem konnten Kunden zwischen einem Overdrive für $ 108 und einer Automatik für $ 248 wählen. „Kein anderer Wagen sieht aus wie ... ist gebaut wie ... fährt wie ... ein Checker Marathon", war eins der Werbeargumente Mitte der 60er.

1966 bereicherte ein Marathon Deluxe Sedan die Modellpalette, ebenso eine billigere Pullman-Limousine ($ 4541). Beide Modelle wurden im folgenden Jahr gestrichen, kehrten bald darauf aber zur Checker-Familie zurück. 1968 gab es dann einen 307 ci-V8, 1969 einen 350er. Die Preise beliefen sich auf $ 3290 für einen Marathon als Basismodell, $ 3983 für einen Deluxe mit langem Radstand und auf $ 4957 für die Pullman-Limousine. Ende 1968 zahlte man für einen 327er V8 $ 108 und für einen 350er $ 194 Aufpreis. Man hatte sogar die Möglichkeit einen Perkins-Dieselmotor eingebaut zu bekommen, das allerdings zu atemberaubenden $ 1279.

In den siebziger Jahren ging die Produktion bei Checker zurück, als Morris Markin starb und sein Sohn David das Firmenerbe antrat. Mitte 1982 war es dann soweit, der letzte Checker verließ das Band. Die Tatsache, daß noch heute so viele Checker, sei es als Taxi oder Privatwagen, amerikanische Straßen befahren, ist nicht zuletzt dem pragmatischen Design und der unendlichen Robustheit dieses ungewöhnlichen und unbeugsamen Automobils zu verdanken.

„Nackter Blechhaufen" war nicht gerade das schlechteste Kompliment, was man einem Checker machen konnte (rechte Seite, oben). Was sie an Luxus vermissen ließen, machten sie an Robustheit wieder wett. Das Interieur dieses 65ers (oben) kommt recht spartanisch daher – und dabei handelt es sich noch um eine „aufgemotzte" zivile Version. Station Wagons wurden die ganzen zehn Jahre lang angeboten, der Preis dieses 65er-Modells (rechte Seite, unten) betrug zu seiner Zeit $ 3140; $ 150 mehr als für einen Chevrolet Impala Wagon gezahlt werden mußten.

Technische Daten

Motor: **1960–64** L-Head-Reihensechszylinder, 3704 ccm (84,1 × 111,3), 80 SAE-PS **1960–62** 6 Zylinder in Reihe, hängende Ventile, 3704 ccm, 122 SAE-PS **1963–64** 6 Zylinder in Reihe, hängende Ventile, 141 SAE-PS **1965–68** 6 Zylinder in Reihe, hängende Ventile, 3770 ccm (98,6 × 82,6), 140 SAE-PS **1969** 6 Zylinder in Reihe, hängende Ventile, 4098 ccm (98,6 × 89,7), 155 SAE-PS **1965–66** V8, hängende Ventile, 4638 ccm (98,6 × 76,2), 195 SAE-PS **1965–67** V8, hängende Ventile, 5360 ccm (101,6 × 82,6), 250 SAE-PS **1968** 275 SAE-PS **1969** 235 SAE-PS **1968** V8, hängende Ventile, 5032 ccm (98,6 × 82,6), 200 SAE-PS **1969** 5737 ccm (101,6 × 88,4), 300 SAE-PS

Getriebe:	3-Gang-Schaltgetriebe; auf Wunsch Dual-Range-Automatik
Fahrwerk, vorn:	obere und untere Dreiecksquerlenker, Schraubenfedern, Querstabilisator
Fahrwerk, hinten:	Starrachse, Blattfedern
Bremsen:	vorn / hinten Trommelbremsen
Radstand (mm):	3048 **Town Custom / DeLuxe** 3277
Gewicht (kg):	1507–2270
Höchstgeschwindigkeit (km / h):	145–180
Beschleunigung 0–96 km / h (s):	**V8** 10,8

Produktionszahlen: **1960** 6980 **1961** 5683 **1962** 8173 **1963** 7050 **1964** 6310 **1965** 6136 **1966** 5761 (1056 non-taxi) **1967** 5822 (935 non-taxi) **1968** 5477 (992 non-taxi) **1969** 5417 (760 non-taxi)

Anmerkung: 1964 wurden einige Checker mit Chrysler-Motoren gebaut.

2AJG374

RFS 797

1960
Chevrolet Impala

„Space – Spirit – Splendor“ waren die Schlüsselworte, mit denen Chevrolet 1960 seine gemäßigten Modelle promotete („gemäßigt“, wohlgemerkt, gemessen am Standard der fünfziger Jahre). Das sich emporschwingende „Fledermaus“-Heck, Grund für viele Chevrolet-Kunden, sauer auf das 59er-Modell zu reagieren, war nicht gänzlich verschwunden – das sollte erst im nächsten Jahr erfolgen. Zumindest aber waren dem Flugtier die Flügel gestutzt worden, auch wenn die restliche Optik sich nicht grundlegend verändert hatte.

Obwohl noch rasiermesserscharf und omnipräsent, machten die Flügel die Heckansicht nicht mehr so „fluglastig“ wie noch 1959. Ihre Flügelspitzen ragten jetzt nicht mehr über die Seitenflächen hinaus, und von hinten betrachtet wirkten sie etwas angewinkelt und konisch auslaufend. Mit dünnen Zierleisten am Rand versehen, integrierten sie sich angenehm in die Heckpartie. Sie wirkte nun nicht mehr so beängstigend, wohl auch, dank der drei kleinen, runden Leuchten, die die großen tränenförmigen Rücklichter der Vorserie ersetzten. Die über dem Kühlergrill liegenden „Nasenlöcher“ hatten die Designer ebenfalls zugunsten einer „beruhigten“ Gesamtansicht entfernt.

Impalas waren erst 1958 als „Limited Edition“ ins Rampenlicht getreten, sollten aber in den Sechzigern zu den beliebtesten Autos der Vereinigten Staaten werden, noch vor den mittleren Bel Air und den darunter rangierenden Biscayne. Impala-Modelle unterschieden sich vom Bel Air hauptsächlich durch ein höheres Maß an Chromschmuck: speziell durch den auffälligen seitlichen Zierstreifen, der viel von der optischen Wirkung der Blechpartie über dem hinteren Radausschnitt für sich beanspruchte. Ein über die gesamte Heckbreite verlaufendes, verchromtes Zierblech, das mit dünnen schwarzen, vertikal angeordneten Flächen versehen war, machte ebenfalls den Unterschied zum einfacheren Bel Air deutlich. Der Impala besaß außerdem noch solche Extras wie „falsche“ Lufteinlaßschlitze an den unteren Heckscheibeneinfassungen und ein Signet an den hinteren Kotflügeln, das den Impala-Schriftzug neben zwei sich kreuzenden Fahnen zeigte. An Karosserien bot Chevrolet einen viertürigen Hardtop Sport Sedan mit einer stark herumgezogenen Panoramaheckscheibe und dünnen C-Säulen, ein B-Säulenloses Sport Coupé, eine viertürige Limousine und natürlich ein Convertible – wieder einmal konnten damit nahezu alle Kundenwünsche erfüllt werden.

Technische Daten

Motor:	6 Zylinder in Reihe, hängende Ventile, 3860 ccm (90,4 × 100,1), 135 SAE-PS; V8, hängende Ventile, 4638 ccm (98,6 × 76,2), 170/230 SAE-PS, 5704 ccm (104,9 × 82,6), 250/280/320/335 SAE-PS
Getriebe:	3-/4-Gang-Schaltgetriebe; auf Wunsch Powerglide-Zweigangautomatik oder Powerglide-Dreigangautomatik
Fahrwerk, vorn:	obere und untere Dreiecksquerlenker, Schraubenfedern
Fahrwerk, hinten:	Starrachse, Schraubenfedern
Bremsen:	vorn/hinten Trommelbremsen
Radstand (mm):	3023
Gewicht (kg):	1603–1650
Höchstgeschwindigkeit (km/h):	ca. 145–217
Beschleunigung 0–96 km/h (s):	9,0–18,6
Produktionszahlen:	ca. 411 000 (plus 79 903 Convertibles)

Die Technik blieb fast unverändert, doch die Motorenauswahl präsentierte sich stark gemindert. Diese beschränkte sich auf zwei V8-Antriebe (4638 ccm und 5704 ccm) in sieben Leistungsklassen von 170 bis 335 PS und den altbekannten „Blue Flame"-Sechszylinder mit 135 SAE-PS. Deutlich weniger, verglichen mit den 12 „Powerlevels" von 1959. Dieser tragische Zustand sollte nicht sehr lange andauern, Chevrolet bereitete schon das nächste, diesmal pikantere Leistungsmenü vor.

An der Spitze der Antriebspalette stand der 348er „Super Turbo-Thrust Special"-V8, der, befeuert durch ein Trio von Zweifachvergasern und mit einer straffen Kompression von 11,25 : 1, seine 335 PS durch eine Doppelrohr-Auspuffanlage ins Freie jagte. Die Ära niedriger Kompressionswerte war noch gut zehn Jahre entfernt, und Superbenzin billig. Für anspruchslosere Zeitgenossen gab es vier weniger kräftige Aggregate, alles Versionen des 348, mit 250, 280, 305 und 320 PS. Zurückgemeldet hatte sich auch der vergaserbestückte „Turbo-Fire"-V8 mit 4,6 Litern Hubraum, 170 oder 230 PS stark. Benzingespritzte Varianten dieses 283ers kamen leider nicht wieder zum Zuge. An Kraftübertragungen blieb die Wahl zwischen Overdrive, Viergang-Knüppelschaltung, Zweigang-Powerglide oder einer „triple turbine"-Turboglide.

Wirtschaftlich orientierte Kundschaft sah sich um bei den kleineren Modellen wie dem heckgetriebenen Corvair oder den kurz vor dem Debüt stehenden Chevelle und Chevy II. Wer aber „full size" fahren wollte, bekam mit den großen Chevys Autos, die sich mit ihrem Radstand von 3,02 m nicht zu genieren brauchten (der Radstand eines Buick LeSabre war nur 10 cm länger). Das brauchte auch die Zubehörliste nicht, sie bot Dinge an, die sich sonst nur in der Luxusklasse fanden. Von der Klimaanlage bis zu elektrisch sechsfach verstellbaren Sitzen gab es eine Auswahl an Komfortoptionen, deren Umfang im Laufe der Jahre noch weiter zunehmen sollte.

Für die Pkw-Modelle sollte sich das Design für das 61er-Modelljahr drastisch ändern – der Todesstoß für den El Camino Sportpickup. Mit dem Radstand der Pkw war er nur zwei Jahre lang (1959/60) gebaut worden, sein Name sollte aber später ein ähnliches Fahrzeug auf der Basis der Chevelle zieren.

Zurückblickend müssen viele Automobilliebhaber doch mit einem gewissen Schuldgefühl anerkennen, daß die gefährlich aussehenden Heckflossen von 1959 und selbst ihre gemäßigten Pendants von 1960 dem Ansehen Chevrolets erst die richtige Ausstrahlung verliehen haben. Wie wir sehen werden, haben spätere Modelle ebenfalls ihre Vorzüge. Aber waren die „Fledermausflügel" wirklich so schrecklich?

1960 kam der Impala als zweitüriges Sport Coupé (oben), viertüriger Sport Sedan (linke Seite), Convertible (unten) und als (hier nicht gezeigter) viertüriger Sedan mit B-Säule. Durch ihr verchromtes Heckblech mit drei einzelnen Rückleuchten auf jeder Seite und den weißen Zierstreifen, die die hinteren Kotflügel durchzogen, waren die Impalas leicht von ihren preiswerteren Artgenossen zu unterscheiden. Stärkster Motor war im Modelljahr 1960 der 348 ci-V8 mit 335 PS.

1960-64
Chevrolet Corvair Monza

Es wird oft behauptet, der Corvair Monza habe den „sporty car"-Boom initiiert. Behauptet wird aber auch, daß er noch viel früher begonnen habe, als bei Chevrolet der Monza nicht einmal erdacht war, und zwar mit den frühen Corvette, Thunderbird und Studebaker Hawk. Sicherlich ein unumstößliches Argument, aber benannte Wagen gehörten nicht gerade zu den preiswerteren Vertretern ihrer Art. Zieht man die moderne Interpretation eines „sporty car" heran, sportliche Kompaktheit zu akzeptablem Preis, dann scheiden diese Fahrzeuge aus. Unabhängig davon, ob der Monza ein Pionier war auf diesem Gebiet oder nur ein weiterer Vertreter, läßt sich sagen, daß der Monza den Corvair rettete – und dem Markt die Strategie bescherte, Vinylsitze und Knüppelschaltung in einen Kompakten zu verpflanzen und ihn als sportlich zu verkaufen.

Ironischerweise ist der Monza bekannter als Startpunkt einer Entwicklung (die ihren Höhepunkt im Mustang fand), als für das, was er für den Corvair tat. Als er auf den Markt kam, erwies sich dieser einzigartige, heckgetriebene Kompaktwagen als eine der größten Belastungen, denen sich General Motors je ausgesetzt sah; er war streitbarer Gegenstand endloser Diskussionen und sogar *der* Schurke in einem Buch von Ralph Nader (Das Buch, *Unsafe at Any Speed*, zeigte auf, daß Unachtsame keine frühen Corvairs fahren sollten).

Obwohl die Modelle von 1960/61 sich recht schwierig im Handling gaben, kamen die Nachfolger wesentlich verbessert daher, und 1965 trumpfte der Corvair sogar mit einem hervorragenden Fahrwerk auf, das ihn zu den einfallsreichsten, effizientesten und fortschrittlichsten Automobilen der Dekade machte.

Der erste Monza tauchte erst im Spätjahr 1960 auf und sollte die enttäuschenden Verkaufszahlen des Corvair als Vitaminspritze neu beleben. Gegen die reizlosen Falcon und Rambler und den außergewöhnlich aussehenden, technisch aber eher nüchternen Plymouth Valiant schlug sich der Corvair schlechter als erwartet. Tatsache war, daß GM, kaum das es den Monza gab, bereits mit vollen Segeln auf die Fertigstellung des Chevy II-Projektes zusteuerte, der 1962 unter diesem Namen debütierte und später als Chevrolet Nova weiterexistierte – ein konventioneller „compact", der schließlich doch den Falcon überrunden sollte. Aber da kam irgendein Produktplaner auf die Idee, ein Corvair Coupé aufzumotzen mit

Der Corvair war 1960 der erste Repräsentant der neuen kompakten Modellreihe von General Motors. Der Monza stieß erst im Spätjahr dazu, konnte sich mit seinem sportlichen Image 1961 (unten) gut plazieren und verkaufte sich wie warme Semmeln. Ein Kombi kam 1962 hinzu (ganz unten), wurde aber nach einem Jahr wieder fallengelassen. Eine viertürige Limousine rundete das Programm ab. Die 64er-Version (rechte Seite) wurde in punkto Verkaufszahlen sogar noch vom Convertible übertroffen.

Technische Daten

Motor: Sechszylinder-Boxermotor; **1960** 2295 ccm (85,9 × 66,0), 80/95 SAE-PS **1961–63** 2377 ccm (87,4 × 66,0), 102 SAE-PS **1964** 2688 ccm, (87,4 × 74,7),95/110 SAE-PS

Getriebe:	3-/4-Gang-Schaltgetriebe; auf Wunsch Zweigangautomatik
Fahrwerk, vorn:	obere und untere Dreiecksquerlenker, Schraubenfedern
Fahrwerk, hinten:	**1960–63** Schräglenker-Pendelachse, Schraubenfedern **1964** Schräglenker-Pendelachse, transversale Ausgleichsfeder
Bremsen:	vorn/hinten Trommelbremsen
Radstand (mm):	2743
Gewicht (kg):	1035–1166
Höchstgeschwindigkeit (km/h):	o. A.
Beschleunigung 0–96 km/h (s):	o. A.

Produktionszahlen: **1960** 11 926 **1961 Cpé** 109 945 **Sdn** 33 745 **1962 Cpé** 144 844 **Wagon** 2362 **Conv.** 13 995 **Sdn** 48 059 **1963 Cpé** 117 917 **Conv.** 36 693 **Sdn** 31 120 **1964 Cpé** 88 440 **Conv.** 31 045 **Sdn** 21 926

farbenfrohem Vinylinterieur, Teppichen und anderem Luxus – und die Chevrolet-Händler hatten wieder allen Grund zur Freude.

Endlich gab es einen Corvair, der sich verkaufen ließ. Wohlgemerkt, am Design dieses Coupés gab es nichts auszusetzen, es zeigte europäische Züge, nicht unähnlich denen des deutschen NSU, nur stärker in die Länge gezogen und ausgewogener. Man vermißte zwar den Kühlergrill (1962 bekam er dann eine Attrappe), aber sonst konnte er rundherum begeistern. Der Absatz schnellte in die Höhe und Chevy durfte sich, obwohl im verbleibenden Jahr nur 12 000 Monzas produziert werden konnten, auf ein erfolgreiches 1961 freuen. Und das konnte sich sehen lassen mit 110 000 verkauften Monza Coupés, plus 34 000 neuen, viertürigen Monza Limousinen – das war mehr als alle preiswerteren Corvair-Modelle zusammen. 1962 ergänzte ein Convertible die Modellreihe, und mit 200 000 Einheiten war dies das beste Jahr überhaupt. Ende der ersten Stylingperiode des Monza im Jahr 1964 existierten nur noch zwei Nicht-Monza im Modellspektrum, und *immer noch* wurden sechsstellige Verkaufszahlen geschrieben – das war allerhand, angesichts des mächtig angewachsenen Konkurrenzdruckes.

Edward N. Cole, langjährig Ingenieur bei Chevy und später Präsident von GM, hatte dem Corvair alles mitgegeben, was er brauchte: Emotion, Radikalität und Innovation. Sein Sechszylinder-Boxermotor leistete 80 oder 95 PS und war kompliziert aufgebaut: zwei Zylinderköpfe, sechs getrennte Zylinder und ein geteiltes Kurbelgehäuse. Leider wog er 180 kg, 45 kg mehr als Cole gedacht hatte. Das Fahrwerk bestand anfangs aus Dreieckslenkern und Schraubenfedern an der Vorderachse sowie einer Schräglenker-Pendelachse hinten. Viele Kunden kamen mit diesen Konstruktionsparametern nicht zurecht, sie ruinierten ihre Corvairs aufgrund einer nicht beachteten Gebrauchsanweisung, in der ausdrücklich davor gewarnt wurde, alle Reifen mit dem gleichen Luftdruck zu fahren – im Falle eines Corvair eine überaus teure Angelegenheit. 1962 erhielt der Kunde auf Wunsch härtere Federn, kürzere Fangbänder an der Hinterachse und einen Querstabilisator für die Vorderachse; 1964 verbesserte sich das Fahrverhalten noch einmal durch eine transversal eingebaute Feder, die die Seitenneigung der Karosserie minderte.

Mittlerweile leistete der Motor 110 SAE-PS, ein Viergang-Schaltgetriebe kam als Option hinzu. 1962 lancierte Chevrolet einen Monza Kombi, der jedoch nicht so recht in das sportliche Gesamtbild passen wollte und nach 2362 gebauten Exemplaren wieder von der Bildfläche verschwand. Heute ist er neben den Convertibles, von denen zwar wesentlich mehr gebaut wurden, die aber dafür mit einem Frischluftappeal aufwarten können, das meistgesuchte Monza-Modell. Diejenigen, die glauben, Ralph Nader hätte recht mit seiner Einschätzung des Corvair, sollten ruhig mal einen Monza von 1964, mit 110 PS und Vierganggetriebe antesten. Nur wenige der damaligen Autos bieten so gutes Fahrverhalten, noch weniger aber soviel Spaß fürs Geld.

1960
Chevrolet Corvette

Der amerikanische Sportwagen schlechthin hatte bis 1960 bereits eine lebhafte Vergangenheit hinter sich gebracht. Initiiert 1953 mit dem „Blue Flame"-Sechszylinder und einer eher trägen Powerglide-Automatik, wechselte der bildschöne Zweisitzer 1955 zu einem V8-Triebwerk. Noch mehr Leistung erwuchs ihm durch eine Vergrößerung auf 283 ci. Jetzt vermochte der Treibsatz, dank Benzineinspritzung – eine in den 50ern eine seltene Angelegenheit – 283 SAE-PS zu mobilisieren. Für 1958 erhöhte sich die Fahrzeuglänge um 25 cm und Doppelscheinwerfer kamen zum Einsatz. 1959 hatte sich die Leistungsabgabe mittlerweile bei reißenden 315 PS eingependelt. Kurzum, der glasfiberkarossierte Roadster stand in einem permanenten Wandel, wurde kontinuierlich modifiziert und getunt und wurde ein immer besserer Garant für absoluten Fahrspaß.

Als das neue Jahrzehnt anbrach, konnten begierige Sportwagen-Fanatiker sicher sein, daß ihre „Vettes" sich noch besser fahren ließen als zuvor und sich nicht, bei zu heftigem Spiel mit dem Gaspedal, sofort quer stellten. Der 60er-Jahrgang hatte nicht nur einen steiferen Querstabilisator vorn, sondern war ebenfalls mit einem hinteren ausgerüstet – eine Pionierleistung im amerikanischen Automobilbau. Maßnahmen, die für ein neutraleres Handling sorgten und durch zusätzliche 25 mm Negativ-Federweg auch ein ruhigeres Fahren ermöglichten.

Den Innenraum schmückten jetzt ein 7000 Upm-Drehzahlmesser, tiefer ausgeformte Schalensitze und besser angepaßte Teppiche. Flachglas-Instrumente ermöglichten bessere Ablesbarkeit, ein abschließbares Fach zwischen den Sitzen erhöhte den dringend benötigten Stauraum.

Abgesehen von der einen oder anderen neuen „Magic-Mirror"-Farbe änderte sich das Erscheinungsbild gegenüber 58/59er-Modellen kaum. Zweifarben-Lackierungen rundeten die Farbpalette ab, entweder „Sateen Silver" oder „Ermine White" standen für die Seitenmulden zur Auswahl.

Der unaufhörliche Wunsch der Corvette-Ingenieure, Gewicht einzusparen, führte zur Verwendung von Aluminium. Kupplungsgehäuse waren jetzt aus dem leichteren Material gefertigt, ebenso die Kühler der leistungsstärksten Fahrzeuge. 24 kg leichter waren auch die Motoren, die mit Einspritzung arbeiteten, hier hatte man die Zylinderköpfe aus Aluminium gegossen. Leider bescherte diese Technologie auch etliche Probleme, die Köpfe verzogen sich bei Überhitzung oder wiesen intern Risse auf. Die Gußtechnik war kein einfaches Thema, und so verschwanden die Leichtmetallköpfe wieder aus den Chevrolet-Regalen. Die Zeit war eben noch nicht reif.

Technische Daten

Motor:	V8, hängende Ventile, 4638 ccm (98,6 × 76,2), 230/245/270 SAE-PS (Vergaser), 275/315 SAE-PS (Einspritzer)
Getriebe:	3-Gang-Schaltgetriebe; auf Wunsch 4-Gang-Schaltgetriebe oder Powerglide-Zweigangautomatik
Fahrwerk, vorn:	asymmetrische Dreiecksquerlenker, Schraubenfedern, Querstabilisator
Fahrwerk, hinten:	Starrachse, Halbelliptik-Blattfedern
Bremsen:	vorn/hinten Trommelbremsen
Radstand (mm):	2591
Gewicht (kg):	1289
Höchstgeschwindigkeit (km/h):	169–ca. 210
Beschleunigung 0–96 km/h (s):	8,4
Produktionszahlen:	10 261

Von dem 283er-Motor bot Chevrolet fünf Varianten an, die von 230 PS mit einem Vierfachvergaser bis zu 315 PS (bei 6200 Upm) mit „Ramjet"-Benzineinspritzung ein breites Leistungsspektrum abdeckten. Letztere Stufe hatte man durch Erhöhung der Kompression (auf 11,0 : 1) der 290 PS-Vorjahresversion erreicht. Dazwischen angesiedelt waren die 245 und 270 PS-Motoren, die ihren Lebenssaft über zwei Vierfachvergaser erhielten, und ein weiterer Einspritzer, der seine 275 PS bei zivileren 5200 Upm freisetzte. In der 270- und der 315 PS-Version wurden massive Ventilstößel eingesetzt.

Rechnet man noch drei zur Auswahl stehende Getriebe hinzu (eng gestuftes Drei- oder Viergang-Schaltgetriebe und Zweigang-Powerglide) und eine ganze Reihe von Achsübersetzungen, so ließ sich eine Corvette, je nach Anspruch, genau auf Maß schneidern. Durfte es eine für die Spazierfahrt am Sonntagnachmittag sein? Oder für Rennzwecke? Oder irgendwo dazwischen? Die richtigen Posten auf der Zubehörliste angekreuzt, und die Corvette paßte wie angegossen.

Der Preisrahmen all dieser Raffinessen begann bei $ 3872, und das bedeutete $ 900 mehr als ein Impala Convertible kostete. Studierte der Kunde die Zubehörliste länger als ihm vielleicht gut tat, waren schnell $ 1000 zusammen. Weniger als ein Drittel der Corvettes wurden mit der serienmäßigen Dreigang-Schaltung geliefert. Ein abnehmbares GFK-Hardtop war ebenfalls ein sehr beliebtes Extra. Verstärkte Bremsen und Sintermetall-Beläge rundeten die Liste ab. Neu waren hingegen ein thermostatgeregelter Kühlerventilator und ein 90-Liter-Tank. Starke 315 PS schlugen mit $ 484,20, der Viergang-Schalter mit $ 188,30 zu Buche. Ließ man dann noch eine Corvette auf Reifen der Maße 6.70×15″ (statt 5.50×15″) los, kamen noch einmal $ 15,75 hinzu.

Auf den Rennpisten war die Corvette selbstverständlich auch vertreten. 1960 brachte Briggs Cunningham in Le Mans drei Corvettes an den Start, von denen eine den achten Platz belegen konnte. Im gleichen Jahr tauchte eine Corvette im Fernsehen auf, in der TV-Serie *Route 66* war sie gemeinsam mit Martin Milner und George Maharis in ganz Amerika auf der Suche nach Abenteuern.

Mehr und mehr Sportwagen-Liebhaber wurden gefesselt von der Attraktion dieses einzigartigen Automobils, dem, laut Werbebroschüre, „durch seine bloße Optik und seine reine Fahrkultur Herzen und Auszeichnungen sicher sind" und das gleichsam „elegant auf dem Boulevard ... atemberaubend auf der Landstraße" zu Hause ist. Die Produktion erhöhte sich gegenüber dem Vorjahr von 9670 auf 10 261. Chevrolet steuerte nach oben auf einem Erfolgskurs, der nur ein einziges Mal in diesem Jahrzehnt unterbrochen werden sollte.

Corvettes, die „Fuel Injection"-Embleme an ihren Seiten trugen (linke Seite), verschafften sich umgehend Respekt – und das aus gutem Grund. Die stärkste Version des 283ers setzte 1960 (oben) 315 SAE-PS frei, 25 mehr als noch im Jahr zuvor. Ein Corvette-Basismodell sah allerdings noch lange nicht so aus, konnte aber durch Weißwandbereifung, sportliche Radblenden und silber oder weiß lackierte Seitenmulden erheblich aufgewertet werden (unten).

1961-62 Chevrolet Corvette

„No matter what the occasion – black tie or tennis shoes – Corvette is appropriate". Werbeslogan eines Verkaufskataloges, der für 1961 ein neues Styling anpries. Viele hielten die neue Corvette für die beste seit dem „Klassiker" von 1957, was sich auch in einer, verglichen mit 1958–60, erhöhten Nachfrage nach diesem erheblich verfeinerten Modell niederschlug.

Gerüchte hatten besagt, daß die „Neue" direkt von dem Stingray-Rennwagen abstammen würde, den GM-Designchef Bill Mitchell in „Privatgebrauch" hatte. Nicht ganz. Statt dessen war dem Zweisitzer nur einiges von seinem Chromschmuck genommen worden. Beachtenswert war jedoch das neue „Entenbürzel"-Heck, das man bereits bei besagtem Stingray und beim XP-700 Show Car gesehen hatte, und das einen größeren Kofferraum mit einer attraktiven Linienführung verband.

Wunderbar in das neue Heck paßten sich links und rechts jeweils zwei kleine runde Leuchten ein, unter denen sich von der Kennzeicheneinbuchtung aus zwei „Stoßstängchen" bis um die Kotflügelecken herumzogen. Längs über den Kofferraumdeckel verlief eine Blechfalte mitten durch das Corvette-Emblem. Die Endrohre der Doppelauspuffanlage mündeten jetzt nicht mehr in Öffnungen der Karosserie oder der Stoßstange, sondern waren direkt ins Freie gelegt worden. Das Facelifting umfaßte aber auch Änderungen am Vorderteil der Corvette, Scheinwerfereinfassungen in Wagenfarbe und ein horizontal gemaschter Kühlergrill gaben der Frontperspektive ein schlichteres Erscheinungsbild.

Die Serienausstattung gab sich immer noch etwas dürftig, obwohl gegen Aufpreis sogar eine Heizung ($ 102) erhältlich war. Dafür enthielt jetzt die Basisversion ($ 3934) eine Scheibenwaschanlage, Sonnenblenden und eine Warnanzeige für die Handbremse. Zwei von drei Kunden entschieden sich für die $ 188,30 teure Viergangschaltung, die jetzt in einem Aluminiumgehäuse untergebracht war. Ebenfalls aus Aluminium waren die Kühler aller Modelle. Die Motorenpalette war erhalten geblieben: der bewährte 283er mit 230, 245, 270, 275 und 315 SAE-PS. Selbst die „schwächste" Corvette konnte mit Automatikgetriebe in 7,7 s auf 60 mph getrieben werden, eine eingespritzte Schaltversion schaffte es sogar eine Sekunde schneller.

Im Innenraum erhöhte sich durch einen engeren Mitteltunnel und geänderte Sitzbefestigungen die Fuß- und Beinfreiheit für Fahrer und Beifahrer. Selbst ohne die Einzelradaufhängung an der Hinterachse, die aber im darauffolgenden Modelljahr eingeführt werden sollte, ließ sich die 61er Corvette bewegen wie ein Traum. Alles in allem ein Beweis für die sich ständig verbessernde Produktqualität.

Das 62er-Modell erfuhr noch weitere, leichte Stylingänderungen, sollte aber, was zu diesem Zeitpunkt allerdings noch nicht hundertprozentig feststand, den Endpunkt der frühen Corvette-Historie markieren. Einige Details hatten sich im Laufe der Jahre überhaupt nicht verändert, wie z. B. die Panorama-Windschutzscheibe. Dieser Jahrgang sollte auch zum letzten Mal exponierte Scheinwerfer und einen von außen zugänglichen Kofferraum haben.

Das optische Bild änderte sich nur geringfügig, aber doch bedeutsam. Die Chromleisten, die die Seitenmulde umzeichneten, entfielen, und damit auch die zweite Wagenfarbe. Das löste nicht gerade stürmische Begeisterung aus, aber Geschmack hin oder her, die unifarbene Corvette wirkte einheitlicher und seriöser. Die drei verchromten Zierleisten, die die Pseudo-Luftführungen in den Seitenflächen betonten, tauschte man gegen einen dezenteren, schwarz verrippten Aluminiumgrill aus. Das Gitternetz im Kühlergrill und die rechts und links davon sitzenden Öffnungen hatten ebenfalls ihren Chromglanz verloren, sie waren jetzt schwarz. Die Einstiegsschweller waren beplankt mit geriffelten, anodisierten Aluminiumblechen. Zum ersten Mal gab es die Heizung serienmäßig, wogegen ein Bremskraftverstärker extra bezahlt werden mußte. Ein zusätzlicher vierter Gang ließ den Grundpreis auf über $ 4000 klettern. Breite weiße Streifen in der Bereifung tauschte Chevrolet gegen schmalere aus. Wie üblich, gab es ein abnehmbares Hardtop, und die meisten Kunden machten für $ 236,75 auch davon Gebrauch.

Die besten Neuigkeiten für 1962 schlummerten allerdings im Verborgenen, der gute 283er vergrößerte sich auf 327 ci (5360 ccm). Natürlich gab es diesen wieder in verschiedenen Leistungsstufen: 250, 300 und 340 PS in der Vergaserversion sowie 360 als Einspritzer. Bis auf die leistungsschwächste hatten alle Maschinen Nockenwellen mit längeren Ventilöffnungszeiten, größere Ein- und Auslaßkanäle und robustere Lager, die zwei stärksten Motoren zudem noch massive Stößel und eine Kompression von 11,25 : 1. Die anderen V8 begnügten sich mit einer Kompression von 10,5 : 1. Die zwei Vierfachvergaser hatte man ad acta gelegt und statt dessen nur einen großen Vergaser von Carter zur Gemischaufbereitung herangezogen.

Powerglide-Automatik konnte der Kunde nur für die beiden „schwächeren" Antriebe bestellen. Die Getriebegehäuse waren zur Gewichtsreduzierung jetzt aus Aluminium gegossen. Die 300 PS-Version ließ sich mit Powerglide auf 60 mph (96 km/h) in 8,3 Sekunden befördern. Härtere Federn wurden wieder ins Zubehörprogramm aufgenommen, sicherlich auch ein Grund dafür, daß Dr. Richard Thompson sich den Titel in der „A-Production"-Kategorie des „Sports Car Club of America" holen konnte. Die Verkaufszahlen erlebten einen sprunghaften Anstieg auf 14 531 produzierte Einheiten.

Nicht weniger begeisternd als die Ur-Corvette eine Dekade zuvor, war die 62er 'Vette schneller, behender, schöner und zivilisierter. Der 327 ci sollte zwar noch länger für Fahrspaß sorgen, eine völlig neue Generation von Corvettes aber stand bereits in den Startlöchern.

Die Corvetten dieser Bauperiode hatten ihre Instrumente auf zwei Ebenen ausgebreitet („twin cove panels") (ganz oben). Der V8 blies 1962 aus 327 ci mit Leistungen von 250 (oben) bis 360 SAE-PS. 1961 zierte ein „Entenbürzel" das Heck der neuen Corvette-Reihe (rechte Seite, oben); 1962 verzichtete Chevrolet auf die verchromten Zierleisten als Umfassungen für die Seitenmulden und damit auch auf die zweite Wagenfarbe (rechte Seite, unten).

Technische Daten

Motor:	V8, hängende Ventile; **1961** 4638 ccm (98,6 × 76,2), 230/245/270 SAE-PS (Vergaser), 275/315 SAE-PS (Einspritzer) **1962** 5360 ccm (101,6 × 82,6), 250/300/340 SAE-PS (Vergaser), 360 SAE-PS (Einspritzer)
Getriebe:	3-Gang-Schaltgetriebe; auf Wunsch 4-Gang-Schaltgetriebe oder Powerglide-Zweigangautomatik
Fahrwerk, vorn:	asymmetrische Dreiecksquerlenker, Schraubenfedern, Querstabilisator
Fahrwerk, hinten:	Starrachse, Halbelliptik-Blattfedern
Bremsen:	vorn/hinten Trommelbremsen
Radstand (mm):	2591
Gewicht (kg):	1289
Höchstgeschwindigkeit (km/h):	175–212
Beschleunigung 0–96 km/h (s):	5,9–8,3
Produktionszahlen:	**1961** 10 939 **1962** 14 531

CALIFORNIA
DNS 715
CORVETTE

1961-64
Chevrolet Impala Super Sport

Die Sehnsucht nach bestimmten Autos war unter amerikanischen Teenagern durchaus etwas Normales, bis die Beach Boys 1962 ihre Hitsingle „409“ herausbrachten. Aber träumen von einem bestimmten Motor? Das war etwas ganz Neues. Wenige V8 haben es je geschafft, unsterblich zu werden, noch weniger allerdings, so liebevoll Erinnerungen wachzurufen wie der 409, der Anfang der 60er unter den Hauben der großen Chevys vor sich hin grummelte.

Bis zu diesem Zeitpunkt war der Begriff des sportlichen Straßenkreuzers ein Widerspruch in sich. Zwei unterschiedliche Konzepte, die gemeinsam nicht funktionierten. Mit seinen Super-Sport-Modellen des 61er-Jahrgangs war Chevrolet auf dem besten Wege, diese Sichtweise grundlegend zu ändern.

Es begann damit, daß Impala/Bel Air/Biscayne 1960 einen Teil ihrer mächtigen Heckflossen verloren. Die neue Generation machte damit nun endgültig Schluß. Drei neue Dachkonstruktionen wurden angeboten, angeführt vom Sport Coupé mit seinen sanft gebogenen A-Säulen und seiner riesigen Glasfläche. Obwohl der Impala mit seinen ausgeprägten Seitenflächen und spitz zulaufenden Zierstreifen, die, in das ausgeprägte Heck laufend, den Betrachter anzuspringen drohten, immer noch leicht ins Protzige tendierte, präsentierte er sich ungleich reiner in seiner Linienführung – bereit, eine neue Ära einzuläuten.

Der 61er Werbeprospekt beschrieb den Super Sport zusammenfassend als eine „highly personalized version“ des Impala. Für eine Bagatelle von $ 53,80 beinhaltete das Zubehörpaket spezifischen Zierat, Radblenden mit simulierter Zentralverriegelung, Servolenkung, Bremskraftverstärker, verstärkte Federn und Stoßdämpfer, Sintermetall-Bremsbeläge, einen 7000-Upm-Drehzahlmesser neben der Lenksäule und Schmalband-Weißwandbereifung der Dimensionen 8.00×14″. Der Beifahrer hatte zusätzlich einen Haltegriff (wie auch in der Corvette); auf Einzelsitze mußte allerdings verzichtet werden.

Der 5,7-Liter-V8 der ersten Super-Sport-Serie bot drei Leistungsniveaus (305, 340 oder 350 SAE-PS) und eine Viergangschaltung an. Die 305 PS-Version war auch mit Powerglide lieferbar. Die gewöhnlichen Impala bekam man dagegen nur mit maximal 280 Pferdestärken.

Die Zielgruppe unter der Kundschaft war genau definiert. Derjenige, der das Flair und die Kraft eines Sportwagens haben wollte, gepaart mit der Eleganz eines Straßenkreuzers, kam nicht an einem Super

Super Sport war anfangs ein Zubehörpaket, erhältlich für jeden Impala-Typen, die meisten waren aber zweitürige Sport Coupés (unten und rechte Seite, unten). Das Interieur beinhaltete bestimmte Ausstattungsdetails, einen 7000-Upm-Drehzahlmesser und einen Haltegriff für den Beifahrer (rechte Seite, oben). Die Option umfaßte auch einen 348 ci-V8 mit 305 PS, entweder mit Viergangschaltung oder Powerglide. Andere 348er, bis zu einer Leistung von 350 SAE-PS, wurden ebenfalls angeboten (nur mit Viergang-Schaltgetriebe). Mitte 1961 kam dann der 409 ci-V8.

TECHNISCHE DATEN

Motor:	6 Zylinder in Reihe, hängende Ventile, **1962** 3860 ccm (90,4 × 100,1), 135 SAE-PS **1963–64** 3770 ccm (98,6 × 82,6), 140 SAE-PS; V8, hängende Ventile, 4638 ccm (98,6 × 76,2), 170/195 SAE-PS **nur 1961** 5703 ccm (104,9 × 82,6), 305/340/350 SAE-PS **1962–64** 5360 ccm (101,6 × 82,6), 250/300 SAE-PS, 6704 ccm (109,5 × 88,9) **1961** 360 SAE-PS **1962** 380/409 SAE-PS **1963–64** 340/400/425 SAE-PS
Getriebe:	3-Gang-Schaltgetriebe; auf Wunsch Overdrive, 4-Gang-Schaltgetriebe oder Powerglide-Zweigangautomatik
Fahrwerk, vorn:	obere und untere Dreiecksquerlenker, Schraubenfedern, Querstabilisator
Fahrwerk, hinten:	Starrachse, Schraubenfedern
Bremsen:	vorn/hinten Trommelbremsen
Radstand (mm):	3023
Gewicht (kg):	1482–1619
Höchstgeschwindigkeit (km/h):	166–225
Beschleunigung 0–96 km/h (s):	**V8** 6,3–12,8
Produktionszahlen:	**1961** 453 **1962** 99 311 **1963** 153 271 **1964** 185 325

Sport vorbei. Das war die Initialzündung für das spätere „SS"-Phänomen. Chevrolet steckte zu der Zeit bereits voll in der Entwicklung einer 409 ci-Maschine, und wo sonst, außer unter der Motorhaube eines Super Sport, sollte sie ihren Erfolgszug antreten?

Im Grunde nur durch Änderung von Bohrung und Hub von 348 (5704 ccm) auf 409 ci (6704 ccm) vergrößert, leistete dieses Triebwerk 360 SAE-PS (bei 5800 Upm) mit einem satten Drehmoment von 546,4 Nm. Ebenso kraftvoll sah es auch aus, rot lackiert mit silberfarbenen Ventildeckeln und einem Doppelschnorchel-Luftfilter.

Die ersten 409er Super Sport kamen Mitte 1961 auf den Markt. Die meisten der 453 in diesem Jahr gebauten Exemplare waren Sport Coupés, nur einige Convertibles. Theoretisch konnte das Leistungspaket mit jedem Impala geordert werden, jedoch nur 142 Stück wurden mit dem großen Motor geliefert.

„Ohne große Anstrengung", schrieb *Motor Trend* in einem Testbericht über den 409, „läßt der SS praktisch alles stehen, was sich gerade auf der Straße bewegt." In nur 7,0 s schafften es die Tester, mit einer Achsübersetzung von 4,56 : 1 einen SS auf 60 mph zu beschleunigen. Ein „ziviler" Impala brauchte mit einem 250 PS leistenden 348er mehr als 10 Sekunden.

1962 erhöhte man die Produktion von 409ern; seltsamerweise mutierte der Super Sport zu einer Ausstattungsvariante, die für jede Motorversion des Impala geordert werden konnte, selbst für den 135 PS-Sechszylinder. Die SS-Karosserie blieb aber nur den Sport Coupé (Hardtop) und Convertible vorbehalten. Das Styling hatte an Klarheit gewonnen; das Profil zeigte sich eckiger und die Seitenfalz gerade nach hinten durchgezogen.

Die SS-Innenausstattung zeichnete sich jetzt durch vordere Einzelsitze aus, gerahmt durch anodisiertes Aluminiumprofil. In die seitlichen Zierstreifen hatten die Stylisten ebenfalls Eloxal-Aluminium eingelassen, das gegenüber der normalen, lackierten Impala-Version schon etwas mehr hermachte.

Den 283er bohrte man auf und erhöhte seinen Hub. Der nun auf 327 ci (5360 ccm) gebrachte V8 löste den 348er ab. Die Top-Version des 409ers schnorchelte sich durch zwei Vierfachvergaser auf 409 PS. Diesmal war *Motor Trend* mit seinem 409er-Testwagen noch schneller auf dem Punkt: 6,3 s auf 60 mph, 14,9 s für die Viertelmeile. *Car Life* leistete sich mit seinem 380 PS-„Reißer" beim Spurt von 0 auf 60 mph (96 km/h) eine Sekunde mehr. Die Verkaufsquote lag doppelt so hoch wie beim rivalisierenden Ford Galaxie 500XL.

Das Impala-Profil wurde für 1963 noch kantiger, und ein neuer Antrieb kündigte sich an: ein 427 ci-V8 (6999 ccm) ursprünglich konzipiert für professionellen Dragster-Einsatz. Die meisten Besitzer begnügten sich mit einer 425 PS-Version des 409. Zusätzlich im Programm stand die „police option" vom 409 mit 340 SAE-PS. Mittelschaltung war 1963 bei allen SS Standard. Wie bereits im Vorjahr, gab es die SS-Option ($ 161) für alle Motoren, natürlich auch für den neuen 3,8-Liter-Sechszylinder. Der Haltegriff für den Beifahrer verschwand.

Die Super Sports gingen 1964 als eigene Modellreihe ins Rennen. Ein AM/FM-Radio sorgte dieses Mal für die Beatles als Musikuntermalung und ein zweispeichiges Walnußimitat-Lenkrad für ein angenehmes Ambiente. „Jeder der drei 409er", schrieb der 64er-Prospekt, „zeigt erst auf dem Highway, was er kann." Dem konnten die Impala-Fans auch nur beipflichten.

Neues Blech kleidete die 62er Impalas (unten), und die Super-Sport-Option gab es jetzt für jeden Motor, selbst für den 235 ci-Sechser. Die 63er-Modelle (rechte Seite, oben) erlebten ein kleines Facelifting, und obwohl ein 427 ins Programm genommen wurde, von dem es allerdings nur geringe Stückzahlen gab, mußten sich die meisten Kunden mit 425 PS aus 409 Cubic Inches zufrieden geben. Für 1964 wurde die Karosserieform kantiger, und der Super Sport (rechte Seite, unten) wechselte von der Zubehör-Rolle zum Hauptdarsteller einer eigenen Modellreihe.

1962-64 Chevrolet Corvair Monza Spyder

Das entscheidende Problem für den Corvair in seiner Entwicklung (von einem ökonomischen) zu einem sportlichen Image war seine geringe Motorleistung. Sein 80 PS-Aggregat konnte nicht mit einem Austin-Healey Sprite mithalten, und seine lebendigeren 95 bzw. 102 PS-Motoren waren auch nicht gerade der Inbegriff von Temperament. Konventionelle Leistungsspritzen, die an normalen V8 oftmals erstaunliche Wirkung zeigten, erwiesen sich bei dem Sechszylinder-Boxer als unbrauchbar. General Motors entschied sich deshalb für ein neues Konzept: Turbo-Aufladung.

Der Turbolader war von Sanford Moss in den zwanziger Jahren erfunden worden und wurde anfangs nur bei Flugmotoren eingesetzt. Das Funktionsprinzip ist recht einfach: Auspuffgase treiben ein Flügelrad an, das seinerseits über eine Welle einen Kompressor aktiviert, der im Gegenzug das Benzin-Luftgemisch im Ansaugtrakt komprimiert. Steigen Strömungsgeschwindigkeit und Temperatur der Auspuffgase an, erhöht sich analog die Rotationsgeschwindigkeit der Turbine, was zu einem zusätzlichen Druckanstieg in den Ansaugwegen führt.

Als der Spyder aktuell wurde, waren Turbolader hauptsächlich in Lkw-Dieselmotoren im Einsatz, heute jedoch zählen sie zum Standard bei leistungsorientierten Automobilen. Für einen Wagen der 60er Jahre allerdings war das relatives Neuland, aber es bot einige Vorteile gegenüber dem herkömmlichen Aufladungssystem, das Judson und Paxton für Corvairs anboten. Der Turbo benötigte keinen eigenen Antrieb, war leise, vibrierte nicht und beanspruchte wenig Platz, zudem trat er nur bei Bedarf in Funktion, war günstig im Verbrauch, preiswert in der Herstellung und brachte, natürlich, satte Leistung.

Der Turbolader, der den Spyder so „unter Druck" setzte, stammte von der Thompson Valve Division, einer Abteilung der Thompson-Ramo-Woolridge Inc., und war angeflanscht an einen recht einfachen Carter YH-Querstromvergaser (frühe Corvette und Nash-Healey besaßen den gleichen). Die Hitzeentwicklung erforderte den Einsatz hochbelastbarer Materialien im Inneren des Motors, z.B. Chromstahl für die Kurbelwelle. Das komplette Ansaug- und Auspuffsystem wurde auf den Motor zugeschnitten. Ein speziell entwickelter Kreuzstrom-Schalldämpfer, ein genau abgestimmter Luftfilter und ein exakt 9 Zoll (22,9 cm) langes Auspuffendrohr hielten den maximalen Ladedruck nicht nur auf einem akzeptablen Niveau, sondern sorgten auch für eine kernige Geräuschkulisse. Die Turbine drehte dadurch nicht sehr

hoch, entfernte man jedoch den Schalldämpfer, konnten der geringere Staudruck und der erhöhte Gasdurchsatz die Motorleistung erheblich steigern.

Resultat all dieser Bemühungen waren 150 PS bei 4400 Upm – fast 50 Prozent mehr als die bisherige „große" Corvair-Maschine mit ihren 102 PS leistete. Das Drehmoment verbesserte sich sogar um 64 Prozent auf 280,5 Nm. „Chevy blies seine luftgekühlte Maschine von 2377 ccm auf 3606 ccm (wenn man sie auf natürlichem Wege beatmen würde), und das bei einem Gewichtszuwachs von nur 13,5 kg!", berichtete *Road & Track.* Chevrolet bescheinigte der neuen Version bis zu 90 Prozent mehr „brauchbare" Leistung als zuvor mit dem 102 PS-Triebwerk. Das war allerdings nur zutreffend im Drehzahlbereich um 3000 Upm; darüber fiel das Drehmoment wieder ab.

Chevrolet kündigte den Monza Spyder als Coupé und Convertible für Februar 1962 an, begann mit der Produktion aber erst im April. Trotz der umfangreichen Verbesserungen belief sich der Mehraufwand für das Spyder-Paket (RPO 690) auf nur $ 317,45. Die Bestellungen sprengten schnell den Produktionsrahmen – der Spyder war eben kein Wagen, der sich schnell und unkompliziert bauen ließ. Deshalb fanden sich 1962 unter den 150 000 Monza-Coupés nur 6894, unter den 16 000 Corvair Convertibles nur 2574 Monza Spyder.

Der Spyder verriet seinen Status nach außen hin kaum (Schriftzug, „Turbo"-Embleme und ein stattliches Auspuffendrohr waren die Hauptmerkmale), im Motorraum jedoch glänzte jede Menge Chrom. Unverwechselbar gab sich auch der Innenraum, anstatt der serienmäßigen und recht spartanischen Corvair-Instrumentierung blickten die Insassen auf einen 6000 Upm-Drehzahlmesser, dazu passenden Tacho, Anzeigen für Kraftstoff, Ladedruck und Temperatur. Alle Instrumente saßen in einem Bord aus gebürstetem Aluminium. Auf der Beifahrerseite hatte man oberhalb des Handschuhfaches eine identische Aluminiumplatte angebracht. Das Radio zierte ebenfalls gebürstetes Aluminium, und auf dem Hupenknopf prangte ein Turbo-Emblem.

1963 stieg die Produktion um über 100 Prozent gegenüber dem Vorjahr, obwohl der Corvair sich im ganzen erheblich schlechter verkaufte. 19 000 Spyder, darunter 7500 Convertibles, wurden gebaut. Der Absatz sackte 1964 auf 11 000 Einheiten (4761 Convertibles) ab, dem Corvair erging es nicht anders, die Verkaufszahlen hatten einen Tiefpunkt erreicht. Die Technologie sollte aber im Corvair Corsa von 1965 (siehe späteres Kapitel) eine Fortsetzung erfahren.

Die Chance, heute einen Monza Spyder zu ergattern, ist recht hoch, wußten die Käufer doch damals schon, daß es sich hier um ein einzigartiges Fahrzeug handelte und die Produktionsrate für einen Hersteller wie Chevrolet sehr gering war. Geht man davon aus, daß ein amerikanischer Wagen in den Sechzigern als normales Gardemaß mindestens Straßenkreuzer-Abmessungen hatte, so war der Spyder der Beweis dafür, daß wenigstens ein Hersteller in der Lage war, ein leistungsfähiges, fahrfreudiges „Sportgerät" für Enthusiasten auf die Beine zu stellen. In einer Werbeanzeige war zu lesen: „Der Spyder bringt es auf den Punkt".

Technische Daten

Motor: Sechszylinder-Boxermotor; **1962–63** 2377 ccm (87,4 × 66,0), 150 SAE-PS **1964** 2688 ccm (87,4 × 74,7), 150 SAE-PS

Getriebe:	4-Gang-Schaltgetriebe
Fahrwerk, vorn:	obere und untere Dreiecksquerlenker, Schraubenfedern
Fahrwerk, hinten:	**1962–63** Schräglenker-Pendelachse, Schraubenfedern **1964** Schräglenker-Pendelachse, transversale Ausgleichsfeder
Bremsen:	vorn/hinten Trommelbremsen
Radstand (mm):	2743
Gewicht (kg):	1108–1203
Höchstgeschwindigkeit (km/h):	o.A.
Beschleunigung 0–96 km/h (s):	o.A.

Produktionszahlen: **1962 Cpé** 6894 **Conv.** 2574 **1963 Cpé** 11 627 **Conv.** 7472 **1964 Cpé** 6480 **Conv.** 4761

Der Spyder bereicherte die Corvair-Baureihe 1962 (unten), dazu mit einem turbogeladenen Motor (linke Seite, ganz oben), der 150 SAE-PS leistete – fast 50 Prozent mehr als die „heißeste" normal beatmete Version. Das 63er Coupé (linke Seite, unten) war das beliebteste Spyder-Modell, von dem fast 12 000 gebaut wurden. Der Absatz ging 1964 in die Knie, das Convertible (linke Seite, Mitte) machte mehr als 40 Prozent der Spyder-Produktion aus.

1963-67 Chevrolet Chevy II Nova SS

Der Erfolg, den Ford mit seinem kompakten Falcon hatte, war Chevrolet ein Dorn im Auge. Dem heckgetriebenen Corvair, obwohl technologisch innovativ, fehlte es an Attraktivität für ein breites Publikum. Chevrolet brauchte also etwas Neues, aber doch Bodenständiges, um in dem anwachsenden „Kompakt"-Markt konkurrieren zu können. Der kleine, zackige Chevy II war genau das richtige, die Lücke in der 62er-Modellpalette zu füllen.

Auf den ersten Blick sah er nach nicht viel aus: einfaches A-nach-B-Transportmittel als Herausforderung für Falcon und Valiant sowie für die zunehmenden Importe. Chevrolet nannte ihn „das Sparmobil", bestand aber darauf, daß sein „zweckmäßiges Design ... noch Jahre später Blicke auf sich ziehen wird". Limousinen und Kombis kamen als Basisserie 100 und mittlere Serie 300. Die luxuriöse Serie, Nova 400 betitelt, bot außerdem ein Hardtop Sport Coupé und ein Convertible an.

Als Antriebseinheiten wählte Chevrolet den „Super Thrift"-Vierzylinder (2508 ccm) und einen Sechszylinder (3180 ccm). Für die hintere Federung nahm man Einblattfedern, um die Härteproblematik bei Mehrblattfedern zu umgehen. Als kleines Appetithäppchen ließen die für den zweitürigen Nova 400 lieferbaren Einzelsitze durchschimmern, was später noch folgen sollte.

Seit 1928 hatte Chevy keine Vierzylinder mehr eingesetzt, und es war auch nicht dieser Vierzylinder, der den Chevy II in den automobilen Annalen festschrieb. Und auch nicht der brauchbare Sechszylinder. Was letztendlich den Ausschlag gab, war die Super-Sport-Option, eingeführt 1963 – und natürlich die Möglichkeit, mit V8-Power zu fahren.

V8-Maschinen waren seit 1962 im Einsatz, aber nur bei bestimmten Händlern, die für ihre Umrüstungen normale Regalware benutzten. Als dann eine frühe 360 PS-Version von Bill Thomas in sensationellen 5,2 Sekunden auf 60 mph schoß, löste das – wer könnte daran zweifeln – nicht nur bei einigen Fans Beachtung aus.

Ein geringfügig anderes Styling, der Kühlergrill beispielsweise war etwas auffälliger geworden, bestimmte zusammen mit dem Super-Sport-Paket ($ 161) die 63er-Generation. Diese Option sollte den Luxus eines Nova 400 mit dem Flair eines Sportwagens kreuzen, erhältlich für Sport Coupés und Convertibles. Darin enthalten war eine 14″-Bereifung, ein Instrumentenpaneel mit vier Uhren, vordere Einzelsitze und silberfarbene Zierstreifen an der Karosserie – aber nur ein gewöhnlicher Sechszylinder. Ford gab seinem Falcon in diesem Jahr die V8-Sporen, warum nicht auch Chevrolet?

Technische Daten

Motor: 6 Zylinder in Reihe, hängende Ventile, **1963–67** 3180 ccm (90,4 × 82,6), 120 SAE-PS **1966** 3770 ccm (98,6 × 82,6), 140/155 SAE-PS **1967** 4098 ccm (98,6 × 89,7), 155 SAE-PS; V8, hängende Ventile, **1964–67** 4638 ccm (98,6 × 76,2), 195/220 SAE-PS, 5360 ccm (101,6 × 82,6) **1965** 250/300 SAE-PS **1966–67** 275/350 SAE-PS

Getriebe:	3-Gang-Schaltgetriebe; auf Wunsch 4-Gang-Schaltgetriebe oder Powerglide-Zweigangautomatik
Fahrwerk, vorn:	untere Dreiecksquerlenker mit Federbeinen, Schraubenfedern, Querstabilisator
Fahrwerk, hinten:	Starrachse, Einblattfedern
Bremsen:	vorn/hinten Trommelbremsen; **1967** auf Wunsch vorn Scheibenbremsen
Radstand (mm):	2794
Gewicht (kg):	1094–1308
Höchstgeschwindigkeit (km/h):	**6Zyl.** 151 **V8** 161–180
Beschleunigung 0–96 km/h (s):	**V8** 7,2–11,3

Produktionszahlen: **1963 SS-Option** 42 432 (im ganzen wurden 87 415 Nova Sport Coupés und 24 823 Nova Convertibles gebaut) **1964 Nova SS Sport Cpé** 10 576 **1965 Nova SS Sport Cpé** 9100 **1966 Chevy II Nova SS Hardtop Cpé** ca. 23 000 (6700 6Zyl. und 16 300 V8) **1967 Chevy II Nova SS Hardtop Cpé** 10 100 (1900 6Zyl. und 8200 V8)

Die erste Chevy II-Generation wurde 1962 präsentiert und bekam im Folgejahr ein Super-Sport-Paket zur Seite gestellt. Käufer mußten sich derweil mit einem Sechszylinder begnügen. Ein 4,6-Liter-V8 mit 195 PS ergänzte 1964 das Leistungsangebot des Super Sport (linke Seite), bekam aber 1965 kräftige Gesellschaft: einen 327 ci mit 300 PS. Die kleinen Chevys erfuhren für 1966 ihre erste größere Designänderung, und die SS (oben) waren noch stärker motorisiert (der 327 leistete jetzt 350 SAE-PS). 1967 änderte sich wenig (ganz oben), der 327er wurde jedoch auf 275 PS „beschnitten".

1964 war es endlich soweit, ein V8 feierte sein offizielles Debüt: der 195 PS starke „Turbo-Fire 283" zum Preis von $ 108. Überraschenderweise strich Chevrolet das Sport Coupé und das Convertible sowie die Super-Sport-Pakete. Heftige Proteste ließen den Super Sport als Hardtop Coupé Mitte des Jahres wieder auf der Bildfläche erscheinen, das Convertible aber blieb für immer verschollen. Dünne Zierstreifen schmückten jetzt die Sport Coupés, der „Schwung" im Heckkotflügel war silbern abgesetzt. Der Innenraum wurde aufgewertet durch vordere Einzelsitze und eine Mittelschaltung, die in einer Konsole untergebracht war. Powerglide-Automatik und, tatsächlich, ein Viergang-Schaltgetriebe dienten als mögliche Partner für den V8. Mehr als ein Drittel der 64er Sport Coupés war mit der SS-Option ausgestattet.

„Despite its new vigor", proklamierten Anzeigen, „it's still a nice, quiet, sturdy, sensible, unpretentious car. With sharper teeth." So scharf allerdings waren die Zähne auch wieder nicht, selbst mit dem V8. *Motor Trend* schaffte den 60 mph-Spurt mit dem 195 PS-Motor nur in 11,3 s. Zusätzliche Frische ließ sich 1965 mit einem 327 ci-V8 mit 250 oder 300 PS ordern. Kleine Änderungen am Design bewirkten eine klarere Frontpartie, wozu auch die in der Stoßstange integrierten Blinker beitrugen. Mitte des Jahres spendierte man dem 283er eine Doppelauspuffanlage und damit 220 PS. Doch das half nichts, der Super Sport rutschte auf 9100 verkaufte Einheiten ab.

Umfangreiche Stylingmaßnahmen gaben der Modellreihe 1966 eine scharfkantige Silhouette, genau abgestimmt auf den Wandel der Zeit, betont durch ein Pseudo-Fastback und ein gerade abgeschnittenes Heck. Einzelsitze gehörten zusammen mit der Knüppelschaltung zum $ 159 teuren SS-Paket. Auf Wunsch gab es noch einen Drehzahlmesser, andere Anzeigeinstrumente wurden nicht angeboten.

Bis auf die Vierzylinder-Modelle konnten alle Modelle mit SS-Option geliefert werden. Der 327er stellte jetzt zwei „heißere" Versionen bereit, zum einen mit 275, zum anderen mit 350 SAE-PS. Letztere ließ sich auf Wunsch mit einem enger übersetzten Viergang-Schaltgetriebe koppeln, jedoch nicht mit der Powerglide-Automatik.

In fünf Jahren war der Chevy II vom guterzogenen Einkaufswagen zu einem der wildesten „Streetfighter" herangewachsen, in der Lage, in nur 7,2 s von 0 auf 60 mph zu stürmen – vorausgesetzt, es saß der 327 unter der Haube. Selbst der zahmere 327 kam mit 8,6 Sekunden aus. Dieses Kraftangebot muß der entscheidende Funke gewesen sein, der auf die Kundschaft übersprang und für doppelt so hohe Absatzzahlen beim Super Sport sorgte.

Die Begeisterung sollte aber nur von kurzer Dauer sein, 1967 fiel die Produktion auf 10 100 ab. Ein schwarz unterlegter Kühlergrill und „Augenlider" über den Scheinwerfern reichten nicht aus, um Kunden zu locken – einige von ihnen gaben der Chevelle SS und ihrem 6,5-Liter-Potential den Vorzug. Der Verzicht auf den 350 PS-327er half auch nicht. Der Super Sport begleitete zwar die völlig neu gestylte Nova-Reihe ins Jahr 1968, die letzten Jahre des Super-Sport-Phänomens aber wurden mit den größeren Chevys eingeläutet.

1963-67 Chevrolet Corvette Sting Ray

Seit seinem Debüt 1953 war die Popularität des „einzig echten amerikanischen Sportwagens" ungebrochen, aber es war dennoch an der Zeit für etwas Neues. Selbst das hervorragendste Design setzt nach einem Jahrzehnt Staub an. Chevrolet-Chef Bill Mitchell und Designer Larry Shinoda standen vor einer harten Prüfung: einer lebenden Legende neue Wege zeigen. Sie erreichten nicht nur ihr Ziel, sondern sie schufen einen modernen Klassiker – die besitzenswerteste aller Corvettes – und damit auch Absatzrekorde.

Den Grundstein dafür legten der Stingray-Special-Rennwagen und die Experimentalstudie XP–720, die ein sanft abfallendes Fließheck und eine geteilte Heckscheibe aufwiesen. Diese und andere Details – aus kleinen runden Öffnungen hervorlugende Rückleuchten, bis in das Dach hineingeschnittene Türen, eine tief angesetzte Gürtellinie – tauchten in der Serienfertigung des Sting Ray wieder auf.

Die Doppelscheinwerfer waren in beweglichen Gehäusen untergebracht, die sich auf Höhe der rundum laufenden Gürtellinie genau in die Karosserie einpaßten, sich bei Bedarf um die eigene Achse drehten und so die Scheinwerfer freilegten. Der Gepäckraum wuchs, eine Heckklappe wurde dagegen schmerzlich vermißt. Die schön modellierte Karosserie bestand aus weniger Glasfiber, dafür aus fast doppelt soviel Stahlblech. Der Radstand schrumpfte auf 2,49 m.

Die Corvette hatte immer ein abnehmbares Hardtop besessen. Die neue Modellgeneration ging einen Schritt weiter, das erwartete Convertible und ein neues Hardtop Coupé gingen gemeinsam in Produktion.

Sehr auffällig gab sich die geteilte Heckscheibe, eine Idee von Mitchell, die aber nicht durchweg Anerkennung fand. Sie war Teil eines angedeuteten „Rückgrats", das auf der Motorhaube begann, als Falz über das Dach, durch die Heckscheibe bis hinunter an die Abrißkante des „Bootshecks" verlief. Einer,

Die Corvette bekam für 1963 (unten) ein neues Aussehen und den Zusatz „Sting Ray"; zusätzlich zum Convertible war jetzt auch ein Coupé erhältlich. Fahrwerk und Interieur wurden ebenfalls überarbeitet. Für 1964 (rechte Seite, oben) änderten sich nur kleine optische Details, und der 327-Einspritzer steigerte seine Leistung von 360 auf 375 SAE-PS. 1965 waren die Änderungen ebenfalls nur geringer Natur (rechte Seite, unten), erwähnenswert die seitlichen „Kiemen", die nun vertikal angeordnet waren, und der Big-Block-396er, der die Motorenauswahl bereicherte.

dem diese Optik mißfiel, war Corvette-Ingenieur Zora Arkus-Duntov, den die Fahrleistungen begeisterten, der aber die rückwärtige Sicht stark bemängelte.

Die Reaktion der Öffentlichkeit war recht positiv, doch die Meinungen der Kritiker waren gewichtiger, so daß im Folgejahr eine durchgehende Scheibe eingesetzt wurde. Der „geteilte" Sting Ray sollte später die begehrteste Corvette aller Zeiten werden, zum einen wegen ihres distinguierten Erscheinungsbildes, zum anderen wegen ihres absolut raren Status.

Ein recht großer Teil der Mechanik war aus dem Vorjahr übernommen worden, inklusive des damals neuen 327 ci (5360 ccm). Der Sting Ray war also gar nicht so revolutionär wie er aussah. Ein Leiterrahmen ersetzte den X-Rahmen. Wesentlich bemerkenswerter war die neue, hintere Einzelradaufhängung: eine Konstruktion mit drei Lenkern, Doppelgelenk-Antriebswellen und einer Querblattfeder.

Servolenkung wurde zum ersten Mal angeboten, konnte aber nicht zusammen mit den stärksten Motorvarianten geordert werden. Nur 12 Prozent der Corvettes waren damit ausgerüstet. Noch weniger Kunden wollten eine Klimaanlage oder Ledersitze. Corvette-Fans hatten anscheinend immer noch „rauhe" Ambitionen. Viergang-Schaltgetriebe waren dagegen um einiges populärer, vier von fünf Wagen zählten eines zu ihrer Ausstattung.

Die Leistung des vergaserbeschickten 327ers (5,4 Liter) variierte von 250 bis 340 SAE-PS, die $ 430 teure Einspritzversion brachte 360 PS auf das Gaspedal. Und die Fahrleistungen? Eine g'spritzte 'Vette jagte in 5,6 Sekunden von 0 auf 96 km/h und durchflog die Viertelmeile mit 164 km/h in nur 14,5 s. In Sachen Handling bescheinigte *Road & Track* dem Sting Ray fabelhafte Traktion und Spurtreue.

Das Debüt des Sting Ray erregte fast soviel Aufsehen wie der einige Jahre früher präsentierte E-Type von Jaguar, und das Design schlug ein wie eine Bombe. Die Produktion lag 50 Prozent über dem Rekordjahr 1962, mit 10 919 gebauten Convertibles und 10 594 Coupés, zu Preisen von $ 4037 und $ 4252.

Bis auf die nicht mehr vorhandene Teilung der Heckscheibe und eine neue, „falsche" Lufthutze auf der Motorhaube waren die Änderungen für 1964 eher geringerer Natur. Die simulierten Luftschlitze an der hinteren Dachsäule des Coupés wurden aktiviert, und die Einfassungen der Instrumente waren jetzt schwarz. Variable Federraten ermöglichten ein gleichmäßigeres Fahrverhalten und verminderten die Seitenneigung in Kurven. Durch eine schärfere Nockenwelle brachte es die stärkste Vergaserversion jetzt auf 365, der Einspritzer auf 375 SAE-PS.

1965 war das Jahr für Freunde großen Hubraums: der 6,5-Liter-V8 (396 ci), auch als Mark IV „porcupine" bezeichnet (die Konfiguration der Ventile gab ihm seinen Namen), war in der Lage, 425 SAE-PS zu entwickeln. Damit der „Rochen" auch weiterhin beherrschbar blieb, spendierten ihm die Ingenieure rundum Scheibenbremsen. Wer mit seinem Sting Ray erst recht auffallen wollte, für den gab es seitliche Auspuffrohre („sidepipes"). Eine Aufweitung auf 427 ci (6999 ccm) folgte das Jahr darauf, erhöhte zwar nicht die Leistung, aber dafür das Drehmoment. Ein gitterförmiger Kühlergrill ersetzte die horizontale Strebe.

Die letzte Variante des Sting Ray hatte die klarste Linienführung von allen. Die stärksten 427er leisteten 400 und 435 PS mit drei Zweifachvergasern und hatten die Möglichkeit, mit Zylinderköpfen aus Aluminium geliefert zu werden (Aufpreis $ 369). Normalsterbliche konnten nur davon träumen, den neuesten Rennmotor zu besitzen, der mit einer Kompression von 12,5 : 1 brachiale 560 PS leistete und sich nur mit 103 Oktan im Benzin zufriedengab. Ein „gewöhnlicher" 7,0-Liter-Sting Ray, der auch nur „gewöhnliche" 13,6 s für die Viertelmeile bei 169 km/h benötigte, war sicherlich für normale Ansprüche ausreichend. Zumindest bis zur nächsten Generation des „einzigen" aller amerikanischen Sportwagen.

Technische Daten

Motor: V8, hängende Ventile; 5360 ccm (101,6 × 82,6) **1963** 250/300/340/360 SAE-PS **1964–65** 250/300/350/365/375 SAE-PS **1966–67** 300/350 SAE-PS, 6490 ccm (103,9 × 95,3) **1965** 425 SAE-PS, 6999 ccm (108,0 × 95,3) **1966** 390/425 SAE-PS **1967** 390/400/435 SAE-PS

Getriebe: 3-Gang-Schaltgetriebe; auf Wunsch 4-Gang-Schaltgetriebe oder Powerglide-Zweigangautomatik

Fahrwerk, vorn: obere und untere Dreiecksquerlenker, Schraubenfedern

Fahrwerk, hinten: Einzelradaufhängung mit Antriebswellen und unteren Querlenkern, Schubstreben, Querblattfeder

Bremsen: vorn/hinten Trommelbremsen **1965** vorn/hinten Scheibenbremsen

Radstand (mm): 2489

Gewicht (kg): 1300–1371

Höchstgeschwindigkeit (km/h): 190–245

Beschleunigung 0–96 km/h (s): 4,7–8,0

Produktionszahlen: **1963 Cpé** 10 594 **Conv.** 10 919 **1964 Cpé** 8304 **Conv.** 13 925 **1965 Cpé** 8186 **Conv.** 15 376 **1966 Cpé** 9958 **Conv.** 17 762 **1967 Cpé** 8504 **Conv.** 14 436

Die 66er-Modelle waren den 65ern sehr ähnlich, hatten jetzt aber noch größeren Hubraum zur Auswahl, der 396 wurde auf 427 ci (6999 ccm) aufgebohrt. Embleme an den Vorderkotflügeln und eine Ausbuchtung auf der Motorhaube waren die respektverschaffenden „Vorzeichen" des „Turbo-Jet 427" (unten). Fünf statt drei Kiemen an den Kotflügeln, eine Rückfahrleuchte über dem Nummernschild und eine neue Hutze in der Motorhaube für die 427er kennzeichneten die 67er-Modelle (rechte Seite).

CHEVROLET
USA1

1964-67 Chevrolet Chevelle Malibu SS

Als der Markt für amerikanische Automobile Mitte der sechziger Jahre immer stärker zu Mittelklassewagen hin tendierte, tat sich bei Chevrolet eine Lücke auf. Bel Air und Impala waren zu groß, Chevy II und Corvair zu klein. Die Antwort auf dieses Problem kam in Form der A-Chevelle (Modellbezeichnung wie z.B. beim B-Kadett), die, traditionell gehalten in Mechanik und Styling, Reminiszenzen an die „klassischen“ Modelle von 1955–57 wachrief.

Abgesehen von den leicht gewölbten seitlichen Fensterpartien, waren diese Chevelles nicht sonderlich aufregend. Der Radstand betrug 2921 mm und als Basisantrieb hatte man sich für einen 3180 ccm großen „Hi-Thrift“-Sechszylinder mit 120 PS entschieden; Option war ein größerer Sechszylinder (3780 ccm) mit 155 PS. Aber der Motorraum schien irgendwie nicht richtig ausgefüllt zu sein. Da war doch bestimmt Platz für einen V8, sagten sich viele. Und Chevrolet reagierte prompt: Der altbewährte 4,6-Liter-V8 (283 ci) mit recht bescheidenen 195 PS trieb die Chevelle nun ebenfalls an. Mit Doppelauspuff und Vierfachvergaser ließ sich die Leistung sogar auf optionale 220 PS hochfahren. Gleichermaßen interessant waren auch die Getriebeoptionen: Das Serien-Dreigangschaltgetriebe konnte durch einen drehzahlsenkenden Overdrive erweitert, durch ein Vierganggetriebe oder eine Powerglide-Automatik ersetzt werden.

Das war aber längst nicht alles. „Jeder hat einen Hang zur Prahlerei“, warnte ein Werbeprospekt potentielle Kunden vor ihrem Charakterzug, dem sie sich natürlich durch den Kauf eines Super Sport hingeben konnten. Angeboten für das Spitzenmodell Malibu (Hardtop Sport Coupé und Convertible), bestand es aus fast den gleichen Zutaten wie für den Impala: weißes oder schwarzes Vinylinterieur, Einzelsitze vorn, vier Anzeigeinstrumente, Mittelkonsole und Radblenden mit großen Radialspeichen. Der Verzicht auf die breiten Seitenzierleisten gab dem SS-Zweitürer eine klarere und schnörkellose Optik, erhöhte aber die Gefahr von Lackschäden. Ein gut in der Hand liegender kugelförmiger Schaltknauf auf dem Hebel des Viergangschalters charakterisierte die Zielgruppe dieser Sportversion. Einen Drehzahlmesser gab es jedoch nur gegen Aufpreis, und eine verstärkte Federung schlug nur mit weniger als 5 Dollar zu Buche.

Fast die Hälfte aller 1964 gebauten Malibu Coupé und Convertible hatten eine Super-Sport-Ausstattung. Die Fahrleistungen mit dem 283er-Motor waren nicht gerade berauschend, aber durchweg akzeptabel. *Motor Trend* fuhr eine 220 PS-Viergangversion von 0 auf 96 km/h in 9,7 s und durch die Viertelmeile in 17,5 s.

Aber mehr Leistung stand schon auf dem Programm. Im gleichen Jahr kam noch ein 5,4-Liter-V8 mit 250 oder 300 SAE-PS hinzu. Die „Familienkutsche" bekam langsam aber sicher Anzeichen einer furchteinflößenden Furie, die sich vor Pontiac GTO und Oldsmobile 4–4–2 nicht zu genieren brauchte.

Geringe Änderungen im Design bestimmten die 65er-Modelle, das Profil wurde niedriger und die Gesamtlänge wuchs um einige Zentimeter. Die Motorhaube war etwas in die Länge gezogen worden, der Kühlergrill präsentierte sich jetzt leicht v-förmig. Super-Sport-Optionen kamen mit weniger Chrom, ließen sich aber dafür mit jeder Motorversion kombinieren. Schwarz gehaltene Streifen in den SS-Kühlermasken lösten einen „Schwarztrend" bei der Gestaltung von Frontpartien aus. Im Laufe des Jahres ersetzten mit strukturiertem Vinyl bezogene Einzelsitze die Versionen aus Cordsamt. Nur wenige Kunden berauschten sich an den Fahrleistungen des auf Wunsch erhältlichen „Turbo-Fire"-V8 (5360 ccm/350 SAE-PS), der seinen Leistungszuwachs schärferen Nocken verdankte und der durch allerlei Chrom optisch aufgewertet war.

Als Vorbote für den späteren Trend bot Chevrolet zusätzlich den 396er „porcupine"-V8 mit 375 PS an, der 1965 aber nur in 201 Chevelles zum Zuge kam. $ 1501 waren eine Menge Holz für diese Z16 benannte Styling/Chassis-Option. Hauptinitiator dieser Maßnahme war Chevy-Boss Pete Estes gewesen, und er sorgte auch dafür, daß diese Version offiziell in den Zubehörkatalog aufgenommen wurde.

Das Modelljahr 1966 begann mit größeren Änderungen im Design und mit einer Richtigstellung. Nur Chevelles mit 396er-Motor durften die Super-Sport-Bezeichnung tragen. Die SS 396 besaß verstärkte Federn, besser abgestimmte Stoßdämpfer und einen dickeren Querstabilisator vorn. Den Sport Coupés hatte man die Dachpartie aufgefrischt und die Heckscheibe tiefer eingesetzt, ein schwarzes oder beigefarbenes Vinyldach gab es auf Wunsch. Die früher serienmäßig im SS-Paket enthaltenen Einzelsitze mußte der Kunde jetzt extra bezahlen, ebenso erging es anderen Ausstattungsdetails.

Der 7,0-Liter-V8 wurde serienmäßig mit 325 PS ausgeliefert, ließ sich aber mittels einer schärferen Nocke auf 360 SAE-PS bringen. Eine Version mit massiven Stößeln und 375 PS wurde knappe 100 mal auf speziellen Kundenwunsch hin verbaut. Andere Chevelles konnten mit einem 350 PS leistenden 5,4-Liter-V8 geordert werden, was aber wenig Interessenten fand.

1967 ließ Chevrolet die 375 PS-Version des V8 fallen, setzte dafür aber eine Turbo-Hydra-Matic neben die Powerglide auf die Zubehörliste. Das Super-Sport-Paket, inklusive des 325 PS-Motors, kostete $ 285 mehr als ein regulärer Malibu. „If you have a taste for action", war in einem Prospekt zu lesen, „here's the satisfier".

Technische Daten

Motor: 6 Zylinder in Reihe, hängende Ventile; **1964–65** 3180 ccm (90,4 × 82,6), 120 SAE-PS; 3780 ccm (98,6 × 82,6), 140/155 SAE-PS; V8, hängende Ventile, 4638 ccm (98,6 × 76,2), 195/220 SAE-PS, 5360 ccm (101,6 × 82,6), 250/300/350 SAE-PS, **1965** 6490 ccm (103,9 × 95,5), 375 SAE-PS **1966–67** nur 6490 ccm, 325/350/360/375 SAE-PS

Getriebe: 3-Gang-Schaltgetriebe; auf Wunsch 4-Gang-Schaltgetriebe oder Powerglide-Zweigangautomatik oder **1967** Turbo-Hydra-Matic-Dreigangautomatik

Fahrwerk, vorn: obere und untere Dreiecksquerlenker, Schraubenfedern, Querstabilisator

Fahrwerk, hinten: Starrachse, Schraubenfedern

Bremsen: vorn/hinten Trommelbremsen **1967** auf Wunsch vorn Scheibenbremsen

Radstand (mm): 2921

Gewicht (kg): 1305–1582

Höchstgeschwindigkeit (km/h): **283-V8** 175–177 **SS 396** 185–217

Beschleunigung 0–96 km/h (s): **283-V8** 8,5–9,7 **SS 396** 6,0–7,5

Produktionszahlen: **1964** 76 860 **1965** 101 577 (201 mit 396-V8) **1966** 72 272 **1967** 63 003

Stärkster Antrieb (linke Seite, Mitte), der 1964 für die Chevelle SS (linke Seite, oben) zu bekommen war, leistete aus 5360 ccm 250 oder 300 SAE-PS. 1965 wurden einige wenige Super Sport mit einem Z16-Sportpaket, inklusive eines 396ers mit 375 PS, ausgerüstet (linke Seite, unten). Ein modifiziertes Design bestimmte die 66er-Modelle, der 396 wurde Standard bei Super-Sport-Modellen, die, geringfügig geändert, in das neue Modelljahr 1967 (unten) übernommen wurden.

1965-69
Chevrolet Corvair Corsa & Monza

Der Corvair bekam für 1965 (ganz unten) ein neues Blechkleid, und der Turbo, Corsa genannt, leistete nun 180 PS. Die Viertürer kamen als Hardtops ohne B-Säule auf den Markt (rechte Seite, oben), ihre Popularität hielt sich aber in Grenzen. Ende 1967 verschwanden sie wieder aus der Modellpalette. Das Convertible (unten) hielt durch bis zum bitteren Ende, verkaufte 1967 aber nur 2109 Stück, eine Tendenz, die sich 1968 und 69 fortsetzen sollte. Ende 1968 hatte das vormals beliebte Monza Coupé (rechte Seite, unten) nur 6807 neue Besitzer gefunden, ein Jahr später gehörte der Corvair bereits der Vergangenheit an.

Der Corvair fand ein unrühmliches Ende, nachdem Chevrolet ihn nur solange produzierte, bis sich die Werkzeugkosten der zweiten, 65er-Generation amortisierten, und nicht etwa, weil Ralph Nader gegen ihn mobil gemacht hatte. Chevrolets Annalen widerlegen diesen Mythos. Einige Autoren fanden heraus, daß der Startschuß für die Entwicklung eines konventionellen Frontmotor/Heckantrieb-Konzeptes bereits im Jahr 1964 gegeben wurde, also vor der Präsentation des neuen Corvair. Eine Entscheidung, die angesichts des riesigen Erfolges des Mustang im Frühjahr '64 auch unbedingt gefällt werden mußte, und das geschah bevor Ralph Nader sein Buch veröffentlichte.

Trotzdem, der 65er Corvair war ein tolles Auto – aus jeder Perspektive gutaussehend. „Es ist schier unmöglich, dieses Auto schlecht aufs Bild zu kriegen", sagte einmal ein passionierter Automobil-Fotograf, und weiter: „Ich weiß nicht, ob man das von irgendeinem anderen Massenprodukt dieser Zeit in dieser Form behaupten kann."

Der neue Corvair – ein Lob an Bill Mitchells hervorragende Designmannschaft – sah aus, als wäre er frisch einem italienischen Zeichenbrett entsprungen. Er hatte wunderschöne Formen, war aber nicht überstylt und kam mit wenig Zierat aus. Nicht nur die Blechhaut brachte Neuigkeiten, sondern darunter hatte sich ebenfalls einiges getan. Der Corsa brachte, turbogeladen, 180 PS auf die Bremse, normal beatmet immerhin noch 140. Wichtig waren auch die Änderungen, die man am Fahrwerk vorgenommen hatte, speziell hinten. Heraus kam eine Konstruktion, die auffallend große Ähnlichkeiten mit der Sting Ray-Aufhängung aufwies: obere und untere Querlenker, wobei die Antriebswellen als obere, zwei asymmetrische Streben als untere Lenker fungierten. Diese vier Lenker nahmen sämtliche Seitenkräfte der Räder auf. Den einzigen Unterschied zur Corvette markierten Schraubenfedern anstatt der Querblattfeder.

Das problematische Fahrverhalten bei scharf gefahrenen, engen Kurven gehörte nun der Vergangenheit an. Der Corvair verhielt sich weitestgehend neutral, mit einer leichten Neigung zum Übersteuern bei sehr hohen Kurvengeschwindigkeiten. Die Federung der Vorderräder wurde der hinteren angepaßt und das Seitenneigungsverhalten optimiert.

Chevy hätte den turbogeladenen Corsa fast „Monza Spyder" getauft, zog diesen Vorschlag aber in letzter Minute zurück. Der Corsa bekam das schöne gebürstete Aluminiumpaneel samt aller Instrumente des Monza Spyder, auch in der Version ohne Turbolader. Standardantrieb war der 140 PS-Motor mit vier Vergasern. Die Turbo-Version mit ihren 180 PS erreichte, wohlgemerkt für einen Sechszylinder, sportwagenmäßige Fahrwerte: 0–96 km/h in 11 s, die stehende Viertelmeile mit 129 km/h in 18 s. Die Höchstgeschwindigkeit lag bei 185 km/h, genug Auslauf vorausgesetzt, der Verbrauch pendelte sich bei 11,8 Litern ein. Corsas ließen sich leicht an ihrem Belüftungsblech, aus gebürstetem Aluminium unterhalb der Heckscheibe erkennen. Angeboten wurden ein Convertible und ein zweitüriges Hardtop, die Verkaufszahlen lagen dreimal so hoch wie die des Monza Spyder. Leider für Chevrolet kein Grund zur Freude, beliefen sich diejenigen des Mustang doch auf mehr als eine halbe Million.

Der Monza blieb in der Corvair-Reihe weiterhin das Brot-und-Butter-Auto und war als viertüriges Hardtop, zweitüriges Coupé oder Convertible zu haben. Der Monza bot mit seinen drei Motorvarianten ein recht unterschiedliches Fortkommen: 95 PS reichten für schlappe, 110 für akzeptable und 140 für begeisternde Fahrleistungen. Der stärkste Motor machte allerdings auch Probleme, er ließ sich nur sehr schwierig optimal einstellen. Basismodelle waren das einfach ausgestattete Coupé und die Limousine der Serie 500, wobei diese mit $ 2000 unglaublich billig war. Für diesen „lächerlichen" Betrag bekam der Kunde ein einzigartiges Styling, Wirtschaftlichkeit und akzeptable Fahrleistungen. Es kam äußerst selten vor, daß ein 500er oder ein Monza mehr als $ 2750 kostete.

Alles das half nichts, der Mustang war *der* „ponycar" schlechthin, und ein Corvair wurde, laut Lee Iacocca, sowieso nur von „Enthusiasten" und „Verrückten" gekauft. Durch das neue Styling ließen sich 1965 über 200 000 Corvairs absetzen, ein Jahr später waren es weniger als die Hälfte. 1967 wurden das viertürige Hardtop und die 140 PS-Motorvariante gestrichen und die Corvair-Familie auf drei Modelle dezimiert, zwei Coupés und ein Convertible, alle ausgerüstet mit dem 95 PS-Motor (110 PS waren als Option zu haben), der auch immer stärker mit den sich verschärfenden Emissionsbestimmungen zu kämpfen hatte. Die Sekundärluftpumpe, die man Ende 1969 zur effizienteren Gemischverbrennung eingesetzt hatte, war berüchtigt für stark erhöhtes Klingeln des Motors und für überflutete Vergaser. Als Trostpflaster spendierte Chevrolet den Käufern einen Wertgutschein, der beim Kauf ihres nächsten Chevys eingelöst werden konnte. Die meisten lösten ihn nicht ein, denn Chevrolet baute keinen Wagen mehr, der ihrem technischen Interesse und ihrem Enthusiasmus entsprach.

Technische Daten

Motor:	Sechszylinder-Boxermotor, 2688 ccm (87,4 × 74,7), 95–180 SAE-PS
Getriebe:	3-/4-Gang-Schaltgetriebe; auf Wunsch Zweigangautomatik
Fahrwerk, vorn:	obere und untere Dreiecksquerlenker, Schraubenfedern
Fahrwerk, hinten:	Einzelradaufhängung mit Antriebswellen und unteren Querlenkern, Schubstreben, Schraubenfedern
Bremsen:	vorn/hinten Trommelbremsen
Radstand (mm):	2743
Gewicht (kg):	1108–1237
Höchstgeschwindigkeit (km/h):	**Corsa** 185
Beschleunigung 0–96 km/h (s):	**Corsa** 11,0

Produktionszahlen: **1965 Monza Cpé** 88 954 **Sdn** 37 157 **Conv.** 26 466 **Corsa Cpé** 20 291 **Conv.** 8353 **1966 Monza Cpé** 37 605 **Sdn** 12 497 **Conv.** 10 345 **Corsa Cpé** 7330 **Conv.** 3142 **1967 Monza Cpé** 9771 **Sdn** 3157 **Conv.** 2109 **1968 Cpé** 6807 **Conv.** 1386 **1969 Monza Cpé** 2717 **Conv.** 521

68 MONZA

1967-69 Chevrolet Camaro

Es wird allgemein angenommen, daß der Camaro nur ein Mitläufer auf dem Weg war, den der Ford Mustang aufs Erfolgreichste ebnete. Dem ist aber nicht so. Der Corvair Monza vermochte dieses riesige Marktsegment der sportlichen „compacts" nicht abzudecken, und so dachte General Motors bereits zwei Jahre bevor Ford seinen Mustang Mitte 1964 in Szene setzte, über einen solchen Fahrzeugtypus nach.

Einige General-Motors-Funktionäre glaubten aber an den neuen Corvair, und vor allem daran, daß er die wilde Horde der „ponycars" im Zaum halten könnte. Seinen Vorzügen zum Trotz präsentierte sich der 65er Monza zweifellos als eine Konstruktion, die mit ihrem luftgekühltem Heckmotor einfach zu abgehoben war, um sich gegen den orthodoxen, auf dem Falcon basierenden $ 2500-Mustang durchzusetzen. Der Corvair war außerdem aufgrund seiner Einzigartigkeit in der GM-Familie alles andere als kostengünstig herzustellen. Als die neuen Modelle 1965 debütierten, fiel auch die Entscheidung, den Corvair zur gegebenen Zeit aus dem Verkehr zu ziehen.

In der Zwischenzeit bemühte sich Chevrolet, einen konventionell mit Frontmotor konzipierten Gegenspieler für den Mustang fertigzustellen. „Camaro" getauft, sollte dieser Wagen mit einem dem Mustang ähnlichen Radstand und einer Mechanik aufwarten, die, wieder analog zum Mustang, einem Großserien-„compact" (in Chevys Fall, dem Chevy II) entliehen war. Serienmäßige Einzelsitze, lange-Motorhaube/kurzes-Heck-Styling und ein umfangreiches Zubehörprogramm, gezählt wurden 81 Hersteller- und 41 Händleroptionen, sollten die Attraktivität auf dem Markt garantieren.

Eine wichtige Entscheidung wurde bereits sehr früh getroffen, nämlich eine selbsttragende Karosserie mit einem vorderen Subrahmen zu verbinden, der die Motor-Getriebe-Einheit gummigelagert aufnehmen sollte. Die Silentblöcke sollten die Geräuschentwicklung und die Übertragung von Vibrationen mindern. Die Vorderradführung übernahmen die üblichen Dreieckslenker und Schraubenfedern, die allerdings nicht über dem oberen, sondern zwischen den Querlenkern angeordnet waren. Diese Bauweise trug zu einer Verbesserung des Fahrverhaltens bei. Leider vergaß man, die Hinterradfederung ebenfalls einer Kur zu unterziehen und verbaute gewöhnliche Einblattfedern, die bei heftigem Beschleunigen (es waren V8-Motoren geplant) die Hinterachse nicht mehr unter Kontrolle hielten und diese gewaltig „trampeln" ließen. Bis zur buchstäblich letzten Minute blieb diese Problematik unerkannt und Chevrolet versuchte sich 1967 erst mit Stabilisatoren, dann zusätzlich mit versetzten Stoßdämpfern aus der Affäre zu ziehen, aber ohne richtigen Erfolg. Dementsprechend sackte das Heck bei Beschleunigungsvorgängen oder bei Beladung auch stark ein.

Das Styling war fast perfekt gelungen, schön modelliert mit fließenden Formen und entschieden anders als der Mustang. Selbstredend hatte GM-Designchef Bill Mitchell entscheidende Worte bei der Entwicklung des Camaro gesprochen, das Ergebnis konnte sich sehen lassen – Ironie des Schicksals: Er mochte das fertige Produkt nicht so sonderlich.

Der heißeste Camaro 1967 war zweifelsohne der Super Sport (linke Seite, oben), der von einem 5,7-Liter-V8 (350 ci) mit 295 PS angetrieben wurde. 1968 hatte der Konkurrenzkampf sich so aufgeheizt, daß Chevrolet den Entschluß faßte, einen Big-Block-396 mit bis zu 375 PS anzubieten (linke Seite, Mitte). Der Camaro wurde optisch für das neue Jahr 1969 überarbeitet (oben und linke Seite, unten), die Seitenflächen, den Kühlergrill und die Heckleuchten gestaltete man neu. Dieses Design wurde bis Mitte 1970 beibehalten, bis ein völlig neuer Camaro der zweiten Generation vorgestellt wurde.

Technische Daten

Motor: 6 Zylinder in Reihe, hängende Ventile; **1967–68** 3780 ccm (98,6 × 82,6), 140 SAE-PS **1969** 4098 ccm (98,6 × 89,7), 155 SAE-PS; V8, hängende Ventile; **1969** 5032 ccm (98,6 × 82,6), 200 SAE-PS **1967–69** 5360 ccm (101,6 × 82,6), 210/275 SAE-PS, 5737 ccm (101,6 × 88,4), 255/295 SAE-PS, 6490 ccm (103,9 × 95,5), 325/350/375 SAE-PS

Getriebe:	3-/4-Gang-Schaltgetriebe, Powerglide-Zweigangautomatik
Fahrwerk, vorn:	obere und untere Dreiecksquerlenker, Schraubenfedern
Fahrwerk, hinten:	Starrachse, Halbelliptik-Blattfedern
Bremsen:	vorn/hinten Trommelbremsen; auf Wunsch vorn Scheibenbremsen
Radstand (mm):	2743
Gewicht (kg):	1258–1496
Höchstgeschwindigkeit (km/h):	169–193
Beschleunigung 0–96 km/h (s):	7,5–11,0

Produktionszahlen: **1967 6Zyl.** 58 808 **V8** 162 109 **1968 6Zyl.** 50 937 **V8** 184 178 **1969 6Zyl.** 65 008 **V8** 178 087

Ständig dabei den Mustang herausfordernd, wollte er jedem Kunden auch jeden Wunsch erfüllen. Beginnen konnte man mit einem Grundmodell, Hardtop Coupé oder Convertible sowie einem 3,8-Liter-Sechszylinder (230 ci). Ein 4,1-Liter-Sechser (250 ci) für $ 26, ein 5,4-Liter-V8 (327 ci) für $ 106 und ein 5,7-Liter-V8 (350 ci) erweiterten das Angebot. Letzterer war gekoppelt an eine $ 211 teure Super-Sport-Option, die mit härterer Federung, D70×14-Bereifung, modifizierter, geräuschdämmender Motorhaube, und einem breiten, die „Schnauze" einfassenden Rallyestreifen („bumblebee" nose stripe) sicherlich viele Kunden zufriedenstellte. Mitte des Jahres ergriffen einige Händler die Initiative und setzten 396er Big-Block-Maschinen (325 und 350 PS) in die Camaros, um GM zu veranlassen, „exzessivere" Wege zu gehen.

Wie bereits gesagt, der Zubehörkatalog war umfangreich, und so fand man 1967 darin solche Dinge wie eine Custom-Innenausstattung, eine „Strato-Back"-Frontsitzbank (die aber selten verlangt wurde), klappbare Rücksitze, Zusatzinstrumente und Konsolenmittelschaltung für die optional erhältlichen Getriebe: Zweigang-Powerglide, „Heavy-Duty"-Dreigang- und normales Vierganggetriebe. Ein Rally-Sport-Zubehörpaket ($ 105) beinhaltete unter anderem auch einen Kühlergrill mit hinter einer Klappe versteckten Scheinwerfern. Ausstattungsdetails wie getönte Scheiben, Heizungsgebläse, Klimaanlage, Tempomat und ein Vinyldach für Hardtops kamen hinzu. Funktionelles Zubehör durfte natürlich nicht fehlen, so kam der Fahrer in den Genuß von Sintermetall-Bremsbelägen, belüfteten vorderen Scheibenbremsen, direkter übersetzter Lenkung, „Positraction"-Sperrdifferential und einem Dutzend verschiedener Achsübersetzungen. Griff man richtig zu, konnte ein Camaro schon mal über $ 5000 kosten.

Der Camaro mag zwar dem Mustang gefolgt sein, machte aber seine eigene, unabhängige Karriere. Obwohl der Mustang sich 1967 besser verkaufte, machten die 220 000 verkauften Camaro doch bemerkenswerte 10 Prozent der gesamten Chevy-Produktion aus. Darunter waren auch 100 nicht offiziell verkaufte „Official Pace Car"-Convertibles (Repliken der Indianapolis-500-Version) und 602 der legendären Z-28 (siehe späteres Kapitel).

Die Verkaufszahlen stiegen 1968 um ca. 15 000 an, trotz kleiner Änderungen und neuer Konkurrenz. Die Gesetzgebung erforderte seitliche Positionsleuchten, und so waren die neuen Modelle auch schnell zu identifizieren. Ein modifizierter Kühlergrill sowie die jetzt einteiligen Türscheiben (ein Zeichen für die neu eingeführte „Astro Ventilation") kennzeichneten ebenfalls die 68er-Modelle. Die Zubehörvielfalt wurde noch durch eine dritte Motorvariante bereichert, einen 396er mit 375 PS.

Die 69er-Modelle unterzog man einer größeren Revision – eine vernünftige Entscheidung, da sich der Camaro bis ins Jahr 1970 hinein verkaufen sollte, und damit eine neue, zweite Generation auf sich warten ließ. Der Grill war jetzt gitterförmig und wie ein V leicht in die Länge gezogen, am vorderen Radausschnitt setzten „speed streaks" als schmale Blechfalzen an, und das Heck präsentierte sich ebenfalls in einem neuen Look. Die Scheinwerfer des RS blieben im ausgeschalteten Zustand immer noch verborgen, Licht konnte aber im Falle eines Klappendefektes durch schmale, gläserne Schlitze nach außen treten. Die Instrumentierung wurde „aufgemöbelt", ebenso wie einige Motorversionen. Die Verkaufszahlen gingen ganz leicht nach unten.

1967-69 Chevrolet Camaro Z-28

Das Herz des Z-28 war ein spezieller 302 ci-V8 (ganz oben), der eher zurückhaltend mit 290 SAE-PS angegeben war. Nur 602 Exemplare wurden 1967 gebaut (rechte Seite, oben). 1968 erhöhte sich die Zahl der neuen Modelle (oben) auf 7199. Die Änderungen waren hauptsächlich technischer Art, wie z. B. verstärkte Federung hinten, optionale Scheibenbremsen an allen Rädern, zwei Vierfachvergaser. Für 1969 wurde das Styling abgeändert, eine neue „Cowl Induction"-Haube sorgte für effizientere Luftansaugung (rechte Seite, unten), und die Produktion konnte auf etwas über 19 000 Einheiten gesteigert werden.

Der erste Z-28 war für den Camaro das, was für den Mustang der Boss 302 war: ein in Serie hergestellter, rennfertiger „ponycar", erhältlich an jeder Straßenecke. Der Camaro kam erst zwei Jahre nach dem Mustang auf den Markt, jetzt war es am Z-28, dem Boss 302 um zwei Jahre voraus zu sein.

Angekündigt wurde er im Frühjahr 1967, sechs Monate nach dem Camaro. Konzipiert hatte ihn Chevrolet-Ingenieur und Produktpromotion-Spezialist Vincent W. Piggins. Der Kerngedanke, erklärte Piggins später, war, „ein Performance-Image für den Camaro zu kreieren, prestigeträchtiger als das des Mustang. Hinzu kam 1966 die Einrichtung [durch den Sports Car Club of America] einer ‚Trans—Am'-Sedan-Rennklasse für Profifahrer . . ., für die ich einen Wagen vorschlug, und ich glaube . . ., das hat der ganzen Sache den nötigen Anstoß gegeben . . .".

Anfänglich fuhren in der „Trans—Am"-Kategorie Fahrzeuge der Gruppe II-Produktionsklasse, die einen Radstand von höchstens 116 Zoll (ca. 2646 mm) und nicht mehr als 305 Kubikinches (4998,95 ccm) aufwiesen. Die Serienproduktion mußte mindestens 1000 Stück je Modelljahr betragen. Chevrolet erfüllte diese Bedingungen, indem der normale V8-Camaro in der Gruppe I (über 305 ci) und die Z-28-*Option* in der Gruppe II fuhr.

Reglement hin oder her, der Z-28 machte seiner Bestimmung alle Ehre: verstärkte Federung, Scheibenbremsen vorn, Bremskraftverstärker, Sintermetallbeläge in den hinteren Bremstrommeln, 6×15"-Felgen von der Corvette mit 7.75×15"-Reifen, spezielle Motorhaube mit „echten" Lufthutzen, eng oder normal abgestuftes Viergang-Schaltgetriebe und ein 302 ci-V8 waren der Schlüssel zum Glück. Den 302er hatte man durch Kreuzung der Kurbelwelle aus dem betagten 283er und dem Block des aktuellen 327ers erhalten und war genau auf 302,4 ci (4956,3 ccm) gekommen. Das war knapp unter dem Limit. Zurückhaltung übte man bei den Leistungsangaben: 290 SAE-PS und ebensoviel Drehmoment (290 lb.ft. bzw. 387,4 Nm). Tatsächlich lag die Leistung höher, schätzungsweise bei 400 PS, bereitgestellt durch einen riesigen Holley-Vierfachvergaser, einen größer dimensionierten Ansaugkrümmer, größere Ein- und Auslaßkanäle, größere Ventile, eine 346-Grad-Nocke und gußeiserne Flammrohre.

Chevy bezeichnete den Z-28 als „verdammt nah an der 'Vette", und das nicht ohne Grund. *Car and Driver* stoppte 6,7 s für die 60 mph, ein fantastischer Wert, verglichen mit den 7,8 s eines viergang-geschalteten SS350 oder den knappen 11 s einer 327 ci/210 PS-Automatikversion. Das Handling war das eines Rennwagens, die Bremsen so gut, wie es der Stand der Technik zuließ.

Die „zivile" Z-28-Option, erkennbar an den breiten Rallyestreifen auf Motorhaube und Kofferraum, lag $ 400 über dem Preis des Camaro. Allerdings waren diese $ 400 illusorisch, der Aufpreis lag eher bei $ 800, gehörten doch Vierganggetriebe, vordere Scheibenbremsen, Flammrohre und spezielle Bremsbeläge für die hinteren Trommeln zu den „zwingenden" Optionen. Zusätzlich gab es natürlich das komplette Camaro-Zubehör, wie Positraction-Sperrdifferential, Heckspoiler und die Rally-Sport-Optionen. In „schwerwiegenden" Fällen konnten die Preise leicht über $ 5000 hinausschießen — und das war ganz gewiß nicht zu teuer.

Der Z-28 war ursprünglich als Gewinner gedacht gewesen, nicht als Verkaufsschlager, und das stellte er auch zur richtigen Zeit überzeugend unter Beweis. Der Mustang gewann zwar die „Trans—Am"-Meisterschaft 1966 und auch 1967, wo es den Z-28 nur gelang, drei Rennen für sich zu entscheiden, 1968 und 1969 aber dominierten die Camaros, Erfolge, die Chevrolet dem Roger Penske Team und dem Renn-As Mark Donohue zu verdanken hatte.

Eine ganze Reihe von Verbesserungen dachte man sich für 1968 aus: vordere Scheibenbremsen mit Bremskraftverstärker gehörten nun zur Serienausstattung, Scheibenbremsen für alle Räder kamen im Spätjahr als Option, um die Bremsleistung für den Renneinsatz zu erhöhen, die Kurbelwellenlager wurden vergrößert, Fünfblattfedern ersetzten die schwächlichen Einblattfedern, und eine als Zubehör lieferbare, $ 500 teure Kombination aus zwei Vierfachvergasern und Ansaugkrümmer rundete das Angebot ab. Chevrolet bot außerdem für Rennzwecke kunststoffbezogene Schalensitze, Frontspoiler, Spoiler und Lenkungsteile an.

Über die normalen Stylingänderungen hinaus, die ja auch der ganz normale Camaro erfahren hatte, war das auffälligste am 69er „Z" eine grimmig aussehende „Cowl Induction"-Motorhaube mit einem hinten angeordenten Lufteinlaß, der sich ausgiebig an der stark komprimierten Luft im Windschutzscheibenbereich bedienen konnte. Dem jetzt gut im Futter stehenden 302 ci spendierte man vierfach geschraubte Lagerböcke für die Kurbelwelle, den 6-Zoll-Felgen Hochleistungsreifen der Dimension E70—15.

Wie auch der Camaro erreichte der Z-28 1969 seine höchsten Produktionszahlen, genau 19 014 Stück wurden gebaut — eine erstaunliche Zahl für ein solch spezifisches Fahrzeug. Gegenüber dem Vorjahr mit 7199 Einheiten und erst recht dem Präsentationsjahr mit 602 Einheiten eine gewaltige Zuwachsrate. Diese ersten Debütmodelle sind auch, natürlich, die wichtigsten und begehrtesten Z-28, schon aufgrund der Tatsache, daß sie am ehesten das repräsentieren, was Piggins sich unter einem „real competition car" vorgestellt hatte.

Der Z-28 verkaufte sich zwar noch in größeren Stückzahlen, aber nur weil er den anderen Camaros immer ähnlicher wurde — und schwachbrüstiger. Bis in die 90er Jahre hat er überdauert und ist heute wieder aufregender als noch Ende der 70er. Aber die Aura, die die Originale von damals umgab, wird er nie ausströmen können. Wunderbare Kraftmaschinen, die sie waren, einzigartig und intensiv in ihrer kurzen Blütezeit, werden sie für immer Vergangenheit bleiben.

Technische Daten

Motor: V8, hängende Ventile, 4950 ccm (101,6 × 76,2), 290 SAE-PS (nominelle Angabe, geschätzte Leistung: 400 SAE-PS)

Getriebe:	4-Gang-Schaltgetriebe
Fahrwerk, vorn:	obere und untere Dreiecksquerlenker, Schraubenfedern
Fahrwerk, hinten:	Starrachse, Halbelliptik-Blattfedern
Bremsen:	vorn Scheiben-/hinten Trommelbremsen; **1968—69** auf Wunsch vorn/hinten Scheibenbremsen
Radstand (mm):	2743
Gewicht (kg):	1339—1430
Höchstgeschwindigkeit (km/h):	200—212
Beschleunigung 0—96 km/h (s):	5,3—6,7
Produktionszahlen:	**1967** 602 **1968** 7199 **1969** 19 014

JL8 Z
GOODYEAR
EAGLE GT

1968-69
Chevrolet Chevelle SS 396

Chevrolet präsentierte 1968 seine Mittelklasse mit einer völlig neuen Karosserie auf einem kürzeren Fahrgestell (2845 mm). Der SS 396, als Hardtop Coupé und Convertible, kam als eigene Modellreihe. Eine logische Konsequenz, war doch das Super-Sport-Paket nur als Option zusammen mit dem 396 ci-V8 (6490 ccm) erhältlich, eine Kombination, die viel Lob erntete. 1967 waren die Verkaufszahlen der sich bereits in ihrem vierten Jahr befindlichen Chevelle leicht rückläufig gewesen, ein neues, frischeres Design war also zwingend erforderlich. Der Konkurrenzkampf der „muscle cars" spitzte sich immer mehr zu, und um Kunden werben zu können, war Kreativität gefragt.

Die neue Chevelle zeigte sich wesentlich schnittiger mit ihren zur Front hin abfallenden Kotflügeln, der rundlicheren Gürtellinie und einem „flüssigen" Fastback-Dach. Ein leichter Hüftschwung, der sich auch durch die hinteren Dreiecksfenster zog, betonte die Seitenflächen. Wie viele Konstruktionen dieser Epoche adoptierte die Chevelle die Idee, eine lange Motorhaube mit einem kurzen Heck zu kombinieren. Durch den Hüftschwung hob man die Heckpartie zudem noch etwas an. Die Front gab sich leicht, aber bewußt nach vorn geneigt, betont durch den Kühlergrill, der sich über die Scheinwerfer hinaus um die Kotflügelecken legte. „Hide-A-Way"-Scheibenwischer, die im Ruhezustand unterhalb der Motorhaube verschwanden, kennzeichneten die Top-Chevelles (auch den SS 396 und das neue Luxusmodell Concours).

Als Standardmotorisierung hatte Chevrolet die 325 PS-Version des „Turbo-Jet"-Big-Block mit 6,5-Litern (396 ci) vorgesehen, angeflanscht an ein knüppelgeschaltetes Dreiganggetriebe und auf Wunsch wahlweise an ein Viergang-Schaltgetriebe, eine Powerglide oder eine Turbo-Hydra-Matic. Für zusätzliche Leistung hatte man die Wahl zwischen zwei noch stärkeren 396ern, kombiniert mit einer Doppelrohranlage: die über die Ladentheke erhältliche 350 PS-Maschine oder das auf speziellen Wunsch hin lieferbare 375 PS-„Monster". Selbst mit dem Basis-V8 ließ sich ein sattes Drehmoment von 547,7 Nm auf die Straße bringen.

Die Spurweite der SS-Modelle wurde um ein Zoll (25,4 mm) vergrößert, als Standardbereifung wählte man rotgestreifte „wide-oval"-Typen der Größe F70×14. Die neuen Coupés und Convertibles waren leicht an ihren schwarz unterlegten Kühlergrills und an den zwei Hutzen auf der Motorhaube zu erkennen. Die Karosserie hatte man in Höhe des Schwellerbereichs ebenfalls schwarz lackiert

Als die Chevelle-Reihe 1968 komplett überarbeitet wurde, erlaubte Chevrolet dem SS 396 eine eigene Modellreihe zu eröffnen (oben). Eine 375 PS-Version des 6,5-Liter-V8 markierte für den SS die höchste Ausbaustufe, wenige Exemplare kamen allerdings in diesen Genuß. Für die 69er-Modelle änderte sich wenig (ganz oben, und rechte Seite), und obwohl der 375 PS-396 gestrichen wurde, erhielten ca. 500 SS 396 die Möglichkeit, aus 7,0 Litern (427 ci) ihre Kraft zu entfalten.

Technische Daten

Motor: V8, hängende Ventile, 6490 ccm (103,9 × 95,5), 325/350/375 SAE-PS	
Getriebe:	3-Gang-Schaltgetriebe; auf Wunsch 4-Gang-Schaltgetriebe, Powerglide-Zweigangautomatik oder Turbo-Hydra-Matic-Dreigangautomatik
Fahrwerk, vorn:	obere und untere Dreiecksquerlenker, Schraubenfedern, Querstabilisator
Fahrwerk, hinten:	Starrachse, Schraubenfedern
Bremsen:	vorn/hinten Trommelbremsen; auf Wunsch vorn Scheibenbremsen
Radstand (mm):	2845
Gewicht (kg):	1612–1621
Höchstgeschwindigkeit (km/h):	187–203
Beschleunigung 0–96 km/h (s):	5,8–7,7
Produktionszahlen: **1968 Hardtop Cpé** 60 499 **Conv.** 2286 **1969** 86 300	

(Ausnahme waren dunkelfarbige Fahrzeuge), ebenso das Blech zwischen den Heckleuchten. Die „396"-Embleme waren in den seitlichen Positionsleuchten integriert. Für normale Chevelles reichte die Motorenauswahl von einem 3770 ccm-Sechszylinder (140 PS) bis zu einem 5360 ccm-V8 (325 PS). Härtere Federn und Stoßdämpfer sorgten bei dem SS 396 für ein gegenüber den leistungsschwächeren Malibus strafferes Fahrverhalten.

Die zwei angebotenen Viergang-Schaltgetriebe waren vollsynchronisiert, unterschieden sich aber durch die Übersetzung des ersten Ganges (2,52 : 1 oder 2,20 : 1). Einzelsitze und eine Konsole fand der Kunde ebenfalls auf der Zubehörliste. Ebenso eine spezielle SS-Instrumentierung, die Zusatzinstrumente, eine Uhr und einen vertikal ablesbaren Drehzahlmesser umfaßte. Verchromte Ventildeckel und Luftfilterabdeckungen sowie ein ebenfalls verchromter Öleinfülldeckel gaben der SS-Antriebseinheit ein schönes Erscheinungsbild. Mit einem Preis von $ 2899 für das Hardtop Coupé lag der Kunde gerade mal $ 236 über dem eines gewöhnlichen Malibu Sport Coupé mit 307 ci-V8. Die Fahrleistungen waren ähnlich bemerkenswert, ein SS 396 setzte sich von 0 auf 96km/h in 6,6 s und durchflog die Viertelmeile in 14 s (und das bei annähernd 160 km/h).

Leider mutierte der SS 396 1969 vom eigenständigen Modell zu einer $ 347,60-Option, erhältlich für Malibu Coupés und Convertibles und sogar für die unten rangierenden Chevelle 300 Coupés. Allerdings konnte zum ersten Mal ein zweitüriges B-Säulen-Coupé in einer SS-Version gefahren werden. Bis auf den neu gestalteten schwarzen Kühlergrill und die höheren Rückleuchten veränderte sich wenig an den Chevelles. Wie bei allen Fahrzeugen aus dem GM-Stall verlor auch die Chevelle die Türausstellfenster, eine Maßnahme, die äußerst eindrucksvoll „Astro Ventilation" getauft worden war. Mit Weißwandringen oder weißer Aufschrift versehene Reifen der Größe F70×14 waren auf neue, verchromte SS-Fünfspeichenfelgen aufgezogen, vordere Scheiben mit Bremskraftverstärker gehörten nun zur Serienausstattung.

Die Antriebsmöglichkeiten hatte Chevrolet auf zwei Versionen reduziert, nur die 325 und 350 PS-Varianten des 396-V8 überlebten die Modellpflege. Die Powerglide dagegen nicht, Turbo Hydra-Matic ($ 222) blieb als einzige Alternative zum Schaltgetriebe. Abhängig von Achsübersetzung und Getriebeart, ließ sich ein SS 396 immer noch gut bewegen: Von 0 auf 96 km/h (60 mph) in 5,8 Sekunden war ein sehr guter Wert.

Ungefähr 500 Chevelles aber kamen zu noch höheren Freuden, einem 427 ci (6999 ccm) als höchster Ausbaustufe. Das weitere Zubehör gestaltete sich nicht ganz so dramatisch, auf Bestellung gab es noch eine Scheinwerferwaschanlage, Zentralverriegelung, ein verstellbares Lenkrad oder ein Vinyldach.

Der Kundschaft schien der neue SS 396 zu gefallen, sie orderte 1968 62 785 und 1969 86 300 Exemplare. Die Chevelle sollte aber noch weiter gehen, mit neuem Design und großen Motoren, 396 und 454, beabsichtigte sie, bis 1972 ihre Muskeln spielen zu lassen. Die „muscle car"-Ära hielt noch einige Jahre an, und Chevrolets Mittelklasse sollte noch den einen oder anderen Trumpf ausspielen.

1968-69
Chevrolet Corvette

Den Status eines „Klassikers“ erlangte der 1967–69 gebaute Sting Ray erst viel später. Fünf Jahre bereits in unveränderter, wenn auch schöner Form auf amerikanischen Straßen, war die Zeit reif, das alternde Design radikal zu überarbeiten und die fünfte Generation dieses Sportwagens einzuläuten. Dem Nachfolger, auch „Shark“ genannt, war ein wesentlich längeres Schicksal beschert, ein Schicksal, das ohne großartige Veränderungen über die 70er Jahre hinausreichen sollte.

Gerüchte hatten besagt, daß die neue Corvette in Mittelmotor-Bauweise konzipiert sein würde – zweifelsohne bestätigt durch Show Cars wie den CERV II oder den Astro II, die ihre Motoren mittig eingebaut hatten. Doch ein anderer Show Car, der berühmte Mako Shark II, war letztendlich Vorlage für das 68er Corvette-Design.

Die stumpf-profilierte Neuschöpfung, entstanden unter der Leitung von David Holls, besaß in die Karosserie integrierte Front- und Heckspoiler, war aber, trotz ihres aerodynamischen Aussehens (als Coupé), nicht gerade ein Musterbeispiel für einen niedrigen cw-Wert. Viel war vom Sting Ray nicht übriggeblieben. Ebensowenig existierte noch der Name (obwohl frühe Werbebroschüren ihn anführten). Die Scheinwerfer hatte man wieder unter Klappen versteckt, die diesmal jedoch durch einen simplen Vakuummechanismus auf- und zuklappten und sich nicht mehr wie beim Vorgänger um ihre eigene Achse drehten. Ebenfalls unter einer Klappe versteckt befanden sich die Scheibenwischer.

Wer ein Coupé einem Convertible vorzog, mußte trotzdem nicht auf das Frischlufterlebnis verzichten, beide Dachhälften und die Heckscheibe waren abnehmbar. Der „Hai“ zeigte mehr als nur bloße Verwandtschaft zum Camaro, dessen Z-28-Edition bald mit ihm in der Rennarena konkurrieren sollte.

Die 1968 angebotene Farbpalette enthielt unter anderem „International Blue“, „British Green“ und „Polar White“ als Auswahlmöglichkeit. Die Innenausstattungen boten ebenfalls die Qual der Wahl: acht Farbtöne beim Interieur aus strukturiertem Vinyl, sechs bei auf Wunsch lieferbarem Leder. Schwarzes Vinyl für das abnehmbare Convertible-Hardtop gab es als Option, wurde jedoch nur sehr selten gewünscht. Die Ausstellfenster in den Türen entfielen.

Die Turbo-Hydra-Matic ersetzte die doch etwas fade Powerglide und war somit die einzige Automatik-Alternative zum serienmäßigen Dreigang-Schaltgetriebe. Die meisten Kunden bevorzugten die sportlichere Gangart und entschieden sich für das optionale Vierganggetriebe. Ähnlich wie 1967 war auch das Motorenangebot, zwei Varianten sorgten für den nötigen Vorschub: ein 327-V8 (5360 ccm) mit

1968 debütierte eine völlig neue Corvette (unten), aber ohne sich „Sting Ray“ zu nennen. Der Name sollte aber 1969 wieder erscheinen, diesmal als ein Wort: „Stingray“. Wie zuvor gab es als größten Motor den 427 ci mit drei Zweifachvergasern und starken 435 SAE-PS (oben). Die 69er-Modelle waren den 68ern ziemlich ähnlich und konnten z. B. mit Chromeinsätzen für die Kotflügelkiemen ausgerüstet werden (rechte Seite), eine Möglichkeit, von der viele Kunden Gebrauch machten.

300 oder 350 SAE-PS und ein 427-V8 mit 390, 400 oder 435 SAE-PS. Die beiden „heißesten" Versionen bekamen ihren Saft durch drei Zweifachvergaser aufbereitet. Das erforderte eine relativ hohe Ausbuchtung der Motorhaube.

Scheibenbremsen an allen vier Rädern gehörten zur Standardausrüstung. Die Straßenlage verbesserten Niederquerschnitt-Reifen der Größe F70×15, montiert auf breiteren Felgen. Der Stauraum war knapper bemessen und immer noch nicht von außen zugänglich. Ein Handschuhfach fehlte ebenfalls. Die Corvette weckte zusehends das Interesse von Dieben, so daß eine Alarmanlage verbaut wurde, die mit der Hupe gekoppelt war. Eine Scheinwerferwaschanlage bekam der Kunde serienmäßig.

Einige Tester lobten das neue Styling, andere hielten es für einen Rückschritt: fett und aufdringlich, mehr eines Boulevard-Cruisers als einer Fahrmaschine würdig. *Road & Track* bescheinigte der neuen Corvette mangelnde Finesse, beschrieb sie als Hinwendung zu „Prestige und technischer Spielerei" und führte als Begründung den längeren Überhang der Frontpartie und das höhere Gewicht an. Die Verarbeitungsqualität verschlechterte sich und hinterließ einen dunklen Fleck in der Geschichte der Corvette. Zudem traten noch Probleme bei der Kühlung auf, speziell bei den Big-Block-Motoren. So schnell die 427er auch waren – sie entwickelten Beschleunigungszeiten von weniger als 6 Sekunden für 60 mph (und das war 2 s besser als eine 327) –, unproblematisch waren sie deswegen noch lange nicht.

Die Verkaufszahlen erreichten mit 28 566 einen Rekordwert – das Design sollte sogar noch bis 1982 aktuell bleiben. Was war geschehen? Hatten sich etwa die Tester geirrt? Oder waren die Kunden nur anderer Meinung? 1968 auf jeden Fall, wurde die Corvette von den Lesern der Zeitschrift *Car and Driver* doch zum „Best All-Around Car" gekürt.

Seltsamerweise tauchte 1969 die Bezeichnung „Stingray" (nun als ein Wort geschrieben) wieder auf und schmückte als Emblem die vorderen Kotflügel. Die Streben im Kühlergrill verloren ihren Chromglanz, sie waren jetzt schwarz lackiert. Neu präsentierte sich auch ein 350 ci-V8 (5737 ccm) mit 300 oder 350 PS. Rennfahrer hatten zudem noch die Möglichkeit, unter anderen Motoren zu wählen, eine Option, die der normalen Kundschaft vorenthalten blieb. Dazu gehörten u.a. 1968 der „L88" mit der satten Leitung von 560 SAE-PS, und 1969 der „ZL–1" mit Aluminiumblock für $ 3000. Dieser tauchte in den Prospekten als 430 PS-Rennoption auf, „die wir [Chevrolet] nicht für den Straßeneinsatz empfehlen".

Im ersten Jahr lagen die Convertibles noch in der Publikumsgunst vorn, wurden 1969 aber vom Coupé eingeholt, das sich jetzt sogar besser verkaufte, zusammen 38 762 Exemplare. Diese Quote sollte auch in den nächsten sechs Jahren nicht übertroffen werden. „Die Corvette hat für alles eine Anzeige, nur nicht für Ihren Blutdruck", konnte der potentielle Kunde in einem 69er-Prospekt lesen. Vielleicht hätte die 'Vette sie besser gehabt, neigten die Fahrer doch sehr leicht dazu, sich von dem Zweisitzer über die Maßen stimulieren zu lassen. Für Millionen Amerikaner, inklusive derjenigen, die sich eine geleistet hatten, symbolisierte die Corvette den Wandel des Sportwagens vom verschrobenen, rauhbeinigen europäischen Roadster zum kraftvollen Ebenbild modernster Technologie. Eine Tatsache, die auch heute nichts von ihrer Aktualität verloren hat.

Technische Daten

Motor: V8, hängende Ventile, 5360 ccm (101,6 × 82,6), 300/350 SAE-PS, 6999 ccm (108,0 × 95,5), 390/400/435 SAE-PS

Getriebe:	3-/4-Gang-Schaltgetriebe; Turbo-Hydra-Matic-Dreigangautomatik
Fahrwerk, vorn:	obere und untere Dreiecksquerlenker, Schraubenfedern
Fahrwerk, hinten:	Einzelradaufhängung mit Hohlwellen und unteren Querlenkern, Querblattfeder
Bremsen:	vorn/hinten Scheibenbremsen
Radstand (mm):	2489
Gewicht (kg):	1387–1428
Höchstgeschwindigkeit (km/h):	188–257
Beschleunigung 0–96 km/h (s):	5,7–7,7

Produktionszahlen: **1968 Cpé** 9936 **Conv.** 18 630 **1969 Cpé** 22 154 **Conv.** 16 608

1960-62
Chrysler 300F / G / H

Als Chrysler 1959 hinging und den sagenumwobenen „Hemi"-V8 des 300E durch einen „wedgehead"-V8 (benannt nach seinen keilförmigen Brennräumen) ersetzte, waren die Liebhaber der „Schönen Bestie" wie vor den Kopf gestoßen. Was war der 300 ohne Hemi? Aber nach kürzester Zeit waren sie wieder getröstet, strafte sie doch die enorme Leistungsfähigkeit des „wedgehead" Lügen. Wenn überhaupt ein V8 besser war als der gute alte Hemi dann dieser.

Mit dem Jahr 1960 kam auch eine fünfjährige Blütezeit für Chrysler, und man begann, angefangen beim 300, sich mächtig ins Zeug zu legen. An der Spitze der technischen Neuerungen stand Chryslers erste selbsttragende Karosserie; zusammen mit ihr stellte man auch „denkende" Vordersitze („swivel seats" genannt, die sich nach außen drehten, wenn man die Tür öffnete), ein lumineszierendes Instrumentenpaneel und das beste Styling seit 1957 vor. Virgil Exner hatte in Chryslers Designabteilung immer noch das Steuer in der Hand und immer noch einen Hang zu Heckflossen: die 60er-Ausführungen waren höher und mit den wunderbar eingepaßten Rückleuchten auch spitzer denn je.

Der 300F von 1960 bedeutete für Chrysler das große Comeback seines in geringer Stückzahl gebauten Super-Autos. Die Basiskarosserie war die gleiche wie bei anderen Typen, ihr Styling aber bewußt anders: Der Grill der fast rechteckigen Kühlermaske war schwarz, bis auf ein großes „300"-Emblem, das von vier dünnen, verchromten Streben im Grill zentriert wurde; die Fahrzeugseiten trugen die bekannten, verchromten Speer-Zierleisten, die in Türnähe mit dem gleichen runden Emblem geschmückt waren. Der „F" war in der Meinung vieler das Modell, verglichen mit den anderen eher konventionell wirkenden Typen, dem das flamboyante 60er Styling am besten zu Gesicht stand.

Dank seines „ram-induction"-413 ci-V8 (6769 ccm) und dem ersten Viergang-Schaltgetriebe, das in einem Nachkriegs-Chrysler verbaut wurde, war der 300F in der Tat ein heißes Eisen. Das Getriebe stammte von „Pont-a-Mousson" und war das gleiche, das auch im Facel Vega (wofür Chrysler lange Zeit Hemi- und „wedge"-V8 lieferte) verwendet wurde. Der „ram"-Ansaugkrümmer, der für Plymouth, Dodge, DeSoto sowie die kleineren Chrysler als Option lieferbar war, gehörte beim 300F zur Normalausstattung.

Die Ram-Induction war in früheren Zeiten in Rennmotoren eingesetzt worden, und seit 1952 beschäftigte sich Chrysler experimentell damit. 1960 war Chrysler dann soweit; durch empirische Experimente mittels Teleskoprohren und einem Kraftmesser (gemessen hauptsächlich bei 2000–3500 Upm), hatte man eine Faustformel gefunden, die es ermöglichte, die Rohrlänge des Ansaugkrümmers zu berechnen. Das Optimum lag bei 762 mm für jedes Rohr, eins für jeden Einlaß. Die Vergaser setzte man, anstatt sie

Komfort war Trumpf, und so kam der 300F mit „denkenden" Swivel Seats (oben), die sich beim Öffnen der Türen selbständig herausdrehten. Wie bereits in der Vergangenheit, ähnelte das Design des 60er „F" (beide Seiten) dem der einfacheren Chrysler-Modelle. Die Unterschiede begrenzten sich primär auf optische Details wie den schwarz gehaltenen Grill und den seitlichen „Zierspeer", beide durch ein großes, rundes „300"-Emblem geschmückt. Die „falsche" Reserverad-Ausbuchtung des Kofferraumdeckels (manchmal auch liebevoll „Kloschüssel" genannt) war auch für andere Modelle lieferbar.

419 978

419 978

mittig anzuflanschen, an die Rohrenden und erhielt dadurch einen gleichmäßigen, pulsfreien Leistungszuwachs über den gesamten Drehmomentverlauf. Die Vergaser entzogen sich an dieser Position einer eventuellen Überhitzung, und ließen sich auch einfacher synchronisieren.

Motor Trend testete einen 300F mit dem 375 PS starken Ram-V8 und stoppte die Viertelmeile mit 16 Sekunden bei 85 mph (137 km/h). Sein Fahrverhalten gab sich so wie immer, obwohl die Tester meinten, der 300F hätte „einen Teil seiner rohen, urwüchsigen Kraft gegen sportive Gesetztheit eingetauscht, so wie der viersitzige Thunderbird es getan hatte". Und das obwohl der 300F ihrer Ansicht nach stärker war als der vorangegangene 300E.

Das Pont-a-Mousson-Getriebe wurde nur in sieben 300F verbaut, alle mit der optionalen 400 PS-Maschine ausgerüstet. Die Schaltung war straff und hakelig und verabscheute schnelle Gangwechsel, aber sie bewährte sich in Daytona, wo sechs Wagen die fliegende Meile mit Geschwindigkeiten zwischen 227,7 km/h und 233,1 km/h durchfuhren.

Der 300F war ausgestattet mit vier stark konturierten Sitzen und einer durchgehenden Mittelkonsole und war erhältlich in den Farben Schwarz, Rot, Weiß und Terrakotta. Die Kofferraumklappe zierte eine Ausbuchtung, die ein darunterliegendes Reserverad andeuten sollte, erntete aber so viel Kritik aus der Fachpresse, daß Chrysler sie beim 61er 300G wieder wegließ. Das neue Modelljahr erfuhr nur Änderungen in einigen Stylingdetails; auf der Optionsliste tauschte man die Viergangschaltung durch ein mittelgeschaltetes Dreiganggetriebe aus. Die Motoren blieben beim 300G die gleichen, und man führte wieder 15-Zoll-Räder ein. Erneut konnten sich die 300er in Daytona gut in Szene setzen, wobei Greg Ziegler die fliegende Meile mit 230,1 km/h „durchflog".

Chrysler verkaufte 1212 Exemplare vom 300F und 1617 vom 300G. Das waren zwar mehr als noch beim 300E, aber auch das nur eine Handvoll verglichen mit dem Ausstoß an Fahrzeugen, die Jahr für Jahr das Land überschwemmten. Das Image der „letter series" war so hoch angesiedelt, daß sich Chrysler gezwungen sah, 1962 eine komplette „non-letter"-Modellreihe an „Allerwelts"-300ern als Substitut für den Windsor einzuführen. Hinzu kam der 300H, wie alle neuen Chrysler seiner Flossen beschnitten, aber mit zwei noch stärkeren 413 ci-V8, die Leistungen von 380 und 405 PS entwickelten.

Der 300H war in vielerlei Hinsicht auch der schönste „letter car" der sechziger Jahre. Mit der klar gestalteten Frontpartie des 300G und dessen schrägstehenden Doppelscheinwerfern besaß der „H" eine sanfte, gleichmäßige Linienführung bis hin zu seinen flach auslaufenden Kotflügeln, gekrönt durch schlanke Rückleuchten. Wie schon zuvor, rüstete man ihn aus mit Einzelsitzen und Mittelkonsole, einem 150 mph-Tacho, Drehzahlmesser und „Blue Streak"-Hochleistungsreifen. Die Farbpalette umfaßte wieder Schwarz, Rot, Weiß und „caramel". Elektrische Fensterheber, elektrisch verstellbare Sitze, Servolenkung und Bremshilfe rundeten die Ausstattung ab. Die „Milestone Car Society" nahm vor nicht allzu langer Zeit den 300H in ihre Auflistung der bedeutendsten Nachkriegsfahrzeuge auf; einen ähnlichen Status hatte zuvor nur der 300G innegehabt. Heute entspricht der Wert eines „H" im Concours-Zustand dem eines „F" oder „G" (oder übertrifft ihn sogar). Grund dafür dürfte wohl auch seine Seltenheit sein.

Technische Daten

Motor: V8, hängende Ventile, 6769 ccm (106,2 × 95,3), 375–405 SAE-PS

Getriebe:	3-Gang-Schaltgetriebe, 4-Gang-Schaltgetriebe, Dreigangautomatik
Fahrwerk, vorn:	obere und untere Querlenker, Längsdrehstäbe
Fahrwerk, hinten:	Starrachse, Blattfedern
Bremsen:	vorn/hinten Trommelbremsen
Radstand (mm):	**1960–61** 3200 **1962** 3099
Gewicht (kg):	1821–1959
Höchstgeschwindigkeit (km/h):	225+
Beschleunigung 0–96 km/h (s):	o. A.

Produktionszahlen: **1960 Cpé** 964 **Conv.** 248 **1961 Cpé** 1280 **Conv.** 337 **1962 Cpé** 435 **Conv.** 123

Der 300G von 1961 (rechte Seite) hatte sich gegenüber dem „F" nicht großartig im Styling geändert, auf die heftig kritisierte „Toilette" in der Kofferraumklappe verzichtete man jedoch. Die Frontansicht betonten jetzt, Chryslers neuem Trend folgend, schräggestellte Doppelscheinwerfer. 1962 war es dann soweit, Chrysler kappte alle Heckflossen, auch beim 300H (unten); ansonsten blieb es beim gewohnten Zierat der Letter-Serie. Auf Wunsch lieferte Chrysler einen 413 ci-V8 mit 405 SAE-PS – der stärkste Motor, der je einen „Buchstaben" beflügelt hat.

CHRYSLER
WG 188

1963-64
Chrysler 300J/K

Der 63er Chrysler 300J (der Buchstabe „I“ wurde übergangen, um Verwechslungen mit der Zahl „1“ zu vermeiden) erreichte mit nur 400 gebauten Exemplaren die geringste Stückzahl der „Buchstaben-Serie“. Zum ersten Mal seit 1956 hatte Chrysler auf ein Convertible verzichtet. Das war auch nicht weiter verwunderlich, verkaufte sich doch der Vorjahres-„H“ nur geringfügig besser (558 Exemplare). Grund genug, bereits im Planungsstadium darüber nachzudenken, ob es sinnvoll war, den 300J überhaupt herauszubringen.

1963 stand sich Chrysler in der „full size“-Klasse sehr gut mit seinen stattlichen, leistungsstarken Wagen, betonte aber nachdrücklich, daß es „nie einen kleinen Chrysler geben werde“. Das würde, so Chrysler, ihrer Tradition entgegenstehen, und Firmensprecher zeigten sich überrascht von der Tatsache, daß die ehemaligen Rivalen Pontiac, Oldsmobile und Mercury ihre Kunden mit solchen Schöpfungen wie dem Tempest, F-85 oder Comet vor den Kopf stoßen wollten. Unter den Tisch gekehrt wurde aber dabei, daß alle Chrysler-Händler mit Plymouth liiert waren und man in ein und demselben Verkaufsraum neben einem 300er auch einen Valiant kaufen konnte. Das soll jedoch kein schlechtes Licht werfen auf das Image, das Chrysler bis dahin aufgebaut hatte. Die Marktstrategie, die dahintersteckte, schien zumindest zu funktionieren.

1963 belegte Chrysler den elften Platz in der Gesamtstatistik, und alle Divisionen zusammen erwirtschafteten einen Gewinn von $ 162 Millionen. Sie produzierten mehr als eine Million Fahrzeuge, das beste Ergebnis seit 1957; der Aktienmarkt reagierte positiv und die Aktien stiegen immer weiter im Kurs. Präsident Lynn Townsend sah den Grund dafür in der Anwerbung von fast 500 neuen Händlern und der Einführung einer fünfjährigen bzw. 50 000-Meilen-Garantie (der ersten Langzeit-Garantie überhaupt).

Das Design wurde für das neue Modelljahr unter der Leitung von Virgil Exner völlig überarbeitet, seine letzte Arbeit übrigens, bevor er Chrysler verließ und durch den früheren Lincoln-Designer Elwood Engel ersetzt wurde. In einer ganz anderen Linienführung, mit scharfgeschnittenen Kotflügeln und einem auf dem Kopf stehenden Trapez-Grill, präsentierte Chrysler das neue Styling als frischen, klaren, individuellen Look („Clean, crisp, custom look“).

Das Karosserieangebot der einzelnen Modelle änderte sich nicht, obwohl der New Yorker jetzt den kürzeren Radstand (3099 mm) hatte, der für die Letter-Serie ein Jahr zuvor eingeführt worden war –

Technische Daten

Motor: V8, hängende Ventile, 6769 ccm (106,4 × 95,3), 360/390 SAE-PS

Getriebe:	Dreigangautomatik
Fahrwerk, vorn:	obere und untere Querlenker, Längsdrehstäbe
Fahrwerk, hinten:	Starrachse, Blattfedern
Bremsen:	vorn/hinten Trommelbremsen
Radstand (mm):	3099
Gewicht (kg):	1800–1816
Höchstgeschwindigkeit (km/h):	o. A.
Beschleunigung 0–96 km/h (s):	o. A.
Produktionszahlen:	**1963 Cpé** 400 **1964 Cpé** 3022 **Conv.** 625

1963 wurden von dem 300J (linke Seite, oben) nur 400 Stück gebaut, ein Convertible bot Chrysler nicht an (seit 1956 das erste Mal). Mit dem 300K (unten und linke Seite, unten) stieg 1964 auch die Produktion wieder an, obwohl sich sehr wenig verändert hatte, sieht man einmal von Details wie z. B. den jetzt eckigen Rücklichtern ab. 1964 gesellte sich wieder ein Convertible zum „Letter-Lineup".

letztendlich schienen sie doch kleinere Brötchen zu backen! Als Antriebsaggregat spendierte man dem 300J den 413 ci (6769 ccm) des New Yorker, allerdings in leistungsgesteigerter Form. Mit nominal 360 (20 mehr als beim New Yorker) und optional 390 SAE-PS sorgte er für gutes Fortkommen.

Unglücklicherweise hatte der 300J eine zu große Ähnlichkeit mit den Chrysler-Standard-Modellen. Dieser Eindruck verstärkte sich noch aufgrund einer Werbekampagne, die die Vorzüge des „J" eher in seiner Ausstattung als in seinen Fahrleistungen suchte. Selbst das edle rot-weiß-blaue „300"-Emblem fiel dieser Tendenz zum Opfer, statt dessen erblickte man einen schwarzen Fleck, auf dem der Modellname und das „J" nur schwerlich zu entziffern waren. Wie Chrysler eigentlich vorausgesehen haben müßte, kamen diese Änderungen nicht sonderlich gut an bei der kleinen, aber enthusiastischen Fangemeinde, die über die Jahre erst den Erfolg der „Buchstaben" möglich gemacht hatte, aber anscheinend kümmerte sich in Highland Park niemand um sie. Taktik, nicht Verkauf, führte zu 400 produzierten „J", genug, um die Sache laufen lassen zu können. Die Dinge sollten sich aber ein Jahr später überstürzen.

Und dieses Jahr begann wie das vor ihm aufgehört hatte: Das Lineup war dasselbe, Fahrgestelle und Motorvarianten blieben ebenfalls gleich. Etwas anders hatten die Mannen bei Chrysler den Kühlergrill, die Radblenden und die Seitenzierleisten gestaltet. Die Heckscheiben waren jetzt größer, die Rückleuchten sechseckig und die Heckpartie leicht modifiziert. Der maschenförmige Kühlergrill der nun „K" getauften 300er blieb weiterhin schwarz und hatte dicke, sich kreuzende Streben; den seitlichen Zierstreifen gaben Farbe und geprägtes Aluminium ein auffälligeres Aussehen.

Das klang zwar alles nicht so berauschend, tat aber dem Erfolg von Chrysler keinen Abbruch. Das Styling kam an, Leistung war zur Genüge da, das Benzin billig und die Kunden waren finanziell guter Dinge. Die Chrysler-Division produzierte über 150 000 Fahrzeuge, das beste Ergebnis seit zehn Jahren. „Wir fühlen uns in der Lage, nächstes Jahr einen Rekordumsatz zu haben, vor Cadillac", sagte P. N. Buckminster, leitender Manager der Chrysler-Division. Und er hatte recht: 1965 lag Chrysler auf dem zehnten Platz, 30 000 Einheiten vor Cadillac.

Erfolg setzte auch in der immer weiter abfallenden Letter-Serie ein – stolze 3647 Fahrzeuge, inklusive 625 des reinkarnierten Convertibles, fanden ihre Käufer. Motorisiert waren die „K"-Modelle allerdings nur mit der 360 PS-Motorversion des New Yorker, die zudem auch noch in buchstabenlosen Modellen angeboten wurde. Die 390 PS-Maschine gab es als Option weiterhin exklusiv für die K-Modelle, aber der Hafen der Ruhe war schon lange in Sicht. Das Schiff sollte noch für ein weiteres Jahr seine Segel setzen, nach dem 300L (der sich recht ordentlich verkaufte) war allerdings Schluß: Man hatte ihm die 390 PS-Option genommen, und das Äußere unterschied ihn nicht mehr von den gewöhnlichen Chrysler-Modellen. Für heutige Sammler hört das Alphabet bei „K" auf.

1965 Chrysler 300L

Automobilhersteller haben schon immer als Bezeichnung für ihre verschiedenen Modelle Buchstaben oder Namen herangezogen. Ein sehr beliebter Buchstabe ist zweifellos das „L", das in den unterschiedlichsten Konfigurationen Verwendung fand. 1965 aber bedeutete das „L" hinter einem „300" nichts anderes als die Inkarnation der elften Chrysler Hochleistungs-Edition. Leider war dieser 300L der letzte der sagenumwobenen „letter series", und auch der unspektakulärste.

Den Grund dafür mußte man nicht lange suchen, er stand beim Chrysler-Händler um die Ecke. Seit 1962 bot Chrysler „non-letter"-300 als Convertible, Hardtop Coupé und Hardtop Sedan an, die in Styling und Power nahe an die Buchstaben-Versionen herankamen – das aber zu einem ungleich niedrigeren Preis. Von der ökonomischen Seite aus betrachtet (die Mittelklasse sollte einen Umsatzschub erhalten) war das sicherlich kein Problem, und es funktionierte sehr gut. In seiner ersten Saison verkaufte der Basis-300 an die 6000 Einheiten mehr als der Saratoga; 1964 waren die Verkaufszahlen bereits von den 23 000 Stück des Vorjahres auf über 31 000 gestiegen, eine stattliche Zahl gegenüber der Handvoll an verkauften „Letter"-Exemplaren. Die Kunden sahen also keine Veranlassung, einen Letter einem Nicht-Letter vorzuziehen, und deshalb war es nur eine Frage der Zeit, bis Chrysler Einförmigkeit in die Modellvielfalt einziehen ließ.

1965 bot sich dafür optimal an, da Chrysler sich sowieso im Umbruch befand. Auffälligstes Merkmal war die neue C-Typ-Karosserie (ebenfalls eingesetzt bei den großen Dodge und bei den wiederbelebten Plymouth Fury), die Elwood Engel mit seiner Vorliebe für winklige Formen, in der Art des an Lincoln erinnernden 64er Imperial, dementsprechend gestaltet hatte. Der Radstand streckte sich auf 3150 mm, die Gesamtlänge wuchs um 76 mm – hauptsächlich in der Heckpartie – auf lange 5542 mm an. Das Leergewicht erhöhte sich um etwa 90 kg gegenüber den „Crisp, Clean, Custom Look"-Modellen von 1963/64 – was ja auch bei den neuen Maßen kein Wunder war.

Was allerdings einem Wunder gleichkam, war die Einführung eines Convertibles und eines Hardtop Coupés; verwunderlich schon allein aus dem Grunde, weil man wirklich zweimal hinschauen mußte, um sie von Standard-300ern unterscheiden zu können. Optische Unterscheidungsmerkmale beschränkten sich auf neue Embleme an Front und Heck, den glücklicherweise fehlenden „falschen" Luftöffnungen in der Karosserie, und das viersitzige Interieur mit Mittelkonsole, die sich bis zwischen die beiden hinteren Einzelsitze (anstatt einer Rückbank) zog.

Natürlich hatte man den L-Modellen, wie bei der Letter-Serie üblich, die stärkste Standardmotorisierung mit auf den Weg gegeben. Und die kam 1965 von einem durch einen Vierfachvergaser beatmeten 413 ci-V8 mit den gleichen 360 PS wie der 63er „J" und der 64er „K" vor ihm. Die 390 PS-Option mit zwei Vierfachvergasern war nicht mehr im Programm, und die 300L-Maschine ließ sich jetzt sogar auf Wunsch mit den „non-letter"-Modellen (und sogar dem New Yorker) ordern. Eine TorqueFlite-Automatik war ebenfalls lieferbar, diesmal aber statt mit Druckknöpfen per Hebel an der Lenksäule geschaltet. Aus dem Vorjahr rettete sich die Viergang-Mittelschaltung in die neuen Modelle hinüber und war ohne Aufpreis zu haben. Nur sehr wenige der 300L, wenn überhaupt, wurden in dieser Form ausgestattet.

Wie die anderen Modelle, wurden 1965 auch die 300L in selbsttragender Karosseriebauweise hergestellt – bei Chrysler seit 1960 Standard. Der vordere Subrahmen war nicht mehr an die Karosserie angeschweißt, sondern aus Gründen der Geräuschdämmung und Vibrationsminderung an diese angeschraubt. Chryslers oftmals gelobte Vorderachskonstruktion mit Längsdrehstäben – und dementsprechend überlegenem Fahrverhalten – setzte man auch dieses Jahr ein, zusammen mit einer sehr gut abgestimmten Blattfederung und großen, mit Bremskraftverstärker ausgestatteten Trommelbremsen. In punkto Styling präsentierten sich die 300L mit einer niedrigeren Gürtellinie, angehobenen Dachpartien und einer vergrößerten Glasfläche, und wirkten damit noch geräumiger als sie ohnehin schon waren. Das Armaturenbrett war ebenfalls neu und erstrahlte in einem erfrischend einfachen Design, mit einer mittig angeordneten Klappe, die – ob Honda das wohl aufgefallen sein mag? – einen praktischen Münzhalter beherbergte.

Es war vorauszusehen, daß der 300L nicht das leisten würde, was seine Vorgänger so ausgezeichnet hatte. *Motor Trend* beispielsweise bescheinigte ihm 8,8 s von 0–60 mph und 17,3 s für die Viertelmeile bei 82 mph (131,9 km/h). *Car and Driver* hatte einen 63er mit 390 PS dagegen mit 7,5 s und 15,4 s bei 94 mph (151,2 km/h) gemessen. Aber der „L" war schnell genug, besaß ein hervorragendes Fahrverhalten und ließ sich von allen Letter-Modellen am angenehmsten fahren. Ein Standard-300er war mit vergleichbarer Ausstattung um $ 600–$ 700 billiger als sein großer Bruder – das gibt Anlaß zu der Annahme, daß die 300L in letzter Minute den Standardmodellen zur Seite gestellt wurden, um das durch den unerwarteten Erfolg des „K" bereitgestellte Käuferpotential zu nutzen.

Der „L" verkaufte sich fast genauso gut und war mit 2845 Exemplaren der zweitbestverkaufte „Letter" hinter dem „K" (3645 Stück). Dennoch rangierten die Standardmodelle mit Faktor 10 der Verkäufe in weit höheren Absatzregionen, und sportliche Straßenkreuzer wurden von den kleineren Muscle Cars zunehmend in eine Außenseiterrolle gedrängt.

So wurde die ehemals angesehene Nobelserie ab 1965 ein Teil der Geschichte. Völlig unspektakulär ging sie von dannen – schade drum. Denkt man an ihre glorreiche Vergangenheit zurück, hätte die „Schöne Bestie" einen besseren Abgang verdient.

Technische Daten

Motor: V8, hängende Ventile, 6769 ccm (106,4 × 95,3), 360 SAE-PS

Getriebe:	TorqueFlite-Dreigangautomatik
Fahrwerk, vorn:	obere und untere Dreiecksquerlenker, Längsdrehstäbe, Querstabilisator
Fahrwerk, hinten:	Starrachse, Halbelliptik-Blattfedern
Bremsen:	vorn/hinten Trommelbremsen
Radstand (mm):	3150
Gewicht (kg):	1893–1927
Höchstgeschwindigkeit (km/h):	177+
Beschleunigung 0–96 km/h (s):	8,8–9,0
Produktionszahlen:	**Hardtop Cpé** 2405 **Conv.** 440

Der 300L mag vielleicht nicht so hoch angesehen sein wie seine Vorgänger, dennoch trat er distinguiert auf – man mußte allerdings genau hinsehen. Nur in geringen Details unterschied er sich nämlich vom Standard-300, und zudem wurde seine 413 ci/360 PS-Maschine auch auf Kundenwunsch in die 300er und die New Yorker eingebaut.

1967-68 Chrysler 300

Wie schon bei Packard in den Dreißigern, basierte die Marktstrategie der Chrysler-Division in den Sechzigern auf der Devise: „Hauptsache, der Preis stimmt". Und das gleich mit drei Ausrufezeichen. Es fällt auch leicht, sich das folgende, fiktive Gespräch zwischen Division-Chef Clare Briggs und dem Chrysler-Vorsitzenden L. L. „Tex" Colbert vorzustellen, das vielleicht so Anfang 1960 stattgefunden haben mag:

„Hi, Clare, unsere Autos verkaufen sich ja lausig", nörgelte Colbert. „Dieser kleine Valiant und der neue Dodge Dart schlagen sich ganz gut, aber unsere Mittelklasse stinkt zum Himmel! Die DeSotos stehen wie Blei, und außerdem, *was* sollen wir überhaupt mit Chrysler machen?"

„Wir könnten den Windsor *erleichtern*, und ihn so unter $ 3000 drücken", erwiderte Briggs. „Und wir könnten ihn Newport nennen, wie unsere alten Hardtops. Ich sehe schon die Werbeplakate vor mir: ‚Ein richtiger Chrysler, fast so billig wie ein Kompakter'. Sie werden sich darauf stürzen!"

„Gute Idee", meinte Tex grinsend. „Aber was ist mit unserem Saratoga? Der lockt ja nun wirklich keinen mehr hinterm Ofen hervor."

„Tja", antwortete Briggs, „Virg Exner wird hingehen und den 62ern die Flügel stutzen. Aber warum nicht den Saratoga wie einen 300er aussehen lassen? Mann, wir *nennen* ihn 300, aber ohne den Buchstaben. Und billiger wird er auch."

„Hervorragend."

Und das war es auch. Chrysler verbesserte seine finanzielle Lage durch eine erhöhte Produktion an Militärfahrzeugen — der Krieg in Südostasien eskalierte — und lag 1965 mit 206 000 gebauten Fahrzeugen weit über dem Wert von 1960 (77 000 Stück). Eindrucksvoller gestaltete sich der Vergleich mit dem Vorjahr, das einen um 63 Prozent niedrigeren Ausstoß gebracht hatte. Die anderen Hersteller waren natürlich nicht untätig gewesen, und so rangierte die Division trotz ihres 10. Platzes (vormals 12.) noch relativ weit unten in der Verkaufsstatistik, in der sich die 15 größten Marken tummelten.

Chrysler lag mit seiner Strategie richtig und verkaufte den preiswerten Newport so gut wie noch keinen Chrysler zuvor. Von seinem Debüt 1961 bis hinein in die 70er Jahre war er maßgeblich an den hohen Absatzzahlen der Chrysler-Division beteiligt. Weniger populär dagegen waren zwar die buchstabenlosen 300er-Modelle, sie brachten aber als Convertible, Hardtop Coupé und Hardtop Sedan mehr Geld ein als jede der Letter-Serien und trugen dadurch einen bedeutenden Teil zu den immens gestiegenen Umsatzzahlen bei — und nahmen damit dem 300L 1965 die Existenzberechtigung.

1966 kam Chrysler nicht über seinen 10. Platz hinaus, obwohl 64 000 Einheiten mehr verkauft worden waren. 1967 gingen in Detroit die Produktionszahlen aufgrund einer leichten Rezession etwas zurück, was aber für Chrysler nicht weiter schlimm war; mit knapp 219 000 Einheiten reichte es erneut für den 10. Platz.

Die 67er-Modelle waren komplett überarbeitet worden, behielten aber den Radstand und die Konstruktionsparameter der überaus erfolgreichen 65/66er-Modelle bei, die ersten Autos, die Elwood Engel, Exners Nachfolger als Chefdesigner, für Chrysler entworfen hatte. Die 67er sahen vielleicht nicht gerade besser aus, zumindest aber waren sie anders in ihrem Styling und ausgeprägter in der Linienführung, mit einfacher gehaltenen Stoßstangen, einer belebteren Grillpartie und, bei den Hardtop Coupés, einem Semi-Fastback-Profil, dessen hevorstechendstes Merkmal die sichtblockierenden, dreieckigen C-Säulen waren. Verglichen mit den anderen im Grundriß eher rechteckigen Modellen war der 300er das gelungenste Modell, geschmackvoll in Szene gesetzt durch eine in der Mitte leicht V-förmig auslaufende Motorhaube über einem identisch geformten Grill, den die traditionellen „cross-hair"-Streben schmückten. Kombiniert mit leicht über das Heck hinausgezogenen Kotflügeln ergab sich eine Gesamtlänge von 5677 mm (89 mm mehr als die anderen Modelle).

1966 hatte Chrysler für den New Yorker und den Imperial den „big-bore-wedgehead"-440 ci-V8 (7212 ccm) eingeführt. 1967 bot man diese Maschine als Standardmotorisierung im 300 an, mit serienmäßigen 350 und optionalen 375 Pferdestärken. Die höhere Leistung erhielt man durch eine schärfere Nockenwelle, einen größeren Vierfachvergaser und eine Auspuffanlage mit doppeltem Endrohr, die für geringeren Staudruck sorgte. Chrysler war auch nicht verlegen um einen passenden Namen: TNT. Wollte man noch einen Schritt weiter gehen, konnte man ein TNT-Paket ordern, das außer dem Motor eine Heavy-Duty-Hinterachse und eine TorqueFlite-Automatik oder ein neues Viergang-Schaltgetriebe umfaßte — seit dem F-Modell von 1960 der erste 300er mit Schaltoption. Eine Bremshilfe für die vorderen Scheibenbremsen war ebenfalls zu bekommen, und so ließ sich ein 67er durchaus kompetent auf der Straße bewegen — und das, obwohl er kein „Letter" war.

Der 67er konnte die Popularität des 66ers nicht erreichen, und so fielen die Produktionszahlen um mehr als die Hälfte ab. Grund dafür war allerdings auch die Präsentation einer Newport-Custom-Reihe, $ 200 über dem Preis des regulären Newport, aber $ 500 unter dem des 300. Chrysler schien sich bewußt stärker auf die Beliebtheit des Newport zu stützen und landete mit dem Custom einen Hit. Über 50 000 verkaufte Custom sprachen eine deutlichere Sprache als 20 000 300er.

1968 konnte Chrysler sich auf 265 000 verkaufte Fahrzeuge hocharbeiten. Ein geschicktes Facelifting gab allen Modellen eine massivere Optik, im Grill versteckte Scheinwerfer hoben die 300er von den Newport/Custom und den New Yorker ab. Wie schon zuvor hatte jede Modellreihe ihre spezifisch gestaltete Front- und Heckpartie, durch die Stylingänderungen waren die Karosserien aber auf 5563 mm geschrumpft. Preise und Spezifikationen änderten sich kaum; was sich allerdings drastisch änderte, waren die Verkaufszahlen. Der 300 gewann fast 13 000 Einheiten dazu, der Newport Custom verlor fast genausoviel.

Das war aber nur eine Ausnahmeerscheinung. Die Nachfrage nach sportlichen Großraumlimousinen im Stile eines 300 hatte ihren Zenith bereits überschritten.

Die „letter series"-Modelle gehörten zwar schon zur Vergangenheit, der Standard-300 stand ihnen aber in Stil und Leistung in nichts nach. Das äußere Erscheinungsbild der 300er unterschied sich merklich von dem der anderen Chrysler-Modelle, hatte einen ausgeprägteren Kühlergrill und eine anders gestaltete Heckpartie. Die 68er-Version (rechte Seite) kam mit verborgenen Scheinwerfern und wartete mit einer schönen Kombination aus Rückleuchte und Rückfahrscheinwerfer auf. Standardmotor war ein 350 PS-440 ci-V8, als Option war ein „TNT" erhältlich.

Technische Daten

Motor:	V8, hängende Ventile, 7212 ccm (109,7 × 95,3), 350/375 SAE-PS
Getriebe:	TorqueFlite-Dreigangautomatik
Fahrwerk, vorn:	obere und untere Dreiecksquerlenker, Längsdrehstäbe
Fahrwerk, hinten:	Starrachse, Halbelliptik-Blattfedern
Bremsen:	vorn Scheiben-/hinten Trommelbremsen
Radstand (mm):	3150
Gewicht (kg):	1809—1877
Höchstgeschwindigkeit (km/h):	193+
Beschleunigung 0—96 km/h (s):	8,0

Produktionszahlen: **1967 Hardtop Cpé** 11 556 **Conv.** 1594 **Hardtop Sdn** 8744 **1968 Hardtop Cpé** 16 953 **Conv.** 2161 **Hardtop Sdn** 15 507

2001
CHRY 68

300
22615

1969
Chrysler Three Hundred

Chrysler kündigte für 1969 große Neuigkeiten an und stellte stolz seine neuen „fuselage styled"-Modelle (wegen der Ähnlichkeit mit einem Flugzeugrumpf) der Öffentlichkeit als „Your Next Car" vor. Jahre zuvor hatte Virgil Exner bereits die Idee, Stoßstange und Kühlergrill miteinander zu kombinieren, an seinem XNR Show Car vorgestellt, an dem die Stoßstange, oder besser Stoßfänger, Lampen und Kühleröffnung umschloß. War der XNR noch gezeichnet von Falzen und Vertiefungen, Heckflossen und asymmetrischen Erhebungen, so wirkten die neuen Chrysler in ihrer Linienführung eher weich und glatt. Es sah aus, als ob 1969 ein sehr gutes Jahr werden würde.

Was die Unternehmensstruktur anging, arbeitete Lynn Townsend, nun Vorsitzender, daran, die Gewinnbilanzen auf dem erreichten Niveau zu halten. In der Fertigung richtete man eigens eine Abteilung ein, die nur für Qualitätskontrolle zuständig war, ein Novum in der Firmengeschichte – zieht man Testergebnisse von Mitt-60er-Modellen heran, war das auch bitter nötig. Das Absatzvolumen hatte zwar einen Rekordstand erreicht (1968 war mit 263 266 Einheiten für Chrysler das absolute Rekordjahr), aber wie so oft in solchen Fällen litt die Qualität darunter.

Die Chrysler-300-Modellreihe (ohne Buchstaben) wurde mit Coupé, Sedan und Convertible 1962 eingeführt, um den Windsor zu ersetzen und um natürlich vom sportlichen Image der „letter series" zu profitieren. Am Markt füllte der 300er wunderbar die Lücke aus, die der bereits 1961 eingestellte DeSoto zurückgelassen hatte: ein Oberklasse-Modell, knapp unter dem New Yorker und gut plaziert im Chrysler-Mittelfeld. Seit 1965 teilte der 300 zwar den gleichen Radstand mit dem New Yorker (3150 mm), wurde aber mit Bedacht um $ 300–$ 400 billiger angeboten. Für den Preis bekam der Kunde einen großen Motor (der zuverlässige 440 ci von 1967), luxuriöse Ausstattung und ein schnörkelloses Design. Die 300er-Serie bot zudem noch das teuerste Convertible aller Modellreihen an, zumal ein New Yorker Convertible seit 1961 nicht mehr existierte.

Die Modellentwicklungen der ausgehenden 60er Jahre reflektierten das, was Chrysler als dem Zeitgeist entsprechend ansah. Die New Yorker Kombis hatte man 1966 stillschweigend untergehen lassen, nachdem nur knapp 3000 Exemplare im Vorjahr verkauft worden waren; die Newport Kombis wurden überwiegend als Nutzfahrzeuge genutzt. 1968 aber wurden alle Kombis in einer separaten Town & Country-Reihe mit eigenem Fahrgestell zusammengefaßt. Die viertürige B-Säulen-Limousine hatte eine recht wechselhafte Karriere, mal gehörte sie, mal gehörte sie nicht zum Lineup. 1969 gehörte sie nicht dazu. In diesem Jahr bot man den Three Hundred in drei Karosserieversionen an: Hardtop Coupé, Hardtop Sedan und Convertible Coupé. 32 000 Einheiten wurden gebaut, inklusive ca. 2000 Convertibles und die gleiche Anzahl zwei- und viertüriger Hardtops.

Sie haben durchaus richtig gelesen, der Modellname wurde jetzt ausgeschrieben. Eine durchaus übliche Maßnahme bei Herstellern, die einem Fahrzeug mehr Charakter mit auf den Weg geben wollen als es möglicherweise selbst besitzt. Der Three Hundred hatte sicherlich nicht das Niveau eines „letter series"-Chrysler, man sah ihn auch nicht auf Rennpisten, er war aber ein solider, sportlicher Wagen, der für seinen Preis einen guten Gegenwert repräsentierte. Seine Herkunft wurde von der Werbung trotzdem nicht verleugnet. „Er kann seine Scheinwerfer verbergen, aber nicht seine Abstammung", hieß es. „Sein 440 ci-V8 und seine Dreigangautomatik rufen im Nu glorreiche Erinnerungen wach. Die Kombination aus selbsttragender Karosserie und justierbarem Stabilisator-Fahrwerk sind kleine Hinweise früherer Rennerfolge ... ein erhabenes Fahrerlebnis."

Von vorn betrachtet war die Abstammung unverkennbar. Die Scheinwerfer waren verborgen (der einzige 69er Chrysler mit diesem Feature) und der Kühlergrill traditionell in schwarz gehalten, mit einem runden „300"-Emblem auf den berühmten sich kreuzenden Streben. Ebenfalls bekannt waren die auffällig gepolsterten und mit Kopfstützen versehenen Einzelsitze, zwischen denen sich als Teilung ein Kissen und eine Armlehne befanden. Gegen Aufpreis wurde eine Mittelkonsole eingebaut. Die Instrumente waren gut abzulesen, es fehlte aber ein Drehzahlmesser. Außer dem serienmäßigen 440 ci mit 350 SAE-PS gab es den „TNT"-440er mit Vierfachvergaser, schärferer Nockenwelle, Doppelauspuffanlage und Doppelschnorchel-Luftfilter. Den Fans der 300er blieb nichts anderes übrig, als diese 375 PS-Version zu ordern, schon allein aus Gründen der Nostalgie. Als gutes Zubehör erwiesen sich auch vordere Scheibenbremsen mit Bremshilfe und eine verstärkte Federung. Mit all diesen Zutaten war der Three Hundred ein Wagen, der gutes Fahrverhalten mit Schnelligkeit paarte, eine Mischung, die bei der amerikanischen Autoindustrie 1969 gang und gäbe war. In einer Zeit, in der die Regierung und die Versicherungen große und leistungsfähige Automobile immer mehr reglementierten, war der Three Hundred eine gute Sache.

Technische Daten

Motor:	V8, hängende Ventile, 7212 ccm (109,7 × 95,3), 350/375 SAE-PS
Getriebe:	Dreigangautomatik
Fahrwerk, vorn:	obere und untere Querlenker, Längsdrehstäbe
Fahrwerk, hinten:	Starrachse, Blattfedern
Bremsen:	vorn Scheiben-/hinten Trommelbremsen
Radstand (mm):	3150
Gewicht (kg):	1800–1859
Höchstgeschwindigkeit (km/h):	193+
Beschleunigung 0–96 km/h (s):	8,0
Produktionszahlen:	**Cpé** 16 075 **Sdn** 14 464 **Conv.** 1933

Alle großen Chrysler teilten sich für 1969 das „fuselage styling" (Flugzeugrumpf-Design), der Three Hundred aber blieb der „Sportliche" unter seinen Modellkollegen. Obwohl er nicht mehr das Flair vergangener „letter days" verströmte, unterschied er sich durch Einzelsitze, versteckte Scheinwerfer und diskrete „300"-Embleme von anderen 69er Chrysler-Modellen.

TEXAS
547-YYY
Chrysler

Chrysler
300
SEP TEXAS
547-YYY

1960-61 DeSoto

Das Jahr 1960 läutete die letzte Runde für DeSoto ein, nach einer 33jährigen Laufbahn als „in-between"-Mittelklasse der Chrysler Corporation und 13 Monate nach Auflösung von Edsel durch die Ford Motor Company. Beide Marken waren Opfer des durch die Rezession von 1958 stark dezimierten Mittelklasse-Marktes. DeSoto hatte aber zu dem Zeitpunkt bereits eine problemreiche Zeit hinter sich. Ein Autor bezeichnete DeSoto sogar einmal als „überflüssige Last", und das bereits seit den Gründungstagen.

DeSoto wurde 1929 lanciert und sollte die Lücke zwischen Plymouth und Dodge in einem Hierarchiesystem füllen, das Chrysler in Anlehnung an das General-Motors-„Treppenstufensystem" gerade einführte. In den späten dreißiger Jahren wurde daraus ein Chrysler-Basismodell, jetzt allerdings preislich über dem Dodge angesiedelt. Die Verkaufszahlen ließen sich in der Nachkriegszeit gut, um nicht zu sagen hervorragend an. Ende der Fünfziger aber wurde DeSoto aus seinem angestammten Preisterritorium herausgedrängt.

Hieran ließ sich die ab 1954 geänderte Marktpolitik von Chrysler sehr gut nachvollziehen. Bis dahin hatte es drei Händlernetze gegeben: Chrysler-Plymouth, DeSoto-Plymouth und Dodge-Plymouth. Die Kombination von Niedrigpreis-Marke und Mittelpreis-Marke hatte Chrysler vor größeren Schäden während des „Airflow"-Debakels in den 30er Jahren bewahrt. Als dann 1955 Imperial eine eigenständige Marke wurde, weitete sich die Chrysler Division nach unten aus und begann, mit den Topmodellen von DeSoto zu interferieren. In der Zwischenzeit drängte Dodge mit größeren und luxuriöseren Wagen in das nächsthöhere Marktsegment und beeinträchtigte den Verkauf der billigeren DeSotos. Mit der 58er Rezession konsolidierte sich der Konzern von ehemals fünf Divisionen auf Dodge und Chrysler-DeSoto-Plymouth (Plymouth gliederte sich die Imperial Division ein). Aufgrund dieser Tatsache und drastisch gesunkenen Verkäufen, begannen 1959 die Gerüchte um DeSotos Ende immer weitere Kreise zu ziehen, was die Entwicklung natürlich erst recht beschleunigte.

Die Statistik zeigte in der Tat eine bedrohliche Tendenz. Obwohl DeSoto 1959 eine leicht gestiegene Gesamtproduktion gegenüber 1958 aufwies, verkauften sich die einzelnen Modelle (die Modellvielfalt hatte sich erhöht) um 4000 Einheiten schlechter als zuvor. Beide Jahrgänge verkauften jeweils nur noch weniger als die Hälfte von 1957. Die Rivalen Oldsmobile, Buick und Mercury waren zwar in ähnlichem Maße betroffen, konnten aber durch ihre wesentlich höheren Produktionszahlen diesen Einschnitt verschmerzen. Hinzu kam noch, daß sie kurz davor standen, Modelle mit kompakten Abmessungen (compacts) auf den Markt zu bringen, die den gesunkenen Absatz bei den großen Modellen auffangen sollten. Die Zukunftsplanung erforderte zwar für 1962 kleinere DeSotos, aber momentan stand noch kein „compact" zur Verfügung – ein zweiter in der Riege neben dem designierten Brot-und-Butter-Plymouth, Valiant mit Namen.

Chrysler gab bekannt, daß DeSoto auf jeden Fall weiterbestehen würde, und feierte 1959 das dreißigjährige Jubiläum, als der zweimillionste DeSoto vom Band lief. Weiterhin wurde vermeldet, daß für die Entwicklung neuer Modelle eine Summe von $ 25 Millionen vorgesehen sei, neue Produktionsmittel für

Technische Daten

Motor: V8, hängende Ventile; **1960** 5917 ccm (104,9 × 85,9), 295 SAE-PS, 6277 ccm (108,0 × 85,9), 305 SAE-PS **1961** 5917 ccm (104,9 × 85,9), 265 SAE-PS

Getriebe:	PowerFlite-Zweigangautomatik, Torqueflite-Dreigangautomatik
Fahrwerk, vorn:	obere und untere Dreiecksquerlenker, Längsdrehstäbe, Querstabilisator
Fahrwerk, hinten:	Starrachse, Halbelliptik-Blattfedern
Bremsen:	vorn / hinten Trommelbremsen
Radstand (mm):	3099
Gewicht (kg):	1707–1791
Höchstgeschwindigkeit (km/h):	o. A.
Beschleunigung 0–96 km/h (s):	o. A.

Produktionszahlen: **1960 Fireflite Hardtop Cpé** 3494 **Sdn 4tür.** 9032 **Hardtop Sdn** 1958 **Adventurer Hardtop Cpé** 3092 **Sdn 4tür.** 5746 **Hardtop Sdn** 2759 **1961 Hardtop Cpé** 911 **Hardtop Sdn** 2123

DeSoto kopierte für das Modelljahr 1960 (unten und rechte Seite, oben) das Design von Chrysler, nicht aber seine Fahrleistungen. So fehlten im DeSoto-Angebot der 413 ci-V8 und sogar die stärkste Version des 383ers. Das „letzte Aufgebot" für 1961 (rechte Seite, Mitte und unten) hob sich etwas stärker vom Chrysler-Design ab, aber die Modifikationen konnte man nicht gerade als gelungen betrachten.

1961 bestellt wären und alles für 1962–63 in den Startlöchern steckte – und das DeSoto auch noch Gewinne erzielt hätte.

Die Öffentlichkeit allerdings kaufte Chrysler davon buchstäblich nichts ab. DeSoto verkaufte 1960 in den ersten zwei Monaten nur 4746 Fahrzeuge, was 0,51 Prozent des gesamtamerikanischen Verkaufsvolumens entsprach und noch unter DeSotos Vorjahresleistung lag. Weihnachten 1960 waren die Entwicklung des 62er DeSoto abgeschlossen und die bereits seit Oktober angekündigte Produktion des 61er-Modells angelaufen. Die DeSoto-Plymouth-Händler wurden zu Chrysler-Plymouth-Händlern umstrukturiert – natürlich sehr zum Verdruß der angestammten Chrysler-Plymouth-Händlerschaft.

1960 war dann auch die zukünftige Notlage abzusehen, als die zwei preisgünstigeren Serien von 1957–59 aus dem Programm verschwanden und Fireflite sowie Adventurer als viertürige Limousinen, Hardtop Sedans und Hardtop Coupés zurückließen. Der Adventurer, jetzt ohne den Status „high-performance limited edition", lag immer noch ein paar hundert Dollar über den 59er Fireflite. Die Preise der Fireflite hatte man jedoch drastisch gesenkt, sie befanden sich jetzt bei $ 3000, einer Preiskategorie, die vorher vom Firedome und dem auf Dodge basierenden Firesweep vertreten wurde.

Alle Modelle teilten sich den Radstand der Dodge/Chrysler-Modelle (3099 mm) und die von Chrysler 1960 eingeführte und hochgelobte selbsttragende Karosseriebauweise. Adventurer wurden von einem vom Chrysler Windsor stammenden 383 ci-V8 (6277 ccm) mit 305 PS angetrieben, Fireflite dagegen entliehen ihren 295 PS starken 361 ci-V8 (5917 ccm) den Mittelklasse-Dodge. Als serienmäßige Kraftübertragung bekam man beim Adventurer eine Zweigang-PowerFlite-Automatik, die optional auch beim Fireflite zu haben war. Für beide Modelle konnte allerdings auch Chryslers hervorragende Dreigang-Torqueflite geordert werden, natürlich ebenfalls mit Druckknopfbetätigung. Das Design war mit den 60er Chrysler-Modellen identisch, bis auf einen verzierteren Grill und ebensolche Rückleuchten. Obwohl der Wagen einen guten Eindruck machte, ließen seine Fahrleistungen doch zu wünschen übrig: Ein Adventurer war zwar einem Windsor ebenbürtig, konnte aber mit den leistungsstärkeren Chrysler Saratoga (383 ci) oder Dodge Phoenix nicht mithalten.

In das Jahr 1961 ging DeSoto, wie damals auch schon Edsel, mit einem letzten Aufgebot, bestehend aus namenlosen zwei- und viertürigen Hardtops. Die Presse rühmte ihr „individuelles" Styling, aber die 61er waren ehrlich gesagt ziemlich häßlich. Sie besaßen zwar schräggestellte Scheinwerfer wie auch die anderen Chrysler-Modelle, unterschieden sich aber sonst durch ein plump gestaltetes Heck und einen sonderbaren Doppel-Kühlergrill.

Nachdem 3000 Exemplare dieses Modells vom Band gelaufen waren, legte Chrysler das Thema DeSoto zu den Akten und erfüllte die restlichen Vorbestellungen durch Lieferung von 61er Windsor-Modellen. Für DeSoto war es ein trauriges Ende – und sicherlich verfrüht. Ein knappes Jahr später wurde auf die Schnelle ein Custom 880 auf die Beine gestellt, der als Oberklasse-Modell Dodge unter die Arme greifen sollte. Die 62er Dodge-Standardmodelle waren mit einem so seltsamen Styling gestraft, daß sich ernsthafte Absatzschwierigkeiten ergaben. Der 880 basierte auf einer 62er Chrysler-Karosserie und trug ein 61er Dodge-Vorderteil, und obwohl die ganze Sache etwas gekünstelt aussah, verkaufte sich dieser Semi-DeSoto recht gut und sicherte Dodge die dahinschwimmenden Felle. Blickt man zurück, dann waren es zwei Gründe, die DeSoto die Fahnen streichen ließen, zum einen sein „Looser"-Image und zum anderen der komplizierte Mittelklasse-Markt.

1960-61 Dodge Dart

Der Dodge Dart ist zwar heute besser bekannt als ein Kompaktauto, der erste Dart hatte jedoch die Abmessungen eines richtigen Straßenkreuzers.

Die starke Auszehrung des Mittelklasse-Marktes ab 1957 zwang Chrysler dazu, sich von fünf Divisions auf Dodge und Chrysler-DeSoto-Plymouth gesundzuschrumpfen. Vielen Dodge-Händlern fehlte zum ersten Mal die Partnermarke, und sie begannen, Neidgefühle zu entwickeln, wurde doch der 1960 vorgestellte, kompakte Valiant nur vom Nachbarhändler verkauft.

Dem Management gelang es, die Dodge-Händler durch die Ankündigung eines für 1960 erheblich erweiterten Modellangebotes zu besänftigen. Es sollte sich in zwei „senior"-Serien anstelle von Royal und Custom Royal sowie eine preiswertere „junior"-Serie aufteilen, die den Coronet als Plymouth-Rivalen ablösen sollte. Das steigerte beträchtlich die Vielfalt, statt der 19 standen jetzt sage und schreibe 35 Modelle zur Auswahl.

Der Dart, benannt nach einem heckflössigen Show Car aus dem Jahre 1957, bildete eine eigene Modellreihe mit drei Serien, einer kompletten Karosserieauswahl und 23 individuellen Modellen. Basismodell war der Seneca, gefolgt vom Pioneer, der auch ein Hardtop Coupé offerierte, und dem Topmodell Phoenix, der zudem noch ein Convertible anbot. Außer den Kombis hatten alle Modelle einen Radstand von 118 Zoll (2997 mm), die Kombis stellte man auf das 122-Zoll-Fahrgestell (3099 mm), das bei den 60er Dodge und DeSoto sowie den Plymouth-Kombis und dem 59er Windsor eingesetzt wurde. Das gleiche 122-Zoll-Fahrgestell benutzte Dodge auch für seine 60er-Seniorserie (siehe späteres Kapitel).

Gemeinsam war den 60er Plymouth, Dodge, DeSoto und dem Chrysler Windsor auch die Vorderachskonstruktion mit Längsdrehstäben und eine ganze Palette an „wedgehead"-V8. Das Chassis hatte man komplett mit der Karosserie verschweißt – das ergab eine festere und stabilere *Monocoque*-Konstruktion, die Chrysler „unibody construction" nannte. Wie es in Detroit üblich war, unterschieden sich die einzelnen Marken nur durch ihre individuelle Blechhaut. Verglichen mit den Plymouth und Dodge schnitten die Dart-Modelle mit ihren bescheidenen Heckflossen und ihrer unruhigen, aber nicht unattraktiven Frontpartie wohl noch am besten ab. Sie waren zwar nicht die schönsten Autos des Jahres 1960, aber sie sahen zumindest besser aus als die übertriebeneren Senior-Dodge und die gleichermaßen überstylten Plymouth.

Die Antriebseinheiten stammten zum größten Teil aus den 60er Plymouth-Basismodellen, ein paar andere kamen noch hinzu. Alle Modelle besaßen, bis auf das V8-getriebene Phoenix Convertible, die 225 ci-Version (3688 ccm) des im Valiant bereits eingesetzten 170 ci-„Slant Six", der hängende Ventile mit keilförmigen Brennräumen verband und 145 PS leistete. Der Basis-V8 des Seneca/Pioneer war die 230 PS-Version des bekannten Dodge/Plymouth-318 ci (5212 ccm). Der Phoenix offerierte noch eine 255 PS-Version, die beim Convertible aber zur Serienausstattung gehörte. Weitere Leistungsstufen bot man mit dem 295 PS starken 361 ci (5917 ccm) für den Pioneer und dem 383 ci (6277 ccm) und 325/330 PS für den Phoenix an, alle mit Vierfachvergaser, 10 : 1-Kompression und „Ram Induction".

Die Kraftübertragung übernahmen ebenfalls alte Bekannte: Dreigang-Schaltgetriebe mit Lenkradschaltung als Basisausstattung, Overdrive, die bewährte Zweigang-PowerFlite und die Dreigang-TorqueFlite gegen Aufpreis. Das bekannte Druckknopfbord für die automatische Gangwahl hatte Gesellschaft bekommen in Form eines identisch aussehenden Tastenbordes zur Steuerung der Klimaanlage. Das ganze Armaturenbrett wirkte Dodge-typisch in seiner Art etwas verspielt, was aber nicht weiter verwunderlich war, herrschte bei Chrysler in dieser Zeit doch sehr ein Hang zu futuristischen Detaillösungen. Zubehöroptionen waren unter anderem die beiden 1959 von Chrysler vorgestellten Neuerungen, „swivel seats" (die vorderen Sitze drehten sich heraus, sobald die Tür geöffnet wurde) und ein automatischer Tag/Nacht-Rückspiegel. Außerdem kam man im Phoenix noch in den Genuß des 1960 für sämtliche Marken der Chrysler Corporation vorgestellten Oval-Lenkrades, das zwar mehr Beinfreiheit erlaubte, dafür aber sehr merkwürdig aussah – noch verschlimmbessert durch die typische Dodge-Nabe, die eine Zeitschrift einmal mit „einem Gefangenen auf einer Folterbank" verglich.

Richtig ausgestattet konnte sich ein 60er Dart zu höchsten Fahrleistungen aufschwingen. Attraktive Preise zwischen $ 2300 und $ 3000 machten den Dart erstaunlich beliebt und Dodge um 323 000 gebaute Autos reicher – das waren sensationelle 87 Prozent der 60er-Gesamtproduktion und mehr als doppelt soviel Einheiten wie 1959. Dodge rückte prompt vom 8. auf den 6. Rang in der Zulassungsstatistik vor – zum Nachteil von Plymouth, die trotz des Valiant mit 10 000 weniger produzierten Autos auskommen mußten.

Mehr als Plymouth 1960 verlor Dodge im Modelljahr 1961, als man von fast 368 000 auf knapp über 269 000 Fahrzeuge rutschte und nur den neunten Platz belegen konnte. Es hätte durchaus besser laufen können. Der Dart war in das neue Jahr mit derselben breitgefächerten Modellpalette gegangen, hatte die Preise kaum geändert und bot wahlweise zudem noch einen herzerfrischenden „ram induction"-V8 mit 413 ci und 350/375 SAE-PS. Dodge präsentierte außerdem seinen eigenen „compact", eine geklonte Kopie des Valiant, Lancer genannt. Das Styling des Dart war aber jetzt eine seltsame Mischung aus Dodge-Senior-Frontpartie und den Heckkotflügeln des 61er Plymouth, die durchaus den Vergleich mit einem „gerupften Huhn" erlaubten und „umgedrehte" Heckflossen hatten. Die Verkaufszahlen sackten auf 183 500 ab, das war aber nichts im Vergleich zum Desaster der nachfolgenden Modelle – geschrumpft auf Kompakt-Maße und noch häßlicher.

Ein Beweis für die These, daß die meisten Autos in den Sechzigern sich über das Styling verkauften. Eine Aussage, die heutzutage genauso zutreffend ist. Obwohl der „full-size"-Dart nach 1961 in der Versenkung verschwand, blieb der Name erhalten, um 1963 als ein Compact mit weitaus besserer Optik seine Wiedergeburt zu feiern.

Das Topmodell Dart Phoenix kam 1961 (rechte Seite, oben) mit schöner Linienführung und reichlich Chromschmuck und wurde sehr populär. Weniger populär dagegen war das Styling seines Nachfolgers 1961 (oben und rechte Seite, unten), was sich in einem drastischen Absatzrückgang bemerkbar machte. Der neue 413 ci-V8 wurde aber begeistert aufgenommen.

Technische Daten

Motor: 6 Zylinder in Reihe, hängende Ventile, 3688 ccm (86,4 × 104,9), 145 SAE-PS; V8, hängende Ventile; 5212 ccm (99,3 × 84,1) **1960** 230/255 SAE-PS **1961** 260 SAE-PS, 5917 ccm (104,7 × 85,9) **1960** 295 SAE-PS **1961** 305 SAE-PS, 6277 ccm (108,0 × 85,9), 325/330 SAE-PS, **nur 1961** 6769 ccm (106,4 × 95,3), 350/375 SAE-PS

Getriebe:	3-Gang-Schaltgetriebe, PowerFlite-Zweigangautomatik; auf Wunsch TorqueFlite-Dreigangautomatik
Fahrwerk, vorn:	obere und untere Dreiecksquerlenker, Längsdrehstäbe, Querstabilisator
Fahrwerk, hinten:	Starrachse, Halbelliptik-Blattfedern
Bremsen:	vorn/hinten Trommelbremsen
Radstand (mm):	2997 **Wagons** 3099
Gewicht (kg):	1494–1846
Höchstgeschwindigkeit (km/h):	o. A.
Beschleunigung 0–96 km/h (s):	o. A.

Produktionszahlen: **1960 Seneca 6** 93 167 **Seneca V8** 45 737 **Pioneer 6** 36 434 **Pioneer V8** 74 655 **Phoenix 6** 6567 **Phoenix V8** 66 608 **1961 Seneca 6** 60 527 **Seneca V8** 27 174 **Pioneer 6** 18 214 **Pioneer V8** 39 054 **Phoenix 6** 4273 **Phoenix V8** 34 319

Dodge

CALIFORNIA
1961 UFO

1960-61
Dodge Polara / Matador

Als die „Glorreichen Sechziger“ vor der Tür standen, sah es so aus, als ob die Chrysler Corporation selbst ihr größter Gegner sei. Designchef Virgil Exner, dessen meisterliches 57er-Styling der Corporation großen Erfolg bescherte, hatte seitdem manch wirklich bizarre Schöpfung ins Leben gerufen, und man muß sich in der Tat über die Funktionäre wundern, die diesen Dingen ihren Segen gaben. Highland Park hatte nun endgültig den Bezug zu ihrer soliden handwerklichen Basis, die sie bis 1957 hervorragend unter Beweis zu stellen vermochten, verloren. Chryslers leistungsfähige Motoren und das weltbeste Automatikgetriebe waren nicht in der Lage, das Blatt in der rezessiven Phase von 1958 zu wenden – eine Phase, die das mittlere Preissegment des Marktes auspresste wie eine Zitrone und die Käufer Leistungsfähigkeit gegen Wirtschaftlichkeit tauschen sowie die Nachfrage nach importierten Fahrzeugen wie eine Rakete emporschnellen ließ. Chrysler fand zwar, ebenso wie GM und Ford, eine Antwort auf die Umorientierung des Marktes hin zu Kompaktheit und Wirtschaftlichkeit, konnte aber nicht verhindern, daß sich die Absatzsituation 1960 trotz des sich gut verkaufenden Valiant immer weiter verschlechterte.

Einschränkungen taten Not, und so schrumpfte sich Chrysler von fünf auf zwei Divisionen gesund, ließ jedoch dabei seine solide, aber umsatzschwache Marke DeSoto fallen – der dritte große amerikanische Hersteller, der sich innerhalb von drei Jahren vom Markt zurückziehen mußte. Wie bereits in vorhergehenden Kapiteln angedeutet, initiierte dieser Wandel einen langen Prozeß, in dem Dodge sich langsam in das Preissegment von DeSoto hocharbeitete und Chrysler sein Feld weiter nach unten absteckte. Eine für 1960 enorm erweiterte Dodge-Modellpalette und der preiswerte 61er Chrysler Newport sorgten für das endgültige Ausscheiden von DeSoto.

Dodge füllte mit seinem 60er-Modellangebot die angehende Lücke bestens aus und verbesserte sich von Platz acht auf Platz sechs in der Zulassungsstatistik, mit einem Verkaufsvolumen doppelt so groß wie noch 1959. Den größten Teil des Erfolges – ganze 88 Prozent – verdankte Dodge seinem neuen und preiswerten, auf Plymouth basierenden Dart, der, angeboten in drei Serien, den Coronet ersetzte. Im mittleren Preissegment, das vormals vom Royal und Custom Royal abgedeckt wurde, bot Dodge 1960 zwei „Senior“-Modelle an, den Matador und den Polara. Gemeinsam mit den 60er DeSoto und Chrysler teilten sie sich ein auf 122 Zoll (3099 mm) verlängertes Fahrgestell und die selbsttragende Karosseriebauweise.

Für 1960 teilten sich der Dodge Polara (beide Seiten) und der kleinere, preiswertere Dart einige Stylingmerkmale. Unterschiedlich waren nur die beim Polara aufwendigere Frontpartie und die ungewöhnlichen, um nicht zu sagen besonders unattraktiven Heckflossen. Daraus resultierend, verkauften sich der Polara und der Matador (ein optisch abgespeckter Polara) erschreckend schlecht (weniger als 15 Prozent des Dodge-Gesamtumsatzes).

DODGE
CALIFORNIA
TKU 606

1960 machten Matador und Polara nur 12 Prozent des Dodge-Absatzvolumens aus. Das ist nicht weiter verwunderlich, berücksichtigt man ihre große Ähnlichkeit zu den Dart (und Plymouth) und ihre zudem höheren Preise von $ 3000–$ 3600 (gegenüber $ 2300–$ 3000). Das Styling war auffällig, mit einem Hang zur Spielerei, fast wie 1959; selbst die bemerkenswerten Rückleuchten des Vorjahres hatte man übernommen. Sie saßen in „rocket tubes" unterhalb der verkürzten Heckflossen (die etwas höher waren als die des Dart).

Im Innenraum ging es ähnlich auffällig zu, mit einem halb durchsichtigen Tachometer und zwei Drucktastenbords, jeweils für die Klimaanlage und die Gangwahl des Automatikgetriebes. Ebenso verspielt präsentierten sich die optional erhältlichen „swivel seats" und der mit einer Dimmerfunktion ausgestattete Tag/Nacht-Rückspiegel (beides bereits 1959 erhältlich).

Solche „features" verwässern die Tatsache, daß Matador und Polara im Grunde tadellose, fahrfreudige Autos waren. Die „Torsion-Aire"-Federung von Chrysler, Standard seit 1957, ermöglichte ein Handling, das bis dahin von keinem anderen großen amerikanischen Wagen erreicht wurde. Die selbsttragende Karosserie trug natürlich ihren Teil zu den sehr guten Fahreigenschaften bei, sie brachte mehr Stabilität als die herkömmliche Karosserie/Chassis-Bauweise. Nachteilig war allerdings die verminderte Geräuschdämpfung – und vor allem ihre Korrosionsanfälligkeit. Als Antriebseinheiten dienten drei robuste V8: als Standardmotorisierung ein 295 PS-361 ci für den Matador und zwei 383 ci mit wahlweise 325 oder 330 PS für den Polara (diese Maschinen waren gegen Aufpreis auch beim Matador zu haben). Serienmäßig gab es ein Dreigang-Schaltgetriebe, aber die meisten Modelle wurden zu gleichen Anteilen mit optionaler Zweigang-PowerFlite oder Dreigang-TorqueFlite verkauft. Neu war in der Polara-Reihe ein B-säulenloser Kombi, der mit allerlei nützlichem Zubehör ausgestattet war, wie z. B. einer Warnblinkanlage und einer Zentralverriegelung.

Man kam immer noch nicht um die etwas seltsame Optik herum. War es ein Zeichen mangelnder Ideen, oder bedeutete es, daß Chrysler von der Bildfläche verschwinden würde? Die 60er „senior"-Modelle verkauften sich relativ schlecht und ließen dementsprechend das 61er-Lineup auf sechs Polara-Modelle zusammenschrumpfen (der Name „Matador" wurde von AMC zehn Jahre später wieder aufgegriffen). Die Änderungen im Design fielen zum Positiven und auch zum Negativen aus. Die neue Frontpartie mit einem konkaven Kühlergrill und in den Grill einbezogenen Scheinwerfern war wirklich gelungen, das Heck aber hatte etwas Seltsames. „Umgedrehte" Heckflossen hatten ihren höchsten Punkt über den hinteren Radausschnitten, fielen zum Heck hin ab und folgten dem Verlauf der seitlichen Speer-Zierleiste, die sich ellipsenförmig um die Heckleuchte bog, die wie ein Torpedo in ihrer Öffnung lag. Die 61er Darts wiesen diese Merkmale ebenfalls auf, und so beschränkten sich beim Polara die Hauptunterschiede auf Embleme an der Karosserie und einen großen Stern im Kühlergrill. Die Preise waren stabil geblieben, und der Hochleistungs-D-500-V8 war ebenfalls noch im Programm – jene 325/330 PS-383 ci-Option mit „Ram-Induction".

Aber Dodge hatte wieder einmal nicht das Richtige im Angebot gehabt, und so verkauften sich vom 61er Polara nur knappe 14 000 Exemplare. Dagegen konnte Mercury mit seinen durchdachteren Full-Size-Modellen ein besseres Ergebnis erzielen, ebenso Buick, Olds und Pontiac, die durch ein raffinierteres Design einen immer noch wesentlich höheren Absatz verbuchen konnten.

Es war alles nur halb so schlimm, denn Dodge sollte sein Konzept in den nächsten drei Jahren radikal überarbeiten. Das ist aber eine andere Geschichte – oder besser zwei Geschichten, die wir auf den nächsten Seiten erzählen werden.

Technische Daten

Motor: V8, hängende Ventile; 5917 ccm (104,7 × 85,9) **1960** 295 SAE-PS **1961** 265/305 SAE-PS, 6277 ccm (108,0 × 85,9), 325/330 SAE-PS

Getriebe:	3-Gang-Schaltgetriebe; auf Wunsch PowerFlite-Zweigangautomatik oder TorqueFlite-Dreigangautomatik
Fahrwerk, vorn:	obere und untere Dreiecksquerlenker, Längsdrehstäbe, Querstabilisator
Fahrwerk, hinten:	Starrachse, Halbelliptik-Blattfedern
Bremsen:	vorn/hinten Trommelbremsen
Radstand (mm):	3099
Gewicht (kg):	1682–1916
Höchstgeschwindigkeit (km/h):	o. A.
Beschleunigung 0–96 km/h (s):	o. A.

Produktionszahlen: **1960 Matador** 27 908 **Polara** 16 728 **1961 Polara** 14 032

1961 strich Dodge den Matador aus dem Programm, der Polara (unten und rechte Seite, oben) teilte sich abermals gewisse Designparameter mit dem kleineren, billigeren und beliebteren Dart. Niedrigere Verkaufszahlen betrafen aber beide Modelle. Der Top-Motor für den Polara war der 383 ci-V8 mit 325 PS (rechte Seite, unten links) und 330 mit Ram-Induction. Ein etwas ungewöhnliches Zubehör war der „Highway Hi Fi 16⅔-Upm"-Plattenspieler (rechte Seite, unten rechts).

JUL CALIFORNIA
2EWC459
500

MOPAR
ORIGINAL EQUIPMENT
POWER 500 FLIGHT

RCA VICTOR

1962-64
Dodge „Standard“

Im Spätjahr 1958 begann sich Chrysler-Designchef Virgil Exner an den nächsten „Forward Look“ heranzutasten, einem Design, das die Konkurrenz überflügeln und höhere Umsatzzahlen bringen sollte, wie es ihm mit seinem 57er-Design ja gelungen war. Dieses „S-Serie“-Programm sah vor, für 1962 eine neue Modellflotte für alle Chrysler-Marken aufzustellen, die so gestaltet sein sollte wie der zukünftige Valiant und der „wilde“ XNR Show Car, beides Entwicklungen von 1960. Das bedeutete also lange Motorhauben, klingenförmige Vorderkotflügel, steil gestellte Windschutzscheiben, eine eigenartige Gürtellinie und ebensolche Fensterpartien, skulpturierte „Hähnchenflügel“-Heckkotflügel und ein kurzes, schräg abfallendes, flossenloses Heck. Exner brachte natürlich auch ein paar seiner geliebten „klassischen“ Elemente mit hinein: große rechteckige Kühlermasken, freistehende Scheinwerfer und Heckleuchten sowie die bekannte „falsche“ Reserveradausbuchtung im Kofferraumdeckel (der berühmt-berüchtigte „toilet seat“).

Im Februar 1960 waren dann die endgültigen Designmodelle fertiggestellt und wurden vom neu gewählten Chrysler-Präsidenten Bill Newberg für das Modelljahr 1962 abgesegnet. Ein Skandal zwang ihn kurz darauf zum Rücktritt, und „Tex“ Colbert übernahm wieder die Führungsposition. Tex sah sich das S-Serie-Projekt an, natürlich nicht ohne Hintergedanken. Bis zum Jahreswechsel hatte er nicht nur DeSoto fallengelassen, sondern auch die S-Serie-Modelle von Chrysler und Imperial (zugunsten „entflosster“ 61er-Modelle). Die neuen Plymouth und Dodge vermochte er aber nicht mehr zu stoppen.

Das Ergebnis war ein totaler Verkaufsflop. Da standen „standards“, die nicht nur wie Kompakte aussahen, sondern auch so waren: Um 15 cm im Radstand gekürzt, knapp 18 cm weniger Länge, hatten sie auch mehrere Zentner überflüssiges Gewicht verloren. Es spielte überhaupt keine Rolle, daß das Platzangebot im Innenraum dabei kaum gelitten hatte oder daß Fahr- und Laufleistung jetzt von dem geringeren Gewicht profitierten. Die Käufer wollten große Autos, um groß zu *sein* – und nichts anderes. Natürlich *war* da ein Markt für „Zwischenlösungen“, der neue, kleinere Fairlane von Ford z. B. verkaufte sich 1962 recht gut.

Plymouth konnte da nicht mithalten und fiel 1962 auf den achten Platz in der Statistik zurück (die schlechteste Plazierung überhaupt). Dodge behielt seinen 9. Platz, obwohl 39 000 Fahrzeuge weniger als 1961 die Bänder verließen. Es hätte auch schlimmer ausgehen können, wenn Dodge Mitte des Jahres nicht wieder einen Full-Size ins Leben gerufen hätte. Trotz seiner kurzen Verkaufssaison konnte der neue Custom 880 (3099 mm Radstand) über 17 000 verkaufte Exemplare vorweisen.

Obwohl Kompakte in den frühen 60er Jahren recht beliebt waren, wollte die Öffentlichkeit immer mehr große Autos, um groß zu sein. *Resultat waren gegenüber 1961 stark zurückgegangene Verkaufszahlen, an denen das unbeholfene Design der 62er-Standard-Modelle gewiß nicht ganz unschuldig war. Selbst das Topmodell Polara 500, erhältlich als Coupé (diese Seite), Hardtop Sedan und Convertible konnte sich nur 12 268 mal verkaufen. Für das Jahr 1963 bekamen die Standard-Dodge (rechte Seite) einen um 3 Zoll längeren Radstand und ein konservativeres Styling.*

1963
Dodge

Die meisten der 62er Dodge Standard hießen Dart, benannt nach der erfolgreichen 60/61er-Junior-Serie. Die Typenpalette setzte sich zusammen aus drei Basismodellen (zwei- und viertüriger Sedan und viertüriger Wagon), vier mittleren 330er-Modellen (Basisausführungen plus Hardtop Coupé) und fünf 440er-Modellen (viertüriger Sedan, Wagon, Hardtop Coupé und Sedan, Convertible). Topmodell war der Polara 500 mit Einzelsitzen als Convertible, Hardtop Coupé und (im Spätjahr) Hardtop Sedan. Die Dart konnten geliefert werden mit einem „Slant Six"-225 ci und 318 oder 361 ci-V8, Polara erhielten serienmäßig den 361 ci. Gegen Aufpreis ließ sich die Leistungsbereitschaft aller Modelle enorm steigern, ein großer „wedgehead"-V8 mit 413 ci (6770 ccm) konnte via Ram-Induction auf 420 SAE-PS „gepustet" werden. So lustig sie auch ausgesehen haben mögen, die leichten High-Power-Darts mußten bald auf Dragsterrennen sehr ernst genommen werden, machten sie doch ihren größeren und schwerfälligeren Gegnern den Garaus.

Die 63er-Modelle nahmen ca. 20 kg an Leergewicht zu und bekamen einen um 7,6 cm längeren Radstand (jetzt 3023 mm), so daß sie mit den großen Chevy und Ford gleichzogen. Exner hatte in einer seiner letzten Arbeiten für Chrysler (er ging 1962) den Hardtops eckigere Dachprofile, wie sie auch am Thunderbird zu sehen waren, und allen Modellen ein weniger bizarres „Gesicht" mitgegeben. 1963 wechselte der Dart in Dodges Kompakt-Lineup über (und ersetzte den Lancer), bei den „standards" verzichtete man auf eine übergeordnete Modellbezeichnung, sie hießen von nun an 330, 440, Polara und Polara 500. Die 361 ci- und 413 ci-Motoren wurden aus dem Programm genommen. Serienmäßig gab es im Polara als V8-Maschine einen 318 ci (5212 ccm); die 500er kamen mit einem 305 PS starken 383 ci (6277 ccm). Große Neuigkeiten gab es für die Viertelmeile-Fans zu vermelden: eine ganze Schwadron von wedgehead-V8 mit 426 ci (6982 ccm) in höchster Ausbaustufe mit 425 PS aus zwei Vierfachvergasern und extrem hoher Verdichtung von 13,5 : 1 als „Ram Charger"-Version. Dodge sprang mit 194 000 Einheiten in der Statistik auf Platz sieben, obwohl man sagen muß, daß der neue Kompakt-Dart beträchtlich dazu beitrug.

Ins neue Jahr 1964 ging es für die Standard-Modelle mit einem komplett neuen Design, das unter der Federführung des Ex-Lincoln-Designers Elwood Engel glatter und konventioneller wurde. Die Motorhaubenpartie war etwas flacher gehalten, und die Vorderansicht bestimmte die erste von vielen im Hantelstil gehaltenen Kühlermasken („dumbbell-grille"). Die Dachpartie der Hardtop-Modelle war recht ausschweifend ausgefallen und fiel durch ihre V-förmigen C-Säulen auf, die Rückleuchten hatte man jeweils in drei kleinere Einheiten aufgeteilt, die wie kleine Bläschen wirkten („bubbled backlight"). Das Modellangebot sowie die Motorenauswahl hatte Dodge weitestgehend beibehalten. Die Chrysler Corporation hatte sich nun aus ihrer Anfang der Sechziger akut gewordenen Finanzmisere befreit, und Dodge kletterte auf den 6. Platz mit über einer halben Million gebauter Fahrzeuge – mehr als doppelt soviel wie noch zwei Jahre zuvor.

Resümierend läßt sich sagen, daß diese Dodge-Modelle den typischen Fall des wachgeküßten Prinzen symbolisieren. Und mit einem neuen Design sollten sie sich 1965 als Coronet noch besser verkaufen.

Die Dodge-Standard-Modelle bekamen 1963 neue Typenbezeichnungen und ein neues Styling. Das Lineup begann mit einem Basis-330, führte über den 440 (oben) und den Polara zum Topmodell Polara 500. Anstelle des 413 ci-V8 trat ein Wedgehead-V8, der bis zu 425 PS im „Ram Charger"-Trimm leisten konnte. 1964 bekamen Dragster-Freunde die Möglichkeit, einen Hemi-426 ci-V8 in einer leichten 330er-Karosserie (unten) zu fahren – ein in der Tat sehr explosives Vergnügen. Die 64er-Modelle gestaltete man in der Vorder- und Heckpartie leicht um, Hardtop Coupés bekamen V-förmige C-Säulen.

Technische Daten

Motor:	6 Zylinder in Reihe, hängende Ventile; 3688 ccm (86,4 × 104,9), 145 SAE-PS, 5212 ccm (99,3 × 84,1), 230/260 SAE-PS; V8, hängende Ventile; **nur 1962** 5917 ccm (104,7 × 85,9), 305/310 SAE-PS; 6277 ccm (108,0 × 85,9), 305/320/325/330 SAE-PS; **nur 1962** 6769 ccm (106,4 × 95,3), 410/420 SAE-PS; 6982 ccm (108,0 × 95,3), 365/370/415/425 SAE-PS
Getriebe:	3-/4-Gang-Schaltgetriebe; auf Wunsch PowerFlite-Zweigangautomatik oder TorqueFlite-Dreigangautomatik
Fahrwerk, vorn:	obere und untere Dreiecksquerlenker, Längsdrehstäbe
Fahrwerk, hinten:	Starrachse, Halbelliptik-Blattfedern
Bremsen:	vorn/hinten Trommelbremsen
Radstand (mm):	**1962** 2946 **1963–64 ohne Wagon** 3023
Gewicht (kg):	1346–1653
Höchstgeschwindigkeit (km/h):	o. A.
Beschleunigung 0–96 km/h (s):	o. A.
Produktionszahlen:	**1962 Dart Six** 43 927 **Dart V8** 17 981 **Dart 330 Six** 11 606 **Dart 330 V8** 26 544 **Dart 440 Six** 3942 **Dart 440 V8** 42 360 **Polara 500** 12 268 **1963 330 Six** 51 761 **330 V8** 33 602 **440 Six** 13 146 **440 V8** 49 591 **Polara Six** 68 262 **Polara V8** 40 323 **Polara 500 V8** 7256 **1964 330 Six** 57 957 **330 V8** 46 438 **440 Six** 15 147 **440 V8** 68 861 **Polara Six** 3810 **Polara V8** 66 988 **Polara 500 V8** 17 787

1962-64 Dodge Custom 880

Der 880 betrat 1962 die Szene, als Dodge dringend einen Vertreter der automobilen Oberklasse benötigte, nachdem sich die kleineren Modelle am Markt sehr schwertaten. Der 880 trat in diesem Jahr in einer Kombination aus 61er Dodge-Front und 62er Chrysler-Heck auf, änderte aber für 1963 (oben) sein Styling durch runde Rückleuchten und einen einfachen Kühlergrill. 1964 waren dann die Heckleuchten rechteckig und zogen sich horizontal leicht in die Seitenflächen hinein; der Grill war jetzt konkav geformt (rechte Seite).

Während der Rezessionsphase in den späten fünfziger Jahren war es sicherlich eine vernünftige Entscheidung, als Chrysler-Designchef Virgil Exner hinging und die großen Dodge-Modelle einfach verkleinerte, um sie Anfang der 60er lancieren zu können. Der 1962 wieder prosperierende Markt allerdings war alles andere als ein gutes Pflaster für diese neuen Modelle. Obwohl die Mittelklassewagen sich noch nicht so verkauften wie vorher, hatte DeSotos Ausstand 1960 den Newport als einzigen Chrysler in dem immer noch wichtigen $ 3000–$ 3500-Preissegment zurückgelassen. Die Dodge-Händler waren mit den sich schleppend verkaufenden, erneut „geschrumpften" 62er „standards" natürlich nicht zufrieden und verlangten nach einer Lösung.

Sie bekamen sie Mitte 1962 in Form eines neuen Oberklasse-Dodge mit der Bezeichnung „Custom 880". Je nach dem, wie man es betrachtet, war er eine Mischung aus 61er Dart/Polara mit dem heckflossenlosen „plucked chicken"-Heck („gerupftes Huhn") der 62er Chrysler-Modelle oder aus 62er Newport mit der „angespitzten" Kotflügeloptik der 61er Dart/Polara-Front. Beides trifft zu. Der 62er Newport und der Custom 880 hatten beide das 122-Zoll-Chassis in selbsttragender Bauweise, das seit 1960 bei allen großen Chrysler und Dodge eingesetzt wurde.

Natürlich hatte man dieses auch schon bei den letzten DeSotos gesehen, die der Custom 880 ja ersetzte. Das ganze Projekt war letztendlich nichts anderes als das gleiche Fahrzeug zu gleichen Preisen, nur mit dem Unterschied, daß es hier mehr Modellvarianten gab, die zudem auch noch besser aussahen.

Was das Styling angeht, paßte das alte Dodge-Vorderteil hervorragend zu dem neuen Chrysler-Heck, und man ist versucht, dahinter ein hastig zusammengewürfeltes Design zu vermuten, aber dem war nicht so. Virgil Exner, Jr., zufolge war dieser Entwurf als optische Gestaltung für den letzten Versuch vorgelegt worden, einen 62er DeSoto auf die Beine zu stellen. Die Produktion wurde aber eingestellt und der fertige Entwurf archiviert. Als es darum ging, der Misere, die durch die sich schlecht verkaufenden 62er-Standard-Modelle entstanden war, entgegenzutreten, konnte man daher schnell ein neues Modell, den Custom 880, präsentieren.

Offensichtlich hatte Chrysler nur ein glanzloses Markenemblem (DeSoto) gegen ein besser verkaufbares (Dodge) eingetauscht, ohne jedoch das Produkt selbst zu ändern. Chrysler hatte mit beidem Erfolg, der Trick funktionierte, und das Design kam an. Der Newport verkaufte sich zwar über 83 000 mal, der Custom 880 brachte es aber in den sechs verbleibenden Monaten des Jahres noch auf gesunde 17 705 Exemplare – genau die richtige Medizin für einen ernsthaft erkrankten Hersteller wie Dodge.

Abgesehen vom Marketing gab es nichts Neues über den Custom zu vermelden. Die Daten entsprachen denen der 62er-Mittelklasse und in den Bereichen, wo sich der 880 nicht entscheidend vom Dart 440 abhob, versuchte man ihn mit allen Mitteln auf das Maß aufzublähen, das bei den Käufern ankam. „Big" war das Stichwort: „Big room, big ride, big power!!!!" tönte eine Werbeanzeige. Eine

andere brüstete sich mit „Overall length almost 18 feet“ (präziser: 5461 mm bei Kombis, 5423 mm bei allen anderen Modellen).

Dieses *große* Chassis war natürlich ausgestattet mit dem bewährten „Torsion-Aire“-Fahrwerk von Chrysler, dem Garanten für das beste Fahrverhalten in der automobilen Oberklasse. Die Leistung kam von einem 5,9-Liter-V8 (361 ci), der als gleichermaßen „leistungsfähig“ und „sparsam“ (die Vergaserbestückung beschränkte sich auf einen Zweifachvergaser) angepriesen wurde. Andere Motoroptionen gab es nicht. Laut Dodge waren sie auch nicht notwendig, was aber in Wahrheit eher preispolitische Gründe zu haben schien.

An Ausstattungsvarianten hatte man sich ebenfalls auf eine beschränkt. Bei der Modellauswahl standen die Chancen besser: Viertürige Limousine, Hardtop Coupé und Sedan, Convertible sowie Hardtop-Kombi (letzterer noch aus den Jahren 1960–61) bildeten die Modellpalette. Eine Dreigang-Schaltung war bei allen Modellen serienmäßig, die meisten aber wurden mit der optionalen TorqueFlite-Automatik geordert. Ebenso beliebt war die lieferbare Servolenkung, die die Lenkradumdrehungen (Anschlag zu Anschlag) von mühsamen 5,5 auf 3,5 Umdrehungen begrenzte. In der Basisausführung bekam der Kunde große „Total Contact“-Trommelbremsen, einen aufwendigen Rostschutz sowie auf 32 000 Meilen (ca. 51 500 km) verlängerte Schmierintervalle, und das alles zu einem Preis, der nicht weit über dem des Newport lag. Die respektablen Fahrleistungen orientierten sich ebenfalls an den Chrysler-Modellen. Die Verarbeitungsqualität ließ dagegen sehr zu wünschen übrig und lag weit unter dem Niveau, das Ford oder GM vorgaben. Die Autos aus Highland Park hatten sich immer noch nicht von ihrem „Rostlauben“-Status distanzieren können.

Dem Custom 880 gelang es aber, sich seine Sporen zu verdienen, und so ging er in ein neues Modelljahr mit leicht veränderten Preisen und einem verfeinerten Design. Ein flacher Kühlergrill aus feinen vertikalen Streben und runde Rückleuchten bestimmten jetzt Vorder- und Heckansicht. Wichtiger aber war die Tatsache, daß dem Custom 880 die Ähnlichkeit mit den Chrysler-Modellen nicht mehr angesehen werden konnte, waren diese doch komplett dem Chrysler-Motto „Clean, crisp, custom look“ getreu neu karossiert worden. Die Modellauswahl bestand aus drei Basis-880ern und fünf Custom-Modellen. Trotz einer guten Saison verkauften sich nur knapp 11 000 Fahrzeuge – bedeutend weniger als der Newport verkauft hatte. Ein Grund dafür lag offensichtlich in der Präsentation der neuen 63er-Standard-Modelle, die etwas länger und in ihrem Design formeller gehalten waren.

Für 1964 wurden die 880er erneut einem Facelifting unterzogen, das sich hauptsächlich auf die jetzt in die Seitenflächen hineingezogenen horizontalen Rückleuchten und den konkaven Kühlergrill beschränkte. Die Modellauswahl blieb bestehen, die Preise stiegen um bloße $ 13, und die Optionsmöglichkeiten erweiterten sich auf ein Viergang-Schaltgetriebe sowie ein höhenverstellbares Lenkrad.

1965 stellte Dodge komplett neue Full-Size-Modelle vor, die unter anderem auch als 880 firmierten; danach gab man den Namen auf. Bis auf wenige glühende Dodge-Fans kennt niemand mehr diese Dodge-Modelle der Jahre 1962–64, und das ist wirklich schade. Sie gehörten zwar nicht zu den bedeutendsten Vertretern amerikanischer Automobile der 60er Jahre, aber sie hatten durchaus viel zu bieten.

Technische Daten

Motor:	V8, hängende Ventile; 5917 ccm (104,7 × 85,9), 265 SAE-PS **1963–64** 6277 ccm (108,0 × 85,9), 305 SAE-PS
Getriebe:	TorqueFlite-Dreigangautomatik
Fahrwerk, vorn:	obere und untere Dreiecksquerlenker, Längsdrehstäbe, Querstabilisator
Fahrwerk, hinten:	Starrachse, Halbelliptik-Blattfedern
Bremsen:	vorn/hinten Trommelbremsen
Radstand (mm):	3099
Gewicht (kg):	1641–1900
Höchstgeschwindigkeit (km/h):	169–177+
Beschleunigung 0–96 km/h (s):	10,8–13,2
Produktionszahlen:	**1962 Custom 880** 17 505 **1963 880** 9831 **Custom 880** 18 435 **1964 880** 10 526 **Custom 880** 21 234

1963-66
Dodge Dart GT

Virgil Exner leistete sich in den letzten Jahren als Chrysler-Designchef einige seltsame Schnitzer, der 63er Dodge Dart machte da aber eine rühmliche Ausnahme. Klar gezeichnet, schon fast italienisch anmutend, widerlegt er die allgemeine Ansicht, daß Exners Designtalent bereits im Begriff war dahinzuschwinden, als der Dart 1960 präsentiert wurde.

In diesem Jahr startete die Chrysler Corporation ihre „Kompakt"-Karriere mit dem Valiant unter der Federführung von Plymouth. Dodge mußte ohne Compact auskommen, prosperierte aber durch seine preiswerten Full-Size-Darts. Im darauffolgenden Jahr stellte Dodge seinen aus dem Valiant geklonten Lancer vor, der in der gleichen Klasse an den Start ging wie die 61er-GM-Truppe aus Buick Special, Olds F-85 und Pontiac Tempest, ohne aber deren Popularität zu erreichen. Der Lancer verkaufte sich längst nicht so gut wie der Valiant, trotz eines 1962 vorgestellten sportlichen GT Hardtops.

Mit den für 1963 geplanten, neu karossierten Compacts versuchte Dodge, einen charakterstärkeren Lancer gegen das B-O-P-Trio und den Mercury Comet ins Rennen zu schicken. Das Resultat war ein größerer und schönerer Compact, getauft auf den alten Namen Dart (das allerdings erst in allerletzter Minute). Der Radstand verlängerte sich um 127 mm, außer bei den Kombis, die den Radstand des 63er Valiant (2692 mm) beibehielten. Zur Modellauswahl gehörten jetzt auch neue Convertibles als mittlere Serie 270 und als GT-Version mit Einzelsitzen. In dieser Version bot Dodge auch wieder sein einziges Hardtop-Kompaktmodell an. Das Programm rundeten zwei- und viertürige Limousinen und viertürige Kombis der Basisserie 170 sowie der mittleren Serie 270 ab. Der Dart hatte in der Gesamtlänge zugelegt und war jetzt 18 cm länger als der Lancer (Kombis waren 4831 mm lang). Die Konkurrenz war also in greifbare Nähe gerückt.

Die Preise dagegen nicht. Der Dart GT unterbot vergleichbare GM-Modelle um $ 400–$ 600, den Comet S–22 um $ 200–$ 350. Obwohl Chrysler noch keine V8-Maschinen für seine Kompakten bereitstellte, waren die Fahrleistungen des GT zufriedenstellend. Mußte man den GT doch einmal über die Maßen beschleunigen, wie z. B. auf einer Highway-Auffahrt, so ließ er doch etwas zu wünschen übrig. Der serienmäßige, 101 PS starke 170 ci-Slant-Six (vormals verbaut in Lancer und Valiant) brachte den Dart in gemütlichen 20 Sekunden von 0 auf 60 mph. Die optionale 225 ci-Maschine (145 PS) vermochte diese Zeit auf 15 Sekunden zu reduzieren, erreichte eine Höchstgeschwindigkeit von annähernd 160 km/h und verbrauchte im Schnitt 13,8–14,7 Liter auf 100 Kilometer (der kleinere Sechszylinder lag da nur um 1 bis 1,5 Liter besser). Für die Kraftübertragung sorgten ein serienmäßiges Dreigang-Schaltgetriebe sowie ein optionale TorqueFlite-Automatik, die sich aber als erstaunlich effizient erwies.

Ebenso beurteilte man Chryslers Drehstab-Vorderradaufhängung, die nach sechs Jahren Marktpräsenz immer noch für ein superbes Fahrverhalten gut war. *Motor Trend* sagte dazu: „Es gibt nichts ..., das man in dieser Fahrzeugkategorie und zu diesem Preis mit den Fahreigenschaften des Dart vergleichen kann." Ein Manko war immer noch die umständliche Lenkung, von Anschlag zu Anschlag vergingen 5,5 Lenkradumdrehungen. Die Servolenkung schenkte dem Fahrer zwar zwei Umdrehungen, wurde aber allgemein als zu leichtgängig eingestuft. Tja, man kann nicht alles haben.

Dodge erlebte einen starken Anstieg der Kompakt-Verkaufszahlen und lag mit dem 63er Dart 250 Prozent über den Zahlen des 62er Valiant. Die GT lagen bei ungefähr 20 Prozent des Dart-Volumens.

1964 machte sich der Dart sogar noch besser und verkaufte sich gleich 193 000 mal (gegenüber 154 000 Stück im Vorjahr). Das Styling erfuhr nur geringe Änderungen, bei der Motorisierung allerdings erlebte der Dart Mitte des Jahres enormen Zuwachs. Endlich war ein V8 lieferbar. Lebendig und drehzahlfreudig präsentierte sich ein 273 ci-Motor (4475 ccm), der von Chryslers neuem 318 ci abstammte und nach der neuesten „thinwall"-Motorblocktechnologie, wie sie auch Ford bei seinen 260/289 ci-V8 verwendete, konstruiert war. Obwohl nur 23 kg schwerer als der Slant-Six, brachte der 273 ci 25 Prozent mehr an Leistung – genau 180 PS – und ein gesundes Drehmoment von 347,3 Nm. Er war wie für den GT geschaffen, der jetzt seinem Namen alle Ehre machen konnte und es nun in 10–12 Sekunden schaffte von 0 auf 96 km/h zu beschleunigen sowie die 100 mph-Mauer zu durchbrechen. Der Aufpreis lag mit $ 131 relativ niedrig, und es ist daher unverständlich, warum 1964 nur ein Viertel der Jahresproduktion von 50 000 GT mit dieser Option ausgestattet wurden.

Für das Modelljahr 1965 gab man dem Dart ein aggressiveres Outfit und selbstverständlich auch eine dementsprechende Motorisierung. Ein Vierfachvergaser und eine schärfere Nockenwelle sorgten jetzt für einen 235 PS-Vortrieb, der natürlich nur gegen Aufpreis zu haben war. Um die ganze Sache noch sportlicher zu gestalten, bot man dem Kunden auch noch eine verstärkte Federung und ein knüppelgeschaltetes Viergang-Schaltgetriebe an. *Car and Driver* war denn auch voll des Lobes über seinen Test-GT. Der erstarkte V8, lobten die Tester, „ist ein robuster, quicklebendiger Motor, der alle möglichen wunderbaren Geräusche von sich gibt, wenn man ihn mal so richtig zur Brust nimmt" – was sich beispielsweise in 8,2 s für den 0–60 mph-Spurt ausdrückte, noch heute ein sehr guter Wert. Gut waren auch die Verkaufszahlen: Der Dart ging mehr als 209 000 mal über die Ladentheke.

1966 fiel die Produktion auf 176 000 Einheiten zurück, was aber eher der Marktlage als dem Dart angekreidet werden muß. Das 63er-Design wurde ein letztes Mal überholt und fiel durch eine sehr eckige Frontgestaltung auf. Mit dem „richtigen Drum und Dran" war der der Dart, wie *Motor Trend*s beschrieb, „eines dieser seltenen Autos, die beim Fahren auch noch Spaß machen, und das will schon etwas heißen für ein Auto, das als kompakte Familienlimousine geplant war".

Das traf haargenau den Sachverhalt, obwohl noch „heißere" Darts im nächsten und auch späteren Jahren für ein hohes Maß an Fahrspaß sorgten. Heute sind die GT von 1963–66 genau das Richtige für preiswertes Oldtimervergnügen (selbst die offenen Versionen kosten nicht die Welt) – wieder ein Beweis dafür, daß Gutes oft klein *und* fein ist.

Ab 1963 hießen die Dodge-Kompaktmodelle Dart und wurden als 170er, 270er sowie als GT-Topmodell angeboten. Obwohl im ersten Jahr nur Sechszylindermaschinen erhältlich waren, konnte der Kunde 1964 aber herzhaft zugreifen: Ein 180 PS starker 273 ci-V8 stand auf der Speisekarte des Dart GT (oben). Reichhaltiger wurde sie erst 1965, als vom 273er eine 235 PS-Version dem „GT"-Kürzel den richtigen Nachdruck verlieh (rechte Seite).

Technische Daten

Motor: 6 Zylinder in Reihe, hängende Ventile; 2786 ccm (86,4 × 79,5), 101 SAE-PS, 3688 ccm (86,4 × 104,9), 145 SAE-PS; **1964–66** V8, hängende Ventile, 4475 ccm (92,2 × 84,1), 180/235 SAE-PS

Getriebe:	3-/4-Gang-Schaltgetriebe, TorqueFlite-Dreigangautomatik
Fahrwerk, vorn:	obere und untere Dreiecksquerlenker, Längsdrehstäbe, Querstabilisator
Fahrwerk, hinten:	Starrachse, Halbelliptik-Blattfedern
Bremsen:	vorn/hinten Trommelbremsen
Radstand (mm):	2819
Gewicht (kg):	1221–1360
Höchstgeschwindigkeit (km/h):	145–177
Beschleunigung 0–96 km/h (s):	8,2–19,5
Produktionszahlen:	**1963** 34 227 **1964** 49 830 **1965** 45 118 **1966** 30 041

876-AWX

DODGE
DART
Kentucky
VYJ 168

1965 Dodge Coronet 500

Der Coronet 500 war 1965 das Topmodell der Dodge-Mittelklasse, sportlich ausgestattet mit Einzelsitzen und Mittelkonsole. Sportlichkeit bewies er auch in Bezug auf seine Antriebsoptionen, bis zu einem „heißen" Hemi-426 ci war alles drin, was das Herz begehrte. Die meisten Kunden bevorzugten allerdings etwas profanere V8-Motoren.

Der Coronet 500 war 1965 das Luxusmodell der Dodge-Mittelklasse, die auch Coronet-Basisversionen und Coronet 440-Modelle anbot. Seit 1959 brachte Dodge erstmals wieder ein Auto unter dem Namen „Coronet" auf den Markt, ein Name, der den Autokäufern bereits seit fast zehn Jahren ein Begriff war. Nun, er war wieder da und bereit, die Käufer für sich zu gewinnen. Mit der Bezeichnung „500" tauchten die Hardtop Coupés und Convertibles in den Werbeprospekten auf als „The newcomer that's a real goer".

Losgehen, das konnte er, abhängig natürlich davon, welche der sechs V8-Optionen er unter der Haube hatte. „Gemütlichere" Coronets fuhren mit sechs Zylindern, aber es war schon mindestens ein V8 notwendig, um einen Coronet 500 adäquat zu bewegen. An der Spitze der Leistungspalette stand der berühmte Hemi-426 ci (benannt nach seinen hemisphärisch geformten Brennräumen) mit zurückhaltenden 425 PS, aber durchaus in der Lage, deutlich mehr zu leisten. „Handle this one with care", warnte eine Werbebroschüre. „It leaves nothing to the imagination." Mit einer Kompression von 12 : 1 und zwei Carter-AFB-Vergasern waren Hemis für Wettbewerbszwecke gedacht, eine gestandene Anzahl von ihnen tauchte aber in ganz normalen Autos auf, auch im Coronet.

Basismotor war ein lebendiger, aber bedeutend kleinerer 273 ci-V8 (4475 ccm) mit 180 PS, angeblockt an das serienmäßige Dreigang-Schaltgetriebe. Leistungsorientierten Kunden stand die Wahl offen zwischen einem 318 ci-V8 (230 SAE-PS), einem 361- und 383 ci mit 265 bzw. 330 SAE-PS sowie einem 426 ci-Wedgehead mit 365 SAE-PS. Wedgehead und Hemi waren allerdings nur mit Viergang-Schaltgetriebe oder TorqueFlite-Automatik zu bekommen.

Die High-Power-Coronets wurden auch dementsprechend in Anzeigen beworben, so wurden z. B. dem „wilden Wedge" große Fähigkeiten als „Dompteur" zugesprochen (ein Seitenhieb, der sich an Mustang, Cougar und andere leistungsbetonte Autos richtete, die ihre Namen wilden Tieren entliehen hatten). Ein Hemi-Coronet-500 besaß solch verlockende Dinge wie „Einzelsitze, gepolstertes Armaturenbrett, Mittelkonsole und die Angewohnheit, ungeduldig losstürmen zu wollen und den Fahrer alles vergessen zu lassen".

Gerade Linien und scharfe Kanten, leicht bauchige Seitenflächen sowie wenig Zierat zeichneten einen Coronet aus, dessen Front und Heck aussahen, als hätte man den Wagen mit einem Messer glatt abgeschnitten. Das Styling orientierte sich zwar noch zum größten Teil an den 64er-Modellen, die Optik der Karosserie war aber so gestaltet, daß man problemlos den aufkeimenden Markt der Jugendlichen

Technische Daten

Motor: V8, hängende Ventile; 4483 ccm (92,2 × 84,1), 180 SAE-PS, 5212 ccm (99,3 × 84,1), 230 SAE-PS, 5917 ccm (104,7 × 85,9), 265 SAE-PS, 6277 ccm (108,0 × 85,9), 330 SAE-PS, 6982 ccm (108,0 × 95,3), 365/425 SAE-PS

Getriebe:	3-Gang-Schaltgetriebe; auf Wunsch 4-Gang-Schaltgetriebe oder TorqueFlite-Dreigangautomatik
Fahrwerk, vorn:	Querlenker, Drehstäbe
Fahrwerk, hinten:	Starrachse, Blattfedern
Bremsen:	vorn/hinten Trommelbremsen
Radstand (mm):	2972
Gewicht (kg):	1478–1516
Höchstgeschwindigkeit (km/h):	**V8** 171–188 **V8-426** 190+
Beschleunigung 0–96 km/h (s):	**V8-426** 7,7–7,8
Produktionszahlen:	32 745

und Heranwachsenden anvisieren konnte; ein Marktsegment, dem die Hersteller immer größere Aufmerksamkeit schenkten. In Höhe der Gürtellinie zog sich eine dünne Chromleiste über die ganze Seitenfläche. Kurz hinter dem vorderen Radausschnitt war ein „Coronet 500"-Schriftzug angebracht. Deluxe-Radblenden mit imitierter Zentralverschlußmutter gehörten zur Serienausstattung. Dodge bot dem Kunden eine breite Farbpalette mit 15 Farben und die Option auf Zweifarbenlackierungen; verwendet wurden die neuesten Acryllacke. Wie andere Chrysler-Marken auch, verwendete Dodge für seine Coronet-Serie die bekannte Vorderradaufhängung mit Drehstäben und versah aber die Hinterachse mit gewöhnlichen Blattfedern.

Für den Komfort im Innenraum sorgten eine Mittelkonsole mit Staumöglichkeiten, Sonnenblenden sowie schaumgepolsterte Einzelsitze, bezogen mit zwei wahlweise erhältlichen Bezugsmaterialien aus Vinyl (geschmeidiges Sattelleder- oder weiches Kalbslederimitat), die ihrerseits in sechs verschiedenen Farbtönen lieferbar waren (inklusive der zweifarbigen Weiß-Gold-Version). Als Option konnte der Kunde zwischen einem Viergang-Schaltgetriebe oder einer Dreigang-TorqueFlite-Automatik wählen, die beide per Mittelschalthebel zu betätigen waren. Statt das Instrumentenbord, wie bei Chrysler üblich, aufzusetzen, war ein breiter Bandtacho in das Armaturenbrett integriert worden. Weitere Verfeinerungsmöglichkeiten boten sich dem Kunden durch ein weißes oder schwarzes Vinyldach, einen Drehzahlmesser, Sperrdifferential, Stufenschaltung für die Scheibenwischer sowie elektrische Fensterheber. Eine Klimaanlage stand ebenfalls noch auf der Zubehörliste, war allerdings nicht mit jeder Motorversion kombinierbar.

Motor Trend schaffte es, einen „Wedge"-426 angetriebenen Testwagen mit Viergangschaltung in nur 7,7 s von 0 auf 96 km/h zu beschleunigen und ihn in etwas mehr als der doppelten Zeit mit 143 km/h durch die Viertelmeile zu jagen. Eine Höchstgeschwindigkeit von über 193 km/h machte die Sache komplett, der Titel „Super Sleeper of the Year" war dem Coronet 500 sicher. Ähnliche Ergebnisse konnte auch *Car Life* rzielen. Inklusive eines Hurst-Shifters schlug das Performance-Paket mit $ 513,60 zu Buche.

Insgesamt wurden 1965 32 745 Coronet 500 verkauft, zu Preisen von $ 2894 für das Convertible und $ 2674 für das Hardtop Coupé. Hierbei sollte es der 500 aber nicht belassen, 1966 ging er neu karossiert wieder ins Rennen.

Längst nicht so begeisternd wie der Dodge Charger, der im gleichen Jahr sein Debüt feiern sollte, war der Coronet doch ein guter Wagen mit eigenem, ruhigem Charakter. Traf man jedoch die richtige Wahl bei Motor und Getriebe, konnte ein Coronet 500 sich zu Höchstleistungen aufschwingen, auf Straße wie auf Rennpisten überzeugender als manch angeberischer Rivale agieren oder aber eine ganze Familie komfortabel und stilvoll in die Sommerfrische befördern.

1965-66 Dodge Polara 500/Monaco & Monaco 500

Luxus mit mehr als nur einem Hauch Sportlichkeit war Mitte der sechziger Jahre die Richtschnur für die Topmodelle der Dodge-Oberklasse. Folgerichtig beschrieb Dodge 1965 den Polara 500 als den Wagen für „special, sports-minded, fun-loving people".

Vielleicht stimmt das ja auch, aber was die optischen Qualitäten angeht, werden die wenigsten den Polara als den verführerischsten Dodge aller Zeiten in Ehren halten – oder sagen wir zumindest der sechziger Jahre. Und vielleicht werden ihn einige auch als gewöhnlich und langweilig erachten. Auf jeden Fall war er zu seiner Zeit sehr repräsentativ, das Ebenbild eines geradlinigen Vernunft-Designs, das sich mehr und mehr bei den Automobilherstellern durchsetzte. Karosserie und Fahrgestell hatten starke Anleihen bei den neu gestylten Chrysler-Modellen genommen, deren eckiges Äußeres aus der Feder von Elwood Engel stammte.

Die Fesseln der jüngsten, übermäßig farbenschreienden und flamboyanten Vergangenheit endgültig hinter sich lassend, konnte Dodge sich nun ganz darauf konzentrieren, ein distinguiertes – und trotzdem frisches – Design für seine großen Automobile zu kreieren. Diese zwei scheinbar gegensätzlichen Prinzipien miteinander zu verbinden, war eine Kunst, die jeder amerikanische Autohersteller in Windeseile erlernen mußte.

Gewannen Skeptiker schon dem Äußeren nichts Verlockendes ab, so überzeugte sie vielleicht ein Blick unter die Oberfläche, daß Dodge durchaus in der Lage war, mit großen Autos auch großen Fahrspaß zu vermitteln. Unter dieser Oberfläche konnte ihnen angefangen vom Polara-Standard-V8 (383 ci) mit Zweifachvergaser und 270 PS bis hin zum großen „Wedge" mit 426 ci und 365 PS einiges von dem begegnen, was bei der Chrysler Corporation auf diesem Gebiet Rang und Namen hatte. Ein 383 ci mit Vierfachvergaser und eine 413 ci-Version des Chrysler-V8 komplettierten das Motorenangebot.

Einen guten Eindruck hinterließ auch das Polara-500-Sportpaket, das nur für Hardtops und Convertibles angeboten, ganz mit Vinyl bezogene Einzelsitze mit Mittelkonsole, knüppelgeschaltete Viergangschaltung oder Dreigang-TorqueFlite-Automatik, gepolstertes Armaturenbrett sowie Deluxe-Radblenden umfaßte. Wie die anderen Polara-Modelle hatte der 500 eine Drehstab-Vorderradaufhängung und Querstabilisator, gewölbte Seitenscheiben und per Kurbel herausdrehbare Tür-Ausstellfenster. Die Polara-Front bestimmten ein die ganze Fahrzeugbreite einnehmender, schmaler

Der 1965er Polara 500 war als zweitüriges Hardtop und Convertible (linke Seite, unten) lieferbar und bot vom serienmäßigen V8 mit 383 ci und 270 PS bis zum Wedge-V8 mit 426 ci und 365 PS ein üppiges Leistungsangebot. Charakteristisch war der bekannte „Hantelgrill" mit dünnen vertikalen Streben. Diese Kühlergrillform wurde für den 66er Monaco (beide Seiten, oben) verfeinert und sorgte zusammen mit den jetzt breiteren Rückleuchten für ein distinguierteres Erscheinungsbild.

Technische Daten

Motor: V8, hängende Ventile; 6277 ccm (108,0 × 85,9), 270/315/325 SAE-PS **1965** 6769 ccm (106,4 × 95,3), 340 SAE-PS, 6982 ccm (108,0 × 95,3), 365 SAE-PS **1966** 7212 ccm (109,7 × 95,3), 350/365 SAE-PS

Getriebe:	3-Gang-Schaltgetriebe; auf Wunsch 4-Gang-Schaltgetriebe oder TorqueFlite-Dreigangautomatik
Fahrwerk, vorn:	nicht parallele Querlenker, Querdrehstäbe
Fahrwerk, hinten:	Starrachse, Blattfedern
Bremsen:	vorn/hinten Trommelbremsen
Radstand (mm):	3073
Gewicht (kg):	1709–1959
Höchstgeschwindigkeit (km/h):	166–190
Beschleunigung 0–96 km/h (s):	**V8-413** 8,4

Produktionszahlen: **1965 Polara** 12 705 **Monaco** 13 096 **1966 Polara** 107 832 **Monaco** 49 773 **Monaco 500** 10 840

„Hantel"-Grill („dumbbell grille") aus dünnen, vertikalen Streben und darin integrierte horizontale Doppelscheinwerfer. Das Heck kennzeichneten deltaförmige, nach innen zulaufende Rückleuchten. Je nach Geschmack ließen sich die hinteren Radausschnitte mit optionalen „fender skirts" abdecken.

Der 65er Monaco war laut Werbebroschüren der „Limited Edition Dodge for the man with unlimited taste". Und so offerierte ihn Dodge auch nur als zweitüriges Hardtop in Zweifarbenlackierung zu einem Preis von $ 3355. Polara und Monaco teilten sich zwar den gleichen Radstand (3073 mm), der Monaco aber distanzierte sich durch ein höheres Maß an Luxus, Vitalität, Raffinesse und Charakter.

Die Art der Innenausstattung entsprach diesen Parametern voll und ganz. Die stark konturierten Einzelsitze waren mit Sattelleder imitierendem Vinyl bezogen und besaßen auf ihren Rückseiten Muster aus dünnem Rattan-Flechtwerk (passend zu den Türverkleidungen); Alternative war Vinyl kombiniert mit einem Stoff in Dawson-Musterung. Die durchgehende Mittelkonsole ließ sich gegen Aufpreis durch einen in einem gebürsteten Aluminiumgehäuse untergebrachten Drehzahlmesser erweitern. Weitere Annehmlichkeiten gab es in Form von Einzelsitzen für die rückwärtigen Passagiere und einem dreispeichigen, mit halb durchsichtigem Kranz versehenen Lenkrad.

Die Zubehörliste umfaßte eine ganze Reihe schöner Dinge, die den Fahrkomfort noch erhöhten, wie z.B. elektrische Fensterheber, Tempomat sowie eine Klimaanlage. Dem Käufer standen zudem 15 verschiedene Farben zur Auswahl und die Möglichkeit, gegen Aufpreis dem Wagen durch ein weißes oder schwarzes Vinyldach den letzten Schliff zu geben.

Ein gesundes Drehmoment verhalf dem *Motor Trend*-Monaco mit seinem 413 ci zu flotten 8,4 s auf 60 mph – weniger als eine Sekunde langsamer als der 426-Polara-500 des Vorjahres. Wirklich gute Werte für Wagen, die soviel Gewicht mit sich herumschleppen mußten und zudem eine TorqueFlite als Kraftübertragung hatten. Eine Kombination aus 426 ci und Vierganggetriebe ließ da schon ganz andere Zeiten zu. Serienmäßig war ein Monaco mit einer Vierfachvergaser-Version des 383 ci und 315 PS ausgestattet.

Die fast konisch nach innen zulaufenden Heckleuchten wurden für das Modelljahr 1966 noch breiter gestaltet und nahmen förmlich einen „Monaco"-Schriftzug aus Großbuchstaben in die Zange. Diesmal hieß das Topmodell Monaco 500 und hatte chrombeplankte Schweller sowie einen dünnen Farb-Zierstreifen als Erkennungsmerkmale. Dodge bewarb seinen Top-Monaco dementsprechend als „verschwenderisch luxuriös ausgestattetes Automobil, bereit jeden zu verführen". Serie war jetzt ein leistungsgesteigerter 383 ci mit 325 PS und TorqueFlite-Automatik. Polara und Monaco konnten beide noch auf einen 440 ci-V8 hochrüsten, der 350 bzw. mit Doppelauspuffanlage 365 PS entwickelte. Gegen Aufpreis waren vordere Scheibenbremsen lieferbar. Der Kühlergrill hatte wieder die gleiche Hantelform wie im Vorjahr, diesmal waren die dünnen vertikalen Streben aber in ganz kurzen Abständen aneinandergereiht.

Sicherlich gehören heutzutage diese luxuriösen Polara- und Monaco-Zweitürer nicht zu den bekanntesten Dodge-Modellen, sie verdienen aber einen Platz in der amerikanischen Automobilgeschichte, allein schon wegen ihrer glänzenden Mischung aus Schlichtheit und Überschwang. Sie verhalfen Dodge 1966 außerdem noch zu einem sensationellen Verkaufsergebnis.

1966-67 Dodge Charger

„Dies ist kein Traumwagen", war in einem Dodge-Verkaufsprospekt zu lesen. Mehr als bloße Marktschreierei, die ja gewöhnlich hinter solchen Worten steckt, handelte es sich hier um eine ernstzunehmende Aussage. Der aufregend geformte Fastback-Charger entwickelte sich aus einem kurz vorher präsentierten Show Car, ohne jedoch allzu viel von dessen sinnlich spannender Anziehungskraft zu verlieren. Das originale, längere Heck hatte man einfach abgeschnitten und durch ein flaches Heckblech ersetzt.

Mitte der 60er Jahre beschloß Dodge, nun vollends leistungsorientierte Wege zu beschreiten. Man besaß Motoren (an der Spitze der wiederbelebte Hemi-V8, allerdings im Straßentrimm), hervorragende Getriebe und vor allem den Willen, den Konkurrenzkampf aufzunehmen. Mit dem begeisternden Charger hatte man dafür genau die richtige Waffe im Programm.

Wie auch schon beim Charger II-Show-Car, der ein Jahr zuvor die Lande bereist hatte, lag die Hauptanziehungskraft des Charger in seinem scharf gezeichneten Profil. Hier hatte man ein *wirklich* langes Fließheck mit einer C-Säule, die in dieser breiten Form so noch nie zu sehen war. Die Seitenansicht unterschied sich von allen anderen auf dem Markt präsenten Fahrzeugen, obwohl manche Kritiker nicht umhin kamen, sie mit der des AMC-Marlin zu vergleichen. Mit heruntergekurbelten Scheiben hatten die Insassen ein echtes „Open Air"-Erlebnis.

Die Scheinwerfer verbargen sich hinter einem die ganze Fahrzeugbreite einnehmenden „cleanen" Kühlergrill, in dem auch die Blinkerleuchten integriert waren. Schaltete man das Licht ein, so drehten sich die Scheinwerfer in Position. Durch die ebenfalls fahrzeugbreite Rückleuchte mit einem über die ganze Breite gehenden, in Großbuchstaben gehaltenen „Charger"-Schriftzug gestaltete sich die Rückansicht ebenfalls sehr eindrucksvoll. Die Heckscheibe war leicht eingelassen und außen etwas nach innen gewölbt, so daß die jetzt erhöht stehenden Kanten der C-Säule dem Wagen die Optik eines „fliegenden Stützpfeilers" gaben. Diese Stylingmaßnahmen kaschierten allerdings die Tatsache, daß es sich hier eigentlich um ein Coronet Hardtop handelte, das zufällig ein Fließheck und versteckte Scheinwerfer mit auf den Weg bekommen hatte.

Die Sporen, die sich der Charger im Performance-Bereich mit dem Hemi erwarb, ließen leicht vergessen, daß er im Grunde als Luxusauto konzipiert worden war. Doch er konnte natürlich auch anders, schön beschrieben in der Dodge-Werbung, die ihn als Auto darstellte, das „beweglich genug und schnell genug und herausfordernd genug ist, um Sie froh darüber zu stimmen, daß Sie sich keinen Chauffeur leisten können". Der Charger war um $ 417 teurer als ein Coronet 500 Hardtop und kostete $ 3122.

Die Werbetexte bedienten sich ausgiebig am leistungsorientierten Vokabular und beschrieben den Charger als „großen, muskulösen, leistungsstarken Fastback" mit einem „tief grollenden 426-Street-Hemi unter der Haube". Das Street-Hemi-Paket war allerdings mehr als nur ein Motor; verstärkte Federung, „Blue Streak"-Bereifung und 28 cm-Trommelbremsen (vordere Scheiben auf Wunsch) gehörten dazu. Zog der Kunde eine TorqueFlite-Option in Erwägung, so bekam er eine Version, die ihren maximalen Schaltpunkt erst bei 5500 Upm hatte; sollte jedoch manuell geschaltet werden, erfolgte dies per wettbewerbsmäßigem Viergang-Schaltgetriebe. Das Armaturenbrett gab sich ebenso sportlich mit seinen runden Instrumenten und einem Drehzahlmesser direkt neben dem Tacho.

Aber es mußte ja kein scharfgeladener Hemi sein. Grundmotorisierung war ein „gemütlicher" 318 ci (5212 ccm) mit 230 PS und Dreigang-Lenkradschaltung. Auf Wunsch konnte es etwas kraftvoller zugehen: 361 ci (5917 ccm) und 383 ci (6277 ccm) waren die weiteren V8-Möglichkeiten.

Der Charger war natürlich für große Familien nicht das Richtige. Vier Einzelsitze limitierten das Platzangebot, die hinteren ließen sich dafür umklappen und ermöglichten eine Ladefläche von 1,2 mal 2,3 m. Im Interieur herrschte Vinyl als Bezugsstoff vor und war lieferbar in sechs verschiedenen Farben. Zusammen mit diversem Chrom-Zierat sorgte diese Ausstattung für einen dem äußeren Erscheinungsbild entsprechenden, futuristischen Look im Innenraum. Serienmäßig bot Dodge auch eine durchgehende Mittelkonsole, ein dreispeichiges Lenkrad aus Holzimitat und tief ausgeformte Edelstahl-Radblenden an. Optional dagegen waren Bremshilfe und Servolenkung sowie ein „Sure-Grip"-Differential und Stoßstangenhörner. Eine verkürzte Mittelkonsole brachte dann 1967 dem Charger den zusätzlichen fünften Sitzplatz.

Bei soviel Luxus taucht natürlich die Frage nach den Fahrleistungen auf – und die konnten sich sehen lassen. Mit einen 383 ci und TorqueFlite brachten *Car and Driver* schmissige 7,8 s auf 60 mph zustande, *Car Life* kam mit seinem Hemi sogar auf 6,4 s. Dementsprechend waren die Stock-Car-Pisten auch nicht vor dem Charger sicher, der schließlich die „NASCAR Grand National Championship" gewann.

Die Werbung nutzte selbstverständlich diese Chance und sprach bereits von einer „Dodge Rebellion" mit dem Charger als Anführer. So schön sich das anhört, das Charger-Design fand aber damals nicht bei jedem Anklang. Heute fällt es schwer, sich einen besseren Vertreter dieser Ära vorzustellen als einen „vollbestückten" Hemi-Charger. Die Kunden mochten ihn auf Anhieb, zumindest anfangs. 1966 verkauften sich 37 344 Exemplare (inkl. 468 Hemi-Versionen), im folgenden Jahr allerdings schaffte es der Charger nur auf bescheidene 15 788 Stück. Kein Grund, sich Sorgen zu machen. Dodge hatte bereits für das verbleibende Jahrzehnt ein neues Charger-Konzept in der Schublade.

Der Charger war im Grunde ein Coronet mit Fließheck, ein Unterschied, der aber über 35 000 Kunden $ 400 Aufpreis wert war. Das erste 66er-Modell (rechte Seite) war ausgestattet mit vier Einzelsitzen, wobei die hinteren umklappbar waren und einen riesengroßen Stauraum ermöglichten. Der 67er Charger (unten) wurde in seiner Optik nur minimal verändert, bekam aber eine durchgehende Rücksitzbank, um einen fünften Mitfahrer bequem transportieren zu können. Der hier gezeigte Wagen gehört zu den wenigen Exemplaren, die mit einem 426er-Hemi ausgerüstet wurden.

Technische Daten

Motor: V8, hängende Ventile; **1966** 5212 ccm (99,3 × 84,1), 230 SAE-PS, 5917 ccm (104,7 × 85,9), 265 SAE-PS, 6277 ccm (108,0 × 85,9), 325 SAE-PS, 6982 ccm (108,0 × 95,3), 425 SAE-PS **1967** 5212 ccm, 230 SAE-PS, 6277 ccm, 270/325 SAE-PS, 6982 ccm, 425 SAE-PS, 7212 ccm (109,7 × 95,3), 375 SAE-PS

Getriebe:	3-Gang-Schaltgetriebe; auf Wunsch 4-Gang-Schaltgetriebe oder TorqueFlite-Dreigangautomatik
Fahrwerk, vorn:	asymmetrische Dreiecksquerlenker, Drehstäbe, Stabilisator
Fahrwerk, hinten:	Starrachse, Blattfedern
Bremsen:	vorn/hinten Trommelbremsen; auf Wunsch vorn Scheibenbremsen
Radstand (mm):	2972
Gewicht (kg):	1580–1589
Höchstgeschwindigkeit (km/h):	171–216
Beschleunigung 0–96 km/h (s):	5,3–10,9
Produktionszahlen:	**1966** 37 344 **1967** 15 788

M1937J
OHIO 1966

1967-69
Dodge Dart GT & GTS

1965 hatte Dodge ja bereits eine GT-Version seines Kompaktmodells Dart herausgebracht. Abgesehen vom Namen hatten diese Hardtop Coupés und Convertibles keine besonderen Eigenschaften, die sie als leistungsfähige Grand-Touring-Wagen qualifiziert hätten – nicht mit einem 273 ci-V8 als stärkstem Motor und dem Image als Low-Budget-Familienauto.

Als der Dart für 1967 ein neues Styling erhielt, ging die GT-Version nochmals ins Rennen und schloß das Jahr mit geringfügig höheren, aber trotzdem akzeptablen Verkaufszahlen ab. Sie hatten innen und außen an Größe gewonnen und waren in den Seitenflächen etwas bauchiger geworden, besaßen aber mit 111 Zoll (2819 mm) den gleichen Radstand wie ihre Vorgänger. Laut Werbung boten die neuen Dart „... mehr Platz. Mehr Leistung. Mehr Luxus“. Das war zumindest das erklärte Ziel. In Wirklichkeit aber hatte sich nicht viel getan, abgesehen von einer glattflächigeren, ein Fließheck andeutenden Silhouette, einem fahrzeugbreiten Kühlergrill sowie einer neuen Auswahl an Vinyl- und Stoff-Vinyl-Innenausstattungen. Die Angaben über die neue Größe und das verbesserte Platzangebot schienen aber mehr illusorischer Natur zu sein, hatte man die Gesamtlänge doch um etliche Millimeter gekürzt.

Sicherlich gehörte mehr dazu als nur die Verwendung von einzelnen Sitzen und die Anbringung eines Schriftemblems, um aus einem „stinknormalen“ Dart einen echten GT zu machen. Als sehr hilfreich erwies sich das optionale Rallye-Fahrwerkskit, speziell wenn man es mit vorderen Scheibenbremsen und D70×14-Red-Streak-Bereifung kombinierte. Die Vierfachvergaser-Version des 273ers, erhältlich mit TorqueFlite-Automatik oder Viergangschaltung, und ein Drehzahlmesser trugen ihren Teil dazu bei. Man durfte aber nicht vergessen, daß diese nützlichen Dinge einem Auto zugute kamen, das sonst nichts Aufregendes zu bieten hatte.

Irgend etwas fehlte. Eine breitere Frontpartie hatte den 67er Darts zwar eine größere Spurbreite gegeben und zusätzlichen Platz unter der Haube geschaffen, es gab aber nichts, womit man ihn ausfüllen konnte. Dieser Mißstand wurde 1968 durch die Präsentation des GTSport (oder kürzer, GTS) behoben, der sich mit dem Charger und dem Coronet R/T in Dodges neuer Power-Edition („Scat Pack“) in bester Gesellschaft befand.

Angetrieben wurde dieser erstarkte Dart von einer „pikanten“ 340 ci-V8-Maschine mit Vierfachvergaser und schärferer Nockenwelle, die ihre 275 SAE-PS über ein Rallye-Fahrwerk und E70×14-Niederquerschnittbereifung auf die Straße brachte. Hutzenähnliche Lufteinläße auf der Motorhaube, rechteckige Auspuffendrohre und ein breiter „bumblebee“-Rallyestreifen um das Heck waren die Erkennungsmerkmale des neuen Dart, der damit beste Voraussetzungen bot, doch einige (wenn nicht gar sämtliche) Interessenten für sich zu gewinnen. Machte man sich jedoch nichts aus auffälligen Rallyestreifen, dann wurde er auch ohne geliefert.

Der 67er Dart GT (unten) hatte in der höchsten Leistungsstufe einen 273 ci-V8 mit 235 PS. Der sportlichere GTS, der 1968 herauskam (rechte Seite, linke Spalte), war dagegen schon mit 340 ci und 275 PS gesegnet. Als Option ließ er sich sogar mit einem 383 ci (300 SAE-PS) ordern. 1969 erhöhte man die Leistung des 383 auf ordentliche 330 PS und führte geringfügige Stylingänderungen durch (rechte Seite, rechts).

Technische Daten

Motor: **1967–69 Dart GT** 6 Zylinder in Reihe, hängende Ventile; 2786 ccm (86,4 × 79,5), 115 SAE-PS, 3688 ccm (86,4 × 104,9), 145 SAE-PS; V8, hängende Ventile; 4483 ccm (92,2 × 84,1) **1967** 180/235 SAE-PS **1968–69** 190 SAE-PS, **1968–69** 5212 ccm (99,3 × 84,1), 230 SAE-PS; **1968–69 Dart GTS** V8, hängende Ventile; 5573 ccm (102,6 × 84,1), 275 SAE-PS, 6277 ccm (108,0 × 85,9) **1968** 300 SAE-PS **1969** 330 SAE-PS

Getriebe:	3-Gang-Schaltgetriebe; auf Wunsch 4-Gang-Schaltgetriebe oder TorqueFlite-Dreigangautomatik
Fahrwerk, vorn:	obere Dreiecksquerlenker, untere Querlenker mit Federbeinen, Drehstäbe, Querstabilisator
Fahrwerk, hinten:	Starrachse, Blattfedern
Bremsen:	vorn/hinten Trommelbremsen; auf Wunsch vorn Scheibenbremsen
Radstand (mm):	2819
Gewicht (kg):	1233–1457
Höchstgeschwindigkeit (km/h):	**GT V8** 174–179 **GTS** 179–196
Beschleunigung 0–96 km/h (s):	**V8-273** 9,0 **GTS** 6,0–6,3

Produktionszahlen: **1967 GT** 38 225 **1968 GT** 26 280 **GTS** 8745 **1969 GT** 20 914 **GTS** 6702

Wenn das nicht ausreichte, um das „Dodge Fever" zu übertragen, dann konnte man sich von einem weiteren V8 infizieren lassen: 383 ci (6277 ccm) und ein Vierfachvergaser waren gut für 25 Mehr-PS. Für die Beatmung sorgte eine im Leistungspaket enthaltene Motorhaube mit Lufthutze. Standardkraftübertragung war die TorqueFlite-Automatik, bedienbar über eine gegen Aufpreis lieferbare Mittelkonsole; möglich war auch ein Viergang-Schaltgetriebe, das allerdings ohne Aufpreis zu haben war.

In der normalen GT-Reihe blieb die Leistung natürlich nicht außen vor, hier bot Dodge jetzt zusätzlich zum 273 einen 318 ci (5212 ccm) als Option an. Der Dart GT verkaufte sich erheblich besser als der GTS, allein schon aufgrund der Tatsache, daß er über $ 500 billiger war. Das GTS Hardtop und das Convertible fanden zwar mehr Beachtung, verkauften sich aber nur 8745 mal.

Ein neuer Kühlergrill mit horizontaler Strebe und neu gestaltete Rücklichter waren die einzig größeren Änderungen für 1969. GT und GTS bekamen jedoch Gesellschaft in Form eines Low-Budget-Modells, Swinger genannt. Als Antrieb hatte man ihm einen 340 ci-V8 (5573 ccm) spendiert, an seiner Ausstattung allerdings eingespart.

In der öffentlichen Meinung hatten die Hemi-Charger oder Super Bee immer einen besseren Stand als die GTS, aber eigentlich zu Unrecht, wie manche Kommentare und auch Testergebnisse eindrucksvoll beweisen. Mit 340er-Maschine und Automatikgetriebe katapultierte *Motor Trend* seinen GTS in nur 6,0 s auf 60 mph (96 km/h). Raketenartige Beschleunigung war nicht sein einziges Faible. *Car and Driver* bezeichnete ihn als „kleine Fahrmaschine, die förmlich nach Kurven giert". *Car Life* ernannte den GTS zu einem der besten Wagen des Jahres: „Flinker als viele andere" und in der Lage, „brutale Beschleunigung" zu liefern. Sogar ein Hemi-Charger hatte in der Wertung in punkto „versatility, agility, road-ability" und Beschleunigungstests aus dem Stand das Nachsehen.

Manche Leute waren sogar noch anspruchsvoller, und so wurde einigen hundert Darts von Spezialisten mit 440er-Magnum-Motoren auf die Sprünge geholfen. Selbst ohne diese inoffiziellen Maßnahmen hatte Dodge seinen schlummernden Compact in einen reißenden Wolf verwandelt, bereit, den Muscle Cars das Fürchten zu lehren.

Im letzten Jahr seiner Präsenz konnte der GTS nur noch 6702 Exemplare an den Mann bringen. Der Swinger überdauerte den Dekadenwechsel und blieb bis in die 70er Jahre hinein im Programm.

1968-69 Dodge Charger

Nach einem bravourösen Start im Jahre 1966 gingen in der zweiten Saison die Verkaufszahlen des sensationellen Fließheck-Charger in die Knie. Was war zu tun? Die Präsentation einer Neu-Edition, natürlich mit selbstbewußterem Auftreten und mehrPS. Viele hielten den neuen Charger für einen der bestaussehenden Mittelklassewagen überhaupt, obwohl man sein Fastback gegen ein stufenförmiges Semi-Fastback mit tief eingelassener Heckscheibe eingetauscht hatte.

Der Muscle-Car-Fangemeinde zuliebe brachte Dodge einen Charger R/T (für Road/Track) als Bestandteil seines „Scat Pack" heraus, in dem auch der Coronet R/T und der Dart GTS vertreten waren. Jeder von ihnen trug „bumblebee"-Zierstreifen um das Heck und war motorisiert mit Treibsätzen, die ihren Namenszusätzen alle Ehre machten.

Werbeanzeigen stellten den Charger R/T als "The Clean Machine" vor, die „nicht für jedermann gebaut wurde". Für viele war das bereits mehr als ausreichend, um einem unstillbaren Verlangen nach einem 440-Magnum-V8 und nach einem harten Fahrwerk zu verfallen. Abgestimmt auf „den harten, individualistischen Kunden" gab die Werbung aber auch zu verstehen, daß es sich bei diesem Kunden um jemanden handelte, der es „im Innenraum lieber weich und geschmeidig" haben wollte. Wie war der Charger denn nun einzuschätzen, knallhart oder schmuseweich?

Der Charger profitierte von einer doppelten Persönlichkeit und zeichnete sich durch beide aus. Vinylbezogene Schalensitze und luxuriöse Annehmlichkeiten lockten die komfortsuchenden Kunden (als Extra gab es ein Sitzkissen, daß, zwischen die Vordersitze gelegt, einem dritten Frontpassagier Platz bot). Aggressives Äußeres und Leistung genügte, um die Performance-Freaks auf den Plan zu rufen – zwei verheißungsvolle Auspuffendrohre und rotgeränderte Pneus beschleunigten die Sache aber ungemein.

Hemi- und Magnum-Motoren waren allerdings nur ein Teil der Wahrheit, leider. Die serienmäßige Bestückung eines Charger gab sich mit einem 318 ci-V8 (5212 ccm) und adäquaten, aber unspektakulären 230 PS zufrieden. Der nächste Schritt ließ sich da schon besser an: Chryslers 383 ci mit 290 oder 330 PS. Nur wer einen R/T verlangte oder als Option einen 375 PS-Magnum oder 425 PS-Hemi wählte, für den wandelte sich der Charger vom braven Alltagsauto zur reinrassigen Furie.

Die Autoren der Werbetexte für Muscle Cars verloren sich allzu leicht in einem Vokabular, das potentiell asoziale Tendenzen der zu bewerbenden Produkte freimütig umsetzte in eine zum Teil sehr direkte

Technische Daten

Motor:	V8, hängende Ventile; 5212 ccm (99,3 × 89,1), 230 SAE-PS, 6277 ccm (108,0 × 85,9), 290/330 SAE-PS **Charger R/T** 6982 ccm (108,0 × 95,3), 425 SAE-PS, 7212 ccm (109,7 × 95,3), 375 SAE-PS
Getriebe:	3-Gang-Schaltgetriebe (nur 5212 ccm); auf Wunsch 4-Gang-Schaltgetriebe oder TorqueFlite-Dreigangautomatik (TorqueFlite serienmäßig bei R/T)
Fahrwerk, vorn:	lange und kurze Querlenker, Drehstäbe, Stabilisator
Fahrwerk, hinten:	Starrachse, Blattfedern
Bremsen:	vorn/hinten Trommelbremsen; auf Wunsch vorn Scheibenbremsen
Radstand (mm):	2972
Gewicht (kg):	1407–1655
Höchstgeschwindigkeit (km/h):	**Hemi** 229–251 **R/T** 182+
Beschleunigung 0–96 km/h (s):	**Hemi** 4,8 **R/T** 6,0–7,2
Produktionszahlen:	**1968** 96 108 **1969** 69 142 **Charger R/T** 20 057

Anmerkung: 1969 Charger erhältlich mit 3688 ccm-Sechszylinder (225 ci).

Die zweite Generation des Charger debütierte 1968 (linke Seite, unten). Die 69er-Version (unten) bekam einen geteilten Kühlergrill und anstatt der zwei runden Rücklichter lange horizontale Leuchten. 1969 wurde auch ein Charger 500 (linke Seite, Mitte und oben) vorgestellt, der jetzt, statt der eingelassenen Heckscheibe, eine glatte Dachpartie sowie eine wieder durchgängige Kühlermaske aufwies.

Sprache. Das Fahrwerk des Charger, so konnte man lesen, „schluckt die hervorstehenden Schienen eines verlotterten Bahnübergangs mit sturer Gleichgültigkeit". Dieser „Beautiful Screamer" mit seiner „impertinenten Heckspoilerlippe" besitzt unter seiner Haube „440 cubes of mean". Freunde manueller Gangwechsel wurden angehalten sich vorzustellen, daß „das Vierganggetriebe seine Zähne ineinanderlegt mit der Präzision einer scharfen Axt, die ein weiches Stück Holz zerteilt". Diese Anzeigen gaben genau das wider, was Amerikas Jugend hören wollte. Ihnen wurde versprochen „American guts" (Draufgängertum) zu erleben, in einem Auto „shaped like a Mach 2 jet on wheels".

Zum Glück blieb es nicht nur bei den Sprüchen: Ein 440-Magnum-Charger-R/T machte die 60 mph in weniger als 6,5 s. Ein Hemi durchbrach sogar die 5-Sekunden-Mauer und war damit jeden Cent seiner $ 604,75 wert – zumindest für diejenigen, die diese Art von Nervenkitzel liebten. Vordere Scheibenbremsen oder ein Drehzahlmesser kamen da etwas billiger, genau $ 73 respektive $ 48,70. Wie auch andere Muscle Cars wurde der Charger ein Filmstar, gejagt von Steve McQueen in *Bullitt* und als Rivale von Elvis in *Speedway.*

Für das neue Modelljahr 1969 nahm man bis auf den jetzt durch ein Mittelteil geteilten Kühlergrill keine großartigen Veränderungen vor. Aufregend war dagegen die Ankündigung zweier spezieller Charger-Modelle: den Hemi-getriebenen Charger 500, gebaut für Rennzwecke; und den Daytona mit einer Fluzeugnase und einem riesigen Heckflügel, gebaut für NASCAR-Rennen. Der 500 kostete $ 3860, für den Daytona mußte man schon vier große Scheine auf die Ladentheke blättern. Anspruchslosere Kunden wählten den normalen Charger, den R/T oder den neuen SE (Special Edition), der mit Lederimitat bezogene Sitze und ein Sport-Lenkrad zu seiner Ausstattung zählte.

„Seien Sie mit ihrem R/T dort, wo die Männer zu Hause sind" (gemeint waren wohl die Rennpisten, A.d.Ü.), empfahl eine Anzeige, und wo ein Hurst-Shifter natürlich sehr nützlich sein konnte, wenn es darum ging, die unendliche Kraft eines Magnum oder Hemi optimal auf die Straße zu bringen. Aber mit dem Charger ließ sich auch gemütlich zum Einkaufen fahren, z.B. mit dem erst 1969 angebotenen Sechszylinder.

Sicherlich gehörte der neu gestylte Charger zu den schönsten Mittelklassewagen der ausgehenden 60er Jahre: lang und niedrig, wohlgeformt, die Scheinwerfer hinter einem einfachen Grill verborgen. *Car and Driver* behauptete, daß in punkto Design nur die neue Corvette dem Charger um eine Nasenlänge voraus war. Sie entdeckten sogar bei beiden Fahrzeugen Ähnlichkeiten in den Heckpartien.

Die zweite Generation des Charger verkaufte sich erwartungsgemäß hervorragend. Die Verkaufszahlen machten einen Höhenflug sondergleichen mit 96 108 verkauften Muskelpaketen im Jahr 1968 und nur 7000 weniger 1969. Selbst im Stand rief der Charger Sprachlosigkeit hervor, geschweige denn in voller Fahrt. Dieser Semi-Fastback, unabhängig, ob normal oder NASCAR-präpariert, ließ die Überpräsenz der ersten Charger-Generation gänzlich vermissen, beide sind aber erinnerungswürdige Vertreter einer interessanten amerikanischen Automobil-Ära.

1968-69 Dodge Coronet R/T & Super Bee

„Mid-size madness" beherrschte die Dodge-Modellpalette, als 1967 der bescheidene Coronet eine Road/Track-Edition, kurz R/T, zur Seite gestellt bekam, die gleich mit einem 440er-Magnum als Antriebseinheit bestückt war. Wie der Name vermuten läßt, handelte es sich hier um handfeste 440 Cubic Inches (7212 ccm) – das in einem Auto, das prinzipiell als Alltagsauto und Familienfahrzeug gedacht war. Der neue R/T sah aber zumindest nicht so aus; es gab ihn nur als Hardtop Coupé und Convertible, mit einem Doppel-Farbzierstreifen an den Seiten und einer Motorhaubenhutze als Erkennungsmerkmalen. Frühe Werbeanzeigen sprachen vom „wilden" Magnum als einem Motor, der „sanft antreten, aber auch brachial losgehen kann".

Dodge wollte um keinen Preis, daß der Pontiac GTO und seine Mitstreiter sich allein den Markt sicherten, und so nahm man das R/T-Paket auch in die für 1968 neu gestaltete Coronet-Reihe wieder auf. Der neue Coronet galt als einer der attraktivsten Mittelklassewagen, nicht zuletzt wegen seiner runderen Formen und der „Coke-bottle"-Taille, die seine lange, niedrige Silhouette noch betonte. Wie die anderen „Mitglieder" des Scat-Pack besaß der R/T ebenfalls die Bienenstreifung am Heck (bumblebee stripes), es sei denn, der Kunde wollte sie nicht haben.

Basis war wieder die Kombination aus 440-Magnum-V8 und Dreigang-TorqueFlite. Auf Wunsch erfreute Dodge die Kunden auch mit dem Hemi-426 und einem Viergang-Schaltgetriebe. Die Trommelbremsen waren größer dimensioniert als bei anderen Coronets, die vorderen Scheibenbremsen kamen allerdings nur gegen einen Obulus von $ 73 ins Haus. Ebenso erging es Zusatzinstrumenten, die inklusive eines Drehzahlmessers mit $ 90 zu Buche schlugen. Doppelrohr-Auspuffanlage und eine etwas härter abgestimmte Federung gehörten zum Serienumfang. Hardtop und Convertible sorgten mit komplett vinylbezogenen Einzelsitzen für den nötigen Komfort und mit einer Auswahl an 16 Farben für ein distinguiertes Auftreten.

„Die Beschleunigung ist famos", erklärte *Car Life* nach einem Test eines R/T-Convertibles, das in 6,6 s von 0 auf 60 mph geflogen war, „obwohl man den Eindruck hat, der Motor würde sich gar nicht anstrengen. Das brachiale Drehmoment des 440 macht hohe Drehzahlen völlig überflüssig".

Abgesehen von einem neuen, geteilten Kühlergrill und anderen Rückleuchten ging der Coronet so wie er war ins neue Modelljahr 1969. Die R/T-Ausstattung umfaßte ein mit Holzimitat belegtes Instrumentenpaneel, verchromte Zierleisten an Schwellern und Radläufen, Rallye-Fahrwerk mit Stabilisator, F70×14-Red-Line-Niederquerschnittsreifen sowie eine „Power Bulge"-Motorhaubenhutze.

Als preisgünstigere Alternative für Kunden, die nicht unbedingt $ 3379 für Komfort ausgeben wollten, bot Dodge im laufenden Jahr 1968 ein Low-Budget-Modell an, den Super Bee. Dieser schnörkellose, „back-to-basics"-Coronet mit einem speziellen, 335 PS starken 383 ci-V8 (6277 ccm) war von Dodge als Konkurrenzprodukt für die sich hervorragend verkaufenden Plymouth Road Runner lanciert worden. Der Motor hatte einige Anleihen beim 440-Magnum gemacht und dessen Zylinderköpfe und scharfe Nockenwellen übernommen. Anstelle der vorderen Einzelsitze besaß der Super Bee eine vinylbezogene Sitzbank und ein Interieur, das mehr an das Spartanische eines Taxis erinnerte als an ein luxuriöses Reisefahrzeug. Ein Viergang-Schaltgetriebe war Serie und entsprach damit auch dem asketischen Anspruch; eine TorqueFlite war aber auf Wunsch lieferbar.

Der Super Bee wurde als Hardtop Coupé und als B-Säulen-Coupé auf den Markt gebracht, wobei letzteres keine hinteren Kurbelfenster, sondern einfache Ausstellfenster hatte. Als kostengünstig erwies sich natürlich die Verwendung von bereits vorhandenen Ausstattungsdetails, so hatte man dem Super Bee die Rallye-Instrumententafel des Charger spendiert. Ebenso standen Hemi-V8 zur Auswahl.

Eine Besonderheit gesellte sich 1969 dazu: ein Ramcharger Air Induction System. Es sollte die kältere und dichtere Außenluft durch den Vergaser leiten und kostete $ 73 Aufpreis. Die Hemis wurden serienmäßig damit ausgestattet. Noch größere Beachtung fand die „Six Pack"-Option, die aus drei Holley-Zweifachvergasern auf einem 440 ci-V8 bestand, verborgen unter einer flachen schwarzen Glasfiber-Motorhaube. Diese Leistungsattacke addierte zum Basispreis ($ 3138) noch $ 463 dazu und ermöglichte eine Leistung von 390 PS im Zusammenspiel mit einem satten Drehmoment von 654,5 Nm. Das reichte für Beschleunigungszeiten von 6,3 s (0–60 mph). Merkwürdigerweise war ein Super Bee mit gewöhnlichem 383 ci in der Lage, unter *Car and Driver* die gleiche Arbeit in nur 5,6 s zu verrichten.

Fast alle der 10 849 R/T-Modelle wurden 1968 mit Magnum-Motoren ausgeliefert, nur 230 hatten einen Hemi unter ihrer Haube. Seine Tage waren bereits gezählt. 1969 wurden sogar nur weniger als die Hälfte des Vorjahres verbaut. Grund dafür waren zum einen insgesamt zurückgegangene R/T-Verkaufszahlen (7238 Stück) und zum anderen der hohe Anschaffungspreis einer Hemi-Option ($ 604,75). Beim Super Bee zeichnete sich die gleiche Entwicklung ab. Nur 166 Exemplare der 1969 gebauten 27 846 „Bienen" wurden von einem Hemi beflügelt.

Coronet R/T und Super Bee blieben noch für ein weiteres Modelljahr im Programm. Obwohl der Charger und der seltene Daytona dem Coronet zum Ende hin langsam aber sicher die Schau stahlen, war er doch absoluter Inbegriff einer dualen Persönlichkeit. Die meiste Zeit über als Dr. Jeckylls Alltags- und Familienvehikel genutzt – wie Coronet Deluxe und 440 auch –, verwandelte er sich mit dem richtigen Treibsatz und richtigem Umgang mit dem Gaspedal in einen monströsen Mr. Hyde. Der Coronet wird mit beiden Charakterzügen lebendig in Erinnerung bleiben.

In den späten 60er Jahren offerierten die meisten Hersteller eine ganze Latte an Antriebsquellen für ihre Mittelklasse-Modelle, aber keiner ging so weit wie die Chrysler Corporation. Unter den Hauben der B-Karosserietypen tummelte sich vom sparsamen 225 ci-Slant-Six mit 145 PS bis zum 440 ci mit 390 PS alles, was Rang und Namen hatte; diejenigen, die es ganz eilig hatten, konnten natürlich den berüchtigten Hemi-426 ci mit reifenschmelzenden 425 PS bestellen. Dodges Mittelklasse-Muscle-Car war der Coronet R/T (unten ein 68er-, rechte Seite oben ein 69er-Modell), der in der Serie mit einem 440-V8 ausgestattet war. Im Spätjahr 1968 ergänzte der preiswerte Super Bee, ein gestrippter Coronet mit 383 ci-V8-Maschine (rechte Seite, unten), das Modell-Lineup.

Technische Daten

Motor: V8, hängende Ventile; **Coronet R/T** 6982 ccm (108,0 × 95,3), 425 SAE-PS, 7212 ccm (109,7 × 95,3), 375 SAE-PS **Super Bee** 6277 ccm (108,0 × 85,9), 335 SAE-PS, 6982 ccm, 425 SAE-PS, 7212 ccm, 390 SAE-PS

Getriebe:	4-Gang-Schaltgetriebe oder TorqueFlite-Dreigangautomatik
Fahrwerk, vorn:	lange und kurze Querlenker, Drehstäbe, Stabilisator
Fahrwerk, hinten:	Starrachse, Blattfedern
Bremsen:	vorn/hinten Trommelbremsen; auf Wunsch vorn Scheibenbremsen
Radstand (mm):	2972
Gewicht (kg):	1562–1689
Höchstgeschw. (km/h):	**R/T** 198 **Super Bee** 188–208
Beschleunigung 0–96 km/h (s):	**R/T** 6,6 **Super Bee** 5,6–6,3

Produktionszahlen: **1968 Coronet R/T** 10 849 **1969 Coronet R/T** 7238 **Super Bee** 27 846

BFGoodrich

SUPER BEE
SUPR-B 1

1969
Dodge Charger Daytona

1957 gab die „Automobile Manufacturers Association" dem wachsenden Druck der Versicherungen und der Lobby für Sicherheit nach und beendete ihr Engagement in der Rennszene. Die Enttäuschung über diese Entscheidung war natürlich im ersten Moment groß, relativierte sich aber nach einigen Jahren wieder. Der Volkswagen war da und die Eisenhower-Rezession ebenfalls, und jeder baute nun Sparautos – wozu dann Rennen? Dieser Einstellung blieb man bis 1962 treu. Die Autoindustrie hatte sich erholt und begann wieder, das Renngeschehen zu unterstützen.

Die Entwicklung des Dodge Charger Daytona reicht in das Jahr 1963 zurück, als Chrysler sich entschied, das AMA-Abkommen zu ignorieren und Ford bei den NASCAR-Rennen Paroli zu bieten. Chrysler Engineering wurde der Auftrag erteilt, einen neuen Hemi-426-V8 zu entwerfen und damit das leistungsstarke Konzept, das Chrysler in den 50er Jahren entwickelt hatte, fortzuführen. Hemi-befeuerte Plymouth und Dodge fuhren zwar 1964 in Daytona alles in Grund und Boden, Ford aber antwortete mit Big-Bore-Motoren sowie „Ford"-Renn-Optionen und dominierte weiterhin die „Grand National"-Rennszenerie.

1966 stellte Dodge den Charger Fastback vor, der wie ein für NASCAR-Rennen aerodynamisch gestylter Rennwagen aussah, aber viel langsamer war als sein Äußeres vermuten ließ. Zwei Jahre später brachte Dodge den Charger in neuem Styling als Stufenheck-Coupé heraus, rüstete sofort einige Exemplare als Rennversionen um und schickte sie mit Spoilern versehen auf die Piste. Der 68er erwies sich um einiges windschlüpfriger als sein Vorgänger, blieb aber immer noch vier Mph (6,43 km/h) hinter der Ford-Konkurrenz zurück – und in Stock-Car-Rennen entspricht in jeder Runde eine Meile pro Stunde der Länge eines Football-Feldes. Bei Dodge setzte man sich also wieder an das Zeichenbrett, und heraus kam der Charger Daytona.

Der 68er Charger wies gute aerodynamische Eigenschaften auf, hatte aber die Neigung, bei zunehmender Geschwindigkeit ein leichtes Heck zu bekommen. Die Lösung für dieses Problem war ein hoher, justierbarer Heckstabilisator aus zwei vertikalen Flossen und einem horizontalen Flügel. Das Vorderteil

Technische Daten

Motor:	V8, hängende Ventile; 6982 ccm (108,0 × 95,3), 425 SAE-PS, 7212 ccm (109,7 × 95,3), 375 SAE-PS
Getriebe:	4-Gang-Schaltgetriebe, Dreigangautomatik
Fahrwerk, vorn:	obere und untere Querlenker, Längsdrehstäbe
Fahrwerk, hinten:	Starrachse, Blattfedern
Bremsen:	vorn Scheiben-/hinten Trommelbremsen
Radstand (mm):	2972
Gewicht (kg):	ca. 1771
Höchstgeschwindigkeit (km/h):	o. A.
Beschleunigung 0–96 km/h (s):	o. A.
Produktionszahlen:	505

Entwickelt als aerodynamische Wunderwaffe für NASCAR-Rennen, kennzeichneten den Dodge Charger Daytona vor allem seine knapp 46 cm lange, spitz zulaufende „Nase" und sein Heckflügel, der gut 60 cm über dem Kofferraumdeckel thronte. Die nach hinten offenen Hutzen auf den vorderen Kotflügeln waren für die tiefergelegten Rennversionen konzipiert, sie sollten für genügend Reifenspiel in den Radkästen sorgen.

bekam dazu noch eine spitz zulaufende Schnauze, und fertig war eine Kombination, die den Rundendurchschnitt um fünf Mph heraufsetzte. Dodge hatte jetzt einen Wagen, der es nun richtig mit den Fords und Mercurys aufnehmen konnte. Man plante die Produktion von 500 „winged warriors", um auf die für eine NASCAR-Zulassung geforderte Mindest-Serienstückzahl zu kommen.

Der Charger Daytona wurde von Creative Industries gebaut, einer Detroiter Firma, die über die Jahre schon für zahlreiche Spezialkonstruktionen zuständig war. Die Produktionszahlen sind heute nicht mehr genau zu ermitteln, sie liegen aber irgendwo zwischen 501 und 507 Exemplaren; laut Hersteller waren es 505 Daytona, die gebaut wurden. Es hätten aber durchaus mehr produziert werden können, denn die Händler hatten 1200 Vorbestellungen bereits erhalten. Daraufhin verschickte Dodge in aller Eile Telegramme, um die Händler anzuhalten, ihren Kunden doch etwas anderes zu verkaufen. Der Verkaufspreis eines Daytona lag $ 300 über dem eines Charger R/T Hardtop. Das reichte allerdings nicht aus, denn Dodge legte für jeden Daytona $ 1000–$ 1500 drauf, aber das war unwichtig: Er sollte ja schließlich Rennen gewinnen.

Die Rennversionen bekamen alle den 426-Hemi und ein eng abgestuftes Viergang-Schaltgetriebe mit Hurst-Shifter. In Talladega fuhr der Daytona einen neuen offiziellen Geschwindigkeits-Weltrekord für geschlossene Rundstrecken mit knapp 200 mph (ca. 320 km/h). Unglücklicherweise erschien Ford nicht zu dieser Veranstaltung, und es blieb für Dodge ein fiktiver Sieg.

Im darauffolgenden Monat trafen in Charlotte, North Carolina, die Daytona endlich auf ihre Erzrivalen. Waren sie bis dahin enttäuscht gewesen über die vertane Möglichkeit, Ford eins auszuwischen, so waren sie jetzt eher peinlich berührt – Ford gewann. Das Problem lag im übermäßigen Reifenverschleiß: Die Charger waren gezwungen, kurze Spurts an die Spitze zu machen und dann wieder zurückzufallen, um die Reifen zu schonen. Ingenieur Larry Rathgeb zufolge wurde das Reifenproblem nie richtig gelöst. „Firestone konnte nicht und Goodyear wollte nicht einen Reifen entwickeln, der 200 mph durchhielt. Nach fünf Runden fuhr der Fahrer auf der Karkasse, und das war alles andere als angenehm."

Seinen Ruf rettete Dodge dann endlich im Dezember auf der „Texas 500", als der Daytona von Bobby Isaac die teilnehmenden Ford mit einem Schnitt von 144,277 mph (232,142 km/h) auf die Plätze verwies. Der Daytona gewann 1969 80 Prozent seiner Rennen und beschloß das Jahr mit 22 Grand-National-Siegen, nur vier Siege hinter Ford. Dodge stellte aber Ende des Jahres sein Engagement im Stock-Car-Rennsport ein und übergab seine Rolle an Plymouth.

1961-63
Dual-Ghia L6.4

Wenn Ihnen Dual-Ghia L6.4 etwas sagt, dann sind Sie entweder ein unheimlicher Chrysler-Fan oder aber ein Sammler automobiler Raritäten. Aber machen Sie sich nichts draus, wenn Ihnen dieser „andere“ Dual-Ghia fremd ist. Trösten Sie sich damit, daß es anderen Menschen genauso erging, denn er war noch seltener als sein bekannter Vorgänger.

Dieser war Mitte der 50er ins Leben gerufen worden als Eugene Casaroll, Besitzer eines Detroiter Autotransportunternehmens, „Automobile Shippers“ genannt, seine „Spaß-an-der-Freude“-Tätigkeit als Sponsor bei Indianapolis-Rennen an den Nagel hängte und sich fortan nur noch seinem „Traumwagen“ widmete. Dieser war im Prinzip ein in Serie produzierter 1954er Dodge Firearrow, eine von Virgil Exner als Imagepflege für Chrysler entworfene Studie, die von Italiens berühmtem Karosserieschneider Ghia in die Praxis umgesetzt wurde.

Casaroll sicherte sich zuerst die Herstellungsrechte für das viersitzige Firearrow Convertible und verpflichtete dann Giovanni Savonuzzi von Ghia, aus der Studie einen straßentauglichen Wagen zu konstruieren. Außerdem sollte Ghia auch verantwortlich zeichnen für die Modifizierung des Designs und für die Produktion der Karosserien, die in Italien auf die verkürzten Dodge-Chassis geschweißt werden sollten, die Casaroll nach Turin zu liefern beabsichtigte. Antriebsstrang und einige andere Teile stammten von Chrysler, die Endmontage erfolgte dann in Casarolls kleiner Firma Dual Motors in einer Vorstadt von Detroit. Das Resultat präsentierte sich als ein einzigartiges, handgearbeitetes Convertible zu einem entsprechend hohen Preis: $ 7750 waren 1956 bei seinem Debüt das Minimum – zu der Zeit ein Heidengeld.

Aber das war nur ein „Butterbrot“ für die Tycoons, Blaublüter und Hollywood-Größen, die sich Casaroll als Kunden aussuchte; und jedes Jahr sollten es auch nicht mehr als 150 von ihnen sein. So nimmt es nicht wunder, daß sich die Dual-Ghia-Eignerliste wie das *Who's Who* der großen Namen las: Sammy Davis, Jr., Dean Martin, Peter Lawford sowie Frank Sinatra, um nur die wichtigsten zu nennen – Grund für Kolumnistin Dorothy Kilgallen zu spötteln, daß ein „Rolls-Royce das Statussymbol für diejenigen ist, die keinen Dual-Ghia bekommen können“.

Als Handicap stellte sich die Tatsache heraus, daß ab 1958 Casarolls Hemi-V8-Quelle versiegte, da Chrysler im Begriff war diese Motoren auslaufen zu lassen, um die Produktion auf die einfacheren und kostengünstigeren Wedgeheads umzustellen. Hinzu kam noch, daß die amerikanischen Autoproduzenten ab 1960 ihre Karosserien nicht mehr auf separate Chassis setzten, sondern die selbsttragende Bauweise einführten. Der Nachschub an Fahrgestellen war also ebenfalls versiegt. Für Casaroll war das kein

Zwischen 1961 und 1963 wurden nur 26 Dual-Ghia gebaut. Der Preis betrug $ 15 000 – viermal so hoch wie der einer Corvette. Den Motor schmückt zwar der Schriftzug „Ghia" (linke Seite, Mitte), er stammte aber von Chrysler, ebenso wie das Getriebe, das Fahrwerk und die Bremsen. Dual-Ghias waren komplett ausgestattet, von der Klimaanlage bis hin zu einem extra angepaßten Koffersatz aus dem gleichen Leder, das auch den Innenraum kleidete (linke Seite, unten).

Technische Daten

Motor: V8, hängende Ventile, 6277 ccm (108,0 × 85,9), 335 SAE-PS

Getriebe:	Chrysler TorqueFlite-Dreigangautomatik
Fahrwerk, vorn:	obere und untere Dreiecksquerlenker, Längsdrehstäbe, Querstabilisator
Fahrwerk, hinten:	Starrachse, Halbelliptik-Blattfedern
Bremsen:	vorn/hinten Trommelbremsen
Radstand (mm):	2921
Gewicht (kg):	1816
Höchstgeschwindigkeit (km/h):	ca. 193
Beschleunigung 0–96 km/h (s):	ca. 9,5
Produktionszahlen:	26

Problem, ein neuerer Chrysler-Show-Car hatte es ihm angetan: das Dart Hardtop Convertible von 1957 mit abnehmbarem Dach. Für Casaroll war das genau die richtige Basis, um einen neuen wunderbaren Dual-Ghia zu kreieren.

Vielleicht nicht ganz so umwerfend wie die Ankündigungen präsentierte sich ein 2+2-Stufenheck-Coupé, das die Dual-Ghia-typische, maulförmige Vorderansicht kombinierte mit einem eckigen Heck und einer riesigen Panorama-Heckscheibe. Radstand und Fahrzeughöhe hatten sich nicht verändert (2921 mm und 1321 mm), die Gesamtlänge wuchs um 178 mm (auf 5334 mm) und die Fahrzeugbreite um 51 mm (auf 1905 mm). Das Leergewicht lag immer noch bei etwas unter zwei Tonnen. Das tiefliegende Chassis mit gekröpften Achsen wurde komplett bei Ghia gebaut und die restlichen Komponenten stammten wieder hauptsächlich von Chrysler. So verwendete Casaroll Chryslers Drehstabfederung, eine blattgefederte Starrachse (mit 3,23 : 1 etwas träge übersetzt), „Total Contact"-Trommelbremsen mit Bremskraftverstärker sowie „Full Time"-Servolenkung. Der Antriebsstrang wurde ebenfalls von Chrysler bezogen. Statt des 315 ci-Hemi-V8 (5163 ccm) mit Zweigang-PowerFlite verrichtete jetzt ein getunter 383 ci-Wedge (6277 ccm) mit der wesentlich effizienteren Dreigang-TorqueFlite seinen Dienst.

Getauft auf den Namen „L6.4" (was dem vorhandenen Hubraum entsprach), startete das neue Coupé Anfang 1963 seine Karriere – für sphärische $ 15 000. Das war doppelt soviel wie noch für das Convertible zu zahlen war, der Preis enthielt aber immerhin Klimaanlage und Radio; zudem war alles, was sich irgendwie elektrisch betätigen oder mit einem Servo unterstützen ließ, auch dementsprechend ausgeführt. Seltsamerweise hoffte Casaroll dadurch Geld einzusparen, daß Ghia den kompletten Wagen fertigte und Dual Motors nur als Importeur auftrat (deswegen hieß der L6.4 auch offiziell Ghia und nicht Dual-Ghia). Es wurden nicht viele importiert. Obwohl die Reichen, Berühmten und Einflußreichen wieder für einen Dual-Ghia Schlange standen, konnten in den ersten Monaten des Jahres 1963 nur 26 Exemplare ausgeliefert werden, bis Casaroll schließlich das Geld ausging – ein Schicksal, das er mit so manchen anderen enthusiastischen Autobauern teilte.

Der L6.4 erreichte lang nicht die Fahrleistungen seines Vorgängers: Um eine Sekunde langsamer von 0 auf 96 km/h war er auch sehr behäbig, wenn es darum ging, abseits gerader Straßen mal die eine oder andere Kurvenkombination zu nehmen. Leon Mandel beschrieb den L6.4 nach einer Testfahrt für *Motor Trend* als „ängstlich ... besonders auf sehr kurvenreichen Landstraßen: er springt; er zittert; er bebt und er tanzt". Er hielt ihn an strahlenden Sonnentagen außerdem noch für „gefährlich": „Innen und außen herrscht derart viel Chrom, daß der Fahrer nur noch geblendet ist." Vielleicht hätte er seinen Anmerkungen noch hinzufügen sollen, daß das Cockpit so italienisch war, daß es einem Ferrari zur Ehre gereicht hätte, bezogen mit wohlriechendem Leder und gespickt mit Knöpfen, Schaltern und Instrumenten.

Heute hat ein Dual-Ghia natürlich nicht den Status eines Ferrari, aber als das „ultimative Auto" eines Mannes war der L6.4 nicht minder selbstbewußt oder faszinierend. Grund genug, ihn hier zu würdigen, trotz seiner teilweise „nicht amerikanischen" Abstammung.

1960 Edsel

Witze über den Edsel bekamen vor 10 Jahren bereits immer längere Bärte, und heutzutage sind sie komplett „out". Der Edsel kostete die Ford Motor Company $ 350 Millionen, ein Betrag, der heute, wenn es mal schlecht läuft, in einem Monat oder sogar in einer Woche in den Wind geschrieben wird. Das Edsel-Fiasko war aber auch der Grundstein für den Erfolg in den 60er Jahren und für die korporativen Strukturen, die bis heute noch aktuell sind.

Als das Edsel-Projekt fehlschlug, zog Ford die Marken Lincoln, Continental und Mercury zu einer Gruppe zusammen und startete mit nur zwei Divisionen in eine neue Zukunft. Betrachtet man heute das heillose Durcheinander in den fünf General-Motors-Divisionen, dann wirkt der Edsel fast wie ein kleiner Held. Selbst heute gelingt es Ford noch erfolgreich, gemeinsame Karosserie-Typen wie die von Cougar/Thunderbird und Sable/Taurus im Styling trotzdem voneinander zu unterscheiden und jedem Modell seinen eigenen Charakter zu geben. Vielleicht ist diese $ 350-Millionen-Lektion nicht unbedingt die billigste Art, zur Besinnung zu kommen, der Fehlschlag des Edsel könnte aber durchaus als segensreicher Wendepunkt in die Geschichte eingehen.

Der Wagen selbst paßte perfekt in die Zeit und war in mancherlei Hinsicht sogar innovativ. Neben seinem unvergleichlichen vertikalen Kühlergrill und den schmalen horizontalen Rückleuchten (die ein Zyniker mal mit eingewachsenen Fußnägeln verglich), konnte der Edsel mit zahlreichen „Spielereien" aufwarten. Das „Teletouch"-Automatikgetriebe wurde durch Drucktasten bedient, die sich in der Lenkradnabe befanden; der Tacho bestand aus einer sich drehenden Trommel; und überhaupt konnte alles, mit Ausnahme vielleicht des Rückspiegels, elektrisch bedient oder per Servo betätigt werden.

Angekündigt wurde der Edsel 1958 mit vier Modelltypen und 18 verschiedenen Karosserie-Ausführungen, konzipiert wurde er allerdings schon im prosperierenden 1955, dem Jahr, in dem Wagen der mittleren Preisklasse einen regelrechten Boom erlebten. Als der Neuling dann die Bühne betreten wollte, sah es auf dem Neuwagen-Markt recht düster aus; der Markt, den der Edsel ansteuerte, war sogar um mehr als 30 Prozent zusammengebrochen. Die Edsel-Division, von Ford als Teil einer Multi-Divisionen-Strategie (ähnlich der von General Motors) ins Leben gerufen, plante, 1958 100 000 Fahrzeuge zu produzieren. 63 000 sollten es aber nur werden.

63 000 verkaufte Einheiten sind natürlich kein schlechter Anfang, aber für einen Wagen, der bisher Millionen an Entwicklungs- und Vorbereitungskosten verschlungen hatte und für den die Produktion auf sechsstellige Zahlen ausgelegt wurde, war das absolut enttäuschend. Sparmaßnahmen waren im Zorneseifer schnell ergriffen, und 1959 präsentierte sich der Edsel bereits nur noch mit drei Modellen und 10 Karosserietypen. Außerdem wollte Ford die Edsel-Division auflösen, den Wagen der Lincoln-Mercury-Division einverleiben und, sobald es möglich war, das Edsel-Standardmodell ganz aus dem Programm streichen. Der Name sollte jedoch fortbestehen: Mehrere Monate lang trug Ford sich mit dem Gedanken, den neuen Kompakt-Mercury einfach Edsel zu nennen. Das Fiasko hatte aber solche Ausmaße angenommen (1959 verkauften sich nur 45 000 Exemplare), daß Mercury den Plan fallen ließ und sich lieber für den unbelasteten Namen „Comet" entschied.

1960 bereits sollte der Edsel nicht mehr lange von dieser Welt sein. Die Karosserie teilte er sich mit dem Ford Galaxie, allerdings auf einem 25 mm längeren Fahrgestell, das Styling änderte man soweit ab, daß leichte Unterschiede erkennbar waren. Den stehenden Kühlergrill, *das* Erkennungszeichen eines jeden Edsel, hatte man gegen einen in der Mitte geteilten, horizontalen Grill ausgetauscht, der der Kühlermaske des (erfolgreichen) 1959er Pontiac verdächtig ähnlich sah. Der Karosserie, die für das Jahr 1960 neu gestylt wurde und jetzt einen recht frischen Eindruck machte, hatte man an Kotflügeln und Seitenflächen reichlich Chrom-Zierat spendiert. An Zubehöroptionen hatte man zwar unter anderem die Wahl zwischen Zwei- und Dreigangautomatik, Servolenkung oder Klimaanlage, die Modellauswahl jedoch war auf zwei Modelle beschränkt: Ranger als Sedan, Hardtop und Convertible (insgesamt wurden fünf Versionen angeboten); Villager Kombi als Sechs- oder Neunsitzer.

Die 60er Edsel sind überaus rare Fahrzeuge, und ihre Produktionszahlen lassen jeden Sammler in Verzückung geraten. Der Ranger ist der einzige Edsel, der über 1000 mal gebaut wurde, die anderen Modelle dagegen traten nur in geringsten Stückzahlen auf. Absoluten Seltenheitswert haben das Ranger Convertible (76 Stück) und der neunsitzige Villager Kombi (59 Stück).

Als der 60er Edsel in Produktion ging, war er bereits dem Untergang geweiht. Er teilte sich mit dem Ford Galaxie eine Basiskarosserie, allerdings mit leichten Änderungen im Design. Bedingt durch ihre geringen Verkaufszahlen, sind einige Modelle absolut rar: Nur 76 Convertibles und 275 Villager Kombis wurden gebaut. Der abgebildete Station Wagon (rechte Seite, unten) war in Wirklichkeit ein mit Edsel-Optik versehener zweitüriger Ford Ranch Kombi, leicht erkennbar, da alle echten *Villager Kombi Viertürer waren.*

Technische Daten

Motor: 6 Zylinder in Reihe, hängende Ventile, 3655 ccm (92,0 × 88,9), 145 SAE-PS; V8, hängende Ventile, 4786 ccm (95,3 × 83,8), 185 SAE-PS, 5769 ccm (101,6 × 88,9), 300 SAE-PS

Getriebe:	3-Gang-Schaltgetriebe; auf Wunsch 2-/3-Gang-Automatik
Fahrwerk, vorn:	obere und untere Dreiecksquerlenker, Schraubenfedern
Fahrwerk, hinten:	Starrachse, Blattfedern
Bremsen:	vorn/hinten Trommelbremsen
Radstand (mm):	3048
Gewicht (kg):	1590–1837
Höchstgeschwindigkeit (km/h):	o. A.
Beschleunigung 0–96 km/h (s):	o. A.

Produktionszahlen: **Ranger Hardtop 4tür.** 135 **Sdn 4tür.** 1288 **Hardtop 2tür.** 295 **Sdn 2tür.** 777 **Conv.** 76 **Villager 9sitzer** 59 **6sitzer** 216

1965-69 Excalibur Series I

Viele „replicars" sind seit Mitte der sechziger Jahre aufgetaucht und wieder in der Versenkung verschwunden, und so ist es allzu verständlich, daß der erste und beste dieser Gattung auch am längsten überdauern würde. Und das war kein Geringerer als der Excalibur, die einzigartige Schöpfung des bekannten Industriedesigners Brooks Stevens.

Die ersten Excalibur stammten von 1951 und waren leichtgewichtige Fahr- und Rennmaschinen, die mit „altmodisch-modernen" Karosserien auf einem Henry J-Chassis aufgebaut worden waren. Die Geburtsstunde des Serien-Excalibur geht auf das Jahr 1963 bei Studebaker zurück, wo Stevens im vierten Jahr als Berater tätig war. Dort hatte er gerade die Stylingänderungen bei dem kompakten Lark und dem sportlichen Hawk Coupé kostengünstig umgesetzt, als Studebaker-Präsident Sherwood Egbert ihn bat, ein paar Show Cars zu konzipieren, um die Öffentlichkeit zu überzeugen, daß der bereits marode Hersteller Studebaker doch noch eine Zukunft hatte. Da die Zeit knapp war, gelang es Stevens nur, drei Studien auf Lark-Basis fertigzustellen. Für die jährliche „New York Auto Show" im April 1964 aber wollte er etwas kreieren, was „die Leute zwingen sollte, zu dieser verdammten Show zu kommen". Leider zwang ein Krebsleiden Egbert zum Rücktritt, sein Nachfolger Byers Burlingame erklärte sich aber bereit, das Projekt weiterzuführen.

Stevens entwickelte einen Wagen, den er einen „zeitgemäßen Klassiker" nannte und der so aussah wie der kompressorgeladene Mercedes SSK, den er einmal besessen hatte. „Studebaker SS" getauft, besaß der bildhübsche Roadster Radkotflügel und das Chassis des Lark Daytona Convertible sowie einen kompressorgeladenen 289 ci-V8 (4737 ccm) mit 290 SAE-PS. Den kompletten Wagen hatte Stevens mit seinen Söhnen David und William innerhalb von nur sechs Wochen fertiggestellt.

Sie brachten den Wagen nach New York, und Studebaker offenbarte ihnen die schlechte Nachricht, daß man von dem Projekt zurückgetreten sei. Grund war, so ließen offizielle Vertreter verlauten, daß der Wagen sich nicht mit der neuen Marketingstrategie vereinbaren ließe. Unbeirrt von dieser Entscheidung präsentierte Stevens den „SS" auf eigene Faust. Der Wagen fand soviel Anklang, daß Stevens sich kaum noch vor Bestellungen retten konnte. Aufgrund des Erfolges gründeten seine Söhne im August 1965 „SS Automobiles" und produzierten innerhalb eines Jahres 56 Exemplare des modifizierten SS, der jetzt den auf Stevens registrierten Namen „Excalibur" trug. Markenzeichen war ein Kühleremblem, das zwei sich kreuzende Schwerter in einem Kreis zeigte („sword-in-circle") und als Reminiszenz – nicht aber als Anspielung – an den Mercedes-Stern gedacht war, auf den sie aber doch irgendwie neidisch waren.

Studebaker hatte in der Zwischenzeit die Produktion eingestellt, die Stevens-Brüder sicherten sich aber von Chevrolet die Lieferzusage für den 327 ci-V8 (5360 ccm) mit 300 PS. Dieser Motor vermochte den schönen, nur 950 kg schweren Excalibur zu überaus erfrischenden Fahrleistungen zu motivieren. Mit serienmäßiger 3,31 : 1-Hinterachsübersetzung kam man für den Spurt auf 60 mph (96 km/h) mit weniger als fünf Sekunden aus; der Studebaker-getriebene Prototyp hatte dagegen noch ganze sieben Sekunden benötigt. Und man schätzte die Höchstgeschwindigkeit sogar auf 160 mph (ca. 257km/h)!

Technische Daten

Motor: **1965** Studebaker-V8: 4737 ccm (90,4 × 92,0), 290 SAE-PS; **1966–69** Chevrolet-V8: 5360 ccm (101,6 × 82,6), 300 SAE-PS

Getriebe:	4-Gang-Schaltgetriebe, Dreigangautomatik
Fahrwerk, vorn:	obere und untere Dreiecksquerlenker, Schraubenfedern
Fahrwerk, hinten:	Starrachse, Halbelliptik-Blattfedern
Bremsen:	vorn Scheiben-/hinten Trommelbremsen
Radstand (mm):	2769
Gewicht (kg):	953–1203
Höchstgeschwindigkeit (km/h):	240+
Beschleunigung 0–96 km/h (s):	5,0–6,5

Produktionszahlen: **1965 Roadster** 56 **1966 Roadster** 87 **Phaeton** 3 **1967 Roadster** 38 **Phaeton** 33 **1968 Roadster** 37 **Phaeton** 20 **1969 Roadster** 47 **Phaeton** 44

Anmerkung: Gesamtproduktion **1965–68 SSK Roadster** 168 **„Standard"-Roadster** 59 **Phaeton** 89

Das Lark-Chassis war recht betagt aber schmal, und damit wie geschaffen für die schlanke Karosserie des Excalibur. Es war X-förmig ausgelegt und wies eine hohe Steifigkeit auf, mußte aber zur Verbesserung des Fahrverhaltens zusätzliche Stabilisierungsmaßnahmen über sich ergehen lassen. David Stevens wurde mit dieser und auch mit vielen anderen Aufgaben betraut. David mußte beispielsweise die Fußpedale und die Lenksäule nach unten versetzen, da Motorhaube und Windlaufblech diese Anordnung erforderten. Ebenso änderte er Federraten sowie Nachlauf- und Sturzwinkel und erreichte dadurch, daß sich der Wagen genauso gut in Kurven wie auf gerader Strecke bewegen ließ. Alle Excalibur der Serie I wurden mit diesem Chassis ausgerüstet. Für die 1970 vorgestellte Serie II dachte sich der junge Stevens einen Kastenrahmen mit Einzelradaufhängung aus.

Kompromißlose Qualität sollte den Excalibur immer von der bunten Schar der von ihm inspirierten „Neoklassiker“ abheben. Papa Stevens ging sogar soweit, daß er sich den ursprünglichen Mercedes-Zulieferer für seine nicht funktionale, außenliegende Auspuffanlage sicherte und in Frankreich hergestellte, freistehende Scheinwerfer auswählte, die denen des SSK fast bis aufs Haar glichen.

In der Anfangsphase erhielten die ersten Exemplare des Excalibur noch handgedengelte Aluminiumkarosserien, danach aber ging man aus praktischen und Kostengründen dazu über, Glasfiber als Material einzusetzen. Den Kühler fertigte man aber weiterhin aus Aluminium. Das Armaturenbrett präsentierte sich in nacktem Metall, gespickt mit Instrumenten, die mit weiß beschrifteten schwarzen Zifferblättern einen sehr zweckmäßigen Eindruck machten. Hier bekam der Kunde einen Wagen, der handgearbeitet war, sensationelle Fahrleistungen erbrachte und ein sicheres Fahrverhalten garantierte – und das zu einem unglaublich günstigen Preis von $ 7250 in der Basisausführung.

Ermutigt durch ihren Anfangserfolg erweiterten die Stevens-Brüder 1966 das Angebot um zwei neue Modelle: einen aufwendigeren Roadster mit außenliegenden Kotflügeln und Trittbrettern sowie ein erstaunlich geräumiges, viersitziges Phaeton Convertible. Die Preise stießen in weit höhere Dimensionen vor und erreichten 1969 die $ 10 000-Marke; ein Excalibur repräsentierte aber weiterhin einen sehr guten Gegenwert. Erst im Jahr 1976 durchbrachen die Preise die $ 20 000-Mauer, und daß in erster Linie aufgrund einer inflationären Wirtschaftsentwicklung und erhöhten gesetzlichen Auflagen. Man darf dabei natürlich nicht vergessen, daß parallel dazu eine stetig verbesserte und erweiterte Ausstattung die Preise ebenfalls nach oben trieb. 1969 gab es serienmäßig Klimaanlage, Heizungsgebläse, Servolenkung mit variabler Übersetzung, höhenverstellbares Lenkrad, servounterstützte vordere Scheibenbremsen, Radialreifen auf verchromten Speichenfelgen, Gepäckträger, AM/FM-Stereoradio, Ledersitze, Kompressorfanfaren, zusätzliche Weitstrahl-Scheinwerfer, hintere Luftfederung, „Positraction“-Sperrdifferential sowie Turbo-Hydra-Matic (die letzten beiden Posten stammten natürlich von GM).

Der Excalibur wurde in den siebziger Jahren als Serie II und III fortgeführt. Die neuen Modelle knüpften dort an, wo die erste Serie aufgehört hatte. Danach gingen die Stevens-Brüder dazu über, eine größere, aber langsamere Serie IV zu produzieren, die sich aber auf dem zu der Zeit sehr wechselhaften Markt nicht behaupten konnte und Verluste einfuhr, so daß Ende der 80er Jahre die Stevens ihren Betrieb verkaufen mußten. Die Firma wurde von neuen Besitzern weitergeführt, ging aber 1991 endgültig in den Konkurs.

Designer Brooks Stevens (stehend) mit seinen Söhnen William und David neben und in einem frühen Excalibur (oben). Spätere Modelle wurden größer und unhandlich; konzipiert für den Luxuswagen-Markt, waren sie weit von den guten und begeisternden Fahrleistungen der Serie I (beide Seiten) entfernt.

1960-61 Ford Galaxie Sunliner & Starliner

Das Galaxie Starliner Coupé (oben und rechte Seite, Mitte) wurde 1960 vorgestellt und besaß eine Semi-Fastback-Dachpartie mit dünnen C-Säulen. Es hatte gegenüber den anderen „square-roof"-Modellen von Ford eine deutlich bessere Aerodynamik. Für das Jahr 1961 bekamen die großen Ford ein neues Styling mit auf den Weg (rechte Seite, oben), das unter anderem kleine, schräge Heckflossen und große runde Rückleuchten umfaßte. Das Interieur der 61er Convertibles (rechte Seite, unten) fiel besonders durch seine zweifarbige Polsterung und ein glattflächiges, aufgeräumtes Armaturenbrett auf.

Mittlerweile sind sie wirklich sehr rar geworden, die großen Ford von 1960–61. Selbst auf Treffen der blau-ovalen Zunft treten sie nur äußerst selten in Erscheinung. Das nimmt wunder, waren doch die wenigsten Ford so attraktiv und bis dahin so potent wie diese Modelle. Hinzu kommt noch, daß sie der eigentliche Grundstein für die „Total Performance"-Modelle von 1962–64 waren, die heute von den meisten Big-Ford-Fans favorisiert werden – und die deren Herkunft vielleicht nicht zu würdigen wissen.

1960 ging Ford in die Vollen und stellte seinen ersten Compact, den Falcon, sowie eine ebenfalls neue Reihe an Standard- bzw. Full-Size-Modellen vor; die größten Ford, die bis dahin gebaut wurden. Der Radstand nahm gegenüber 1959 zwar nur um 25 mm zu (auf 3,02 m), die Fahrzeuglänge wuchs aber auf 145 mm und die Breite auf 119 mm. Die neuen Ford waren jetzt stattliche 2,07 m breit – *zu* breit um legal über die Straßen mancher Bundesstaaten zu fahren (die Obrigkeiten schienen aber davon keine Notiz zu nehmen).

Die neuen Abmessungen begleitete ein neues Design, das den Eindruck einer hastig angefertigten Kopie des 59er „Fledermaus"-Chevrolet hinterließ, obwohl man sagen muß, daß sich Ähnlichkeiten aufgrund der Vorlaufzeiten eher zufällig ergaben. Abgesehen davon war der Ford sowieso um einiges schöner. Präsentierte sich das 59er-Styling noch schachtelig, „korrekt" und ein wenig überladen, traten die 60er-Modelle glatter, gerundeter und wesentlich klarer gezeichnet auf. Und transparenter natürlich, mit ihrer niedrigen Gürtellinie und den großflächigen Windschutzscheiben, denen man die berüchtigten, kniefeindlichen „dogleg"-A-Säulen begradigt hatte. Er mag für einige vielleicht nicht das schönste der „Big Three"-Standardmodelle gewesen sein, aber er präsentierte sich doch um einiges frischer als der neu gestylte Chevy und erheblich geschmackvoller als der bizarre neue Plymouth.

Frischer Wind bließ auch unter der Blechhaut, die auf einen neuen stabilen Kastenrahmen anstelle des betagten 50er-Jahre-X-Rahmens gesetzt war. Die Blattfedern hatte man weiter nach hinten versetzt, so daß statt der Hälfte sich nur ein Drittel ihrer Länge vor der Hinterachse befand. Diese Maßnahme trug dazu bei, die Seitenneigung der Karosserie bei Kurvenfahrten zu vermindern. Die Befestigungspunkte der Karosserie und des Antriebsstranges wurden modifiziert sowie schalldämmende Materialien eingesetzt, um Fahr- und Antriebsgeräusche weitgehend von den Insassen fernzuhalten.

Der Sunliner blieb weiterhin das glamouröse Topmodell der Full-Size-Fords, die, neu geordnet, sich (von unten nach oben) als Custom 300, Fairlane, Fairlane 500 und Galaxie, inklusive der jeweiligen Kombimodelle, in das neue Modelljahr 1960 begaben. Die Galaxie-Serie wurde noch durch ein sehr luftig wirkendes, zweitüriges Hardtop ergänzt, daß auf den Namen Starliner hörte (übrigens ein alter Studebaker-Name) und mit einem sportlichen, leicht gewölbten Semi-Fastback-Dachprofil aufwartete.

Technische Daten

Motor: 6 Zylinder in Reihe, 3655 ccm (92,0 × 91,4), 135/145 SAE-PS; V8, hängende Ventile, 4786 ccm (95,3 × 83,6), 175/185 SAE-PS, 5769 ccm (101,6 × 88,9), 220/235/300/360 SAE-PS, 6392 ccm (102,9 × 96,0), 300/375/401 SAE-PS

Getriebe:	3-Gang-Schaltgetriebe, Cruise-O-Matic-Dreigangautomatik
Fahrwerk, vorn:	obere und untere Dreiecksquerlenker, Schraubenfedern
Fahrwerk, hinten:	Starrachse, Halbelliptik-Blattfedern
Bremsen:	vorn/hinten Trommelbremsen
Radstand (mm):	3023
Gewicht (kg):	1619–1699
Höchstgeschwindigkeit (km/h):	153–241
Beschleunigung 0–96 km/h (s):	7,1–12,0

Produktionszahlen: **1960 Sunliner** 44 762 **Starliner** 68 461 **1961 Sunliner** 44 614 **Starliner** 29 669

Der Starliner hatte aber noch mehr zu bieten als nur seine Optik. Gegenüber den anderen geschlossenen Galaxie-Varianten mit ihren eckigen Dachpartien im Thunderbird-Stil bewies er auf Stock-Car-Hochgeschwindigkeitsrennen ein weitaus besseres aerodynamisches Verhalten. In der Tat schien er wie für Rennen gemacht zu sein. Aber nicht nur da fand er großen Anklang, er war sogar eines der beliebtesten Ford-Modelle des Jahres 1960, was 68 500 verkaufte Exemplare eindrucksvoll bestätigen. Ein Enthusiast beschrieb den Starliner treffend als „einen Wagen, den man nie vergißt".

Wie auch in den Vorjahren bestand 1960 Fords Motorenangebot hauptsächlich aus den 292- und 352 ci-V8-Maschinen (4786 und 5769 ccm). Nach dreijähriger Abstinenz hatten die Big Three wieder ihr Renn-Engagement aufgenommen, was für Ford bedeutete, daß die maximal vorhandenen 300 PS ihrer Motoren nicht mehr ausreichten. Daraufhin entschloß sich Ford seit 1957 wieder, einen Hochleistungsmotor auf den Markt zu bringen. Mitte des Jahres stellte man den 352 ci als „Interceptor 360" vor, der seinem Namen entsprechend über 360 PS verfügte und dessen Leistung mittels eines riesigen Vierfachvergasers und einer 10,6 : 1-Verdichtung erhöht worden war. *Motor Life* testete einen Interceptor-getriebenen Starliner-Prototyp und brachte erstaunliche Ergebnisse zu Tage: Der fast 1900 kg schwere Wagen spulte den Beschleunigungstest von 0 auf 60 mph in sensationellen 7,1 s ab und erreichte eine Höchstgeschwindigkeit von echten 150 mph (241 km/h). (*Motor Trend* schaffte mit seinem 300 PS-Starliner und Automatikgetriebe nur eine Zeit von 11,7 s.) Der Aufpreis für diesen Zeitgewinn betrug nur „läppische" $ 150. Die Ära der „Total Performance" war angebrochen.

1960 konnte Ford seinen Erzrivalen Chevrolet um 20 000 verkaufte Wagen überbieten und ging mit einigen geschmackvoll umgesetzten Stylingänderungen in das neue Modelljahr. Die 61er-Standardmodelle besaßen jetzt einfache, konkave Kühlermasken, anders konturierte Seitenflächen und kleine, im Stil von 1957 gehaltene klingenförmige Heckflossen über großen runden Rückleuchten. Die Modellauswahl blieb zwar bestehen, jedes Modell bekam aber längere Schmier- und Ölwechselintervalle (50 000 bzw. 10 000 km) sowie selbstnachstellende Bremsen; ein bemerkenswerter Schritt zu mehr Servicefreundlichkeit war getan.

Aufregender war allerdings der neue gegen Aufpreis erhältliche 390 ci-„Thunderbird Special"-V8. Im Prinzip ein vergrößerter und stärkerer 352 ci, leistete er im Standardtrimm mit einem Vierfachvergaser – der gleiche wie beim 360 PS-352 ci – zwar nur 300 PS, entwickelte dafür aber einiges mehr an Drehmoment (570,4 gegenüber 508,9 Nm). Noch leistungsfähiger war der „Thunderbird 390 Super", der mit 375 PS angegeben und für alle großen 61er Ford, außer den Kombis, als Option lieferbar war. „Performance" war bei dieser Version großgeschrieben, und so mußte der Kunde auf Servolenkung und -bremsen sowie Automatikgetriebe verzichten. Mitte des Jahres kam sogar noch ein heißerer 390 hinzu, der mit drei Zweifachvergasern und sehr hoher Verdichtung für satte 401 PS sorgte.

Dieser „390" versetzte Ford wieder in die Lage, gemeinsam mit dem 389-V8 von Pontiac und dem 409-V8 von Chevy das nächste „PS-Konzert" anzustimmen. Es sah so aus, als ob der Starliner das Rennen machen würde, aber leider kam er nicht dazu, da die meisten Kunden „square-roof"-Galaxies bevorzugten. Die Verkaufszahlen fielen unter 30 000 Einheiten, und er wurde Ende 1961 aus dem Programm genommen.

1960
Ford Thunderbird

Vergessen Sie alles, was Sie bisher an Negativem über die viersitzigen Thunderbirds gehört oder gelesen haben – beispielsweise, daß Ford den Sportwagen einfach fallenließ, Funktion durch Glamour ersetzte oder den Wagen mit dieser verhaßten Rücksitzbank verschandelte. All das ist unwichtig, weil es nicht den Kern der Sache trifft: Ford distanzierte sich zwar vom originalen Konzept, das ist richtig, aber auf der anderen Seite war der erste viersitzige Thunderbird schlicht ein Meisterwerk der Designkunst.

Hinzu kommt, daß er wohl zu den herausragendsten Schöpfungen der amerikanischen Automobilgeschichte der sechziger Jahre zu zählen ist. Außerdem baute er seinen Erfolg nicht auf den technologischen Sackgassen seiner Zeit auf: Luftfederung, Benzineinspritzung, Motoraufladung, abnehmbare Hardtops, um nur einige zu nennen. Jede dieser Errungenschaften wurde in Erwägung gezogen, jede wurde wieder verworfen.

Bob Hennessy, leitender Ingenieur der Thunderbird-Karosserieabteilung, hält den „Squarebird" für ein revolutionäres Konzept. „Nehmen Sie den Wagen heute und stellen ihn vor Ihr Haus. Er wird nicht sonderlich altmodisch wirken. Als wir an ihm arbeiteten, betrug die normale Fahrzeughöhe ungefähr 1,55 m – genau schulterhoch. Der Squarebird war dagegen exakt 1334 mm hoch. Damit wir diesen niedrigen Sportwagen-Look bekamen, verringerten wir einfach die Standardhöhe um 25 cm." Der viersitzige 'Bird war auch ein absoluter kommerzieller Renner und viel erfolgreicher als der Zweisitzer.

Für das Modelljahr 1960 hatte Ford Styling eine Überarbeitung des bereits zwei Jahre alten Thunderbird-Designs angekündigt. Die Linienführung der Dachpartie hatte man 1959 auch in das Design der großen Ford einfließen lassen, und die Designer waren besorgt darüber, daß dieses Stilelement seine Originalität verlieren könnte. Einem Protokoll des Ford-Division-Planungskomitees zufolge waren Änderungen der Karosserie aus Kosten- und Marketinggründen nicht durchführbar. „Eine teilweise Überarbeitung der vorhandenen Karosserie, im speziellen Dach, Vorderteil, Kotflügel usw., brachte nicht den gewünschten visuellen Unterschied, so daß die geforderten Geldmittel nicht zu rechtfertigen sind." Der Bird war jetzt in seinem dritten Stylingjahr, und es wurde als klüger angesehen, bis 1961 keine größeren Änderungen einfließen zu lassen.

Die 60er Thunderbirds hatten etwas an Gewicht verloren, aber dafür im Preis zugelegt. Der Basispreis für ein Hardtop betrug $ 3755, für ein Convertible $ 4222. Änderungen in der Mechanik wurden nicht durchgeführt, dafür leichte Retuschen in der Optik: Vertikale Chromstreifen zierten die hinteren Kotflügel, „Thunderbird"-Schriftzüge schmückten die „Seitenprojektile" in Höhe der Türen, eine horizontale Strebe durchzog den neuen gitterförmigen Kühlergrill, und sechs Heckleuchten statt vormals vier sorgten für eine imposante Rückansicht. Zierteile und Embleme erfuhren ebenfalls leichte Änderungen; zur Serienausstattung gehörte nun ein rechteckiger Außenspiegel. Die Türgriffe integrierten sich jetzt besser in den Heckflossenansatz, und in die Türverkleidungen hatte man Armlehnen eingearbeitet. Für die 60er-Modelle verwendete man bei einigen Teilen Edelstahl als Material, zwei Teile waren sogar komplett aus Edelstahl gefertigt. Zulieferer dieser rostfreien Komponenten war die Allegheny-Ludlum Steel Corporation.

Eine bemerkenswerte Neuerung war die Möglichkeit, die Fahrfreuden „halboffen" zu genießen, denn Ford hatte dem Thunderbird als erstem amerikanischen Nachkriegswagen ein Stahlschiebedach spendiert. Es sah gut aus, und es funktionierte auch entsprechend, allerdings hatte es bei der Planung keine absolute Priorität genossen. Einige Produktplaner hätten ein abnehmbares Hardtop, wie beim Ford Skyliner, vorgezogen, mußten aber aufgrund der kurzen Heckpartie und der daraus resultierenden engen Platzverhältnisse darauf verzichten. Selbst das Softtop war nicht ohne Probleme zu realisieren, im offenen Zustand beanspruchte es sehr viel Platz unter der Kofferraumklappe. Erwogen wurde auch eine Konstruktion aus Seitenscheiben mit angesetztem Dach, die sich bei Schließen oder Öffnen der Tür versenkte oder hochklappte. Diese Idee wurde aber aus Kostengründen und wegen ihrer Komplexität wieder verworfen.

Ford hatte sehr viel Wert auf Detaillösungen gelegt, sehr schön veranschaulicht durch die Reling oberhalb der Windschutzscheibe, die bei offenem Schiebedach für weniger Zugluft und Windgeräusche sorgte. 2159 Standard-Hardtops und 377 Hardtops mit optionaler 430 ci-Maschine wurden mit Schiebedach augeliefert – das waren weniger als drei Prozent der Squarebird-Produktion.

Welche Fehler ließen sich überhaupt dem Thunderbird ankreiden? Sicherlich seine Fahreigenschaften, zu denen *Motor Trend* 1960 schrieb, daß sie „weit von dem entfernt sind, was man allgemein von solch einem handlichen Auto erwarten würde" und daß „die Lenkung reaktionsträge und unpräzise ist ... und die kompakten Abmessungen des Fahrzeuges nicht spürbar und die positiven Eigenschaften einer solchen Kompaktheit überhaupt nicht vorhanden sind" – eine Kritik, die verwunderlich ist, hatte doch diese Zeitschrift dem Thunderbird zwei Jahre zuvor noch den Titel „Car of the Year" verliehen.

Der Squarebird wartete auch mit positiven Dingen auf, was *Motor Trend* ebenfalls nicht entgangen war: „Er zeichnet sich durch ein originelles, frisches und neues Konzept aus. ... Er besitzt, mehr als jeder andere amerikanische Wagen, die Aura und die Qualitäten, die die klassischen Roadster und Tourer der dreißiger Jahre so erinnerungswürdig haben werden lassen."

Technische Daten

Motor:	V8, hängende Ventile; 5769 ccm (101,6 × 89,9), 300 SAE-PS, 7048 ccm (109,2 × 94,0), 350 SAE-PS
Getriebe:	3-Gang-Schaltgetriebe; auf Wunsch Dreigangautomatik
Fahrwerk, vorn:	obere und untere Dreiecksquerlenker, Schraubenfedern
Fahrwerk, hinten:	Starrachse, Blattfedern
Bremsen:	vorn/hinten Trommelbremsen
Radstand (mm):	2870
Gewicht (kg):	1725–1769
Höchstgeschwindigkeit (km/h):	o.A.
Beschleunigung 0–96 km/h (s):	o.A.
Produktionszahlen:	**Cpé** 78 447 **„Goldtop" Cpé** 2536 **Conv.** 11 860

Der 1960er Thunderbird zeichnete sich durch das erste Stahlschiebedach aus, das in einem amerikanischen Nachkriegswagen verbaut wurde. Ansonsten hatte man gegenüber der 59er-Version nur sehr wenig geändert. Nicht nur das äußere Erscheinungsbild, sondern auch das Interieur wandte sich jetzt einem luxuriöser orientierten Publikum zu.

CALIFORNIA
KSB 680

1961-63
Ford Falcon Futura

Der Ford Falcon war mit Abstand der beliebteste unter den neuen Compacts, die die Big Three 1960 vorgestellt hatten, und das aus gutem Grund. Er war genau das, was der Kunde wollte: einfacher und zuverlässiger als Chevrolets heckgetriebener Corvair, billiger und schnörkelloser als Chryslers Valiant. Aber wie die Dinge so sind, blieb er nicht so anspruchslos, sondern fand sich 1968 als ziemlich langweiliger Wagen in der unteren Mittelklasse wieder. Er verlor dadurch viel von seinem ursprünglichen Flair, und das erklärt auch, warum heute die 61–63er Futura und Futura Sprint als die besten Falcons überhaupt angesehen werden: sportlicher, aber nicht minder klar und leichtfüßig in ihrem Auftreten als die Originale von 1960 und ab 1963 dank eines V8 auch spritziger.

Der Futura stellte sich genau ein Jahr nach dem Chevrolet Corvair Monza vor, der den Weg für „europäisierte" Low-Budget-Autos geebnet hatte. Ausschließlich angeboten als zweitürige Limousine, ähnelte er mit seinen vinylbezogenen Einzelsitzen dem Monza, nur daß hier ähnlich dem Thunderbird ein kleines verchromtes Staufach die Sitze voneinander trennte. Teppiche und Schmalband-Weißwandreifen ergänzten zusammen mit dem zuverlässigen 144 ci-Sechszylinder (2365 ccm) des Falcon die Serienausstattung des Futura. Leider reichten die 85 PS für einen Wagen, der sportliche Ambitionen hegte, bei weitem nicht aus, genausowenig wie die 101 PS des etwas kräftigeren, optional erhältlichen 170 ci-Sechszylinders (2786 ccm). Als Kraftübertragung dienten die serienmäßige Dreigang-Lenkradschaltung oder die auf Bestellung lieferbare „Fordomatic", ein mittelgeschaltetes Vierganggetriebe fehlte jedoch. Trotzdem ließen sich die Verkaufszahlen des Futura, der ja erst Mitte des Jahres präsentiert worden war, erstaunlich gut an.

Das Basis-Modellangebot wurde für 1962 übernommen, allerdings hatte man allen Falcon einen neuen „Elektrorasierer"-Kühlergrill mit auf den Weg gegeben. Ein paar Monate später brachte Ford „The Lively Ones" heraus, die ersten Modelle einer mittjährlich wiederkehrenden Modellgruppe, die dafür bestimmt war, den Verkaufszahlen des Frühjahres einen zusätzlichen Schub zu geben. Alle zwei- und viertürigen Limousinen der Falcon-Reihe besaßen jetzt Dachpartien im T-Bird-Stil, inklusive des Futura, dessen Dach noch durch einen Vinylbezug aufgewertet werden konnte. Während Ford sich mehr äußeren als inneren Werten widmete, konnten die rivalisierenden Monza Spyder aus der Corvair-Reihe und die F-85 Cutlass Jetfire von Oldsmobile, beide kräftig turbogeladen, einiges an Boden gutmachen. Die Futura-Verkaufszahlen fielen um mehr als die Hälfte zurück.

Ford machte die Schlappe wieder wett, versah alle 1963er Falcon-Modelle mit einem schöner aussehenden, konvexen Kühlergrill und verhalf dem Futura zu einer eigenen Modellreihe. Angeboten

Technische Daten

Motor: 6 Zylinder in Reihe, hängende Ventile; 2365 ccm (88,9 × 63,5), 85 SAE-PS, 2786 ccm (88,9 × 74,7), 101 SAE-PS; auf Wunsch **1963 Sprint** V8, hängende Ventile, 4261 ccm (96,5 × 72,9), 174 SAE-PS

Getriebe:	3-/4-Gang-Schaltgetriebe, Fordomatic-Zweigangautomatik
Fahrwerk, vorn:	obere und untere Dreiecksquerlenker, Schraubenfedern
Fahrwerk, hinten:	Starrachse, Halbelliptik-Blattfedern
Bremsen:	vorn/hinten Trommelbremsen
Radstand (mm):	2781
Gewicht (kg):	1054–1201
Höchstgeschwindigkeit (km/h):	145–177+
Beschleunigung 0–96 km/h (s):	12,0–18,0

Produktionszahlen: **1961 Sdn 2tür.** 44 470 **1962 Sdn 2tür.** 17 011 **1963 Sdn 2tür.** 27 018 **Sdn 4tür.** 31 736 **Hardtop Cpé** 28 496 **Sprint Hardtop Cpé** 10 479 **Conv.** 31 192 **Sprint Conv.** 4602

wurden zwei- und viertürige Sedan und ein neues Convertible, serienmäßig üppig ausgestattet mit elektrisch versenkbarem Dach, vorderer Sitzbank und dem größeren Sechszylinder-Motor. Die Preise blieben aber auf bekanntem Falcon-Niveau: $ 2236 für den zweitürigen Basis-Futura, $ 2470 für das Convertible.

Mitte des Jahres kündigte sich wieder eine Edition der „Lively Ones" an, diesmal mit einem „slantback"-Hardtop (Schrägheck) als Höhepunkt sowie noch sportlicheren Futura Sprint Convertibles und Hardtops. Zur Serienausstattung des Sprint gehörten Einzelsitze, ein 6000 Upm-Drehzahlmesser, ein Lenkrad mit Lenkkranz aus Holzimitat, Speichen-Radzierblenden, Chrom an Motor und Schwellern, verstärkte Federung und Hinterachse, „free flow"-Schalldämpfer und -Luftfilter sowie ein mittelgeschaltetes Vierganggetriebe. $ 130 waren dafür gegenüber einem regulären Futura an Aufpreis zu zahlen: $ 2320 kostete ein Hardtop, $ 2600 ein Convertible.

Und das war nicht alles. Hinzu kam ein drehzahlfreudiger 260 ci-„Challenger V8" mit 164 PS in „thinwall"-Motorblocktechnologie, der bereits ein Jahr zuvor im neuen Mittelklasse-Fairlane Premiere gefeiert hatte. Auf Wunsch in jedem 63er Falcon zu haben, verwandelte der V8 den flügellahmen Vogel in einen beutegierigen Falken, der in weniger als 12 Sekunden seine 60 mph-Beute erlegen konnte. Er hatte es geschafft, den Valiant und den Chevy II, die beide nicht an sein Leistungsniveau heranreichten, auf die Plätze zu verweisen.

Der V8 war wie geschaffen für den Sprint, der nun seinem Namen alle Ehre machen konnte. *Car Life* nannte diese Kombination sogar „La Petite Sport" und lobte das sehr gute Leistungsgewicht (9,53 kg/SAE-PS) sowie die Fähigkeit des Motors, leichtfüßig bis an die 5000 Upm-Marke des roten Bereiches hochzudrehen, trotz des eher hinderlichen Zweifachvergasers. Der V8 war, laut *CL*, „frei von jeglicher Nervosität und in der Lage, bereits aus dem Drehzahlkeller mit einem erstaunlichen Drehmoment aufzuwarten. [Er] fühlt sich wesentlich wohler im Falcon als im Fairlane".

Ford war sich wohl der Rallye-Qualitäten des V8-Sprint bewußt und beauftragte die in der Stock-Car-Szene bekannten Tuner Holman & Moody damit, drei Hardtops für die Rally Monte Carlo 1963 zu präparieren. Ein Saab machte zwar den ersten Platz, einem Sprint gelang es aber, alle Spezialdisziplinen – ein Novum auf der Monte – für sich zu entscheiden; ein anderer Sprint wurde sogar in der größten Hubraumklasse Sieger.

Der 64er Sprint agierte durch einen 200 PS starken 289 ci-V8 (4737 ccm) noch lebendiger, wurde aber nach kurzer Zeit ins Abseits gedrängt: Der Mustang, ein leistungsstarker sportlicher Compact, eroberte im Sturm sein Wirkungsfeld. Ein kantigeres und gekünstelt wirkendes Styling brachte dem 64er Falcon nichts ein, und 1965 kam dann auch das Aus für den Sprint. „Futura" blieb als Name bis Ende der Sechziger erhalten, allerdings als Modellbezeichnung gar nicht so luxuriöser „Luxus"-Falcons.

Heute sind in Sammleraugen die V8-Sprint, speziell die Convertible, die bevorzugten Falcon-Modelle. Die Sechszylinder-Sprint folgen an zweiter Stelle, gefolgt von den zweitürigen Futura. Erfreulicherweise sind sie heute noch genauso erschwinglich wie am ersten Tag. Und das kann man nicht unbedingt von jedem amerikanischen Automobil der 60er Jahre behaupten.

Der Futura wurde 1961 vorgestellt und war für die Falcon-Modellreihe das, was der Monza für die Corvair-Modelle war: eine sportliche, „aufgemotzte" Version eines ansonsten einfachen, sparsamen Autos. Das 62er-Modell (oben) führte diesen Gedanken fort, ohne allerdings mehr unter der Haube zu bieten als einen 101 PS starken Sechszylinder. 1963 aber brachte Ford ein Convertible heraus (linke und rechte Seite, unten), das als Besonderheiten Einzelsitze und eine Viergangschaltung aufwies. Zusätzlich bekam die komplette Falcon-Reihe die Möglichkeit, sich durch einen 260 ci-V8 auf die Sprünge helfen zu lassen; weitere Änderungen waren nur minimal.

1961-63
Ford Thunderbird

Die frühen sechziger Jahre können als die Blütezeit des Thunderbird angesehen werden. Das Design der dritten Generation, die sich 1961 dem Markt präsentierte, brachte keine fundamentalen Neuerungen mit sich; absolutes Neuland hatte man ja bereits mit der viersitzigen Generation der Jahre 1958–60 betreten. Die T-Birds von 1961–63 zeichneten sich eher durch tadelloses Konzept, gute Konstruktion und wunderschönes Styling aus.

Man hatte zwei verschiedene Designvarianten in Erwägung gezogen, die von zwei unabhängig voneinander arbeitenden Teams unter der Leitung von Elwood Engel und Bill Boyer erarbeitet wurden. Engels kantiges Design wurde schließlich für den 61er Lincoln Continental verwendet, während Boyers schnittiger Entwurf mit den großen runden „Blumentopf"-Rückleuchten den Zuschlag für den Thunderbird bekam. „Wir wollten, daß er frisch und jugendlich aussah, und das bedeutete eine flugzeug- bzw. raketenmäßige Silhouette", erklärte Boyer. Der neue 'Bird und der Continental hatten aber trotzdem sehr viel gemeinsam. Beide wiesen die auffällige Kombination aus Stoßfänger und Kühlergrill auf; beide zeigten Ähnlichkeiten in der Form der Windschutzscheibe und der Seitenverglasung; beide hatten selbsttragende Karosserien; und beide wurden auch parallel in demselben Werk in Wixom, Michigan, gefertigt, wo auch die 1958–60er Thunderbirds gebaut worden waren. Beide Karosserien wurden nach einem neuen „dual unit"-Prinzip zusammengesetzt, wobei vordere und hintere Partie in Höhe des Windschutzscheibenansatzes miteinander verschweißt wurden. Da diese Partien von den Abmessungen her sehr ähnlich waren, ließ sich die Produktion wesentlich kostengünstiger durchführen.

In Verbindung mit der „dual unit"-Karosserie präsentierte Ford eine neue Chassis-Konstruktion, die eine spezielle Radführung, „controlled wheel recession" genannt, vorstellte – Gummilagerungen erlaubten Bewegungen des Rades nach vorn-hinten und oben-unten. Das Fahrwerk wurde modifiziert und die Übersetzung der Servolenkung reduziert, was sich durch nur dreieinhalb Umdrehungen von Anschlag zu Anschlag bemerkbar machte. Die Bremsleistung erhöhte man durch einen Bremskraftverstärker und eine erheblich vergrößerte Bremsbelagfläche. Als Antriebsquelle diente der auf 390 ci (6392 ccm) aufgebohrte und im Hub erhöhte 352er-Motor, der jetzt mit bedeutend höherem Drehmoment aufwarten konnte: 570,4 Nm bei 2800 Upm statt 508,9 Nm in Jahr 1960. Ein gewöhnlicher T-Bird schaffte dann auch den 0–60 mph-Spurt in etwa 10,5 s und erreichte eine Höchstgeschwindigkeit von 115 mph (185 km/h).

Innenausstattungs-Designer Art Querfeld dürfte wohl mit dem 61er Thunderbird länger beschäftigt gewesen sein als mit irgendeinem anderen Modell in seiner fast 40jährigen Schaffenszeit bei Ford. „Ich wollte die Bereiche für Fahrer und Beifahrer betonen und jedem seinen Platz zuordnen", sagte Querfeld, „und ich entschied mich für zwei individuelle Abteile, voneinander getrennt durch eine markante

Die 61er Thunderbirds (rechte Seite, oben) führten die Modellreihe mit einem radikal geänderten Design fort, dessen Hauptbetonung auf einem speerähnlichen Profil mit fließender Linienführung lag. Die Inneneinrichtung (oben) wurde bestimmt durch eine mächtige Mittelkonsole, die den Fahrgastraum in zwei „Cockpits" teilte. Für die 1963er 'Birds (beide Seiten, unten) änderte man wenig, betonte aber die Fahrzeugseiten mit einer Blechfalz und erhöhte das Maß an Chromzierat.

Technische Daten

Motor: V8, hängende Ventile, 6392 ccm (102,9 × 96,0), 300–340 SAE-PS

Getriebe:	Cruise-O-Matic-Dreigangautomatik
Fahrwerk, vorn:	obere und untere Dreiecksquerlenker, Schraubenfedern
Fahrwerk, hinten:	Starrachse, Blattfedern
Bremsen:	vorn / hinten Trommelbremsen
Radstand (mm):	2870
Gewicht (kg):	1797–2030
Höchstgeschwindigkeit (km / h):	185–193
Beschleunigung 0–96 km / h (s):	8,5–10,5

Produktionszahlen: **1961 Cpé** 62 535 **Conv.** 10 516 **1962 Cpé** 69 554 **Conv.** 7030 **Sports Roadster** 1427 **1963 Cpé** 42 806 **Landau** 14 139 **Conv.** 5913 **Sports Roadster** 455

Konsole." Die Konsole begann zwischen den Sitzen, schwang sich nach vorn, lief links und rechts über die Fußräume in die Türen hinein und weiter in die Seiten. Querfeld verzichtete bewußt auf ein Handschuhfach, um die elegante Linienführung seiner Schöpfung nicht durch unnötige Einschnitte zu unterbrechen. (Ein kleines Handschuhfach hatte er in die Mittelkonsole integriert.) Bemerkenswert war auch die Idee von Stuart Fry, das Lenkrad zur Seite schwenkbar zu gestalten. Um gute Detaillösungen bemüht, realisierte Ford natürlich dieses „Swing Away"-Lenkrad: Die Lenksäule schwenkte, geführt in einem gebogenen Schlitten hinter dem Armaturenbrett, zur Seite und war über ein flexibles Gelenk mit der restlichen Lenkarmatur verbunden.

Der 61er war ein absoluter Hit. Als im Mai für das 50jährige Jubiläum der Indy „500" ein spezielles „Goldmodell" präsentiert wurde, beliefen sich die Verkaufszahlen bereits auf 50 000 Exemplare. 1961 vermochte Ford 73 051 Thunderbird zu verkaufen, inklusive 10 516 Convertibles; Grund genug, für 1962 die Modellpalette um zwei neue Modelle zu bereichern.

Bedeutendstes 62er-Modell war der Sports Roadster, ein besonderes Convertible, ausgestattet mit Kelsey-Hayes-Speichenrädern und einer Glasfiber-Abdeckung, die den Fondbereich abdeckte und in die gleichzeitig Kopfstützen für die Frontpassagiere integriert waren. Man konnte es nicht unbedingt als eine sehr praktische Angelegenheit betrachten – das Auto bot keinen Stauraum, wenn man es abzunehmen gedachte, und nur eine einzige Position der vorderen Sitze ließ eine adäquate Kombination mit der Kopfstütze zu – , aber der Sports Roadster verkörperte Charme und Eleganz, und ist seitdem ein sehr gesuchtes Sammlerobjekt.

Das zweite neue Modell war der Landau, ein Hardtop mit gepolstertem Vinyldach und Landaulet-Spannerstangen-Attrappen – ein Versuch, das luxuriöse Image des Thunderbird noch weiter zu steigern. Zu den Neuerungen, die alle 62er-Modelle betrafen, gehörten eine überarbeitete Kühlermaske, geänderter Zierat an den Fahrzeugseiten, eine Kombinationsleuchte für Rück-, Brems- und Standlicht, eine von Hand bedienbare Feststellbremse, serienmäßiges „Swing Away"-Lenkrad und eine optimierte Innenausstattung. Neben einem aluminisierten Schalldämpfer, einem größeren Hauptbremszylinder und einer verbesserten Geräuschdämmung gab es wenig Änderungen in den technischen Details. Auf Wunsch war ein 340 PS-Motor mit drei Zweifachvergasern für den Preis von $ 242 erhältlich. Diese „M Series"-Option ließ den Thunderbird von 0 auf 60 mph in 8,5 s beschleunigen und erlaubte eine Höchstgeschwindigkeit von 120 mph (193 km / h). Die meisten dieser M-Aggregate wurden in Sports Roadstern verbaut: 120 Stück 1962, 37 Stück 1963.

Wieder war ein erfolgreiches Jahr vergangen (78 000 verkaufte 'Birds), aber Ford stand bereits mit dem 63er-Modell in den Startlöchern. Die Seitenflächen zierten jetzt Blechfalzen, die sich von den vorderen Kotflügelspitzen bis hinein in die Türen zogen, die hinteren Kotflügel schmückte ein neuer „Thunderbird"-Schriftzug, und den Kühlergrill bestimmten nun vertikale Streben. Innenraumleuchten an den Türen und ein AM / FM-Radio mit Druckknöpfen waren ebenfalls neu. Der 63er Landau ließ dem Kunden die Möglichkeit, zwischen einem schwarzen, weißen, blauen oder braunen Dach zu wählen; Holzimitat zierte das Interieur und den Lenkradkranz. Aufgrund der Preise verkauften sich die Convertibles (5913 Stück) und die Sports Roadster (455 Stück) nicht sonderlich gut. Das bedeutete das Aus für den Roadster, der nicht mehr als Sondermodell geführt werden sollte.

1962-64
Ford Galaxie 500XL

Als der charismatische Lee Iacocca den konservativen Robert McNamara ablöste und dessen Posten als General Manager von Ford übernahm, setzte er für die Firmenphilosophie neue Prioritäten fest. Bis jetzt fehlte ja der Begriff Sportlichkeit im Image der großen Ford-Modelle. Die Thunderbirds verkörperten ihn, die großen Hardtops und Limousinen jedoch nicht.

Iacocca hielt den Zeitpunkt für optimal, das aufkeimende Interesse der Jugend in Verkaufszahlen umzusetzen. Und was wollten junge Leute? Natürlich schnelle Autos mit genügend Power.

Die neuen Galaxie-Modelle waren für Ford das ideale Sprungbrett in eine neue Phase. Iacocca hielt aber auch die Präsentation neuer Modelle in der Mitte eines jeden Jahres für wichtig, und so kamen Mitte 1962 als Subserie zum Galaxie 500 ein XL Victoria Hardtop Coupé und ein Sunliner Convertible, ferner sportliche Versionen mit Einzelsitzen des kompakten Falcon und des mittleren Fairlane auf den Markt. Das „XL"-Suffix stand für „extra lively" bzw. im Falle der Convertibles für „extra luxury". Der 500XL verkaufte sich zu der Zeit zwar nicht besonders gut, wurde aber immer mehr zu dem Fahrzeug, das Fords aufkommenden Verkaufsslogan „Total Performance" am vollkommensten repräsentierte.

Ford nahm die nun klarer gezeichnete Karosserie des Galaxie mit ihren Doppelscheinwerfern und runden Heckleuchten sowie den breiten, sehr dekorativen Seitenzierstreifen und fügte ein paar Identifizierungsmerkmale hinzu: ein „XL"-Emblem auf dem Tankdeckel, Parallelogramm-Embleme an den Heck- und Chromverzierungen auf den Vorderkotflügeln. Hintere Radlaufabdeckungen (fender skirts) waren wie geschaffen für die Imagepflege und gegen Aufpreis erhältlich. Mylar-bezogene, stark konturierte Einzelsitze und eine Mittelkonsole werteten das Interieur ungemein auf, und was die Farbpalette anging, konnte der Kunde zwischen 13 Farben und 21 Zweifarbenlackierungen wählen.

Anfangs legte Ford nicht soviel Wert auf die Motorisierung der 500XL-Modelle und bestückte sie serienmäßig mit einem 170 PS starken 4,8-Liter-V8 und einer Cruise-O-Matic. Höhere Freuden konnte man über die V8-Optionsliste erleben. Es begann bei einem 5,8-Liter (352 ci), ging über einen 300 PS-6,4-Liter (390 ci) und endete bei dem für NASCAR-Rennen entwickelten 6,7-Liter (406 ci), der mit Vierfachvergaser 385 PS bzw. mit drei Zweifachvergasern 405 PS freimachen konnte.

Motor Trend trieb einen gewöhnlichen Galaxie Sedan mit der 406er-Maschine auf 60 mph in 7,1 s und erreichte eine Höchstgeschwindigkeit von 225 km/h. Der 500XL war sogar in der Lage, ein wenig mehr zu bieten, wenn einer seiner Top-Motoren mit einem Borg-Warner-Viergangschaltgetriebe gekoppelt wurde und per 8000 Upm-Drehzahlmesser abgelesen werden konnte. Ford war nicht nur rührig im Anbieten verschiedenster Motor-Getriebe-Kombinationen, sondern das „High Performance Department" entwickelte auch fleißig Extraoptionen für die Viertelmeile-Distanz.

Die XL-Modelle waren nicht gerade preiswert. So mußte der Kunde beispielsweise für ein Hardtop $ 3108 bezahlen, $ 434 mehr als für einen Sechszylinder-Galaxie 500 zu zahlen war. Trotzdem gelangten 13 183 Convertibles und mehr als doppelt so viele Hardtops in den Verkauf.

Für das Modelljahr 1963 überarbeitete man etwas die Karosserie und gab den neuen „Super Torque"-Galaxie zusätzliche, tiefer verlaufende Seitenzierstreifen, eine klarere Optik und einen konkaven, engmaschigen Kühlergrill. Zu den zwei vorhandenen Karosserietypen gesellte sich noch ein Hardtop Sedan, die Motorisierung jedoch ließ zeitweilig zu wünschen übrig. Geschrumpft auf 260 ci (4261 ccm) und angeblockt an eine Zweigang-Fordomatic, war es um die serienmäßige Leistungsabgabe nicht sonderlich gut bestellt. Im Laufe des Jahres nahm diesen Platz ein 289 ci-V8 ein, der mit einer Cruise-O-Matic-Dreigangautomatik für bessere Fahrleistungen sorgte. Am oberen Ende der Fahnenstange wurde der 406er auf 427 ci (6999 ccm) aufgebohrt und leistete nun 410 bzw. 425 PS.

Mitte des Jahres stellte Ford auch ein elegantes zweitüriges Sports Hardtop vor, das eine schräg abfallende Dachlinie mit sehr schmalen C-Säulen verband. Ford beließ es aber nicht nur bei der Optik, sondern modifizierte außerdem das Fahrwerk, was sich in einem verbesserten Fahrverhalten und auch in höheren Verkaufszahlen niederschlug – 95 000 Stück wurden von den vier lieferbaren Modellen verkauft. Zum Zubehörprogramm gehörten auch eine zur Seite schwenkbare Lenksäule, Speichen-Radzierblenden, Vinyldach und ein AM/FM-Radio.

Für die 64er-Modelle ergriff man ebenfalls einige kosmetische Maßnahmen. Die Front prägte ein flacher, horizontal verstrebter Kühlergrill und die Fahrzeugseiten zeigten sich jetzt stark modelliert. Bei der Gestaltung der Dachpartien war Ford dazu übergegangen die formale Linienführung gegen fließendere Formen einzutauschen. Das Viergangschaltgetriebe baute Ford nun selbst. *Motor Trend* testete ein 500XL Hardtop mit 300 PS-Maschine, konnte es aber mit Cruise-O-Matic nur in „schlappen" 9,3 s auf 60 mph bewegen. Eine 427 ci-Version mit zwei Vergasern und Viergangschaltung konnte diese Zeit um ganze zwei Sekunden unterbieten, was allerdings mit einem Aufpreis von $ 462 (plus $ 109 für den zweiten Vergaser) erkauft werden mußte. Tom McCahill von *Mechanix Illustrated* wußte über seine 390 ci-Version zu berichten, daß sie die Kurven nahm wie „a snake in a rat hole".

Die Galaxie XL überdauerten bis hinein in die Siebziger und erlebten fruchtbare Jahre, aber ihre Verkaufszahlen nahmen mit der wachsenden Popularität der Muscle Cars stetig ab. Zusammen mit den Chevrolet Impala Super Sport bewiesen sie, daß leistungsstarke Motoren und große Karosserien eine wunderbare Liaison in Bezug auf Sportlichkeit und Luxus einzugehen vermochten.

Der sportliche Galaxie 500XL debütierte 1962 (rechte Seite, oben); das hier gezeigte Convertible wurde vom bärenstarken 406 ci-V8 angetrieben, der 385 bzw. 405 PS entwickeln konnte. Die 63er 500XL erfuhren nur geringe Änderungen in ihrer Kosmetik, bekamen aber Mitte des Jahres Gesellschaft in Form eines Sports Hardtops (rechte Seite, unten), daß sich durch ein schräges Dachprofil und schmale C-Säulen auszeichnete. Das Motorenangebot wurde ebenfalls erweitert; jetzt konnten Kunden sich sogar mit einem 427 ci-V8 wappnen, der bis zu 425 PS leisten konnte. Das Restyling für die 64er-Modelle (unten) war umfangreicher als in den Vorjahren und fiel durch stark modellierte Seitenpartien und geänderte Vorder- und Rückansicht auf.

Technische Daten

Motor: V8, hängende Ventile; **1962** 4786 ccm (95,3 × 83,8), 170 SAE-PS, 5769 ccm (101,6 × 88,9), 220 SAE-PS, 6392 ccm (102,9 × 96,0), 300 SAE-PS, 6654 ccm (104,9 × 96,0), 385/405 SAE-PS **1963** 4261 ccm (96,5 × 72,9), 164 SAE-PS (Jahresanfang), 4737 ccm (101,6 × 72,9), 195 SAE-PS (Jahresmitte), 5769 ccm, 220 SAE-PS, 6392 ccm, 300 SAE-PS, 6654 ccm, 385/405 SAE-PS, 6999 ccm (107,4 × 96,0), 410/425 SAE-PS **1964** 4737 ccm, 195 SAE-PS, 5769 ccm, 250 SAE-PS, 6392 ccm, 300 SAE-PS, 6999 ccm, 410/425 SAE-PS

Getriebe:	Cruise-O-Matic-Dreigangautomatik; auf Wunsch 4-Gang-Schaltgetriebe
Fahrwerk, vorn:	obere und untere Dreiecksquerlenker, Schraubenfedern, Querstabilisator
Fahrwerk, hinten:	Starrachse, Blattfedern
Bremsen:	vorn/hinten Trommelbremsen
Radstand (mm):	3023
Gewicht (kg):	1644–1760
Höchstgeschwindigkeit (km/h):	174–225
Beschleunigung 0–96 km/h (s):	6,5–9,3

Produktionszahlen: **1962 Victoria Hardtop Cpé** 28 412 **Sunliner Conv.** 13 183 **1963 Hardtop Cpé** 29 713 **Sport Hardtop Cpé** 33 870 **Hardtop Sdn** 12 596 **Conv.** 18 551 **1964 Hardtop Cpé** 58 306 **Hardtop Sdn** 14 661 **Conv.** 15 169

FORD
ILLINOIS
DM 421

1963-65 Ford Falcon Futura Sprint

Nur wenige werden die ersten Falcon, die 1960 debütierten, für aufregende Automobile gehalten haben. Ihre Bestimmung lag eher darin, ein praktisches Transportmittel zu sein; manche ernannten sie sogar zu modernen Nachfolgern des unverwüstlichen Ford Model A. Andere hingegen stempelten sie ab als Vorzeigebeispiele eines kurzlebigen Wegwerf-Automobilismus.

Das Erscheinen des zweitürigen, mit Einzelsitzen ausgestatteten Futura im Jahre 1962 erregte bei sportlich ambitionierten Kunden ein gewisses Interesse – aber auch nur ein gewisses. Denn immer noch wurde der Falcon von einem minimalistischen 2,4-Liter-Sechszylinder angetrieben, der zwar leicht zu warten und zuverlässig war, aber auf Befehle des Gaspedals nur anämisch reagierte, speziell, wenn eine Zweigang-Fordomatic die „Kraft" übertragen sollte. Der größere 2,8-Liter-Sechszylinder brachte da auch keine nennenswerte Besserung. Die Falcon ließen sich angenehm fahren und boten erstaunlich viel Platz – aber ein prickelndes Gefühl vermittelten sie nicht.

Dann kam das Jahr 1963 und mit ihm zwei wichtige Neuerungen: Von nun an gab es ein schönes Falcon Futura Convertible und ab Mitte des Jahres einen V8-erstarkten Sprint. Zudem bot Ford auch ein Sprint Hardtop Coupé an, dem die rundliche Falcon-Karosserie mit ihrem neuen, horizontal verstrebten Kühlergrill wunderbar zu Gesicht stand.

Erster V8 war ein „Challenger"-Small-Block mit 4261 ccm Hubraum (260 ci), der 164 PS auf die Kurbelwelle brachte. Erst im Spätjahr 1964 bekam die Leistungsausbeute akzeptable Dimensionen: 289 ci (4737 ccm) und 200 SAE-PS. Die Fahrleistungen hatten endlich den nötigen Schub erhalten, ohne jedoch den günstigen Benzinverbrauch des Falcon, für den er ja bekannt war, unverhältnismäßig in die Höhe zu treiben.

Der Sprint wartete mit speziellem Zierat auf (inklusive einer Hutzen-Attrappe auf der Motorhaube), hatte Einzelsitze und Mittelkonsole sowie eine komplette Instrumentierung mit einem 6000 Upm-Drehzahlmesser, der auf das Armaturenbrett montiert war. Für die Innenausstattung stand Lederimitat-Vinyl in fünf verschiedenen Farben zur Auswahl; Speichen-Radzierblenden und ein Sportlenkrad rundeten die Sprint-Ausstattung ab. Ein knüppelgeschaltetes Vierganggetriebe war gegenüber der üblichen Dreigang-Lenkradschaltung wesentlich angenehmer zu handhaben.

Car and Driver gelang es, einen frühen V8-Sprint von 0 auf 96 km/h in vergleichsweise gemütlichen 12,1 Sekunden zu befördern, während die Viertelmeile mit 18 s und 117,5 km/h „durchflogen" wurde. *Motor Trend* war da schon etwas schneller, sie schafften den Beschleunigungstrip in besseren 10,9 s. Einen Muscle-Car-Liebhaber hätten solche Werte ganz gewiß nicht hinter dem Ofen hervorgelockt; für einen Falcon aber ging es mit einem V8 schon mächtig zur Sache.

Die Autotester waren ganz begeistert von den Sprint, die an der 4000 km langen Rally Monte Carlo teilgenommen und in ihrer Klasse die ersten Plätze belegt hatten. Kein anderer Wagen in dieser Klasse hatte die Strapazen durchgestanden. Mit ihrem durch 10 : 1-Verdichtung, Vierfachvergaser und anderen Stimulantien auf 260 PS aufgepäppelten V8 absolvierte eine solche Rally-Edition bereits nach 7,3 s die 60 mph-Distanz.

Im ersten Jahr gelang es dem Sprint, 15 081 Käufer zu finden, von denen sich 4602 für ein Convertible entschieden. Bezogen auf die Gesamtstückzahl – es wurden 328 399 Falcons verkauft – war das nicht viel, sprach aber für die breite Modellauswahl. Von den mit Ford-Motoren angetriebenen Cobras inspiriert, boten Ford-Händler Cobra-Leistungskits an, um diejenigen Kunden zufriedenzustellen, die ihren 260 ci-Falcon gern mit 225 PS bewegen wollten.

In das neue Modelljahr 1964 gingen die Falcon-Modelle mit einem neuen Outfit. Die ursprünglich leicht bauchigen Fahrzeugseiten wiesen jetzt herausmodellierte Keile auf, die, über die ganze Fahrzeuglänge gehend, dem Wagen eine leicht nach vorn geneigte Haltung gaben. Der Kühlergrill besaß größere Gitteröffnungen und war ebenfalls leicht nach vorn geneigt. Augenfällig war das neue dreispeichige Sportlenkrad. Der erst im Spätjahr eingeführte 289-V8 fand nur eine Handvoll Falcon-Interessenten, die sich gegenüber der ersten V8-Option (260 ci) durch seine 36 Mehr-PS bessere Fahrleistungen sichern wollten.

Für die 65er Falcon-Reihe erhöhte man die Leistung des serienmäßigen Sechszylinders auf 105 PS und bot zusätzlich einen größeren 200 ci-Sechszylinder mit Dreigang-Cruise-O-Matic an. Alle verbauten V8-Motoren waren 289er, nur im Sprint kamen sie immer seltener zum Einsatz. Da die Futura-Modelle sich ebenfalls mit V8-Lorbeeren schmücken konnten und sich auch noch gut verkauften, tauchten die Sprint überhaupt nicht in den Ford-Katalogen auf. Nur 3106 Exemplare fanden den Weg zu den Händlern.

Lee Iacocca gebührt die Ehre, den schlichten Falcon in einen quirligen Sprint verwandelt zu haben. Nach 1965 wurde „Falcon" als Modellname an einem völlig anderen, größeren Wagen weitergeführt, der fast Fairlane-Dimensionen erreichte. Das Convertible wurde aus dem Programm genommen. Auch wenn der Falcon 1965 seinen letzten Atemzug tat, beeinflußte er doch die Mustangs und Comets der 60er Jahre und selbst den Maverick der 70er Jahre.

Der Sprint war 1963 die konsequente Fortführung der Futura-Idee mit sportlichen Mitteln. Die 64er-Modelle (beide Seiten) waren in ihrem Styling eckiger und geradliniger; im Spätjahr gesellte sich zum 260 ci-V8 mit 164 PS ein zweiter V8 mit 289 ci und 200 PS. Der 289 gehörte zur Standardausstattung des Sprint und sorgte für spritzige Fahrleistungen; allerdings wurden nur 3106 Exemplare verkauft, Grund für Ford, den Sprint aus dem Modellangebot zu streichen.

Technische Daten

Motor:	V8, hängende Ventile; **1963–64** 4261 ccm (96,5 × 72,9), 164 SAE-PS **1965** 4737 ccm (101,6 × 72,9), 200 SAE-PS
Getriebe:	3-Gang-Schaltgetriebe; auf Wunsch 4-Gang-Schaltgetriebe, Fordomatic-Zweigangautomatik oder **1965** Cruise-O-Matic-Dreigangautomatik
Fahrwerk, vorn:	obere Querlenker, untere Dreiecksquerlenker, Schraubenfedern, Querstabilisator
Fahrwerk, hinten:	Starrachse, Blattfedern
Bremsen:	vorn/hinten Trommelbremsen
Radstand (mm):	2781
Gewicht (kg):	1048–1366
Höchstgeschwindigkeit (km/h):	**V8** 169–172
Beschleunigung 0–96 km/h (s):	**V8** 10,9–12,1
Produktionszahlen:	**1963 Hardtop Cpé** 10 479 **Conv.** 4602 **1964 Hardtop Cpé** 13 830 **Conv.** 4278 **1965 Hardtop Cpé** 2806 **Conv.** 300

OMG 497
WALKER BUERGE

FALCON
OMG 497
WALKER BUERGE

1964
Ford Fairlane Thunderbolt

Im Gegensatz zu den meisten Fahrzeugen, die in diesem Buch vorgestellt werden, war der Ford Thunderbolt nicht für den Straßeneinsatz bestimmt. Nur eine Handvoll 60er-Jahre-Fans dürften einen Thunderbolt in Aktion gesehen, geschweige denn in einem die Viertelmeile auf dem Drag-Strip heruntergerissen haben. Und nur ein paar Enthusiasten werden überhaupt von diesem selten erwähnten Ford gehört haben, der nur ein Jahr lang in Produktion war. Der Grund lag in der Absicht, den Thunderbolt soweit wie nur irgend möglich aus der Normalität schneller Highway-Cruiser auszugrenzen.

T-Bolts waren für Beschleunigungsrennen gemacht – und für nichts anderes. Sie sollten professionelle Rennfahrer schnell, oder besser sehr schnell, über die Viertelmeile bringen.

Eine Möglichkeit, dieses Ziel zu erreichen, war schon immer eine Kombination aus leichtgewichtigem Wagen und saftigem Treibsatz gewesen. Der Thunderbolt reizte dieses Prinzip bis aufs Extremste aus. Die Galaxies ließen sich gut durch die NASCAR-Ovale jagen; ihr recht hohes Gewicht hatte man durch leichte Verbesserungen der Aerodynamik ausgeglichen und ihren Antrieb besorgte ein brutaler „High Riser“-427-V8. Auf den Drag-Strips allerdings hatten die Galaxies mit ihrem zu hohen Gewicht keine Chance.

Der Fairlane 500 maß mit seinem Radstand von 2,93 m in der Gesamtlänge knappe 9 cm weniger als ein Galaxie – und war um gute 300 kg leichter. Warf man dann noch zusätzlich alles überflüssige Gewicht über Bord, dann erschien das Ergebnis durchaus verlockend.

Einige Fahrer experimentierten bereits mit dem Fairlane, und bei Ford in Dearborn hatte man nichts dagegen, einen zweiten Sieger in den eigenen Reihen zu haben. Iacocca war der Boss, und der Motorsport ein wichtiger Teil seines Programms. So orderte man bei der Dearborn Steel Tubing (nahe des Ford-Hauptquartiers) die ersten Wagen; zwei Lieferungen kamen später noch hinzu. Zusammengezählt ergab das eine Flotte von hundert Thunderbolts, die meisten von ihnen lackiert in „Wimbledon White“. Kein Wunder also, daß sie so unbekannt waren.

Der 427-V8 ließ sich nicht so ohne weiteres in den Motorraum des Fairlane einpassen und erforderte deshalb eine grundlegende Überarbeitung der Vorderradaufhängung sowie die Neuanfertigung wichtiger Komponenten. Gewichtsersparnis lautete die Maxime, und so setzte man Glasfiber als Material für die Motorhaube mit ihrer luftblasenähnlichen Hutze sowie für Türen und Vorderkotflügel ein. Die vorderen Stoßstangen bei frühen T-Bolts waren ebenfalls aus Glasfiber, wurden aber später aufgrund einer Rege-

Die normalen Fairlane-Modelle waren 1964 eher zaghafte Vertreter, wenn es darum ging, Leistung zu zeigen – im Gegensatz zum Thunderbolt. Die Innenausstattung wurde aller unnötigen Dinge, wie z. B. Teppichen und Armlehnen, beraubt. Unter der Hutze der Glasfiber-Haube residierte ein 427 ci-V8, der mit 425 PS angegeben war, aber durchaus mehr leistete. Die Türen und die vorderen Kotflügel (ebenso wie die vorderen Stoßstangen bei frühen Modellen) waren aus Glasfiber; die inneren Scheinwerfer hatte man durch Lufteinläße ersetzt, die die Luftzufuhr für die Vergaser sicherstellten. Überraschenderweise hatte man dem Thunderbolt Zierat vom Fairlane 500 spendiert.

Technische Daten

Motor: V8, hängende Ventile, 6999 ccm (107,4 × 96,0), über 425 SAE-PS

Getriebe:	4-Gang-Schaltgetriebe oder Dreigangautomatik
Fahrwerk, vorn:	gekürzte obere Dreiecksquerlenker, Schraubenfedern
Fahrwerk, hinten:	Starrachse, Blattfedern, Stabilisatoren
Bremsen:	vorn/hinten Trommelbremsen
Radstand (mm):	2934
Gewicht (kg):	1464
Höchstgeschwindigkeit (km/h):	193–203 (nach ca. 400 m)
Beschleunigung 0–96 km/h (s):	4,5 (gesch.)
Produktionszahlen:	100

lung der „National Hot Rod Association" aus Aluminium gefertigt. Für die Heckscheibe und die Seitenscheiben verwendete man Plexiglas, die Windschutzscheibe war aber weiterhin aus Glas.

Brutal und elementar sind vielleicht die beiden Begriffe, die einen Thunderbolt am besten charakterisieren. Unnötiges gab es einfach nicht: Der Thunderbolt hatte keine Rückspiegel, keine Sonnenblenden, keine Armlehnen, keinen Wagenheber und keinen Radschlüssel – kurz, ihm fehlte alles, was ihn daran hindern könnte, möglichst schnell durch die Viertelmeile zu „blasen".

Die beiden inneren Scheinwerfer wurden durch feinmaschige Metallgitter ersetzt, die die Vergaser über dicke, flexible Rohre mit gehörig Frischluft versorgten. Ansonsten sah die Front ganz normal aus, ebenso wie die Fahrzeugseiten, die die Zierstreifen des Fairlane beibehalten hatten. Sah man von der imposanten Hutze auf der Motorhaube und den fehlenden Radblenden ab, dann ließ sich wirklich nicht darauf schließen, welch ungeheure Möglichkeiten unter diesem Blechkleid schlummerten.

Und da tat sich wirklich einiges. Der 427 atmete durch zwei Holley-Vierfachvergaser ein und über Flammrohre mit gleichen Rohrlängen wieder aus. Eine Verdichtung von 12,7 : 1 brachte dann offiziell 425 SAE-PS aufs Papier; auf die Bremse allerdings kamen, laut damaliger Schätzungen, deutlich mehr als 500 PS.

Hot Rod beschrieb den Thunderbolt als einen Wagen, der „nicht dafür geeignet war, um auf normalem Wege zum Drag-Strip oder wieder nach Hause gefahren zu werden". Werksgarantie? Gab es nicht. Jeder Kunde mußte per Unterschrift Ford von jeglicher Gewährleistung in Bezug auf Reparaturen und mögliche Personen- oder Sachschäden entbinden. Mit einem T-Bolt stand man allein auf weiter Flur.

Der Preis für all diese Leistungsbereitschaft betrug $ 3780 für einen Thunderbolt mit Borg-Warner-Viergangschaltgetriebe bzw. einhundert Dollar mehr, wenn eine modifizierte Lincoln-Dreigangautomatik gewünscht wurde. Der normale Fairlane war bereits für $ 2194 zu haben. Aber es gab auch glückliche Menschen, die, laut Thunderbolt-Experte Bob Trevarrow, keinen müden Heller für einen T-Bolt bezahlen mußten. Sie hatten sich durch besondere Leistungen als unterstützenswerte Kunden hervorgetan.

Aber lohnte es sich überhaupt, soviel Geld auszugeben? Klar, hält man sich vor Augen, daß für die Viertelmeile-Runde Zeiten von ca. 11,5 Sekunden und Geschwindigkeiten von ca. 120 mph möglich waren. Gas Ronda gewann den „1964 NHRA Winternational", nachdem er die Viertelmeile in 11,6 s und mit 124,38 mph (200,13 km/h) gefahren war. Diejenigen, die Spaß an dieser Art der Fortbewegung haben, bekommen natürlich ob dieser Ergebnisse feuchte Augen. „Total Performance" war angesagt und der Thunderbolt eines der Wahrzeichen in Fords großer Leistungsshow.

1964-66 Ford Thunderbird

Die vierte Generation des Thunderbird von 1964–66 hatte sich nicht sehr weit von der dritten Generation entfernt. Beibehalten wurden der Unterbau und die Basiskarosserie, während der Radstand sich nur geringfügig auf 2875 mm erhöhte. Ganz anders hatte Ford jedoch die Außenhülle gestaltet. „Der Wagen hat jetzt eine kraftvollere Optik, die die Designer durch Verlängern der Motorhaube und Kürzen der Dachpartie erreicht haben", schrieb *Car Life*. „Das Heck ist klarer gezeichnet und steckt ebenfalls voller Kraft. Grund dafür sind zwei der größten Rückleuchten, die je an einem Automobil zu sehen waren." Ford wollte für die Fahrtrichtungsanzeiger der 64er-Modelle eine Intervallschaltung einführen, kam aber in Konflikt mit den Regelungen einiger Bundesstaaten und sah sich daraufhin gezwungen, ein Jahr lang zu warten, bis die notwendige offizielle Genehmigung erteilt wurde.

Dem 64er 'Bird sah man seine Abstammung von den 63er-Modellen an, er war aber im Grunde ein neues Fahrzeug. Das projektilartige Profil schimmerte immer noch sehr stark durch, Front- und Heckpartie waren aber vollkommen anders gestaltet. Die Doppelscheinwerfer hatte man an den äußersten Rand der Kotflügel gesetzt, wo sie in scharf geschnittenen, schrägen Oval-Öffnungen die Vorderansicht betonten. Das beste Designelement hatte man in das Heck einfließen lassen, daß sich durch zwei ellenlange Rückleuchten, die von schützenden Stoßfängern umrandet waren, gänzlich von der Vorserie unterschied. Unterhalb der Rückleuchten/Stoßfänger-Kombination saßen zwei Rückfahrscheinwerfer in der in Wagenfarbe lackierten Heckschürze. Der Kofferraumdeckel hatte seine charakteristische Doppelponton-Form beibehalten. Er deckte einen jetzt sehr tiefen Kofferraum ab, der erheblich mehr Stauraum bot, bedingt auch durch das sehr weit nach vorn verlegte Reserverad. Man hatte die formale Linienführung der 64er-Dachpartien übernommen und machte sich nun die Niederdruck-Zone hinter der Heckscheibe zunutze, um ein neues „Silent-Flo"-Ventilationssystem einzuführen. Es war das erste System in einem amerikanischen Wagen, das bei geschlossenen Scheiben eine Durchlüftung ermöglichte. Der Fahrer konnte per Hebel in der Mittelkonsole und einem Unterdruckmechanismus einen Lüftungsschlitz unterhalb der Heckscheibe öffnen; die Frischluftzirkulation setzte nun ein. Diese Art der Innenraumbelüftung war von Mercedes bereits in seinem „Flügeltürer" von 1954 vorgestellt worden. Mercury griff 1957 dieses Prinzip auf, wählte aber eine eher grobschlächtige Lösung: Zur Belüftung mußte man die Heckscheibe herausnehmen. Die elegante und funktionelle Thunderbird-Lösung wurde nach ihrer Präsentation vielfach kopiert.

Die Konstrukteure gaben dem 64er T-Bird ein größer dimensioniertes Platzangebot mit auf den Weg, was aber nicht weiter auffiel, denn der typische „Thunderbirder" war selbst Fahrer oder Beifahrer. Er saß in einem großen, bequem geformten Sitz, gehalten durch einen aus einer am Sitzrand befestigten Rolle herausziehbaren Sicherheitsgurt und war umgeben von Hebeln, Knöpfen, Zifferblättern und Einstellrädchen; eine regelrechte Konfrontation mit den neuesten Spielereien aus Dearborn. Diese Erfahrung wußte *Car Life* zu beschreiben als „verspielt und verwirrend. ... Ausreichend, um Jungs jeglichen Alters zu beschäftigen". Und in Ford-Werbeanzeigen war wiederholt der Slogan zu lesen: „Flight plan cleared – proceed to Thunderbird."

Technische Daten

Motor:	V8, hängende Ventile; 6392 ccm (102,9 × 96,0), 300/350 SAE-PS, 7015 ccm (104,9 × 101,1), 345 SAE-PS
Getriebe:	Cruise-O-Matic-Dreigangautomatik
Fahrwerk, vorn:	obere und untere Dreiecksquerlenker, Schraubenfedern
Fahrwerk, hinten:	Starrachse, Blattfedern
Bremsen:	vorn/hinten Trommelbremsen
Radstand (mm):	2875
Gewicht (kg):	1979–2083
Höchstgeschwindigkeit (km/h):	185–193
Beschleunigung 0–96 km/h (s):	9,0–10,5

Produktionszahlen: **1964 Cpé** 60 552 **Landau** 22 715 **Conv.** 9198 **1965 Cpé** 42 652 **Landau SE** 4500 **Conv.** 6846 **1966 Cpé** 13 389 **Town Hardtop Cpé** 15 633 **Landau** 33 105 **Conv.** 5049

Ford trug sich mit der Absicht, für die 64er T-Birds (unten) die Fahrtrichtungsanzeiger mit einer Intervallschaltung auszurüsten, was jedoch von den gesetzlichen Bestimmungen her nicht möglich war. Schließlich klärte man den Sachverhalt und lieferte die 65er-Modelle (rechte Seite, unten) mit dieser Besonderheit aus. Das Design erfuhr dagegen nur minimale Änderungen.

1966 bekam die letzte Modellreihe dieser Styling-Generation (ganz oben) einen neuen Kühlergrill und überarbeitete Rückleuchten sowie eine größere Maschine: 428 ci mit 345 PS. Zu dieser Zeit sehr beliebt war das „Swing-Away"-Lenkrad (oben), das sich um ca. 25 cm nach rechts schwenken ließ und damit den Ein- und Ausstieg erleichterte.

Der Antriebsstrang wurde aus der 63er-Serie übernommen, den M-Serie-V8 (340 PS) ließ man allerdings fallen; ebenso das Sports Roadster-Modell. Die Verkaufszahlen überschlugen sich förmlich, schossen über die 90 000er-Marke hinaus und brachten dem T-Bird das beste Ergebnis seiner Laufbahn ein.

Das 65er-Styling ähnelte dem 64er, nur hatte man die Front etwas lebendiger gestaltet und die dünnen horizontalen Streben des Kühlergrills mit sechs vertikalen Streben unterteilt; ferner sorgten „dummy"-Luftschlitze hinter den vorderen Radausschnitten und neue „turbo style"-Radzierblenden für eine sportlichere Optik. Der Antrieb wurde dagegen nicht geändert, es blieb bei dem 390 ci-Aggregat (300 PS) und somit bei der einzigen Motorvariante. Die Modellpalette bereicherte man im März 1965 durch ein viertes Modell, den Limited Edition Special Landau. Er präsentierte sich in einer „Ember-Glo"-Metallic-Lackierung mit pergamentfarbenem Vinyldach sowie farblich passenden Teppichen und Polstermaterialien. Der Name des Besitzers wurde in ein Schild auf der Konsole eingraviert. Das in der normalen Landau-Innenausstattung verwendete Holzimitat wurde hier durch eine höherwertige Qualität ersetzt. Der Special Landau kostete nur $ 50 mehr als die Standardversion und war damit natürlich ein tolles Angebot – vorausgesetzt man mochte Ember-Glo-Metallic.

Der Ford Division gelang es, 1965 75 000 Thunderbirds an den Mann zu bringen – das waren nicht ganz so viele wie noch 1964, setzte aber trotzdem eine Rekordmarke in der „personal luxury"-Klasse. Der Konkurrenzdruck stieg, speziell von Seiten des Olds Toronado und des Buick Riviera, beeinträchtigte aber die Absatzzahlen des 1966er-Modells nur geringfügig. 70 000 Einheiten verkauften sich von diesem Modell, das in gewissem Sinne auch das Schönste seiner Generation war.

Die 66er-Modellreihe bestand wieder aus Hardtop, Convertible und „Town Landau", wurde diesmal aber ergänzt durch ein neues „Town Hardtop", das statt des gepolsterten Vinyldaches und der fingierten Landau-Spannerstangen ein normales, lackiertes Dach hatte und um $ 100 billiger war als der Landau. Für zusätzliche Information sorgte bei beiden Town-Modellen ein „Safety Convenience"-Paneel, das vorn im Dachhimmel montiert war und per Leuchte z. B. anzeigte, ob die Sicherheitsgurte angelegt waren; auf Wunsch konnten alle Modelle mit Stereo-Cassettendeck geliefert werden. Endlich kamen auch die leistungsbewußteren Kunden zum Zuge; sie hatten jetzt die Möglichkeit, einen Thunderbird mit 428 ci-V8 und satten 345 PS zu fahren und das für nur $ 64 Aufpreis. Der 428 beförderte einen Thunderbird nun in knappen 9 Sekunden auf 60 mph (96 km/h) und war gut für eine Höchstgeschwindigkeit von 120 mph (193 km/h).

John R. Bond faßte 1965 die Vor- und Nachteile der Thunderbirds in adäquater Form zusammen: „Statt Größe [bietet er] Symbolismus. Nur die, die durch ein gewisses Maß an Ignoranz glänzen, sehen in ihm mehr als nur einen Luxuswagen für diejenigen, die mit ihm ein bestimmtes Image kreieren wollen, sich Gedanken um ihr Körpergewicht und verkalkende Arterien machen und die sich nicht durch einen besseren Geschmack auszeichnen konnten." Selbst von einem solchen Standpunkt aus betrachtet, verdient der Thunderbird ein großes Lob. Für seinen Zweck bringt er alles Erforderliche mit. Sein Dachprofil, seine Sitze, seine Konsole, alles hat Dutzende von Nachahmern gefunden. Mit anderen Worten: Das schönste Kompliment, was man ihm machen kann.

1965-66 Ford Mustang

Es braucht keine großartigen Argumente, um klarzumachen, daß der Mustang der wichtigste Wagen der sechziger Jahre war. Der Startschuß fiel mit dem 1965er-Modell (es gab entgegen der landläufigen Meinung kein „1964 1/2"-Modell), und in seinem ersten Jahr verkaufte sich der Mustang unglaubliche 680 989 mal. Er veränderte auf ewig die Einstellung der jungen Amerikaner zu den Produkten aus Detroit und erfüllte damit genau, was der Mentor und Schöpfer des Mustang, Lee Iacocca, beabsichtigt hatte.

Iacocca, der Verkaufserfolge hinzauberte wie kein anderer, war aus dem Nichts zum Vizepräsidenten aufgestiegen und nach fünfjähriger Tätigkeit bei Ford zum Kopf der Ford Division avanciert. Er wußte wohl um den Kahlschlag, den der schon lange der Vergangenheit angehörende zweisitzige Thunderbird hinterlassen hatte. Er war sich absolut sicher, daß ein frischer, sportlicher und vor allem preiswerter Wagen – viersitzig natürlich – mit einem schwungvollen, aber schicken Outfit zu einem Preis unter $ 2500 ein überragendes, neues Produkt sein würde. Iacocca rief eine Arbeitsgruppe ins Leben, die die Idee ausarbeiten und Prototypen erstellen sollte. Endprodukt war der viersitzige, konventionell gehaltene, auf einem Radstand von 108 Zoll (2743 mm) basierende Mustang. Drei Modelle standen zur Auswahl: Hardtop, Convertible und Semi-Fastback Coupé. Standardmotorisierung war ein Sechszylinder; ein 260 ci- (4261 ccm) und später ein 289 ci-V8 (4737 ccm) standen aber auf der Optionsliste, zusammen mit fast allen Dingen, die man sich als Zubehör überhaupt vorstellen konnte – einer der wichtigen Schlüssel, die dem Mustang Zutritt zu mehreren Marktsegmenten gleichzeitig verschaffte und ihm seine hohe Attraktivität sicherte.

Bei entsprechender Zubehörwahl konnte ein Mustang die Rolle eines gewöhnlichen Transportmittels, eines gewaltigen „drag racers" oder eines einfachen Sportwagens übernehmen. Die Kraftübertragung ließ keine Wünsche offen: Der Kunde hatte die Qual der Wahl zwischen Automatikgetriebe, Viergang- oder Dreigangschaltung und Overdrive. Fahrwerksverbesserungen, Servolenkung, Scheibenbremsen, Klimaanlage, Drehzahlmesser und Uhren standen ebenfalls zur Wahl. Dem Mustang ließ sich auch anstatt der serienmäßigen Einzelsitze eine Sitzbank installieren, aber nur wenige Kunden machten davon Gebrauch. Für $ 170 gab es ein GT-Paket, das eine ganze Reihe erfreulicher Zutaten beinhaltete: Vordere Scheibenbremsen, komplette Instrumentierung, weitstrahlende Zusatzscheinwerfer, GT-Schrift-

Der Mustang ritt Mitte 1964 in die Verkaufsarena und verkaufte im ersten Jahr seiner Karriere mehr als 680 000 Exemplare. Ein großes Maß seiner Attraktivität hatte er der Tatsache zu verdanken, daß sich der Kunde seinen Mustang aus zahlreichen Zubehöroptionen auf den Leib schneidern konnte. Fahrwerksverbesserungen zählten genauso dazu wie luxuriösere Ausstattung und höhere Fahrleistungen. Vom sparsamen 2,8-Liter-Sechszylinder bis zum kraftvollen 4,7-Liter-V8 mit 271 PS wurde alles an Motorvarianten geboten. Auswahl hatte man natürlich auch bei den Karosserieformen: Coupé (rechte Seite, oben), Convertible (rechte Seite, unten) und 2+2-Fastback (diese Seite).

EXH 773
MUSTANG

züge und -Embleme. Eine große Auswahl an Innenausstattungen sowie zusätzliche Zierstreifen und spezielle Zierleisten ließen die Herzen noch höher schlagen. Obwohl der Basis-Mustang nur $ 2372 kostete, fiel es nicht schwer, $ 4000–$ 4500 auszugeben – und das ließ natürlich die Kassen klingeln.

Das Mustang-Design war das Werk von Joe Oros, David Ash und Gale Halderman, die alle drei zur Designabteilung der Ford Division gehörten. Die Kombination aus langer Motorhaube und kurzem Heck war nicht neu – die Idee stammte von Studebaker und hatte mit den Loewy-Coupés und den Hawks der 50er Jahre Eingang in den Markt gefunden –, aber der Mustang wußte sie wunderbar zu nutzen, und faszinierte Öffentlichkeit und Automobilhersteller gleichermaßen noch bis in die frühen siebziger Jahre hinein. Viele Jahre lang war dieses Konzept die Basis für das, was bald – Iacoccas Schöpfung zu Ehren – unter dem Begriff „ponycar" Furore machen sollte.

Das Design war so gut, daß es in den ersten Jahren kaum geändert wurde. Die 66er-Modelle erkennt man leicht an den zusätzlichen dünnen horizontalen Streben im Kühlergrill und den Luftführungen der Lufteinlaß-Attrappen an den hinteren Radausschnitten. Im Innenraum wich das billig aussehende, serienmäßige Falcon-Instrumentenbord einem Arrangement aus fünf Rundinstrumenten, die zuvor bereits im GT-Paket angeboten worden waren.

Noch vor Jahresende strich Ford den 170 ci-Sechszylinder und den 260 ci-V8 von der Zubehörliste. Die Sechszylinder-Modelle wurden statt mit 13-Zoll- mit 14-Zoll-Rädern ausgerüstet, und alle Modelle erhielten verbesserte Motorhalterungen zur Reduzierung von Vibrationen. Die ersten beiden Modelljahre mußte der Mustang allerdings auf seine Big-Block-Motoren verzichten. Dennoch war der Small-Block-289 ein hervorragendes Motörchen, das leistungsmäßig von 200 bis 271 PS breit gefächert war und in der stärksten Version sogar richtig Freude machte. Dieser 289 war ein Klassiker im Motorenbau – leicht, effizient und leistungsstark. Progressive „thin wall"-Technologie machte ihn zum leichtesten gußeisernen V8 weit und breit. Als Kurzhuber ausgelegt hatte er einen die ganze Motorblockhöhe erfassenden Kühlwassermantel, keilförmige Brennräume, hydraulische Stößel, automatischen Choke und Unterdruck-Zündverstellung. Die 271 PS-High-Performance-Version entwickelte 0,95 PS pro Kubikinch (einer Literleistung von 57,2 PS entsprechend) und ein Drehmoment von 416,8 Nm bei 3400 Upm. In der leichten Mustang-Karosserie war dies mehr als nur adäquate Motorisierung für ein sensationelles Automobil.

Der Mustang ging fast unverändert in das Modelljahr 1966 (beide Seiten). Der Kühlergrill wies nun dünne horizontale Streben auf, und das Armaturenbrett zierten fünf Rundinstrumente, die vorher nur als Teil des GT-Pakets erhältlich waren.

Technische Daten

Motor: 6 Zylinder in Reihe, hängende Ventile; 2786 ccm (88,9 × 74,7), 101 SAE-PS, 3278 ccm (93,5 × 79,5), 120 SAE-PS; V8, hängende Ventile; 4261 ccm (96,5 × 72,9), 164 SAE-PS, 4737 ccm (101,6 × 72,9), 200/225/271 SAE-PS

Getriebe:	3-Gang-Schaltgetriebe; auf Wunsch 4-Gang-Schaltgetriebe oder Cruise-O-Matic-Dreigangautomatik
Fahrwerk, vorn:	Querlenker, untere Dreiecksquerlenker, Schraubenfedern
Fahrwerk, hinten:	Starrachse, Blattfedern
Bremsen:	vorn/hinten Trommelbremsen; auf Wunsch vorn Scheibenbremsen
Radstand (mm):	2743
Gewicht (kg):	1130–1266
Höchstgeschwindigkeit (km/h):	**V8** 177–198
Beschleunigung 0–96 km/h (s):	**V8** 7,6–9,0

Produktionszahlen: **1965 Cpé** 501 965 **Fastback** 77 079 **Conv.** 101 945 **1966 Cpé** 499 751 **Fastback** 35 698 **Conv.** 72 119

FORD
RRD 078
CALIFORNIA
GIVE BEAR HUGS

1966-67 Ford Fairlane 500XL/GT & GT/A

In den Augen vieler Autokäufer waren Sportlichkeit und Fairlane nicht unbedingt eine untrennbare Einheit. Nicht jedem wurde bewußt, daß unter den Fairlane-Hauben mittlerweile Fords spritzige 271 PS-Version des 289 ci-V8 (4737 ccm) ihren Dienst tat. Noch weniger Leuten war überhaupt zu Ohren gekommen, daß es 1964 einen auf dem Fairlane basierenden Thunderbolt gab.

Verlockende Optionen zur Fahrwerksverbesserung und Leistungssteigerung versüßten bald die Zubehörkataloge, der Fairlane aber wurde von den meisten Kunden weiterhin als normales Familienauto betrachtet. Ein Fairlane Sedan war zwar attraktiver als manch anderer Konkurrent – er wirkte aber trotzdem wie ein zu groß geratener Falcon.

Die Ansichten änderten sich 1966 mit der Präsentation des eleganten 500XL und des sportlichen GT. Beide rückten sie den Fairlane näher ins Rampenlicht.

In der Ford-Mittelklasse wurden neue Basis-Karosserien eingeführt, die aber den alten Radstand von knappen 2,95 m beibehielten. Das schachtelförmige Profil gehörte nun zum alten Eisen. Klar gezeichnete, frische Formen und ein Minimum an Zierat gaben dem Fairlane ein glattes, elegantes Aussehen, betont durch die leicht gewölbte Seitenverglasung. Vorstehende, vertikal angeordnete Doppelscheinwerfer verliehen dem Wagen eine sprungbereite Silhouette und zusammen mit den hohen, vertikalen Rückleuchten, dem leichten Hüftschwung und der 14-Zoll-Niederquerschnittsbereifung erzeugte der Wagen die Illusion von Schnelligkeit. Das Semi-Fastback der zweitürigen Hardtop-Modelle verstärkte diesen Eindruck sogar noch.

Hardtop Coupé und Convertible, Topmodelle der 500XL-Reihe, verwöhnten die Insassen mit Einzelsitzen und Mittelkonsole sowie einer zu Einzelsitzen ausgeformten Rücksitzbank. Vier Motorvarianten vom 120 PS starken Sechszylinder bis hin zu zwei Big-Block-Versionen des 390-V8 standen zur Auswahl. Die meisten Käufer entschieden sich aber für den gesunden Mittelweg: 289 ci (4737 ccm) und 200 SAE-PS. Für eine Handvoll Dollar mehr ließ sich ein XL durch ein Vinyldach, Zierstreifen und ein Lenkrad aus Holzimitat optisch aufwerten.

Noch leistungsfreudiger gab sich der GT mit dem 390 ci-„Thunderbird Special" und vielversprechenden 335 SAE-PS, die laut Ford „*wirklich* nichts anbrennen ließen". Innerlich hatte man den 390 mit einer schärferen Nockenwelle und einem großen Holley-Vierfachvergaser aufgepäppelt, äußerlich präsentierte er sich reichlich in Chrom gekleidet. Einen GT erkannte man an den breiten Rallyestreifen oberhalb der Türschweller, den beiden fingierten Lufteinläßen auf der Haube, einem Heckemblem und dem schwarz gehaltenen Kühlergrill mit horizontaler Chromstrebe.

Ein Dreigang-Schaltgetriebe gehörte zum Serienumfang, viele Kunden entschieden sich aber für das Vierganggetriebe ($ 183 Aufpreis) oder die SportShift-Cruise-O-Matic ($ 215 Aufpreis). Kaufte man die Automatikversion, so änderte sich auch die Typenbezeichnung: Der GT hieß jetzt GT/A. Das hieß aber noch lange nicht, daß man der Automatik auf Gedeih und Verderb ausgeliefert war; die einzelnen Gangstufen konnten manuell angewählt werden. Wollte man die Schaltvorgänge optimieren, so ließ sich gegen Aufpreis ein Drehzahlmesser installieren.

Strafferes Fahrverhalten gehörte natürlich ebenfalls zu den Vorzügen eines Gran Touring und so bekam der GT härtere Federn und an der Vorderachse einen dickeren Stabilisator. Die Firestone-Weißwandreifen der Abmessungen 7.75×14" waren bis 200 km/h ausgelegt und für $ 93 erhielt der Kunde auch noch Felgen aus Gußstahl.

1966 war das erste Jahr, in dem ein Fairlane Convertible die Palette bereicherte. Als GT kostete es $ 3068 ($ 225 mehr als ein Hardtop) und konnte optional mit einem elektrisch versenkbaren Dach geordert werden. Obwohl XL und GT eigene Popularität genossen, machten sie nur ein Fünftel der Fairlane-Gesamtproduktion aus.

1967 änderte sich das Motorenangebot, und die GT-Modelle ließen sich von nun an serienmäßig von einem Small-Block-Challenger-V8 mit 289 ci (4737 ccm) antreiben. Wählte der Kunde einen 390 ci mit Zweifachvergaser, so kostete ihn das $ 74 Aufpreis, sollte es gar die Vierfachvergaser-Version sein, betrug der Aufschlag fast das Doppelte ($ 150). Die stärkste Big-Block-Variante mußte leider aufgrund eines „Thermactor"-Abgasregelungssystems 15 PS von ihrer Leistung abgeben.

An der Karosserie wurden nur geringfügige Änderungen vorgenommen. Der schwarz unterlegte Kühlergrill wurde jetzt von einer horizontalen und drei vertikalen Streben in acht Felder, die Heckleuchten durch die Rückfahrscheinwerfer in zwei Felder unterteilt. Die zwei dekorativen „power dome"-Hutzen bekamen integrierte Blinkleuchten. Vordere Scheibenbremsen und F70×14-Wide-Oval-Bereifung gehörten zum Standardequipment. Das manuell schaltbare Automatikgetriebe firmierte jetzt unter der Bezeichnung „SelectShift" und ließ sich von der Mittelkonsole aus durch einen T-förmigen Wählhebel betätigen.

Und wie stand es mit den Fahrleistungen? *Motor Trend* gab darauf mit ihrem 335 PS-GT/A die passende Antwort: Von 0–60 mph in 6,8 s und die Viertelmeile mit 148 km/h in 15,2 s.

Trotz dieser guten Ausbeute gab es ein paar Dutzend ungeduldiger Kunden, die offenbar mit dem 390 ci nicht schnell genug unterwegs waren und die sich von Ford mit dem bekannten „side oiler"-427-V8 und seinen 410 oder 425 PS verwöhnen ließen. Merkwürdigerweise gelangte eine solche Maschine nur in die Basismodelle, die 500er und die 500XL, nicht dagegen in die GT. Aber selbst ohne die „Muckis" eines 427 festigten die GT Fords Position im angehenden Kräftemessen der späten 60er Jahre -- eine Position, die noch durch Torino und Cobra untermauert werden sollte.

Der in der Mittelklasse angesiedelte Ford Fairlane ging mit neuem Styling und mehr Power in das Modelljahr 1966. Bis hinauf zum V8 mit 390 ci und 335 PS reichte das Angebot an Motorvarianten; im GT und GT/A (oben und rechte Seite, oben) gehörte diese stärkste Version zur Serienausstattung. Die 67er-Modelle präsentierten sich fast unverändert, obwohl sie jetzt serienmäßig von einem 289 ci-V8 angetrieben wurden, den auch unser gezeigter 67er 500XL (rechte Seite, unten) unter seiner Haube hat.

Technische Daten

Motor:	**1966 500XL** 6 Zylinder in Reihe, hängende Ventile, 3278 ccm (93,5 × 79,5), 120 SAE-PS; V8, hängende Ventile, 4737 ccm (101,6 × 72,9), 200 SAE-PS, 6392 ccm (102,9 × 96,0), 265/275/315 SAE-PS **1966 GT & GT/A** 6392 ccm, 335 SAE-PS **1967 500XL** 3278 ccm, 120 SAE-PS; 4737 ccm, 200 SAE-PS, 6392 ccm, 270/315 SAE-PS **1967 GT & GT/A** 4737 ccm, 200 SAE-PS, 6392 ccm, 270/320 SAE-PS
Getriebe:	3-Gang-Schaltgetriebe; auf Wunsch 4-Gang-Schaltgetriebe oder Cruise-O-Matic-Dreigangautomatik
Fahrwerk, vorn:	Doppel-Querlenker mit Federbeinen, Querstabilisator bei GT & GT/A und allen 67er-Modellen
Fahrwerk, hinten:	Starrachse, Blattfedern
Bremsen:	vorn/hinten Trommelbremsen; **1966 GT** auf Wunsch vorn Scheibenbremsen **1967 GT** serienmäßig vorn Scheibenbremsen
Radstand (mm):	2946
Gewicht (kg):	1342–1638
Höchstgeschwindigkeit (km/h):	**V8-289** 174 **GT/A 390** 201
Beschleunigung 0–96 km/h (s):	**V8-289** 10,6 **GT/A 390** 6,8–8,1
Produktionszahlen:	**1966 XL Hardtop Cpé** 23 942 **XL Conv.** 4560 **GT Hardtop Cpé** 33 015 **GT Conv.** 4327 **1967 XL Hardtop Cpé** 14 871 **XL Conv.** 1943 **GT Hardtop Cpé** 18 670 **GT Conv.** 2117

66 GTA
COLORADO

1967-68 Ford Mustang

1967 schien die Luft für den Mustang recht dünn zu werden, denn von allen Seiten galoppierten die „ponycars“ los, um dem Mustang den Rang abzulaufen. Chevrolet präsentierte seinen Camaro, Pontiac stellte seinen Firebird vor und Plymouth schickte seinen neu eingekleideten Barracuda ins Rennen. Den ersten Schritt gegen den wachsenden Konkurrenzdruck unternahm Ford mit der Aufnahme des Thunderbird-390 in die Motorenauswahl des Mustang (zum ersten Mal übrigens). Das waren 40 Kubikinches mehr als der Camaro bis dahin bieten konnte – aber Chevrolet war nicht untätig, und bald darauf kam man mit dem konkurrenzfähigen 396er auf den Markt. Der Mustang 390 schaffte mit seinen 320 PS den 0–60 mph-Spurt in 7,5 s und die stehende Viertelmeile (ca. 400 m) in 15,5 s bei 152,8 km/h; seine Höchstgeschwindigkeit lag bei ca. 190 km/h. Handicap war allerdings seine ungünstige Gewichtsverteilung (60 Prozent auf der Vorderachse), die ihn heftig untersteuern ließ. Die serienmäßige F70×14-Wide-Oval-Bereifung von Firestone verringerte dieses Phänomen zwar etwas, aber jeder, der einen 390er fuhr, gab zu, daß der 289er sich wesentlich besser fahren ließ. Kenner empfahlen jedem Kunden, der sich für einen 390 entschied, gleich ein „competition handling package“ mitzubestellen: Härtere Federn, Querstabilisator für die Vorderachse, Koni-Stoßdämpfer, Sperrdifferential, direkte Lenkübersetzung und 15-Zoll-Räder sollten das Problem in den Griff bekommen. Ebenfalls für High-Performance-289er angeboten, ging das verbesserte Handling aber zu Lasten des Fahrkomforts.

Neben der neuen Motorvariante schüttelte der 67er Mustang noch mehr aus dem Ärmel. Alle Modelle waren unterhalb der Gürtellinie neu gestylt worden; Fastbacks hatten eine neues, fließenderes Dachprofil bekommen, das jetzt sauber in das Heck hineinlief und die winklige Optik der ersten Serie ersetzte. Das Heckblech hatte nun eine konkave Form, das Vorderteil war länger und der Kühlergrill breiter. Die Konstrukteure nahmen sich des recht hohen Geräusch- und Vibrationspegels an und spendierten den Befestigungspunkten zwischen Fahrwerk und Karosserie Gummilagerungen. Für die Montage des 390er-Motors hatte man die Spur um 5 cm verbreitert, was sich sehr positiv im Fahrverhalten bemerkbar machte.

Verglichen mit der Konkurrenz schlug sich der 67er Mustang ganz hervorragend. Der Mustang war leichter und sparsamer im Benzinverbrauch als seine direkten Rivalen und bot zudem eine größere Auswahl an V8-Optionen. Aber dennoch wirkte sich der Wettkampf auf die Verkaufszahlen aus: 25 Prozent weniger verkaufte Autos als 1966 waren das Resultat. Den größten Verlust mußte das Hardtop hinnehmen. Das Convertible und der Fastback schienen einen ziemlich stabilen Markt zu haben, der

Die 67er-Modelle (linke Seite, oben) basierten auf der originalen Mustang-Karosserie, zeichneten sich aber durch eine andere Front- und Heckpartie aus. Dieses Styling wurde mit minimalen Änderungen in das zweite Modelljahr 1968 übernommen (oben). Die 67er Coupés behielten ihre eckige Dachform, während die Fastback-Modelle (linke Seite, Mitte und unten; beides 68er-Modelle) ein bis zum Heck „durchfließendes" Dachprofil besaßen und sich damit doppelt so gut verkauften wie die erste Semi-Fastback-Version.

Technische Daten

Motor: 6 Zylinder in Reihe, hängende Ventile, 3278 ccm (93,5 × 79,5), 120 SAE-PS; V8, hängende Ventile; 4737 ccm (101,6 × 72,9), 200/225/271 SAE-PS, 4950 ccm (101,6 × 76,2), 230 SAE-PS, 6392 ccm (102,9 × 96,0), 320/325 SAE-PS, 6999 ccm (107,4 × 96,0), 390 SAE-PS

Getriebe:	3-Gang-Schaltgetriebe; auf Wunsch 4-Gang-Schaltgetriebe oder Cruise-O-Matic-Dreigangautomatik
Fahrwerk, vorn:	untere Dreiecksquerlenker mit Federbeinen
Fahrwerk, hinten:	Starrachse, Blattfedern
Bremsen:	vorn/hinten Trommelbremsen; auf Wunsch vorn Scheibenbremsen
Radstand (mm):	2743
Gewicht (kg):	1166–1246
Höchstgeschwindigkeit (km/h):	ca. 193
Beschleunigung 0–96 km/h (s):	**V8-390** 7,5

Produktionszahlen: **1967 Cpé** 356 271 **Fastback** 71 042 **Conv.** 44 808 **1968 Cpé** 249 447 **Fastback** 42 581 **Conv.** 25 376

1967 das neue, glattere Styling des Fastback mit 70 000 Käufern belohnte. Mit 472 121 verkauften Exemplaren konnte Ford recht zufrieden sein, schließlich befand sich der Mustang in seinem dritten Modelljahr und hatte bislang keine großartigen Änderungen erfahren.

Vielleicht war das Jahr, das Ford abwartete, ein Jahr zuviel, denn die Zahlen sanken 1968 noch weiter ab. Die Statistiken gaben darauf keine Antwort, da es ja sonst auf dem Markt sehr prosperierend aussah – auch für die Ford Division. Zudem waren die 68er Mustangs mit der bislang größten Auswahl an Motoren und Zubehöroptionen angetreten. Die Antwort lag eher in dem nicht nachlassenden Konkurrenzdruck, ausgeübt von GM, Chrysler und sogar American Motors, die mit ihrem Javelin ebenfalls an der großen Pferdejagd teilnehmen wollten. Der Anstieg der Mustang-Preise tat ein übriges. Und selbst im eigenen Hause gab es Konkurrenzprodukte, die dem „Wildpferd" zu schaffen machten: Mercury Cougar und Ford Torino. Letzterer war zwar eher der Mittelklasse zuzurechnen, machte dem Mustang Fastback durch seine ähnliche Karosserieform aber gehörig Druck. Nicht zu vergessen war der Absatzmarkt selbst, der durch Erhöhung der amerikanischen Truppenzahl in Vietnam einen erheblichen Teil seiner jugendlichen Käufer verlor.

Die 68er-Modellreihe übernahm das 67er-Styling fast unverändert. Unverkennbares Merkmal waren seit jeher die modellierten Seitenflächen gewesen, die bisher vor den hinteren Radausschnitten Luftschlitze angedeutet hatten; die 68er Mustang wiesen tatsächlich Luftschlitze auf. Durch die Einbuchtung der Seitenfläche ergab sich eine Falz, die in Höhe des Scheinwerfers begann, nach hinten verlief und sich um den Lufteinlaß herum wieder nach vorn bog. Bei den GT-Modellen betonte man diesen Verlauf durch Farbzierstreifen, was dem Wagenprofil einen gewissen optischen Vorwärtsdrang verlieh. Der Kühlergrill war sehr tief in die Kühlermaske eingelassen und trug in seiner Mitte das rechteckige Emblem mit dem galoppierenden Pferd. Die GT-Version besaß zusätzliche Weitstrahler, die in die Kühlermaske integriert waren.

Einige Motoren hatten aufgrund neuer Emissionsschutzgesetze einige Pferdestärken verloren, was sich aber kaum bemerkbar machte. Das Mittelfeld der Antriebsoptionen bestimmte nun ein stark überarbeiteter Small-Block mit 302 ci (4950 ccm) und 230 PS. Er stellte einen fahrfreudigen, aber wirtschaftlichen Kompromiß zwischen dem Basis-V8 und den Hochleistungstriebwerken dar, und schlug nur mit $ 200 Aufpreis zu Buche. Die höchste Leistungsstufe erreichte man mit dem riesigen 427 (und satten $ 755 Aufpreis), der mit einer Verdichtung von 10,9 : 1 für 390 PS gut war, aber seltsamerweise nur mit Automatikgetriebe ausgeliefert wurde. Er brachte einen Mustang zwar in 6 Sekunden auf die 60-mph-Marke, war aber alles andere als angenehm zu fahren und wurde in der Regel von Rennfahrern geordert.

1967-69
Ford Thunderbird

Der Thunderbird von 1967–69 setzte auf ein neues Design, das mittlerweile die fünfte Modellgeneration einläutete und sich völlig von dem unterschied, was man bisher von den Donnervögeln gewohnt war. Das Convertible war passé; dafür gab es eine viertürige Limousine, die sich sehr gut verkaufte, aber nicht mehr so recht in das T-Bird-Image passen wollte. Vorbei war es mit den Fender-Skirts und den hinteren Kurbelfenstern, jetzt war – mit Radständen von 2,90 und 2,97 m – Größe angesagt. Die Basispreise blieben aber bemerkenswerterweise unter $ 5000.

So großen Änderungen mußte sich seit 1958 noch keine Thunderbird-Generation unterziehen – ein Kompromiß, wie der lange Jahre für das T-Bird-Design verantwortliche Bill Boyer erklärte, zwischen seinem eigenen Thunderbird Studio und dem Corporate Projects Studio von David Ash. „Meine Abteilung entwarf Dach, Heckscheibe und die hintere Hälfte des Wagens. Dave war für die Frontpartie zuständig. Die Heckpartie von Daves Entwurf hatte eine markante Keilform, der erste richtige Versuch einen Keil zu realisieren. Aber schließlich wurde die Sache verworfen und heraus kam ein Hybrid-Design." Das Ferrari-ähnliche Vorderteil mit seinen versteckten Scheinwerfern, der fahrzeugbreiten Kühlermaske und der feingliedrigen Stoßstange war wirklich ein imposantes Gebilde. Der Grill wirkte wie eine Einheit, gliederte sich aber in drei Teile: in der Mitte die Kühleröffnung sowie jeweils links und rechts daneben ein Paneel mit den darauf montierten Scheinwerfern, das sich bei Bedarf um die eigene Achse drehte und so die Lampen freilegte. Die 67–69er Thunderbirds waren die ersten Ford, die ein solches Feature hatten.

„Irgendwie ergab sich dann die Sache mit dem Viertürer", fuhr Boyer fort. „Im Studio arbeiteten wir gerade an einer Ausführung in Schwarz mit schwarzem Vinyldach und vier in der Mitte zu öffnenden Türen, wobei die hinteren Türen auf der Scharnierseite ein ‚Segel' aufwiesen. [Fords General Manager] Iacocca sah unsere Studie und war ganz aus dem Häuschen. ‚Laßt uns diesen Viertürer auf die Straße bringen', sagte er. Der viertürige Landau war schwer zu realisieren. Die Türöffnung folgte der Landau-Spannerstange, aber um die Vorgaben einzuhalten, mußten wir die formelle Linienführung der Dachpartie beibehalten. Er verkaufte sich sehr gut." (Der Viertürer verkaufte sich im ersten Jahr 25 000 mal, und damit doppelt so oft wie irgendeins der Convertible-Modelle.)

Die bedeutsamste Änderung im Thunderbird-Konzept war die Rückkehr zur herkömmlichen Bauweise, die Karosserie auf ein separates Fahrgestell zu schrauben. Gründe dafür waren zum einen Kostenreduzierung und zum anderen die Verringerung des Arbeitsaufwandes bei der Karosserieherstellung. Die verlorengegangene Stabilität glich man aus durch Einsatz von versteifenden Blechsicken und Querverstrebungen sowie eines Mitteltunnels im Bodenblech. Alle 14 Befestigungspunkte der Karosserie legte man vor und hinter die Fahrgastzelle, um somit die Geräusch- und Vibrationsentwicklung zu mindern.

Der T-Bird ließ sich 1967 wahlweise vom 390-V8-Serienaggregat (6392 ccm) oder von der 428-V8-Option (7015 ccm) antreiben. Neu war eine SelectShift-Cruise-O-Matic, die mit ihrem Schaltschema sehr dazu verleitete, die unteren Gangstufen wie eine manuelle Schaltung zu behandeln, aber sehr ungünstig – an der Lenksäule – zu bedienen war. Einen Rückschritt ins Jahr 1958 bedeutete die

Die Thunderbirds wurden für 1967 nicht nur neu gestylt, sondern auch um ein viertüriges Modell ergänzt, das die sich schlecht verkaufenden Convertibles ersetzen sollte – ein Hinweis mehr dafür, daß der Thunderbird luxuriösere Jagdgründe ansteuerte. Ein 390 ci-V8 mit 315 PS (linke Seite, oben) war Standard in den 67er- und 68er-Modellen, ein 428er als Option erhältlich. In den 69er-Modellen gab es nur noch den neuen 429 ci mit 360 PS. Das hier gezeigte viertürige Modell läßt sich durchaus als repräsentativ für die Modellreihe ansehen, da über die Jahre nur minimale Änderungen das Aussehen der T-Birds beeinflußten.

Technische Daten

Motor: V8, hängende Ventile; 6392 ccm (101,6 × 96,0), 315 SAE-PS, 7015 ccm (104,9 × 101,1), 345 SAE-PS, 7031 ccm (110,7 × 91,2), 360 SAE-PS

Getriebe:	Cruise-O-Matic-Dreigangautomatik
Fahrwerk, vorn:	obere und untere Dreiecksquerlenker, Schraubenfedern
Fahrwerk, hinten:	Starrachse, Schubstreben, Schraubenfedern
Bremsen:	vorn Scheiben- / hinten Trommelbremsen
Radstand (mm):	**2tür.** 2901 **4tür.** 2977
Gewicht (kg):	1929–2025
Höchstgeschwindigkeit (km/h):	185–193
Beschleunigung 0–96 km/h (s):	9,0–10,5

Produktionszahlen: **1967 Cpé** 15 567 **Landau Cpé** 37 422 **Landau Sdn** 24 967 **1968 Cpé** 9977 **Landau Cpé** 33 029 **Landau Sdn** 21 925 **1969 Cpé** 5913 **Landau Cpé** 27 664 **Landau Sdn** 15 695

neue Hinterradaufhängung mit Schraubenfedern und Schubstreben, die Ford eingeführt hatte, um das allzu unpräzise Fahrverhalten des Thunderbird zu verbessern.

Für das Modelljahr 1968 lautete der Ford-Werbeslogan: „Thunder for sale: 2 doors or 4". Ein erhöhtes Sitzplatzangebot sollte die Verkaufszahlen in die Höhe schrauben, weshalb Ford den Thunderbird serienmäßig mit einer vorderen Sitzbank ausrüstete. Dementsprechend standen auch sechs Modelle zur Auswahl: Hardtop, zwei- und viertüriger Landau, alle zu haben mit Sitzbank oder Einzelsitzen. Die meisten Zweitürer wurden mit Einzelsitzen, die Viertürer in der Regel mit Sitzbank geordert. Für die 68er war Ford gezwungen, aufgrund neuer Bundesgesetze vorn seitliche Positionsleuchten, hinten seitliche Reflektoren, in den Türverkleidungen verformbare Armlehnen sowie eine ebenfalls verformbare Sicherheitslenksäule einzuführen. Das Styling änderte sich nur geringfügig – ein Kühlergrill mit größeren Maschen, schmale Seitenzierstreifen und andere Embleme. 390 ci waren immer noch Serie, ein neuer 429-V8 (7031 ccm) mit 360 PS aber optional erhältlich. Ford hatte bei der Konstruktion dieses Big-Block die neuesten Emissionsschutzgesetze zugrunde gelegt.

Die 68er-Verkaufszahlen lagen weit unter denen des Vorjahres und das 69er-Ergebnis war sogar das schlechteste seit 1958. Der Thunderbird, so klagten viele, war nichts Besonderes mehr und anderen Fahrzeugen zu ähnlich; schließlich mußte er seine Führungsrolle in der „personal luxury"-Klasse an den Pontiac Grand Prix und den Buick Riviera abgeben. 1968 lag der T-Bird noch mit doppelt so vielen Verkäufen vor dem Grand Prix, 1969 war es genau umgekehrt und sah für den 'Bird sogar noch schlimmer aus; der Grand Prix war zwar $ 1000 billiger und auch nicht ganz in derselben Klasse angesiedelt, aber selbst der Buick Riviera verkaufte sich besser als der Ford Thunderbird.

Bei den 69er Landau-Modellen schottete Ford den Fondbereich mit einer optischen Verbreiterung der C-Säule ab (der hintere Teil des Fensterrahmens war nun aus Blech) und sorgte damit für einen der berühmtesten „toten Winkel" im amerikanischen Automobilbau. Änderungen, die alle Modelle betrafen, waren unter anderem neue Radzierblenden und ein neuer Kühlergrill, bestehend aus kleinen horizontalen Luftschlitzen. Als interessanteste Neuerung, allerdings nur beim Landau, gab es ein elektrisches Stahlschiebedach, das vom Armaturenbrett aus (übrigens das gleiche wie 1967/68) per Knopfdruck betätigt werden konnte. Für luxuriösere Ansprüche bot Ford auf Wunsch eine „Brougham"-Option, die das Interieur mit Stoff und Vinyl aufwertete.

Das Fahrverhalten der zweitürigen Modelle konnte durch Änderung der Fahrwerkseinstellung erheblich verbessert werden. Mit seinen zwei Tonnen Lebendgewicht und starker Geräuschdämmung sorgte der Thunderbird für ruhiges und komfortables Fahren. In Sachen Triebwerk hatte man den Kunden keine Wahl gelassen: Einziger V8 war der 429 ci, der aller Wahrscheinlichkeit nach vom 430er-Buick inspiriert worden war. In den Fahrleistungen lagen Riviera und Thunderbird Kopf an Kopf.

1968-69
Ford Torino GT

Der Name war neu, aber unter der Oberfläche waren die 68er Torinos nichts anderes als überarbeitete Fairlane 500XL – mit einer Ausnahme: Der sensationelle Torino GT, mit seiner ewig langen Dachpartie und seiner *wirklich* schrägen Heckscheibe. Ford fand auch bald einen Namen für diese bemerkenswerte Linienführung: SportsRoof. Es hinterließ einen ganz anderen Eindruck und hatte eine viel stärkere Identität als das gewöhnliche Stufenheck-Hardtop. Ford war allerdings auch etwas spät dran mit seinem Fastback-Beitrag; der Dodge Charger war bereits zwei Jahre auf dem Markt, und selbst diesen bezichtigte man hin und wieder, eine Kopie des Rambler Marlin zu sein.

Die Torinos gehörten zur Fairlane-Familie und waren als Luxus-Topmodelle auch deren Aushängeschild. Die größeren Ford-Modelle hatten für 1968 eine klarere Linienführung erhalten und verfügten über eine vergrößerte Fensterfläche. Die markante Silhouette wurde, neben dem SportsRoof, auch von einer Kombination aus langer Motorhaube und kurzem Heck bestimmt, eine Designkomponente, die unter den Herstellern immer mehr Zuspruch fand.

Die fehlenden Ausstellfenster waren nicht jedermanns Sache, gaben der Seitenansicht aber eine aufgeräumte Optik. Der Kühlergrill war rechteckig und sehr weit zurückversetzt. Das Erscheinungsbild des GT wurde hauptsächlich bestimmt durch seitliche Zierstreifen und Sport-Stahlfelgen, auf die man Wide-Oval-Weißwandreifen aufgezogen hatte. Gegen Aufpreis gab es tief ausgeformte Einzelsitze und eine Mittelkonsole.

Auffallend an den Fastback-Modellen waren ihre fünf kiemenähnlichen Chromstreifen auf der ewig breiten C-Säule. Die leicht nach außen gebogene Heckscheibe bestand serienmäßig aus getöntem Glas. Den Maschen-Kühlergrill durchzog mittig eine Chromstrebe, die in ihrer Mitte ein „GT"-Emblem trug. Die Rückleuchten waren rechteckig und lagen in einem tief eingezogenen Heckblech. Der Chromstreifen, der sie miteinander verband, war mit einem runden „GT"-Emblem versehen.

Standardmotorisierung des Torino war ein 115 PS-Sechszylinder. Das GT-Trio – Hardtop, Fastback und Convertible – langte bei der Grundausstattung kräftiger zu: 210 PS aus 302 ci (4950 ccm) in V8-Anordnung (zu Anfang gab der Ford-Katalog als Standard den 289 ci an). Höchste Ausbaustufe war der 390 ci (6392 ccm) mit Zweifachvergaser (265 PS) und Vierfachvergaser (325 PS). Als „Thunderbird Special GT" wies er eine Verdichtung von 10,5 : 1 auf, entsorgte seine Abgase über eine Doppelauspuffanlage und erhöhte den Einstandspreis um $ 158.

Die Kraftübertragung fand serienmäßig über eine vollsynchronisierte Dreigangschaltung statt (Heavy-Duty-Ausführung gab es extra); viele Kunden zogen indes ein mittelgeschaltetes Viergangge-

Der Torino begann seine Karriere 1968 als schmuckere Version des Fairlane; sportlichere Torinos erhielten die Zusatzbezeichnung „GT". Obwohl sie ebenfalls als Stufenheck-Coupé und Convertible angeboten wurden, löste das SportsRoof-Fastback wahre Begeisterungsstürme aus (rechte Seite, oben). 1968 wurde der Torino auserwählt, als Führungsfahrzeug („Pace Car") an der Indy „500" teilzunehmen (rechte Seite, unten links). Das Styling änderte sich für 1969 sehr wenig (unten und rechte Seite, unten rechts); GT-Motorhauben bekamen eine Lufthutze, die bei Einbau der Ram-Air-Option auch entsprechend in Funktion trat.

Technische Daten

Motor: V8, hängende Ventile; **1968** 4950 ccm (101,6 × 76,2), 210/230 SAE-PS, 6392 ccm (102,9 × 96,0), 265/325 SAE-PS, 6999 ccm (107,4 × 96,0), 390 SAE-PS, 7015 ccm (104,9 × 101,1), 335 SAE-PS **1969** 4950 ccm, 220 SAE-PS, 5753 ccm (101,6 × 88,9), 250/290 SAE-PS, 6392 ccm, 320 SAE-PS, 7015 ccm, 335 SAE-PS

Getriebe: 3-Gang-Schaltgetriebe; auf Wunsch 4-Gang-Schaltgetriebe oder SelectShift-Cruise-O-Matic-Dreigangautomatik

Fahrwerk, vorn: Doppelquerlenker mit Federbeinen

Fahrwerk, hinten: Starrachse, Blattfedern

Bremsen: vorn/hinten Trommelbremsen; auf Wunsch vorn Scheibenbremsen

Radstand (mm): 2946

Gewicht (kg): 1441–1524

Höchstgeschwindigkeit (km/h): **V8-302** 175 **V8-390** 185+

Beschleunigung 0–96 km/h (s): **V8-390** 7,2 **V8-428** 6,0

Produktionszahlen: **1968 Hardtop Cpé** 23 939 **Fastback Cpé** 74 135 **Conv.** 5310 **1969 Hardtop Cpé** 17 951 **Fastback Cpé** 61 319 **Conv.** 2552

triebe oder eine SelectShift-Cruise-O-Matic vor. Bestellte der Kunde eine Mittelkonsole, dann wurde die Automatik-Option mit einem T-förmigen Wählhebel ausgerüstet.

In Sachen Motorisierung ließ Ford sich nicht lumpen und trat mit einem Big-Block-427 auf den Plan, der bis zu 390 PS leisten konnte. *Car and Driver* beschrieb ihn als „reinrassige Rennmaschine". Nicht gerade zum Sondertarif erhältlich, kostete dieser Treibsatz $ 623. Er war die für die Straße gezähmte Version des V8, der in Le Mans und bei Grand Nationals etliche Rennkilometer absolviert hatte. Mitte des Jahres trumpfte Ford noch einmal auf: Der neue „Cobra Jet"-428 hatte nicht ganz so viele Pferdestärken (335 PS), war dafür aber zu einem günstigeren Kurs zu haben ($ 306).

Ein Torino GT Fastback wurde mit $ 2747 in der Liste geführt und war damit nur um $ 37 teurer als ein gewöhnlicher Torino Hardtop; nur das Convertible lag knapp über $ 3000. Die Zuhilfenahme der Optionenliste konnte den Preis aber sehr schnell in die Höhe treiben. Eine neue „SelectAire"-Klimaanlage sorgte auf Wunsch für mehr Komfort; ein 6000 Upm-Drehzahlmesser auf dem Armaturenbrett und vordere Scheibenbremsen verbesserten die Funktionstüchtigkeit.

„Born to move, wheel, swing, streak, impress, dazzle..." Das versprach der Fairlane/Torino-Katalog für 1969; der Hersteller hätte nicht Ford geheißen, wenn es dabei geblieben wäre: Als Option sorgte ein Ram-Air-System für frischen Wind im Vergaser des 428 ci-V8, und das war laut Ford „nichts für furchtsame Gemüter".

Der 302-V8 war wieder Standard und zwei 351er „Windsor"-Triebwerke die Ausweichmöglichkeiten. Dem GT hatte man Breitreifen auf sportlich gestylten Stahlfelgen spendiert und ihn durch spezielle Seitenstreifen optisch kenntlich gemacht. Bestellte der Kunde eine 428-Version des GT, lieferte Ford gleich eine größer dimensionierte Kupplung und ein Sportfahrwerk mit. Mit Ram-Air- oder normalem Ansaugsystem entwickelte der 390 ci eine Leistung von 335 SAE-PS und brachte damit einen GT von 0 auf 96 km/h in 6 Sekunden. Die Topversion des 428 erforderte zusätzliche $ 421 und den Einsatz eines Vierganggetriebes oder einer Automatik.

Für das Modelljahr 1969 änderte sich das Erscheinungsbild der Torinos kaum. Eine funktionale Lufthutze kennzeichnete jetzt GT-Hauben; der Kühlergrill war aus Kunststoff. Den engmaschigen Grill durchzog eine horizontale Strebe, und darunter prangte ein großer „GT"-Schriftzug. Die Fahrzeugseiten wurden durch einen markanten Zierstreifen betont, der sich C-förmig vom Fahrzeugheck bis zu den Scheinwerfern schwang und dann in Höhe der Radläufe wieder zurücklief. Wollte der Kunde die sportliche Optik noch betonen, standen ihm gegen Aufpreis Außenspiegel in Wagenfarbe und verlängerte Auspuffendrohre zur Verfügung.

Als Standardmotor tat in den Torinos jetzt ein neuer 250 ci-Sechszylinder seinen Dienst. 1969 sackten die Verkaufszahlen etwas ab, aber der Torino GT fand noch genügend begeisterte Käufer, speziell als Fastback. Sicher ist, daß die meisten von ihnen einen Torino nur deshalb kauften, um hin und wieder die Versprechungen, die ihnen die 6,4 und 7,0-Liter-Maschinen in den Verkaufsräumen der Händler machten, auch einzulösen.

1969
Ford Mustang Grande & Mach 1

Die Mach-1-Version debütierte 1969 und sollte noch bis 1978 im Programm bleiben, verlor aber im Laufe der Jahre ihren „Performance"-Charakter. Basismotorisierung war der 351 ci (oben) mit 250 oder optionalen 290 PS; ebenfalls auf der Optionsliste stand der Cobra-Jet-428 mit 335 SAE-PS (unten), dessen Motorhaube mit einer „shaker"-Lufthutze geordert werden konnte. Der Mustang Grande (Mitte und rechte Seite) zielte auf die luxusorientierte Kundschaft ab, konnte aber mit allen Mustang-Motoroptionen vom 200 ci-Sechszylinder bis zum 428-Cobra-Jet ausgestattet werden.

1969 startete Fords beliebter „ponycar" mit einem neuen Design und einer reichen Auswahl an denkwürdigen Modellen: fünf an der Zahl, plus zwei spätere „Boss"-Modelle. Rechnete man sieben mögliche Motoroptionen hinzu, dann konnte jeder Styling- und jeder Leistungswunsch erfüllt werden.

Der neue Mustang erschien, aus welcher Perspektive auch immer, ein wenig plump und etwas übertrieben. Die Doppelscheinwerfer waren immer noch sein markantestes Erkennungsmerkmal; die äußeren tief in einer Nische liegend und weit entfernt von ihren Partnern in der Kühleröffnung. Die Türen besaßen keine Ausstellfenster mehr, und das Armaturenbrett präsentierte sich noch aufwendiger gestaltet.

Nicht alle neuen Stylingparameter wurden auch von der Allgemeinheit gutgeheißen. Das Heckblech kam der ursprünglichen Variante noch am nächsten, wenn auch mit flachen Rückleuchten, die aber immer noch im Doppel-Trio angeordnet waren. Ansonsten waren die Proportionen nicht ganz stimmig, was wohl zum großen Teil auf die weit überhängende Schnauze zurückzuführen war.

Dieses Jahr brachte aber dennoch genügend Stoff mit, um weitere Kapitel im Bestseller „American Performance" zu schreiben. Der Mach 1, angekündigt als „wild newcomer", hatte seinen Namen einem futuristischen Show Car aus dem Jahre 1967 entliehen. Als Bezeichnung für die Schallgeschwindigkeit (ca. 1200 km/h) deutete Mach 1 also auf ein superschnelles Auto hin – was er auch war, zumindest wenn ein Cobra-Jet-428-V8 unter der Haube lauerte.

Motor Trend trat den Beweis an und hetzte einen Mach 1 mit einem 335 PS starken Cobra-Jet in nur 5,7 s auf 60 mph sowie in 14,3 s und 161 km/h über die Viertelmeile. Für die Kraftübertragung sorgte eine Dreigangautomatik und das stattliche Drehmoment des 428-V8 von 587,8 Nm.

Nicht ganz zufrieden, klagten die Tester darüber, daß „das Ergebnis nicht die Mittel rechtfertige" und daß die Fahrleistungen hinter dem vielversprechenden aggressiven Gebaren des Wagens zurückstanden. Positiver Aspekt dabei: Sie kürten diesen Mustang zum Wagen mit dem „derbsten Charakter".

Der Cobra-Jet war (mit oder ohne Ram-Air) eine von fünf Möglichkeiten, den Mach 1 anzutreiben. Wählte man die Ram-Air-Option, so ersetzte eine „shaker"-Lufthutze den normalen, nicht-funktionalen Luftschlitz. Basismotor war der „pikante" 351 ci-V8 (5753 ccm) mit Zwei- oder Vierfachvergaser; in der Mitte rangierte der 390 ci (6392 ccm). Alle Motoren, bis auf den 351, atmeten über Fächerkrümmer und Doppelauspuffanlage aus. Standardkraftübertragung war ein Vierganggetriebe oder auf Wunsch eine SelectShift-Cruise-O-Matic. Ein Drehzahlmesser war leider nur gegen Aufpreis lieferbar.

Das langgezogene Fastback-Profil des Mach 1 ließ mit seinen breiten C-Säulen gerade noch Platz für

kleine hintere Ausstellfenster, lief schwungvoll bis ins Heck hinein und endete in einer in den Kofferraumdeckel integrierten Spoilerlippe. Reflektierende Doppelzierstreifen schmückten den Spoiler und die hinteren Seitenteile sowie zweifarbige Streifen die Fahrzeugflanken. Der Mach 1 unterschied sich vom normalen Fastback außerdem noch durch einen speziellen Kühlergrill, wabenförmige Appliqués am Heck und eine sportlich aussehende Lufthutze mitten auf der mattschwarzen Motorhaube. Weder Mach 1 noch Mustang Grande Fastback besaßen noch die C-Säulen-Lüftungsöffnungen der Vorserien-Modelle.

Jeder Mach 1 zeichnete sich durch GT-Equipment aus, das E70-Wide-Oval-Bereifung auf speziellen Chromrädern, wettbewerbsmäßige Federn und Stoßdämpfer sowie einen Schnelltankverschluß umfaßte. Zur Ausstattung gehörten auch Sport-Rückspiegel auf Fahrer- und Beifahrerseite. Die Schalensitze hatten hohe Rückenlehnen und waren mit Vinyl überzogen; das dreispeichige Lenkrad zierte ein Lenkkranz aus Holzimitat. Teakholz-Imitat wertete Armaturenbrett und Türverkleidungen auf. Wollte es der Fahrer mal so richtig „krachen" lassen, dann sorgte die matte Lackierung der Haube und des Windlaufes für weniger Reflektionen und beugte somit einer vorzeitigen Ermüdung der Augen vor. Damit eine aufspringende Motorhaube dem Fahrer nicht die Sicht nehmen konnte, sicherte man diese durch spezielle Renn-Sicherheitsverschlüsse.

Der Grande war dagegen ein Mustang, der sich an ein ganz anderes Publikum richtete. Ausgelegt für luxuriöses Fahrvergnügen konnte der Grande mit jedem Mustang-Antrieb, angefangen beim 200 ci- oder 250 ci-Sechszylinder bis hin zu einem halben Dutzend V8 (inklusive des Cobra-Jet) ausgerüstet werden. Über die Fahrzeugseiten liefen schmale zweifarbige Zierstreifen, und die Räder schmückten Speichen-Radzierblenden; Getriebevariationen beliefen sich auf eine serienmäßige Dreigangschaltung und eine optionale SelectShift mit T-förmigem Wählhebel. Ein schwarzes oder weißes Vinyldach war ebenfalls erhältlich. Für bequemes Sitzen sorgten Einzelsitze, die mit gewirktem Vinyl und grobem Stoff überzogen waren; die Türverkleidungen waren vinylbezogen und mit teakfarbenem Holzimitat belegt. Luxuriös gab sich auch das Armaturenbrett, das ebenfalls durch Holzimitat aufgewertet war. Um den Luxus nicht nur sichtbar zu gestalten, war der komplette Wagen gegen Geräusch- und Vibrationsentwicklung mit doppelt soviel dämmendem Material wie üblich versehen.

Der Preis eines Mach 1 betrug $ 3139, während sich ein Sechszylinder-Grande für $ 2866 erstehen ließ – ein Mustang in Basisausstattung kostete $ 2635. In Werbeanzeigen war zu lesen, daß ein modifizierter Mach 1 auf den Salzseen von Bonneville 295 „USAC"-Geschwindigkeitsrekorde aufgestellt hatte.

Trotz der Popularität des Mach 1 und des Grande fiel der Gesamtausstoß an Mustangs (die Boss-Mustang ausgenommen) im Jahr 1969 auf 299 870 Einheiten zurück – das war etwas weniger als im Jahr zuvor (317 404 Stück) und erheblich weniger als 1966 (ca. 600 000 Stück). Hätte Ford nicht für eine ausreichende Auswahl gesorgt, dann wäre das Ergebnis, so wie die Dinge lagen, bestimmt noch schlechter ausgefallen.

Mach 1 und Grande blieben als Modellbezeichnungen bis in die frühen 70er Jahre erhalten, hatten aber große Mühe, die Verkaufszahlen ihrer ersten Saison zu halten. Grund dafür waren wohl weniger die Autos selbst als vielmehr die sich verändernden Marktstrukturen. Die Mustangs waren wirklich hervorragende Beispiele für Erfolgsmodelle eines Herstellers, der mit Einfallsreichtum und Innovation zu glänzen vermochte.

Technische Daten

Motor: **Grande** 6 Zylinder in Reihe, hängende Ventile; 3278 ccm (93,5 × 79,5), 115 SAE-PS, 4098 ccm (93,5 × 99,3), 155 SAE-PS; V8, hängende Ventile; 4950 ccm (101,6 × 76,2), 220 SAE-PS, 5753 ccm (101,6 × 88,9), 250/290 SAE-PS, 6392 ccm (102,9 × 96,0), 320 SAE-PS **Mach 1** V8, hängende Ventile; 5753 ccm, 250/290 SAE-PS, 6392 ccm, 320 SAE-PS, 7015 ccm (104,9 × 101,1), 335 SAE-PS

Getriebe:	3-Gang-Schaltgetriebe; auf Wunsch 4-Gang-Schaltgetriebe oder SelectShift-Cruise-O-Matic-Dreigangautomatik
Fahrwerk, vorn:	Doppelquerlenker mit Federbeinen, Querstabilisator
Fahrwerk, hinten:	Starrachse, variable Blattfedern
Bremsen:	vorn/hinten Trommelbremsen; auf Wunsch vorn Scheibenbremsen
Radstand (mm):	2743
Gewicht (kg):	1304–1442
Höchstgeschwindigkeit (km/h):	**Mach 1** 185
Beschleunigung 0–96 km/h (s):	**Grande V8-351** 8,0 **Mach 1 V8-428** 5,5–5,7
Produktionszahlen:	**Grande** 22 182 **Mach 1** 72 458

Anmerkung: Eine geringe Anzahl von Mach 1 wurde auf besonderen Wunsch mit einem 427 ci-V8 (6999 ccm) ausgeliefert.

1969
Ford Mustang Boss 302 & 429

Als ob fünf neue Mustang für das Modelljahr 1969 nicht bereits genug gewesen wären, spielte Ford noch zwei weitere Karten aus. Die später lancierten „Boss-Zwillinge“ sollten zwei der denkwürdigsten Vertreter der Mustang-Zunft werden.

Die ganze „Boss“-Episode würde wohl nie stattgefunden haben, wenn Henry Ford II Anfang 1968 nicht Semon E. „Bunkie“ Knudsen von General Motors abgeworben und ihn zum Präsidenten von Ford ernannt hätte. Knudsen war der Ansicht, daß unbedingt ein „superheißer“ Small-Block als Konkurrenz zum Chevrolet Camaro Z-28 auf die Beine gestellt werden mußte. Eine Straßenversion des Renn-Mustang, der auf Trans-Am-Pisten gehörig aufgeräumt hatte, schien genau das richtige Mittel zu sein.

Ford wollte außerdem einen 429 ci-V8 herausbringen, der allerdings für die NASCAR-Zulassung erst homologiert werden mußte. Also warum nicht unter den Hauben einiger hundert „normaler“ Mustangs? Zwei Autos – zwei Motoren – zwei unterschiedliche Charaktere.

Ehre gebührt auch dem Designer Larry Shinoda – Ford hatte ihn zusammen mit Knudsen angeheuert –, der neben seiner Mitarbeit am neuen 1969er SportsRoof-Design auch für den Namen „Boss“ verantwortlich zeichnete. Der große Boss griff als erster in das Geschehen ein, und mit seiner gigantischen Hutze auf der Motorhaube, einem Frontspoiler und wuchtigen F60×15-Goodyear-Polyglas-Reifen verlieh er seinem Auftreten auch den nötigen Respekt. Ähnlich wie der NASCAR-429-V8 war dieser „semi-hemi“ auf Robustheit ausgelegt und präsentierte sich mit vierfach geschraubten Hauptlagerböcken sowie einer geschmiedeten Kurbelwelle. Auf dem Ansaugkrümmer saß ein mächtiger „735-cfm-Holley“-Vierfachvergaser. Die Zylinderköpfe waren aus Aluminium und die Ventildeckel aus Magnesiumguß gefertigt.

Frühe Motorexemplare hatten Hydrostößel, spätere dann normale Tassenstößel. Selbst Ford gab zu, daß die offizielle Angabe von 375 PS etwas untertrieben war. Das Drehmoment betrug 601,1 Nm. Wie immer die Leistungsangaben auch lauteten, war ein Boss 429 in der Lage, in 5,3 s bis 7,2 s auf 96 km/h zu beschleunigen und die Viertelmeile nach 14 Sekunden mit 164 km/h zu durchlaufen.

Um den ausladenden 429er unter die Haube zu bekommen, waren ausführliche Karosseriearbeiten vonnöten. Die Fahrwerksarbeiten führte Kar Kraft in Brighton, Michigan, aus. Die Federdome wurden

Das Triebwerk des Boss 302 (diese Seite) mit seinen nominellen 290 PS wurde, wie manch anderer High-Performance-Treibsatz von Ford auch, erheblicher Mehrleistung „beschuldigt“ – und ihn traf diese Anschuldigung zu recht. Das Fahrverhalten war beispiellos – im Gegensatz zu seinem großen Bruder, dem Boss 429 (rechte Seite), der eine schwere Big-Block-Maschine unter seiner Haube hatte. Der große 429-Block erforderte erhebliche Änderungen an der Karosserie und am Fahrwerk; das zusätzliche Gewicht machte den Boss aber auch sehr frontlastig.

Technische Daten

Motor: V8, hängende Ventile; **Boss 302** 4950 ccm (101,6 × 76,2), 290 SAE-PS **Boss 429** 7031 ccm (110,7 × 91,2), 360/375 SAE-PS

Getriebe:	4-Gang-Schaltgetriebe
Fahrwerk, vorn:	Doppelquerlenker mit Federbeinen, Querstabilisator
Fahrwerk, hinten:	Starrachse, Blattfedern, **429** Panhardstab
Bremsen:	vorn Scheiben-/hinten Trommelbremsen
Radstand (mm):	2743
Gewicht (kg):	1457+
Höchstgeschwindigkeit (km/h):	**Boss 302** 190–214 **Boss 429** 185–209+
Beschleunigung 0–96 km/h (s):	**Boss 302** 6,5–8,1 **Boss 429** 5,3–7,2
Produktionszahlen:	**Boss 302** 1934 **Boss 429** 858

Anmerkung: Manche Quellen geben die Produktionszahlen für den Boss 429 mit 852 Einheiten an.

vergrößert, die oberen Quelenker gekürzt und das gesamte Fahrwerk tiefergelegt. Hinten versetzte man die Stoßdämpfer und installierte einen abnehmbaren Panhardstab. Die 429 gaben sich sehr unauffällig; sie trugen keine Zierstreifen und hatten einen schwarzen Grill und einen Frontspoiler in der gleichen Farbe.

Heavy-Duty-Vierganggetriebe, Hinterachse mit 3,91 : 1-Übersetzung und Sperrdifferential sowie Scheibenbremsen ohne Bremshilfe waren zwingende Zubehöroptionen, die den Basis-Preis von $ 3498 um zusätzliche $ 1300 in die Höhe trieben. Mit 858 gebauten Exemplaren ist dieser Boss die absolute Rarität unter Fords Wildpferden.

Ford baute den Boss 302 zwar in Eigenregie, richtete sich aber nach einem Kar-Kraft-Prototypen. Im März 1969 wurde der „302" dann vorgestellt. *Car and Driver* nannte ihn den „bis jetzt besten Mustang ... den Ford mit dem besten Fahrverhalten, der je Dearborn verlassen hat". *Road & Track* beschrieb den Boss 302 als „erfrischend sportlich, wenn er hart rangenommen wird".

Der Preis für einen „kleinen" Boss betrug $ 3588 und lag damit knapp $ 1000 über dem des Basis-Mustang. Er hatte einen tiefer reichenden Frontspoiler und konnte für $ 19 noch mit einem verstellbaren Heckflügel ausgerüstet werden. Hochschultrige Schalensitze erforderten eine weitere Zuzahlung von $ 84. Eine Lamellen-Jalousie ($ 128) ließ sich von außen auf der Heckscheibe anbringen und sorgte für eine unverwechselbare Optik.

Der 302 ci-Small-Block-V8 war zwar nominell mit 290 SAE-PS angegeben, leistete aber beträchtlich mehr. Man schätzte seine Leistung auf ungefähr 400 PS. Der Motor arbeitete mit einer Verdichtung von 10,5 : 1 und verfügte über Cleveland-Zylinderköpfe mit 56,64 mm-Einlaßventilen; ein 780-cfm-Holley-Vierfachvergaser thronte auf einem Aluminiumkrümmer zwischen Aluminium-Ventildeckeln. Der Auspufftrakt bestand aus Krümmern, die auf geringen Staudruck ausgelegt waren und aus einer Doppelrohranlage mit großen Rohrdurchmessern.

Frühe 302er wurden mit einem weit abgestuften Vierganggetriebe (dazu ließ sich ein Hurst-Shifter einbauen) und einer 264 mm-Kupplung ausgerüstet. Härtere Federn und versetzte hintere Stoßdämpfer sorgten auf Wunsch für ein besseres Fahrverhalten. Die „dicken" Goodyear-F60×15-Polyglas, die auf 7-Zoll-Felgen montiert waren, benötigten geweitete Radläufe. Ford bot für die „Daytona"-Hinterachse außer der Standardübersetzung von 3,50 : 1 auch noch 3,91 : 1 und 4,30 : 1 als Möglichkeiten an.

Die Motorhaube „glänzte" durch eine mattschwarze Lackierung, ebenso die Nischen der äußeren Scheinwerfer. Die Typenbezeichnung „Boss 302" hatte man in die C-förmigen Seitenzierstreifen integriert.

Obwohl Ford eine Beschleunigungszeit für die 60-mph-Marke von 6,0 s angab, lag der tatsächliche Wert etwas höher: 6,5 s und mehr. Die Zeiten für die Viertelmeile lagen bei ca. 14,5 Sekunden mit Geschwindigkeiten von etwa 150 km/h. 1969 verließen nur 1934 Boss 302 die Werkshallen.

Beide „Bosse" traten auch 1970 wieder an und verkauften sich 6318 (302 ci) bzw. 498 mal (429 ci). Dem 302 gab man den Namen „Son of Trans-Am", obwohl – wie das Schicksal so spielte – der Camaro von Chevrolet als Sieger der Trans-Am-Rennen hervorging.

1969
Ford Cobra & Talladega

Einer für die Straße ... einer für die Piste. So könnte man die beiden auf den Fairlane/Torino basierenden Coupés beschreiben und voneinander unterscheiden, die 1969 das Ford-Programm bereicherten und einen kurzen, aber intensiven Aufenthalt genossen.

Der Cobra war Fords preisgünstiges, spartanisches Superauto, benannt nach Carroll Shelbys Ford-getriebenen Sportwagen. Die Cobras gab es als SportsRoof- (Fastback) und Stufenheck-Coupés und waren ausgestattet mit einem 428 ci-V8 (7015 ccm), der offiziell mit recht bescheidenen 335 SAE-PS angegeben war und seine Feuertaufe bereits im Mercury Cyclone erlebt hatte.

Zur Ram-Air-Induction, die $ 133 extra kostete, gehörten eine Glasfiber-Motorhaube mit Lufthutze und ein spezielles Luftfiltersystem. Gab man Vollgas, strömte frische Luft am Luftfilterelement vorbei direkt in den Vergaser. Mit diesem Leistungspotential, so Ford, „haut der Cobra Jet soviel Drehmoment auf die Räder, daß man bis an den Horizont zwei schwarze Striche ziehen kann".

Die Standardausstattung umfaßte ein Viergang-Schaltgetriebe, F70×14-Wide-Oval-Bereifung, einen schwarzen Kühlergrill und Renn-Sicherheitsverschlüsse für die Motorhaube. Das Fahrwerk hatte man mit härteren Federn, dickerem Querstabilisator vorn und härteren Stoßdämpfern gegen minimale Seitenneigung und maximale Spurstabilität gewappnet.

Das lange Fastback-Profil mit seinen hinteren Kurbelfenstern und der schrägen Heckscheibe wurde zusätzlich durch drei kiemenartig angeordnete Chromstreifen auf den C-Säulen betont. Horizontal geteilte, rechteckige Rückleuchten und zwei markante Auspuffrohre unterhalb der Stoßstange gaben der Heckpartie ein kraftvolles Aussehen.

Genauso karg wie die äußere Hülle präsentierte sich die Inneneinrichtung mit einer einfachen vorderen Sitzbank und vier Anzeigeinstrumenten im Armaturenbrett. Das Cobra Hardtop lag mit einem Einstandspreis von $ 3164 nur wenige Dollar über einem Torino Squire Station Wagon; für das Fastback Coupé waren $ 25 mehr zu bezahlen. Als Zubehör waren unter anderem lieferbar: vordere Scheibenbremsen mit Bremshilfe für $ 65, ein 6000 Upm-Drehzahlmesser für $ 48 und eine SelectShift-Cruise-O-Matic für $ 37. Einzelsitze und Mittelkonsole waren allerdings auch nur als Extra zu haben ($ 121 bzw. $ 54 Aufpreis).

„Power im Überfluß, aber trotzdem zahm im Stadtverkehr", war in einer Ford-Broschüre nachzulesen, „zeigt die Cobra auf Kommando ihre Zähne". Das mag vielleicht zugetroffen haben, aber eine Fachzeitschrift zeigte sich sichtlich „enttäuscht" über die 7,2 s für den 0–60 mph-Spurt und die 15 s für die Viertelmeile (bei 158,2 km/h). Die meisten Leute betrachteten den Cobra allerdings als den Wagen,

Der Cobra wurde als Fastback- und Stufenheck-Coupé (rechte Seite) angeboten; er war einfach ausgestattet, hatte aber unter der Haube einen 428-Cobra-Jet mit 335 PS. Das machte ihn zu Fords Muscle Car für Einsteiger. Der Talladega (diese Seite) war mit seinem Fastback und seiner abgeflachten Schnauze für NASCAR-Einsatzzwecke aerodynamisch optimiert worden.

Technische Daten

Motor:	V8, hängende Ventile, 7015 ccm (104,9 × 101,1), 335 SAE-PS
Getriebe:	**Cobra** 4-Gang-Schaltgetriebe; auf Wunsch SelectShift-Cruise-O-Matic-Dreigangautomatik **Talladega** SelectShift-Cruise-O-Matic
Fahrwerk, vorn:	kurze/lange Querlenker, Schraubenfedern, Querstabilisator
Fahrwerk, hinten:	Starrachse, Blattfedern
Bremsen:	**Cobra** vorn/hinten Trommelbremsen; auf Wunsch vorn Scheibenbremsen **Talladega** vorn Scheiben-/hinten Trommelbremsen
Radstand (mm):	2946
Gewicht (kg):	**Cobra** 1523–1600 **Talladega** 1606
Höchstgeschwindigkeit (km/h):	201–208
Beschleunigung 0–96 km/h (s):	5,6–7,3
Produktionszahlen:	**Cobra Hardtop Cpé** o. A. **Fastback Hdtp Cpé** o. A. **Talladega Cpé** 754

der, verglichen mit den anderen Superautos des Jahres 1969, das straffste Fahrverhalten, die beste Verarbeitung und den ruhigsten Fahrkomfort aufwies.

Andere Testergebnisse ließen die Fahrleistungen des Cobra besser aussehen. *Car and Driver* schaffte die 60 mph in nur 5,6 s und die Viertelmeile mit 161,9 km/h in 14 s. *Car Life* wiederum brauchte „lange“ 7,3 s für die 60 mph und „schleppte“ sich in 14,9 s über die Viertelmeile (bei 152,9 km/h).

Motor Trend kam mit seinem per Vierganggetriebe geschalteten Cobra auf 6,3 s (0–60 mph) und 14,5 s für die Viertelmeile (bei 160,9 km/h). „Wenn die Ram-Air-Induction einsetzt“, schrieben sie begeistert, „dann drückt es einen richtig in den Sitz“. Kritik mußten sich das Fahrwerk bei schnellen engen Kurven und der Benzinverbrauch von 26,1 Litern (und mehr) gefallen lassen.

Die Ford-Werbung empfahl Cobras all denjenigen, „die sich auf der Straße von niemandem etwas sagen lassen wollen“. Neben „hervorragender Wettbewerbsfähigkeit“ und „als Heilmittel gegen langweiliges Autofahren“, beschrieb Ford den Cobra auch als „gentle on a Sunday drive“.

Die alte Rivalität mit Chrysler beschränkte sich nicht nur auf die Verkaufsräume der Händler, sondern wurde auch in die Stock-Car-Arenen getragen. Für die Homologation zu NASCAR-Grand-National-Rennen mußte Ford 500 Exemplare eines in Serie produzierten Fahrzeuges nachweisen. Das war die Geburtsstunde des Talladega (oft bezeichnet als Torino Talladega), benannt nach einem neuen Rennareal in Alabama.

Anfang 1969 schloß Ford in seinem Werk in Atlanta für zwei Wochen die Werkstore und konzentrierte sich ausschließlich auf dieses Spezialmodell, das als SportsRoof im wahrsten Sinne ins Rennen ging. Verbesserungen der Aerodynamik waren das Losungswort, und man glättete die Frontpartie durch eine nach unten gezogene Schnauze und einen glattflächig eingepaßten Kühlergrill. Die Gesamtlänge des Wagens wuchs dadurch auf 5232 mm an. Zu den vielen Änderungen gehörte auch eine Überarbeitung der Schwellerpartie, um die Karosserie für Rennzwecke tieferlegen zu können; die vorderen Kotflügel mußten dementsprechend angepaßt werden.

Für NASCAR-Zwecke installierte man unter der flachen schwarzen Motorhaube einen „Tunnel-Port“-427 ci-V8. Für den normalen Hausgebrauch wurde der Talladega mit einem Cobra-Jet-428, Cruise-O-Matic und 3,25 : 1 übersetzter „Traktion-Lok“-Hinterachse ausgeliefert. Versetzte Stoßdämpfer ergänzten das Renn-Fahrwerkskit.

Die Talladegas gab es nur in drei Farben: Royal Maroon, Presidential Blue und Wimbledon White – mit einer Ausnahme. Ein Vorserien-Talladega erglänzte für Präsident Knudsen als einziges Exemplar in knalligem Gelb. Das Interieur dieses Modells zeichnete sich durch Einfachheit aus: Eine schwarz bezogene Frontsitzbank, eine gewöhnliche Lenkradschaltung und Standardinstrumentierung waren das spartanische Inventar.

Ende des Jahres hatte Ford 754 Straßen-Talladegas, inklusive der Prototypen, gebaut. Es blieb bei dieser „Einjahresfliege“, was sie heute natürlich zu gesuchten Sammlerobjekten macht.

1960-63 Imperial

Die heldenhaften Heckflossen-Imperials, die Virgil Exner Anfang der Sechziger in den Kampf schickte, dürften moderne Designer die Hände über dem Kopf zusammenschlagen lassen, aber jeder der damaligen Lohn-Designer brachte 1957, zu der Zeit, als diese Imperials das Licht der Welt erblickten, solche Entwürfe zu Papier und auch auf die Straße. Sie paßten genau in die Zeit. Die schnell sinkenden Verkaufszahlen waren aber eher auf ein launisches Publikum zurückzuführen, das 1960 plötzlich sein Interesse an Heckflossen verlor – just als die Heckflossenmobile buchstäblich den Höhepunkt ihrer Blechkarriere erreichten. Schlechte Karten also für Imperial!

Chrysler hatte Imperial 1955 als eigene Marke lanciert und konnte bereits im Jahr 1957 überaus erfolgreich abschließen und Lincoln von seinem angestammten zweiten Platz in der Luxusklasse verdrängen. Danach gingen die Verkaufszahlen in den Keller und Anfang der 60er betrug der normale Ausstoß an Imperial-Modellen 10 000 bis 12 000 Einheiten. Die Imperials teilten sich zwar mit allen großen Chrysler den größten Basis-Radstand, aber nicht deren 1960 eingeführte selbsttragende Karosseriebauweise. Dadurch war es möglich, eine hohe Geräuschdämmung zwischen Karosserie und Chassis zu erreichen – in jenen Tagen eine absolute Notwendigkeit, da luxusorientierte Kunden in punkto Fahrkultur und Laufruhe sehr hohe Ansprüche stellten. 1960 beschränkte sich das Motorenangebot auf den bereits 1959 eingesetzten Wedgehead-V8 mit 10 : 1-Verdichtung und 350 PS.

Für 1960 wurden drei Standardmodelle angeboten: Custom, Crown und LeBaron, deren Basispreise um die $ 600 auseinanderlagen. Die auf Bestellung gebauten Crown Imperial Pullman-Limousinen, die es bereits zu Zeiten gab, in denen Imperial als Chrysler-Modellreihe firmierte, waren immer noch mit ihrem 3797 mm-Spezial-Fahrgestell im Programm. Das neue Styling war im Prinzip nur ein kosmetisches Facelifting der 59er-Optik mit einem neuen Kühlergrill und einem rundlichen Dachprofil.

Komfort war 1960 bei Imperial – wie immer – oberstes Gebot. Der neue, hochschultrige Fahrersitz war mit dickem Schaumstoff gepolstert, die „Spot-Air"-Klimaanlage individuell einstellbar, die elektrisch sechsfach verstellbaren Sitze mit nur einem Drehknopf zu bedienen, die Geschwindigkeit per Auto-Pilot zu regeln und die Helligkeit der Scheinwerfer von einem Dimmer automatisch anpassbar. Das alles unterstrich Imperials Bemühungen, den Fahrer nichts von dem tun zu lassen, was auch ein Elektromotor für ihn erledigen konnte. Für den Crown nahm man als Polstermaterialien Nylon und Vinyl, Wolle oder Leder; für den LeBaron wurde feiner Wollstoff verwendet.

Die 1961er-Modelle erfuhren deutliche optische Änderungen, obwohl weiterhin die gleiche Karosserie als Basis diente. Die Heckflossen erreichten das wohl krasseste Stadium in der Imperial-, wenn nicht sogar in der Chrysler-Geschichte überhaupt, begleitet von einem neuen Exner-Gimmick: freistehenden Scheinwerfern, die vor den gebogenen Kotflügelecken saßen. Ebenso freistehend waren die Rückleuchten, die wie Jo-Jos im Knick der Heckflossen schwebten. Hier hatte Exner versucht, ein Thema aus früheren Zeiten umzusetzen, in denen er viel Talent und Fantasie bewiesen hatte; in diesem Fall wirkte die Idee aber eher deplaziert. Das freistehende Scheinwerfer-Motto wurde bis in das Jahr 1963 weitergeführt, die Heckpartie allerdings bekam für 1962 und 63 ein etwas orthodoxeres Styling. Die Modellpalette bestand wiederum aus Custom, Crown und LeBaron, die viertürige B-Säulen-Limousine strich man aus dem Programm.

Noch bevor Exner Chrysler 1962 verließ, fertigte er einen neuen, „geschrumpften" Imperial-Entwurf an, in Entsprechung der ebenfalls verkleinerten 62er Dodge- und Plymouth-Modelle. Er wurde aber – zum Glück – nie realisiert. Der eigentliche 62er Imperial war dann auch eine verbesserte Version des 61ers. Die Heckflossen waren nur noch ein Schatten ihrer selbst; die neuen, längeren „Projektil"-Rücklichter standen immer noch frei, integrierten sich jetzt aber besser in die Gesamtoptik. Wie vorauszusehen war, stiegen die Verkaufszahlen an – wer behauptete da noch, daß „noch nie jemand Geld draufzahlte, der den amerikanischen Publikumsgeschmack unterschätzte?" 7000 Exemplare des viertürigen Brot-und-Butter-Crown Hardtops konnten verkauft werden; seit 1957 das beste Einzelergebnis für einen Imperial.

Die 1963er Imperial-Modelle präsentierten sich leicht modifiziert, was ihnen sehr gut zu Gesicht stand. Der Kühlergrill bestand nun aus länglichen Rechtecken, die Dachpartie war eckiger und kantiger gestaltet, ebenso das Heck. Hauptverantwortlich für das neue Design zeichnete Elwood Engel, der Mitte 1961 Virgil Exner als Chrysler-Designchef ablöste. Das Modellangebot änderte sich nicht: Custom- und Crown-Serie bestanden aus zwei- und viertürigen Hardtops, die Crown-Reihe hatte zusätzlich ein Convertible und der LeBaron wurde als Viertürer angeboten. Der Crown Imperial Pullman, den man 1962 kurzzeitig aus der Produktion genommen hatte, zählte noch einmal 13 Einheiten. 1963 konnte die Produktion auf dem gleichen Niveau gehalten werden; das Management war sichtlich zufrieden, und Elwood Engel bereitete für 1964 eine komplett neu gestaltete Modellpalette vor.

Der 60er Imperial (unten und rechte Seite, oben) war im Grunde ein überarbeiteter 59er mit riesigen Heckflossen und einem „lächelnden" Kühlergrill. Die 61er bekamen freistehende Scheinwerfer (die bis 1963 beibehalten wurden) und ebenfalls „freie" Rücklichter im Knick der Heckflossen (ganz unten). Die 63er-Modelle (rechte Seite, unten) besaßen nur noch kleine „Flösschen"; den Kofferraumdeckel „zierte" eine simulierte Reserveradaussparung.

Technische Daten

Motor: V8, hängende Ventile, 6769 ccm (106,2 × 95,3), 340/350 SAE-PS

Getriebe:	Dreigangautomatik
Fahrwerk, vorn:	obere und untere Querlenker, Längsdrehstäbe
Fahrwerk, hinten:	Starrachse, Blattfedern
Bremsen:	vorn/hinten Trommelbremsen
Radstand (mm):	3277 **Pullman** 3797
Gewicht (kg):	2113–2706
Höchstgeschwindigkeit (km/h):	o. A.
Beschleunigung 0–96 km/h (s):	o. A.

Produktionszahlen: **1960 Custom Cpé** 1498 **Sdn** 2335 **Hardtop Sdn** 3953 **Crown Cpé** 1504 **Sdn** 1594 **Hardtop Sdn** 4510 **Conv.** 618 **LeBaron Sdn** 692 **Hardtop Sdn** 999 **Pullman-Limousine** 16 **1961 Custom Cpé** 880 **Hardtop Sdn** 4129 **Crown Cpé** 1007 **Hardtop Sdn** 4769 **Conv.** 429 **LeBaron Hardtop Sdn** 1026 **Pullman-Limousine** 9 **1962 Custom Cpé** 826 **Hardtop Sdn** 3787 **Crown Cpé** 1010 **Hardtop Sdn** 6911 **Conv.** 554 **LeBaron Hardtop Sdn** 1449 **1963 Custom Cpé** 749 **Hardtop Sdn** 3264 **Crown Cpé** 1067 **Hardtop Sdn** 6960 **Conv.** 531 **LeBaron Hardtop Sdn** 1537 **Pullman-Lim.** 13

DCV-977

1964-66 Imperial

In der ersten Hälfte der sechziger Jahre verzichtete Chrysler bewußt auf Meisterleistungen in Design und Technik zugunsten einer optimierten Marktplanung, einheitlicher Führungsstrukturen, eines konservativeren Stylings und schnellem – manchmal gar überstürztem – Wachstum. Präsident Lynn Townsend war es zu verdanken, daß die turbulenten Zeiten unter Tex Colbert und Bill Newberg nun der Vergangenheit angehörten und Chrysler sich auf höhere Umsatzzahlen konzentrierte. Allerdings war dies auch ein Trend weg von Innovation und Unabhängigkeit, beides Charakterzüge, die Chrysler während der 50er Jahre geprägt hatten. Das schien aber niemanden weiter zu stören, schließlich sorgte Chrysler ja dafür, daß die Öffentlichkeit das bekam, was sie haben wollte.

Die 64er Imperial-Modelle waren die ersten, die seit 1955, als Imperial zur eigenständigen Marke avancierte, nicht von Virgil Exner gestylt wurden. Elwood Engel, der 1961 von Ford zu Chrysler als Ersatz für Exner wechselte, bestimmte ab 1963 das Design der Chrysler-Produkte – und tat das mit großem Erfolg.

Engel unterwarf die 64er Imperial-Modelle einer drastischen Revision. Die alte Form wurde sowohl unterhalb als auch oberhalb der Gürtellinie (1963 hatte man bereits eine andere Linienführung für die Dachpartie gewählt) komplett fallengelassen. Das Design war nun gerader, winkliger und erinnerte stark an den Lincoln Continental, ein Projekt, mit dem Engel sehr eng assoziiert war. Wie beim Continental wurde die gesamte Kotflügellinie durch einen Chrom-Zierstreifen betont und das Design durch viele rechte Winkel geprägt. Der Kühlergrill wurde zweigeteilt und Exners freistehende Lampen komplett gestrichen. Die Heckpartie wurde überarbeitet, adoptierte aber weiterhin Exners Idee des angedeuteten Reserverades. Der Custom wurde aus dem Programm genommen; der Crown übernahm jetzt die Position des Basis- und der LeBaron die des Luxusmodells. Als unnötig wurde die Bezeichnung „Southampton“ für B-Säulenlose Modellausführungen erachtet – alle Imperials wurden als Hardtops angeboten, mit Ausnahme des Convertible. Die Crown Imperial Pullman-Limousine, die weiterhin von Ghia in Italien gebaut wurde, stand wie gewohnt auf dem 3797 mm-Spezialfahrgestell und war mit vier oder sechs Seitenfenstern lieferbar.

Technische Daten

Motor: V8, hängende Ventile; 6769 ccm (106,2 × 95,3), 340 SAE-PS, 7212 ccm (109,7 × 95,3), 350 SAE-PS

Getriebe:	Dreigangautomatik
Fahrwerk, vorn:	obere und untere Querlenker, Längsdrehstäbe
Fahrwerk, hinten:	Starrachse, Blattfedern
Bremsen:	vorn / hinten Trommelbremsen
Radstand (mm):	3277 **Pullman** 3797
Gewicht (kg):	2247–2769
Höchstgeschwindigkeit (km / h):	o. A.
Beschleunigung 0–96 km / h (s):	o. A.

Produktionszahlen: **1964 Crown Cpé** 5233 **Hardtop Sdn** 14 181 **Conv.** 922 **LeBaron Hardtop Sdn** 2949 **Pullman-Limousine** 10 **1965 Crown Cpé** 3974 **Hardtop Sdn** 11 628 **Conv.** 633 **LeBaron Hardtop Sdn** 2164 **Pullman-Limousine** 10 **1966 Crown Cpé** 2373 **Hardtop Sdn** 8977 **Conv.** 514 **LeBaron Hardtop Sdn** 1878

Das neue geradlinige Styling brachte den 64er Imperial eine klare und stattliche Optik (beide Seiten, unten). Die 65er-Modelle (linke Seite, oben) bekamen eine durchgehende Kühlermaske und Glasabdeckungen für die Doppelscheinwerfer, änderten sich aber sonst wenig. Komfort war das Stichwort, und so schwelgten selbst die Fondpassagiere in einem luxuriösen Ambiente (man beachte die Halteschlaufen, Leselampen und Haltegriffe an der Rückseite der vorderen Sitze).

Imperial konnte 1964 mit 23 000 gebauten Fahrzeugen ein exzellentes Jahr verbuchen (das zweitbeste Jahr überhaupt) und lag damit 65 Prozent über dem Ergebnis von 1963. Unter der Federführung von Engel entstand bei Imperial eine Designphilosophie ähnlich der von Lincoln: Ein Luxuswagen sollte, Engel zufolge, nicht die Würdelosigkeit eines alljährlichen Designwechsels ertragen müssen. Wie bei Mercedes (und Elwoods eigenen Continentals) entwickelte sich das Design stetig weiter; im Laufe der Jahre unterlag es aber keinen markanten Neuerungen.

Die einzige bedeutsame Änderung wurde 1965 mit einem neuen Kühlergrill und jetzt hinter Glasscheiben sitzenden Doppelscheinwerfern eingeführt. Auf der „New York Automobile Show" präsentierte Imperial den exotischen LeBaron D'Or Show Car, der mit goldenen Zierstreifen und Verzierungen aufwartete und in einem speziellen „Royal Essence Laurel Gold" lackiert war. Die Preise der einzelnen Modelle wurden um einige hundert Dollar angehoben, die Modellpalette blieb aber unverändert.

1965 stellte Ghia, Turin, die Produktion der Crown Imperial Pullman-Limousine ein. 10 Exemplare wurden aber noch in Spanien gebaut, die allesamt mit Kühlergrill- und Heckpartie der Originalmodelle versehen wurden; ab 1967 wurden sie wieder in Amerika gefertigt. 1964–65 verkauften sich nur 10 Einheiten pro Jahr.

Für die 66er-Modellreihe verfeinerte man das Design, blieb aber sehr nahe an der Optik von 1964 / 65. Die 66er Imperials wurden die schönsten, wenn nicht gar die Modelle mit dem klarsten Styling und dem größten Understatement. Die geteilte Kühlermaske war passé und durch einen durchgehenden Kühlergrill ersetzt worden, der sich in längliche Rechtecke aufteilte. Die Heckpartie wurde glattflächiger; das unvorteilhafte Vogel-Emblem und die Reserveradausbuchtung wurden endlich entfernt. Radstand und Gesamtlänge blieben unverändert. Der 413 ci-V8 wurde durch Chryslers neuen 440er ersetzt, der gegenüber 1964 / 65 10 Mehr-PS (nun 350 PS) aufwies.

Der 66er Imperial war die letzte Modellreihe, die eine Aufbaukarosserie benutzte und somit auch den Endpunkt einer Konstruktionsweise markierte, die sich bis dahin von der üblichen Chrysler-Bauweise unterschied. Nach 1966 teilten sich die Imperials mit den anderen Chrysler-Modellen die selbsttragende Karosseriebauweise, entwickelten sich aber immer mehr zu deren Luxusversionen. Für das Management war diese Entwicklung letztendlich enttäuschend, hatte sich Imperial doch am Markt als eigenständige Marke nie so recht etablieren können – in der Öffentlichkeit galten sie immer als „Chrysler Imperial". Dieses Imageproblem warf sie als ernsthafte Konkurrenz für Lincoln und Cadillac aus dem Rennen. Die Produktionszahlen fielen immer weiter ab, erreichten 1965 einen Stand von 18 000 und 1966 einen Stand von weniger als 14 000 Einheiten. Convertibles hatten sich die ganzen Jahre über sehr spärlich verkauft und kamen gerade mal 1964 auf 922, 1965 auf 633 und 1966 auf 514 gebaute Exemplare.

1967-68 Imperial

Der Grund für Imperial, die selbsttragende Karosseriebauweise zu übernehmen, hatte wohl eher technologische Gründe, denn 1967 erklärte Chrysler, daß die Maßnahmen zur Isolierung und Geräuschdämmung einen Qualitätsstand erreicht hätten, der die Karosserie/Chassis-Bauweise überflüssig machte. In der Tat hatte man große Verbesserungen durch computergestützte Methoden bei Belastungsprüfungen erzielt. Vorteil dieses Konstruktionsprinzips war eine Gewichtsersparnis von fast einem Zentner. Die 67er Imperial, so Chrysler, erlaubten ein wesentlich ruhigeres und komfortableres Fahren als noch die 66er-Modelle.

Ein zwingender Grund war wohl auch die Senkung der Produktionskosten; man übernahm nun den inneren Karosserieteil von Chrysler und setzte ihn auf ein geringfügig verlängertes Fahrgestell.

Ergebnis dieser grundlegenden Neukonzeption waren komplett neu gestaltete 67er-Modelle. Die Kühlermaske zierte ein auffälliges Namensschild und die scharf geschnittenen Kotflügel beherbergten in ihren Ecken die Standlichter; die Scheinwerfer blieben im Kühlergrill. Die hintere Stoßstange war dreigeteilt und bestand aus einem Mittelteil sowie zwei vertikalen Kotflügelenden. Die Fahrzeugflanken wurden durch horizontale, in Höhe der Radausschnitte verlaufende „character lines" betont. Der Radstand verringerte sich um 51 mm auf 3226 mm.

Der Absatz stieg 1967 auf über 17 000 Fahrzeuge an und fiel 1968 auf 15 000 Einheiten zurück. Die Preise erhöhten sich allerdings auch: Ein Crown Hardtop kam in seiner Basisausführung bereits über die $ 6000-Marke. Als Ausgleich führte Imperial die viertürige Crown B-Säulen-Limousine wieder ein, die ab $ 5400 zu haben war. Die Convertibles blieben im Programm, fanden aber nur wenige Käufer: 1967 verkauften sich 577 und 1968 nur 474 Stück, Grund für Imperial, dieses Modell Ende des Jahres auslaufen zu lassen.

Imperial gelang es auch weiterhin nicht, den von Cadillac und Lincoln beherrschten Luxusmarkt zu knacken, was das Management veranlaßte, über seine Strategie nachzudenken und dazu führte, daß ab 1969 Imperial und Chrysler die gleichen Karosserien bekamen. Die 68er übernahmen mit nur geringen Änderungen die Optik der 67er-Modelle. Neu war ein Kühlergrill, der sich bis um die Kotflügelecken, in denen Stand- und Blinkleuchten untergebracht waren, herumzog. Die Seitenzierleisten waren jetzt doppelt ausgeführt, begleitet von (nun gesetzlich vorgeschriebenen) seitlichen Reflektoren an den

1967 begann Imperial, seine Modelle (oben) analog zu den übrigen Chrysler-Modellen mit selbsttragenden Karosserien zu produzieren. Das Styling behielt seine gerade Linienführung bei, unterschied sich aber optisch vollkommen von den Vorjahresmodellen. Die 68er (beide Seiten, unten) erfuhren nur minimale Änderungen, wie z. B. beim Kühlergrill, der jetzt bis um die Kotflügelecken herumgezogen war und die Standleuchten beherbergte.

hinteren Kotflügeln; schmale Farbstreifen betonten jetzt die Gürtellinie. Der 440-V8 blieb als Standardmotorisierung erhalten, konnte aber mit einer Kombination aus Doppelschnorchel-Luftfilter und Doppelauspuffanlage von 350 auf 360 PS hochgerüstet werden.

Damalige Testberichte zeigten deutlich einige der Probleme auf, die Imperials gegenüber ihren Hauptkonkurrenten aufwiesen. So bot ein Imperial zwar bequemeren Sitzkomfort und eine größere Wendigkeit als Lincoln und Cadillac, ließ aber dafür deren hohen Qualitätsstandard vermissen (sehr lange schon Tradition bei Lincoln und seit geraumer Zeit auch bei Cadillac). Imperials konnten zudem nicht in den Fahrleistungen mithalten: *Motor Trend* verglich einen LeBaron mit einem Coupé DeVille und einem Continental und kam beim Cadillac auf 6 s, beim Lincoln auf 10 s und beim Imperial auf 12,4 s in der 0–60 mph-Beschleunigungswertung. Die Viertelmeile und den Beschleunigungstest von 50 auf 70 mph (ca. 80 auf 113 km/h) absolvierte der Imperial ebenfalls mit einem schlechteren Ergebnis. Imperials verbrauchten zwar weniger Benzin als die Cadillacs, konnten in dieser Disziplin aber den Lincoln nicht das Wasser reichen.

Motor Trend nahm zwar in seiner Kritik, die sich auch auf das Styling und die Bremsen des Imperial bezog, kein Blatt vor den Mund, sparte aber auch nicht mit Komplimenten: Zigarettenanzünder in jeder Tür, gut geformte Kippschalter für diverse Servos in den Armlehnen der Türen, Leselampen im Fond, Sitz- und Fahrkomfort, Stereoanlage, individuell elektrisch verstellbare Vordersitze und thermostatgeregelte Innenraumtemperatur. Beim LeBaron trotzte man der allgemeinen Entwicklung, das Fahrzeuginterieur durch Holzimitat „aufzuwerten" und schmückte sein Armaturenbrett sowie die Türverkleidungen mit Bronze-Einlagen. Für das Armaturenbrett-Layout bekamen die Imperial-Modelle von den Testern Bestnoten. Aufgrund des durchgehenden, gepolsterten Oberteils konnten alle Instrumente und Schalter zurückversetzt werden, was gleichzeitig einer besseren Übersichtlichkeit und Bedienbarkeit zugute kam. „Weil in dieser Anordnung Kippschalter verwendet werden, ist die Bedienung erheblich komfortabler als mit Schiebereglern oder Drehknöpfen."

1967/68 bot Imperial eine neue Pullman-Limousine an, die von Stageway Coaches in Fort Smith, Arkansas, einem Produzenten von Flughafen-Limousinen, gebaut wurde. Von diesen LeBaron Pullmans (Crown Imperial wurde als Name fallengelassen) wurden 12 Stück produziert, die Imperial mit ihrem ultralangen 4140 mm-Fahrgestell zu recht als die längsten Luxuslimousinen der Welt bewarb. Im Gegensatz zu den Ghia-Crowns besaßen die Stageway-Pullmans zwischen den vorderen und hinteren Türen ein zusätzliches Seitenteil und -Fenster. Die Preise rangierten je nach Ausstattung zwischen $ 12 000 und $ 15 000.

Technische Daten

Motor: V8, hängende Ventile, 7212 ccm (109,7 × 95,3), 350/360 SAE-PS

Getriebe:	Dreigangautomatik
Fahrwerk, vorn:	obere und untere Querlenker, Längsdrehstäbe
Fahrwerk, hinten:	Starrachse, Blattfedern
Bremsen:	vorn Scheiben-/hinten Trommelbremsen
Radstand (mm):	3226 **Pullman** 4140
Gewicht (kg):	2116–2860
Höchstgeschwindigkeit (km/h):	o. A.
Beschleunigung 0–96 km/h (s):	12,4

Produktionszahlen: **1967 Sdn** 2193 **Conv.** 577 **Crown Cpé** 3235 **Hardtop Sdn** 9415 **LeBaron Hardtop Sdn** 2194 **Pullman-Limousine** 6 **1968 Crown Cpé** 2656 **Sdn** 1887 **Hardtop Sdn** 8492 **Conv.** 474 **LeBaron Hardtop Sdn** 1852 **Pullman-Limousine** 6

1969 Imperial

Chryslers Flaggschiff schien sich immer dann gut zu verkaufen, wenn kräftige Anleihen bei der Big-Three-Konkurrenz gemacht wurden. Nehmen wir zum Beispiel das Jahr 1957, als Virgil Exners Heckflossenkreationen Cadillac auf die Plätze verwiesen und Imperial die höchsten Verkaufszahlen seiner Laufbahn (an die 36 000 Einheiten) bescherten.

Das zweitbeste Ergebnis fuhr Imperial im Jahr 1964 mit 23 300 verkauften Fahrzeugen ein, als sie starke Ähnlichkeiten zu Lincoln aufwiesen. Das war nicht weiter verwunderlich, denn es war Elwood Engel gewesen, der, bevor er Exner bei Chrysler ablöste, den 61er Lincoln entwarf und damit eine epochemachende Linienführung präsentiert hatte.

1967 ging Imperial einen Schritt weiter und betrat diesmal weder als Cadillac noch als Lincoln, sondern als Chrysler die Verkaufsbühne. Imperial war wieder an dem Punkt angelangt, wo man 1955 als eigenständige Marke angefangen hatte. Und 1969 schien das auch nicht weiter schlimm zu sein. Man konnte sogar einen Zuwachs von 7000 Einheiten gegenüber 1968 verzeichnen – mit einem Endergebnis, das trotz verkleinerter Modellpalette mit über 22 000 Stück fast an das Niveau von 1964 heranreichte.

Die enge Verwandtschaft der 67er Imperial-Modelle zum Chrysler-Design lag ja auch sehr nahe. Seit 1960 war Imperial die einzige Marke im Chrysler-Clan, die noch ihre Karosserien auf separate Fahrgestelle setzte. 1967 übernahm Imperial die einheitliche selbsttragende C-Karosserie, die auch die neuen Chrysler, die großen Dodge und die Plymouth Fury nutzten. Man mußte wirklich nicht Sherlock Holmes sein, um gemeinsame Details wie die Seitenscheiben- oder die Windschutzscheiben/A-Säulen-Partie zu erkennen.

1969 wurden die Ähnlichkeiten noch offensichtlicher, als Chrysler seine großen Modelle in einem neuen Design vorstellte. Sie zeichneten sich allesamt durch das von Chrysler proklamierte „fuselage styling" aus, das die anderen Marken des Konzerns aber ebenso kennzeichnete. Die Imperial besaßen mit dem 1967 eingeführten 3,22 m-Radstand immer noch das längste Fahrgestell von allen. Die 76 mm, die es länger war als das der Chrysler, hatte man bei Imperial im Vorderteil addiert, wo man es selbst bei einer selbsttragenden Karosserie relativ kostengünstig und einfach realisieren konnte. Imperials einzige Motorvariante war wiederum der Big-Block-Wedgehead-V8 mit 440 ci, der bereits 1966 eingeführt wurde und über seine angestammten 350 PS verfügte; daran angeblockt hatte man das hervorragende TorqueFlite-Automatikgetriebe.

Da diese Dinge auch in den anderen großen 69er Chrysler zu finden waren, konnten sich die Imperial nur durch ihre Ingredienzen – wieder einmal präsentierten sie sich voll ausgestattet – und ihr Styling unterscheiden, das sich angenehm wuchtig, aber dennoch distinguiert zu dem der Cadillacs und Lincolns präsentierte. Obwohl diesmal die Patenschaft von Chrysler überdeutlich zutage trat, prägte den Imperial doch eine formellere Linienführung und eine massivere Optik. Schließlich hatte man die Gesamtlänge des Wagens doch um 12,7 cm auf stolze 5,83 m erhöht; die bauchigen Seitenflanken taten ein übriges. Entgegen dem Eindruck, den er hinterließ, war er sogar knapp einen Zentner leichter als das 68er-Modell.

Die wenigen Stylingmerkmale, die ihn von Chrysler-Modellen unterschieden, konzentrierten sich hauptsächlich auf die Frontpartie. Dort fand man in den Kotflügelecken Lincoln-ähnliche vertikale Leuchten, die einen gitterförmigen Kühlergrill flankierten, in dem sich Doppelscheinwerfer „versteckten". Erstmalig in einem Imperial angewendet, traf man diese Designvariante ebenfalls im Chrysler 300 des gleichen Jahres an. Große Heckstoßstangen mit integrierten Rückleuchten waren schon immer das Markenzeichen der Imperials gewesen, die 69er-Variante aber zeigte sich schlanker und erfreulich einfach in der Gestaltung. Wie bereits in den Vorjahren schlossen die Kotflügel links und rechts auf ihrer ganzen Höhe mit verchromten Kappen ab, die gleichzeitig als Stoßstangenhörner fungierten.

Das Modellangebot wurde überarbeitet; das Crown Convertible nahm man aus dem Programm, übrig blieben ein viertüriger Sedan, ein gleich teurer Hardtop Sedan und ein Hardtop Coupé. Das als Topmodell rangierende, viertürige LeBaron Hardtop bekam zum ersten Mal eine zweitürige Variante zur Seite gestellt. Als eigene Serie zwar geführt, war der LeBaron von der technischen Seite her eher ein Zubehör-Paket, das serienmäßig ein Vinyldach und eine dekorativere Innenausstattung umfaßte. Die kleine, sehr „formal" wirkende Heckscheibe hatte man nicht in die 69er-Modellreihe übernommen.

Durch die Annäherung der Imperial an die Chrysler-Modelle konnten dementsprechend die Preise, in manchen Fällen sogar drastisch, gesenkt werden. Das Crown Hardtop war nun um $ 270, der viertürige LeBaron um ganze $ 800 billiger – vielleicht der Grund, warum sich zum ersten Mal mehr LeBaron als vergleichbare Crown verkauften.

Der 69er Imperial zeichnete sich durch Geschmeidigkeit und Laufruhe aus, war aber für einen luxuriösen Straßenkreuzer erstaunlich flott und wendig. Gleichzeitig war er der letzte Imperial, der sich in akzeptablen Stückzahlen verkaufte, obwohl diese nur einen Bruchteil der Absatzzahlen von Cadillac oder Lincoln ausmachten. Die Produktion ging 1970–71 auf ca. 10 000 Einheiten zurück, stieg 1972–74 wieder auf ungefähr 15 000 an, um 1975 auf magere 8800 Stück abzufallen. Der Imperial war mittlerweile auf das Niveau eines Chrysler New Yorker gesunken, dessen Namen und Status er im darauffolgenden Jahr sogar adaptierte, um Ende des Jahres als Markenname gänzlich vom Markt zu verschwinden.

Seitdem wurde Imperial zweimal wiederbelebt, einmal als Mittelklasse-Coupé in den Jahren 1981–83 und als weitere Version des New Yorker im Jahr 1990. Keine der beiden Varianten erreichte ausreichende Popularität. Im Gegensatz zu Cadillac muß Chrysler noch lernen, daß eine geklonte Modellvielfalt nicht unbedingt gleichbedeutend ist mit einer Vergrößerung des Umsatzvolumens.

Die 69er Imperial kamen mit einer im Vorderteil um 76 mm gelängten Chrysler-Karosserie auf den Markt. Das geänderte Styling von Front- und Heckpartie verdeckte ein wenig die Tatsache, daß es sich im Grunde nur um einen größeren Chrysler handelte. Im Kühlergrill versteckte Scheinwerfer waren für Imperial ein Novum; dieses Merkmal fand man im gleichen Jahr auch im Chrysler 300.

Technische Daten

Motor:	V8, hängende Ventile, 7212 ccm (109,7 × 95,3), 350 SAE-PS
Getriebe:	TorqueFlite-Dreigangautomatik
Fahrwerk, vorn:	obere und untere Dreiecksquerlenker, Längsdrehstäbe, Querstabilisator
Fahrwerk, hinten:	Starrachse, Halbelliptik-Blattfedern
Bremsen:	vorn Scheiben-/hinten Trommelbremsen
Radstand (mm):	3226
Gewicht (kg):	2068–2138
Höchstgeschwindigkeit (km/h):	ca. 177
Beschleunigung 0–96 km/h (s):	ca. 10,0

Produktionszahlen: **Crown Hardtop Cpé** 224 **Hardtop Sdn** 823 **Sdn 4tür.** 1617 **LeBaron Hardtop Cpé** 4592 **Hardtop Sdn** 14 821

ONTARIO
RVZ 999

1961-63
Lincoln Continental

Der revolutionäre 61er Continental war einer der schönsten und besten Lincoln, die je gebaut wurden. Die Kosten für Konzipierung, Design, Entwicklung und Herstellung dürften bis dahin in der Lincoln-Historie für ein einzelnes Modell noch nie so hoch gewesen sein. Das sich der Aufwand gelohnt hatte, machten ganz klar die Produktionszahlen deutlich, die doppelt so hoch waren wie 1960 und die für die identischen 62/63er-Modelle noch über die 30 000er-Marke hinausgehen sollten. Die Öffentlichkeit honorierte auf diese Weise das klassische und wundervolle Design, gepaart mit vorzüglicher Ingenieurskunst – das war der beste Lincoln seit dem Continental Mark II.

Das glattflächige, einer Skulptur gleichende Design war aus der Zusammenarbeit von sieben Ford-Designern entstanden, die im Juni 1961 vom Industrial Design Institute für ihre Leistung ausgezeichnet wurden: Eugene Bordinat, Don DeLaRossa, Elwood Engel, Gale Halderman, John Najjar, Robert Thomas und George Walker. Das IDI, das höchst selten seine Auszeichnung an Autodesigner verleiht, bezeichnete ihr Produkt als „überragenden Beitrag von Schlichtheit und Designkunst“.

Obwohl der Lincoln Continental eine unvergleichliche Optik besaß, teilte er sich doch mit dem ebenfalls neuen 61er Ford Thunderbird die Werkzeuge für die Herstellung der Innenkarosserie – das ursprüngliche Design mit dem Spitznamen „Engelbird“ war eigentlich für den T-Bird vorgesehen gewesen, bis Ford sich entschloß, das formale Styling lieber dem Lincoln angedeihen zu lassen. Die gemeinsame Nutzung der Produktionsmittel sparte eine Menge Kosten ein; Continental und T-Bird sahen aber trotzdem nicht wie Zwillinge aus. Der Continental präsentierte sich als große viertürige Limousine mit einem Radstand von 3,12 m, der Thunderbird dagegen als Zweitürer mit einem um 25 cm kürzeren Fahrgestell.

Das Styling der 61–63er-Modelle zeichnete sich durch eine sanfte Linienführung aus, betont durch Chrom-Zierleisten, die in Höhe der Gürtellinie über die gesamte Fahrzeuglänge liefen; horizontale und vertikale Elemente bestimmten den recht zurückhaltend gestalteten Kühlergrill. Die betonten Kotflügelkanten waren vom Fahrer aus leicht zu überblicken und erleichterten sehr die Handhabung des Fahr-

Der 61er Lincoln (linke Seite) löste die übertrieben gestylten 60er-Modelle ab und präsentierte sich mit einem im wahrsten Sinne preisverdächtigen, geradlinigen Design. Alle 61–63er Lincoln-Modelle – auch das Convertible – besaßen vier Türen, wobei die hinteren als „Selbstmördertüren" hinten angeschlagen waren. Lincoln beharrte auf der Absicht, keinen modischen „Schnickschnack" in seine Modelle einfließen zu lassen – und blieb auch dabei. Die 62er (oben und rechts unten) und die 63er (unten links) wurden nur geringfügig gegenüber den 61ern verändert.

Technische Daten

Motor: V8, hängende Ventile, 7048 ccm (109,2 × 94,0), 300/320 SAE-PS

Getriebe:	Turbo-Drive-Dreigangautomatik
Fahrwerk, vorn:	obere und untere Querlenker, Schraubenfedern
Fahrwerk, hinten:	Starrachse, Blattfedern
Bremsen:	vorn/hinten Trommelbremsen
Radstand (mm):	3124
Gewicht (kg):	2237–2438
Höchstgeschwindigkeit (km/h):	185
Beschleunigung 0–96 km/h (s):	11,0

Produktionszahlen: **1961 Sdn** 22 303 **Conv.** 2857 **1962 Sdn** 27 849 **Conv.** 3212 **1963 Sdn** 28 095 **Conv.** 3138

zeuges. Die stark zum Dach hin gebogenen Seitenscheiben ließen eine schmale Dachpartie entstehen, die man so bisher an keiner amerikanischen Luxuslimousine gesehen hatte – der Continental war einer der ersten in Serie produzierten Wagen, der gebogene Seitenverglasung verwendete.

Mit dem viertürigen Continental Convertible – von Anfang an dabei – war seit dem erfolglosen 51er Frazer Manhattan von Kaiser-Frazer wieder ein „convertible sedan" auf dem Markt. Im Gegensatz zum Manhattan, ließen sich Seitenscheiben und -rahmen komplett versenken. Das Softtop konnte man per Knopfdruck ebenfalls vollkommen „in der Versenkung" verschwinden lassen – mit der Hilfe von 11 Relais, die ein System von mechanischen und hydraulischen Vorrichtungen steuerten.

Die Continentals mochte man aber nicht nur wegen ihres Stylings, man schätzte sie auch wegen ihrer hohen Fertigungsqualität, die hauptsächlich einem Mann zu verdanken war: Harold MacDonald, Chefingenieur der „Ford Car and Truck Group". MacDonald experimentierte nicht mit innovativen, sondern verfeinerte bereits bestehende Techniken. Er machte aus der selbsttragenden Karosserie/Chassis-Einheit die solideste je in Serie gebaute Grundsubstanz für ein Fahrzeug, das nur mit Superlativen zu messen war: Bestmögliche Geräusch- und Stoßdämpfung, Mechanikteile mit geringsten Toleranzen, unzählige wartungsfreie Komponenten, ein komplett versiegeltes elektrisches System, hervorragender Rost- und Korrosionsschutz.

MacDonald ging sogar noch weiter und ließ den Continental das gründlichste Testprogramm durchlaufen, das man in Detroit bisher gesehen hatte. Jeder Motor wurde auf einem Leistungsprüfstand drei Stunden lang bei 3500 Upm (das entspricht ca. 158 km/h) getestet. Dann wurde er zerlegt, geprüft und wieder zusammengesetzt. Jedes Automatikgetriebe ließ man vor der Montage einen dreißigminütigen Test durchlaufen. Jeder Wagen wurde auf der Straße über eine Strecke von 20 Kilometern gefahren und mußte fast 200 Prüfpunkte erfüllen. Außerdem verwendete man Schwarzlicht, um mit Hilfe eines fluoreszierenden Oelzusatzes eventuell undichte Stellen zu entdecken. Als Beweis der „Unverwundbarkeit" eines Continental gewährte Lincoln eine zweijährige bzw. 24 000-Meilen-Garantie (ca. 38 500 km) – eine noch nie dagewesene Service-Leistung.

Die Publikumsreaktion war prompt und zufriedenstellend; Lincoln beschloß das Modelljahr 1961 noch vor Imperial in der Verkaufsstatistik. Das Styling wurde für 1962–63 nur geringen Änderungen unterworfen, da Lincoln die Absicht erklärt hatte, nur Verbesserungen im funktionalen Bereich durchzuführen. Die 62er-Modelle besaßen einen klarer gezeichneten Kühlergrill mit höher montierten Scheinwerfern und einer glattflächigeren Stoßstange. Die 63er hatten einen wabenförmigen Kühlergrill, ein überarbeitetes Heckblech und ein größeres Kofferraumvolumen.

1964-65 Lincoln Continental

Lincoln ging es in den Sechzigern von Jahr zu Jahr besser; stand man zu Anfang des Jahrzehnts noch bei 25 000 verkauften Fahrzeugen, arbeitete man sich bis zum Dekadenende auf fast 56 000 Einheiten hoch. Den „Dollar" ins Rollen brachte der vollkommen neue 61er Lincoln Continental. Mit Sicherheit als einer der Meilensteine im 60er Jahre-Design anzusehen, wurde er kurz nach seiner Präsentation vom namhaften Industrial Design Institute als ebensolcher ausgezeichnet. Das Design war so gut gelungen, daß bis in die 70er Jahre hinein nur geringfügige jährliche Änderungen notwendig waren.

Die 61er und die leicht abgeänderten 62/63er-Modelle hatten Cadillac (und Imperial sogar noch stärker) eine ordentliche Schlappe zugefügt. Gegenüber den Vorjahren erhöhte Verkaufszahlen kann man durchaus auf die bedeutenden Modifikationen, die man den 64er Continentals angedeihen ließ, zurückführen – genug um sie als zweite Generation des Original-Designs zu qualifizieren.

Lincoln hatte sich als Maxime eine konstante Weiterführung des 61er-Designs (mit vielleicht ein paar technischen und funktionalen Neuerungen) auf die Fahnen geschrieben – und hielt sich auch 1964 daran. Die viertürige Limousine mit ihrer dünnen B-Säule sowie Amerikas einzige Convertible-Limousine bestimmten das Programm. Beide besaßen wieder in der Mitte zu öffnende Türen, einen leicht überarbeiteten Kühlergrill mit fünf vertikalen Streben, eine tiefer ausgeschnittene und neu gestaltete Kofferraumklappe, eckiger gezeichnete hintere Seitenscheiben – und statt gewölbter nun flache Seitenverglasung. Diesen Vorschlag hatte Ford-Designchef Gene Bordinat als kostensenkende Maßnahme eingebracht, der aber Bob Thomas, Mitglied des „Original"-Designteams, fast an den Rand der Verzweiflung trieb. „Der Wagen war nicht für flache Seitenverglasung geschaffen", sagte er später einmal. „Es sah einfach nicht aus."

Weniger auffällig war dagegen ein um 76 mm auf 3,20 m verlängerter Radstand, der eine Erhöhung der Fahrzeuglänge auf 5,48 m mit sich brachte. Das Gewicht des Wagens wurde glücklicherweise kaum in Mitleidenschaft gezogen; ein Continental war kürzer als ein 64er Cadillac oder Imperial.

Der verlängerte Überhang brachte ein größeres Kofferraumvolumen und dadurch mehr Stauraum für das Convertible-Softtop, während die flachen Seitenscheiben, sieht man einmal von der angeregten Debatte darüber ab, 13,7 cm mehr Schulterbreite gewährleisteten. Der längere Radstand machte sich in größerer (und auch dringend benötigter) Beinfreiheit im Fond des Wagens bemerkbar; um 7,5 cm längere hintere Türen erleichterten den Ein- und Ausstieg. Die vorderen Sitze verlegte man um 5 cm nach vorn und schuf damit zusätzlich Platz für die Fondpassagiere. Die daraus resultierende „Enge" im Vorderabteil glich man durch ein neues, straffer gestaltetes, nicht mehr so weit in den Innenraum hineinreichendes Armaturenbrett und eine kürzere Lenksäule aus.

Die 64er profitierten von diversen Neuerungen, die serienmäßig mitgeliefert wurden: Benzinstand-Warnleuchte, höhenverstellbares Lenkrad, Kartenleselampe, automatische Feststellbremsen-Entriegelung sowie um ein Zoll vergrößerte Räder (nun 15 Zoll), die nun eine bessere Kühlluftzufuhr für die Bremsen ermöglichten. Bis auf die erforderliche Neueinstellung von Federn und Stoßdämpfern erfuhr das Fahrwerk keine Änderungen. Der Antriebsstrang blieb ebenfalls unangetastet; er bestand weiterhin aus dem 430 ci-V8 (7048 ccm) mit 320 PS, gekoppelt an eine Twin-Range-Turbo-Drive-Automatik.

Daß der Continental sich so entwickelte *wie* er sich entwickelte, wurde von den Käufern hoch eingeschätzt, speziell von denen, die wegen der ständigen Modellwechsel von Cadillac zu Lincoln übergewechselt waren. Der Glaube an die Markenphilosophie schenkte dem Continental 1964 über 4000 neue Jünger. Cadillac hatte ebenfalls zugelegt, aber längst nicht soviel. Die Diskrepanz in den Verkaufszahlen der beiden Rivalen war, bedingt durch Cadillacs größere Modellvielfalt und größeres Händlernetz, zwar immer noch riesengroß – der Unterschied fiel aber nicht mehr ganz so kraß aus wie in früheren Zeiten.

Das Jahr 1965 begann der Continental programmgemäß mit minimalsten Änderungen. Sogar die Preise blieben unberührt, obwohl die bereits sehr umfangreiche Serienausstattung noch durch vordere Scheibenbremsen ergänzt wurde. Das Styling wandelte sich kaum: Ein neuer V-förmiger, horizontal verstrebter Kühlergrill, sehr gut sichtbare, um die Kotflügelecken herumgezogene Stand- und Blinkerleuchten sowie ein geändertes Heckblech ohne metallenes Grill-Appliqué waren die neuen Stilelemente. Für die Limousine gab es eine neue Vinyldach-Option ($ 105), die sehr gut aufgenommen wurde. Eine Klimaanlage (90 Prozent der Continentals hatten eine) und elektrisch individuell verstellbare Vordersitze waren die größten Ausgaben, die man mit $ 505, respektive $ 281 außer der Reihe tätigen konnte.

Die Erfolgsleiter wollte auch 1965 nicht enden, und Lincoln gelang es, mit 40 000 Einheiten 3000 mehr zu verkaufen als 1964. Die Limousine lief am besten; das Convertible schloß die beiden Modelljahre mit jeweils 3000–3400 produzierten Fahrzeugen ab.

Lincoln hatte also allen Grund mit diesen Zahlen zufrieden zu sein – aber man war es nicht. Mit der Absicht noch höhere Absatzzahlen anzustreben, hatte Lincoln das Jahr 1966 bereits mit größeren und besseren Continentals im Visier.

Technische Daten

Motor:	V8, hängende Ventile, 7048 ccm (109,2 × 94,0), 320 SAE-PS
Getriebe:	Twin-Range-Turbo-Drive-Dreigangautomatik
Fahrwerk, vorn:	obere und untere Dreiecksquerlenker, Schraubenfedern
Fahrwerk, hinten:	Starrachse, Schraubenfedern
Bremsen:	vorn/hinten Trommelbremsen **1965** vorn Scheiben-/hinten Trommelbremsen
Radstand (mm):	3200
Gewicht (kg):	2295–2486
Höchstgeschwindigkeit (km/h):	177
Beschleunigung 0–96 km/h (s):	10,0
Produktionszahlen:	**1964 Hardtop Sdn** 32 969 **Conv. Sdn** 3328 **1965 Hardtop Sdn** 36 824 **Conv. Sdn** 3356

Der 64er Continental (rechte Seite, oben) sah aus wie der 63er, hatte aber einen um 7,5 cm längeren Radstand. Die umfangreichsten Stylingänderungen seit seinem Debüt 1961 ließ man dem Continental für 1965 angedeihen (unten und rechte Seite, unten rechts). Ein flacher Kühlergrill in V-Form ersetzte den konvexen Grill früherer Modelle; der Pseudo-Grill zwischen den Schlußleuchten wurde entfernt. Das längere Fahrgestell schuf ein größeres Raumangebot im Innenraum; ein nicht mehr so ausladend gestaltetes Armaturenbrett brachte auch den Frontpassagieren mehr Platz (rechte Seite, unten rechts).

447 UKX

1966-67 Lincoln Continental

Die meisten Automobilhersteller in Detroit hatten 1966 ein gutes Jahr, fast so gut wie 1965. Lincoln jedoch war mit seinem Continental auf eine Goldader gestoßen und setzte mit 55 000 verkauften Einheiten eine neue Rekordmarke. Der Erfolg kam nicht von ungefähr, denn die stark überarbeiteten 66er Continental warteten nicht nur mit einer schönen Optik auf, sondern boten eine größere Modellauswahl und mehr Leistung – und das alles für weniger Geld.

Die 66er Lincolns präsentierten sich unverändert im Radstand, aber mit einer neuen Karosserie, die in ihrer Gesamtlänge gute 10 cm zugelegt hatte. Die ab 1964 „begradigten" Seitenscheiben bekamen ihre alte, gebogene Form zurück, der leichte Hüftschwung war jetzt ausgeprägter und die Windschutz- sowie die Heckscheibe hatte man in einem flacheren Winkel zur Karosserie angeordnet. Die „scharfen" Kotflügel und die Chromleisten-betonte Gürtellinie, die ja aus Elwood Engels Feder stammten, wurden beibehalten, erhielten aber Gesellschaft in Form von einer in ihrem Mittelteil erhöhten Motorhauben/Kühlergrill-Kombination und massiver gestalteten Stoßfängern. Die Standleuchten wanderten wieder in die Stoßstangen, da die Designer die neue Gesetzgebung, die 1968 seitliche Positionslichter/Reflektoren verlangen sollte, noch nicht vorausahnten (die in die Kotflügelecken integrierten Leuchten sollten dann wieder eingeführt werden); mit den Heckleuchten verfuhr man auf die gleiche Weise.

Im Innenraum streckte sich dem Fahrer aus dem sonst eher flachen Armaturenbrett eine „Steuerkanzel" entgegen, die auch die Lenksäule beherbergte. Das Lenkrad war zweispeichig gehalten und ließ sich auf Wunsch mit siebenfacher Höhenverstellung liefern. Einen Rückschritt bedeuteten die Warnleuchten, die alle Instrumente bis auf Benzinanzeige und Tachometer ersetzten. Ein zum Fahrer hin gewinkeltes Bord enthielt mit einer Kombination aus Dreh- und Druckknöpfen sowie diversen radioähnlichen Displays alle Bedienungselemente für Radio und Klimaanlage.

Die Continental-Modellpalette für 1966 bestand wieder aus einer Limousine mit dünner B-Säule und dem einzigartigen viertürigen Convertible, erhielt aber mit dem zweitürigen Hardtop wieder ihr drittes Standbein zurück. Unverständlich bleibt, warum die Präsentation dieses Modells so lange auf sich warten ließ.

Für 1966 wurden die Continentals neu gestylt, und obwohl sie den gleichen Radstand beibehielten (3200 mm), wuchs ihre Gesamtlänge um gute 10 cm an. Die Modellreihe wurde durch ein Coupé (oben) bereichert; ein Modelltyp, der seit 1961 nicht mehr im Programm war. Die viertürige Limousine (unten) blieb weiterhin der Topseller; das einmalige Convertible (rechte Seite) blieb für 1966 im Programm, verkaufte sich aber sehr schleppend und brachte es Ende des Jahres nur auf 6 Prozent der Gesamtproduktion.

Cadillac hatte sich Lincoln im Rennen um den größten Hubraum bereits zwei Jahre zuvor bis auf ein Kubikinch angenähert. Der 430 ci-V8 des Continental wurde aber jetzt in Bohrung und Hub auf voluminöse 462 ci (7572 ccm) vergrößert, und war somit wieder die Nummer eins am Platz (Cadillac sollte 1968 jedoch diesen Wert noch übertreffen). Das Ergebnis waren 20 Pferde mehr im Stall – im ganzen nun 340 – und monumentale 647,9 Nm an der Kurbelwelle. Mit 340 Kilogramm ebenso monumental war leider auch das Gewicht des Motors, der Lincolns stärkster (und auch letzter) V8 vor den 1968er Emissionsschutzgesetzen sein sollte. Besonderheiten dieser Konstruktion waren überarbeitete Zylinderköpfe und Ansaugkrümmer sowie fast doppelt so große Kühlwasserkanäle um die Auslaßventile und Zündkerzen wie noch im alten Motor.

Obwohl die Leistungsausbeute besser hätte ausfallen können (der Motor war mit 0,73 SAE-PS pro Kubikinch unterfordert), war der Antrieb eher auf sanftes, ruhiges Dahingleiten ausgelegt worden – was sich auch in der mit 2,80 : 1 lang übersetzten höchsten Fahrstufe zeigte. Selbst damit ließ sich nur ein Verbrauchsschnitt von 23,5 l/100 km erzielen und machte so einen neuen Tank unumgänglich (wenn nicht gar zwingend erforderlich).

Von Vorteil waren natürlich die verbesserten Fahrleistungen: 0 auf 60 mph waren jetzt in nur 10 Sekunden machbar. Bei der Höchstgeschwindigkeit legten die Continentals ebenfalls zu, wobei das Hardtop mit etwas über 200 km/h aufgrund seines geringen Gewichtes besonders hervorstach – wenn man 2,3 Tonnen überhaupt als „gering" bezeichnen kann. Das Leergewicht der einzelnen Modelle hatte sich gegenüber 1965 nur um 3 bis 5 Kilo erhöht. In Sachen Kraftübertragung hatte sich Lincoln ebenfalls etwas neues einfallen lassen: Fords neue C-6-Dreigangautomatik. Weitere Modifizierungen der Mechanik beliefen sich auf eine verstärkte Hinterachse und Doppel-Kreuzgelenke an beiden Enden der Kardanwelle sowie längere Federn an der Hinterradaufhängung für angenehmeren Fahrkomfort.

Das neue Hardtop Coupé kostete $ 5750 und war damit der billigste Lincoln seit Jahren; das dürfte ein maßgeblicher Grund für den erstaunlichen Absatz von 15 766 Exemplaren gewesen sein. Die Limousine brachte es auf das Doppelte, das Convertible dagegen nur auf ein Fünftel der Hardtop-Zahlen. Der Preis für die viertürige Limousine wurde um $ 400 gesenkt, dafür fielen solche Dinge wie elektrisch sechsfach verstellbare Sitze, Zentralverriegelung, elektrische Ausstellfenster, AM-Radio sowie Weißwandbereifung aus der Serienausstattung heraus und waren nur noch gegen Aufpreis zu haben. Neue Zubehöroptionen für 1966 wie AM/FM-Radio, AM-Radio mit 8-Spur-Cassettenteil und automatische Innentemperaturregelung unterstrichen Lincolns Luxusanspruch.

1967 fielen die Absatzzahlen auf das Niveau von 1965 zurück, wohl weil die Continentals gegenüber den neu gestylten Cadillacs für die Kunden nicht viel Neues zu bieten hatten. Technik und Modellauswahl blieben unverändert und man mußte wirklich zweimal hinsehen, um Unterschiede im Styling überhaupt wahrnehmen zu können (man hatte z. B. das Markenemblem an den vorderen Kotflügeln weggelassen). Das faszinierende viertürige Convertible sollte mit Ende dieses Modelljahres auslaufen, da seine Rentabilität (es wurden jährlich nie mehr wie 3500 Exemplare verkauft) nicht mehr gewährleistet war, obwohl es von Anfang an als der „ultimate Lincoln" gehandelt wurde. 1967 gelangten gerade mal 2276 „Frischluft-Continentals" in Kennerhände.

Technische Daten

Motor:	V8, hängende Ventile, 7572 ccm (109,2 × 94,0), 340 SAE-PS
Getriebe:	Multi-Drive-Dreigangautomatik
Fahrwerk, vorn:	obere und untere Dreiecksquerlenker, Schraubenfedern
Fahrwerk, hinten:	Starrachse, Schraubenfedern
Bremsen:	vorn/hinten Trommelbremsen
Radstand (mm):	3200
Gewicht (kg):	2263–2499
Höchstgeschwindigkeit (km/h):	193+
Beschleunigung 0–96 km/h (s):	10,0–11,5

Produktionszahlen: **1966 Sdn 4tür.** 35 809 **Conv. Sdn** 3180 **Hardtop Cpé** 15 766 **1967 Sdn 4tür.** 33 331 **Conv. Sdn** 2276 **Hardtop Cpé** 11 060

Die 67er-Serie wurde nur geringen optischen Änderungen unterworfen; die augenscheinlichste war das Fehlen des Markenemblems an den vorderen Kotflügeln. Das Convertible (unten) sollte in seine letzte Saison gehen, da sich der Absatz mehr schlecht als recht gestaltete (es wurden nicht mehr wie 3500 Exemplare pro Jahr verkauft). Das neue Coupé (rechte Seite) fand überraschend viele Käufer, die Gesamtproduktion fiel jedoch unter das Vorjahresniveau zurück.

SANIBEL
ISLAND

1968-69
Lincoln Continental

Amerikas einziges viertüriges 60er-Jahre-Convertible schaffte es nicht, ins erste Jahr nach Erlaß der Sicherheitsgesetze herübergerettet zu werden. Grund war wohl weniger die geringere Sicherheit gegenüber den geschlossenen Continentals, sondern seine schlechte Verkaufbarkeit. Lincoln hatte aber ein spezielles Bonbon für Mitte 1968 vorbereitet: Der wiederauferstandene Continental Mark, der sich in seinem ersten Durchlauf doppelt so oft verkaufen sollte wie das 67er Convertible, und das trotz einer nur sechsmonatigen Verkaufsperiode.

Im Endeffekt machte das nur 17 Prozent des 68er-Continental-Volumens aus, das gegenüber 1967 wieder angestiegen war und eine neue Rekordmarke setzte: 46 904 Einheiten. Der neue Continental Mark III sollte 1969 zwar noch die 23 000er-Hürde nehmen, aber der Verkaufsschlager war nach wie vor der Sedan, der 1968 zwei Drittel der Gesamtverkäufe ausmachen sollte.

Die Limousine und das Hardtop zeigten immer noch viel vom ursprünglichen Charme und von der klassischen Schönheit des originalen 61er-Designs, das so viele Kunden in seinen Bann gezogen hatte. Die Gesetzgebung war aber nicht zu umgehen, zumal sie erheblich für das neue Modelljahr verschärft wurde. So mußten die Standleuchten wieder in die vorderen, die Rücklichter in die hinteren Kotflügelecken integriert werden, um die Norm für seitlich sichtbare Fahrzeugbeleuchtung zu erfüllen. Ein anderes Gesetz verbot zur Verminderung von Unfallverletzungsgefahren die Installation spitzer oder scharfkantiger Konstruktions- und Designelemente, und so mußte der traditionelle Lincoln-Stern auf die Blechpartie über dem Kühlergrill verbannt werden (mit einem Klappmechanismus versehen, sollte er später wieder auf der Motorhaube Platz nehmen). Die Gesetzgeber hätten aber auch die neuen, überbreiten C-Säulen des Hardtop Coupés bemängeln sollen, aber es gab leider kein Gesetz, daß Herstellern untersagte, dem Fahrer durch konstruktive Mängel die rückwärtige Sicht zu nehmen. Manchmal mahlen die Mühlen des Gesetzes nicht nur langsam, sondern auch in die falsche Richtung.

Sicherheit war auch im Innenraum angesagt, den man serienmäßig mit in den Türen integrierten Griffen, Sicherheitsgurten für Fahrer und Beifahrer sowie einer gepolsterten Lenkradnabe ausstatten mußte. Neuerdings mußte auch auf glänzende und damit reflektierende Materialien verzichtet werden; Lincoln entsprach dieser Regelung mit matten oder mattglänzenden Oberflächen. Nicht gefordert, aber

Das Jahr 1968 zwang Lincoln aufgrund gesetzlicher Bestimmungen, vordere Standlichter und hintere Rückleuchten in die Kotflügelecken zu integrieren, um die Forderung nach seitlichen Positionsleuchten zu erfüllen; Coupés bekamen breitere C-Säulen, die zwar formeller aussahen, aber für einen großen toten Winkel sorgten (oben und linke Seite, oben und Mitte). Für 1969 (linke Seite, unten) formte man den Kühlergrill leicht V-förmig aus und überarbeitete die Rücklichter; sonstige Änderungen fielen nur minimal aus.

Technische Daten

Motor: V8, hängende Ventile, 7539 ccm (110,7 × 95,3), 365 SAE-PS

Getriebe:	Multi-Drive-Dreigangautomatik
Fahrwerk, vorn:	obere und untere Dreiecksquerlenker, Schraubenfedern
Fahrwerk, hinten:	Starrachse, Schraubenfedern
Bremsen:	vorn/hinten Trommelbremsen
Radstand (mm):	3200
Gewicht (kg):	2217–2272
Höchstgeschwindigkeit (km/h):	o. A.
Beschleunigung 0–96 km/h (s):	o. A.

Produktionszahlen: **1968 Hardtop Cpé** 9415 **Sdn 4tür.** 29 719 **1969 Hardtop Cpé** 9032 **Sdn 4tür.** 29 258

trotzdem sehr willkommen, waren schwarze Zifferblätter, obwohl sich die Instrumentierung auf Tacho und Benzinuhr beschränkte. Appliqués aus Walnußholzimitat am Armaturenbrett und lederbezogene Armlehnen in den Türen sorgten für ein angenehmes Ambiente.

Eine viel wichtigere, gesetzerfüllende Maßnahme (diesmal tat man etwas für die Umwelt) steckte unter den Motorhauben der 68er Continentals. Ein völlig neuer 460 ci-V8 (7539 ccm) – der zweite in der „385 series" der Ford Motor Company (der 429 des Thunderbird war der andere) – war speziell konstruiert worden, um die Emissionsgesetze zu erfüllen. Trotz kleinerer Bohrung und geringeren Hubes als beim 462 ci der Vormodelle, entwickelte dieser V8 15 Mehr-PS und, überraschenderweise, das gleiche Drehmoment. Angeboten nur mit Vierfachvergaser und hoher Verdichtung (10,5 : 1), zeichnete sich der Motor aus durch große schrägstehende Ventile, polierte Einlaß- und Auslaßkanäle, einzeln auf Bolzen montierte Kipphebel (Chevrolet benutzte die gleiche Technik) sowie ein mit geringsten Toleranzen gegossenes Kurbelgehäuse in Niedrigbauweise.

Die Continentals bedienten sich wie immer eines Dreigang-Automatikgetriebes und verwendeten auch in dieser Serie das 1967 vorgestellte C-6-Getriebe, das Lincoln als „Multi-Drive" anbot. Den größten Teil des optionalen Zubehörprogramms hatte man ebenfalls in das neue Jahr übernommen, erweiterte es aber noch um ein AM/FM-Stereoradio, vordere Kopfstützen und ein Warmluftgebläse für die Heckscheibe.

1969 konnte der Continental das 68er-Verkaufsergebnis sogar verdoppeln. Der Markenphilosophie entsprechend, änderte sich kaum etwas am Design. Ein in V-Form gebrachter, gitterförmiger Kühlergrill (jedes „Gitter" besaß viele kleine Quadrate), der überthront wurde von einem in Großbuchstaben gehaltenen „Continental"-Schriftzug, war Hauptmerkmal der Änderungsmaßnahmen. Neue Kotflügel verlängerten die Karosserie um 81 mm auf 5695 mm, fügten aber dem Fahrzeuggewicht nichts hinzu; das Gewicht konnte sogar um mehrere Zentner gesenkt werden. Weitere Detailänderungen waren unter anderem neue Innenverkleidungen, ein neues Drucktastenfeld für die Klimaanlage, die üblichen Überarbeitungen bei Farben und Zierat, „dual stream"-Düsen für die Scheibenwaschanlage und ein per Gesetz verordnetes Zweikreis-Bremssystem mit Funktionswarnleuchte (eine Sicherheitsmaßnahme, die sich Lincoln selber hätte einfallen lassen können).

Der Mark III half kräftig mit, die Gesamtverkaufszahlen von Lincoln 1969 auf einen neuen Rekordstand zu hieven: Mehr als 61 000 Wagen brachten amerikanisches Understatement auf die Straßen. Cadillac verkaufte fast die vierfache Menge, konnte Lincoln aber nicht daran hindern, bis in die 70er Jahre hinein prosperierende Zahlen zu schreiben und von einer Modell-„Sturheit" zu profitieren sowie eine Produktphilosophie zu vertreten, die beide hauptverantwortlich waren für den spektakulären Erfolg in den Sechzigern. Ein schlagender Beweis dafür, daß Tradition sich buchstäblich auszahlen kann.

1968-69
Lincoln Continental Mark III

Man hört aus der Autoindustrie viel über Erbsenzähler und hartgesottene Manager ohne Sinn für Geschichte, aber gleichzeitig gibt es auch in keinem Betätigungsfeld soviele Menschen, die mehr Verehrung für Tradition aufbringen als dort. Hin und wieder haben Autohersteller – und das häufig zu ihrem Nachteil – versucht, klassischen Automobilen mit neuen Modellen zu huldigen. Der LaSalle (zuletzt 1963 als Buick Riviera auf dem Markt), die diversen Generationen von Nachkriegs-Imperials, die „trunkback“ Cadillac Seville von 1980–86 und der heutige Buick Roadmaster sind die jüngsten Beispiele solcher Bestrebungen. Ein Klassiker, der seine modernen Abbilder wiederholt beeinflußte, war der erste Lincoln Continental, der von Edsel Ford 1940 lanciert und bis 1948 gebaut wurde. Acht Jahre später stellte auf Drängen von Händlern, Kunden und des eigenen Managements die Ford Motor Company einen Continental Mark II auf die Räder – ein in vielfacher Hinsicht exzellenter Wagen, für den Ford aber bei jedem Dollar, den man verdiente, drei bis vier Dollar drauflegen mußte. Zwölf Jahre später kam dann der Continental Mark III, geschaffen in der Tradition seines Vorgängers als „personal luxury car“ der höchsten Qualitätsstufe, aber mit einem Unterschied – dieser sollte Gewinne einfahren. Und das tat er auch.

Der Mark III war sehr eng mit Henry Ford II, dem Enkel des Firmengründers, verknüpft, der seit 1945 die Company mit großem Geschick leitete. Seinem Bruder William Clay Ford gleich, der den 56er Mark II beeinflußt hatte, wollte Henry II, daß der Mark III ein Spiegelbild seines eigenen Geschmacks sein sollte. (Als die Produktplaner dem Mark III seinen Namen gaben, ignorierten sie bewußt die Continental Mark III, IV und V, die, gebaut von 1958–60, große, schwülstige Vehikel waren, die in keinem Verhältnis zur Continental-Tradition standen.)

Im Spätjahr 1965 begann die Produktplanung für den Mark III, und von Anfang an war das Ziel klar gesteckt: Ein Personal-Luxury-Automobil mit langer Motorhaube und kurzem Heck, wie die frühen Continentals. Das Design überwachte kein Geringerer als Designchef Eugene Bordinat.

Hermann Brunn, Namensvetter des berühmten Karosseriebauers und Mitglied in Bordinats Truppe, zeichnete hauptverantwortlich für die Gestaltung des Interieurs. Brunn schuf große, komfortable Sitze

Technische Daten

Motor:	V8, hängende Ventile, 7539 ccm (110,7 × 95,3), 365 SAE-PS
Getriebe:	SelectShift-Turbo-Drive-Dreigangautomatik
Fahrwerk, vorn:	obere und untere Dreiecksquerlenker, Schraubenfedern
Fahrwerk, hinten:	Starrachse, Schraubenfedern, Schubstreben
Bremsen:	vorn Scheiben- / hinten Trommelbremsen
Radstand (mm):	2977
Gewicht (kg):	2152–2162
Höchstgeschwindigkeit (km/h):	o. A.
Beschleunigung 0–96 km/h (s):	o. A.
Produktionszahlen:	**1968** 7770 **1969** 23 088

Lincoln betrat (oder besser: betrat wieder) Mitte 1968 die Personal-Luxury-Bühne mit seinem Continental Mark III. Konzipiert als Neuauflage des klassischen Mark II von 1956–57 (und nicht der übertriebenen Mark III-IV-V der Jahre 1958–60), sollte die 68er-Version in großen Stückzahlen produziert werden; der Mark II war nur 1769 mal gebaut worden. Für 1969 (beide Seiten) änderte sich wenig, und Lincoln gelang es in diesem zweiten Produktionszeitraum (der erste war ja begrenzt auf sechs Monate), über 23 000 Exemplare zu verkaufen.

und ein mit Holzimitat veredeltes Armaturenbrett mit bedienungsfreundlichen Kontrollelementen. Anfang 1966 wählte dann Henry Ford II unter einer ganzen Reihe von Entwürfen, die ihm von seinen Designern vorgelegt wurden, das endgültige Styling aus.

Im April 1968 war es dann soweit. Der Mark III konnte ob seiner späten Einführung in dem Jahr nur ein paar tausend Stück verkaufen, aber es stand zweifellos fest, daß er optimal für den Markt gerüstet war: Über 23 000 Exemplare fanden 1969 für stolze $ 7000–$ 8000 einen ebensolchen Besitzer. Der Kaufpreis erschien zwar recht hoch, entpuppte sich aber bei näherer Betrachtung als durchaus akzeptabel: 1956 hatte der Mark II $ 10 000 gekostet, was 1968 einem Wert von $ 20 000 entsprach, also dem dreifachen des Mark III. Das zeigt wie sorgfältig die Produktplaner bei Ford den Mark III gewinnbringend am Markt plazierten. Der Cadillac Eldorado rangierte in der gleichen Preisklasse, und das erklärt, worauf Lincoln im Endeffekt abzielte.

Der Mark III besaß mit 2977 mm einen Radstand, der zwar um 228 mm kürzer war als der des Mark II, aber genau mit dem des Eldorado übereinstimmte. Obwohl der frontgetriebene Eldorado technologisch die Nase vorn hatte, umgab den Continental die Magie seines Namens. In den Absatzzahlen lieferten sich beide Modelle in den folgenden vier Jahren ein Kopf-an-Kopf-Rennen, wobei der Mark III nie mehr als 2000 Einheiten zurücklag. Für Lincoln war das ein beachtlicher Erfolg, weil zum einen die Produktionszahlen wesentlich niedriger waren als die von Cadillac und weil zum anderen ein viel kleineres Händlernetz existierte.

Angetrieben von einem 460 ci-V8 (7539 ccm) mit einer Verdichtung von 10,5 : 1, war der Mark III eines der leistungsstärksten Autos auf dem Markt. Und ein schönes dazu, mit einer der längsten Motorhauben der Autoszene (über 1,80 m lang). Dem Kunden standen eine ganze Reihe von luxuriösen Interieurs und nicht weniger als 26 verschiedene Lackierungen zur Auswahl, inklusive vier spezieller „Moondust"-Metallicfarben. Das 1969er-Modell erhöhte man im Preis, wurde aber sonst nur wenig verändert. Zur Serienausstattung aller Mark III gehörten u. a. SelectShift-Turbo-Drive-Automatik, Servobremsen (vorn Scheiben- /hinten Trommelbremsen), versenkbare Scheinwerfer, Seitenverglasung ohne Ausstellfenster, elektrisch verstellbare Sitze und elektrische Fensterheber, Gebläselüftung sowie fast 70 kg an schalldämmendem Isoliermaterial.

Der Mark III eroberte sich in der Lincoln-Modellpalette einen festen Stammplatz als „personal luxury car" und verstärkte erheblich die Verkaufskraft des Continental-Konzeptes.

1960 Mercury

Die Mercurys der ausgehenden 50er Jahre konnten empfindsame Gemüter wirklich vor Schreck zusammenfahren lassen. Heute als Ikonen ihrer Zeit verehrt, waren diese riesigen Schiffe überladen mit Chrom, scharf modellierten Ecken und Kanten sowie geprägt von extremsten Wölbungen in Windschutz- und Heckscheiben, die bereits jenseits jeglichen Vorstellungsvermögens lagen – Exzesse reinsten Kalibers standen also hoch im Kurs.

1958 ging es mit den Absatzzahlen bergab – in diesem Jahr wurde der exzessivste aller Mercurys (so die Meinung vieler) auf die Menschheit losgelassen, und das zu einer Zeit, als die Autoindustrie rezessionsgebeutelt um jeden verdienten Dollar bangte. Selbst als das Styling 1959 „humanere" Formen annahm – und Exzess gegen Größe tauschte – , sank der Absatz bei Mercury weiter. Trotzdem schlossen Tausende von Amerikanern diese überkandidelten Mercurys ins Herz und stellten sie in ihre Garage; genauso wie Tausende überglücklich waren, einen neuen Edsel besitzen zu dürfen.

Was aus heutiger Sicht geschmacklos oder gar gräßlich erscheint, galt damals als gar nicht mal so übel – zumindest für viele Käufer aus der Mittelschicht. Heute sind diese grellsten Beispiele amerikanischen Über-Stylings überaus gesuchte Sammlerobjekte. Mercury war auch nicht der einzige Hersteller, der sich einer obskuren Geschmacksrichtung verschrieben hatte: Barocke Formen bestimmten die Optik der meisten Marken. Abhängig natürlich vom eigenen Geschmack, gefiel einem der Mercury oder er gefiel einem nicht. Wollte man neutral in seiner Beurteilung bleiben, so mußte man den Mercurys zumindest Einzigartigkeit und eine unverwechselbare Identität bescheinigen.

Mercury gelang es, das Styling für die 60er-Modelle in geschmackvolle Bahnen zu leiten; man verzichtete dabei auf einigen Chrom-Zierat und ersetzte die harte, scharfe Linienführung der Vorgänger durch weichere, flüssigere Formen, hielt sich aber weiterhin an die Grundstrukturen des ursprünglichen Designs. Schmale vertikale Rückleuchten, die in senkrecht stehenden Stoßstangenhörnern saßen, ersetzten die riesigen dreieckigen Schlußlichter der 59er-Modelle. Darüber thronten Heckflossen, die sich in ihrer rudimentären Art sehr angenehm in das Gesamtbild integrierten. Die Doppelscheinwerfer wanderten in den neuen, nun konkaven Kühlergrill und verliehen der Vorderansicht eine feinere, nicht mehr so klotzige Optik. Windschutz- und Heckscheiben wiesen nach wie vor starke Wölbungen auf.

Mit ihrem gleichgebliebenen Radstand von 3,20 m waren die Mercurys imposante Erscheinungen, die in drei Variationen angeboten wurden. Der Monterey war serienmäßig ausgerüstet mit einem 312 ci-V8 (5114 ccm), der optional gegen einen 383 ci (6277 ccm) ausgetauscht werden konnte, während der teurere Montclair und das Topmodell Park Lane eine durch Reduzierung der Verdichtung von 345 auf 310 PS abgeschwächte Version des Lincoln-430-V8 unter ihren Hauben hatten. Diese Zurückhaltung

Technische Daten

Motor:	V8, hängende Ventile; 5114 ccm (96,5 × 87,4), 205 SAE-PS, 6277 ccm (109,2 × 83,8), 280 SAE-PS, 7048 ccm (109,2 × 94,0), 310 SAE-PS
Getriebe:	3-Gang-Schaltgetriebe; auf Wunsch Overdrive, Merc-O-Matic-Dreigangautomatik (Serie bei Montclair) oder Multi-Drive-Merc-O-Matic (Serie bei Park Lane)
Fahrwerk, vorn:	obere und untere Dreiecksquerlenker, Schraubenfedern, Querstabilisator
Fahrwerk, hinten:	Starrachse, Blattfedern
Bremsen:	vorn/hinten Trommelbremsen
Radstand (mm):	3200
Gewicht (kg):	1771–2069
Höchstgeschwindigkeit (km/h):	**V8-430** 177–185
Beschleunigung 0–96 km/h (s):	**V8-430** 12,0–13,1

Produktionszahlen: **Monterey Cruiser Hardtop 4tür.** 9536 **Sdn 4tür.** 49 594 **Cruiser Hardtop 2tür.** 15 790 **Sdn 2tür.** 21 557 **Conv.** 6062 **Montclair Cruiser Hardtop 4tür.** 5548 **Sdn 4tür.** 8510 **Cruiser Hardtop 2tür.** 5756 **Park Lane Cruiser Hardtop 4tür.** 5788 **Cruiser Hardtop 2tür.** 2974 **Conv.** 1525 **Commuter Wagn 4tür.** 14 949 **Colony Park Wgn 4tür.** 7411

überraschte, nachdem jeder Hersteller in den Fünfzigern immer mit noch höheren Leistungsausbeuten geglänzt hatte – nach der Rezession von 1958 war die Rückbesinnung nicht weiter verwunderlich.

Kunden, die den Benzinverbrauch niedrig halten wollten, konnten bei den 383er- und 430er-Maschinen zwischen zwei länger übersetzten Hinterachsen auswählen: 2,71 : 1 oder 2,91 : 1. Trotz geringerer Leistung produzierte das 430er-Triebwerk ein stattliches Drehmoment von 614,5 Nm. Power-Freunde mußten aber nicht verzagen, denn diePS-Spirale sollte bald wieder nach oben gedreht werden.

Die Park-Lane-Modelle zeichneten sich durch den höchsten Anteil an Chrom-Zierat aus, der sogar breite Zierleisten an den Schwellerpartien aufwies, die sich über die Fender Skirts (Radlaufabdeckungen) und die hinteren Seitenteile hin zu den großen Stoßstangenhörnern zogen. Eine scharfe Blechfalz in Höhe der Türunterkante verlief bis über den vorderen Radausschnitt. Der Park Lane war außerdem an fünf Ornamenten vor dem hinteren Radlauf zu erkennen; der Montclair besaß drei, der Monterey keine dieser Verzierungen.

Beim Monterey gab es serienmäßig ein Dreigang-Schaltgetriebe mit Lenkradschaltung, während der Montclair mit einer Merc-O-Matic und der Park Lane zusätzlich mit einer Multi-Drive-Funktion ausgerüstet war. Der verwendete Leiterrahmen hatte gebogene Außenträger und wurde beim Convertible noch durch ein X-förmiges Mittelstück verstärkt.

Eine offene Version wurde nur bei Monterey- und Park-Lane-Modellen angeboten, während Commuter- und Colony-Park-Kombis (letzterer als „Woody" mit Holzimitat in den Seitenflächen) eine eigene Modellreihe bildeten. Die Preisspanne reichte von $ 2631 für einen zweitürigen Monterey Sedan bis zu $ 4018 für das luxuriöse Park Lane Convertible. Eine breite Farbpalette umfaßte 15 „Super Enamel monochrome"-Lacke und 35 Zweifarb-Varianten. Bei den Zubehöroptionen konnte der Kunde unter anderem $ 106 für eine Servolenkung, $ 76,50 für elektrisch vierfach verstellbare Sitze oder $ 471 für eine Klimaanlage ausgeben. Einfache Mercury-Modelle konnten, natürlich gegen Aufpreis, mit einer Multi-Drive-Merc-O-Matic (mit zwei Fahrstufen) aufgewertet werden.

Große Autos brachten selbstverständlich auch entsprechendes Gewicht auf die Waage, und die Mercurys machten da keine Ausnahme. Ein Park Lane Convertible schleppte 2,05 Tonnen mit sich herum, ein Colony Park Kombi legte sogar noch ein paar Kilo drauf.

Aber selbst unter diesen Voraussetzungen ließen die Fahrleistungen nicht zu wünschen übrig. *Motor Trend* unterzog einen Montclair mit 310 PS starkem 430 ci-V8 und Multi-Drive-Merc-O-Matic einem Test und förderte akzeptable Ergebnisse zutage. Die 60-mph-Marke schafften die Tester in der D1-Fahrstufe in 12 Sekunden, die Viertelmeile in 17,7 Sekunden (bei 122,3 km/h). Wählte man jedoch die D2-Fahrstufe, erhöhte sich die Beschleunigungszeit (0–60 mph) um 1,1 s und die Viertelmeile absolvierte man in 18,6 s (bei 120,7 km/h).

Mit 154 000 Fahrzeugen lag die 60er-Produktion um einige Tausend über der Marke von 1959. Wie sich herausstellen sollte, war dieser Mercury das letzte Modell, das über einen eigenständigen Charakter verfügen sollte. Mit dem Modelljahr 1961 schrumpften die Mercs auf einen Radstand von 3048 mm und gaben sich nur wenig anders als die neuen, luxuriösen und teuren Ford – eine Situation, die sich bis heute nicht geändert hat.

Dieses Monterey Convertible weist ein geringeres Maß an Chrom-Zierat auf als die Topmodelle dieser 60er-Baureihe. Es sollten die letzten Mercury mit einem 126-Zoll-Fahrgestell sein; spätere Modelle mußten sich mit einem Radstand von 120 Zoll zufriedengeben, und einer Optik, die sich nicht sonderlich von derjenigen der Ford-Modelle unterschied.

1962-63 Mercury S-55

Die Ford Motor Company lancierte Mercury 1939 als „in-between"-Automarke, die alsbald ein leistungsorientiertes Image aufbaute, das dem Markennamen alle Ehre machte. Mercury behielt dieses Image bis in die frühen 50er Jahre bei und trat mit seinen schnellen, wendigen Autos sowohl bei dem berühmten „Mexican Road Race" als auch beim „Mobilgas Economy Run" an. Diese „Performance"-Tradition ging aber dann für etliche Jahre verloren, als man dazu überging, teure und verspielte „Big M"-Cruiser zu bauen, die zwar sehr gut geradeaus fahren konnten, aber in Kurven das große Zittern bekamen. 1958 verschlechterte die Rezession Mercurys Marktposition, und man beendete das Jahrzehnt mit einem Produktionsvolumen von unter 150 000 Einheiten – weniger als die Hälfte des Rekordjahres 1955 (300 000 Fahrzeuge).

Mercury sollte sich aber in den 60er Jahren erholen, als man begann, sich mit vernünftigeren Autos wieder leistungsbetont und sportlich zu geben. Erstes Beispiel dieser Neuorientierung war ein Kompakter mit der Bezeichnung „Comet", der auf Fords neuem 60er Falcon basierte, 1961 gefolgt von strafferen, einfacheren und billigeren Standardmodellen, die auf Fords Full-Size-Modellen beruhten. Die Verkaufszahlen stiegen wieder auf gesunde 300 000 Einheiten, unterstützt von einem Markt, der sich zunehmend sportlichen Autos wie dem Chevrolet Corvair Monza und dem Impala SS zuwandte.

Mercurys Testballon in dieser Sparte war der 61er Comet S-22; 1962 dann startete Mercury voll durch. Der S-22 blieb im Programm, bekam aber Gesellschaft von einem neuen, vom Ford Fairlane geklonten, in der Mittelklasse angesiedelten Meteor, allerdings in einer S-33-Version. Der ganze Stolz der „Sportabteilung" bei Mercury waren zwei mit Einzelsitzen ausgestattete Modelle mit der Bezeichnung S-55.

Eigentlich lautete die korrekte Bezeichnung für das neue Convertible und Hardtop Coupé „Monterey Custom S-55", da sie offiziell als Subserie der 62er-Full-Size-Topmodelle vorgestellt worden waren. Als Halbjahresmodelle kamen sie gleichzeitig mit den Ford Fairlane 500XL auf den Markt, die sie im Grunde ja kopierten.

Die 62er Monterey, Monterey Custom und Kombimodelle nutzten weiterhin das Fahrgestell der großen 60er Fords und präsentierten sich mit einer leicht aufgemotzten Version des 61er Mercury-Stylings. Damals mögen sie vielleicht besser angekommen sein als heute, aber als völlig nichtssagend kann man sie auch nicht gerade bezeichnen.

Die S-55 waren dagegen viel interessantere Fahrzeuge. Während 62er Montereys mit einem kleinen 3,6-Liter-Sechszylinder daherkamen und Customs mit einem 170 PS starken 4,8-Liter-V8 ausgerüstet waren, hatte man dem S-55 einen erst ein Jahr zuvor in Serie gegangen 390 ci-„Marauder"-V8 mit Zweifachvergaser und 300 PS unter die Haube gepackt. Auf Wunsch erhöhte ein Vierfachvergaser die Leistung auf 330 PS. Aber dasPS-Programm war damit noch nicht erschöpft, denn in dem S-55 (und auch dem Ford XL) sollten zwei Versionen einer limitiert gebauten Marauder-406 ci-Maschine vorgestellt werden. Beides waren aufgebohrte und in der Leistung erhöhte 390er (6392 ccm), die getunt waren mit schärferen Nockenwellen, mechanischen statt hydraulischen Stößeln, hoher 10,9 : 1-Verdichtung, Sportluftfilter sowie optimierten Auspuffkrümmern und Doppelauspuffanlage. Die „kleine" Vierfachvergaser-Version, die hauptsächlich für Stock-Car-Rennen gedacht war, blies 385 PS aus ihren Rohren, und das mit einem Drehmoment von satten 593,1 Nm. Für die anstrengenden Spurts auf den Drag-Strips hatte man die Variante mit drei Zweifachvergasern konzipiert, die mit ihren 405 SAE-PS aus 406 ci an die magische Größe „1 SAE-PS pro Kubikinch" heranreichte – die höchste Leistungsstufe, die Mercury je angeboten hatte.

Die Mission des S-55 bestand aber eigentlich darin, schnell und sportlich auf der Straße zu sein, und nicht Siege auf den Rennpisten des Landes zu sammeln. Deshalb verließen 1962 die meisten Wagen die Werkshallen mit einem 390er und serienmäßiger Dreigang-Multi-Drive-Automatik (bei Ford hieß sie Cruise-O-Matic), obwohl ein Viergangschaltgetriebe zum Nulltarif zu haben war, aber selten geordert wurde. Hinzu kam, daß die 406er nicht gerade preiswert waren: $ 321 kostete die NASCAR-Maschine, $ 406 der Drag-Treibsatz.

Der S-55 rangierte auch nicht gerade als Sonderangebot, immerhin lag er $ 520 über dem Preis vergleichbarer Customs. Als Ausgleich stattete man ihn mit diversem Zubehör serienmäßig aus: Einzelsitze vorn, Mittelkonsole mit Knüppelschaltung und verchromtem Handschuhfach, Vinylinterieur, dreifarbige Radzierblenden, „S-Fifty-Five"-Karosseriezierat, Heavy-Duty-Fahrwerk, verstärkte Bremsen, größere 7.10×15-Bereifung. Der Preis blieb trotzdem Diskussionsthema, was sich auch in geringen Verkaufszahlen ausdrückte (4100 Einheiten). Unterdessen lag Pontiac mit seinem luxuriösen 62er Grand Prix Hardtop bereits bei über 30 000 verkauften Exemplaren.

Für 1963 blieb der S-55 jedoch im Programm. Seine Basis-Ausstattung wurde unverändert übernommen, die Motorvarianten bereicherte man allerdings um zwei neue 427er: 410 PS aus einem, 425 PS aus zwei Vierfachvergasern. Das Styling war komplett überarbeitet worden und zeichnete sich durch Eigenständigkeit aus. Besonders auffällig war das neue S-55 Hardtop Coupé, das als „Breezeway" über ein nach hinten überhängendes Dach verfügte und dessen Heckscheibe sich herausnehmen ließ. Ebenfalls neu präsentierte sich ein viertüriges Hardtop, dem Mitte der Saison ein schönes Schrägheck-Hardtop-Coupé zur Seite gestellt wurde, das „Marauder" hieß und als Custom sowie S-55 zu haben war (siehe späteres Kapitel). Durch die neuen Modelle erweiterte sich die Preispalette, was sich zusammen mit einer diesmal 12monatigen Saison in 8764 Verkäufen niederschlug – andere Hersteller verkauften von ihren sportlichen „Großen" wesentlich mehr.

Die Beliebtheit hielt sich in Grenzen, und so ist es nicht weiter verwunderlich, daß der S-55 nicht mehr Mercurys „25th Anniversary"-Modellpalette angehörte. Wichtige Ausstattungsdetails wurden in einem „Sports Package" zusammengefaßt und als Option für das 64er Park Lane Convertible sowie die zwei- und viertürigen Marauder Hardtops angeboten. Der S-55 sollte aber seine Wiederkehr feiern, aber das ist eine Geschichte, die später noch erzählt werden soll.

Der S-55 wurde 1962 Mercurys sportliches Full-Size-Modell (rechte Seite, oben), und obwohl er serienmäßig mit einem 300 PS starken 390 ci-V8 ausgestattet war, ließ er sich mittels 406 ci auf 405 PS aufpäppeln. An Modellvarianten gab es Coupé und Convertible, die sich als S-55 durch spezielle Radblenden und diskrete „S-Fifty-Five"-Embleme zu erkennen gaben. 1963 dehnte man die Modellreihe auf ein zweitüriges Schrägheck-Coupé und ein viertüriges Hardtop aus, wobei letzteres noch eine „Breezeway"-Version (rechte Seite, unten) mit überhängendem Dach zur Seite gestellt bekam. Embleme und andere äußere Identifikationsmerkmale waren sehr zurückhaltend ausgeführt; auffällig waren dagegen das Interieur mit Einzelsitzen und Mittelkonsole (unten) sowie die neue Motorvariante mit 427 ci und bis zu 425 PS.

Technische Daten

Motor: V8, hängende Ventile; 6392 ccm (102,9 × 96,0), 300/330 SAE-PS, 6654 ccm (104,9 × 96,0), 385/405 SAE-PS, 6999 ccm (107,4 × 96,0), 410/425 SAE-PS (nur 1963)

Getriebe:	4-Gang-Schaltgetriebe, Multi-Drive-Dreigangautomatik
Fahrwerk, vorn:	obere und untere Dreiecksquerlenker, Schraubenfedern
Fahrwerk, hinten:	Starrachse, Halbelliptik-Blattfedern
Bremsen:	vorn/hinten Trommelbremsen
Radstand (mm):	3048
Gewicht (kg):	1725–1839
Höchstgeschwindigkeit (km/h):	177–193
Beschleunigung 0–96 km/h (s):	7,7–9,5

Produktionszahlen: **1962 Hardtop Cpé** 2772 **Conv.** 1315 **1963 Fastback Hdtp Cpé** 2319 **„Breezeway" Hardtop Cpé** 3863 **„Breezeway" Hardtop Sdn** 1203 **Conv.** 1379

1963-64
Mercury Marauder

Den Namen „Marauder" benutzte Mercury in den späten 50er Jahren für seine stärksten V8-Motoren, führte ihn aber erst 1963 als Modellnamen ein. Diese Vorgehensweise fände heute sicherlich keine Zustimmung mehr, da die Sicherheitslobby sie als Aufruf zu rücksichtsloser Fahrweise interpretiert hätte; eine Sichtweise, die Mercury mit dem Argument, daß diese Namensgebung gewiß nicht das soziale Umfeld des Käufers reflektiere, zurückweisen würde. Die Cougar-Zeiten waren zwar noch nicht angebrochen, aber Mercury befand sich bereits auf dem Leistungstrip, und der Marauder paßte genau in den Rahmen.

Das Ziel war, das 1956 mehr oder weniger verlorengegangene „Performance-Image" wiederzuerlangen. In diesem Jahr hatte Mercury nachweislich sein letztes Stock-Car-Rennen gewonnen. 1963 sollte sich das mit Parnelli Jones ändern, der einen Marauder Fastback zum Sieg führte und damit eine ganze NASCAR-Siegesserie für Mercury auslöste, die bis in die Siebziger hinein nicht abreißen sollte.

Ausschlaggebend für die Entwicklung des Marauder und seines Ford-Pendants, Galaxie 500 Sports Hardtop, war die Absicht, sie für Rennzwecke einzusetzen bzw. bei Stock-Car-Rennen durch bessere Aerodynamik höhere Endgeschwindigkeiten zu erzielen. Nach einigen Jahren der Selbstbeschränkung beschlossen die Big Three ihre Beteiligung an NASCAR- und anderen Rennen wiederaufzunehmen. Dem standen aber die klotzigen und aerodynamisch ungünstigen Dachkonstruktionen, die Dearborn bisher unters Volk gebracht hatte, entgegen, speziell bei „long-distance"-Rennen auf den neuen Hochgeschwindigkeitspisten wie in Daytona.

Inspiriert von ihrem eigenen 60/61er Ford Starliner, kappten die Designer einfach das Dach und ersetzten es durch eine in der Gesamthöhe 40 mm niedrigere, „fließendere" Dachform und eine schräger gestellte Windschutzscheibe. Das Ergebnis war zwar nicht ganz so flüssig und gut gelungen wie beim Starliner, machte sich aber sehr gut auf den Rennpisten. Es sah sehr „racy" aus, war aber formal genug, die Mercury-Kundschaft nicht zu verprellen.

Verglichen mit Fords eher prosaischer Namensgebung, hatte Mercury für sein geglättetes Hardtop Coupé mit „Marauder" eine sehr gute Wahl getroffen. Mercury schien damit sehr zufrieden zu sein, denn passende Schriftzüge und Embleme schmückten auffällig die vorderen Kotflügel. Auch ohne diese „Aufmerksamkeiten" ließ sich ein Marauder von seinen Modellkollegen gut unterscheiden, wiesen sie doch eine bemerkenswerte Dachkonstruktion mit überhängendem Dach und herausnehmbarer Heckscheibe auf, ein Stylingelement, das man bereits bei den 58–60er Continental gesehen hatte.

Das Semi-Fastback-Profil des Marauder paßte wunderbar zur neu gestalteten 63er Mercury-Karosserie, die sich durch einen attraktiven, fahrzeugbreiten konkaven Kühlergrill, Chrom-Zierleisten entlang

Der Semi-Fastback-Marauder konnte 1963 „einfach" oder mit „S-55-Dressing" bestellt werden. Die S-55-Version nahm man 1964 aus dem Programm, bot aber den Marauder in zwei Karosserietypen (Coupé und Hardtop Sedan) und drei Ausstattungsniveaus an — zusammen waren das sechs Modelle. Der Montclair Marauder (unten und rechte Seite) war das mittlere Modell der Serie. Standardantrieb war ein 390-V8 mit 250 PS, der in der Vierfachvergaser-Version (oben) bis zu 330 PS leisten konnte.

der Gürtellinie und ein neues Heck mit einem Leuchten-Trio auf jeder Seite auszeichnete. In der Monterey Custom-Reihe lancierte Mercury einen Marauder mit vorderer Sitzbank, in der S-55-Reihe eine Version mit Einzelsitzen und Mittelkonsole (Ford verfuhr übrigens nach dem gleichen Muster). Für ein Halbjahres-Modell waren knapp 7300 verkaufte Exemplare ein durchaus anständiger Wert, obwohl Ford von seinen besonders populären Galaxie Sports Hardtop über 135 000 Stück an den leistungsorientierten Mann brachte.

Das 25jährige Jubiläum im Blick, kehrte Mercury in die 1964er-Modellrunde mit einem Viererpack (wie Ende der 50er) zurück, das als preiswertes Modell den Monterey, als mittleres den Montclair und als Luxusmodell den Park Lane sowie parallel dazu eine Station-Wagon-Reihe anbot. Addierte man in der Marauder-Serie zum Hardtop Coupé den neuen Hardtop Sedan und bezog die drei Ausstattungsstufen mit ein, so konnte der Kunde zwischen sechs verschiedenen Marauder-Modellen auswählen. Das Styling hatte gegenüber 1963 an Eleganz gewonnen und mit einer neuen Frontpartie auch seine wichtigste Änderung erfahren. In diesem Modelldurchgang setzte die S-55-Version aus, bekam aber als Ersatz eine „Sports Package"-Option, die nur für Park-Lane-Zweitürer, inklusive des Marauder, erhältlich und an die Ausstattung des S-55 angelehnt war. Jeder der 64er Marauder ließ sich mit der entsprechenden Motorisierung in eine richtige Rakete verwandeln, speziell nach der Einführung zweier neuer Big-Block-Versionen des 427 ci-V8 mit 410 bzw. 425 PS, die aber mehr für Rennzwecke bestimmt waren. Der normale Mercury-Kunde griff zum zuverlässigen 390er (6392 ccm), der mit 250 bis 330 PS adäquaten Vortrieb ermöglichte.

Im Rennbetrieb begannen die Marauder 1964, sich ebenfalls in Szene zu setzen und gewannen fünf NASCAR- sowie sieben USAC-Rennen; die Ford schlugen sich hier allerdings um einiges besser (allein 30 NASCAR-Siege). In Verkaufszahlen drückte sich dieser Vorsprung ebenfalls aus: Ford verkaufte 73 000, der Marauder knappe 34 000 Einheiten. Die Marauder waren zwar etwas teurer als die Fords, lagen aber mit den Breezeway-Modellen auf einem Preisniveau.

In der Verkaufs- und in der Renndisziplin lagen die großen Ford zwar weit vorn, konnten sich aber in anderen Punkten nicht von den 63/64er Full-Size-Mercurys distanzieren. Auf gleichem Qualitätsniveau liegend, teilten sie sich sogar den gleichen Unterbau, respektive das gleiche Fahrgestell. Herausragende Qualitäten bewiesen sie durch robuste Konstruktion, hervorragenden Fahrkomfort, gutes Handling sowie kraftvolle, aber leise V8-Performance. Selbst eine zahme 390er-Version machte die 60 mph in acht bis neun Sekunden; der 427er verbesserte diesen Wert auf heute noch imponierende sieben Sekunden. Leider stehen diese Wagen bei Sammlern nicht so hoch im Kurs, denn immer noch werden Ford-Typen den Mercurys vorgezogen.

Die Marauder-Story endet mehr oder weniger mit dem Jahr 1964, und das aus zwei Gründen: Zum einen eroberte den Markt (und die Rennpisten) eine Horde von „ponycars", und zum anderen wandelten sich die 65er Full-Size-Mercurys wieder einem luxusorientierteren Publikum zu, ganz in der Lincoln-Continental-Tradition. Nach einem kurzen Gastspiel bei den 65er Montclair- und Park-Lane-Hardtops verschwand der Name „Marauder" wieder als Motorbezeichnung unter den Hauben zukünftiger Mercurys.

Technische Daten

Motor: V8, hängende Ventile; **1963** 6392 ccm (102,9 × 96,0), 250/300/330 SAE-PS **1964** 6392 ccm, 250/266/300/330 SAE-PS **1963** 6654 ccm (104,9 × 96,0), 385/405 SAE-PS **1964** 6999 ccm (107,4 × 96,0), 410/425 SAE-PS

Getriebe:	3-/4-Gang-Schaltgetriebe, 3-Gang-Schaltgetriebe mit Overdrive, Dual-Range-Merc-O-Matic-Automatikgetriebe
Fahrwerk, vorn:	obere und untere Dreiecksquerlenker, Schraubenfedern
Fahrwerk, hinten:	Starrachse, Halbelliptik-Blattfedern
Bremsen:	vorn/hinten Trommelbremsen
Radstand (mm):	3048
Gewicht (kg):	1765–1841
Höchstgeschwindigkeit (km/h):	177–201+
Beschleunigung 0–96 km/h (s):	7,0–9,5

Produktionszahlen: **1963 Monterey Custom Hardtop Cpé** 7298 **S-55 Hdtp Cpé** 2319 **1964 Monterey Hdtp Cpé** 8760 **Monterey Hdtp Sdn** 8655 **Montclair Hdtp Cpé** 6459 **Montclair Hdtp Sdn** 8655 **Park Lane Hdtp Cpé** 1052 **Park Lane Hdtp Sdn** 4505

1964-65
Mercury Comet Cyclone

Der Comet begann langsam, seinem Namen Ehre zu machen, als 1964 der Cyclone (diese Seite) mit einem 289 ci-V8 und 225 PS vorgestellt wurde. Großartige Unterscheidungsmerkmale gegenüber den Basis-Comets wiesen sie nicht auf, bis auf ihre Chrom-Räder, die eigentlich Chrom-„Blenden" waren. Ein buchstäbliches Facelifting brachte den 65er Cyclone (rechte Seite) vertikale Doppelscheinwerfer und horizontale Schlußlichter sowie, zur Unterscheidung von gewöhnlichen Comet-Modellen, zwei Hutzen auf der Motorhaube.

Nachdem den letzten Comets der ersten Generation ein Small-Block-V8 eingepflanzt worden war, beschritt Mercury erst jetzt richtiges Performance-Terrain – in der Hoffnung, ein Image aufzubauen, das Mercury als Hersteller von leistungsfähigen Fahrmaschinen qualifizieren sollte.

Das Comet-Lineup für die 64er-Modellrunde bestand aus vier Serien, aber nur eine wurde serienmäßig von einem auf 4737 ccm (289 ci) vergrößerten V8 beflügelt: das zweitürige Cyclone Hardtop. Es sollte den Weg ebnen für den Wandlungsprozeß der eher anämisch veranlagten Comet-Serie in eine der heißesten Modellreihen des Jahrzehnts.

Der 289 ci leistete, beatmet durch einen Vierfachvergaser, 210 PS und brachte 400,7 Nm an Drehmoment auf die Kurbelwelle. Drei- und Viergangschaltgetriebe (letzteres stammte von Warner Gear) blieben im Programm, die auf Wunsch erhältliche Zweigangautomatik wurde von einer Multi-Drive-Merc-O-Matic ersetzt. Nach und nach kamen die Techniker bei Mercury auf den PS-Geschmack. Die anderen Comet, inklusive der neuen Caliente-Serie, wurden mit Sechszylindern oder dem 260 ci-V8 ausgerüstet, konnten aber auch mit dem 289 geordert werden.

Der kurzlebige Meteor war aus dem Programm gestrichen worden, da seine Verkaufszahlen nie ein akzeptables Niveau erreicht hatten. So mußten Comets die Lücke füllen und sowohl als Kompakt- als auch Mittelklasse-Modell am Markt bestehen. Modifikationen im Styling beliefen sich auf einen Wechsel zu 14-Zoll-Bereifung und eine Verbreiterung der Spur sowie diverse Änderungen des äußeren Erscheinungsbildes zugunsten einer stärkeren Identität. Die Doppelscheinwerfer saßen horizontal in einem maschenartigen Grill, am Heck ließen sich Überreste von Heckflossen ausmachen, und die Seitenflanken hatte man stark keilförmig (nicht unähnlich dem Ford Falcon) modelliert.

Car Life begrüßte das Fehlen von Speer-Zierleisten und anderen Chromteilen, monierte aber nicht die verchromten Radlauf-Zierleisten. Die Tester waren sich darüber einig, daß die „[Lincoln-Mercury-] Designer sich in wahrer Zurückhaltung geübt hatten". Die Radblenden bekamen das Aussehen von „nackten" Felgen und wiesen fünf Bohrungen auf durch die die verchromten Radmuttern zu sehen waren.

Der frühe Cyclone (Einstandspreis $ 2655) erwies sich nicht gerade als Topseller und verkaufte in der ersten Saison nur 7454 Einheiten. *Car Life* beschrieb den Cyclone als ein „temperamentvolles Sprintmobil, das sicherlich voll den Geschmack der jugendlichen Käuferschicht trifft, die ja so rege von allen Herstellern umworben wird".

Technische Daten

Motor: V8, hängende Ventile, 4737 ccm (101,6 × 72,9) **1964** 210 SAE-PS **1965** 225 SAE-PS

Getriebe:	3-Gang-Schaltgetriebe; auf Wunsch 4-Gang-Schaltgetriebe oder Multi-Drive-Merc-O-Matic-Dreigangautomatik
Fahrwerk, vorn:	Doppelquerlenker mit Federbeinen
Fahrwerk, hinten:	Starrachse, Blattfedern
Bremsen:	vorn/hinten Trommelbremsen
Radstand (mm):	2896
Gewicht (kg):	1298–1359
Höchstgeschwindigkeit (km/h):	166–175
Beschleunigung 0–96 km/h (s):	8,8–11,8

Produktionszahlen: **1964 Hardtop Cpé** 7454 **1965 Hardtop Cpé** 12 347

Eine leichte Glättung der Seitenflächen gab dem Cyclone eine klarere Optik, unterstützt von vertikal angeordneten Doppelscheinwerfern, die einen simplen, horizontal verstrebten Kühlergrill flankierten. Mercury nannte ihn „die detaillierte Realisierung eines Enthusiasten-Traumes", und das traf, im Gegensatz zu den meisten Slogans dieser Art, auch weitestgehend zu.

Eine Mittelkonsole und Einzelsitze, bezogen mit gekräuseltem Vinyl, sowie ein dreispeichiges, mit Holzimitat aufgewertetes Lenkrad bestimmten das Interieur. Spezielle Chrom-Radblenden mit fünf Bohrungen für die ebenfalls verchromten Radmuttern gaben dem Wagen ein sportliches Erscheinungsbild. Der serienmäßige 289 ci-V8 des Cyclone hatte eine Leistungsspritze erhalten und entwickelte jetzt, unter Verwendung eines Vierfachvergasers und höherer 10:1-Verdichtung, 225 PS bei einem Drehmoment von 407,4 Nm. Die anderen Comet-Modelle erhielten ihren Lebenssaft aus einem Zweifachvergaser und leisteten 200 PS.

Die Optionenliste beinhaltete unter anderem ein weißes oder schwarzes Vinyldach; ein Sportpaket mit direkter übersetzter Lenkung, modifizierten Stoßdämpfern und härteren Federn; und ein „Rally-Pac"-Instrumentenbord mit Unterdruckanzeige, Stoppuhr und Drehzahlmesser, das auf dem Armaturenbrett befestigt war. Der Motor wurde serienmäßig durch Chrom an Ventildeckeln, Luftfilter, Ölpeilstab und Kühlerverschlußdeckel optisch aufgewertet; Flaggenembleme zierten die Heckkotflügel. Der Cyclone begann langsam aber sicher, seine Leistungsfähigkeit auch nach außen hin zu dokumentieren – zumal die inneren Werte ja bereits stimmten.

Motor Trend gelang es 1964, ein 210 PS starkes Cyclone Hardtop mit Viergangschaltung von 0 auf 60 mph in 9,7 s zu beschleunigen; die Viertelmeile wurde nach 16,2 s bei einer Geschwindigkeit von 128,7 km/h durchfahren. Im nächsten Jahr kamen 15 PS dazu, und die Zeit reduzierte sich auf 8,8 s. Andere Autotester waren um einiges langsamer und benötigten mit der 210 PS-Version ganze 11,8 s für den 60-mph-Spurt. Noch weit entfernt von „knackigen" Muscle-Car-Fahrleistungen sollte der eigentliche Zyklon erst noch losbrechen.

Der Cyclone machte in seinem zweiten Jahr Boden gut und verkaufte sich 12 347 mal. Trotz seiner überaus stattlichen Leistungsfähigkeit – und als Vorbote für noch stärkere Zeiten – gelang es dem Cyclone nicht, über einen Minimalstatus im Gesamtverkaufsvolumen der Mercury-Division hinauszukommen.

Wie der SC/Rambler beispielsweise, rangierte der frühe Cyclone als „Sleeper" unter den Muscle Cars, kaum bemerkt von einem Publikum, das begeistert den GTO, Hemi und Super Sport applaudierte. Das, obwohl Comet und Cyclone ihr Können in vielen Bereichen unter Beweis stellten. Vier nur leicht modifizierte Stock-Car-Cyclone mit 271 PS-289ern fuhren in Daytona 160 000 Kilometer mit einer Durchschnittsgeschwindigkeit von ca. 170 km/h. Ein Team von Comets nahm an der harten „East African Safari" teil. Es verließen nur knapp 20 000 Cyclone die Produktionsstraßen, aber ihre Zahl reichte aus, um dem Namen einen guten Ruf zu verschaffen – der nächste Orkan sollte nicht lange auf sich warten lassen.

1966-67
Mercury Cyclone GT

Das Jahr 1966 sah völlig überarbeitete Comet – und mit ihnen leistungsbepackte Cyclone – für das Mercury-Lineup vor. Da Ford und Mercury sehr eng miteinander verbunden waren, konnte eine Änderung im Ford-Karosseriekonzept an Mercury natürlich nicht spurlos vorbeigehen. Der Mercury Comet war seit seiner Einführung 1960 immer etwas größer als der Ford Falcon gewesen, auf dem er ja basierte, und kleiner als der in der Mittelklasse angesiedelte, 1962 präsentierte Ford Fairlane. 1966 entschied die FoMoCo, daß es unnötig, und auch zu teuer sei, drei verschiedene „kleine" Modelltypen zu produzieren und folgte General Motors' Beispiel, verschiedene Modelle durch „Klonen" eines Grundmodells kostengünstiger herzustellen. So rutschte der Comet in der Typenhierarchie etwas nach oben und auf das neue 2,95 m-Fahrgestell des Fairlane.

Die neue Palette umfaßte vier Comet-Subserien: 202 (preiswertes Modell, allerdings etwas kürzer), Capri, Caliente und Cyclone, wobei die drei letzteren eine Länge von 5,16 m aufwiesen. Der Radstand war gegenüber dem Vorjahr um zwei Zoll auf 116 Zoll (2946 mm) angewachsen.

Wie noch zu Comet-Cyclone-Zeiten, bot man den neuen, größeren (und vielleicht sogar besseren) Cyclone als Hardtop Coupé und neuerdings auch als Convertible an. Zur Wahl standen Basis- und GT-Trimm. Dem GT gab man allerdings nur eine Motorvariante mit auf den Weg: einen 335 PS starken 390 ci-V8 (6392 ccm) mit Vierfachvergaser und Doppelauspuffanlage. Und wem das bekannt vorkam, der hatte recht. Die gleiche Maschine tat auch im Fairlane GT ihren Dienst. Mercury wußte denn auch seine Anzeigen mit den folgenden Worten zu würzen: „(Unser GT) bringt soviel Power auf die Straße, daß es Sie in Ihre Sitze drücken wird."

Das Fahrwerk wurde leicht modifiziert, die augenscheinlichsten Veränderungen hatte man aber der Karosserie zukommen lassen. Alle Cyclone-Modelle zeichneten sich jetzt durch vertikale Doppelscheinwerfer, die jeweils in eigenen runden Gehäusen saßen, dünne Doppel-Farbzierstreifen und einen zweigeteilten Kühlergrill aus.

Der GT gab sich zudem durch auffällige Rallyestreifen in Höhe der Türunterkante, „Renn-Flaggen"-Embleme an den vorderen Kotflügeln und ein Paar flache (nicht funktionale) Haubenhutzen zu erkennen. Sein Kühlergrill ähnelte dem der normalen Comet/Cyclone-Modelle, hatte aber ein eigenes Arrangement horizontaler Streben und besaß auf einer Seite eine karierte Einlage. Zwei dünne

Technische Daten

Motor: V8, hängende Ventile, 6392 ccm (102,9 × 96,0) **1966** 335 SAE-PS **1967** 320 SAE-PS

Getriebe: 3-Gang-Schaltgetriebe; auf Wunsch 4-Gang-Schaltgetriebe oder SportShift Merc-O-Matic-Dreigangautomatik

Fahrwerk, vorn: Doppelquerlenker mit Federbeinen, Querstabilisator

Fahrwerk, hinten: Starrachse, Blattfedern

Bremsen: vorn/hinten Trommelbremsen; Scheibenbremsen vorn **1966** auf Wunsch **1967** serienmäßig

Radstand (mm): 2946

Gewicht (kg): 1396–1632

Höchstgeschwindigkeit (km/h): 198

Beschleunigung 0–96 km/h (s): 6,6

Produktionszahlen: **1966 GT Hardtop Cpé** 13 812 **GT Conv.** 2158 **1967 GT Hardtop Cpé** 3419 **GT Conv.** 378

Anmerkung: Einige Cyclone GT wurden evtl. mit 410/425 SAE-PS starken 427 ci-V8 (6999 ccm) ausgerüstet.

Der 66er Cyclone präsentierte sich mit einer glatteren Optik; der 67er (beide Seiten) wurde, bis auf ein paar Details wie z. B. die jetzt vertikalen Rückleuchten, nur wenig verändert. Ein 390 ci-V8 war in beiden Modelljahren serienmäßige (und auch einzige) Antriebseinheit; obwohl sich die Verkaufszahlen 1966 mit fast 16 000 Einheiten recht gut anließen, fielen sie 1967 auf unter 4000 zurück.

Farbzierstreifen betonten auf ganzer Fahrzeuglänge die Gürtellinie. Es war nicht leicht zu erkennen, aber die Motorhaube des GT bestand aus Glasfiber.

Den GT-Modellen hatte man außerdem noch Motorchrom, 7.75×14-Weißwandbereifung auf stabileren 5.5-Zoll-Felgen, eine 3,25 : 1-Achsübersetzung und Konsolenmittelschaltung spendiert. Ein dicker Querstabilisator vorn unterstützte das verstärkte Fahrwerk. Die Einzelsitze waren mit plissiertem Vinyl bezogen, das einfarbig oder in Zweifarbtönen erhältlich war. Das Cockpit bestimmten ein sportliches Zweispeichenlenkrad, zahlreiche Instrumente und ein mattschwarzes Armaturenbrett.

Das serienmäßige Dreigang-Schaltgetriebe konnte durch ein Vierganggetriebe oder eine SportShift-Merc-O-Matic ersetzt werden. Die SportShift-Einrichtung erlaubte die manuelle Kontrolle über drei Gangstufen (1, 2 und 3) und eine Fahrstufe („D").

Seitdem der Meteor 1963 aus dem Programm genommen worden war, besaß Mercury kein Modell mehr in der Mittelklasse, weshalb die vergrößerten Comets natürlich auf verstärktes Kaufinteresse stießen. Die GTs verkauften sich erheblich besser als die normalen Cyclone (im Verhältnis 2 : 1) und fanden 15 970 Käufer. Die preisgünstigeren Comets erreichten bedeutend höhere Absatzzahlen, angeführt von der Low-Budget-Serie 202 mit 64 000 Einheiten.

Die 67er-Modelle erfuhren nur kleine kosmetische Änderungen in Form eines einteiligen, horizontalverstrebten Kühlergrills mit einem Emblem in der Mitte sowie überarbeiteter Schlußleuchten und einer neu gestalteten Heckdekoration. Eine Modifizierung des 390-V8 reduzierte seine Leistung auf 320 PS; der serienmäßig verbaute 289er blieb bei seinen 200 PS.

Der Cyclone GT war wiederum an seinen Rallyestreifen zwischen den Radausschnitten und einem schwarz unterlegten Kühlergrill zu erkennen. Sonst änderte sich gegenüber dem Vorjahr nicht viel; mit von der Partie waren diesmal eine Motorhaube mit zwei Lufthutzen, verchromte Motorteile, Wide-Oval-Weißwandreifen, ein härteres Fahrwerk und vordere Scheibenbremsen.

1967 benutzte Mercury den Namen „Comet" nur noch für die Limousinen der 202-Basisserie. Aber dieses Jahr war kein guter Nährboden für die Abkömmlinge der Comet-Serie – nicht einmal für den Cyclone. Der Absatz an GTs ging rapide zurück, und das Jahr endete mit 3797 verkauften Exemplaren, von denen nur 378 Convertibles waren. Die normalen Cyclone-Modelle verkauften sich sogar noch schlechter.

Nach einem guten Start schien die leistungsorientierte Mercury-Mittelklasse ins Straucheln gekommen zu sein, ohne dem Blutsverwandten Fairlane das Wasser reichen zu können. Der Einsatz als „Pace Car" bei der Indy „500" im Jahr 1966 (mit Benson Ford am Steuer) und die Auszeichnung durch *Super Stock* als „performance car of the year", konnten den Absatz nicht ankurbeln. Eigentlich hätten die Verantwortlichen bei Mercury enttäuscht sein müssen, aber sie gaben noch nicht auf, wie die nächste Generation an „Midsize muscle" beweisen sollte.

1967-68 Mercury Cougar

Heute ist der Mercury Cougar die Alternative zum Thunderbird, aber damals begann er seine Karriere als größere Ausgabe des Ford Mustang. Er wurde konzipiert als Konkurrenzprodukt zu Fahrzeugen wie dem Pontiac Firebird und offerierte bereits im Standardtrimm einen V8 sowie diverse andere Ausstattungsdetails, die der Kunde im Mustang nicht vorfand – und das für nur einige hundert Dollar mehr. Wenn man bedenkt, daß der Mustang einen großen Teil des „ponycar“-Terrains bereits abgegrast hatte und die Lincoln-Mercury-Division über ein kleineres Händlernetz verfügte, dann war der Cougar ein grandioser Erfolg. Im ersten Jahr verkauften sich über 150 000 Exemplare und über 110 000 waren es im zweiten Jahr. Er entsprach mit seinen Sportsitzen und der Mittelkonsole weitgehend dem typischen „ponycar“-Image.

Die originalen Cougars waren wirklich schöne Fahrzeuge, die sehr durch ihren „Remington shaver“-Kühlergrill und ihre „versteckten“ Scheinwerfer auffielen. Bereits die ersten Modelle waren mit sequentiellen Blinkgebern ausgerüstet. Die 68er mußten sich nur geringen Modifikationen unterziehen, erkennbar z. B. an den ab 1968 gesetzlich vorgeschriebenen, seitlichen Reflektoren. Der Cougar war das i-Tüpfelchen auf dem neuen (alten) Image, das sich 1967 sowohl leistungs- als auch luxusorientiert präsentierte. Ende der Sechziger war Mercury endlich wieder bei dem „hot-car image“ angelangt, das die Fahrzeuge der späten vierziger, frühen fünfziger Jahre bekannt gemacht hatte.

Der Cougar wurde 1967 in drei Modellvarianten angeboten: Basismodell, GT und XR7. Der GT war im Prinzip eine reine Performance-Ausstattung, die einen großen 390 ci-V8 (6392 ccm), Wide-Oval-Weißwandreifen, eine staudruckoptimierte Auspuffanlage, servounterstützte vordere Scheibenbremsen, speziellen Zierat und ein härteres Fahrwerk umfaßte; ein Sperrdifferential konnte ebenfalls geordert werden.

Technische Daten

Motor: V8, hängende Ventile; 4737 ccm (101,6 × 72,9), 195–225 SAE-PS, 4950 ccm (101,6 × 76,2), 210–240 SAE-PS, 6392 ccm (102,9 × 96,0), 265–325 SAE-PS, 6999 ccm (107,4 × 96,0), 390 SAE-PS, 7015 ccm (104,9 × 101,1), 335 SAE-PS

Getriebe:	3-/4-Gang-Schaltgetriebe; auf Wunsch SelectShift-Merc-O-Matic-Dreigangautomatik
Fahrwerk, vorn:	obere und untere Dreiecksquerlenker, Schraubenfedern
Fahrwerk, hinten:	Starrachse, Blattfedern
Bremsen:	vorn/hinten Trommelbremsen; auf Wunsch vorn Scheibenbremsen
Radstand (mm):	2819
Gewicht (kg):	1357–1441
Höchstgeschwindigkeit (km/h):	o. A.
Beschleunigung 0–96 km/h (s):	o. A.

Produktionszahlen: **1967 Cpé** 116 260 **GT** 7412 **XR7** 27 221 **1968 Cpé** 81 014 **XR7** 32 712

Konzipiert als „besserer“ Mustang, debütierte der Cougar 1967 (oben) und erhielt gleich überschwenglichste Kritiken. Wie der Mustang, bot der Cougar dem Kunden eine herzerfrischende Auswahl an Zubehöroptionen, zu denen auch solch unübliche (und zum Glück seltene) Dinge wie dieses „Paisley“-Vinyldach (ganz oben) gehörten. Für 1968 änderte sich wenig; am augenscheinlichsten waren die jetzt gesetzlich vorgeschriebenen „side-marker lights“. Topmodell war wieder der XR7 (diese Seite, rechts); der GT mutierte zu einem Zubehör-Paket, ergänzt durch einen GT—E (linke Seite und diese Seite, Mitte) mit 427 ci-V8 und Automatikgetriebe.

Der beste unter den 67ern war der XR7, der mit Lederinterieur und umfangreicher Instrumentierung in einem mit Walnußimitat aufgewerteten Armaturenbrett ausgestattet war. Serienmäßig verfügte der XR7 über ein Viergang-Schaltgetriebe, das für die Standardmodelle gegen Aufpreis geliefert werden konnte. Alle Modelle ließen sich außerdem mit SelectShift-Merc-O-Matic ausrüsten; eine 225 PS-Version des serienmäßig verbauten 289-V8 (4737 ccm) stand den Kunden ebenfalls zur Verfügung (die 271 PS-Variante, die im Mustang angeboten wurde, allerdings nicht). Verglichen mit Basis-Mustangs wiesen die Cougar zwar eine bessere Grundausstattung auf, mußten sich aber beim Zubehör etwas einschränken. Hauptpunkte in der Optionenliste waren: Klimaanlage, servounterstützte Bremsen, Servolenkung, elektrische Fensterheber, elektrisch verstellbare Sitze, Zweifarbenlackierung und ein Vinyldach.

1968 listete man den GT bereits nicht mehr als separates Modell auf, bot aber das GT-Paket zusammen mit dem 390-V8 weiterhin an. Darüber rangierte der neue GT-E, der über noch mehr Leistung verfügte: 390 PS aus 427 ci (6999 ccm). Serienmäßig kombiniert mit einem Automatikgetriebe, gehörten zur weiteren Ausstattung eine Motorhaube mit zwei Lufthutzen, sportliche Stahlfelgen, eine Doppel-Auspuffanlage mit vier Endrohren, ein neuer Kühlergrill und neue Rückleuchten, eine silbergraue Lackierung der unteren Karosseriepartie, eine härtere Federung sowie Radial-Breitreifen. Mitte des Jahres erweiterte Mercury die Motorenpalette um einen Cobra-Jet-428 ci-V8 (7015 ccm) mit 335 SAE-PS und einen stärkeren 302 ci mit nun 240 SAE-PS.

1967 wurde ein Rennteam aus bekannten Fahrergrößen zusammengestellt (Dan Gurney, Parnelli Jones, Peter Revson, Ed Leslie) und unter der Leitung von Tuning-Spezialist Bud Moore auf die Pisten geschickt. Parallel dazu kündigte Mercury ein „Group Two“-Paket an, das einen 289-V8 mit mechanischen Stößeln und zwei Vierfachvergasern sowie ein härteres Fahrwerk und direkter übersetzte Lenkung umfaßte. Aber da Hubraum bekanntlich durch nichts zu ersetzen ist, wurden die Cougars von den 302er Camaros und den leichteren Mustangs in die Schranken verwiesen. Nach dieser einen Saison gab Mercury sein Trans-Am-Engagement auf, ging aber weiterhin bei den NASCAR-Grand-Touring-Rennen für sportliche Compacts, die meistens auf Renn-Ovalen ausgetragen wurden, an den Start. 1968 gewann Tiny Lund den Titel auf einem ex-Trans-Am-Wagen von Bud Moore.

1968-69
Mercury Cyclone GT

Wieder einmal folgte Mercury den Trampelpfaden der Ford-Kollegen und rettete den Cyclone, indem man ihn in ein Torino-ähnliches Gefährt umwandelte. Erfolgreich, wie sich zeigte, denn die Absatzzahlen verdoppelten sich. Da das Verkaufsergebnis von 1967 aber so niedrig gewesen war, gab das Doppelte auch nicht gerade Anlaß zur Euphorie.

Die größte Beachtung erheischte das schnittige, lange Fastback-Profil, das sich vom Dach bis hinunter zum Heck in einer durchgehenden Linie präsentierte. An der GT-Version erstreckten sich Seitenstreifen von den Scheinwerfern über den eleganten Hüftschwung bis hin zu den Rückleuchten und verliehen dem Wagen somit eine ewig lange Silhouette. Ein weiterer Zierstreifen verlief zwischen den Radausschnitten und unterstrich so die reizvolle Linienführung.

Das normale Stufenheck-Hardtop – angeboten ebenfalls in Basis- und GT-Trimm – trat nicht ganz so auffällig in Erscheinung, hinterließ aber dennoch einen positiven Eindruck. Offenbar nicht positiv genug, denn es sollte Ende 1968 ganz von der Bildfläche verschwinden. Beide Versionen wirkten in ihren Dimensionen vergrößert, obwohl sich nichts an dem Radstand von 2,95 m geändert hatte. Das Stufenheck-Coupé war aber tatsächlich gewachsen, es maß 76 mm länger als das Fastback. Beide Modelle gingen mit einem Einstandspreis von $ 2936 ins Rennen, der damit um einige hundert Dollar unter dem Preis des 67er GT Hardtop lag.

Serienmäßig wurden Basis-Cyclone und Cyclone GT von einem 302 ci-V8 (4950 ccm) mit 210 PS angetrieben, angeflanscht an ein Dreigang-Schaltgetriebe. Diese Maschine ließ sich in einer etwas potenteren Version mit 230 PS ordern oder gar durch einen Marauder-390 ersetzen, der mit Vierfachvergaser und 10,5 : 1-Verdichtung kräftige 325 PS, mit Zweifachvergaser und 9,5 : 1-Verdichtung dagegen nur magere 265 PS lieferte. Jeder dieser Treibsätze war wahlweise mit einer SelectShift-Merc-O-Matic oder einem Vierganggetriebe erhältlich.

Topmodell bei den Motorvarianten war der 427-V8, allerdings auf gemäßigte, aber dennoch „brauchbare“ 390 PS abgespeckt. Ebenfalls im Cougar GT-E erhältlich, wurde der 427 nur mit Merc-O-Matic und verbessertem Kühlsystem angeboten. Mit fortschreitendem Modelljahr kündigte Mercury an, den 427 als Cyclone-Option zu streichen. Das war nicht weiter schlimm, denn die Möglichkeit, statt dessen einen Cobra-Jet-428 mit 335 PS zu fahren, klang auch nicht übel.

Die für 1968 überarbeiteten Cyclone GT wurden in das Jahr 1969 (unten) ohne große Änderungen übernommen; der GT mutierte zu einem Optionspaket, wurde aber durch den CJ als „Performance Model“ ersetzt. Zusätzlich wurde 1969 ein NASCAR-inspirierter Cyclone Spoiler in zwei Ausführungen angeboten: ein weiß-blauer „Dan Gurney Special“ (oben) und ein weiß-roter „Cale Yarborough Special“ (rechts).

Für mehr Komfort hatte man die Sportsitze des GT mit atmungsfähigem „Comfort Weave“-Vinyl bezogen; für mehr Sportlichkeit waren Federn und Stoßdämpfer verstärkt sowie vorn ein dickerer Querstabilisator eingebaut worden. Die sportliche Optik wurde durch „Turbine-style“-Radblenden und einen schwarzen Kühlergrill mit drei einfachen horizontalen Streben verstärkt.

Wollte man nicht nur sportlich aussehen, sondern auch entsprechend fahren, ließ sich für ein paar Dollar ein Drehzahlmesser installieren. Weitere Optionen waren: AM-Radio mit Stereo-Sonic-Cassetteil und eine „Whisper Aire“-Klimaanlage. Sportstahlfelgen schlugen mit $ 96 zu Buche, was vielleicht als Grund dafür gewertet werden kann, daß die Speichen-Radzierblenden alsbald von der Optionenliste gestrichen wurden.

1969 strukturierte Mercury das Modellangebot um und bot den GT nur noch als Ausstattungspaket an, während der Fastback in Basisausführung und als CJ erhältlich war.

Sehr stark angelehnt an den leistungsstarken Ford Cobra, war der CJ allerdings um 5 cm länger. Besonderes Kennzeichen war eine schwarz unterlegte Version des neuen Cyclone-Kühlergrills mit hervorstehendem Mittelteil und einer horizontalen Strebe. Aber das Beste am CJ versteckte sich hinter diesem Grill in Form eines 428 ci-V8 mit 335 PS, stark genug um einen CJ *sehr* schnell zu bewegen. Eine Ram-Air-Induction für $ 138,60 ermöglichte es dem Vierfachvergaser durch eine Lufthutze auf der Motorhaube, die jetzt durch zwei Renn-Verschlüsse gesichert wurde, genügend Frischluft zu tanken. Ein Viergang-Schaltgetriebe wurde serienmäßig, eine SelectShift-Automatik gegen Aufpreis geliefert. Ebenfalls zuzahlen mußte der Kunde für die Anschaffung von Drehzahlmesser und Einzelsitzen.

Hinter all dem sportlichen Gebaren innen und außen blieb natürlich die Frage nach den Fahrleistungen. Und die konnte *Car and Driver* definitiv mit 5,5 s von 0 auf 60 mph (96 km/h) und 13,9 s für die Viertelmeile beantworten. Für 1969 waren das überragende Werte.

Das sollte aber nicht heißen, daß der Vorgänger ein lahmer Vogel gewesen war. Ein Jahr zuvor setzte *Motor Trend* mit einem Cyclone und Automatikgetriebe die Marke auf 6,1 s für den 60-mph-Spurt und auf ebenfalls 13,9 s für die Viertelmeile.

Die Cyclone schlugen sich aber nicht nur wacker auf den Drag-Strips, sondern auch auf den NASCAR-Ovalen: 1968 gewann Cale Yarborough die Daytona 500 mit einem Schnitt von 230,49 km/h. Aber Mercury konnte sich mit dem Cyclone trotz aller Anstrengungen nicht beim kaufenden Publikum durchsetzen. 1970 sollte der Absatz steigen, aber 1971 dafür um so stärker zurückgehen. Das war dann auch das letzte Jahr für dieses hervorragende, aber wenig beachtete Beispiel an „American muscle“.

Der seltenste aller Cyclone ist der Spoiler II, der Erwähnung finden soll, bevor wir die Cyclone-Geschichte ad acta legen. Nur 519 Stück wurden für die NASCAR-Homologation gebaut; sie hatten, genau wie die Talladegas von Ford, aus aerodynamischen Gründen abgeflachte Frontpartien.

Technische Daten

Motor: V8, hängende Ventile; **1968 GT** 4950 ccm (101,6 × 76,2), 210/230 SAE-PS, 6392 ccm (102,9 × 96,0), 265/325 SAE-PS, 6999 ccm (107,4 × 96,0), 390 SAE-PS, 7015 ccm (104,9 × 101,1), 335 SAE-PS **1969 Cyclone** 4950 ccm, 220 SAE-PS, 5753 ccm (101,6 × 88,9), 250/290 SAE-PS, 6392 ccm, 320 SAE-PS, 7015 ccm, 335 SAE-PS **1969 CJ** 7015 ccm, 335 SAE-PS

Getriebe:	3-Gang-Schaltgetriebe; auf Wunsch 4-Gang-Schaltgetriebe oder SelectShift-Merc-O-Matic-Dreigangautomatik
Fahrwerk, vorn:	Doppelquerlenker mit Federbeinen, Querstabilisator
Fahrwerk, hinten:	Starrachse, Blattfedern
Bremsen:	vorn/hinten Trommelbremsen; auf Wunsch vorn Scheibenbremsen
Radstand (mm):	2946
Gewicht (kg):	1486–1650
Höchstgeschwindigkeit (km/h):	**GT (V8-302)** 180 **CJ 428** 187
Beschleunigung 0–96 km/h (s):	**CJ 428** 5,5–6,1

Produktionszahlen: **1968 GT Fastback Hdtp Cpé** 6105 **GT Hdtp Cpé** 334 **1969 Fastback Hdtp Cpé** 5882 **CJ Fastback Hdtp Cpé** 3261

Anmerkung: 1969 wurden zusätzlich 519 Cyclone Spoiler Coupés für die NASCAR-Homologation gebaut.

1969
Mercury Cougar

Nach zwei Jahren Marktpräsenz und über einer Viertelmillion verkaufter Fahrzeuge betrat Mercurys luxuriöser „ponycar" die 1969er-Szene mit erweiterter Modellauswahl und umfangreichem Motorenangebot. Selbst die Beschleunigungsfanatiker kamen auf ihre Kosten, aber irgend etwas schien auf dem Wege dorthin verlorengegangen zu sein, was den Cougar von normalen „ponycars" unterschieden hatte. Vielleicht war das auch der Grund dafür, warum das Kaufinteresse ebenfalls schwand.

Die große Neuigkeit für das neue Modelljahr war die Präsentation eines Cougar Convertible, der wie das Hardtop in Basis- und XR7-Trimm angeboten wurde.

Das Styling war komplett überarbeitet worden und immer noch typisch Cougar, hatte aber stark an Eigenständigkeit verloren. Besonders die Buick-ähnlich gebogene Seitenfalz und der jetzt durchgängige Kühlergrill mit seinen horizontalen Streben, der den Charme des „Rasierapparat-Grills" gänzlich verloren hatte, gaben dem Wagen eine gewisse „Allerweltsoptik".

Bei gleichem Radstand waren die Gesamtlänge um 89 mm auf 4,92 m und die Breite um 76 mm auf 1,88 m angewachsen; die Fahrzeughöhe hatte sich um knappe 13 mm auf 1,30 m verringert. Diese Änderungen hingen natürlich mit dem neuen 69er-Mustang zusammen, der in seinen Karosserie/Chassis-Abmessungen ebenfalls zugelegt hatte. Die Cougar-Preise stiegen dagegen erfreulicherweise nur um ca. $ 100. Das XR7 Convertible stand mit seinem Einstandspreis von $ 3500 an der Spitze der Preistabelle, konnte aber durch einen satten Griff in die Zubehörkiste leicht die $ 5000-Marke übersteigen.

Wie schon im Vorjahr, änderte sich auch 1969 die Motorenauswahl im Laufe des Jahres. Im Gegensatz zum Mustang ließ sich der Cougar keine Sechszylinder unter die Haube setzen, sondern bot dem Kunden gleich einen Small-Block-V8 als Grundmotorisierung an. Für 1969 zog man den emissionsgerechteren 351 ci in Betracht, der als im Hub erhöhte Version des 289ers mit serienmäßigem Zweifachvergaser 250, mit optionalem Vierfachvergaser 290 SAE-PS leistete. Die nächste Stufe markierte der Big-Block-390, der seine 67er-Leistung von 320 PS beibehielt. An der Spitze stand der neue 428-Big-Block, der, „Cobra Jet" genannt, den emissionsbeladenen 427 ci des Vorjahres ersetzte und mit oder ohne Ram-Air-Induction erhältlich war. Beide Versionen entwickelten „zurückhaltende" 335 PS; das war sicherlich als Zugeständnis an die strengeren Bestimmungen der Versicherungsgesellschaften zu werten, man kann aber davon ausgehen, daß die Ram-Air-Version deutlich mehr leistete. Wählte der Kunde die Ram-Air-Option, stattete Mercury die Motorhaube mit einer funktionalen Lufthutze und zwei Rennverschlüssen aus. Die 428er-Modelle bekamen einen Heavy-Duty-Kühler, ein härteres, spur-

Der Eliminator (beide Seiten) war die Cougar-Version des Mustang Mach 1 und war serienmäßig mit einem 290 PS starken 351 ci-V8 ausgerüstet. Als Top-Aggregat für das Modelljahr 1969 stand den Kunden ein 428 ci mit 335 PS zur Verfügung (oben).

stabileres Fahrwerk und E70-Bereifung. Die Kraftübertragung wurde hauptsächlich von der Motorwahl bestimmt; der CJ beispielsweise konnte nur mit Viergang-Schaltgetriebe oder Heavy-Duty-SelectShift-Automatik geordert werden.

Als neues Ausstattungspaket war der neue Eliminator anzusehen, der serienmäßig mit einem 290 PS starken 351 ci-V8 ausgerüstet war und als Konkurrenz zum 69er Mustang Mach 1 auf den Markt kam. Inspiriert durch den Cougar-„funny car" von „Dyno" Don Nicholson, bildete der Eliminator zwar eine eigene Modellgruppe, brachte aber nicht die Qualitäten des um einiges teureren GT-E mit, den er ja ersetzen sollte. Entschied sich der Kunde für einen, so mußte er ein Basis-Hardtop mit dem $ 130 teuren „Eliminator Equipment Package" ordern. Er erhielt dafür Sportsitze mit hohen Rückenlehnen, spezielle Instrumentierung, Front- und Heckspoiler, Sport-Stahlfelgen, einen Kühlergrill in schwarzem Finish, Haubenhutze, „Performance"-Hinterachsübersetzung und Seitenzierstreifen. Weiter ging es mit einer $ 70 teuren „Eliminator Decor Group", bestehend aus schwarzen Schwellerzierleisten, „Rim-Blow"-Lenkrad, speziellen Türinnenverkleidungen, Armlehne für die Rücksitzbank, in die Türen integrierter Innenraumbeleuchtung und gepolsterter Zierleisten für die Innenausstattung. Wollte man noch mehr, so konnte man zusätzlich über das gesamte Cougar-Zubehörprogramm verfügen. Das klingt zwar alles etwas kompliziert, war aber in den Sechzigern eine durchaus übliche Verfahrensweise.

Auf dem PS-Sektor bot Mercury Mitte des Jahres einen weiteren Leckerbissen an: Einen drehfreudigen 302-Small-Block, der im „street"-Trimm mit einem Vierfachvergaser und renngetrimmt mit zwei Vierfachvergasern zu haben war. Letztere Variante war keine geringere als die Trans-Am-Maschine, die auch im Boss 302 Renn-Mustang ihren Dienst tat (die Cougars trugen ebenfalls den „Boss"-Namen). Beide Aggregate wurden mit der gleichen nominellen Leistung von 290 PS angegeben, was bei den Versicherern keine Panikstimmung auslösen sollte, aber mit Sicherheit untertrieben war. Im Spätjahr erweiterte man dann das Angebot um eine für die Straße gezähmte Version von Fords NASCAR-429-Big-Block, die mit 370 PS angegeben war, aber höchst selten, wenn überhaupt verbaut wurde.

Die Zeiten wurden für den Cougar allgemein schlechter, und 1969 ging die Produktion um 10 000 Einheiten auf etwas über 100 000 zurück. Die wenig geänderten 70er-Modelle sollten sich nur 72 000 mal verkaufen – knapp die Hälfte der 67er-Erstserie. Der Grund dafür, zumindest aus heutiger Sicht betrachtet, war klar: „Performance" wurde nun in allen Fahrzeugkategorien angeboten, und am ehesten spürten das die „ponycars", für die die Nachfrage rapide abnahm.

Führt man sich vor Augen, welche Laufbahn die Cougars in den 70er Jahren einschlugen – als Luxusmobile im Stile eines Ford Thunderbird –, dann hinterlassen die 69er-Modelle einen sehr attraktiven Eindruck. *Motor Trend* stoppte einen 351 ci-XR7 mit 8,1 s (0–60 mph) und 15,8 s (Viertelmeile bei 138,4 km/h); *Road Test* schaffte es, einen Boss 302 Eliminator, trotz seines mangelnden Drehmomentes im oberen Drehzahlbereich, in 14,84 s über die Viertelmeile zu jagen (bei 154,72 km/h).

Die 69er Cougars waren zwar nicht die besten dieser Baureihe, aber doch zumindest richtige „ponycars" in der Tradition der Originale von 1967–68. Und das ist es was zählt.

Technische Daten

Motor:	V8, hängende Ventile; 4950 ccm (101,6 × 76,2), 290 SAE-PS, 5753 ccm (101,6 × 88,9), 250/290 SAE-PS, 6392 ccm (102,9 × 96,0), 320 SAE-PS, 7015 ccm (104,9 × 101,1), 335 SAE-PS
Getriebe:	3-/4-Gang-Schaltgetriebe, Dreigangautomatik
Fahrwerk, vorn:	obere und untere Dreiecksquerlenker, Schraubenfedern, Querstabilisator
Fahrwerk, hinten:	Starrachse, Halbelliptik-Blattfedern
Bremsen:	vorn/hinten Trommelbremsen; auf Wunsch vorn Scheibenbremsen
Radstand (mm):	2819
Gewicht (kg):	1461–1518
Höchstgeschwindigkeit (km/h):	185–193
Beschleunigung 0–96 km/h (s):	7,6–9,0
Produktionszahlen:	**Hardtop Cpé** 66 331 **Conv.** 5796 **XR7 Hdtp Cpé** 23 918 **XR7 Conv.** 4024

Heute sind XR7 und die Performance-Modelle die meistgesuchten Modelle überhaupt, während Ende der Sechziger die meisten Cougars als Basismodelle verkauft wurden (unten). Größte Neuigkeit im 1969er Cougar-Lineup war das Convertible, das in Basisausstattung und kleidsamerem XR7-Trimm (rechte Seite) zu haben war; leider verkaufte sich diese XR7-Version nur 4024 mal.

BFGoodrich

CALIFORNIA
273 EZC

1969
Mercury Marauder

Längst hatte eine Kehrtwende den Absatz an großen, leistungsstarken Straßenkreuzern immer weiter absinken lassen, aber vielleicht war es die Tradition, die die „Großen" bis Ende der Sechziger am Leben erhielt. Mercury konnte 1967 seine Position in diesem begrenzten Marktsegment noch durch den S-55 verteidigen, aber viele glaubten bereits, daß dies das letzte Aufbäumen der großen, „sportlichen" Mercurys sein würde. Allen Unkenrufen zum Trotz kam Mercury zwei Jahre später mit einem neuen „Big M" auf den Markt, getauft auf den altehrwürdigen Namen „Marauder".

Leider kam er zur völlig falschen Zeit. Der „Performance"-Sektor war schon lange von der Mittelklasse in Beschlag genommen worden und die explodierenden Versicherungsbeiträge sowie die sich verschärfenden gesetzlichen Bestimmungen drohten alle leistungsorientierten Fahrzeuge, unabhängig von ihrer Größe, vom Markt zu fegen. Der wiederbelebte Marauder war also von vornherein zum Scheitern verurteilt.

Als Automobil konnte er jedoch überzeugen. Im Grunde war er eine „mercuryisierte" Version des neuen 69er Ford XL. Er übernahm dessen Radstand, der nun 76 mm kürzer war als der vergleichbarer großer Mercurys. Lincoln-Mercury lud sich nicht (wie Ford) die Bürde eines Convertibles auf, sondern begnügte sich mit einem Hardtop Coupé in Basis- und X100-Trimm. Der Marauder präsentierte sich mit klappbaren Scheinwerfern und einer „power dome"-Motorhauben/Kühlergrill-Kombination sowie einer „flying buttress"-Dach/Heck-Partie (durch die steiler angestellte und tiefer sitzende Heckscheibe sahen die C-Säulen wie „freischwebende Stützpfeiler" aus). Der X100 wurde zudem noch mit Sportfelgen und Fender-Skirts angeboten (beides beim Basismodell auf Wunsch erhältlich) sowie einer mattschwarzen „sports tone"-Lackierung, die von der Heckscheibe bis zur Stoßstange reichte; auf besonderen Wunsch oder bei Bestellung eines Vinyldaches wurde sie aber weggelassen.

Der Marauder wurde angepriesen als ein Fahrzeug mit „the prowling instincts of Cougar, the elegance of Continental". Mit einer Breite von 2,02 m und einem Gewicht fast zwei Tonnen stand er absolut nicht in der „ponycar"-Tradition, wohl aber in den luxuriösen Fußstapfen eines Lincoln. Bereits Marauder in der Grundausstattung zeichneten sich durch dicke Teppiche, Walnuß-Wurzelmaserimitat und Stoff/Vinylbezüge in der Qualität eines Sofas aus – übrigens genau die richtige Bezeichnung für die vordere Sitzbank. Die Innenausstattung des X100 umfaßte außerdem noch zusätzliches Holzimitat, ein „Rim-Blow"-Lenkrad sowie drei Kombinationsmöglichkeiten von Sitzen und Bezugsmaterialien: Leder/Vinyl-Sitzbank mit zentraler Doppelarmlehne; geteilte „Twin Comfort"-Sitzbank mit zurückklappbarer rechter Rückenlehne; und ein komplettes Vinyl- oder optionales Lederinterieur mit Einzelsitzen und einer Mittelkonsole, die mit einem ausgesprochen merkwürdigen hufeisenförmigen Schalthebel ausgestattet war.

Serienmäßig war der Marauder mit einer Dreigangschaltung ausgerüstet, wovon aber die wenigsten Kunden Gebrauch machten; die meisten Marauder wurden mit SelectShift-Automatik geliefert. Die Motorenauswahl gestaltete sich mit vier V8-Aggregaten schon umfangreicher. Der X100 wurde angetrieben von der neuesten Errungenschaft aus Dearborn, dem 429 ci (7031 ccm) in einer Vierfachvergaser-Version mit 10,5 : 1-Verdichtung und „bescheidenen" 360 PS bei einem Drehmoment von 641,2 Nm. Dieser Motor ließ sich auch auf Wunsch in einen Basis-Marauder einbauen, der serienmäßig mit der Zweifachvergaser-Variante des 390 ci (6392 ccm) ausgestattet war und bei einer Verdichtung von 9,5 : 1 265 PS leistete. Ferner gab es noch zwei Optionen für das Basismodell, beide beatmet durch Zweifachvergaser: einen hochverdichteten „390P" mit 280 sowie einen 429er mit 320 PS.

Die Leistungsfähigkeit hing natürlich von der Motorisierung ab, und obwohl der X100 an der Hinterachse relativ lang übersetzt war (2,80 : 1), konnten gute Beschleunigungswerte erreicht werden: 0 auf 96 km/h in gut 8 Sekunden und die Viertelmeile in unter 16 Sekunden (bei 138–141 km/h); die Höchstgeschwindigkeit lag bei über 200 km/h. Die Verbrauchswerte ließen dagegen zu wünschen übrig – *Motor Trend* ermittelte 21,8 l/100 km –, was den 90-Liter-Tank mehr zur absoluten Notwendigkeit als zum reinen Luxus machte. Serienmäßig waren alle Modelle mit „Autolite"-Stoßdämpfern und X100-Modelle außerdem mit kunstfaserverstärkten Breitreifen ausgestattet. Sportlich ambitionierte Fahrer entschieden sich für das preiswerte „Competition"-Fahrwerk ($ 31), das laut *Car and Driver* ein sehr sicheres Fahrverhalten ermöglichte. Trotzdem machten sich, unabhängig vom Fahrwerkstuning, Untersteuern und Seitenneigung bemerkbar; das Fahrverhalten war typisch Mercury, dank eines neuen Kastenrahmens, der mit vier Querholmen verstärkt war.

Fahrleistungen, Fahrverhalten, ein reichliches Platzangebot für die Frontpassagiere (und ein akzeptables für die Fondinsassen) und ein riesiger Kofferraum machten den Marauder zum perfekten, kilometerfressenden Überlandfahrzeug – Qualitäten, die leider auch auf andere Mercury-Modelle zutrafen. Ein weiteres Problem ergab sich durch die Preisgestaltung; obwohl die Einstandspreise mit $ 3368 für den Basis-Marauder und $ 4091 für den X100 relativ niedrig waren, konnten die Preise, entschied man sich für Klimaanlage und andere beliebte Zubehördinge, leicht über die $ 5000-Marke schnellen – und das waren nur $ 1000 weniger als für einen Ford Thunderbird, Buick Riviera oder Olds Toronado gezahlt werden mußte. Pontiac hatte zudem noch einen etwas kleineren, schmuckeren Grand Prix im Programm, der bereits ab $ 3900 zu haben war. Zu teuer im Preis, verlor der Marauder das Rennen: Nur 15 000 Marauder – nicht einmal drei Prozent des Mercury-Produktionsvolumens – standen erklecklichen 112 000 Grand Prix gegenüber.

1970 ging der Marauder, kaum verändert, erneut ins Rennen und verkaufte sich sogar noch schlechter (6043 Stück im ganzen, wovon nur 2646 X100 waren). „Big sporty cars" hatten nun vollends ihr Pulver bei Mercury und anderen Herstellern verschossen; der Marauder sollte die Verkaufsbühne nicht mehr betreten – und wurde auch nicht weiter vermißt.

Der Marauder X100 (unten) war schöner ausgestattet und fiel durch seine mattschwarze Heckpartie auf, die aber bei Bestellung eines Vinyldaches in Wagenfarbe lackiert wurde (rechte Seite). Der X100 wurde serienmäßig von einem 360 PS starken 429 ci-V8 angetrieben, der für das Basismodell gegen Aufpreis lieferbar war.

Technische Daten

Motor: V8, hängende Ventile; 6392 ccm (102,9 × 96,0), 265/280 SAE-PS, 7031 ccm (110,7 × 91,2), 320/360 SAE-PS

Getriebe:	3-Gang-Schaltgetriebe, SelectShift-Dreigangautomatik
Fahrwerk, vorn:	obere und untere Dreiecksquerlenker, Schraubenfedern, Querstabilisator
Fahrwerk, hinten:	Starrachse, Schraubenfedern
Bremsen:	vorn/hinten Trommelbremsen; auf Wunsch vorn Scheibenbremsen
Radstand (mm):	3073
Gewicht (kg):	1836–1907
Höchstgeschwindigkeit (km/h):	201
Beschleunigung 0–96 km/h (s):	8,0
Produktionszahlen:	**Hardtop Cpé** 9031
X100 Hdtp Cpé 5635	

Technische Daten

Motor:	V8, hängende Ventile, 7458 ccm (104,9 × 108,0), 380/390 SAE-PS
Getriebe:	Turbo-Hydra-Matic-Dreigangautomatik (Hurst-Dual-Gate-Shifter)
Fahrwerk, vorn:	obere und untere Dreiecksquerlenker, Schraubenfedern, Querstabilisator
Fahrwerk, hinten:	Starrachse, Schraubenfedern, Stabilisator
Bremsen:	vorn Scheiben- / hinten Trommelbremsen
Radstand (mm):	2845
Gewicht (kg):	1757–1764
Höchstgeschwindigkeit (km/h):	212
Beschleunigung 0–96 km/h (s):	5,9–6,7
Produktionszahlen:	**1968** 515 **1969** 914

ersten Exemplare noch als 68er-Modelle auf die Straßen kamen. 515 Stück wurden produziert, und allesamt wurden von einem einzigen Mann, Paul Hatton, mit dem Pinstriping-Dekor versehen. Nur 56 davon waren B-Säulen-Coupés, alle anderen normale Hardtops. Kühlergrill und Heckblech waren schwarz gehalten. Hurst versprach mit seinem Muskelpaket „all die Vorzüge eines leistungsstarken Superautos, kombiniert mit einem Minimum an Geräuschentwicklung und einem superben Fahrverhalten".

Motor Trend machte sich einen Spaß und taufte Hurst/Olds – ohne die Sache allerdings allzu leicht zu nehmen – kurzerhand in „Hairy Olds" um (im Sinne von „schwierig zu beherrschen", A.d.Ü.). Dementsprechend beeindruckt waren die Tester auch von dem Ergebnis dieses Joint-Ventures, das es ihnen ermöglichte, die Viertelmeile unter 14 Sekunden mit über 156 km/h zu durchfliegen. Der Beschleunigungstrip auf 60 mph dauerte 6,65 s. *Hot Rod* brachte auf der Viertelmeile 13,9 s zustande (bei 165,7 km/h). Für *Car Craft* setzte sich Jack Watson höchstpersönlich in seine „Rakete" und durchschoß die Viertelmeile nach 12,97 s mit einer Geschwindigkeit von 174,05 km/h. Er pilotierte dabei den einzigen Hurst/Olds mit Viergang-Schaltgetriebe und Flammrohren von Hooker.

Nachteil des ganzen „slam 'em into the seat"-Potentials war die Tatsache, daß man als Besitzer eines Hurst/Olds Coupés zum gerngesehenen Gast bei Tankwarten wurde. Im Schnitt flossen 23,5 Liter auf 100 Kilometern durch den Vergaserschlund – vorausgesetzt man drückte nicht allzu heftig auf die Tube. Auf der anderen Seite standen sich normale V8-Maschinen, wenn es um den Verbrauch ging, auch nicht sehr viel besser.

„Snarls softly and carries a big stick." So beschrieb Hurst das 69er-Modell, das sich um einiges vom Vorgänger unterschied und längst nicht mehr so subtil auftrat. Jeder der neuen H-O war weiß lackiert und mit „Firefrost Gold striping" versehen. Die Motorhaube „zierten" nun zwei wuchtige Lufthutzen, die in *Hurst Heritage* zwar mit einer „rural mail box" verglichen wurden, aber die Luftzufuhr (die langen flexiblen Rohre entfielen) für den Vergaser erheblich verbesserten. Die Motorleistung fiel um 10 PS auf 380 SAE-PS zurück.

Auf dem Kofferraumdeckel thronte nun ein Cessna-mäßiger Heckflügel. Die Produktion stieg um fast das Doppelte auf 914 Exemplare an, die auf dem Armaturenbrett jeweils ein Schild mit dem eingravierten Namen des Besitzers trugen. Mit Ausnahme zweier Convertibles waren alle Modelle Holiday Hardtop Coupés. *Motor Trend* entlockte einem 69er-Modell etwas bessere Beschleunigungszeiten: 5,9 s auf 60 mph und 14,0 s für die Viertelmeile (bei 163,0 km/h). *Road Test* äußerte sich erfreut über die Verbrauchswerte, die mit 22,2 l/100 km „unerwartet günstig ausfielen, selbst bei heftigem Umgang mit dem Gaspedal".

Die Hurst/Olds Coupés erfüllten ihre Aufgabe zur vollsten Zufriedenheit: Die Verkaufsräume der Händler füllten sich. Zielgruppe waren die wohlhabenden, luxusorientierten Yuppies (die es schon lange vor dieser Wortschöpfung gab).

1968-69 Oldsmobile Toronado

So innovativ und stattlich die ersten Toronados auch gewesen sein mögen, so vergänglich war aber auch ihr Erfolg. Die Absatzzahlen fielen im zweiten Modelljahr drastisch ab, so daß Oldsmobile ein neues Styling in Erwägung zog — und natürlich auch ein paar mehr PS. Selbst die Besitzer großer Straßenkreuzer lieben es manchmal, „auf die Tube zu drücken" — und eine brachiale Kraftentfaltung zu spüren.

Trotz der Gemeinsamkeiten in der Linienführung und im Profil, stellte sich der neue Toro mit einer anderen Frontoptik vor. Der rechteckige engmaschige Kühlergrill wurde durch ein Mittelteil in zwei Teile geteilt und von einer markanten Chrom-Schnauze eingefaßt. Die Scheinwerfer hatte man wieder „versteckt", und sie kamen nur zum Vorschein, wenn das Licht eingeschaltet wurde; die Scheibenwischer verbargen sich unterhalb des Windlaufes der Motorhaube. Um die Kotflügelecken gebogene Blinkleuchten und feine Linierungen entlang der Gürtellinie komplettierten die Modifikationen an der Vorderpartie.

Leider muß man sagen, daß der neue Toro die klare, unprätentiöse Linienführung des Originals vermissen ließ. Das Vorderteil wirkte durch die Stoßstangen/Kühlergrill-Kombination „aufgebläht", und die sportlichen Lochfelgen hatte man gegen Räder mit einfachen Radblenden ausgetauscht.

Der größte Oldsmobile-V8 mit 7,5 Litern Hubraum (455 ci) tat jetzt seinen Dienst unter Toronado-Hauben und leistete dort 375 PS bzw. mit Force-Air-Induction 400 PS. Wählte man die Force-Air-Option, wurden schärfere Nockenwellen eingebaut und eine Doppelauspuffanlage installiert. In beiden Fällen entwickelte der 455er bereits aus dem Drehzahlkeller ein enormes Drehmoment und erreichte einen maximalen Wert von 681,3 Nm (667,9 Nm mit Force-Air). Die Leistungsfähigkeit bei niedrigen Drehzahlen nahm erheblich zu, während die Motorgeräusche vermindert werden konnten. Als Kraftübertragung diente eine Turbo-Hydra-Matic, die serienmäßig von der Lenksäule aus zu betätigen war oder aber durch einen in der Mittelkonsole integrierten Hebel angewählt werden konnte. Die Antriebsachse war mit 3,08 : 1 übersetzt und die Bereifung mit 8.85×15 reichlich dimensioniert.

Die Toros waren schneller als man erwartet hätte. *Car and Driver* stoppte einen Toronado in der 0—60 mph-Disziplin mit 7,7 s und nach der Viertelmeile mit 15,7 s (bei 144,5 km/h). Doch die Tester bemängelten sein unbefriedigendes Fahrverhalten in Kurven und warnten davor, daß der Toro nichts für „citizens with cardiac conditions" sei, und sie fügten hinzu: „[W]hen you're hurrying through corners, you'd better know what you're doing." Legte der Fahrer aber ein gemächlicheres Tempo vor, so wurde der Toronado zum absoluten Fahrerlebnis.

Der 68er Toronado (rechte Seite) behielt seine Karosserieform bei, bekam aber eine andere Kühlermaske und neue Rückleuchten. Der V8 wuchs auf 455 ci an und entwickelte nun serienmäßig 375 PS bzw. mit Force-Air-Induction 400 PS. 1969 (unten) wurde aus dem Fastback- ein Stufenheck-Profil; ansonsten flossen nur geringe Änderungen in das neue Modelljahr ein.

Technische Daten

Motor: V8, hängende Ventile, 7458 ccm (104,9 × 108,0), 375/400 SAE-PS

Getriebe:	Turbo-Hydra-Matic-Dreigangautomatik
Fahrwerk, vorn:	obere und untere Dreiecksquerlenker, Drehstäbe, Querstabilisator
Fahrwerk, hinten:	Starrachse, Blattfedern
Bremsen:	vorn/hinten Trommelbremsen; auf Wunsch vorn Scheibenbremsen
Radstand (mm):	3023
Gewicht (kg):	1960–1986
Höchstgeschwindigkeit (km/h):	208–216
Beschleunigung 0–96 km/h (s):	7,7

Produktionszahlen: 1968 Hardtop Cpé 2tür. 3957 **Custom Hdtp Cpé** 22 497 **1969 Hardtop Cpé 2tür.** 3421 **Custom Hdtp Cpé** 25 073

Die Werbung stellte vornehmlich seine Exklusivität in den Vordergrund und gab zu verstehen, daß der frontgetriebene Toronado „massively male", aber nicht „for every driver on the block" geeignet sei. Statt dessen machte man ihn den Kunden schmackhaft, die für ihren gehobenen Anspruch ein luxuriöses und auch entsprechend großes Fahrzeug benötigten.

Der Basispreis eines Toronado betrug $ 4750 ($ 4945 für das Custom-Modell) und beinhaltete eine umfangreiche Serienausstattung. Wem das nicht genügte, der konnte sich u. a. zusätzlich für eine Transistorzündung, Radialreifen auf verchromten Sportfelgen, GT-Zierstreifen, ein Vinyldach oder ein Stereo-Cassettenabspielgerät entscheiden. Für den Sitzkomfort der Frontinsassen sorgten in sieben Farben erhältliche, vinylbezogene Einzelsitze (in Kombination mit einer Mittelkonsole) oder eine Strato-Sitzbank.

Für 1969 verlängerte man die Karosserie um mehrere Zentimeter und gestaltete die Heckpartie so, daß sich ein konventionelles Stufenheck-Profil ergab. Oldsmobile schaltete seine Werbeanzeigen entsprechend und beschrieb den Toro als „länger und luxuriöser denn je" und als „erfrischenden Beitrag zur Gruppe der sportlichen Großlimousinen".

Der Antriebsstrang blieb unverändert; eine „Vari-Ratio"-Servolenkung gehörte zur Standardausstattung. Das Interieur wurde durch Rüster-Imitat-Appliqués am Armaturenbrett aufgewertet; neue Diebstahlsicherungen waren jetzt in die Lenksäulen eingebaut (wie auch bei anderen GM-Modellen). Besitzer von Toronados, die in schneereichen Gegenden zu Hause waren, konnten als Extra eine elektrische Heckscheibenheizung ordern.

Nicht jedem gefiel die Tatsache, daß der Toronado sich immer weiter vom unschlagbaren Originaldesign entfernte. Trotzdem, als die 70er Jahre hereinbrachen, hatte sich das Frontantriebskonzept etabliert, und der Toronado sollte noch die nächsten zwanzig Jahre (und länger) integraler Bestandteil der Oldsmobile-Palette sein. Als Vorreiter der neuen Antriebstechnologie beeinflußte der Toronado in den 80er Jahren auch die Einführung dieses Konzeptes in anderen Modellklassen.

Für GM – und andere Hersteller – muß der Umstand, daß das Prinzip der vorne angetriebenen Räder sich so erfolgreich entwickelte, eine echte Überraschung gewesen sein, zumal sie Jahre zuvor noch über die frontgetriebenen Saab (damals die einzigen) die Nase gerümpft hatten. Oldsmobile mußte seinen Kunden die Vorteile auch erst schmackhaft machen. Man stellte heraus, daß Vorderradantrieb die Traktion bei schlüpfrigen Straßenverhältnissen entscheidend verbessere und es ein erheblicher Vorteil sei, wenn ein Wagen um eine Kurve *gezogen* und nicht geschoben würde. Nach und nach machten sich die amerikanischen Automobilisten aber mit der neuen Sache vertraut.

1960-61 Plymouth Fury

Bis 1959 brachte Plymouth unter der Modellbezeichnung „Fury" in begrenzter Stückzahl gebaute, leistungsorientierte Automobile heraus. 1960 entschied man sich, den Namen einem breiteren Publikum zugänglich zu machen und benannte die Belvedere-Baureihe einfach in Fury um. Als Top-Serie im Plymouth-Programm verfügte der Fury außer über das zweitürige Hardtop und das Convertible (beide noch aus Belvedere-Zeiten) zusätzlich über neue viertürige Limousinen und Hardtops als Karosserievarianten. Alle Modelle kamen in der neuen, selbsttragenden Karosseriebauweise auf den Markt.

Die neue Strategie war verkaufstechnisch gesehen ein kluger Schachzug, das Styling dagegen nicht. Die Optik der 60er-Modelle wurde 1957 konzipiert, als die Heckflossen so richtig in Mode waren – die Flossen der 60er-Modelle hatten die Designer allerdings sehr schön hinbekommen. Das einzige Problem stellten die Kunden dar, die 1960 der Heckflossen bereits überdrüssig waren. Schlimmer jedoch war der Umsatzrückgang aufgrund der Rezession von 1958. Ford und Chevrolet erhöhten 1960 ihren Absatz um zusammen ungefähr eine Viertelmillion Einheiten, während Plymouth sich gerade mal auf dem Niveau von 1959 halten konnte.

Die 61er Plymouth verloren gänzlich ihre Heckflossen und präsentierten sich in einem rundlicheren Outfit mit einer exotischen Frontpartie, deren Optik *Motor Trend* rückblickend einmal mit „japanischen Science-Fiction-Monstern" verglich. Beim Publikum kam diese Variante ebensowenig an und stiftete erneut Verwirrung: Plymouth mußte einen Rückgang der Verkaufszahlen um 100 000 Einheiten in Kauf nehmen und seinen dritten Platz in der Zulassungsstatistik an Rambler abtreten.

Das soll aber nicht heißen, daß die Fury schlechte Autos waren. Verglichen mit ihren Erzrivalen schnitten sie mindestens genauso gut, wenn nicht sogar in manchen Dingen besser ab. Jeder Autotester stufte den Fury in punkto Fahrverhalten, dank seiner Drehstabfederung an der Vorderachse, um einiges höher ein als seine direkten Mitbewerber in der Oberklasse, Chevy Impala und Ford Galaxie. Ebenso verhielt es sich mit der TorqueFlite-Automatik von Plymouth, die ebenfalls besser war als die Turboglide von Chevy oder die Cruise-O-Matic von Ford. Die selbsttragende Karosserie des Fury zeichnete sich durch eine höhere Stabilität gegenüber der separaten Chassis/Karosserie-Bauweise der Konkurrenten

Während die Konkurrenz ihre Heckflossen zu bändigen suchte, ragten sie beim Plymouth Fury von 1960 (unten und rechte Seite, unten links) nach wie vor markant in den Himmel. Die 61er-Modelle (rechte Seite, oben und rechts) traten wesentlich subtiler auf; die Flossen waren „glattgebügelt" und „überdachten" projektilartige Rückleuchten. Die Heckpartie zeigte sich jetzt sehr klar in ihrer Form, die Front dagegen wurde heftig wegen ihrer „verkrampften" Optik kritisiert.

aus, und so könnte man die Aufzählung fortsetzen. Außerdem bot der Fury noch zwei exklusive Extras an: „swivel seats“ für die Frontpassagiere, die sich beim Öffnen der Türen automatisch herausdrehten und einen „RCA Victor Highway Hi-Fi“-Plattenspieler. Es war aber immer noch das Styling, über das sich 1960 Autos verkaufen ließen, und in den Augen der Öffentlichkeit war das Styling nicht unbedingt die stärkste Seite des Fury.

Der 60er Fury war lieferbar mit einem Sechszylinder-Motor, genauer mit dem exzellenten 225-Slant-Six, mit dem Plymouth den „heißesten“ Sechser in der Niedrigpreis-Klasse besaß. Mit seinen 145 PS und einem Schaltgetriebe (und mit dem relativ niedrigen Gewicht des Fury) ließ sich ein Beschleunigungswert von 17 Sekunden (0–60 mph) erreichen; der Durchschnittsverbrauch hielt sich mit 11,8 l/100 km in Grenzen. Diese Maschine war aber zu ganz anderen Leistungen fähig – einige Testexemplare in der Versuchsabteilung von Chrysler schafften es, aus einem Kubikinch ein ganzes PS herauszuholen (das entspricht einer Literleistung von 61 SAE-PS, A. d. Ü.). Die Produktplanung dachte jedoch nicht daran, einen Performance-Sechszylinder herauszubringen und stattete den Fury deshalb mit dem zuverlässigen 5,2-Liter-V8 (318 ci) aus.

War Leistungsfähigkeit gefragt, dann antwortete Plymouth darauf mit dem „Golden Commando 395“, der aus 361 ci (5917 ccm), Ram-Induction und zwei Vierfachvergasern 305 PS hervorzauberte, und das bei einem maximalen Drehmoment von 395 lb./ft. (daher auch sein Name). Neu im Programm war auch der 383-V8 (6277 ccm), der mit ähnlichem Tuning 330 PS leistete und ein eindrucksvolles Drehmoment von 460 lb./ft. (614,5 Nm) entwickelte. Dieser V8 konnte sogar mit einem noch abgehobeneren Namen aufwarten: „SonoRamic Commando“.

Heute hört sich das eher an wie die Bezeichnung eines Videospiels, damals aber konnte man mit einem SonoRamic Commando richtig *fliegen*. 0–60 mph absolvierte man in 7,5 s und mit 160 km/h ließ sich ein angenehmes Dauertempo halten; die Höchstgeschwindigkeit lag bei über 190 km/h.

Sieht man von der radikalen Umgestaltung der 61er-Modelle im Bereich der Front- und Heckpartie einmal ab, änderte sich ansonsten nicht viel – Dach und Türen behielt man bei, während hauptsächlich Kotflügel, Motorhaube und Kofferraum eine neue Optik bekamen. Plymouth beschrieb das Ergebnis als „a harmony of motion in sleek steel and bright aluminium“, und von der Seite betrachtet sah der Fury gar nicht mal so schlecht aus! Die Front war aber alles andere als harmonisch mit ihrem „criss-cross“-Kühlergrill, der zwischen zwei „Augenbrauen“ und zwei Doppelscheinwerferpaaren „hing“.

Heute hat es der 61er Fury relativ schwer, entsprechende Anerkennung zu finden, aber es läßt sich sagen, daß er zumindest eine erhebliche Verbesserung gegenüber dem 60er-Modell darstellt.

Technische Daten

Motor: 6 Zylinder in Reihe, hängende Ventile, 3688 ccm (86,4 × 104,9), 145 SAE-PS; V8, hängende Ventile; 5212 ccm (99,3 × 84,1), 230 SAE-PS, 5917 ccm (104,7 × 85,9), 305 SAE-PS, 6277 ccm (108,0 × 85,9), 330 SAE-PS

Getriebe:	3-Gang-Schaltgetriebe; auf Wunsch Dreigangautomatik
Fahrwerk, vorn:	obere und untere Querlenker, Längsdrehstäbe
Fahrwerk, hinten:	Starrachse, Blattfedern
Bremsen:	vorn/hinten Trommelbremsen
Radstand (mm):	2997
Gewicht (kg):	1512–1653
Höchstgeschwindigkeit (km/h):	193+
Beschleunigung 0–96 km/h (s):	7,5–17,0

Produktionszahlen: **1960 Cpé** 18 079 **Conv.** 7080 **Sdn** 21 292 **Hardtop Sdn** 9036 **1961 Cpé** 16 141 **Conv.** 6948 **Sdn** 22 619 **Hardtop Sdn** 8507

1962-64
Plymouth Sport Fury

Die Plymouth der Jahre 1962–64 waren wirklich nicht so schlecht wie sie immer dargestellt werden. Die Fertigungsqualität hätte durchaus besser sein (Chrysler steckte zu der Zeit immer noch in der „Rostperiode") und das Styling geschmackvoller ausfallen können. Abgesehen davon ließ sich an ihnen nicht viel aussetzen. Größe und Proportionen sind selbst heute noch aktuell, und die Verbindung aus langer Motorhaube und kurzem Heck wurde bereits zu Papier gebracht, als niemand überhaupt nur an „ponycars" dachte.

Im Amerika der frühen 60er Jahre war „groß" gleichbedeutend mit „gut" und der Markt alles andere als offen für die auf Compact-Maße geschrumpften „standards" von Plymouth (oder Dodge). Diese Fehleinschätzung der Marktsituation führte zum bekannten Umsatzeinbruch, der Plymouth in der Statistik vom dritten Platz im Jahr 1960 auf den achten Platz im Jahr 1962 zurückwarf – die schlechteste Plazierung überhaupt. Was dabei oft übersehen wird, ist die Tatsache, daß die gleichen Modelle bereits im darauffolgenden Jahr Plymouth auf den vierten Rang (hinter Pontiac) hievten (der Valiant half da natürlich kräftig mit).

Viel von dem, was für die 62–64er Dodge „standards" galt (siehe separates Kapitel), traf auch für die Plymouth zu. Plymouth fuhr allerdings mit seinem Design erheblich besser und behielt im Gegensatz zu Dodge den anfänglichen Radstand von 2946 mm auch nach 1962 bei.

Diejenigen, die dem 62er Plymouth eine sehr sonderbare Optik bescheinigen – und zu der Zeit taten das die meisten Leute –, sollten wissen, daß es noch sonderbarer hätte kommen können. Ein erhalten gebliebenes Foto aus dem „S-series"-Designprogramm, das für die 62er-Modelle Pate stand, zeigt ein 1:1-Modell mit dem gleichen Styling (bis auf die Zulassungskennzeichen), das 1962 in Produktion ging. Auf dem Kofferraumdeckel ist allerdings das Rudiment einer Heckflosse zu sehen, die, auf der linken Seite des Deckels verlaufend, das gleiche asymmetrische Thema aufgreift wie der „XNR" Show Car von Virgil Exner aus dem Jahre 1960. Ein anderes Foto zeigt interessanterweise einen „richtigen" Full-Size-Plymouth, der sehr Pontiac-mäßig aussah und „Super Sport"-Embleme trägt. Das legt die Vermutung nahe, daß Plymouth ursprünglich ein Doppel-Lineup im Stile der Dart/Custom 880-Reihe von Dodge plante. Eine Schande, daß es nicht realisiert wurde.

Was jedoch realisiert wurde, war eine sportliche Version des 62er-Modells, das die „Sport Fury"-Bezeichnung von 1959 wiederbelebte („Super Sport" gehörte ja bereits Chevrolet). Mitte des Jahres kam der Sport Fury dann als Convertible und Hardtop Coupé auf den Markt und zeichnete sich durch die

1962 kamen die großen Plymouth (diese Seite und rechte Seite, oben) mit einem neuen Design auf den Markt; der Sport Fury war immer noch das Topmodell und zeichnete sich durch sportliches Zweifarben-Interieur sowie auffälligeren Karosserie-Zierat aus. Das Jahr 1963 (rechte Seite, unten) brachte weitere Stylingänderungen; die Linienführung war jetzt geradliniger und die Optik konventioneller.

PLYMOUTH

8960-WT

Technische Daten

Motor: V8, hängende Ventile; 5212 ccm (99,3 × 84,1), 230 SAE-PS, 5917 ccm (104,7 × 85,9), 265/305/310 SAE-PS, 6277 ccm (108,0 × 85,9), 320/325/330/335 SAE-PS, 6769 ccm (106,4 × 95,3), 365/380/410 SAE-PS (**nur 1962**), 6982 ccm (108,0 × 95,3), 365/370/375/415/425 SAE-PS (**1963–64**)

Getriebe:	3-Gang-Schaltgetriebe **1964** 4-Gang-Schaltgetriebe, TorqueFlite-Dreigangautomatik
Fahrwerk, vorn:	obere und untere Dreiecksquerlenker, Längsdrehstäbe, Querstabilisator
Fahrwerk, hinten:	Starrachse, Halbelliptik-Blattfedern
Bremsen:	vorn/hinten Trommelbremsen
Radstand (mm):	2946
Gewicht (kg):	1451–1546
Höchstgeschwindigkeit (km/h):	169–193+
Beschleunigung 0–96 km/h (s):	6,8–9,5

Produktionszahlen: **1962 Hardtop Cpé** 4039 **Conv.** 1516 **1963 Hardtop Cpé** 11 483 **Conv.** 3836 **1964 Hardtop Cpé** 23 695 **Conv.** 3858

Die 64er-Modelle (beide Seiten) unterwarf man nur geringen Modifikationen, das Hardtop Coupé bekam allerdings eine neue Dachpartie mit V-förmigen C-Säulen. Der Sport Fury wurde weiterhin mit Einzelsitzen und Mittelkonsole angeboten, erhielt aber ein neues Armaturenbrett mit vier großen Rundinstrumenten, die in einem Paneel aus gebürstetem Aluminium saßen. Top-V8 war ein 426 ci-Wedgehead (unten rechts), der 365 bis 425 PS leisten konnte.

gleichen Features aus, die schon den Chevy Corvair Monza so populär gemacht hatten: ein komplettes Vinyl-Interieur mit Einzelsitzen vorn und Mittelkonsole. Äußerlich unterschieden sich die neuen Modelle von den normalen Fury durch einen teilweise schwarz unterlegten Kühlergrill, spezielle Radblenden, Zierstreifen an der Gürtellinie und einen schmalen Chromstreifen mit Luftöffnungsattrappen über dem Heckblech. Angetrieben wurden sie, anders als die gewöhnlichen Fury mit ihrem Slant Six, von dem Golden-Commando-361 ci-V8 (5917 ccm) mit 305 SAE-PS. Die Leistungsoptionen umfaßten zwei Versionen mit 383 ci (6277 ccm) und drei Wedgehead-Varianten mit 413 ci (6769 ccm), deren stärkste Ausführung mit Ram-Air-Induction 410 PS leistete.

Die 62er Plymouth waren knapp 18 cm kürzer und bis zu 180 kg leichter als die 61er, und so ist es nicht weiter verwunderlich, daß die Sport Fury mit einer von den „pikanteren" Maschinen sich als sehr leistungsfähig entpuppten. Ein Teil der Gewichtsersparnis war auf die neue selbsttragende Bauweise zurückzuführen, die auf den Subrahmen der 60/61er-Modelle völlig verzichtete. Mit den steiferen Karosserien ließen sich nun die Vorteile der Chrysler-Drehstab-Vorderachsaufhängung viel besser ausschöpfen. Kein Wunder, daß etliche Behörden und die Gesetzeshüter diese Fahrzeuge in ihre Fuhrparks aufnahmen.

Für 1963 bewies man besseres Geschick bei der Gestaltung der neuen Modelle und konnte dadurch die Plymouth-Gesamtproduktion von 340 000 auf 488 500 steigern. Doppelscheinwerfer in einem einfacheren Kühlergrill und breite Chromstreifen an den nun glatten Fahrzeugseiten gaben den Sport Fury ein konventionelleres Aussehen. Die Heckpartie wurde um 7,5 cm verlängert und das Kofferraumvolumen somit vergrößert. Das Hardtop Coupé bekam eine attraktive Dachpartie im Stile des Thunderbird. Spezielle Radzierblenden und dreifarbige Insignien rundeten die äußerlichen Erkennungsmerkmale der Sport Fury ab. Die Motorenauswahl gab sich so umfangreich wie im Vorjahr, wurde aber, statt der 413 ci-Optionen, um 426er Wedgeheads, die bis zu 425 PS leisteten, bereichert.

1964 folgte eine weitere Änderung des Designs, speziell unterhalb der Gürtellinie; den Innenraum prägte jetzt ein konventionelleres Armaturenbrett. Das Hardtop Coupé bekam eine neue Dachpartie mit V-förmigen C-Säulen und einer Panoramaheckscheibe. Zum ersten Mal bot Plymouth ein mittelgeschaltetes Vierganggetriebe an, das mit jedem V8 zu bekommen war. *Popular Mechanics* bemerkte, daß die um 5 cm verbreiterte hintere Spur „in Kurven die Seitenneigung vermindert und das Handling verbessert". Als Beweis für die Qualitäten seiner 64er-Modelle trat Plymouth bei der „Daytona 500" an und gewann, allerdings unter Zuhilfenahme eines nur zu Rennzwecken wiederbelebten Hemi-V8 – und mit der Hilfe des jungen Fahrertalentes (und zukünftigen NASCAR-Asses) Richard Petty. Dieser beeindruckende Sieg trieb die Verkaufszahlen in die Höhe, die 1964 fast die 600 000er-Marke erreichten (das beste Ergebnis seit 1957) – nicht schlecht für einen Hersteller, der zwei Jahre zuvor noch am Boden lag.

Das muß sicherlich als eines der größten Comebacks der amerikanischen Automobilgeschichte gewertet werden, und das war mit ein Verdienst der Furys, die, wie wir bereits eingangs erwähnten, gar nicht mal so schlechte Autos waren.

1963-66
Plymouth Valiant Signet

Vielleicht wäre Plymouth heute froh darüber, einen Wagen wie den Valiant im Programm zu haben. Vorgestellt als einer der neuen Big-Three-Compacts im Jahr 1960, erzielte der Valiant im Laufe seiner Karriere, die bis in das Jahr 1976 hinein dauerte, recht gute Verkaufsergebnisse. Ohne ihn wäre Plymouth um einiges schlechter gefahren, speziell im Jahr 1962.

Das war das Jahr, in dem Plymouth aufgrund seiner Mittelklasse-Modelle, die aussahen wie Valiants und auch nicht viel größer als diese waren, einen starken Umsatzeinbruch erleben mußte. Zu diesem Zeitpunkt brachte Plymouth ein Valiant Hardtop Coupé mit Einzelsitzen heraus, das auf den Namen „Signet" getauft wurde. Weder in der Corvair Monza-Reihe von Chevrolet, die ja erst das Interesse für sportliche Compacts geweckt hatte, noch bei den Ford Falcon fand sich ein solcher Wagentyp, der sich in seinem ersten Jahr allerdings nur 25 600 mal verkaufte.

Die Sport-Compacts waren aber im Aufwind, und der 63er Signet blieb am Ball. Er war sogar in mancher Hinsicht richtungsweisend. Während Corvair und Falcon nur einem Facelifting unterzogen wurden, kam der Valiant in einem völlig neuen Blechkleid daher – klarer in seiner Linienführung und konventioneller als noch ein Jahr zuvor. Verantwortlich für dessen Design war Virgil Exner und nicht sein Nachfolger Elwood Engel, der erst ab 1965 maßgeblich das Styling der Chrysler Corporation bestimmte. Vielleicht wurde Exner durch die lauter werdende Kritik an seinen Schöpfungen gebremst – oder durch die sinkenden Verkaufszahlen dazu gezwungen –, auf jeden Fall aber war der Valiant überraschend „normal" in Form und Detail.

Obwohl die Fahrzeuglänge trotz gleichen Radstandes um gut fünf Zentimeter wuchs, sahen die 63er Valiant dank ausgewogener Front/Heck-Proportionen und runder statt scharfkantiger Formen kleiner aus als ihre Vorgänger. Schlichtheit war das Gebot der Stunde und wurde sehr schön durch eine Vorderansicht mit Doppelscheinwerfern und ein Heck mit kleinen Flossenansätzen in die Praxis umgesetzt.

Der Signet bekam eine Zusatzbezeichnung – „200" – und stellte dem Hardtop Coupé ein hübsches Convertible zur Seite. Der Signet zog nun mit dem Corvair gleich, der bereits seit 1962 ein Convertible im Programm hatte. Die offene Version war, allerdings mit Sitzbank, ebenfalls in der mittleren V200-Reihe erhältlich, die, ebenso wie die Basisserie V100, zwei- und viertürige Limousinen sowie einen viertürigen Kombi anbot. Bis 1966 sollte der Valiant diese Modellauswahl beibehalten.

Für 1963 gab es keinen Grund, das erfolgreiche Gespann aus Chryslers famoser Drehstab-Vorderradaufhängung, 101 PS starkem 170 ci-Slant-Six (optional ein „Super 225"-Sechszylinder mit 145 PS) und Dreigang-Schaltgetriebe sowie Druckknopf-TorqueFlite zu ändern. Der Signet blieb die Valiant-Variante mit dem höchsten Maß an Zierat und dem sportlichsten Charakter; zusätzlicher Chromschmuck innen und außen, spezielle Radblenden und ein Vinyl-Interieur mit Einzelsitzen bestimmten seine Optik. Für das Convertible war ein elektrisch zu betätigendes Dach erhältlich, das die manuelle Version ersetzte.

Die Hauptaufgabe des Valiant, zwar nicht sehr aufregend, bestand darin, zuverlässiges und sparsames Transportmittel zu sein; eine Aufgabe, die er auch tadellos erfüllte. Die 63er lagen preislich etwas unter den 62er-Modellen und erhielten, wie alle Fahrzeuge der Chrysler Corporation, eine 5-Jahres/50 000-Meilen-Garantie auf den Antriebsstrang. Eine Novität auf dem Autosektor, die aber nach der unzureichenden Qualität der letzten Modelljahrgänge aus Highland Park, die bereits etliche Kunden gekostet hatte, auch dringend notwendig geworden war. Diese Maßnahme und das neue Styling ließen die Verkaufszahlen des Valiant um mehr als 60 Prozent auf über 225 000 Einheiten hochschnellen. Die Signets beteiligten sich daran mit ungefähr 18 Prozent – ein guter Wert zwar, aber nicht herausragend, selbst wenn man die erstarkte Konkurrenz, speziell den neuen Dodge Dart GT (siehe eigenes Kapitel), als Grund für den mäßigen Erfolg in Betracht zieht.

Für 1964 gab es zwei große Neuankündigungen. Die eine war die erste für den Valiant erhältliche V8-Option: Eine 180 PS starke 273 ci-Variante (4475 ccm) der neuen Chrysler-318 ci-Generation, die übrigens auch im Dart verbaut wurde. Die andere kam Mitte des Jahres in Form eines Fastback-Valiant als „Barracuda" (siehe folgendes Kapitel) auf den Markt. Das Signet Hardtop mußte nicht direkt Absatzverluste hinnehmen, konnte aber auch nicht verhindern, daß der Barracuda zwei Drittel der Verkaufszahlen für sich in Anspruch nahm – und das trotz einer kurzen Verkaufsperiode. Marktbeobachter werteten dies als ein untrügliches Zeichen für die künftige Entwicklung.

Optische Veränderungen für die 65er-Modelle beinhalteten u. a. ein dreiteiliges Kühlergrill-Arrangement, das den breiten, horizontal verstrebten Grill der Vormodelle ersetzte. Neu war ebenfalls die 235 PS-V8-Option, die aber längst nicht das Leistungsniveau erreichte, das das „Formula S performance-and-handling"-Paket des Barracuda vorgab. Der Barracuda bildete jetzt eine eigene Modellreihe und übertrumpfte den Valiant mit 5 : 1 verkauften Exemplaren. Der Signet machte jetzt nur noch 8 Prozent des (gesunkenen) Valiant-Volumens von 167 000 Einheiten aus.

Ein geteilter, großflächiger Kühlergrill bestimmte die Optik für das Modelljahr 1966, dem letzten Jahr des ursprünglichen Valiant-Designs von 1963. Die Dachpartie des Hardtops war nun formeller gehalten und konnte mit einem Vinylüberzug geordert werden. Der Signet verbesserte zwar sein Verkaufsergebnis, konnte aber den Verfall der Valiant-Gesamtproduktion nicht aufhalten, die seit 1961 einen neuen Tiefstand erreicht hatte: 138 000 Einheiten gegenüber einer Viertelmillion zwei Jahre zuvor.

Mit den konservativ gestylten 67er-Modellen fiel der Valiant wieder in seine ursprüngliche „Sparmobil"-Rolle zurück. Der Kombi war nicht mehr mit von der Partie, Hardtops und Convertibles wurden nur als Barracudas angeboten; der Signet mutierte zu einer besser ausgestatteten Limousine oberhalb der V100-Basisserie. Nach 1969 ließ man den Namen in der Versenkung verschwinden und beendete somit die kurze Liaison zwischen Valiant und Sport.

Obwohl der 63er Valiant Signet den gleichen 106-Zoll-Radstand der 62er-Modelle hatte, stellte er sich mit einem völlig neuen, kantigeren und konservativeren Styling vor. 1964 (rechte Seite, unten) flossen nur geringe kosmetische Änderungen in die Modellreihe ein, die jetzt die Möglichkeit bot, optional über einen V8 mit 273 ci und 180 PS zu verfügen, was natürlich dem sportlichen Image des Signet sehr gelegen kam. 1965 bereicherte eine um 55 PS erstarkte Version des V8 die Motorenauswahl, konnte aber nicht verhindern, daß die Verkaufszahlen um mehr als zwei Drittel sanken. Der 66er Signet (rechte Seite, oben) sollte als letzte Version dieser Styling-Generation um die Käufergunst werben.

Technische Daten

Motor: 6 Zylinder in Reihe, hängende Ventile, 2786 ccm (86,4 × 79,5), 101 SAE-PS, 3688 ccm (86,4 × 104,9), 145 SAE-PS **1964–66** V8, hängende Ventile, 4475 ccm (92,2 × 84,1), 180/235 SAE-PS

Getriebe:	3-Gang-Schaltgetriebe, TorqueFlite-Dreigangautomatik
Fahrwerk, vorn:	obere und untere Dreiecksquerlenker, Längsdrehstäbe, Querstabilisator
Fahrwerk, hinten:	Starrachse, Halbelliptik-Blattfedern
Bremsen:	vorn/hinten Trommelbremsen
Radstand (mm):	2692
Gewicht (kg):	1167–1285
Höchstgeschwindigkeit (km/h):	145–169
Beschleunigung 0–96 km/h (s):	10,0–20,0

Produktionszahlen: **1963 Hardtop Cpé** 30 857 **Conv.** 9154 **1964 Hardtop Cpé** 37 736 **Conv.** 7636 **1965 Hardtop Cpé** 10 999 **Conv.** 2578 **1966 Hardtop Cpé** 13 045 **Conv.** 2507

1965-66
Plymouth Barracuda

Als Reaktion auf den Konkurrenzdruck und die steigende Nachfrage nach sportlichen Compacts versah Plymouth Mitte 1964 den Valiant mit einem „gläsernen" Fastback und nannte das Resultat „Barracuda" – und folgte damit dem allgemeinen Trend, Autos nach Raub- oder zumindest wilden Tieren zu benennen. Das Publikum begeisterte sich für diese Idee und kaufte fast 25 000 Fahrzeuge. Plymouth entschied sich daraufhin, den Barracuda für 1965–66 als eigene Modellreihe anzubieten und schickte Verkaufs- sowie Werbeabteilung an die Arbeit, die neue Strukturierung in klingende Münze umzusetzen. Die Zeit war genau richtig für sportliche Compacts und vor allem für Fahrzeuge mit einem Fastback-Profil. Also mußte sich demnach ein sportlicher Fastback-Compact verkaufen lassen wie „warme Semmeln", was der Barracuda auch zweifellos tat – mit 65 000 Einheiten verkaufte er sich besser als jeder Valiant.

Der 65er Barracuda hatte gegenüber dem Valiant Signet von 1962 einen unschätzbaren Vorteil: einen 225 ci-Slant-Six (3688 ccm) als serienmäßigen Antrieb. Und damit war ein Basis-Barracuda wirklich gut bedient. Für ein paar Dollar mehr ließ sich ein 273 ci-V8 (4475 ccm) einbauen, der speziell für die Anwendung im Valiant konzipiert worden war und in der Standardversion 180 PS leistete. Fahrleistungen und Fahrverhalten waren aber damit noch nicht am Ende. Ein „Formula S"-Paket mit einem 235 PS-273 ci, Vierganggetriebe und Hurst-Shifter, härterer Federung, breiten Felgen mit Blue-Streak-Wide-Oval-Bereifung, speziellen Zierstreifen und „Formula S"-Emblemen konnte das Fahrerlebnis ganz beträchtlich steigern. In dieser Ausstattung kostete ein Barracuda weniger als $ 3400, und das war wirklich ein Superpreis.

„Chrysler hat ein Auto herausgebracht, das aufregend ist und Spaß macht", schrieb Tester Bob McVay. „Er hat das Handling eines Champions und den Nutzwert eines normalen Alltagsautos. Und er ermöglicht auf langen Strecken ein ruhiges, komfortables und angenehmes Fahren." Zusätzlich mit vorderen Scheibenbremsen bestückt und mit einer Servolenkung (Anschlag zu Anschlag 3,5 Lenkumdrehungen) war für McVay der Barracuda Formula S nahezu perfekt.

Und er konnte beeindrucken: „Mit satter Leistung unter der Haube läßt sich der Barracuda je nach Wunsch im Drift um schnelle Kurven bewegen und kann vom Fahrer durch einfachen Tritt auf das Gaspedal wieder geradegezogen werden. Der Fahrkomfort litt nicht unter dem verbesserten Fahrverhalten. Unebene Straßen und tiefe Schlaglöcher nahm er mit einer gewissen Härte, die wir aber nicht als unkomfortabel bezeichnen konnten." Plymouth hatte ein kleines Wunder geschaffen, das man in der Form aus dem Detroit der 60er Jahre gar nicht gewohnt war: exzellentes Fahrverhalten ohne Komforteinbußen.

Der 235 PS-V8 sorgte zusammen mit dem 3,55 : 1-Sure-Grip-Differential selbst auf Drag-Strips für exzellente Beschleunigung. Mit zwei Passagieren besetzt, ließ sich die 60-mph-Marke in 8 Sekunden und die Viertelmeile in 16 Sekunden bewältigen; die Höchstgeschwindigkeit betrug 177 km/h. „Wir waren beeindruckt", sagte McVay. „Der Barracuda präsentiert sich als sehr, sehr leistungsfähiges Auto mit einem hohen Nutzwert. Er bietet genug Platz und Komfort für vier Insassen (zur Not auch fünf) und trotzdem ein gutes, durch das erhöhte Gewicht sogar noch verbessertes Fahrverhalten. Zwei Personen bietet er eine Unmenge an Platz und Stauraum. Leistungsfähig, hervorragend zu fahren und sehr gebrauchsorientiert ist er ein Auto, dem so schnell kein Familienvater widerstehen wird."

1966 sah es aber nicht mehr ganz so gut aus; der Preis wurde angehoben und weniger als 40 000 Fahrzeuge wurden verkauft. Grund dafür war wohl, daß das „glassback" bereits an Anziehungskraft verloren hatte. Der Barracuda selbst konnte es nicht sein, war er doch fast identisch mit dem 65er-Jahrgang. Der 66er unterschied sich durch einen neuen zweigeteilten, gitterförmigen Kühlergrill, dessen in Wagenfarbe lackiertes Zwischenteil ein neues Emblem schmückte – der Raubfisch selbst. Die Gürtellinie wurde durch dünne Farbzierstreifen betont und ein Vinyldach als Option angeboten. Die Serienausstattung umfaßte große Radblenden; Schweller-Zierleisten und das übliche luxuriöse Barracuda-Interieur.

Wie schlug sich der Barracuda überhaupt gegen seine zwei größten Rivalen? Bedenkt man, daß der Mustang ja speziell für dieses Marktsegment entwickelt wurde und der Corvair mit einem erheblich verbesserten Design sowie einem erstarkten Turbo-Motor aufwartete, konnte sich der 65/66er Barracuda als optimale Alternative in Szene setzen. Er ließ zwar die Technologie des Corvair vermissen, war aber erheblich flotter zu fahren; er hatte auch nicht die „ponycar"-Proportionen des Mustang, konnte diesen aber in punkto Handling und Fahrverhalten sowie Schnelligkeit (bis auf die 271 PS-Version des Mustang) schlagen. Sein großes Manko war sein Styling: Der Barracuda sah immer noch aus wie ein Valiant, dem man ein gläsernes Fastback aufgesetzt hatte. Plymouth aber hatte für das folgende Jahr bereits eine neue Optik in Vorbereitung.

Nachdem der Barracuda 1964 als Variante des Valiant vorgestellt worden war, entschied man sich, ihn ab 1965 als eigene Modellreihe (rechte Seite, unten) auf den Markt zu bringen. Trotz seiner Sportlichkeit und Kompaktheit sowie guter Fahrleistungen (zumindest wenn man ihn mit einem 273 ci-V8 ausrüstete), machte ihm der überaus erfolgreiche Mustang sehr zu schaffen, der den Barracuda mit einem zehnfach höheren Verkaufsergebnis übertrumpfte. Die 66er-Modelle (unten und rechte Seite, oben) wurden nur wenig verändert und bekamen einen neuen Kühlergrill; der Absatz sank um mehr als ein Drittel.

Technische Daten

Motor:	6 Zylinder in Reihe, hängende Ventile, 3688 ccm (86,4 × 104,9), 145 SAE-PS; V8, hängende Ventile, 4475 ccm (92,2 × 84,1), 180/235 SAE-PS
Getriebe:	3-Gang-Schaltgetriebe; auf Wunsch 4-Gang-Schaltgetriebe oder Dreigangautomatik
Fahrwerk, vorn:	obere und untere Querlenker, Längsdrehstäbe
Fahrwerk, hinten:	Starrachse, Blattfedern
Bremsen:	vorn/hinten Trommelbremsen; auf Wunsch vorn Scheibenbremsen
Radstand (mm):	2692
Gewicht (kg):	1237
Höchstgeschwindigkeit (km/h):	177
Beschleunigung 0–96 km/h (s):	8,0
Produktionszahlen:	**1965** 64 596 **1966** 38 029

Plymouth

PLYMOUTH
27436

1965-66 Plymouth Sport Fury & VIP

Chryslers umsatzstärkste Marke bekam Anfang der Sechziger eine deftige Lektion erteilt, die die Verantwortlichen zu der Schlußfolgerung veranlaßte, daß die Konkurrenz „nur zu packen ist, wenn man sie mit ihren eigenen Waffen schlägt". Die geschrumpften 62er Plymouth-„standards" hatten gegen die Full-Size-Chevys und -Fords nicht den Hauch einer Chance. Weder verkaufstechnisch noch in punkto Styling, obwohl man für 1963–64 das Design in orthodoxere Bahnen gelenkt hatte. Ein neues Team von Designern und Managern erkannte die Fehler ihrer Vorgänger und entschied, die Mainstream-Plymouth in den Mainstream „zurückzuwerfen" – nicht ohne jedoch gewisse Rachegelüste zu hegen.

Das Ergebnis war eine äußerst erfolgreiche 65er-Modellreihe. Das Lineup war das umfangreichste, das Plymouth je gesehen hatte, und es beinhaltete zum ersten Mal in vier Jahren richtige Full-Size-Modelle. Bezeichnenderweise gab man ihnen den Namen „Fury" (Wut, Zorn; A.d.Ü.); ein Name, der noch von den Plymouth-Topmodellen der Vorjahre herrührte.

Motor Trend beschrieb die neue Situation wie folgt: „Sollten sich die Chrysler-Chefs bereits Sorgen um die verlorenen Marktanteile ihrer Plymouth gemacht haben – vorausgesetzt sie halten das Design für den wahren Grund dieser Verluste –, brauchen sie sich jetzt nicht mehr zu grämen. Ihre Designer haben wunderbar die meisten Parameter, die der Konkurrenz zu hohen Umsatzzahlen verhalfen, in ihre neuen Schöpfungen einfließen lassen."

Angeboten wurden vier verschiedene Ausstattungsstufen (Fury I, II, III und Sport Fury) und die Basiskarosserie des Vorjahres, die mit einem neuen Gesicht die Lücke im Mittelklasse-Angebot (der Belvedere war ja weggefallen) füllen sollte. In Größe und Erscheinungsbild glichen die neuen Plymouth den Chevy Impala und Ford Galaxie. Den gleichen Zielmarkt vor Augen, kopierten sie den Radstand von 3023 mm der Konkurrenten (3073 mm bei Fury Kombis) und übernahmen, bis auf einige Zentimeter, ebenfalls deren äußere Abmessungen. Selbst die Modellauswahl stimmte mit derjenigen der „Gegner" überein. Fury I und II wurden als zwei- und viertürige Limousinen sowie viertürige Kombis angeboten; beim Fury III fiel die zweitürige Limousine weg, wurde aber durch ebenfalls zweitürige Hardtop Sedan, Hardtop Coupé und Convertible ersetzt; die beiden letztgenannten Varianten gab es zudem als Sport Fury mit Einzelsitz-Interieur. Was das Styling anging, so lag Plymouth nicht sehr weit vom Design seiner Mitbewerber, den 65er Ford und Chevy, entfernt. Vielleicht war ja eine gehörige Portion Intuition seitens der Highland-Park-Designcrew um Elwood Engel mit im Spiel, denn selbst die Frontoptik mit ihren vertikalen Doppelscheinwerfern war die gleiche wie bei den neuen Ford, und auch die Heckpartie ähnelte mit ihren Einzel- (I, II) und Doppelrückleuchten (III und Sport Fury) der von Chevrolet.

Die großen Plymouth betraten die Verkaufsbühne des Jahres 1965 mit vertikalen Doppelscheinwerfern und geradlinigem Styling auf einem etwas längeren Fahrgestell. In diesem Jahr hießen alle Modelle Fury, bis auf das Topmodell, das wiederum Sport Fury betitelt wurde (unten und oben) und mit reichhaltigerem Zierat, Einzelsitzen und Mittelkonsole sowie serienmäßig mit einem 318 ci-V8 ausgestattet war. Für 1966 änderte sich wenig, man beschränkte sich im wesentlichen auf die Einführung einer Fury-Luxusedition, die als Fury VIP (rechte Seite) in der Oberklasse antreten sollte.

Die neuen Fury zeichneten sich durch eine gemäßigte, aber schöne Optik aus. Wichtiger jedoch war die Tatsache, daß sie sich in genügendem Maße vom Design der 65er Chrysler und Dodge unterschieden, die ja mit den Plymouth die gleiche C-Karosserie teilten; ruinöse Verkaufskonflikte ließen sich dadurch wirksam vermeiden. Die selbsttragende Bauweise wurde auch hier angewandt, allerdings unter Zuhilfenahme eines Subrahmens wie in den Jahren 1960/61 (aus Gründen besseren Geräusch- und Vibrationsverhaltens); die 62–64er Plymouth waren allerdings komplett „selbsttragend" ausgelegt.

Die Motorenauswahl wurde durch das übliche Chrysler-Sortiment bestimmt und reichte vom 225 ci-Slant-Six über 318 ci- und Commando-383 ci-V8 bis hin zu einem riesigen 426 ci-Wedgehead-V8 mit 365 PS. Eine Dreigang-Lenkradschaltung war Standard, wurde aber von den meisten Kunden gegen eine TorqueFlite-Automatik eingetauscht, deren berühmte Druckknöpfe leider einer konventionellen Lenkradbetätigung weichen mußten. *Motor Trend* kritisierte deswegen auch gleich den Hersteller, der aus Markterwägungen heraus darauf verzichtet hatte: „Wir haben noch niemanden getroffen, der eine Lenkrad- einer Druckknopfbetätigung vorgezogen hätte. Mittelschaltung ja – aber Lenkradschaltung, nein! Zumindest haben sie die TorqueFlite in Ruhe gelassen. Sie bietet von allen Automatikgetrieben das beste Schaltverhalten auf dem Markt."

Wie in jedem Jahr seit 1962 war der Sport Fury das Plymouth-Flaggschiff, ausgestattet mit einem 318 ci-V8 (5212 ccm) sowie Einzelsitzen und Mittelkonsole. Die 65er verkauften sich jedoch besser als jeder Sport Fury zuvor. Das Convertible, der teuerste Plymouth überhaupt, verkaufte sich doppelt so gut wie 1964, während das $ 2960 teure Hardtop seinen Ausstoß um 160 Prozent steigern konnte und damit das fünftbestverkaufte Fury-Modell war. Als Symbol des Erfolgs ernannte man 1965 ein Sport Fury Convertible zum „Pace Car" der Indy „500"; der erste Plymouth, dem diese Ehre zuteil wurde.

1965 stellte Plymouth einen neuen Absatzrekord auf: 720 000 Autos wurden verkauft. Bemerkenswert war dabei, daß der Fury fast die Hälfte der Verkaufszahlen ausmachte. Das 66er-Ergebnis fiel mit 684 000 Einheiten etwas gemäßigter aus, was wohl für die Autoindustrie nach dem Superjahr 1965 einer kleinen Verschnaufpause gleichkam.

Für 1966 unterzog man den Fury einer kleinen kosmetischen Behandlung und versah ihn mit einem optisch zweigeteilten Kühlergrill und einem ähnlichen Heckblech. Aufgrund gesetzlicher Bestimmungen mußten Sicherheitsgurte (vorn und hinten), ein gepolstertes Armaturenbrett und „Sicherheits"-Innentürgriffe installiert werden. Ein 440 ci-Wedgehead ersetzte den 426er, behielt aber dessen Leistung von 365 PS bei. Das Sport Fury Convertible blieb zwar weiterhin das teuerste Modell, bekam aber Konkurrenz in Form zweier VIP-Modelle (Hardtop-Coupé und -Sedan), die nun als Fury-Luxusmodelle um die Käufergunst des anspruchsvolleren Publikums werben sollten. Abgezielt auf die bereits ein Jahr zuvor vorgestellten Chevy Caprice und Ford LTD, präsentierten sie sich mit einer durch Holzimitat aufgewerteten Innenausstattung, seitlichen Zierleisten, Stoff- oder Vinyl-Interieur und Leselampen im Wagenfond. Der Ausstoß war nicht hoch – der Caprice verkaufte sich 25 mal besser –, aber ausreichend, um den VIP ein paar Jahre lang im Programm zu belassen. Im Gegensatz zum Sport Fury, der bereits früher Abschied nehmen sollte.

Technische Daten

Motor: V8, hängende Ventile; 5212 ccm (99,3 × 84,1), 230 SAE-PS, 6277 ccm (108,0 × 85,9), 270/325/330 SAE-PS, 6982 ccm (108,0 × 95,3), 365 SAE-PS (**nur 1965**), 7212 ccm (109,7 × 95,3), 365 SAE-PS (**nur 1966**)

Getriebe:	3-/4-Gang-Schaltgetriebe, TorqueFlite-Dreigangautomatik
Fahrwerk, vorn:	obere und untere Dreiecksquerlenker, Längsdrehstäbe
Fahrwerk, hinten:	Starrachse, Halbelliptik-Blattfedern
Bremsen:	vorn/hinten Trommelbremsen
Radstand (mm):	3023
Gewicht (kg):	1687–1716
Höchstgeschwindigkeit (km/h):	167–193
Beschleunigung 0–96 km/h (s):	8,5–10,5

Produktionszahlen: **1965 Sport Fury Hdtp Cpé** 38 348 **Conv.** 6272 **1966 Sport Fury Hdtp Cpé** 32 523 **Conv.** 3418 **VIP** o. A.

1965-67 Plymouth Belvedere Satellite & GTX

1965 präsentierte Plymouth seine neuen Fury Full-Size-Modelle und eine neue Mittelklasse, die den altehrwürdigen Plymouth-Namen „Belvedere" wiederbelebte. Drei unterschiedliche Modellreihen wurden angeboten: Belvedere I mit diversen Limousinen, einem Kombi und einem Super Stock Hardtop; Belvedere II mit vorgenannten Modellen plus einem Hardtop und einem Convertible; und Satellite als Luxusmodell mit Hardtop und Convertible.

Von den Dimensionen her erinnerte der Belvedere an die kleinen 64er Plymouth, das Design ähnelte eher dem des Fury. Da „Muskeln" hauptsächlich in der Mittelklasse gefragt waren, bekam der Belvedere eine ganze Reihe von Performance-Optionen. Eine davon war der Hemi-426 ci-V8, der den Wedgehead-426 als „Rennoption" ablöste. Angeboten nur im leichtgewichtigen Super Stock, entwickelte der Hemi mit seinen berühmten halbkugelförmigen Brennräumen eine Leistung von 425 PS (60 PS mehr als der „Wedge").

Seine Leistungsfähigkeit war beeindruckend: Die Höchstgeschwindigkeit betrug 193 km/h und die 0–60 mph waren in 8 oder weniger Sekunden zu schaffen. Mit einem nicht gerade niedrigen Basispreis von $ 4671 war der Super Stock hauptsächlich für Rennen konzipiert worden. Er sah aus wie ein potentieller Champion, wurde aber von der NASCAR nicht zugelassen, worauf Chrysler sich aus Protest vom Renngeschehen zurückzog. Ein Sinneswandel seitens der NASCAR brachte den Belvedere im Spätjahr endlich auf die Pisten, wo er aber in der verbleibenden kurzen Zeit nur vier Siege einfahren konnte. Auch bei Dragster-Rennen war der Belvedere-Hemi nicht sehr willkommen: Die National Hot Rod Association schloß die Plymouth Super-Stock-Dragster aufgrund ihres „Untergewichtes" (Motorhaube und Kotflügel waren aus Glasfiber) von den Beschleunigungsrennen aus.

Für 1966 änderte man das Blechkleid der Belvedere/Satellite-Modelle und schuf ein klares, leichtfüßiges und sehr elegantes Design. Mit den kleineren V8-Maschinen (273, 318 und 361 Kubikinches) waren sie die besten Allround-Plymouth im Programm. Das Styling wurde mit nur wenigen Änderungen in das Jahr 1967 übernommen.

Die 65er Plymouth-Mittelklassemodelle kamen als „facegeliftete" 64er auf den Markt und waren im Styling an die größeren Fury angelehnt. Als Topmodell fungierte der Satellite (beide Seiten), der serienmäßig mit einem 273 ci-V8 ausgerüstet war.

PLYMOUTH

1966 machte man den sagenhaften 425 PS-Hemi auch Käufern von Belvedere II und Satellite zugänglich. Das Ergebnis war der aufsehenerregende „Street Hemi“, der serienmäßig mit einem Sportfahrwerk und großdimensionierten Bremsen ausgerüstet war. Anfangs nur mit einem Viergang-Schaltgetriebe angeboten, kam später die Option auf eine TorqueFlite-Automatik hinzu. Im leichten Gewand des Belvedere konnte der Street Hemi sowohl gemächlicher Boulevard-Cruiser als auch gnadenloser Ampelschreck sein. Mit der richtigen Bereifung und der passenden Hinterachsübersetzung war der Street Hemi – vorausgesetzt die Motoreinstellung stimmte – eines der schnellsten Serienfahrzeuge überhaupt. So wie er war, konnte er bei Dragster-Rennen in der „A/Stock“- oder „AA/Stock“-Klasse antreten bzw. zusammen mit dem Dodge Coronet an NASCAR-Rennen über kürzere Distanzen teilnehmen – mit bemerkenswerten Ergebnissen. David Pearson gewann 1966 die „NASCAR Championship“ auf einem Coronet; Richard Petty gewann ihn 1967 auf einem Belvedere. Das waren die größten Störaktionen gegen den „Würgegriff“ von Ford während der NASCAR-Rennen der Jahre 1965–70.

1967 wurde der Hemi-V8 auch im neuen Belvedere GTX, zusammen mit einem „Super Commando“-440 ci-Wedgehead, der 375 PS leistete, angeboten. Der 440 tauchte zuerst im 66er Plymouth Fury und anderen Full-Size-Chrysler auf, bis er 1967 auch als Performance-V8 eingesetzt wurde. Selbst unter den neuen Bedingungen verfügte das legendäre Hochleistungstriebwerk noch über genug Reserven.

Im Spätsommer 1966 nahmen ein paar von Plymouth produzierte Rennversionen des Belvedere mit der Bezeichnung „GTX“ an Stock-Car-Rennen teil. Die Bedeutung dieses Kürzels blieb im unklaren, bis 1967 die „win-you-over“-Modelle vorgestellt wurden, mit einem Satellite GTX als Topmodell. Als High-Performance-Hardtop und -Convertible präsentiert, machte der GTX mit silber-schwarzem Kühlergrill und Heckblech, Lufthutzenattrappen auf der Motorhaube, Sport-Zierstreifen und einer Doppelauspuffanlage seinem Namen alle Ehre. Belvedere I und II boten weiterhin die gleichen Modellvarianten an, während ein abgespeckter Belvedere Kombi zu einem äußerst niedrigen Einstandspreis von $ 2579 das Programm bereicherte. Mehr Preis- als Verkaufsknüller fand er nur 5477 Käufer und beendete bereits 1968 seine kurze Karriere.

Die Rennerfolge von Plymouth sind so zahlreich, daß es den vorhandenen Rahmen sprengen würde, sie zu nennen, aber Richard Pettys NASCAR-„Auftritte“ sollen dennoch eine Erwähnung finden. In einer Saison errang er 27 Triumphe (insgesamt konnte Plymouth 31 erringen), wovon 10 glatte Siege waren; und das alles noch vor seiner zweiten Teilnahme an einer „Grand National Championship“. Beide Rekorde sind noch heute ungebrochen.

Chryslers sagenumwobener Hemi-426 (rechte Seite, oben) wurde 1965 nur in ein paar „drag-strip specials“ verbaut; 1966 machte man ihn auch als Option für den Satellite den Kunden zugänglich (rechte Seite, unten). Dementsprechend ausgerüstete Fahrzeuge machten nur durch kleine „426 Hemi“-Embleme an den vorderen Kotflügeln auf die „lauernde“ Gefahr aufmerksam. Der Satellite GTX (unten) präsentierte sich 1967 als Topmodell der Plymouth-Mittelklasse in sportlichem Trimm und mit zwei Lufthutzen auf der Motorhaube. Motoroptionen waren u. a. der 426-Hemi mit 425 PS und der 440-Wedgehead mit 375 PS.

Technische Daten

Motor: V8, hängende Ventile; 4475 ccm (92,0 × 84,1), 180/235 SAE-PS, 5212 ccm (99,3 × 84,1), 230 SAE-PS, 5917 ccm (104,7 × 85,9), 265 SAE-PS, 6277 ccm (108,0 × 85,9), 270–330 SAE-PS, 6982 ccm (108,0 × 95,3), 425 SAE-PS, 7212 ccm (109,7 × 95,3), 375 SAE-PS

Getriebe:	3-Gang-Schaltgetriebe; auf Wunsch 4-Gang-Schaltgetriebe oder Dreigangautomatik
Fahrwerk, vorn:	obere und untere Querlenker, Längsdrehstäbe
Fahrwerk, hinten:	Starrachse, Blattfedern
Bremsen:	vorn/hinten Trommelbremsen; auf Wunsch vorn Scheibenbremsen
Radstand (mm):	2946
Gewicht (kg):	1385–1514
Höchstgeschwindigkeit (km/h):	193
Beschleunigung 0–96 km/h (s):	6,6

Produktionszahlen: **1965 Satellite Cpé** 23 341 **Conv.** 1860 **1966 Satellite Cpé** 35 399 **Conv.** 2759 **1967 Satellite/GTX Cpé** 30 328 **Conv.** 2050

1967-69 Plymouth Barracuda

Ein Jahrzehnt nachdem Chrysler auf die von General Motors initiierte Wende im amerikanischen Automobildesign mit Virgil Exners „Forward Look"-Styling reagiert hatte, ging man mit dem 67er Barracuda den gleichen Weg. Chrysler gab sich jedoch bescheiden; einer der Designer gestand unumwunden GM die Führungsposition zu, als er sagte, daß der Barracuda dem „flowing styling"-Thema von GM folgte – natürlich als eigenständiges Pendant und nicht als bloße Kopie. „Die Designer gehen auf die gleichen Schulen, leben und arbeiten in ähnlichen Verhältnissen und beeinflußen sich gegenseitig in ihrer Arbeit."

Dieses Denken hat in letzter Zeit dazu geführt, daß neue Buick aussehen wie neue Oldsmobile und Eldorados aussehen wie Toronados. Der Barracuda mag vielleicht vorgegebenen Parametern gefolgt sein – weiche, fließende Konturen, die sich zu einem geschmackvollen Ganzen zusammenfügen –, behielt aber seine Eigenständigkeit bei und ließ sich *nicht* mit einem Mustang oder Camaro verwechseln.

Wie bereits in der Vergangenheit nutzte der Barracuda die Innenkarosserie des Valiant, bekam aber sonst eine komplett neue Außenhülle. Der Radstand erhöhte sich um 51 mm und die Gesamtlänge um 127 mm; ein Hardtop und ein Convertible leisteten dem Fastback jetzt Gesellschaft. Die Konstruktionsparameter änderten sich dagegen nicht: Drehstab-Vorderradaufhängung, Blattfedern hinten, selbsttragende Karosserie. Die Räder wurden aus Gründen höherer Zuladungskapazität auf 14 Zoll vergrößert und den neuen gesetzlichen Bestimmungen entsprechend eine Sicherheitslenksäule und ein Zweikreisbremssystem eingebaut. Außerdem plazierte Plymouth den Barracuda in einem konkurrenzfähigeren Preisspektrum: Das Hardtop war ab $ 2449, das Convertible ab $ 2775 zu haben – genau das Preisniveau des Mustang.

Das gute Marketing sollte sich auszahlen: 1967 verkauften sich über 60 000 Barracudas, wovon 4228 Convertibles waren; Hardtop und Fastback teilten sich den Rest zu gleichen Teilen. Das Fastback schnitt also in Relation zum Gesamtausstoß sehr gut ab, im Gegensatz zu seinem Mustang-Pendant, das sich, verglichen mit den anderen Karosserievarianten des Mustang, nicht so gut verkaufte; eine Tatsache, die eindeutig für eine gelungene Barracuda-Optik spricht, die beim Publikum gut anzukommen schien.

Die Überarbeitung der Karosserie brachte unter der Motorhaube auch mehr Platz für einen Big-Block, und Plymouth verlor keine Zeit eine 280 PS-Version seines 383 ci-V8 als Option anzubieten, die zudem mit dem bereits bekannten „Formula S"-Paket kombiniert werden konnte.

Aufgrund seines Erfolges wurde der Barracuda bis 1970 nicht großartig verändert. 1968 kam ein vertikal verstrebter Kühlergrill, 1969 dann ein wabenförmiger Grill und überarbeitete Rückleuchten.

Da nun per Gesetz Emissionsschutzbestimmungen Gültigkeit erlangt hatten, mußte Plymouth seine Motoren den neuen Anforderungen anpassen. 1968 ersetzte man den 273 ci als kleinste V8-Option durch einen „entgifteten" 318 ci (5212 ccm). Ein auf 340 ci (5573 ccm) aufgebohrter 318er-Small-Block erweiterte das Motorenangebot. Mit Vierfachvergaser und einer Verdichtung von 10,5 : 1 war er gut für 275 SAE-PS. Der Big-Block-383 ci (6277 ccm) war wieder mit von der Partie, diesmal mit 300 PS. Plymouth baute auch eine begrenzte Stückzahl an Hemi-befeuerten Barracudas für Drag-Rennen, die zum größten Teil dem Werksteam mit Fahrern wie Ronnie Sox und Buddy Martin zur Verfügung gestellt wurden. Wie die anderen Plymouth „drag specials" in der ersten Hälfte der Sechziger, reduzierte man diese Hemis erheblich im Gewicht und stattete sie soweit mit dem Allernötigsten aus, daß gerade noch eine Straßenzulassung möglich war.

1969, im dritten und letzten Jahr dieser Designgeneration, stellte man ein neues Performance-Paket mit dem Namen „'Cuda" vor. Zuerst wurde der 'Cuda nur mit dem 275 PS-340er bzw. einem auf 330 PS getunten 383er ausgerüstet. Später dann kam ein 440er (7212 ccm) mit 375 PS hinzu. Informationen über die Existenz von 'Cudas, die 1969 mit Hemi-Maschinen versehen wurden, sind vage und widersprechen sich in den Angaben, wieviele bzw. ob überhaupt welche ausgeliefert wurden.

Die meisten Barracudas allerdings wurden weder von Hemis noch von 383ern oder 440ern angetrieben, sondern von 273, 318 oder 340 ci-Motoren. Die Besten waren mit Vierganggetriebe und härterem Formula S-Fahrwerk sowie der effizientesten Achsübersetzung (3,23 : 1) ausgestattet. So bestückt, ließ sich ein Barracuda schneller beschleunigen als ein Triumph TR4 oder ein Austin-Healey und war sogar bei schneller Kurvenhatz nicht zu schlagen. Der 'Cuda neigte prinzipiell zum Untersteuern, konnte aber durch einen genau dosierten Tritt auf das Gaspedal zum Übersteuern gebracht werden und in allerbester Sportwagenmanier mit der Grazie eines englischen Roadsters im Drift um die Kurven gezogen werden. Die harte Federung „tendierte dazu, bei schlechten Straßenverhältnissen ihr wahres Gesicht zu zeigen", bemerkte ein Autotester, „aber sie ist kein Hinderungsgrund für den Kauf eines Barracuda, von dem wir finden, daß seine Vorzüge seine Nachteile aufwiegen". Einer seiner Vorzüge war es, Sportwagenfahrer mächtig ins Schwitzen bringen zu können.

Für das Modelljahr 1967 bekamen die Barracudas ein neues Styling, und dem Fastback wurde ein Stufenheck-Coupé (rechte Seite, oben) sowie ein Convertible zur Seite gestellt. Für 1968 (unten) fielen die Änderungen, bis auf die Hubraumvergrößerung beim kleinsten V8 (273 auf 318 ci), sehr gering aus. Die 69er-Modelle (rechte Seite, unten) wurden ebenfalls wenig geändert und waren die letzten dieser Designgeneration; das Fastback (ganz unten) war zwar das beliebteste Modell, wurde aber in den 70er Jahren nicht mehr angeboten.

Technische Daten

Motor: 6 Zylinder in Reihe, hängende Ventile, 3688 ccm (86,4 × 104,9), 145 SAE-PS; V8, hängende Ventile; 4475 ccm (92,2 × 84,1), 180–235 SAE-PS, 5212 ccm (99,3 × 84,1), 230 SAE-PS, 5573 ccm (102,6 × 84,1), 275 SAE-PS, 6277 ccm (108,0 × 85,9), 280–330 SAE-PS, 7212 ccm (109,7 × 95,3), 375 SAE-PS

Getriebe:	3-Gang-Schaltgetriebe; auf Wunsch 4-Gang-Schaltgetriebe oder Dreigangautomatik
Fahrwerk, vorn:	obere und untere Querlenker, Längsdrehstäbe
Fahrwerk, hinten:	Starrachse, Blattfedern
Bremsen:	vorn/hinten Trommelbremsen; auf Wunsch vorn Scheibenbremsen
Radstand (mm):	2743
Gewicht (kg):	1268–1335
Höchstgeschwindigkeit (km/h):	190
Beschleunigung 0–96 km/h (s):	5,6

Produktionszahlen: **1967 Cpé** 28 196 **Conv.** 4228 **Fastback** 30 110 **1968 Cpé** 19 997 **Conv.** 2840 **Fstbk** 22 575 **1969 Cpé** 12 757 **Conv.** 1442 **Fstbk** 17 788

'67
BFGoodrich

340

1967-68 Plymouth Sport Fury & VIP

War 1962 noch ein Jahr niedrigster Absatzzahlen gewesen, so hatte sich Chryslers Brot-und-Butter-Marke innerhalb dreier Jahre zu neuen Umsatzhöhen aufgeschwungen und sollte für 1967 alle Register ihres Könnens ziehen. „Plymouth is out to win you over", konnte man in Werbeanzeigen lesen – und sie logen nicht. Den Barracuda hatte man als Konkurrenz zum Mustang in ein wunderschönes „ponycar"-Gewand gekleidet, der Valiant hatte eine ebenfalls schmuckere Optik erhalten und selbst die Mittelklasse-Belvedere (immer noch mit 62er-Technik) päppelte man in Styling und Power auf – Aktivitäten an allen Fronten also.

Natürlich durfte da das Plymouth-Flaggschiff, der Fury, nicht fehlen, der mit einem neuen Design und größeren Dimensionen in das Modelljahr 1967 ging. Obwohl Radstand und die Grundkarosserie von 1965/66 übernommen wurden, brachte das neue Blechkleid eine Erhöhung der Fahrzeuglänge um (typenabhängig) 84 bis 191 mm. Die stark modellierten Seitenflächen ließen den Fury sogar noch länger erscheinen als er war. Durch die vorgezogenen Flanken der vorderen Kotflügel und breite horizontale Schlußleuchten wirkte er auch breiter, aber tatsächlich war er um 2 bis 3 Zentimeter schmaler als der Vorgänger. Wie viele Fahrzeuge aus Detroit entsprach auch der Fury der neuen Mode, die Karosserien mit einem leichten Hüftschwung zu versehen.

Der VIP galt seit seinem Debüt 1966 als Luxusausgabe des Fury und war auch 1967 mit Hardtop Coupé und Limousine fester Bestandteil des Programms. Er teilte sich die Spitzenposition mit dem preislich fast identischen Sport Fury Convertible (mit Einzelsitzen) und den zweitürigen Sport Fury Hardtops, die gleich in zwei Versionen angeboten wurden: Einmal als konventionelles Stufenheck-Hardtop (das es auch mit vorderer Sitzbank gab) mit zum Heck hin schmaler zulaufenden C-Säulen und als „Fast Top" mit dem gleichen Dachprofil, aber mit großflächigen, dreieckigen C-Säulen, die einen sehr großen toten Winkel erzeugten. Obwohl das Fast-Top-Dach sportlicher aussah, wählte man es als Dachkonstruktion für das VIP-Modell, wohl weil die breiten C-Säulen viel formaler wirkten und mit dem optionalen Vinyldach eine viel distinguierte Optik ermöglichten.

Die Fast Tops und der VIP Hardtop Sedan besaßen unterhalb der Heckscheibe Luftschlitze, die Teil der neuen Innenraumbelüftung waren. Dieses neue System sollte bei einer gefahrenen Geschwindigkeit von knapp 100 km/h einen viermaligen Luftaustausch pro Minute ermöglichen, konnte aber seine Effizienz nicht genügend unter Beweis stellen und wurde nach einem Jahr wieder fallengelassen.

Die VIP-Modelle zielten mit ihrem luxuriösen Interieur ganz bewußt auf den Kundenkreis von Chrysler und Imperial ab und waren ausgestattet mit plissierten Bezugsmaterialien, Holzimitat an Armaturenbrett und Türverkleidungen, herunterklappbarer Mittel-Armlehne in der Rücksitzbank sowie weiteren Komfort-Features. Außen hatte man die Schweller in Paneele aus gebürstetem Aluminium gekleidet, die Räder mit speziellen Radzierblenden versehen, die Fahrzeugseiten mit dünnen Farbzierstreifen geschmückt sowie den Zierat um ein ganzes Sortiment an Chromteilen bereichert. Dieses spendierte man auch dem Sport Fury, der weiterhin seine dreifarbigen Insignien trug und ein komplettes Vinyl-Interieur mit Einzelsitzen und Mittelkonsole sowie Knüppelschaltung besaß.

Entgegen den normalen Fury, die serienmäßig mit einem Slant Six ausgerüstet waren, wurden VIP und Sport Fury von einem 318 ci-V8 angetrieben. Der Motor selbst war vollkommen neu aufgebaut und teilte sich mit dem 273 ci-Small-Block des Valiant/Barracuda die neue, kompakt bauende „Thinwall"-Technologie. Legte der Kunde Wert auf höhere Motorleistung, so bot ihm Plymouth genug Alternativen: Zwei 383er und der neue, 1966 eingeführte 440 ci-V8, der im neuen „Super Commando"-Tuning 10 PS mehr, also nun 375 SAE-PS leistete. Der Zubehörkatalog erweiterte sich um servounterstützte Scheibenbremsen für die Vorderräder, Kopfstützen für die Frontpassagiere und Dreipunkt-Sicherheitsgurte; zum Standard gehörten jetzt eine Sicherheitslenksäule und ein gepolstertes Armaturenbrett. Das Instrumentenbord war gespickt mit Einstellrädchen und Kippschaltern, und es wurde sogar nachts durch kleine Spots angestrahlt.

Von den Full-Size-Plymouth verkauften sich Fury II und III auch 1967 nach wie vor am besten. Trotz des gemäßigteren Gesamtumsatzes der Autoindustrie in jenem Jahr, wurden die Plymouth-Topmodelle recht gut verkauft. Da der VIP 1966 nur eine halbe Saison zur Verfügung hatte, fällt ein Vergleich natürlich schwer, aber der Ausstoß an knapp 19 000 67er-Modellen lag deutlich über dem Ergebnis des Vorjahres; der Sport Fury erreichte mit etwas über 31 500 verkauften Einheiten nicht ganz das Resultat seines Vorgängers.

1968 kam Plymouth erneut auf den vierten Platz in der Gesamtstatistik, der bereits seit 1963 gehalten wurde, jetzt aber mit 110 000 zusätzlichen Einheiten erkauft werden mußte; die Plymouth-Gesamtproduktion betrug mittlerweile stolze 750 000 Fahrzeuge, was einem neuen Rekord gleichkam. Bezugnehmend auf den Hit von Sonny & Cher versprach die Werbung: „The Win-You-Over Beat Goes On". Die 68er Fury sollten das 67er-Lied in nur leicht abgeänderter Form anstimmen: Ein etwas überarbeitetes Design, per Gesetzesbeschluß geforderte Seitenbeleuchtung und emissionsreduzierte Motoren sollten die einzig neuen Töne in der Verkaufssymphonie sein. Sämtliche Abmessungen wurden beibehalten. Sport Fury und VIP verkauften sich zwar immer noch in akzeptablen Stückzahlen, zeigten aber einen deutlichen Umsatzrückgang auf 26 000 und dann 17 500 Einheiten. Wie sich noch herausstellen sollte, waren 1967 und 1968 die letzten „fetten" Jahre für Plymouth – zumindest was die Verkaufszahlen anging. Das soll aber nicht heißen, daß man bei Plymouth nicht weitere aufregende Fahrzeuge in petto hatte. Einige werden wir auf den nächsten Seiten vorstellen.

Der überarbeitete 67er Sport Fury (rechte Seite, unten) behielt zwar die vertikalen Doppelscheinwerfer und horizontalen Rückleuchten seines Vorgängers, sah aber ansonsten völlig anders aus. Neu war ein zweitüriges „Fast Top" mit sehr breiten dreieckigen C-Säulen. Die 68er (rechte Seite, oben) bekamen eine andere Kühlergrilloptik, wurden aber sonst nur in Details geändert.

Technische Daten

Motor: V8, hängende Ventile; 5212 ccm (99,3 × 84,1), 230 SAE-PS, 6277 ccm (108,0 × 85,9) **1967** 270/325 SAE-PS **1968** 290/330 SAE-PS, 7212 ccm (109,7 × 95,3), 375 SAE-PS

Getriebe:	3-/4-Gang-Schaltgetriebe, TorqueFlite-Dreigangautomatik
Fahrwerk, vorn:	obere und untere Dreiecksquerlenker, Längsdrehstäbe
Fahrwerk, hinten:	Starrachse, Halbelliptik-Blattfedern
Bremsen:	vorn/hinten Trommelbremsen; auf Wunsch vorn Scheibenbremsen
Radstand (mm):	3023
Gewicht (kg):	1648–1689
Höchstgeschwindigkeit (km/h):	169–193
Beschleunigung 0–96 km/h (s):	8,5–10,0

Produktionszahlen: **1967 Sport Fury Fast Top/Stufenheck Hdtp Cpé** 28 448 **Conv.** 3133 **VIP Fast Top Hdtp Cpé** 7912 **Hardtop Sdn** 10 830 **1968 Sport Fury Stufenheck Hdtp Cpé** 6642 **Fast Top Hdtp Cpé** 17 073 **Conv.** 2489 **VIP Fast Top Hdtp Cpé** 6768 **Hardtop Sdn** 10 745

1968

1968-69 Plymouth Sport Satellite & GTX

Erfreulich, was Insistenz so alles bewirken kann. Waren die „geschrumpften" 62er Full-Size-Modelle von Plymouth in der Publikumsgunst durchgefallen, so sorgten sie mit einigen zwischenzeitlich erfolgten Änderungen sechs Jahre später für einen Ausstoß von über einer Viertelmillion Einheiten.

Das sich permanent zum Besseren verändernde Styling war sicherlich eine wichtige Voraussetzung für den Erfolg, die wichtigste aber war die Wiedereinführung vollwertiger Full-Size-Plymouth. Im Jahre 1965 stellte man den Fury vor, der über einen Radstand von 3023 mm verfügte. Das erlaubte den existierenden Modellen mit ihrem Radstand von 2946 mm (2972 mm bei Kombis), sich ausschließlich auf die Mittelklasse zu konzentrieren, was ihnen auch sehr erfolgreich mit den Belvedere I und II sowie dem Satellite (mit Einzelsitzen) gelang.

1966 ließ Plymouth die Herzen der „street racer"-Fans höherschlagen indem man den berühmten 426 ci-Hemi-V8 als Antriebsoption für die Mittelklassemodelle anbot und damit gleichzeitig für deren verstärkte Dominanz auf den „Viertelmeilen" des ganzen Landes sorgte. Im darauffolgenden Jahr kleidete man diesen „gestandenen Kerl" in ein attraktiveres Gewand und stellte ihn als Belvedere GTX vor, der als Convertible und Hardtop mit Einzelsitz/Mittelkonsolen-Interieur über das Potential eines 440 ci-Wedgehead und dessen 375 PS verfügte. Was noch zu tun blieb, war, den Konkurrenten von GM und Ford ein eigenständiges Styling entgegenzusetzen.

Und genau das tat Chrysler mit einer völlig überarbeiteten B-Karosserie für Plymouth Belvedere/Satellite/GTX und Dodge Coronet/Charger. Plymouth ging in die Vollen und bot gleich eine ganze Modellauswahl an: „The Mid-Size 5". Als Basisserie fungierte der Belvedere mit B-Säulen-Coupé, viertüriger Limousine und Kombi, als gehobenere Serie der Satellite (anstelle des Belvedere II) mit vorgenannten Modellen plus zweitürigen Hardtop und Convertible sowie als Topmodell der neue Sport Satellite mit Convertible, Hardtop Coupé und viertürigem Kombi. Der Sport Satellite wartete zwar mit der besten Ausstattung auf, aber nicht unbedingt mit der größten Power. Diese Domäne war dem potenten GTX-Duo und einem neuen schnörkellosen, bezeichnenderweise „Road Runner" genannten Kraftpaket vorbehalten, dessen Geschichte aber in einem eigenen Kapitel erzählt werden soll.

Alle 68er Plymouth-Mittelklassemodelle waren weicher, runder in ihrer Linienführung und zeichneten sich aus durch an ihrer Oberseite leicht hervorstehende Heckkotflügel, einfach gehaltene Kühler-

Die neue Mittelklasse ging mit einer „Coke bottle"-Taille und über den Radausschnitten leicht bauchigen Seitenflächen in das Modelljahr 1968. Der Sport Satellite (linke Seite, oben) wurde serienmäßig von einem 318 ci-V8 angetrieben, während sein muskulöser Bruder, der GTX (oben und linke Seite, unten), mit einem 375 PS starken 440er ausgerüstet war. Optional ließ sich der GTX auch gern von dem berüchtigten 426-Hemi (linke Seite, Mitte) beflügeln, der sehr zurückhaltend mit 425 PS angegeben war.

Technische Daten

Motor: V8, hängende Ventile; **Satellite** 5212 ccm (99,3 × 84,1), 230 SAE-PS, 6277 ccm (108,0 × 85,9), 290/330 SAE-PS **GTX** 7212 ccm (109,7 × 95,3), 375 SAE-PS, 6982 ccm (108,0 × 95,3), 425 SAE-PS

Getriebe:	3-/4-Gang-Schaltgetriebe, TorqueFlite-Dreigangautomatik
Fahrwerk, vorn:	obere und untere Dreiecksquerlenker, Längsdrehstäbe, Querstabilisator beim GTX
Fahrwerk, hinten:	Starrachse, Halbelliptik-Blattfedern
Bremsen:	vorn/hinten Trommelbremsen; auf Wunsch vorn Scheibenbremsen
Radstand (mm):	2946
Gewicht (kg):	1432–1673
Höchstgeschwindigkeit (km/h):	169–225
Beschleunigung 0–96 km/h (s):	6,3–10,5

Produktionszahlen: **1968 Sport Satellite Hdtp Cpé** 21 014 **Conv.** 1523 **Wagon** o.A. **GTX Hdtp Cpé** 17 914 **Conv.** 1026 **1969 Sport Satellite Hdtp Cpé** 15 807 **Conv.** 818 **Sdn 4tür.** 5837 **Wagon** 6372 **GTX Hdtp Cpé** 14 902 **Conv.** 700

masken, angedeutete Blechfalzen in den Seitenflächen, stärker zum Unterboden hin gebogene Schweller sowie markante Heckpartien, gekennzeichnet durch auffällige Schlußleuchten. Bedauerlicherweise wies diese B-Karosserie trotz ihrer glatten Flächen eine Aerodynamik auf, die schlechter war als diejenige der neuen 68er Ford Torino/Mercury Cyclone Fastbacks, die auf den Stock-Car-Ovalen schnellere Rundenzeiten erzielten und dementsprechend auch öfter auf dem Siegertreppchen standen. Aber auf den Drag-Strips herrschte MoPar mit Fahrern wie Ronnie Sox und Buddy Martin, die Chryslers reichhaltige „Super-Stock"-Trophäensammlung um einige Triumphe bereicherten.

Selbstverständlich gab es zum umfangreichen Modellangebot der Plymouth-Mittelklasse die entsprechende Motorenauswahl: Die Palette reichte vom 225 ci-Slant-Six über den quicklebendigen Street Hemi – immer noch mit „lächerlichen" 425 PS angegeben – bis zum 375 PS starken Super-Commando-440, der im GTX als Standard eingebaut war. Bei den Sport Satellites ging es los mit einem zahmen 230 PS-318 ci und endete bei dem auf Wunsch erhältlichen 383 ci mit 300 oder 330 PS. Alle Modelle nutzten das gleiche bewährte Chrysler-Fahrwerk mit Drehstabfederung und optionalen, servounterstützten Scheibenbremsen an der Vorderachse. Die meisten 68er wurden statt mit Dreigangschaltung mit einer extra zu zahlenden TorqueFlite-Automatik ausgeliefert, die bei den GTX serienmäßig verbaut war, aber ohne Aufpreis gegen ein knüppelgeschaltetes Vierganggetriebe getauscht werden konnte.

Der GTX war härter gefedert und mit einem Sure-Grip-Sperrdifferential an der verstärkten Hinterachse ausgerüstet. Die 68er waren durch ihre speziellen Zierstreifen, große „GTX"-Embleme und eine „Performance"-Motorhaube zu erkennen, die zwei zu den Seiten zeigende Pseudo-Lufthutzen besaß (der Road Runner hatte die gleiche Haube). Das Interieur wurde durch Einzelsitze vorn, Mittelkonsole und Holzimitat bestimmt.

Obwohl Plymouth in punkto Verkaufszahlen weit abgeschlagen hinter Chevy und Ford herhinkte, hatte sich das 68er-Ergebnis gegenüber 1967 um 111 000 auf fast 750 000 Einheiten gesteigert. Die Mittelklassemodelle beteiligten sich daran mit einem Drittel. Der Satellite verkaufte sich am besten, der Sport Satellite (ohne Kombi) fand ca. 22 500, die beiden GTX fast 19 000 Käufer.

Für das Jahr 1969 änderte Plymouth vorwiegend Details in Ausstattung und Optik, ließ aber auch die „Speed-Freaks" nicht unberücksichtigt. Sie bekamen einen monströsen 440 ci mit drei Zweifachvergasern, der passenderweise „440 6-bbl." getauft wurde. Nominell mit 390 PS angegeben (tatsächlich hatte er einiges mehr), war er als Option im Road Runner zu haben, für den es ebenfalls auf Wunsch eine funktionale „Air Grabber"-Haubenhutze und fünf verschiedene „Performance Axle Packages" gab. Der GTX dagegen bekam als neues Zubehör nur die Hinterachsübersetzungen spendiert; die Mittelkonsole mußte der Kunde jetzt extra bezahlen. Leistungsfähigkeit wurde beim GTX zwar weiterhin groß geschrieben – mit Hemi und Automatikgetriebe schaffte er 0–60 mph in unter 6,5 s, mit dem 440er brauchte er eine halbe Sekunde länger – , er wurde aber vom preiswerteren „Beep Beep"-Mobil aus seiner Stellung verdrängt. Die Verkaufszahlen des GTX rutschten auf 15 000 ab, während der Road Runner über 84 000 Exemplare verkaufte.

1968-69
Plymouth Road Runner

„Wir wissen nur, daß die Spezies Geococcyx Californianus ein am Boden lebender Kuckuck mit langem Schwanzgefieder ist, der schnell wie der Wind ist und in der Weite des nordamerikanischen Südwestens lebt. Nun, da er das ganze Land zu seiner Heimat erkoren hat, durchläuft er es mit noch größerer Schnelligkeit und vermehrt sich ungemein." Das gab *Motor Trend* zum Besten, als die Tester 1968 den Plymouth Road Runner zum „Car of the Year" ernannten. Warum kamen sie ausgerechnet auf ein so spezielles Fahrzeug? Sie gaben dafür diverse Gründe an: das Konzept, einen preiswerten Zweitürer mit einer kräftigen, aber unkapriziös arbeitenden Maschine zu kombinieren; das gute Fahrwerk und die ausgezeichneten Bremsen; klares und einfaches Design. „Wenn Sie darauf bestehen, mehr Geld auszugeben, dann investieren Sie es in ein luxuriöseres Interieur, ein Hardtop oder [ab 1969] Convertible, einen rennmäßigen Hemi-426 oder in weitere der zahlreichen Zubehöroptionen; es ist aber das Grundkonzept aus Schlichtheit und niedrigem Preis, das ihn zum unbestrittenen Sieger macht."

Der Plymouth Road Runner beschleunigte von 0 auf 60 mph in 6 bis 7 Sekunden, war über 190 km/h schnell und kostete $ 2896. Das war exakt der Preis (plus Überführung und Nebenkosten) für die Basisversion des 68er Road Runner, der von dem 335 PS starken Super-Commando-383-V8 angetrieben wurde und mit Viergangschaltung, verstärktem Fahrwerk sowie einer lustigen Hupe aufwartete, die, Walt Disney's Woody Woodpecker gleich, „Beep Beep" machte. Das einzige was noch fehlte war ein Koyote, über den man herziehen konnte – aber da gab es ja genug Ford Fairlane und Chevrolet Nova, die den gleichen Zweck erfüllten.

Der Road Runner war das perfekte Marketing, um junge Käufer für einen geringen Obulus Plymouth-abhängig zu machen, denn schließlich gab es hier mehr Fahrleistungen als bei Ford oder Chevy fürs Geld. Das Interieur war spartanisch und das sonst nackte Blechkleid nur durch Woodpecker-Embleme verziert. Angeboten wurden Hardtop und B-Säulen-Coupé, wobei letzteres um $ 150 billiger war und sich doppelt so gut verkaufte. (Der typische Road-Runner-Käufer achtete natürlich auf sein Budget.) Wenn man allerdings $ 800 übrig hatte, dann konnte man sich *den* Treibsatz überhaupt leisten – den Hemi. Ob auf der Straße oder auf der Rennpiste, der Hemi war pures Dynamit. „Das dürfte die schnellste in Serie produzierte Limousine sein, die zur Zeit auf amerikanischen Straßen herumfährt. Der Motor hat sich seit seiner ersten Attacke auf normale Straßen im Jahr 1965 sehr gewandelt – er ist

Technische Daten

Motor: V8, hängende Ventile; 6277 ccm (108,0 × 85,9), 335 SAE-PS, 6982 ccm (108,0 × 95,3), 425 SAE-PS, 7212 ccm (109,7 × 95,3), 375/390 SAE-PS

Getriebe:	4-Gang-Schaltgetriebe; auf Wunsch Dreigangautomatik
Fahrwerk, vorn:	obere und untere Querlenker, Längsdrehstäbe
Fahrwerk, hinten:	Starrachse, Blattfedern
Bremsen:	vorn Scheiben-/hinten Trommelbremsen
Radstand (mm):	2946
Gewicht (kg):	1562–1721
Höchstgeschwindigkeit (km/h):	167–193+
Beschleunigung 0–96 km/h (s):	5,5–7,3

Produktionszahlen: **1968 Cpé** 29 240 **Hardtop Cpé** 15 359 **1969 Cpé** 33 743 **Hardtop Cpé** 48 549 **Conv.** 2128

Die ersten Road Runner (ganz oben) wurden 1968 vorgestellt und waren ganz spartanisch ausgestattete Fahrzeuge bar jeglichen Zierats — mit Ausnahme kleiner Walt-Disney-„Woodpecker“-Embleme an der Karosserie. 1969 gaben sich die Road Runner (linke Seite) etwas luxuriöser und bekamen eine reichhaltigere Zubehörauswahl; ein Convertible (unten) wurde ebenfalls angeboten. Serienmäßiger Treibsatz war in beiden Jahren ein 335 PS leistender 383 ci-V8 (oben).

verfeinert worden“, schrieb Eric Dahlquist. „Überraschenderweise läßt ihn das zusätzliche Gewicht auf der Vorderachse nur geringfügig stärker übersteuern, und er vermag schneller auf 60 mph zu beschleunigen als irgendeiner von den 383ern. Das verdankt der Road Runner zwei zusätzlich eingebauten Federblättern in der Blattfeder rechts hinten, die wirksam das Radtrampeln unterbinden, das bei den 383er-Modellen aufgetreten war.“ (Dahlquist jagte einen Hemi Road Runner mit kurzer 4,10 : 1-Übersetzung in 5,5 s von 0 auf 60 mph und durchflog die Viertelmeile in 13,5 s mit einer Geschwindigkeit von 169,56 km/h.)

Preisbewußte Performance-Fans liebten den Road Runner, dessen 68er-Jahrgang sich 45 000 mal verkaufte. Das war 2,5 mal soviel wie vom Satellite GTX abgesetzt werden konnten. Ford dominierte mit dem Torino die NASCAR-Szene (speziell die „super-speedways“) und gewann 20 Grand Nationals; Plymouth zählte 16 Erfolge und mußte sich mit dem zweiten Platz begnügen.

1969 kam ein Road Runner Convertible auf den Markt, das mit einer luxuriöseren Innenausstattung aufwartete; ansonsten änderte sich bei der zweiten Auflage nicht sehr viel. Der Super-Commando-440 verfügte jetzt über 15 Mehr-PS, die ihm ein Set aus drei Zweifachvergasern, die auf einem „Edelbrock“-Krümmer montiert waren, spendierte (eine Novität bei Plymouth). Zu dieser „440-6bbl.“ genannten Version gehörte auch eine Motorhaube aus Glasfiber, in die eine Lufthutze integriert war. Die Popularität der Road Runner hatte ihren Höhepunkt erreicht, was sich in 84 000 verkauften Exemplaren widerspiegelte, aber auf der Rennpiste sah die Sache ganz anders aus. Plymouth-As Richard Petty wechselte 1969 zu Ford, weil ihm der Plymouth über eine zu ungünstige Aerodynamik verfügte und weil seiner Meinung nach der Hemi noch nicht ausgereift genug war.

„Der Hemi Road Runner kann gar nicht anders, als richtig losgehen“, schrieb Eric Dahlquist, „schon allein aus dem Grund, weil der Hemi es immer getan hat; er könnte sogar aus einem rostigen Nagel ein goldenes Zepter machen. Der serienmäßige 383er war, selbst mit den High-Perfomance-Zylinderköpfen des 440ers, den Jungs noch zu fad und benötigte deshalb noch solche Zutaten wie eine kurz übersetzte Hinterachse, Air-Induction und Hurst-Shifter. Noch vor nicht allzu langer Zeit hätte das Management solche Optionen begrenzen und Pontiac oder andere Hersteller die Früchte dieser Idee ernten lassen müssen, aber damit ist jetzt Schluß. Das ist mit ein Grund, warum sich der Road Runner auch in Zukunft verkaufen wird. Hat man erst einmal die Loyalität eines Besitzers, eines jungen, schwer zu überzeugenden Besitzers, dann wird er bei der Stange bleiben, solange die Produktion läuft“. Er behielt Recht: Nur strengere Abgasvorschriften drückten die Verkaufszahlen des Road Runner Anfang der Siebziger nach unten, und selbst 1974, mit nur noch 170 PS, fand er 12 000 Käufer.

1969 Plymouth Sport Fury & VIP

1969 war ein großartiges Jahr für große Autos, und die traditionellen „Low-Price-Three" kamen mit einem brandneuen Design auf den Markt. Ford und Chevy nahmen Anleihen an bereits bekannten Stylingdetails, während der Fury ein komplett neues „Look What Plymouth's Up To Now"-Design anpries.

Der 69er Fury war zumindest auf dem Papier genau die Art von „family cruiser", nach dem der Markt zu rufen schien. Zusammen mit den neuen C-Karosserie-Chrysler und den „senior"-Dodge teilten sie sich das neue „fuselage styling", das der „glatte" 68er Dodge Charger bereits spektakulär in Szene gesetzt hatte. Nun in ganzer Full-Size-Größe zu bewundern, wirkte dieses Design eher „fett" als leicht – und war unpraktisch dazu, mit seiner höheren Gürtellinie und dementsprechend in der Höhe reduzierter Fensterfläche, die natürlich die Sichtverhältnisse erheblich verschlechterte. Aber wenigstens zeigte er eine klarere und weichere Linienführung als vorher und wies trotzdem noch durch seine scharfkantigen Vorder- und Heckkotflügel genug Formalismen auf, um selbst einem konservativeren Kundenkreis zu gefallen.

Die neuen Modelle wirkten größer und wuchtiger – und der Schein trügte nicht. Der Radstand vergrößerte sich gegenüber 1965–68 um ein Zoll auf die 120 Zoll (3048 mm) der Fury-Konkurrenz (außer bei den Kombis, die mit 122-Zoll-Fahrgestell weiterhin als Suburban ihre eigene, 1968 eingeführte Modellreihe hatten). Die Gesamtlänge nahm um 38 mm auf imposante 5448 mm zu, während die Breite um 51 mm auf stattliche 2022 mm anwuchs. Die „massive" Optik des Fury hatte sich aber nicht sehr nachteilig auf sein Gewicht ausgewirkt, das sich nur um ein paar Kilo erhöht hatte (von Modell zu Modell unterschiedlich). Das Sport Fury Convertible beispielsweise wog nur 8,6 kg mehr als sein 68er-Vorgänger und bei der luxuriösen VIP Hardtop Limousine waren es lediglich 3,6 kg mehr.

Da für das Modelljahr 1969 keine großartigen technischen Neuerungen eingeführt wurden, unterschied sich der Fury immer noch von seinen Rivalen durch seine selbsttragende Karosseriebauweise (im Gegensatz zu deren Karosserie/Chassis-Bauweise), seine von Chrysler stammende Drehstab-gefederte Vorderradaufhängung (gegenüber den Schraubenfedern der Konkurrenz) und seine große Auswahl an zuverlässigen Motoren aus den Highland-Park-Regalen, die vom sparsamen 225-Slant-Six bis zum kräftigen 440er Big-Block-V8 reichte. Ein paar neue Stylingdetails hatten allerdings auch einen funktionellen Wert. So versteckten sich die Scheibenwischer (GM hatte es vorgemacht) unter dem Windlauf der Motorhaube, und *blieben* auch versteckt, wenn sie mal von heftigen Schneefällen „eingeschlossen" wurden. Die mit Klimaanlage ausgerüsteten Hardtop Coupés verloren ihre vorderen Ausstellfenster, die zu der Zeit sowieso aufgrund des in geöffnetem Zustand erhöhten Geräuschpegels umstritten waren. Die 14-Zoll-Räder wurden durch 15-Zöller ersetzt, die zwar nicht ganz die „aufgeblähten" Radkästen füllen konnten, aber dafür größere, effizientere Bremsen zuließen. Eine neue (aber wenig bekannte) 69er-Option war die Kombination aus einem Zweifachvergaser-383 ci-V8 und Tempomat, servounterstützten vorderen Scheibenbremsen, lang übersetzter 2,76 : 1-Hinterachse, Unterbodenschutz sowie einer Scheinwerfer-Warnleuchte. Plymouth verkaufte dieses Paket als „Turnpike Cruising Package". (Interessanterweise verwandte Mercury genau denselben Namen).

Die Topmodelle im 69er-Plymouth-Programm waren erneut Sport Fury und VIP. Der VIP erweiterte sein Angebot auf drei Modelle um ein „formal"-Hardtop mit gerader angestellter Heckscheibe und großflächigen hinteren Seitenscheiben. Das „Fast Top" wurde als das sportliche Hardtop im Programm durch ein neues, mit schmalen, schrägstehenden C-Säulen versehenes Hardtop ersetzt. Auch dieses Jahr bot der Sport Fury das luxuriöseste und teuerste Convertible im Plymouth-Stall an ($ 3502). Das bereits erwähnte viertürige VIP Hardtop war dagegen die teuerste geschlossene Fury-Variante ($ 3433).

Unglücklicherweise brachten die an sich sehr profitablen VIP und Sport Fury den Händlern durch ihre gesunkenen Verkaufszahlen weniger ein als sie erhofft hatten. Von den „Very Important Plymouth" wurden mit etwas unter 14 000 Einheiten fast 4000 weniger abgesetzt als im Vorjahr; der Sport Fury verlor sogar 8300 Einheiten gegenüber dem Vormodell und zählte nur noch 18 000 verkaufte Exemplare. Beide kamen längst nicht an die Verkaufszahlen ihrer „Big Three"-Rivalen heran. Der Chevy Impala SS war zu einer Zubehöroption verkümmert und deshalb nicht mehr aktuell, aber dafür um so mehr der Caprice, der den VIP mit 9 : 1-Verkäufen übertrumpfte; Ford erzielte Plymouth gegenüber mit seinem luxuriösen LTD sogar ein 16 : 1-Ergebnis. Für den Sport Fury sah es auch nicht viel besser aus, da er nur ein Viertel der Verkaufszahlen seines sportlichen Ford-Gegners XL erreichen konnte. In der Gesamt-Verkaufsstatistik belegte Plymouth nur einen schwachen vierten Platz hinter dem starken Zweitplazierten, Ford, und dem Ersten, Chevrolet.

Die Plymouth-Topmodelle schafften es nicht, sich gegen ihre Konkurrenten – auch nicht gegen den Drittplazierten Pontiac – durchzusetzen. Ein Beweis dafür, daß der Markt Plymouths Verständnis von Luxus scheinbar nicht so recht zu teilen vermochte (Ford und Chevy hatten da wohl ein glücklicheres Händchen), was leider auch dahin führte, daß die Verkaufszahlen in den Siebzigern immer weiter abfielen.

Der VIP überlebte den Dekadenwechsel nicht und wurde erst durch einen Sport Fury mit Frontsitzbank sowie schließlich durch ein „Gran"-Modell ersetzt. Mit nur einem Modell, dem GT Hardtop Coupé mit 440 ci-V8, überstand der Sport Fury als eines der letzten muskelbepackten Full-Size-Modelle noch ein weiteres Jahr, wurde aber Ende 1971 aus dem Verkehr gezogen. Alles in allem ein trauriges Ende für das einstmals Beste aus dem Hause Plymouth.

Alle Chrysler-Modelle bekamen für 1969 das „fuselage styling" mit auf den Weg, das den Fahrzeugen ein voluminöseres und flotteres Erscheinungsbild verlieh. Die meisten Modelle waren in der Tat gewachsen; der Plymouth Fury stand jetzt auf einem um ein Zoll verlängerten Fahrgestell. Sport Fury (rechte Seite) und VIP waren nach wie vor die Topmodelle im Plymouth-Stall, verloren aber nach und nach an Popularität. Während der VIP auf die luxuriöse Oberklasse abzielte, versuchte der Sport Fury weiterhin das Publikum zu begeistern, das sich für große, sportliche Autos interessierte und präsentierte sich serienmäßig ausgestattet mit Einzelsitzen und Mittelkonsole (unten) sowie V8-Motorisierung.

Technische Daten

Motor: V8, hängende Ventile; 5212 ccm (99,3 × 84,1), 230 SAE-PS, 6277 ccm (108,0 × 85,9), 290/330 SAE-PS, 7212 ccm (109,7 × 95,3), 375 SAE-PS

Getriebe:	3-/4-Gang-Schaltgetriebe, TorqueFlite-Dreigangautomatik
Fahrwerk, vorn:	obere und untere Dreiecksquerlenker, Längsdrehstäbe, Querstabilisator
Fahrwerk, hinten:	Starrachse, Halbelliptik-Blattfedern
Bremsen:	vorn/hinten Trommelbremsen; auf Wunsch vorn Scheibenbremsen
Radstand (mm):	3048
Gewicht (kg):	1627–1693
Höchstgeschwindigkeit (km/h):	177–201
Beschleunigung 0–96 km/h (s):	8,0–10,0

Produktionszahlen: **Sport Fury Hdtp Cpé** 14 120 **Conv.** 1579 **„formal" Hdtp Cpé** 2169 **VIP Hdtp Cpé** 4740 **„formal" Hdtp Cpé** 1059 **Hardtop Sdn** 7962

2
COMMERCIAL DISPLAY# 44

COMMERCIAL DISPLAY# 44

1960 Pontiac

Pontiac kann sicherlich mit einer der größten Erfolgsstorys der sechziger Jahre aufwarten – und der Achtziger ebenfalls. Der Grund war immer derselbe: Eine enthusiastische Führungsspitze, die besonderen Wert auf Performance und Stil legte. In den Sechzigern vermochte Pontiac, durchweg jeden Rivalen im mittleren Preissegment in den Verkaufszahlen zu überbieten. Man hielt einfach das Publikum in Atem – das war das ganze Geheimnis. 1962 hatte sich Pontiac bereits aus dem Mittelfeld bis auf Platz drei in der Gesamtstatistik emporgearbeitet – eine Position, die man bis 1970 nicht mehr abtreten sollte.

Die Geschichte begann mit den 1959 brandneu auf den Markt gekommenen „Wide Track"-Pontiac, die wohl die schnörkellosesten und am besten zu fahrenden Autos waren, die Detroit in dem Jahr herausbrachte. Der bis dahin größte V8, der „Trophy"-389, und der neue, preisgünstige Catalina führten Pontiac zu neuen Erfolgen. Der Catalina kam sofort bei jenem Publikum gut an, das sowohl auf Preis/Leistung als auch auf Performance großen Wert legte.

1960 stellte die Pontiac Division ein neues, sehr geschmackvolles Styling vor, das vor allem durch die neue Kühlergrillgestaltung in Form von horizontalen Streben, die ein breites „V" andeuteten, auffiel. Obwohl dieses „Air Foil"-Motiv sehr attraktiv war, vermißte man die bereits zum Markenzeichen gewordene, zweigeteilte Kühlermaske der 59er-Modelle, die nach diesem einen Jahr aber wieder die Pontiac-Schnauzen zieren sollte. Die Fahrzeugflanken hatte man ebenfalls neu modelliert sowie „twin-tube"-Schlußleuchten eingeführt (eine Weiterentwicklung der 59er-Doppelflossen).

Der Bonneville stellte sich erneut als Top-Pontiac vor und trat mit Hardtop Sport Coupé, Vista Hardtop Sedan, Convertible und viertürigem Safari Wagon im $ 3250–$ 3500-Preisfeld an. Alle Modelle besaßen einen stattlichen Radstand von 3150 mm (wie 1959) und exklusive Details wie ein gepolstertes Armaturenbrett und hochwertiges Vinyl/Stoff-Interieur. Das Convertible war lederausgestattet und konnte gegen Aufpreis mit vorderen Einzelsitzen geliefert werden; ein Feature, mit dem Pontiac anderen Herstellern um einiges voraus war.

Eine Stufe tiefer rangierte ein alter Bekannter, der Star Chief, der sich auf viertürige B-Säulen- und B-säulenlose-Limousinen sowie einen zweitürigen Sport Sedan beschränkte. Alle Modelle nutzten den gleichen Radstand von 3099 mm und bewegten sich preislich zwischen $ 2900 und $ 3100. Etwas kleiner in den Abmessungen, aber nicht unbedingt billiger, war der neue Ventura, der in zwei Ausführungen zu haben war: Coupé und Sedan, beide ohne B-Säule, aber mit dem gleichen Radstand von 3099 mm. Im Prinzip handelte es sich um Catalinas, die man aufgepäppelt hatte mit großen Radzierblenden, piekfeinem dreifarbigem (!) „Morrokide"-Vinylinterieur, speziellem Lenkrad sowie zusätzlichem Chromschmuck im Fahrgastraum.

Der preisgünstige Catalina aber war der Topseller unter den neuen Pontiacs. Das Modellangebot erstreckte sich von zwei- oder viertürigen Hardtops und Limousinen über ein Convertible bis hin zu sechs- oder neunsitzigen Safari-Kombis. Die Preise begannen bei $ 2631 für den B-Säulen-Zweitürer und endeten bei $ 3207 für den neunsitzigen Kombi.

Die Antriebseinheiten stammten zwar noch aus dem Jahr 1959, waren aber hervorragende Aggregate. Der 389 ci hatte bereits die vierte Hubraumvergrößerung seit seiner „Geburt" als moderner ohv-V8 im Jahr 1955 hinter sich. Die Leistungsfähigkeit eines 60er Pontiac hing sehr von der Wahl der Kraftübertragung ab. Die serienmäßige Dreigang-Lenkradschaltung bescherte dem Bonneville 281, den anderen Modellen 245 PS; die optionale Hydra-Matic ermöglichte 303 respektive 283 PS. Die Unterschiede lagen begründet in der niedrigeren Verdichtung bei Verwendung eines Schaltgetriebes (8,6:1 zu 10,25:1) und dem Vierfachvergaser des Bonneville (gegenüber den Zweifachvergasern der anderen Typen). Sparsame Zeitgenossen konnten ohne Aufpreis einen 215 PS-Motor bekommen, während die „Bleifußjünger" geblendet waren von der „Tri-Power"-Option mit drei Zweifachvergasern, 10,75:1-Verdichtung und 333 PS.

Wenn wir schon von Optionen reden, muß angemerkt werden, daß Pontiac 1960 die umfangreichste „Optionensammlung" auf dem Markt feilbot. Der Kunde durfte sich alle Wünsche per Zubehörkatalog erfüllen – eine bei den Herstellern in den 60er Jahren sehr beliebte Taktik. Standardausstattung waren u.a. Klimaanlage, „Magi-Cruise"-Geschwindigkeitsregelung, „Safe-T-Track"-Sperrdifferential, herausnehmbares „Sportable"-Transistorradio, getönte Scheiben sowie servounterstützte Bremsen, elektrische Fensterheber und elektrisch verstellbarer Sitz. Ein Heizgebläse war nur als Extra zu bekommen, was aber in den Sechzigern durchaus normal war. Weiteres Zubehör bot man mit einem elektrisch verstellbaren Außenspiegel, einem Suchscheinwerfer und Sicherheitsgurten (selbst damals gab es sie schon). Eine Sache galt speziell bei Performance-Fans als absoluter Leckerbissen: Eine auf besonderen Wunsch lieferbare Viergangschaltung, von der aber in diesem Modelljahr nicht viele verbaut wurden.

Das „Wide-Track"-Chassis von Pontiac zeichnete sich, verglichen mit anderen Detroiter Herstellern, durch sehr gutes Handling aus, war aber für 1960 einer Revision unterzogen worden. Sämtliche Führungsbuchsen im Fahrwerk waren verstärkt, die Befestigungspunkte der hinteren Achslenker überarbeitet und neue Stoßdämpfer mit Nylonbuchsen und wirksamerem Dämpfungsöl eingebaut worden. Dadurch ließ sich das komfortable Fahrverhalten in seiner Qualität nochmals steigern. Eine effizientere Wasserpumpe mit Doppelreservoir und werksseitig eingefülltes Permanent-Frostschutzmittel ergänzten die technischen Neuerungen.

Wie auch schon die 59er-Modelle waren die „Neuen" wunderbar zu fahren, die heißeste Version ergab sich aber aus der Kombination von leichtem, zweitürigem Catalina Sedan, Tri-Power-Option und Hydra-Matic bzw. besagtem Vierganggetriebe. Obwohl Pontiac seine Qualitäten auf den Drag-Strips noch nicht unter Beweis stellte, gab es 1960 doch schon die ersten Anzeichen einer leistungsorientierten Zukunft.

Ebenso sollten sich die Verkaufszahlen entwickeln. Das Gesamtvolumen belief sich 1960 bereits auf 396 000 Einheiten, 14 000 mehr als 1959 und ausreichend für einen fünften Platz in der Produktionsstatistik.

Das Pontiac-Lineup für das Jahr 1960 war im Prinzip eine kosmetisch neu aufbereitete Variante des Originaldesigns von 1959 und war ausgerüstet mit einem 389 ci-V8, der von 215 bis 333 PS (mit drei Zweifachvergasern) eine breite Leistungspalette anbot. Der Bonneville (rechte Seite) blieb weiterhin das Topmodell, während der Catalina (unten) zum populärsten Modell avancierte und über die Hälfte der Gesamtproduktion ausmachte. Das gezeigte Fahrzeug ist ausgestattet mit den optionalen (und seltenen) Achtloch-Leichtmetallfelgen.

Technische Daten

Motor: V8, hängende Ventile, 6376 ccm (103,1 × 95,3), 215 SAE-PS („Economy"-Option), 245/283 SAE-PS (Schalt/Automatik-Modelle außer Bonneville), 281/303 SAE-PS (Schalt/Automatik Bonneville), 333 SAE-PS („Tri-Power"-Option)

Getriebe:	3-/4-Gang-Schaltgetriebe; Hydra-Matic-Viergangautomatik
Fahrwerk, vorn:	obere und untere Dreiecksquerlenker, Schraubenfedern
Fahrwerk, hinten:	Starrachse, Schraubenfedern
Bremsen:	vorn/hinten Trommelbremsen
Radstand (mm):	**Catalina/Ventura/Bonneville Safari** 3099 **Star Chief/Bonneville** 3150
Gewicht (kg):	1741–1982
Höchstgeschwindigkeit (km/h):	167–201
Beschleunigung 0–96 km/h (s):	8,0–10,0

Produktionszahlen: Catalina Sport Sdn 2tür. 25 504 **Sdn 4tür.** 72 650 **Sport Hdtp Cpé** 27 496 **Vista Hdtp Sdn** 32 710 **Conv.** 17 712 **Safari Wgn 4tür/6sitzer** 21 253 **Safari Wgn 4tür/9sitzer** 14 149 **Ventura Sport Hdtp Cpé** 27 577 **Vista Hdtp Sdn** 28 700 **Star Chief Sport Sdn 2tür.** 5797 **Sdn 4tür.** 23 038 **Vista Hdtp Sdn** 14 856 **Bonneville Sport Hdtp Cpé** 24 015 **Vista Hdtp Sdn** 39 037 **Conv.** 17 062 **Custom Safari Wgn 4tür/9sitzer** 5163

Bonneville
Bonneville

BONNEVILLE
KENTUCKY
KFG-515

1961
Pontiac

1961 war für Pontiac ein sehr ereignisreiches Jahr. Neben einem neuen, innovativen Compact, dem Tempest (siehe nachfolgendes Kapitel), betrat auch das „Wide Track"-Team komplett neu eingekleidet die Verkaufsbühne, und man muß deutlich sagen, daß diese neuen „standards" zu den wenigen Automobilen der sechziger Jahre zählen, die es noch zu entdecken lohnt.

Die 61er-Modelle müssen einfach Erwähnung finden, weil sie genau das verkörpern, was Pontiac in den 60ern zu Ruhm und Ehre geführt hat. Das Styling war so geschmackvoll und klar wie das der trendsetzenden 59er-Modelle, nur in etwas kompakteren Dimensionen. William L. Mitchell hatte seit drei Jahren den Posten des General-Motors-Designchefs inne, als der neue Pontiac das Licht der Automobilwelt erblickte. Er war absolut Mitchells „Ding" (wie auch andere GM-Modelle des gleichen Jahres). Pontiac wartete mit dem unbestritten schönsten Design der ganzen 61er GM-Full-Size-Flotte auf.

Betrachtet man die Fotos auf diesen Seiten, so ist eines sicher: Der 61er Pontiac ist eine wunderbare Melange aus sanften Rundungen und scharfen Kanten (sehr schön angedeutet durch das wiederbelebte 1959er-Motiv des geteilten Kühlergrills). Er war der erfrischende Gegensatz zur allgemeinen „größer ist besser"-Mentalität der 50er Jahre. Wie schon im Vorjahr begann die Pontiac-Hierarchie beim Catalina und stieg dann auf zum mittleren Ventura. Beide teilten sich das GM-A-Chassis mit den Full-Size-Chevys, besaßen aber einen um 25 mm kürzeren Radstand (3023 mm) und waren um 64 mm schmaler, um 25 mm niedriger und in der Gesamtlänge um 102 mm kürzer. Ähnlich verringerte Abmessungen wiesen auch Star Chief und das Topmodell Bonneville auf, die sich wieder den GM-„B-body" mit Olds und Buick (auf einem unveränderten 3124 mm-Fahrgestell) teilten. Die kompakteren Abmessungen wirkten sich auch auf das Fahrzeuggewicht der einzelnen Modelle aus, das gegenüber den 60er-Modellen um 80–84 kg abgenommen hatte. Eine wichtige Änderung war auch die Reduzierung der Spurbreite an Vorder- und Hinterachse um 38 mm.

Die Modellauswahl wurde um ein Modell eingeschränkt, und man nahm den sich schleppend verkaufenden zweitürigen Star Chief Sedan aus dem Programm. Alle zwei- und viertürigen Limousinen behielten ihre 1959 eingeführte Dachkonstruktion mit der Panoramaheckscheibe bei, die Hardtop Limousinen – immer noch „Vista" genannt – erhielten eine etwas konventionellere Dachpartie, und die zweitürigen Hardtops – sie firmierten erneut als Sport Coupé – zeichneten sich durch ein filigran gehaltenes Dach mit einer großflächigen, leicht gewölbten Heckscheibe aus.

Die Motoroptionen waren sogar noch umfangreicher als im Vorjahr (von sechs auf zehn erhöht), basierten aber ausnahmslos auf dem 389-Trophy-V8. Die gebräuchlichsten Varianten boten ein

Die neuen Pontiac begannen das Jahr 1961 mit niedrigerem Gewicht und kompakteren Abmessungen sowie gleichgebliebenem Motorenangebot. Natürlich waren sie jetzt in ihren Fahrleistungen um einiges behender. Eine besonders potente Variante war die Kombination aus 348 PS starkem 389-Tri-Power-V8 mit drei Zweifachvergasern (rechte Seite, oben links) und leichtem Catalina oder Ventura (diese Seite). Topmodell blieb der Bonneville (rechte Seite, rechts und unten links), der sich mit dem Star Chief den 123-Zoll-Radstand (3124 mm) teilte, während Catalina, Ventura und Safari Wagon mit 119 Zoll auskamen (3023 mm).

Technische Daten

Motor: V8, hängende Ventile; 6376 ccm (103,1 × 95,3), 215–363 SAE-PS, 6900 ccm (103,9 × 101,6), 373 SAE-PS (limitiert gebaute Option f. Catalina „drag special“)

Getriebe:	3-/4-Gang-Schaltgetriebe, Hydra-Matic-3/4-Gang-Automatik
Fahrwerk, vorn:	obere und untere Dreiecksquerlenker, Schraubenfedern
Fahrwerk, hinten:	Starrachse, Schraubenfedern
Bremsen:	vorn/hinten Trommelbremsen
Radstand (mm):	**Catalina/Ventura/Bonneville Safari** 3023 **Star Chief/Bonneville** 3124
Gewicht (kg):	1657–1900
Höchstgeschwindigkeit (km/h):	177–201+
Beschleunigung 0–96 km/h (s):	8,5–10,5

Produktionszahlen: Catalina Sport Sdn 2tür. 9846 **Sport Hdtp Cpé** 14 524 **Vista Hdtp Sdn** 17 589 **Conv.** 12 379 **Sdn 4tür.** 38 638 **Safari Wgn 4tür/6sitzer** 12 595 **Safari Wgn 4tür/9sitzer** 7783 **Ventura Sport Hdtp Cpé** 13 297 **Vista Hdtp Sdn** 13 912 **Star Chief Sdn 4tür.** 16 024 **Vista Hdtp Sdn** 13 557 **Bonneville Sport Hdtp Cpé** 16 906 **Vista Hdtp Sdn** 30 830 **Conv.** 18 264 **Custom Safari Wgn 4tür.** 3323

Leistungsspektrum von 215 bis 303 PS an, das aber je nach Typ, Kraftübertragung, Vergaserbestückung und diversen Zubehöroptionen variierte. Darüber gruppierten sich vier Tri-Power-Treibsätze mit Leistungen von 318 bis 363 PS. Die 363 PS-„Super Duty“-Version bediente sich eines besonderen Motorblocks sowie spezieller Zylinderköpfe und Zylinder. Im Spätjahr ging Pontiac auf Kubikfang und vergrößerte seinen 389-V8 auf 421 Kubikinches. Angegeben mit 373 SAE-PS, dank zweier Vierfachvergaser, wurde diese Maschine in begrenzter Stückzahl hauptsächlich für Beschleunigungsrennen gebaut und tauchte logischerweise am häufigsten in den leichten zweitürigen Catalinas auf.

Pontiac hatte seine Rennaktivitäten sehr breit gestreut und nahm seit fünf Jahren an fast allen Rennveranstaltungen teil. Die Siegesbilanz konnte sich wahrhaftig sehen lassen: 1959 gewann man das „Pikes Peak“-Bergrennen, 1959/60 die „Top Eliminator“-Trophäen der NHRA (National Hot Rod Association) und sechs „NASCAR Grand Nationals“. Die Erfolgssträhne setzte sich 1961 fort. Fireball Roberts, Joe Weatherly, Junior Johnson, Jack Smith und David Pearson gewannen 21 der 52 veranstalteten Grand Nationals.

Verantwortlich für diese Rennsiege war Pontiac-Chef Semon E. „Bunkie“ Knudsen. Er sorgte dafür, daß sich diese Erfolge auf dem Markt durch den Verkauf von leistungsstarken Fahrzeugen mit einem potenten Image direkt in höhere Absatzzahlen verwandelten. 1961 brachte dieses Engagement in punkto Absatz nicht viel, denn die Produktion fiel, trotz des neuen Tempest, gegenüber 1960 um 56 000 Einheiten leicht ab. Aber das war nur eine Ausnahme. 1962 sollte Pontiac mit über einer halben Million produzierter Fahrzeuge vom vierten auf den dritten Rang in der Gesamtstatistik aufsteigen – im Nachkriegs-Detroit eine stramme Leistung, die nur wenigen vergönnt war. Bunkie hatte das angestaubte „old man's car“-Image abgestreift und in erstaunlich kurzer Zeit einen Topseller kreiert, der bis zum Dekadenwechsel nur noch Erfolge feiern sollte.

Die 62er Pontiacs wurden kaum geändert, erhielten aber sanftere Züge; die Hardtop Coupés bekamen ein neues Dachprofil (zusammen mit anderen GM-Coupés), das ein geschlossenes Softtop simulierte (sogar dünne Verdeckgestänge-„Rippen“ waren angedeutet). Eine bemerkenswerte Neuankündigung war das luxuriöse zweitürige Grand Prix Hardtop Coupé (siehe späteres Kapitel), Pontiacs Antwort auf die Personal-Luxury-Klasse, die vom Ford Thunderbird so stark dominiert wurde; dafür wurde der Ventura aus dem Programm gestrichen. Alle anderen Modelle waren auch 1962 mit von der Partie. Catalina (und GP) erhöhten ihren Radstand auf 120 Zoll (3048 mm), während die Kombis weiterhin mit 119 Zoll (3023 mm) auskamen. Motoren gab es erneut in reichlicher – und konfuser – Auswahl, wurden aber kaum geändert. Abhängig von Modell und Motor standen dem Kunden Drei- und Viergang-Schaltgetriebe, Drei- und Viergang-Hydra-Matic sowie sieben verschiedene Hinterachsübersetzungen zur Verfügung. Die Basispreise stiegen um $ 100, beließen aber die Preise in einem attraktiven Rahmen von $ 2700 bis $ 3600. An Rennsiegen heimste Pontiac 1962 10 NASCAR-Trophäen und einen Sieg in der kleinsten Stock-Klasse „ET“ bei den „NHRA Winternationals“ ein.

Pontiac war endgültig auf dem Kriegspfad, und das auf Straße, Drag-Strip, Speedway und Händler-Showroom. Aber das sollte erst der Anfang sein.

1961-63
Pontiac Tempest

Exotische Technologien sind noch lange kein Garant für hohe Verkaufsquoten, und oftmals stehen sie dem sogar durch höhere Kosten und eine geringere Zuverlässigkeit entgegen. Nehmen wir einmal die erste Generation des Pontiac Tempest als Beispiel. Obwohl sehr innovativ für ein Produkt aus Detroit, das zudem noch relativ preiswert war, wurde der Pontiac Tempest bis ins Jahr 1963 regelmäßig von seinen konventionellen Geschwistern Buick Special und Oldsmobile F-85 in seinem Verkaufsergebnis übertroffen. Erst als er ebenfalls konventionelle Bahnen einschlug, stiegen seine Absatzzahlen – und auch seine Gewinne.

1961 in den Markt eingeführt, repräsentierten Tempest, F-85 und Special nach dem Corvair mit luftgekühltem Heckantrieb die „zweite Welle" der General-Motors-Compacts. Als „Project X–100" bezeichnet, kombinierte der Tempest eine modifizierte Version der selbsttragenden Corvair-Y-Karosserie auf einem Radstand von 2845 mm mit einem vorn eingebauten, wassergekühlten Motor.

Damit hörten auch schon die Gemeinsamkeiten mit den anderen Modellen auf. Während Special/F-85 einen neuen, leichtgewichtigen 3,5-Liter-V8 (215 ci) mit 155 SAE-PS unter ihren Hauben trugen, war der Tempest der erste Nachkriegswagen bei GM, der mit einem Vierzylindermotor ausgerüstet wurde. Im Prinzip hatte man den Pontiac-389-V8 längs durchgeschnitten und aus der einen Hälfte einen 195 ci-„Indy 4" (3188 ccm) gemacht, der mit einer Verdichtung von 8,6 : 1 und Einfachvergaser 110 PS leistete. Ein optional erhältlicher Vierfachvergaser erhöhte die Leistung auf 120 PS, ebenfalls gekoppelt an das serienmäßige Dreigang-Schaltgetriebe. Die für $ 172 lieferbare „Tempestorque"-Zweigangautomatik (eine modifizierte Corvair Powerglide) gab es, abhängig von der Vergaserbestückung, in Verbindung mit 120 bzw. 130 PS. Kombinierbar mit beiden Kraftübertragungen waren ebenfalls eine hochverdichtete (10,25 : 1) 155 PS-Version und der V8 aus den Special/F-85-Modellen ($ 216 Aufpreis), der ca. 80 Kilogramm *leichter* war als der gußeiserne Vierzylinder.

Ganz neue Ufer steuerte dagegen der exklusive „rope drive" des Tempest mit seiner speziellen, kombinierten Getriebe/Differential-Hinterachse an, die als Pendelachse ausgeführt war. Die Verbindung zwischen Kurbelwelle und hintensitzendem Getriebe wurde mittels einer dünnen Welle hergestellt, die in Lagern in einem Stahlrohr lief und permanent geschmiert wurde. Ihre niedrige Bauhöhe ermöglichte einen relativ flachen Mitteltunnel, der hinten allerdings um so ausgeprägter war. Mit dieser Bauweise konnte man auf Kreuzgelenke verzichten und war sogar in der Lage, die Motoraufhängungen zur Minderung der Geräuschübertragung elastischer zu gestalten. Ein weiterer Vorteil des Tempest gegenüber Special/F-85 war seine bessere Gewichtsverteilung auf Vorder- und Hinterachse.

Bei importierten Fahrzeugen war die Pendelachskonstruktion eine durchaus übliche Angelegenheit, bei amerikanischen allerdings nicht, deren einziger Vertreter bislang der Corvair gewesen war. Bedauer-

Der Tempest debütierte 1961 als Vorbote einer anderen Welt: kompakte Abmessungen, ein Getriebe, das in der Hinterachse (!) eingebaut war, Einzelradaufhängung und der erste GM-Nachkriegs-Vierzylinder in einem amerikanischen Wagen. Zusätzlich bot Pontiac einen Aluminium-V8 an; beide Motoren wurden vorn eingebaut. Die 62er-Modelle (oben und unten) wurden nur geringen Änderungen unterzogen, wogegen die 63er (rechte Seite) ein überarbeitetes Design mit glatteren Seitenflanken und neuer Front/Heck-Optik bekamen.

Technische Daten

Motor: 4 Zylinder in Reihe, hängende Ventile, 3188 ccm (103,1 × 95,3), 110/115/120/140/155/166 SAE-PS; V8, hängende Ventile, **1961–62** 3524 ccm (88,9 × 71,1), 155/185 SAE-PS **1963** 5343 ccm (94,5 × 95,3), 260 SAE-PS

Getriebe:	3-Gang-Schaltgetriebe, 4-Gang-Schaltgetriebe (nur 1963), Zweigangautomatik (alle in der Hinterachse eingebaut)
Fahrwerk, vorn:	obere und untere Dreiecksquerlenker, Schraubenfedern
Fahrwerk, hinten:	Pendelachse, Schraubenfedern
Bremsen:	vorn/hinten Trommelbremsen
Radstand (mm):	2845
Gewicht (kg):	1264–1378
Höchstgeschwindigkeit (km/h):	153–185
Beschleunigung 0–96 km/h (s):	9,5–15,0

Produktionszahlen: **1961 Sport Cpé** 14 887 **Sdn 4tür.** 62 639 **Wagon 4tür.** 23 257 **1962 Sport Cpé** 51 981 **Cpé** 15 473 **Sdn 4tür.** 37 430 **Conv.** 20 635 **Wgn 4tür.** 17 674 **1963 Cpé** 13 307 **Deluxe Sport Cpé** 13 157 **Sdn 4tür.** 28 221 **Wgn 4tür.** 10 135 **Deluxe Conv.** 5012 **LeMans Sport Cpé** 45 701 **LeMans Conv.** 15 957

licherweise funktionierte diese Konstruktion beim Pontiac nur geringfügig besser, trotz der Bemühungen von Chefingenieur John Z. DeLorean. Man konnte aber mit dem Fahrverhalten des Tempest sehr gut zurechtkommen, *wenn* man wußte, was man zu erwarten hatte. 1961 aber wußten die wenigsten Amerikaner mit dem Übersteuern eines Pendelachs-Hecks, speziell bei rutschigen Straßenverhältnissen, fertig zu werden. Dasselbe galt natürlich auch für den Corvair; den Tempest aber bezichtigte Ralph Nader nie, „unsafe at any speed" zu sein. Fairerweise muß man sagen, daß der Tempest mit seinem vorn eingebauten Motor und der daraus resultierenden besseren Gewichtsverteilung in Extremsituationen besser beherrschbar blieb – aber nicht *viel* besser.

Eine Zeitschrift bezeichnete den Tempest begeistert als „Prototypen für *den* amerikanischen Wagen der sechziger Jahre". Leider fand er keine Nachahmer seiner außergewöhnlichen Antriebsart, und Vierzylinder sollten in Detroit erst in den 80er Jahren salonfähig werden. Der Tempest ließ sich außerdem für einen Wagen des unteren Preisspektrums, trotz Verwendung diverser Corvair-Teile, nicht gerade kostengünstig herstellen. Von DeLorean und seinem ambitionierten Projekt hieß es: „It's a wonder they let him do it."

Pontiac tat es – und wünschte vielleicht, es doch nicht getan zu haben. Während der Special sich 1961 145 000 mal und der F-85 sich 117 000 mal verkaufte, mußte sich der Tempest mit nur 100 000 abgesetzten Einheiten begnügen. Mit diesem Ergebnis vor Augen kamen die Produktplaner bei Pontiac zu dem Schluß, daß sich die Käufer wenig um fortschrittliche Technologie kümmerten, und begannen deshalb für 1964 mit der Planung eines größeren, vollkommen orthodoxen Tempest.

Die 61er-Modelle kamen als viertürige Limousinen und Kombis in Basis- bzw. Custom-Trimm auf den Markt. Mitte des Jahres stellte man ein B-Säulen-Coupé vor, das mit Sitzbank oder als LeMans mit sportlichen Einzelsitzen geordert werden konnte. 1962 bereicherten Deluxe und LeMans Convertibles die Modellpalette, die das Publikum sehr gut aufnahm, und die deshalb für 1963 als eigenständige LeMans-Reihe eingeführt wurden. Das Design, das aus der Feder von Chefdesigner Jack Humbert stammte, wurde in seiner klaren Linienführung ohne großartige Änderungen bis 1963 beibehalten. Die 61er-Modelle besaßen einen „twin-oval"-Kühlergrill, die 62er einen fahrzeugbreiten dreiteiligen und die 63er erneut einen zweigeteilten Kühlergrill; zudem hatte man die Linienführung der Karosserie eckiger und kantiger gestaltet. Die Preise blieben weitestgehend gleich und lagen bei den meisten Modellen zwischen $ 2200 und $ 2500.

Was sich allerdings änderte, waren die Fahrleistungen. 1962 leistete der „heißeste" Vierzylinder durch die Überarbeitung des Ansaugtrakts 165 PS und der V8 kam unter Verwendung von „High-Compression"-Zylinderköpfen auf 185 PS. Ein neues, optionales Vierganggetriebe ermöglichte es dem Fahrer, die vorhandene Leistung auch adäquat auf die Straße zu bringen. 1963 ersetzte man die Alu-V8-Option durch einen gußeisernen, in der Bohrung reduzierten 389 ci, der jetzt 326 Kubikinches (5343 ccm) aufwies und wirklich „heiße" 260 PS lieferte. Schaffte es ein Tempest mit Vierzylinder gerade in 15 Sekunden auf 60 mph, so gab sich der 326-V8 da schon wesentlich flotter: 9,5 s; die Höchstgeschwindigkeit lag bei 185 km/h.

1962-64
Pontiac Grand Prix

Der Grand Prix von 1963 ist sicherlich der Designkunst Bill Mitchells, seines Zeichens Designchef bei General Motors, zuzuschreiben, aber das Original von 1962 entstammte der Marketingkunst Semon E. „Bunkie" Knudsens. Der Grand Prix war Knudsens Abschiedsgeschenk als General Manager an einen Hersteller, der unter seiner Führung vom sechsten auf einen starken vierten und 1962 schließlich auf dritten Platz in der Produktionsstatistik emporstieg – eine sensationelle Leistung für einen Hersteller wie Pontiac.

Bei der Konzipierung des Grand Prix ließ sich Knudsen vom erfolgreichen, ab 1957 gebauten viersitzigen Ford Thunderbird inspirieren. Das Konzept konnte überhaupt nicht einfacher sein: Man nehme ein Catalina Hardtop Coupé, verpasse ihm ein einmaliges Blechkleid und statte es mit dem T-Bird-typischen Einzelsitz/Mittelkonsolen-Interieur aus – und ein Star ist geboren. Interessanterweise hatte man anfänglich das neue Modell als neuen Ventura geplant, jenem über dem Catalina rangierenden Modell, das sich am Markt nicht so richtig durchgesetzt hatte (im Gegensatz zum billigeren Catalina). „Grand Prix" ergab sich aber als neuer Name, geschwängert vom Duft der großen, weiten Formel-1-Welt – und natürlich aufgrund seiner französischen Bedeutung „Großer Preis"

Die Unterschiede zum Catalina waren nur geringer Natur: eine leicht überarbeitete Kühlermaske; ein „dummy"-Grill als Verzierung des Heckblechs; die optionalen Einzelsitze des Catalina als Serienausstattung; eine chromverzierte Mittelkonsole mit Drehzahlmesser und Zusatzinstrumenten. Das Resultat repräsentierte aber viel mehr als nur die Summe all dieser Neuerungen. *Motor Trend* bemerkte dazu: „Preislich und stilistisch konkurriert [der Grand Prix] direkt mit dem Thunderbird. Von der Leistungsfähigkeit her ist er aber eine Klasse für sich."

Wie wahr. Es gab genau fünf Varianten des wunderbaren Trophy-389-V8, die von 230 Economy-PS bis zu „hochverdichteten" 348 Tri-Power-PS (mit drei Zweifachvergasern) leisteten. Geringeres Gewicht und ein höheres Maß an verfügbarer Leistung gab dem GP den entscheidenden Performance-Vorsprung gegenüber dem Thunderbird. *MT* stoppte den GP in der 0–60-mph-Disziplin mit nur 8 Sekunden. Ein Dreigang-Schaltgetriebe war Standard, wurde aber viel seltener verbaut als die „Roto"-Hydra-Matic, ein neuer Dreigang-Drehmomentwandler, der ebenfalls optional im Catalina Dienst tat und für $ 231 Aufpreis zu haben war. Für das gleiche Geld konnten überzeugte „Bleifüßler" eine Viergangschaltung

Der erste Grand Prix (linke Seite) war im Prinzip ein aufgepäppeltes Catalina Hardtop Coupé mit Einzelsitzen und Mittelkonsole, kam aber mit seinem geschmackvollen Design an und verkaufte sich sehr gut. Die 63er-Version (oben) stellte sich mit dem neuen Pontiac-Styling vor und verkaufte sich sogar noch besser. Leistungsfähigkeit spielte bei den großen Pontiac eine entscheidende Rolle: Die 62er besaßen einen 389 ci-V8 mit bis zu 348 PS; 1964 gab es als stärkste Version einen 421 ci-V8 mit 370 PS.

Technische Daten

Motor:	V8, hängende Ventile; 6376 ccm (103,1 × 95,3) **1962** 230/303/318/333/348 SAE-PS **1963** 230/303/313 SAE-PS **1964** 230/303/306/330 SAE-PS, 6900 ccm (103,9 × 101,6) **1963** 353/370 SAE-PS **1964** 320/350/370 SAE-PS
Getriebe:	3-/4-Gang-Schaltgetriebe, Hydra-Matic-Dreigangautomatik
Fahrwerk, vorn:	obere und untere Dreiecksquerlenker, Schraubenfedern
Fahrwerk, hinten:	Starrachse, Schraubenfedern
Bremsen:	vorn/hinten Trommelbremsen
Radstand (mm):	3048
Gewicht (kg):	1741–1784
Höchstgeschwindigkeit (km/h):	167–201
Beschleunigung 0–96 km/h (s):	6,6–10,0
Produktionszahlen:	**1962** 30 195 **1963** 72 959 **1964** 63 810

bekommen, die sich mit sage und schreibe sieben Hinterachsübersetzungen kombinieren ließ (das galt natürlich auch für die Automatik).

Trotz all dieser Voraussetzungen gelang dem 62er Grand Prix dennoch nicht der große Sprung in die Verkaufshitparade. Für $ 3600 nicht gerade ein Sonderangebot, war er aber, rechnet man die Zubehöroptionen hinzu, die ihn auf das Ausstattungsniveau eines T-Bird brachten, immerhin billiger als dieser. Der GP konnte im Wettbewerb den preislich vergleichbaren Oldsmobile Starfire zwar ausstechen, verkaufte sich aber nur halb so gut wie der Thunderbird.

Der 63er GP verkaufte sich dank seines einzigartigen Designs erheblich besser. Wie die anderen großen Pontiac auch, wies das Styling des GP rundlichere Konturen auf, betont durch vertikale Doppelscheinwerfer, glattflächige Seitenflanken, gerade A-Säulen und – als Krönung – ein „razor-edge"-Dachprofil mit konkaver Heckscheibe (als Ersatz für das vorangegangene Pseudo-Convertible-Dach). Die Gesamtlänge wuchs zwar nur um 33 mm, der Grand Prix bekam aber durch die neue Optik eine „Wichtigkeit", die allerorten die Köpfe der Menschen herumwirbeln ließ.

Dieser Eindruck kam nicht von ungefähr, hatte man doch den „Wide Track" der 63er-Modelle um knapp 74 mm geweitet (die Spurbreite betrug jetzt 1626 mm). Das Fahrzeuggewicht wurde dabei kaum in Mitleidenschaft gezogen, vorteilhaft natürlich für die Fahrleistungen, die aber auch von seiten des revidierten Motorenangebots profitierten. Die beiden stärksten 389er wurden durch zwei neue 421 ci-V8 (dieses Maß wurde erst 1961 vorgestellt) ersetzt, die mit Vierfachvergaser 353 und als Tri-Power-Version mit drei Zweifachvergasern 370 PS entwickelten. Pontiac verlangte satte $ 400 für jede dieser Optionen, die allerdings auch entsprechend satte Fahrleistungen ermöglichten. *MT* gab für die 60-mph-Marke (mit der 370 PS-Version) eine Zeit von 6,6 s an. Und selbst die schwächere 303 PS-Variante des 389 ci-V8 machte den Spurt in weniger als 10 Sekunden.

Natürlich gibt es keinen Wagen, der perfekt ist, und so hatte natürlich der 63er GP ebenfalls seine Macken. Die Federung war etwas zu weich abgestimmt, die Hydra-Matic hatte mit übermäßigem Schlupf zu kämpfen, der in die Konsole integrierte Unterdruckmesser (statt des Drehzahlmessers von 1962) war nur sehr schlecht ablesbar und damit so gut wie überflüssig, und das neue „Cordova"-Vinyldach für $ 86,08 eine fragwürdige Anschaffung. Der labilen Federung konnte man mit einer Heavy-Duty-Option zu Leibe rücken; die Räder ließen sich gegen schönere Leichtmetallversionen ($ 122,13) ersetzen; allen weitergehenden Wünschen waren in Bezug auf Performance und Styling (fast) keine Grenzen gesetzt. Der Grand Prix fand 1963 fast 250 Prozent mehr Käufer als noch im Jahr zuvor und erreichte damit eine Rekordmarke, die in den nächsten sechs Jahren nicht überboten wurde.

Dieses fantastische Design war aber nicht von langer Präsenz. Der 64er GP war im Prinzip ein 63er mit einigen kosmetischen Retuschen und ein paar technischen Verbesserungen.

1964-67 Pontiac Catalina 2+2

1964 brach für den amerikanischen Automobilbau eine neue Ära an: „High Performance" ohne den unstillbaren Hunger nach immer mehr PS, aber dafür mit einer raffinierten Balance aus Leistungsfähigkeit, Fahrverhalten und effizientem Design. Chrom und Heckflossen waren out; Einzelsitze, Leichtmetallräder, Mittelkonsolen und Knüppelschaltungen waren in – und fast jeder Hersteller bot so etwas an. Pontiac hatte unter Generalmanager „Bunkie" Knudsen mit dem 57er Bonneville erneut das Performance-Terrain betreten und auf diesem Gebiet seitdem stetige Pionierarbeit geleistet. Mit dem Catalina 2+2 schuf Pontiac eine Mischung aus Power, Handling und exquisitem Styling, die in ihrer Art jeden anderen Full-Size-Pontiac sowie die meisten der Konkurrenzprodukte bei weitem übertraf.

Das „2+2"-Paket wurde 1964 anfänglich als Option für das Catalina Hardtop und Convertible zum Preis von $ 291 angeboten. Für diesen Betrag bekam der Kunde einen potenten 389 ci-V8 mit 267 oder 283 PS, Einzelsitze, Mittelkonsole mit Unterdruckmesser, spezielles „Morrokide"-Interieur und die entsprechenden „2+2"-Typenembleme. An Kraftübertragungen standen Vierganggetriebe und Hydra-Matic zur Auswahl. Dieses Zubehörpaket war als Versuchsballon gedacht, und so wurden im ersten Jahr nur 7998 Catalinas damit ausgerüstet.

Ein Jahr später beinhaltete das 2+2-Paket bereits serienmäßig den 421 ci-V8 und war an seitlichen Luftschlitzen in den Vorderkotflügeln und speziellen Emblemen an Motorhaube und Kofferraumdeckel zu erkennen. Das Basispaket umfaßte außerdem ein per Hurst-Shifter mittelgeschaltetes Dreiganggetriebe, verstärkte Stoßdämpfer und Federn, eine 3,42 : 1 übersetzte Hinterachse, Motorchrom, große Radblenden sowie dünne Farbzierstreifen an den Kotflügeln. Der Preis dafür belief sich auf $ 419 für das Coupé und $ 397 für das Convertible. Addierte man ein Vierganggetriebe, das „Custom Gauge Cluster"-Instrumentenbord mit gut lesbaren Zeigerinstrumenten, Servo-Bremsen, elektrische Fensterheber und eine elektrisch versenkbare Antenne hinzu, dann erhöhte sich der Preis für ein Hardtop auf

Der erste 2+2 (unten links) kam als Zubehörpaket für den Catalina auf den Markt und umfaßte Einzelsitze, Mittelkonsole, eine spezielle Innenausstattung und unauffällige Karosserieembleme. 1965 bekamen alle großen Pontiacs (unten) ein „runderes" Styling, und das 2+2-Paket beinhaltete statt des 389-V8 nun einen 421 ci-V8. Das 66er-Modell (rechte Seite) wurde im Design leicht überarbeitet und wurde jetzt als eigene Modellreihe geführt. Der 2+2 mutierte 1967 (unten rechts) wieder zur Zubehöroption für den Catalina, erhielt aber eine neue Frontoptik und einen 428 ci-V8 als Standardmotorisierung.

Technische Daten

Motor:	V8, hängende Ventile; 6376 ccm (103,1 × 95,3), 267/283 SAE-PS, 6900 ccm (103,9 × 101,6), 338–376 SAE-PS, 7015 ccm (104,7 × 101,6), 360/376 SAE-PS
Getriebe:	3-Gang-Schaltgetriebe; auf Wunsch 4-Gang-Schaltgetriebe oder Dreigangautomatik
Fahrwerk, vorn:	obere und untere Dreiecksquerlenker, Schraubenfedern
Fahrwerk, hinten:	Starrachse, Schraubenfedern, Schubstreben
Bremsen:	vorn/hinten Trommelbremsen; auf Wunsch vorn Scheibenbremsen
Radstand (mm):	**1964** 3048 **1965–67** 3073
Gewicht (kg):	1678–1830
Höchstgeschwindigkeit (km/h):	185
Beschleunigung 0–96 km/h (s):	7,2–8,1
Produktionszahlen:	**1964** 7998 **1965–67** 19 672

ungefähr $ 4000. Die 65er-Modelle nahmen zwar an Größe und Gewicht zu, der 2+2 konnte aber mit seinem kraftvollen V8-Aggregat trotzdem für hervorragende Fahrleistungen sorgen. Mit dem optionalen 421 ci-V8 in Tri-Power-High-Output-Trimm und Vierganggetriebe durchlief ein 2+2 aus dem Stand ohne große Mühe die Viertelmeile mit ca. 150 km/h.

Bob McVay testete ein 2+2 Hardtop für die Zeitschrift *Motor Trend,* die Pontiac 1965 die Auszeichnung „Car of the Year" verlieh. „Sonst sanft wie ein Lamm, entpuppten sich unsere 338 PS, wenn wir das Gaspedal niedertraten, als reißender Wolf", schrieb McVay, bewußt im Plural schreibend. Für die 0–60-mph-Disziplin benötigte er genau 8 Sekunden. „Ebenso beeindruckend war das Durchzugsvermögen im vierten Gang, begünstigt durch ein Drehmoment von 613,1 Nm bei 2800 Upm. ... Diese Kombination aus kraftvollem Antrieb und leichter Karosserie müßte eine hervorragende Zugmaschine für den Wochenend-Rennfahrer oder -Urlauber abgeben. Wie das aber bei solchen Boliden so üblich ist, gibt der Benzinverbrauch nicht gerade zu Lobpreisungen Anlaß. ... Der 2+2 ist einer der Wagen, die schnell und gekonnt gefahren werden wollen. Ein guter Fahrer kann sehr viel aus solch einem Wagen herausholen – Zufriedenheit, Genuß und jede Menge Performance."

Die 66er-Modelle wurden nur minimal geändert und nun, wieder mit Hardtop und Convertible, als eigenständige Reihe geführt. Die seitlichen Luftschlitze wanderten in die hinteren Kotflügel, und ein Pontiac-Schalthebel ersetzte den Hurst-Shifter. 1967 war es aus mit der Eigenständigkeit, da der 2+2 erneut als Catalina-Option angeboten wurde; der Preis lag wiederum bei $ 400. Als Basismotor bekam man jetzt allerdings einen 428 ci-V8 mit einfachem Vierfachvergaser. Das 2+2-Paket beinhaltete außerdem Deluxe-Radblenden und -Lenkrad, Zierleisten, Einzelsitze, Dreigangschaltung, Doppelauspuffanlage und einen verstärkten Stabilisator. Eine High-Output-Version des 428ers war, jedoch ohne „Tri-Power", ebenfalls erhältlich.

Laut John Gunnells *Pontiac Buyer's Guide* wurden von 1965 bis 1967 nur 19 672 Catalinas mit der 2+2-Option ausgestattet; genaue Angaben darüber, wieviele Coupés oder Convertibles in den Genuß einer solchen Option kamen, gibt es nicht. „Die 65er sind die gesuchtesten 2+2-Modelle", schrieb Gunnell, „obwohl sie die höchsten Produktionszahlen aufweisen." Er benennt den 2+2 sogar als „Pontiac's top full-size collector's car of this era".

1964-65 Pontiac GTO

Der Pontiac GTO war die schicksalhafte „Blechwerdung“ einer hervorragenden Idee. Warum das Schicksal gerade die Pontiac-Division heimsuchte, spricht Bände über ihr Marketinggeschick und ihre Fähigkeit, dem Publikum das zu geben, was es haben wollte.

Der 1961 eingeführte Compact „Tempest“ war zwar für diejenigen Kunden, die sich für technische Raffinessen interessierten, genau das Richtige gewesen, für die Mehrheit aber, die sowohl Leistungsfähigkeit als auch Zuverlässigkeit schätzte, traf er nicht den Nerv der Sache. 1963 zeichnete sich eine Wende ab, als der Tempest sich der Öffentlichkeit mit einem neuen 260 PS starken 326 ci-V8 vorstellte, einer in der Bohrung verkleinerten Version des legendären Pontiac-389-V8. Aber die Marketingabteilung unter Jim Wangers gab sich nicht damit zufrieden, und wie das Schicksal so spielte, bekamen sie für 1964 einen Tempest der schon fast Mittelklasse-Maße erreicht hatte.

Er präsentierte sich mit einer straffen, geometrischen Linienführung und teilte sich sein Chassis (der neue A-Typ von GM) mit der Chevelle von Chevrolet, dem F-85/Cutlass von Oldsmobile und dem Special/Skylark von Buick. Die selbsttragende Bauweise wurde zugunsten der Karosserie/Chassis-Bauweise aufgegeben, „rope drive“ (eine dünne Welle stellte die Verbindung zwischen Motor und Getriebe her; A. d. Ü.) und in der Hinterachse eingebautes Getriebe wurden gegen eine konventionelle Lösung eingetauscht, der Radstand verlängerte sich um 76 mm auf 2921 mm, Starrachse und Schraubenfederung ersetzten die Pendelachskonstruktion, und neue, größere Karosserien sorgten für genügend Platz unter der Motorhaube, um potentere Maschinen einbauen zu können. Mit Hilfe von Chefingenieur John DeLorean und Generalmanager „Pete“ Estes bekam Wangers dann endlich den „muscle car“, den er so sehnsüchtig erhoffte. Die Marketingpolitik von General Motors untersagte aber solche „Mätzchen“, und so verpackte man das „Kraftpaket“ als Option (für unter $ 300) für das Tempest LeMans Coupé, Convertible und das zweitürige Hardtop.

Wangers hatte einen Hang zum Rennsport, und so hatte er im Gefühl, daß dieser „Hot Rod“ mehr bieten mußte als nur eine „dicke“ Maschine. So setzte er auf seine Wunschliste ein Dreigang-Schaltgetriebe, eine direkt übersetzte Lenkung, ein verstärktes Fahrwerk, größer dimensionierte Bereifung, eine Doppelauspuffanlage und sportliche Details, wie beispielsweise ein Metallappliqué am Armaturenbrett. Als Krönung entlehnte Wangers frech den Namen „GTO“ einem zuvor auf den Markt gekommenen Ferrari. Die Initialen standen für *Gran Turismo Omologato,* der italienischen Bezeichnung für einen homologierten GT-Wagen.

Bei puristisch veranlagten Sportwagenanhängern erregte dieser „Raub“ natürlich Anstoß, aber der GTO erwies sich seines Namens als durchaus würdig. Performance war bei ihm ganz groß geschrieben. Spezielle Nockenwellen und Stößel, Zylinderköpfe von dem kräftigen 421-„H.O.“ (High Output) und ein großer Vierfachvergaser waren in der Basisausführung für 325 PS gut; die auf Wunsch erhältliche Tri-Power-Vergaseroption erhöhte diesen Wert auf 348 PS. Der Tri-Power-GTO beschleunigte von 0—60 mph in 6,5 s, erreichte eine Höchstgeschwindigkeit von 210 km/h und durchfuhr die Viertelmeile nach knapp 15 Sekunden mit 160 km/h. Als reine Fahrmaschinen betrachtet, taten sich ein Pontiac GTO und ein Ferrari GTO nicht viel. *Car and Driver* entschloß sich zu einem mutigen Test und fand heraus, daß auf dem Drag-Strip der Ferrari gegen einen „guten“ Pontiac keine Chance hatte, während auf kurvenreichen Strecken der Ferrari eindeutig der Sieger war. „Unter Zuhilfenahme des NASCAR-Rennfahrwerks kann es der Pontiac mit jedem Ferrari aufnehmen. ... Der Ferrari kostet $ 20 000. Stattet man den GTO mit allen erdenklichen Extras aus, so fällt es wirklich schwer, mehr als $ 3800 auszugeben. Ein absolutes Sonderangebot.“

Die meisten GTO wurden dementsprechend unter reger Beteiligung des Zubehörkataloges regelrecht „zusammengesetzt“, schon allein weil Pontiac so viele Extras anbot. Zur Basisversion ließ sich u. a. folgendes Zubehör addieren: Heavy-Duty-Dreigang- oder Vierganggetriebe (letzteres gab es auch mittelgeschaltet mit Hurst-Verbindungsmechanik), Zweigang-Hydra-Matic, Sintermetall-Bremsbeläge, Heavy-Duty-Kühler, Sperrdifferential, Vinyldach, Mittelkonsole, Radio, Klimaanlage, Servolenkung, Bremskraftverstärker, elektrische Fensterheber, Weißwand- oder Red-Line-Bereifung. Selbst seitlich mündende Doppel-Auspuffendrohre waren erhältlich. Alles, was man jetzt noch brauchte, waren ein Bleifuß und jede Menge Sprit.

Bei Pontiac war man vollkommen überrascht, daß der GTO einschlug wie eine Bombe. Anfangs mit 5000 Exemplaren geplant, schoß der Absatz bis Ende 1964 auf 32 000 Einheiten hoch — ein unbeschreiblicher Erfolg.

Das junge Amerika war völlig von der „muscle-car mania“ befallen, und so ging der GTO, in der Basis unverändert, für 1965 wieder ins Rennen. Er bekam das neue Gesicht des Tempest mit seiner durch die jetzt vertikal angeordneten Doppelscheinwerfer breiter wirkenden Schnauze. Der Zubehörkatalog hatte sich nicht wesentlich verändert, die Leistung der Serienversion wurde aber durch überarbeitete Zylinderköpfe auf 335 PS und die der Tri-Power-Option (mit $ 116 immer noch sehr preiswert) mittels schärferer Nockenwellen auf 360 PS erhöht.

Die Verkaufszahlen erhöhten sich ebenfalls — um über 100 Prozent —, trotz der neuen Olds 4-4-2 und Chevy Chevelle SS396. Der Konkurrenzdruck stieg weiter, aber der GTO sollte sich in den darauffolgenden Jahren sogar noch besser verkaufen. Für viele Enthusiasten ist der GTO der Jahre 1964/65 der einzige Muscle Car, der zählt: Der erste, wenn nicht gar der beste, der je gebaut wurde.

Der 64er GTO (diese Seite, beide Fotos oben und rechte Seite, oben) war zweifellos einer der wichtigsten Wagen der sechziger Jahre, begann aber seine Karriere als Zubehörpaket für den Tempest LeMans. Eine kosmetische Überarbeitung brachte 1965 vertikal angeordnete Doppelscheinwerfer und Schlußleuchten, die sich über die ganze Fahrzeugbreite erstreckten (diese Seite, beide Fotos unten und rechte Seite, unten).

Technische Daten

Motor: V8, hängende Ventile, 6376 ccm (103,1 × 95,3) **1964** 325/348 SAE-PS **1965** 335/360 SAE-PS

Getriebe:	3-/4-Gang-Schaltgetriebe, Hydra-Matic-Zweigangautomatik
Fahrwerk, vorn:	obere und untere Dreiecksquerlenker, Schraubenfedern
Fahrwerk, hinten:	Starrachse, Schraubenfedern
Bremsen:	vorn/hinten Trommelbremsen
Radstand (mm):	2921
Gewicht (kg):	1362—1619
Höchstgeschwindigkeit (km/h):	209+
Beschleunigung 0—96 km/h (s):	6,5—7,7

Produktionszahlen: **1964 Sport Cpé** 7384 **Hardtop Cpé** 18 422 **Conv.** 6644 **1965 Sport Cpé** 8319 **Hardtop Cpé** 55 722 **Conv.** 11 311

GTO
FXP 974

GTO

1965-68
Pontiac Grand Prix

Nach drei erfolgreichen Jahren kam für den Pontiac Grand Prix eine vier Jahre andauernde Phase, in der seine Verkaufszahlen stetig abnahmen. Leider reflektierte dieser Umschwung auch einen „Verfall" im Charakter des Wagens selbst. Man kann nicht behaupten, daß an den Modellen von 1965–68 etwas „faul" gewesen war, denn schließlich wurde das Mehr an Glitter und Glamour durch ein Mehr an Leistung und Performance wieder wett gemacht. Nein, was diesen GPs fehlte, war die Ausgewogenheit der 62–64er-Modelle – eine Tatsache, die dem Publikum nicht verborgen blieb. Nach einem hohen Anteil von 12,4 Prozent am Pontiac-Gesamtvolumen im Jahre 1963 fiel der Grand Prix 1966 auf 4,4 Prozent zurück – für Pontiac ansonsten ein Rekordjahr. 1968 sah es mit 4,6 Prozent ähnlich düster aus.

Hauptsächlich waren für den mäßigen Erfolg des GP zwei Dinge verantwortlich: Zum einen wurde die Mittelklasse immer stärker von muskelbepackten Autos wie dem hauseigenen GTO bevölkert und zum anderen interessierte sich die Öffentlichkeit immer weniger für große sportliche Wagen wie den Grand Prix. Die Preise waren nicht der entscheidende Faktor. Trotz des neuen, voluminöseren Designs war der 65er GP sogar um einen Dollar *billiger* als der 64er – er kostete genau $ 3498 –, und der 68er, trotz gestiegener Inflation, nur um $ 200 teurer.

Inflationär ist auch die richtige Beschreibung für das 65er Pontiac-Design, das es sehr gut verstand, die vergrößerten Dimensionen noch größer – und wichtiger – erscheinen zu lassen. Tatsächlich wuchs der Radstand des GP um nur 25 mm (auf 3073 mm) und die Gesamtlänge um nur 41 mm, obwohl man die daraus resultierende Länge von 5451 mm nicht gerade als „unwichtig" bezeichnen kann. Das Fahrzeuggewicht erhöhte sich ebenfalls nur geringfügig und lag jetzt bei ca. 1,8 Tonnen. Trotzdem sahen die 65er aus wie Bodybuilder, die zu tief in ihr Eiweißkonzentrat geschaut hatten: aufgebläht bis in den letzten Winkel, mit dem Hüftschwung-Thema, das GM am Markt zu etablieren gedachte. Vom ursprünglichen Grand Prix übriggeblieben waren nur sein Markenzeichen, der geteilte Kühlergrill, senkrecht stehende Doppelscheinwerfer, die diskreten Heckleuchten und das unverkennbare Dachprofil mit der konkaven Heckscheibe.

Unter der Blechhaut ging es jedoch erfreulicher zu. Wie die anderen Full-Size-Modelle von General Motors in dem Jahr, nutzte der GP die B-Typ-Karosserie und den neuen X-Rahmen, der gegenüber dem alten Kastenrahmen einen viel besseren Seitenaufprallschutz gewährleistete. Ein weiterer Fortschritt war das Dahinscheiden der ungeliebten Roto-Hydra-Matic, die durch eine bedeutend effektivere Turbo-Hydra-Matic mit vergrößertem Drehmomentwandler ersetzt wurde. Das Motorenmenü umfaßte wieder vier 389er und drei Big-Block-421er, kam aber komplett leistungsgesteigert auf den Tisch. Der Standard-389er beispielsweise erstarkte um 22 auf 325 PS und der 421 leistete bis zu 376 PS mit der optio-

Alle 65er Full-Size-Pontiacs – auch der Grand Prix – kamen mit einem „aufgeblähten" Design auf den Markt. Trotz der wuchtigeren Optik behielt der GP die konkave Heckscheibenpartie, den zweigeteilten Kühlergrill und die diskreten Rückleuchten bei (oben und unten). Die 66er-Modelle (rechte Seite) bekamen straffere Züge, wurden ansonsten aber nicht großartig geändert.

GRAND PRIX

GP

GP
illinois
PRIX 68

Technische Daten

Motor:	V8, hängende Ventile; **1965–66** 6376 ccm (103,1 × 95,3), 256–338 SAE-PS, 6900 ccm (107,9 × 101,6), 338–376 SAE-PS **1967–68** 6556 ccm (104,7 × 95,3), 265/350 SAE-PS, 7015 ccm (104,7 × 101,6), 360–390 SAE-PS
Getriebe:	4-Gang-Schaltgetriebe, Hydra-Matic-Dreigangautomatik
Fahrwerk, vorn:	obere und untere Dreiecksquerlenker, Schraubenfedern
Fahrwerk, hinten:	Starrachse, Schraubenfedern
Bremsen:	vorn/hinten Trommelbremsen
Radstand (mm):	3073
Gewicht (kg):	1789–1850
Höchstgeschwindigkeit (km/h):	193–201
Beschleunigung 0–96 km/h (s):	7,7–9,5
Produktionszahlen:	**1965** 57 881 **1966** 36 757 **1967 Hardtop Cpé** 37 125 **Conv.** 5856 **1968** 31 711

Der 67er Grand Prix (linke Seite, oben) präsentierte sich mit dem radikalsten Facelifting der neuen GP-Generation. Die Seitenflanken waren stark modelliert und die Scheinwerfer – zum ersten Mal bei Pontiac – klappbar ausgeführt. Neu war auch das erste – und letzte – Grand Prix Convertible. Die überarbeiteten 68er (unten und linke Seite, unten) sollten die letzten Full-Size-Grand-Prix sein; sie erzielten das niedrigste Verkaufsergebnis seit 1962.

nalen Tri-Power-Vergaserbestückung. Verglichen mit seinem 63er-Pendant konnte der 65er GP mit Standardmotorisierung und unter kräftiger Mithilfe des neuen Automatikgetriebes glatt drei Sekunden von 0 auf 96 km/h gutmachen – laut *Motor Trend* eine Verbesserung um 27 Prozent. Die Bremsleistung nahm dagegen jedoch ab: Der Bremsweg verlängerte sich um beachtliche 13,4 m bei einer Vollbremsung aus 96 km/h.

Leider mußten auch andere Dinge unter der Neukonzeption leiden. Statt der Einzelsitze vorn (die jetzt extra bezahlt werden mußten) gab es nun serienmäßig eine Sitzbank und statt Vinyl verwendete man nun Stoff für die Innenausstattung. Der GP befand sich also in einer Umbruchphase von „sports-luxury" zu „personal-luxury". Der Ford Thunderbird und der Buick Riviera waren aber die eigentlichen Könige dieser Marktsparte, und so wurde der Grand Prix von ihnen (und vom Publikum) überhaupt nicht als Konkurrent wahrgenommen. Pontiac bekam von *Motor Trend* die Auszeichnung „Car of the Year" verliehen und vermeldete ein Absatz-Rekordjahr, aber trotzdem gelang es dem 65er Grand Prix nicht, das Publikum zu begeistern – die Verkaufszahlen lagen sogar 6000 Einheiten unter denen des Jahres 1964.

Der 66er tat sich noch schwerer und erreichte nur 60 Prozent des 64er-Ergebnisses – und die zuvor genannten 4,4 Prozent der Pontiac-Gesamtproduktion. Die Optik des 66er GP war zurückhaltender, weniger übertrieben als die seines Vorgängers und deshalb auch um einiges attraktiver.

1967 verbesserte sich die Verkaufsquote auf 43 000 Einheiten, als Pontiac den Grand Prix einem kompletten Facelifting unterzog. Die Dachpartie blieb erhalten, der Rest präsentierte sich erneut wuchtiger in seiner Linienführung und wurde stark betont durch eine Kühlergrill/Stoßstangen-Kombination mit Klappscheinwerfern – ein Novum für Pontiac. Die Scheibenwischer hatte man hinter dem Windlauf der Motorhaube versteckt; die Seitenpartien waren in Höhe der hinteren Radausschnitte stark modelliert. Die Emissionsschutzgesetze waren im Vormarsch, und so hatte Pontiac die Auswahl auf vier Motoren beschränkt: Zwei 400 ci- und zwei 428 ci-V8 (im Hub erhöhte 400er), die alle die neue Motorblock- und Zylinderkopftechnologie besaßen, die bereits im Hinblick auf geringere Emissionen entwikkelt worden war. Leistung war dennoch reichlich vorhanden und bewegte sich zwischen 265 PS (beim „Spar"-400er) und 376 PS (beim stärksten 428er). *Die* Neuigkeit 1967 aber war das erste – und auch letzte – Grand Prix Convertible. Trotz seiner attraktiven und begehrenswerten Linienführung – es kostete $ 264 mehr als das Hardtop Coupé (und das war damals kein Pappenstiel) – verkaufte es sich nur 5856 mal, was 13,7 Prozent der GP-Verkaufszahlen entsprach. Daher überraschte es nicht, daß es für 1968 aus dem Programm genommen wurde.

Das Hardtop kam natürlich wieder, diesmal mit einer weiteren Überarbeitung unterhalb der Gürtellinie, die aber sehr zweifelhafte optische Qualitäten mit sich brachte. Die große Kühlergrill/Stoßstangen-Kombination war nun noch größer und die Seitenflanken noch stärker modelliert als beim Vorgängermodell. Das Heck war wuchtiger geworden und wies Buick-typische Züge auf. Selbst Pontiac-Ingenieur Bill Collins nannte den 68er GP „a disaster". „Keiner kaufte ihn. Er sah aus wie ein großer, fetter Truthahn."

1966-67 Pontiac GTO

Nicht immer sind die Modellreihen der zweiten Generation schlechter als die „unvergleichlichen" Originale. Nehmen wir einmal die Pontiac GTO von 1966–67 als Beispiel. Obwohl zahlreicher und billiger als die erste Generation von 1964/65, wiesen sie ähnliche Fahrleistungen und vielleicht auch das bessere Styling auf – sicherlich eines der besten aus dem Detroit der sechziger Jahre. Kurzum, sie waren ein Abbild des originalen „muscle car", nur besser – und das war sicherlich keine leichte Aufgabe gewesen.

Für das Modelljahr 1966 stand das Erscheinungsbild des GTO im Vordergrund. General Motors überarbeitete alle Mittelklasse-Modelle des A-Karosserietyps, aber das beste Ergebnis wurde mit der Tempest/LeMans-Reihe erzielt, die aus der Feder des langjährigen Pontiac-Chefdesigners Jack Humbert stammte. Radstand und andere Dimensionen hatten sich gegenüber 1965 nicht geändert, und doch sahen die Neuen länger, niedriger und breiter aus. Grund dafür waren eine fließendere Linienführung mit dem modischen „Coke bottle"-Hüftschwung, eine breiter wirkende zweigeteilte Kühlermaske, sanft modellierte Schwellerpartien und beim Coupé, das neue „tunnelback"-Dachprofil mit „flying buttress"-C-Säulen („freischwebende Stützpfeiler") und einer nicht ganz so schräg angestellten, tief eingesenkten Heckscheibe.

Aufgrund des immensen Erfolges in den Jahren 1964–65 war der GTO vom Optionspaket zur eigenständigen Modellreihe herangereift, die, wie zuvor auch, Convertible, Hardtop Coupé und B-Säulen-Sport-Coupé umfaßte. Sie zeichneten sich aus durch auffällige „Streifen"-Rückleuchten, in den Kühlergrill integrierte Standleuchten (die an die in Europa gebräuchlichen Zusatz-Fernscheinwerfer erinnern sollten), eine nicht-funktionale „Doppelnüstern"-Lufthutze auf der Motorhaube und natürlich die *wichtigen* „GTO"-Embleme.

Die Lufthutze verlor allerdings ihre Bedeutungslosigkeit, wenn die neue Ram-Air-Option geordert wurde. Als Händler-Option Anfang 1965 eingeführt, ermöglichte sie der Tri-Power-Version des 389, „gute" Frischluft zu tanken. Laut Leistungsprüfstand war die Leistung der Ram-Air-Variante dieselbe wie die der normalen Version (360 PS), auf der Straße aber lernte man erst ihre wahren Pferdestärken kennen (und schätzen). Mit dabei war wieder die Standardversion mit Vierfachvergaser und 335 PS.

Die Autoren Jan Norbye und Jim Dunne bemerkten in *Pontiac: The Postwar Years*, daß die 1966 verwendete „Lufthutze so positioniert war, daß sie nur Randschichten des Hauptluftstroms erfassen konnte. Trotzdem gelangte genügend Frischluft in die Vergaser, so daß auf jeden Fall ein reicheres Gemisch erzeugt wurde. Der Luftfilter war integriert in eine Luftkammer, die auf den Ansaugöffnungen der Vergaser saß und mittels einer dicken Schaumstoffdichtung luftdicht (und geschützt vor der heißen Motorluft) mit der geschlossenen Haube abschloß."

Die Zubehörkataloge von Pontiac schienen in den Sechzigern immer dicker zu werden, und der Katalog des GTO machte da keine Ausnahme. Neben Ram-Air gab es neue Frontsitze mit zurückklappbaren Rückenlehnen und Innenkotflügel aus rotem Plastik. Des weiteren konnte man sich entscheiden für ein „Rally Gauge Cluster"-Instrumentenbord, Aluminium-Bremstrommeln vorn, AM/FM-Radio und ein mittelgeschaltetes Vierganggetriebe, das eng oder weit abgestuft lieferbar war. Die Preise hatten sich gegenüber 1965 um $ 50–$ 100 erhöht und ein gut ausgestatteter GTO war unter $ 5000 zu haben – ein wahrhaft günstiger Preis. Kein Wunder, daß Pontiac mit der Produktion nicht nachkam. 1966 erlebte der GTO mit 97 000 verkauften Exemplaren sein bestes Jahr überhaupt, trotz des stark aufkeimenden Konkurrenzdrucks.

Glücklicherweise modifizierte man für das Modelljahr 1967 das Styling nur in Details. Die Motorenauswahl jedoch erfuhr größere Änderungen. Die giftige Tri-Power-Variante wurde gestrichen, und man bohrte den 389 ci zum Ausgleich dafür auf. Der daraus resultierende 400 ci-V8 stellte vier Leistungsstufen zur Auswahl: 335 PS im Standardtrimm, 360 PS in der H.O.-Version (High Output) mit oder ohne Ram-Air und – unter einem Protesthagel seitens der GTO-Fangemeinde – eine aufpreislose 255 PS-Economy-Version, die mit Normalbenzin gefahren werden konnte. Veranlaßt wurden diese Maßnahmen durch die immer strenger werdenden Sicherheits- und Emissionsschutzgesetze, die langsam aber sicher den Muskelpaketen die Luft abdrückten. Als Pontiacs brachten sie zwar immer noch genug Leistung auf die Straße, als GTOs begannen sie allerdings, Schwächen zu zeigen.

Dieser Wandel im Charakter des GTO zeigte sich ebenfalls in der neuen, sanfteren (aber effizienteren) Turbo-Hydra-Matic, die die Zweigangversion ersetzte, und in der Zubehörliste, die immer mehr „Show"- als „Go"-Optionen bereithielt. Neue Zubehöroptionen für 1967 waren u.a. ein Drehzahlmesser, der zu aller Erstaunen in der Motorhaube saß, ein 8-Spur-Cassettengerät, Cruise-Control, Scheibenbremsen für die Vorderräder und eine effektivere Kondensator-Zündung. Die gesetzlichen Bestimmungen erforderten nun ein Zweikreis-Bremssystem, ein stärker gepolstertes Interieur, eine Sicherheits-Lenksäule sowie Sicherheitsgurte und vordere Kopfstützen.

„The Great One", so die Pontiac-Werbung 1967, sollte noch weitere Kapitel in der Automobilgeschichte schreiben, aber mit einem Abfall von 15 Prozent in den Verkaufszahlen (ein Novum für den Pontiac) sollte der GTO zumindest keine Verkaufsrekorde mehr aufstellen. Natürlich ging die gesetzliche Restriktion an seinen Rivalen nicht spurlos vorüber, denen, wie dem GTO auch, noch die Lebensberechtigung gänzlich entzogen werden sollte. Zum Glück sind uns so viele 66/67er GTO erhalten geblieben, daß in unserer Erinnerung stetig die gute, alte, glorreiche Zeit wachgerufen wird.

Der neu gestylte 66er GTO (unten und rechte Seite, oben) stellte sich mit „Coke bottle"-Profil und tief eingesenkter Heckscheibe vor. Die 67er (ganz unten und rechte Seite, unten) veränderten etwas ihre Optik und bekamen ihren 389 auf 400 Kubikinches aufgebohrt, obwohl die Leistungsstufen identisch blieben.

Technische Daten

Motor: V8, hängende Ventile; **1966** 6376 ccm (103,1 × 95,3), 335/360 SAE-PS **1967** 6556 ccm (104,7 × 95,3), 255/335/360 SAE-PS

Getriebe:	3-/4-Gang-Schaltgetriebe, Hydra-Matic-2-/3-Gang-Automatik
Fahrwerk, vorn:	obere und untere Dreiecksquerlenker, Schraubenfedern
Fahrwerk, hinten:	Starrachse, Schraubenfedern
Bremsen:	vorn/hinten Trommelbremsen; **1967** auf Wunsch vorn Scheibenbremsen
Radstand (mm):	2921
Gewicht (kg):	1555–1614
Höchstgeschwindigkeit (km/h):	209+
Beschleunigung 0–96 km/h (s):	6,6–9,5

Produktionszahlen: **1966 Sport Cpé** 10 363 **Hardtop Cpé** 73 785 **Conv.** 12 798 **1967 Sport Cpé** 7029 **Hardtop Cpé** 65 176 **Conv.** 9517

CALIFORNIA
A66GOAT
GTO

GTO

1967-69 Pontiac Firebird

General Motors mag vielleicht der weltgrößte Automobilhersteller sein, aber auch ein solcher ist gewissen Limitierungen unterworfen. Das galt selbst für die sorglosen sechziger Jahre, als GM die Nummer eins war.

Schauen wir uns doch einmal den Pontiac Firebird an, der 1967 der Öffentlichkeit vorgestellt wurde. Wäre Division-Chief John DeLorean mit seinem Projekt durchgekommen, dann hätte es einen zweisitzigen Sportwagen gegeben, der, auf den Namen „Banshee" getauft, das Low-Price-Pendant zur Chevrolet Corvette gewesen wäre. GM aber hatte schon mit dem einen Sportwagen genug um die Ohren, wie hätte es erst mit zweien aussehen müssen – die „Banshee"-Studie kam zudem nicht besonders gut beim Publikum an. DeLorean sattelte um und stellte eine „pontiacisierte" Version von Chevys viersitzigem Camaro auf die Beine – und die war gar nicht mal so übel.

Der Camaro entstammte dem „Panther"- bzw. „F-car"-Programm, das sich zum Ziel gesetzt hatte, einen direkten Gegner für den Ford Mustang herauszubringen, der den Corvair Monza als Chevys sportlichen Compact ablösen sollte. Pontiac war über den ganzen Vorgang informiert und sprang sofort in die Bresche, als das GM-Management DeLoreans Zweisitzer ablehnte. „Firebird" war als Name genau die richtige Wahl. Zum einen war er Symbol für Kraft, Schönheit und Jugend in der Mythologie der nordamerikanischen Indianer, zum anderen rief er Erinnerungen wach an die gasturbinengetriebenen Fahrzeuge, mit denen General Motors Ende der 50er, Anfang der 60er Jahre experimentiert hatte.

Pontiac-Techniker Bill Collins bezeichnete den 67er Firebird später einmal als „von Chevrolet ererbte" Konstruktion. „Die Karosserie war im Prinzip von Chevrolet und die Optik, bis auf Kühlergrill und Rückleuchten, ebenfalls." Trotz der vielen Parallelen waren diese zwei Elemente typisch Pontiac und unterschieden den Firebird überraschenderweise sehr vom Camaro.

Pontiacs „ponycar"-Version profitierte sogar von neugewonnenen technischen Erkenntnissen, die der ersten Camaro-Serie nicht mit auf den Weg gegeben werden konnten, da sie bereits fünf Monate vor dem Firebird, der im Februar 1967 der Öffentlichkeit vorgestellt wurde, debütierte. Bedeutende Neuerungen waren unter anderem ein aus Gründen besserer Gewichtsverteilung weiter nach hinten versetzter Motor und die serienmäßige Verwendung von Längslenkern an der Hinterachse, die die Deformation der Blattfedern bei heftigen Beschleunigungsvorgängen vermindern sollten.

Beim Marketing ging man ebenfalls unterschiedliche Wege. Die vier Modelle der Camaro-Reihe unterschieden sich durch ihre Zubehörpakete voneinander, die fünf Modelle des Firebird durch ihre

Technische Daten

Motor: 6 Zylinder in Reihe, obenliegende Nockenwelle; **1967** 3770 ccm (98,6 × 82,8), 165/215 SAE-PS **1968–69** 4098 ccm (98,6 × 89,7), 175/215/230 SAE-PS; V8, hängende Ventile; **1967** 5343 ccm (94,5 × 95,3), 250/285 SAE-PS **1968–69** 5737 ccm (98,6 × 95,3), 250/285 SAE-PS **1967–69** 6556 ccm (104,7 × 95,3), 320/325/330/335/340/345 SAE-PS

Getriebe:	3-/4-Gang-Schaltgetriebe, Hydra-Matic-Dreigangautomatik
Fahrwerk, vorn:	obere und untere Dreiecksquerlenker, Schraubenfedern
Fahrwerk, hinten:	Starrachse, Halbelliptik-Blattfedern
Bremsen:	vorn/hinten Trommelbremsen; auf Wunsch vorn Scheibenbremsen
Radstand (mm):	2743
Gewicht (kg):	1342–1521
Höchstgeschwindigkeit (km/h):	177–185
Beschleunigung 0–96 km/h (s):	4,8–10,1

Produktionszahlen: 1967 Hardtop Cpé 67 032 **Conv.** 15 526 **1968 Hardtop Cpé** 90 152 **Conv.** 16 960 **1969 Hardtop Cpé** 76 059 **Conv.** 11 649 (Angaben für 1969 enthalten 697 Trans Am)

Der erste Firebird (linke Seite und diese Seite, oben und unten links) war mehr als nur ein Camaro, den man mit Pontiac-Styling versehen hatte; neu war die Maßnahme, den Motor aus Gründen besserer Gewichtsverteilung etwas nach hinten zu versetzen. Die 68er-Modelle (beide Fotos unten rechts) veränderten nur geringfügig ihre Optik, erhielten aber überarbeitete Motoren: Die Sechszylinder und der Basis-V8 wurden im Hubraum vergrößert und in der Leistung angehoben; der 400 ci-V8 bekam eine Ram-Air-II-Option.

Motoren. Jedes Firebird-Modell konnte als Convertible oder Hardtop Coupé geordert werden (die Karosserieformen waren identisch mit denen des Camaro). Der Basis-Firebird war ausgerüstet mit Pontiacs erst ein Jahr altem, 165 PS starkem 230 ci-SOHC-Sechszylinder (3770 ccm) mit obenliegender Nockenwelle. Dann kam der Sprint mit einer 215 PS-Version dieses Sechszylinders, Mittelschaltung und verbesserter Federung. Darüber rangierte der Firebird 326 mit 326 ci-V8 (5343 ccm), der, als „family sportster" bezeichnet, aus einer Zweifachvergaser-Bestückung 250 „quirlige Pferdestärken" zauberte und mit Normalbenzin gefahren werden konnte. Eine Stufe höher tummelte sich der Firebird H.O. (High-Output), der aus 326 ci mit Vierfachvergaser 285 PS herausholte. Topmodell war der Firebird 400, der 325 PS leistete und auch mit Ram-Air-Induction zu haben war. Natürlich umfaßte die Ausstattung alles, was einen echten „ponycar" auszeichnete, z. B. Zusatzinstrumente, Scheibenbremsen vorn, kurz übersetzte Hinterachse und eine komplette Servounterstützung (Bremsen, Lenkung usw.).

Die Firebirds begannen preislich knapp $ 200 über den Sechszylinder-Camaros – das Basis-Hardtop kostete $ 2666, das Basis-Convertible $ 2903 – und verkauften sich in ihrer verkürzten ersten Saison über 82 000 mal. Obwohl das nur die Hälfte der Camaro-Verkaufszahlen ausmachte, übertraf das Gesamtergebnis der „F-cars" bei weitem das gewünschte Ziel von einer Viertelmillion Fahrzeugen – sehr zur Zufriedenheit der Geldzähler bei GM. Zwei Drittel der Wagen wurden mit optionaler Servolenkung und Hydra-Matic ausgeliefert, was natürlich den Verdacht nahelegte, daß der Firebird weniger mit dem Mustang – und dem Camaro – konkurrierte, sondern vielmehr mit dem von Mercury 1967 vorgestellten Cougar im Marktsegment der „Luxus-Ponycars" in Wettbewerb treten wollte.

Die 68er-Modelle wurden kaum im Styling verändert, erfuhren aber um so mehr technische Modifikationen. Der OHC-Sechszylinder wuchs auf 250 Kubikinches (4098 ccm) an, der 326-V8 wurde zum 350er, der H.O. ebenfalls (was 35 Mehr-PS brachte), der 400 ci erstarkte um 5 PS, und ein neuer 400er-H.O. meldete sich mit 335 PS zu Wort. Mitte des Jahres nahm Pontiac eine Ram-Air-II-Option für den 400 ci ins Programm auf, die mit ihren angegebenen 335 SAE-PS aufgrund einer Vergaser-Modifikation 25 PS unter der Leistung eines vergleichbaren GTO lag.

1969 gab Pontiac richtig Gas und präsentierte den Trans Am (siehe späteres Kapitel). Das bestehende Programm wurde unterhalb der Gürtellinie neu eingekleidet und unterschied sich damit jetzt noch stärker vom Camaro. Besonders auffällig war die neue Kühlermaske, die nun einen chromumrandeten „Vogelschnabel"-Grill auf einer in Wagenfarbe gehaltenen Schnauze aus Endura-Kunststoff (der GTO ließ grüßen) saß. Bedauerlicherweise bewirkte das neue Styling auch ein etwas höheres Gewicht sowie einen Zuwachs in der Länge um 59 mm und in der Breite um 33 mm. Die Motorenpalette war identisch mit der des Vorjahres, nur die Ram-Air-II-Option wurde durch den 345 PS leistenden 400-Ram-Air-IV ersetzt. Der Firebird verkaufte sich weiterhin sehr gut und erreichte 1968 einen Wert von über 100 000, 1969 einen Wert von über 87 000 Einheiten.

Das preisgünstigste Firebird Convertible kostete 1968 $ 2996 (knapp $ 200 mehr als ein Mustang) und war mit einem unüblichen OHC-Sechszylindermotor bestückt, der über 250 ci und 175 PS verfügte. Der sportliche Sprint (unten) war mit einer 215 PS-Version dieses Motors ausgerüstet und zeichnete sich durch eine spezielle Ausstattung aus. Die 69er-Modelle (rechte Seite) wiesen neu gestaltete Seitenflanken und eine neue Frontpartie auf, betont durch einen verchromten Grill sowie einer in Wagenfarbe gehaltenen Schnauze aus Endura-Kunststoff.

Firebird

AWJ-888

1968-69
Pontiac GTO & Judge

Pontiac gab dem GTO (im Volksmund auch „Goat“ genannt) für 1968 ein neues Outfit (beide obere Fotos und rechte Seite, oben), die Motoroptionen blieben aber, bis auf die neue 366 PS-Version, die gleichen wie 1967. „The Judge“ (diese Seite, unten und rechte Seite, unten) wurde 1969 als Zubehörpaket vorgestellt und war ausgestattet mit einem 366 PS starken V8, einem Heckflügel und spezieller Ornamentierung.

Erster zu sein ist relativ einfach; erster zu *bleiben* dagegen nicht. Niemand im Detroit der 60er Jahre wußte dies besser als Pontiac, speziell wenn es um das Thema „Muscle Cars“ ging. Pontiac hatte diese Fahrzeugsparte 1964 ins Leben gerufen, und innerhalb von vier Jahren sah man sich einer Horde von Konkurrenten gegenüber, die drauf und dran war, den GTO zu entthronen.

Pontiac erwiderte die Herausforderung 1968 mit einem komplett neu gestalteten GTO. In vielerlei Hinsicht war das auch der bislang Beste. Die B-Säulen-Coupéform hatte man fallengelassen und die anderen Modelle – Convertible und Hardtop Coupé – einer Frischzellenkur unterzogen, die dem GTO ein klar gezeichnetes, Kraft ausstrahlendes Styling verlieh, dominiert von bauchigen Seitenflanken, einem fließheckähnlichen Dachprofil und einer großen Kühlergrill/Stoßfänger-Kombination mit klappbaren Scheinwerfern. Diese Frontmaske bestand aus in Wagenfarbe gehaltenem Endura-Kunststoff, einem Material mit dem Pontiac bereits seit 1964 experimentierte und das in der Lage war, bis zu einer bestimmten Geschwindigkeit Kollisionen zu überstehen, ohne die bei Blech üblichen Lack- und Materialschäden zu hinterlassen. Pontiac demonstrierte seine Qualitäten sogar in einem TV-Spot, in dem man weißgekleidete „Tester“ ausgelassen auf eine GTO-Schnauze einhämmern ließ, ohne daß diese dabei beschädigt wurde.

Der neue Look wurde sehr schön durch einen um 76 mm (auf 2845 mm) verkürzten Radstand betont, eine Maßnahme, die GM 1968 bei allen zweitürigen Hardtops (die viertürigen maßen 2946 mm) durchführte. Die Stabilität und sogar die Fahreigenschaften wurden durch einen neuen Kastenrahmen erheblich verbessert, der jedoch das Fahrzeuggewicht gegenüber 1967 um ca. 35 kg erhöhte. Die Motorenpalette setzte sich erneut aus diversen 400 ci-Aggregaten zusammen. 350 PS leistete das Standardtriebwerk, 360 PS eine High-Output-Option. Diese ließ sich durch eine neues Ram-Air-II-System erweitern, das im Prinzip ein Ram-Air-I war, aber statt mit einem, mit zwei funktionalen Lufteinläßen auf der Motorhaube (wie beim 64er GTO) betrieben wurde. Einige Monate später ergänzte man die Auswahl durch einen speziellen „tunnel-port“-V8 mit überarbeitetem Ansaugkrümmer und einer Leistung von 366 PS. Zuletzt vorgestellt wurde der gleichzeitig schwächste Motor, ein „Economy“-V8, den man aus dem Vorjahr übernommen hatte und der, mit Normalbenzin betrieben, 265 PS entwickelte. Nicht einmal 3300 der 88 000 GTO, die 1968 verkauft wurden, wurden mit diesem Motor ausgerüstet.

Der Gesamtausstoß an GTO lag 10 Prozent über dem Vorjahresergebnis, was hauptsächlich auf das neue Design zurückzuführen war. Und wie zu erwarten war, ließ die Leistungsfähigkeit des neuen GTO nichts zu wünschen übrig: *Motor Trend* stoppte seine Ram-Air-II-Version mit 6,5 s in der 0–60 mph-Disziplin und mit 14,45 s für die stehende Viertelmeile (bei 158,0 km/h). Leider fiel das Ergebnis im Vergleich zum 64er-Modell nicht viel besser aus, hatte der GTO doch in der Zwischenzeit ca. 230 Kilogramm an Gewicht zugelegt. Gegen einen MoPar-Hemi oder Ford Torino 427 hatte der GTO allerdings keine Chance, sie zeigten „The Great One“ die Rücklichter.

1968 begann Plymouth, den Markt mit einem Low-Budget-Muscle-Car zu beschicken, und die erstaunlich hohen Verkaufszahlen des „schrulligen“ Road Runner riefen 1969 prompt einige Rivalen auf den Plan. Pontiac ging aber seinen eigenen Weg und präsentierte „The Judge“, ein $ 354 teures Zubehörpaket für den GTO, den man für das neue Modelljahr kosmetisch leicht überarbeitet hatte. Die Namensgebung wurde in erster Linie durch die populäre „Laugh-In“-Fernsehshow beeinflußt, in der ein in Richterrobe gekleideter Sammy Davis Jr. intonierte: „Here come da judge“; die Pontiac-Werbung trug allerdings auch ihr Schärflein bei, indem sie den GTO als „final arbiter of street performance“ darstellte.

„The Judge“ konnte wirklich mit einer beeindruckenden Leistungsfähigkeit aufwarten, beinhaltete doch die Option einen neuen 366 PS starken Ram-Air-III-V8. Optional erhältlich war auch ein neuer 370 PS-Ram-Air-IV, der, auch für die anderen GTO angeboten, einen Luftfilter besaß, der von zwei flexiblen Rohren, die ihre Einläße hinter dem Kühlergrill hatten, mit Frischluft versorgt wurde. Im Spätjahr folgte eine Ram-Air-V-Option, die sich wieder einer Haubenhutze bediente. Auffällig daran waren Luftklappen deren Öffnungswinkel vom Fahrer eingestellt werden konnte. Wie üblich tätigte der Fahrer die Gangwechsel über eine Knüppelschaltung, die serienmäßig über einen Hurst-T-Shifter und ein Dreiganggetriebe verfügte, das gekoppelt war mit einer 3,55 : 1 übersetzten Hinterachse; Vierganggetriebe und Turbo-Hydra-Matic sowie zwei Achsübersetzungen (3,90 : 1 und 4,33 : 1) waren optional erhältlich. Mit 4,59 kg pro SAE-PS kam der Judge auf ein günstiges Leistungsgewicht und erbrachte auch dementsprechende Fahrleistungen: 0 auf 60 mph in etwas über 6 Sekunden und die stehende Viertelmeile (ca. 400 m) in 14–14,5 s bei einer Geschwindigkeit von 157–169 km/h (und mehr).

Das äußere Erscheinungsbild war mindestens genauso „schnell“: knallige orangefarbene Lackierung, schwarzer Kühlergrill, dreifarbige Seitenstreifen, fünfspeichige „Rally“-Felgen, „flower power“-Typenembleme und ein anderthalb Meter breiter Heckflügel, der auf drei kurzen Auslegern „schwebte“. Wie die anderen GTO konnte der Judge optional mit einer Servo-Bremsanlage und vorderen Scheibenbremsen, in der Motorhaube sitzendem Drehzahlmesser sowie gut ablesbarer „Rally“-Instrumentierung geordert werden.

Wegen seiner Verspieltheit und seiner in der Standardversion bereits recht hohen Leistung fand „The Judge“ nur wenig Interessenten. Selbst der GTO erzielte 1969 ein um 15 000 Einheiten schlechteres Ergebnis als noch ein Jahr zuvor. Wie den anderen „Muscle Machines“ auch wurde dem Pontiac GTO durch extrem hohe Versicherungsbeiträge sowie schärfere Sicherheits- und Emissionsschutzgesetze langsam die Luft abgedrückt – bis sie schließlich nicht mehr konnten. „The Judge“ verschied Ende 1971, gefolgt von der 68er-GTO-Konzeption Ende 1972 und schließlich (und endlich) vom GTO-Namen selbst Ende 1974.

Technische Daten

Motor:	V8, hängende Ventile, 6556 ccm (104,7 × 95,3), 265/350/360/366/370 SAE-PS
Getriebe:	3-/4-Gang-Schaltgetriebe, Turbo-Hydra-Matic-Dreigangautomatik
Fahrwerk, vorn:	obere und untere Dreiecksquerlenker, Schraubenfedern
Fahrwerk, hinten:	Starrachse, Schraubenfedern
Bremsen:	vorn/hinten Trommelbremsen; auf Wunsch vorn Scheibenbremsen
Radstand (mm):	2845
Gewicht (kg):	1591–1630
Höchstgeschwindigkeit (km/h):	209+
Beschleunigung 0–96 km/h (s):	6,2–9,0

Produktionszahlen: 1968 Hardtop Cpé 77 704 **Conv.** 9980 **1969 Hardtop Cpé** 64 851 **Conv.** 7436 (inkl. 6725 **„Judge“ Hdtp Cpé** und 108 **„Judge“ Conv.**)

GTO
NO 4 SALE

GTO
THE JUDGE
I M JUDGE

1969
Pontiac Firebird Trans Am

Anfang der 80er Jahre gab Pontiac freimütig zu, daß der Name „Trans Am" bekannter sei als „Firebird" oder „Pontiac". Interessanterweise sollte der 69er Original-Trans-Am erst Sebring bzw. Formula getauft werden. Als es dann soweit war, hatte Plymouth ersteren bereits in Beschlag genommen (und kam damit ab 1970 auf den Markt), und mit „Formula" hegte Pontiac andere Pläne – übrig blieb „Trans Am".

Der Name bezog sich natürlich auf die Rennserie für „ponycars", die 1966 vom „Sports Car Club of America" ins Leben gerufen worden war. 1969 hatte Pontiac, im Gegensatz zu Chevrolet mit dem 302 ci-V8 des Camaro Z-28, immer noch keinen Motor, der die Hubraumbegrenzung auf 305 Kubikinches erfüllte. Und würde ihn auch nie haben. Ironie des Schicksals war dabei, daß der 69er Trans Am nie offiziell an dem Rennen teilnahm, nach dem er benannt worden war. Das spielte aber keine große Rolle. Der Trans Am brachte der gesamten Firebird-Reihe – selbst den Basismodellen – einen gehörigen Imageschub, der noch bis zum heutigen Tage anhält.

Pontiac experimentierte mit „Super-Performance"-Firebirds bereits lange bevor der „Camaro-Clone" im Februar 1967 der Öffentlichkeit vorgestellt wurde. Hierauf im einzelnen einzugehen, würde den Rahmen sprengen, aber dennoch sollen zwei Versuche berücksichtigt werden, die zur Teilnahme an Trans-Am-Rennen führten. Einer war der sogenannte PFST („Pontiac Firebird Sprint Turismo"), ein nach europäischem Muster aufgebauter Wagen, der mit einem speziellen Rennfahrwerk ausgerüstet war, das Pontiacs Fahrwerkspezialist Herb Adams entwickelt hatte. Der andere Versuch wurde mit einer äußerst ausgeklügelten Small-Block-Version von Pontiacs 326/389-V8 unternommen, die man auf 303 Kubikinches – die Trans-Am-Hubraumbegrenzung mußte ja eingehalten werden – verkleinert und mit speziellen „tunnel-port"-Zylinderköpfen versehen hatte. Aus der ganzen Rennvorbereitung erwuchs letztendlich ein Heckspoiler, oder besser Heckflügel, der beim Pontiac „The Judge" Verwendung finden sollte.

Obwohl Probleme in der Entwicklung und ein rapide zurückgehender Muscle-Car-Markt das Motor-Projekt stoppten, kümmerte sich eine spezielle Planungsgruppe, der Adams, Cheftechniker Bill Collins, Produktplaner Ben Harrison und der Leiter der Werbeabteilung, Jim Wangers, angehörten, um die Realisierung eines „Firebird Judge", der mit einem getunten 400 ci-V8 und einem PFST-ähnlichen

Technische Daten

Motor:	V8, hängende Ventile, 6556 ccm (104,7 × 85,1), 335/345 SAE-PS
Getriebe:	3-/4-Gang-Schaltgetriebe, Turbo-Hydra-Matic-Dreigangautomatik
Fahrwerk, vorn:	obere und untere Dreiecksquerlenker, Schraubenfedern
Fahrwerk, hinten:	Starrachse, Halbelliptik-Blattfedern
Bremsen:	vorn Scheiben- / hinten Trommelbremsen
Radstand (mm):	2743
Gewicht (kg):	ca. 1500
Höchstgeschwindigkeit (km/h):	193+
Beschleunigung 0–96 km/h (s):	ca. 5,0
Produktionszahlen:	**Hardtop Cpé** 681 **Conv.** 8 (inkl. 9 Versionen mit Ram-Air-IV-V8)

Der originale Trans Am (linke Seite, ganz oben) wurde im Spätjahr 1969 als Zubehöroption für den Firebird 400 angeboten. Die Option umfaßte ein Sportfahrwerk, sehr weit vorn in die Motorhaube integrierte Lufteinläße, einen Heckflügel, eine weiße Lackierung mit blauen Rallyestreifen und eine Ram-Air-III-Version des 400 ci-V8 (linke Seite, Mitte). 1969 verließen nur 689 Trans Am die Werkshallen, darunter 8 Convertibles (unten und linke Seite, unten).

Fahrwerk aufwarten sollte. Das Ergebnis wurde auf der „Chicago Auto Show" im Februar 1969 vorgestellt.

Von der technischen Seite her gesehen war der Trans Am eine $ 725 teure Zubehöroption, die für das Hardtop Coupé und das Convertible geliefert wurde. Solange man Weiß als Farbe mochte, stand dem Kauf eines Trans Am nichts entgegen. Gefielen dem Kunden auch noch die breiten blauen Rallyestreifen, die sich von der Frontmaske bis zum Heckblech zogen, dann war der Kauf perfekt. Die technische Ausrüstung umfaßte einen Heckflügel, ähnlich dem des Judge, nicht-funktionale Doppel-Luftauslaßöffnungen hinter den vorderen Radausschnitten und zwei funktionale Hutzen auf der Motorhaube, die allerdings viel weiter vorn saßen als beim Firebird 400. Am Ende dieser Lufteinläße saß ein Ram-Air-III-V8 mit Vierfachvergaser und 335 PS. Weitere Goodies waren ein 25 mm dicker Querstabilisator vorn, F70×14-Fiberglass-Bereifung mit weißer Schrift, eine 3,55 : 1 übersetzte Hinterachse mit Sperrdifferential, servounterstützte vordere Scheibenbremsen und eine „variable-ratio"-Servolenkung. Hinzu kamen ein dreispeichiges Sportlenkrad sowie ein mittelgeschaltetes Heavy-Duty-Dreiganggetriebe. Gegen Aufpreis waren ein Vierganggetriebe und eine Turbo-Hydra-Matic lieferbar. Einzige Motoroption war ein Ram-Air-IV-400 ci, der mittels spezieller Zylinderköpfe mit größeren Ein/Auslaß-Kanälen (gegen $ 558) 10 Extra-PS bereitstellte.

Das Basispaket war gar nicht so billig. Rechnet man die „zwingenden" Optionen, wie Scheibenbremsen vorn, Servolenkung usw. ein, lag der Preis eines Trans Am bei $ 1163 – zuzüglich natürlich der Kosten für einen Firebird 400 –, also im Ganzen bei mindestens $ 4500.

Aber für ein in begrenzter Stückzahl gebautes High-Performance-Automobil, das zudem noch beim Publikum so guten Anklang fand, war der Preis absolut gerechtfertigt. Das Magazin *Hot Rod* beispielsweise empfand den Trans Am als überraschend zivilisiert, wenn er „langsam, bei heißem Wetter oder in engen Kurven" gefahren wurde und bescheinigte dem Fahrwerk eine so hohe Qualität, „die von den meisten Fahrern gar nicht genutzt werden kann". Den Testern gelang es, die Viertelmeile in 14,1 s (bei 162,16 km/h) zu durchfahren – und das mit Automatikgetriebe! Aber Leistung war nicht alles, und so präsentierten sich die T/A im neuen Styling und mit dem Interieur der 69er Firebirds.

Der Trans Am nahm übrigens doch einmal am offiziellen Trans-Am-Renngeschehen teil – zumindest auf dem Papier. Der Kanadier Terry Godsall gab einen 68er Camaro Z-28 als Firebird aus und bekam dafür von den SCCA-Offiziellen sogar die Zulassung zum Rennen als „kanadischer" Fahrzeugtyp. Bis auf diesen einen Triumph, errungen durch Fahrer Jerry Titus, konnten die Firebirds 1969 keine größeren Erfolge erzielen.

Aber auch das war nicht weiter schlimm. Der T/A hatte sich binnen kürzester Zeit eine unwahrscheinliche Reputation erarbeitet, verkaufte sich aber nur 689 mal (inklusive der 8 Convertibles). Die zweite Generation sollte 1970 weitaus höhere Absatzzahlen erreichen und sogar die normalen Firebirds übertreffen.

1969
Pontiac Grand Prix

Pontiac war einer der Hersteller im Detroit der sechziger Jahre, die der Überzeugung waren, daß größer nicht unbedingt besser, und daß weniger oft mehr bedeutet. Der quirlige OHC-Sechszylinder war dafür ein gutes Beispiel, und natürlich der neue, straff gestylte Grand Prix des Jahres 1969. In vielerlei Hinsicht war er der eindrucksvollste GP der letzten sechs Jahre.

Wie schon in früheren Kapiteln dieses Buches angedeutet waren die Verkaufszahlen des Grand Prix seit 1964 rückläufig, hauptsächlich verschuldet durch ein im Laufe der Jahre pompöser werdendes Design. Selbst die Leute bei Pontiac zeigten sich nicht gerade von den 68er-Modellen begeistert. Unter ihnen waren auch Generalmanager John DeLorean, der Leiter der Technikabteilung Bill Collins und ein Mann namens Benjamin W. Harrison, Chef der Abteilung für Spezialprojekte.

Es war Harrison, der den Vorschlag machte, doch wieder mehr „Sport" in den Sports-Luxury-Pontiac einfließen zu lassen. General Motors plante zu der Zeit, komplett neue Mittelklassemodelle des A-Karosserietyps für das Modelljahr 1968 auf den Markt zu bringen, die sich durch einen vollständigen Kastenrahmen und ein neues, frisches Styling auszeichnen sollten. Viertürer sollten einen Radstand von 116 Zoll (2946 mm), Zweitürer einen Radstand von 112 Zoll (2845 mm) aufweisen. In einem Memorandum, das vom April 1967 datierte, regte Harrison an, das Hardtop Coupé der neuen Generation auf das längere Chassis zu stellen, um somit einen neuen Mid-Size-Grand-Prix zu kreieren. Er sollte kleiner und leichter sein als sein Vorgänger – so etwas wie ein Luxus-GTO.

In aller Eile wurde von den Pontiac-Designern Irwin Rybicki und Jack Humbert ein Tonmodell hergestellt, das solche Qualitäten bewies, daß es bereits vier Tage nachdem DeLorean Harrisons Notiz erhalten hatte, vom Management abgesegnet wurde. DeLorean stellte anschließend ein Crashtest-Programm auf, um den Präsentationstermin, der nur 18 Monate später geplant war, einhalten zu können.

Irgendwie schaffte es DeLorean, den Wagen termingerecht auf die Räder zu stellen. Collins erklärte später einmal in *Pontiac: The Postwar Years:* „General Motors stellt jeder Division jedes Jahr ein bestimmtes Budget für Werkzeugkosten zur Verfügung. Man überlegt sich also, wie ... kann ich [seine] Effektivität steigern? Wenn man die Kosten senken kann, dann kann man [dem Management] zeigen, daß es Sinn macht, mehr für Werkzeugkosten auszugeben. So haben wir unseren 69er Grand Prix bekommen, der von vorne bis hinten komplett aus neuen Blechen bestand."

Er hatte sogar noch mehr zu bieten. Intern als „G-body" bezeichnet, präsentierte sich der 69er GP mit einem Basispreis von $ 3866 – er war damit $ 200 billiger als sein 68er-Pendant – und beeindruckenden Proportionen: Man hatte eine lange Frontpartie mit einem kurzen Heck kombiniert und das Ergebnis auf einen Radstand von 118 Zoll (2997 mm) gesetzt. Zwei Modelle wurden angeboten, die „J" und „SJ" genannt wurden, Bezeichnungen, die man frecherweise den großen Duesenberg der 30er Jahre „entliehen" hatte. Unter einer von Detroits längsten Motorhauben befand sich eine Vierfachvergaser-Version des 400 ci-V8, die 350 PS leistete und auch im GTO verbaut wurde. Optional für den J zu haben und Standard beim SJ war eine 370 PS-Variante des großen Pontiac 428, die 390 PS leistete. Serienmäßig waren die Grand Prix mit einer Heavy-Duty-Dreigangschaltung ausgerüstet, die meisten 69er aber wurden mit Turbo-Hydra-Matic ausgeliefert. Eine Viergang-Option war ebenfalls erhältlich, allerdings gekoppelt an den 428 ci-V8; nur 676 Exemplare der 1969 mit Schaltgetriebe gebauten 1014 Grand Prix wurden damit ausgestattet.

Das Interieur wurde GP-typisch durch Einzelsitze und eine Mittelkonsole beherrscht; die Konsole war bis an das Armaturenbrett heraufgezogen und zum Fahrer hin angewinkelt. Als Vorbote des späteren „Cockpit Designs" von BMW, bezeichneten es die Werbeleute bei Pontiac als „Command Seat"; andere serienmäßige Ausstattungsdetails wurden ebenfalls beworben, wie z.B. das „Morrokide"-Vinylinterieur, die „Pulse"-Intervallschaltung für die Scheibenwischer und die Radioantenne, die in die Windschutzscheibe eingegossen war. Außer dem 370 PS-V8 umfaßte die SJ-Option eine Performance-Achsübersetzung, komplettere „Rally"-Instrumentierung und selbstnivellierende hintere Stoßdämpfer. Weitere Zubehöroptionen waren u.a. Lederausstattung ($ 200), Motorhauben-Drehzahlmesser, eine (damals neuartige) elektrische Heckscheibenheizung ($ 48) und ein „Cordova"-Vinyldach.

Der Leiter der Werbeabteilung, Jim Wangers, der manchmal auch an der Produktplanung beteiligt war, bezeichnete den 69er Grand Prix als „phänomenalen Erfolg". Er verkaufte sich mehr als dreimal so gut wie der unglückselige 68er GP. „Der attraktive Preis hat da kräftig mitgeholfen", sagte er, „aber er zeichnete sich auch durch ein kerniges, leistungsbetontes Image aus. ... [Er] sah genau aus wie der Wagen, den Pontiac in dem vorgegebenen Rahmen auch bauen würde." Und er sah nicht nur so aus. *Motor Trend* beispielsweise notierte folgende Zeiten: 7,7 s für 0 auf 60 mph (96 km/h) und 15,1 s für die stehende Viertelmeile (bei 146,4 km/h) – und das für einen GP, der mit der Standardmaschine und Automatikgetriebe ausgestattet war!

Der 69er Grand Prix war noch aus zwei anderen Gründen erfolgreich. Obwohl der Markt für leistungsstarke Automobile im Begriff war zu schwinden, war der GP die Initialzündung für eine Modellreihe, die noch heute, mittlerweile in ihrer dritten Designgeneration (bis jetzt), unter uns weilt. Außerdem war der GP der Wegbereiter für den Chevrolet Monte Carlo, der sich (wie bei Chevy üblich) noch besser verkaufte.

Der Grand Prix des Jahres 1969 ist einer der wenigen „Performance-Cars" der Sechziger, die heute absoluten Sammlerwert genießen müßten, aber es nicht tun – zumindest noch nicht. So langsam verschwinden die Grand Prix aber in den Garagen der Sammler, und es wird nicht lange dauern, bis sie endlich den Sammlerstatus erreicht haben, den sie verdienen. Die Voraussetzungen sind in jedem Fall vorhanden.

1968 hatte der Grand Prix ein Stadium erreicht, das ihn übergewichtig und als recht gewöhnliches Fahrzeug präsentierte. Dementsprechend schlecht fiel auch das Verkaufsergebnis aus. Ein Grand Prix mit strafferen und aufregenderen Linien war die Überraschung des Jahres 1969 (beide Seiten). Basierend auf dem Radstand eines Mittelklassewagens offerierte er serienmäßig einen 350 PS starken 400 ci-V8 und als Option einen bis zu 390 PS leistenden 428. Diese Kombination paßte haargenau in das Image des „luxury-performance car" – die Verkaufszahlen schossen in die Höhe.

Technische Daten

Motor:	V8, hängende Ventile; 6556 ccm (104,7 × 95,3), 350 SAE-PS, 7015 ccm (104,7 × 101,6), 370/390 SAE-PS
Getriebe:	3-/4-Gang-Schaltgetriebe, Turbo-Hydra-Matic-Dreigangautomatik
Fahrwerk, vorn:	obere und untere Dreiecksquerlenker, Schraubenfedern, Querstabilisator
Fahrwerk, hinten:	Starrachse, Schraubenfedern
Bremsen:	vorn Scheiben-/hinten Trommelbremsen
Radstand (mm):	2997
Gewicht (kg):	1687
Höchstgeschwindigkeit (km/h):	185–193
Beschleunigung 0–96 km/h (s):	6,5–7,7
Produktionszahlen:	112 486

GRAND PRIX
1969

1969
Rambler SC / Rambler

Die Idee, einen Rambler mit dem Low-Budget-Charakter eines Muscle Cars wie dem Plymouth Road Runner zu kombinieren, erscheint sehr an den Haaren herbeigezogen zu sein, aber ein brauchbarer Versuch in dieser Richtung wurde 1969 von American Motors mit dem SC/Rambler unternommen. Der Basispreis von knapp $ 3000 – genau wie der Road Runner – enthielt einen 315 PS leistenden 390 ci-V8, ein eng abgestuftes, vollsynchronisiertes Vierganggetriebe mit Verbindungs- und Schaltmechanik von Hurst sowie eine 3,54 : 1 übersetzte Hinterachse mit Sperrdifferential. Weitere technische Ausstattungsdetails waren: härtere Federung, direkt übersetzte Lenkung, verstärkte Kupplung, Heavy-Duty-Kühlsystem, Drehzahlmesser, Doppelauspuffanlage mit Absorptionsschalldämpfern, Air-Induction, Goodyear-Polyglas-Bereifung. Optik und Komfort kamen dabei allerdings nicht zu kurz; hier bot AMC: verchromte Sicherheitsverschlüsse für die Motorhaube, tropfenförmige Sport-Außenspiegel, Spezial-Lackierung, Holzimitat-Lenkrad, zurückklappbare Vordersitzlehnen, Vinyl-Interieur. Das alles gab es in einem schlichten Rambler Rogue, entworfen von Dick Teague für die Rambler-American-Reihe. Man bekam also was fürs Geld – aber *mehr* auch nicht. So konnte der Kunde in der AMC-Preisliste lesen: „[N]o other optional items will be included or permitted."

Dick Teagues Styling-Department sorgte vortrefflich dafür, daß die Generation, die mit den Rambler-American-„Sparmobilen", die oft mit Ordonnanzfahrzeugen der Armee verglichen wurden, aufgewachsen war, einen „Scrambler" als „Rambler mit dem gewissen Etwas" wiedererkennen würden. Sie lackierten ihn rot, weiß und blau, schwärzten seinen Kühlergrill, entwarfen eine mächtige Lufthutze für das Air-Induction-System und versahen den Wagen mit Red-Line-Bereifung auf schicken Leichtmetallfelgen. Man hatte Hurst als Partner für die Entwicklung des SC/R gewonnen, und so wurde der „Papagei" von AMC und Hurst gemeinsam am 13. Februar 1969 vorgestellt. Dave Landrith von Hurst, Spezialist in Drag-Strip-Belangen, und Walt Czarnecki von AMC waren sehr stark in der Entwicklung dieses Projektes involviert gewesen.

Die Produktion sollte auf 500 Exemplare begrenzt sein, hauptsächlich um den SC/Rambler für den Wettbewerb in der „F/Stock"-Klasse der „National Hot Rod Association" zu homologieren. Dort würde er sich gegen den 'Cuda 340 und den W–31-Olds-4-4-2 behaupten müssen. Die Regeln verlangten zwar nur 500 Stück, aber AMC brannte darauf, so viele zu bauen wie verkauft werden konnten. So kam der „Scrambler" Ende des Jahres auf 1512 produzierte Exemplare. Es gab zwar Änderungen in der Lackierung und an diversen Details, wie beispielsweise der Lufthutze, das Farb-Grundschema aber blieb mit in weiß lackierter Karosserie und breiten roten Seitenstreifen, die schwarz umrandet waren, immer gleich; ein breiter blauer Streifen prangte auf Dach und Kofferraumdeckel; dieser blaue Streifen wiederholte sich auf der Motorhaube, allerdings als Pfeil, der auf die riesige Lufthutze zeigte; rot/weiß/blaue Farbakzente paßten das graue Vinyl-Interieur an die Lackierung an.

Marketing-Vizepräsident R.W. McNealey beschrieb den bunten Vogel wie folgt: „Der SC/Rambler ist das ideale Fahrzeug für den Automobilisten, der überdurchschnittliche Leistungsfähigkeit haben und außerdem einen Wagen fahren will, der sich massiv von den 70 Millionen anderen, die unsere Straßen bevölkern, unterscheidet ... für den Automobilisten, der ein auf ihn zugeschnittenes Fahrzeug will, aber weder die Zeit noch den Hang [oder das Geld?] hat, ihn sich selbst zu bauen." Das war eher als gewöhnliche PR-Routine zu verstehen, aber es gab von AMC auch andere Äußerungen: „... stellen Sie sich die großen Augen der Zuschauer vor, wenn Sie mit ca. 14 Sekunden die Viertelmeile durchlaufen, und das bei, sagen wir, knappen 160 km/h ... geradwegs aus den Verkaufsräumen Ihres Händlers heraus! Und vielleicht mit einem leichten Tuning auf den nächsten Drag-Strip fahren. Wer weiß? Ihre Zeit könnte sich sogar auf 12 Sekunden verbessern." So tönte ein Hersteller, der ein Jahrzehnt zuvor noch das Wettrennen um jedes verfügbare PS beschmunzelt und der Öffentlichkeit Verbrauchswerte von 10 Litern angepriesen hatte. Die Zeiten hatten sich wohl geändert.

Der Widerspruch zwischen alter und neuer AMC-Philosophie ließ viele daran zweifeln, ob der SC/Rambler wirklich so gut sei, wie seine Spezifikationen vermuten ließen, aber sie lagen falsch. Seine Power war umwerfend. *Car Life* „durchschoß" die 60 mph-Marke nach 6,3 s und löste das Versprechen der AMC-Werbung mit 14,2 s für die stehende Viertelmeile ein. *Car and Driver* lobte AMC dafür, daß man einen Wagen kreiert habe, „which makes it in almost all the categories . . .it can run and it can stop. . . . For lack of a better classification, the SC/R is a street rod."

AMC hatte in der Werbung mit Viertelmeilen-Zeiten von 12 Sekunden „gedroht". In Edrie Marquez' *Amazing AMC Muscle* läßt sich nachlesen, daß dies auch möglich war. Dale Young fuhr einen SC/R, der modifiziert war mit schärferer Nockenwelle, Edelbrock-Ansaugkrümmer mit passendem Holley-Vergaser, geändertem Zündverteiler sowie Goodyear-Rennslicks, und schaffte es fünfmal, über die Viertelmeilen-Distanz an die 12-Sekunden-Marke heranzukommen; die beiden letzten Zeiten betrugen 12,69 s (bei 177,8 km/h) und 12,67 s (bei 176,94 km/h). Ein weiterer SC/R wurde für nur $ 1500 zum Dragster umgebaut und „could turn 12.30s at 112 mph [180,2 km/h] all day long. ... The Scrambler had permitted the little Rambler American to bow out in a blaze of high performance glory."

In den späten sechziger Jahren noch stand der SC/Rambler für wilde PS-Orgien. Seine Optik versprach „Performance", und der Rest löste das Versprechen auch ein. Die meisten wurden mit einer auffälligen rot/weiß/blauen Lackierung ausgeliefert (rechte Seite); 500 der 1521 Exemplare jedoch wurden etwas dezenter eingekleidet (diese Seite, ganz oben). Beim Antrieb gab es keine Alternative: 390 Kubikinches, 315 PS, Vierganggetriebe und 3,54 : 1-Hinterachse.

Technische Daten

Motor:	V8, hängende Ventile, 6392 ccm (120,7 × 90,7), 315 SAE-PS
Getriebe:	4-Gang-Schaltgetriebe
Fahrwerk, vorn:	obere und untere Dreiecksquerlenker, Schraubenfedern
Fahrwerk, hinten:	Starrachse, Blattfedern
Bremsen:	vorn Scheiben- / hinten Trommelbremsen
Radstand (mm):	2692
Gewicht (kg):	1435
Höchstgeschwindigkeit (km/h):	174
Beschleunigung 0–96 km/h (s):	6,3
Produktionszahlen:	1512

TEXAS
379 UHB

1965-66
Shelby GT-350

Carroll Shelby, texanischer Geflügelzüchter, der in den 50er Jahren für Enzo Ferrari Rennen fuhr, zog sich 1960 aus gesundheitlichen Gründen aus dem Rennsport zurück. Danach entwickelte er sich zu *dem* amerikanischen Erbauer von Hochleistungs-Sportwagen schlechthin. Zwischen 1962 und 1970 baute oder beeinflußte er solch schnelle Geschosse wie die furchteinflößenden Cobra 289 und 427 sowie den Sunbeam Tiger, den Mittelmotor-Ford GT40 und den Mark IV. Mit dem Mark IV hatte Ford ungeahnten Erfolg, als dieser bei den „24 Stunden von Le Mans" in den Jahren 1966–69 klare Siege errang.

Das populärste Shelby-Projekt, vom verkaufstechnischen Standpunkt aus, war der GT-350, eine Supertuning-Version des Ford Mustang. Er war aus Fords Absicht heraus entstanden, dem neuen 65er „ponycar" ein solides Performance-Image zu verleihen – und das tat er auch. Drei Jahre in Serie (1965–67) gewann der GT-350 den „B-production champion"-Titel des „Sports Car Club of America".

Der GT-350 begann als weißer Mustang 2+2 Fastback, den Ford dem „Shelby-American shop" in Venice, California, lieferte und der mit Fords „Hi-Performance"-289-V8 und einem Viergang-Schaltgetriebe ausgerüstet war. Shelby modifizierte den Wagen dann mit „High-Riser"-Ansaugkrümmer, großem Vierfachvergaser, scharfer Nockenwelle, Auspuff-Fächerkrümmer sowie Längslenkern für die Ford-Galaxie-Hinterachse, die die unterdimensionierte Ford-Falcon-Achse ersetzte. Die nun größeren Bremstrommeln versah Shelby mit Sintermetall-Bremsbelägen, während an der Vorderachse Scheibenbremsen von Kelsey-Hayes montiert wurden. Hinzu kamen noch einstellbare Koni-Stoßdämpfer, direkt übersetztes Lenkgetriebe, vorderer Querstabilisator, stabile Verstrebungen im Motorraum und 15-Zoll-Leichtmetallräder mit Goodyear-Hochleistungsbereifung. Abschließend optimierte man die Geometrie der Vorderachse, indem man die vorderen Anlenkpunkte der Radaufhängungen versetzte. Ergebnis all dieser Bemühungen war ein fast neutrales Fahrverhalten anstelle des heftigen Untersteuerns der Originalversion – und dazu noch überaus lebhafte 306 PS statt der serienmäßigen 271 PS.

Das Erscheinungsbild änderte man ebenfalls und befestigte das „galoppierende Pferd" nun seitlich auf dem Kühlergrill, ersetzte zudem die stählerne Motorhaube durch eine Glasfiber-Replika mit funktionaler Lufthutze und versah die Schwellerpartien sowie Motorhaube, Dach und Kofferraumklappe mit breiten blauen Rallyestreifen. Dem Interieur hatte man Renn-Sicherheitsgurte, einen Lenkkranz aus Holzimitat und eine komplette Instrumentierung spendiert. Auf die Rücksitzbank jedoch verzichtete man, um den GT-350 nach den Regeln des SCCA als „sports car" zu qualifizieren.

Das war aber nur die straßenzugelassene Version. Für die Rennstrecke konzipierte Shelby einen „GT-350R" mit speziellen „High-Power"-Zylinderköpfen, „Super-Duty"-Fahrwerk, Rennbereifung, Aluminium-Getriebegehäuse, gestripptem Interieur und einer stoßstangenlosen Glasfiber-Front, die einen kleinen Spoiler und einen großen, zentralen Lufteinlaß aufwies. Das Leergewicht konnte durch diese Maßnahmen um ca. 135 kg gesenkt werden. Shelbys Philosophie war es, die meisten seiner Spezial-Racingteile über die Ladentheke ausgesuchter Ford-Händler dem Kunden zugänglich zu machen.

Mit dem Fahrverhalten eines Rennwagens und einer 0–60-mph-Beschleunigung von 6,5 s bekam der GT-350, der zu Anfang $ 4547 kostete, begeisterte Kritiken. Er lag zwar mit seinem Preis ungefähr $ 2000 über einem V8-Mustang, war aber nur $ 200 teurer als eine Corvette – in jeder Hinsicht ein fabelhaftes Angebot. Shelby beabsichtigte nicht, große Stückzahlen zu produzieren, verkaufte aber dennoch 562 Exemplare des 65er-Modells, von denen 30 Stück als GT-350R gebaut wurden.

Die 66er GT-350 wurden etwas gezähmt, behielten jedoch die Lebendigkeit der 65er-Modelle bei. Die optischen Änderungen beliefen sich auf Plexiglasscheiben in den C-Säulen statt der serienmäßigen Luftauslaßöffnungen, Lufthutzen vor den hinteren Radausschnitten zur Belüftung der Trommelbremsen, den dünn verstrebten Grill der 66er Mustang-Modelle und 14-Zoll große Leichtmetall- oder verchromte Stahlfelgen. Nach den ersten 250 produzierten Exemplaren erweiterte Shelby die Farbpalette um rot, blau, grün und schwarz und versah alle Varianten mit weißen Rallyestreifen. Außerdem stattete er den Fond des Wagens mit einer umklappbaren Sitzbank aus (die für den Mustang ja gegen Aufpreis zu bekommen war), verlagerte die Batterie aus dem Kofferraum wieder nach vorn, verwendete nun Ford-Stoßdämpfer und bot sogar ein Automatikgetriebe an. Ein besonderer Leckerbissen war der optional erhältliche Paxton-Zentrifugallader, der die Motorleistung auf über 400 SAE-PS anheben und Beschleunigungszeiten von nur 5 Sekunden ermöglichen sollte. Zudem baute Shelby für „Hertz Rent-A-Car" spezielle Modelle in schwarzer Lackierung mit goldenen Streifen, die an den größeren amerikanischen Flughäfen vermietet wurden. Hertz stellte diesen Service umgehend ein, als bekannt wurde, daß an Wochenenden viele dieser Wagen auf diversen Rennpisten wettbewerbsmäßig gefahren wurden.

Die GT-350 nahmen 1966 wieder an verschiedenen Rennen teil und führten die Siegesserie des Vorjahres fort, waren aber im Prinzip 65er-Modelle, da 1966 keine R-Modelle gebaut wurden. Shelby produzierte in diesem Jahr sechs Convertibles, die er vermutlich an *sehr* gute Freunde verschenkte.

In Shelbys Fall sind aller guten Dinge „zwei", denn die zukünftigen Shelby-Mustangs reichten nicht mehr ganz an die Originale von 1965 und 1966 heran. Nach 1967 ähnelten die „Shelbys" immer mehr gewöhnlichen Mustangs, die sogar von Ford selbst gebaut wurden. Die Originale besitzen deshalb unter Sammlern einen viel höheren Stellenwert als ihre Nachfolger – natürlich zu den entsprechenden Preisen. So soll es ja eigentlich auch sein. Als Vollblüter ihrer Spezies gehören die GT-350 von 1965/66 zu den bemerkenswertesten Automobilen, die je in Amerika gebaut wurden.

Technische Daten

Motor:	V8, hängende Ventile, 4737 ccm (101,6 × 72,9), 306 SAE-PS
Getriebe:	4-Gang-Schaltgetriebe, SelectShift-Dreigangautomatik
Fahrwerk, vorn:	obere und untere Dreiecksquerlenker, Schraubenfedern
Fahrwerk, hinten:	Starrachse, Halbelliptik-Blattfedern
Bremsen:	vorn Scheiben-/hinten Trommelbremsen
Radstand (mm):	2743
Gewicht (kg):	1271
Höchstgeschwindigkeit (km/h):	209+
Beschleunigung 0–96 km/h (s):	5,0–6,5
Produktionszahlen:	**1965** 562 **1966** 2380

Der originale Shelby dürfte wohl der einzige straßenzugelassene Rennwagen sein, der je von einem amerikanischen Hersteller gebaut wurde. Serienmäßige Mustang Fastbacks bekamen von Shelby ein „High-Performance"-Fahrwerk, Brems- und Motormodifikationen sowie eine Motorhaubenhutze und Lufteinlaßöffnungen vor den hinteren Radläufen; die Originallackierung wurde mit blauen Rallyestreifen versehen. Das 66er-Modell (beide Seiten) unterschied sich kaum vom Vorgänger, zeichnete sich aber durch Plexiglasscheiben in den C-Säulen anstelle der Luftauslaßöffnungen aus.

G.T. 350
SHELBY
XGH 606W
GT 350

G.T. 350
XGH 606W
GT 350

1967-68
Shelby GT-350 & GT-500

Der Ford Mustang für das Modelljahr 1967 war größer, schwerer und „gestylter", was für Carroll Shelbys *non-plus-ultra*-Mustang, den GT-350, bedeutete, es ihm gleichtun zu müssen. Um das Fahrzeuggewicht niedrig zu halten und die Optik distinguiert genug zu gestalten, schufen die Shelby-Stylisten eine Fahrzeugschnauze aus Glasfiber und paßten sie an die nun längere Motorhaube des neuen Mustang an. Außerdem setzten sie zwei Scheinwerfer in die Mitte der Kühlergrillöffnung. (Einige der später gebauten Fahrzeuge hatten aufgrund von Verordnungen in einigen Bundesstaaten, die einen Mindestabstand zwischen Scheinwerfern verlangten, die Lampen links und rechts in die Grillöffnung eingebaut.) Die 67er Shelbys besaßen eine breitere Haubenhutze und abstehende Seitenhutzen zur Kühlluftzufuhr für die hinteren Bremsen. Weitere Hutzen an den C-Säulen sorgten für eine Entlüftung der Fahrgastzelle. Das Heck bekam einen Spoiler und breite horizontale Rückleuchten.

In seiner Gesamtheit war der 67er Shelby absolut begeisternd. Er hatte die Optik eines reinrassigen Rennwagens und war damit auf amerikanischen Straßen ohnegleichen.

Einige Neuerungen reflektierten eingegangene Kundenwünsche, die nach einem einfacher zu handhabenden und leichter zu fahrenden Fahrzeug verlangten. Servolenkung und servounterstützte Bremsen waren beispielsweise zwingende Optionen. Das Interieur differierte stark von dem der Serien-Mustangs und zeichnete sich durch ein besonderes Sportlenkrad, Zusatzinstrumente, einen Überrollbügel und daran befestigte Hosenträgergurte aus.

1967 bot Ford für seinen Mustang einen 390 ci-V8 als Topmotorisierung an. Shelby-typisch, setzte Carroll dem noch eins drauf und präsentierte einen 428er und ein neues Modell, den GT-500. Das war eine populäre Entscheidung, denn der GT-500 verkaufte sich doppelt so gut wie der GT-350. Der GT-350 wurde immer noch angetrieben vom High-Performance-Small-Block des Serien-Mustang, jedoch ohne den Fächerkrümmer.

Der 67er Shelby war mehr eine gelungene Kombination aus Power und Luxus als ein Fahrzeug, das nur auf Performance aus war. Da die Autohersteller sich ab 1967 angewöhnten, die Leistungsangaben ihrer Fahrzeuge recht zurückhaltend zu gestalten — hauptsächlich um die Versicherungsgesellschaften bei Laune zu halten — , war der GT-500 nominell mit 355 PS angegeben, obwohl er sicherlich einiges mehr leistete. Der GT-350 allerdings behielt seine PS-Angaben (306 SAE-PS) bei, was wiederum etwas übertrieben war, denn ohne Fächerkrümmer und Absorptionsschalldämpfer lag seine Leistung niedriger als angegeben. Man kann davon ausgehen, daß sie näher bei den 271 PS lag, die Ford für den eigenen, leistungsstarken 289 ci angab. Immer noch auf Wunsch für den 289-V8 zu haben war der $ 549 teure Paxton-Lader, der die Leistung auf ungefähr 400 PS anhob. Eine offizielle Angabe wurde jedoch nie veröffentlicht. Ein paar GT-500 wurden auf speziellen Wunsch hin mit einem 400 PS starken 427-V8

Der Mustang nahm für 1967 an Gewicht und Hubraum zu, der Shelby tat es ihm gleich. Das zusätzliche Gewicht und neue „zwingende" Zubehöroptionen wie Servolenkung und servounterstützte Bremsen wandelten den Shelby zusehends vom harten Renner zum Luxus-Sportwagen. Der GT-350 (diese Seite) wurde weiterhin vom 306 PS starken 289-V8 angetrieben und bekam einen GT-500 zur Seite gestellt, der als Treibsatz einen 428 ci-V8 hatte, der zurückhaltend mit 335 PS angegeben war.

FLORIDA
ETX 62M
BREVARD

ausgerüstet. Dies war die einzige Neuerung; ansonsten aber unternahm Shelby keine Anstrengungen, die 67er-Modelle in Rennen einzusetzen. Alles in allem wurden 3225 Exemplare des nach wie vor exzellent aussehenden Mustang-Mutanten gebaut.

1968 war Carroll Shelby langsam seiner Heldentaten müde. Er gewann den „Manufacturers Championship" und beaufsichtigte das Ford-GT-Rennprojekt, das als größte Erfolge Siege in Le Mans in den Jahren 1966 und 1967 errang. Enge Freunde starben auf der Rennstrecke. Im Laufe der Zeit war der Konkurrenzkampf immer stärker geworden, und neue Technologien bestimmten die Rennszene, die es für die meisten Spezialisten unmöglich machten, sich sämtliche Kniffe anzueignen und sie erfolgreich anzuwenden. Autorennen, so sagte Shelby in einem vielleicht etwas voreiligen Anflug von Überdruß und Resignation, mache keinen Spaß mehr. Es sei nurmehr ein Geschäft. Die Faszination, sich seine eigenen Fahrzeuge zu bauen, hatte viel an Attraktivität verloren. Ford selbst sorgte jetzt für den größten Teil der Shelby-Produktplanung.

Ende 1967 wurde die Produktion von Los Angeles nach Michigan verlegt, wo die „A. O. Smith Company" sich vertraglich verpflichtete, Mustangs nach Shelby-Spezifikationen umzurüsten. Die Wagen taufte man „Shelby Cobra" (der originale zweisitzige Cobra wurde ja nicht mehr gebaut), und Ford übernahm komplett die Werbung.

Mit dem neuen Namen kam auch eine neue Optik. Eine neu gestaltete Motorhaube bekam zwei Lufteinläße, die jetzt direkt an ihrer vorderen Kante saßen, und der Kühlergrill, mit nun kleinen rechteckigen Zusatzscheinwerfern (statt der großen runden), hatte sich zu einem großen „Maul" vergrößert, durchzogen nur von einer dünnen Stoßstange. Das Heck erhielt neue Schlußleuchten, die jetzt über ein sequentielles Blinksignal verfügten (wie beim 65er Thunderbird).

Neu war auch das erste Shelby Convertible, das man mit einem Überrollbügel in attraktiver Kunststoffhülle ausgestattet hatte. Der GT-350 ließ sich jetzt von Fords neuem 302 ci-V8 antreiben, der allerdings mit weniger leistungssteigernden „Mittelchen" aufgepäppelt war als der alte 289er und über vergleichsweise anämische 250 PS verfügte. Der „Paxton Supercharger" konnte wieder auf Wunsch geordert werden, und diesmal gab ihm Shelby sogar eine offizielle Leistungsangabe mit auf den Weg (335 PS bei 5200 Upm). Der Zubehörkatalog bestand hauptsächlich aus Komfortoptionen wie Automatikgetriebe, Klimaanlage, höhenverstellbarem Lenkrad, getönten Scheiben und AM/FM-Radio. Man konnte daran sehr gut erkennen, daß die Shelbys nicht mehr die harten sportlichen Fahrmaschinen von einst waren.

Mitte des Jahres ersetzte den 428 ci-V8 des GT-500 (1968 mit 360 SAE-PS) ein 428-Cobra-Jet, der sich ja bereits im Drag-Sport einen Namen gemacht hatte. Obwohl der neue CJ mit Hochleistungs-Ansaugkrümmer und -Zylinderköpfen vom 427er ausgerüstet war, *fiel* die angegebene Leistung auf 335 PS zurück – die tatsächliche Leistung war zweifellos höher. Wagen, die von solch einem Motor angetrieben wurden, bezeichnete man als GT-500KR („King of the Road"). Bedingt durch einen Engpaß an 428ern, stattete man einige GT-500 mit einem 390 ci-V8 aus (sehr zum Leidwesen der Besitzer). Einige bekamen wieder den 427-V8 mit 400 PS. Da die Big-Block-Shelbys um einiges beliebter waren, verkauften sie sich fast doppelt so häufig wie die GT-350. 1968 lag die Gesamtproduktion bei 4450 Fahrzeugen – das beste Verkaufsjahr für Shelby.

Technische Daten

Motor: V8, hängende Ventile; **1967 GT-350** 4737 ccm (101,6 × 72,9), 306 SAE-PS **1968 GT-350** 4950 ccm (101,6 × 76,2), 250/335 SAE-PS **1967–68 GT-500** 6392 ccm (102,9 × 96,0), 335 SAE-PS, 6999 ccm (107,4 × 96,0), 400 SAE-PS, 7015 ccm (104,9 × 101,1), 335–360 SAE-PS

Getriebe:	4-Gang-Schaltgetriebe; auf Wunsch Dreigangautomatik
Fahrwerk, vorn:	obere und untere Dreiecksquerlenker, Schraubenfedern
Fahrwerk, hinten:	Starrachse, Blattfedern
Bremsen:	vorn Scheiben-/hinten Trommelbremsen
Radstand (mm):	2743
Gewicht (kg):	1271–1453
Höchstgeschwindigkeit (km/h):	193–209
Beschleunigung 0–96 km/h (s):	6,2–7,8

Produktionszahlen: **1967 GT-350** 1175 **GT-500** 2050 **1968 GT-350 Fstbk** 1253 **Conv.** 404 **GT-500 Fstbk** 1140 **Conv.** 402 **GT-500KR Fstbk** 933 **Conv.** 318

Für 1968 änderte man die Optik der Modelle, die weiterhin als GT-350 (rechte Seite und links) und GT-500 (oben) angeboten wurden. Der GT-350 war ausgerüstet mit einem 302 ci mit 250 PS, während der 428 ci des GT-500 mit 360 PS angegeben war. Mitte des Jahres bot man im GT-500 serienmäßig den neuen 428-Cobra-Jet an und bezeichnete diese Version als „GT-500KR".

G.T.350
BFGoodrich
Radial T/A

G.T.350
BFGoodrich
Radial T/A
DDZ 78Y
MUSTANG

1969
Shelby GT-350 & GT-500

Der 69er Mustang behielt zwar den Radstand von 1965 bei, wuchs aber ansonsten in seinen Abmessungen an. Überraschenderweise verbesserte sich damit auch das Fahrverhalten. Das Handling des 69ers war besser als das des Vorgängers, und mit dem Cobra Jet Mach 1 und dem Boss 302 hatte Ford auch die schnellsten Mustangs im Programm, die je gebaut wurden.

Schon aus Tradition hatten Shelby-Mustangs schneller zu sein, aber das sollte nicht so einfach werden. 1969 hatte die Regierung strenge Sicherheits- und Emissionsschutzgesetze erlassen. Mittlerweile lag die Versicherungsprämie für einen 25jährigen Mann, der ein schnelles Auto fuhr, bei $ 1000. Der Publikumsgeschmack hatte sich zudem geändert: Luxus war inzwischen wichtiger als Performance. Der Vietnamkrieg zog – bedenklicherweise – Tausende junger Amerikaner aus dem Land.

Carroll Shelby war sich natürlich all dieser Veränderungen bewußt und überdachte seinen Standpunkt. Als Individualist, der er war, hatte er 1965 begonnen, den Wagen zu bauen, den er selbst gern fahren würde – den GT-350, einen lauten, ungezähmten Grand Tourer für den sportlich ambitionierten Fahrer. Der Markt für solche Autos war begrenzt. Die meisten Käufer wollten Luxus, und so entwickelten sich zwischen 1966 und 1968 die Shelbys nach und nach in diese Richtung. Natürlich boten die neuen Modelle auch genügend Power – aber es war nicht wie das Original.

Zudem verabscheute Shelby es, in einem Komitee Entscheidungen fällen zu müssen, in dem Buchhalter und Anwälte üblicherweise Designer, Techniker und Testfahrer überstimmten. Noch nie hatte er es mit so vielen Beschlüssen und Bestimmungen seitens des Ford-Managements und der Regierung zu tun gehabt. Außerdem invadierte Ford sein Terrain mit solchen Produkten wie dem Mach 1 und dem Boss 302.

Wie auch immer, Carroll lieh seinen Namen einer neuen Shelby-Serie, den 1969ern GT-350 und GT-500 (das „KR"-Suffix entfiel), die nun – wie unwürdig – mit normalen Mustangs zusammen in Southfield, Michigan, produziert wurden. Die Shelby-Designer verliehen dem jetzt schwereren, längeren und nervöser wirkenden Serien-Mustang eine schnittigere Form. Sie verlängerten die Motorhaube, tauschten die Front gegen eine Glasfiber-Schnauze mit großer Kühlergrillöffnung aus, verwendeten Kunststoffkotflügel zur Gewichtsreduzierung, änderten die Heckpartie und fügten einen Spoiler sowie Rückleuchten mit sequentiellem Blinksignal hinzu. Der GT-350 wurde nun von dem neuen 351 ci-Windsor-V8 (5753 ccm) befeuert, der mit 290 PS angegeben war, während der GT-500 weiterhin den Cobra-Jet-428 (7015 ccm) unter seiner Haube hatte. 1969 betrug die Shelby-Gesamtproduktion 3150 Exemplare, wovon die wenigsten als Convertibles ausgeliefert wurden: 194 als GT-350 und 335 als GT-500.

Benzineinspritzung war für 1969 geplant, wurde aber nicht realisiert. Ein Sonnendach und Sitze mit verstellbaren Rückenlehnen standen ebenfalls zur Diskussion, kamen jedoch nicht über das Planungsstadium hinaus. Shelby hatte sich nie sonderlich um die Komfortoptionen gekümmert, sondern immer Wert auf „Performance" gelegt. Deshalb war er der Ansicht, daß Benzineinspritzung und Motoraufladung (letztere wurde seit 1966 angeboten) wichtige Entwicklungen seien, die hätten berücksichtigt werden müssen. Wieder einmal war Ford anderer Meinung.

Aber wer brauchte das schon? Ende 1969 warf Shelby das Handtuch. Produktion und Design lagen ohnehin in den Händen von Ford, und der Konkurrenzdruck von anderen Ford-Produkten und anderen Herstellern war enorm. Shelbys wurden auch nicht mehr so häufig in Rennen gefahren, zumal die letzten Rennversionen nicht Carroll Shelbys Vorstellungen eines Rennwagens entsprachen. Lee Iacocca, Vizepräsident der Ford Division, stimmte dem Entschluß, die Shelby-Produktion einzustellen, zu, und man trennte sich, ohne daß harte Worte fielen oder Sanktionen ergriffen wurden. Die Partnerschaft war zu Ende – zumindest für eine Weile.

Da die Popularität der Shelby-Modelle analog zum Verfall ihres reinen Performance-Charakters abnahm, blieben einige 69er-Modelle am Ende des Jahres unverkauft, wurden aber im darauffolgenden Jahr als 70er-Modelle wieder angeboten. Um sie von den 69ern zu unterscheiden, versah man sie mit schwarzen Streifen auf der Motorhaube und Frontspoilern vom Boss 302. 1970 wurden deshalb nur 315 GT-350 und 286 GT-500 „produziert". Danach wurde der einstmals verehrte Shelby-Mustang sang- und klanglos zu Grabe getragen.

Rückblickend war es eine weise Entscheidung von Carroll Shelby, das Projekt genau zu dem Zeitpunkt zu stoppen. Bedenkt man, was aus solchen Fahrzeugen wie dem Camaro Z-28 oder Boss Mustang im Laufe der 70er Jahre wurde, dann kann man sich vorstellen, welch trauriges Dasein einem Shelby GT erspart blieb. Shelby verließ das sinkende Schiff in allen Ehren, zurück blieb die Erinnerung an einen Mann, der der Welt einen der wunderbarsten „Performance-Cars" der 60er Jahre beschert hatte.

Die Mustang-Reihe wurde nicht nur kosmetisch überarbeitet, sondern auch um solche Versionen wie den Mach 1 und Boss 302/429 ergänzt. Dazu kamen noch erhebliche gesetzliche Restriktionen in Bezug auf Sicherheit und Emissionsverhalten, die Shelby wenig Spielraum ließen, etwas „Anständiges" aus dem zu machen, was Ford ihm zu bieten hatte. Da technischen Innovationen und Verbesserungen kein Raum eingeräumt wurde, verlegte man sich auf die visuelle Unterscheidung zu normalen Mustang-Modellen und versah die 69er Shelbys mit einer Kunststoff-Front und den gewohnten Shelby-Rückleuchten.

Technische Daten

Motor: V8, hängende Ventile; **GT-350** 5753 ccm (101,6 × 88,9), 290 SAE-PS **GT-500** 7015 ccm (104,9 × 101,1), 335 SAE-PS

Getriebe:	4-Gang-Schaltgetriebe; auf Wunsch Dreigangautomatik
Fahrwerk, vorn:	obere und untere Dreiecksquerlenker, Schraubenfedern
Fahrwerk, hinten:	Starrachse, Blattfedern
Bremsen:	vorn Scheiben- / hinten Trommelbremsen
Radstand (mm):	2743
Gewicht (kg):	1362–1453
Höchstgeschwindigkeit (km/h):	192–195
Beschleunigung 0–96 km/h (s):	5,5–8,0

Produktionszahlen: **GT-350 Fstbk** 1085 **Conv.** 194 **GT-500 Fstbk** 1536 **Conv.** 335

GT500

SHELBY
69GT500
INDIANA

1960 Studebaker Lark

Nach 110 Jahren Marktpräsenz versuchte der älteste amerikanische Fahrzeughersteller 1963 sein Glück in Kanada, um drei Jahre später die Produktion gänzlich einzustellen. Studebakers Fall traf Amerika nicht ganz unerwartet. Nach vielen Niedergängen, Rettungsversuchen und Rückfällen seit Mitte der 50er Jahre, hatte Studebaker Mitte der 60er einen Punkt erreicht, an dem nichts mehr zu retten war.

Die Probleme begannen bereits zu Zeiten der „Großen Depression", als Studebaker Konkurs anmelden mußte. Nachdem man sich schnell wieder mit dem 1939er Champion hochgearbeitet hatte, schrieb die Firma Ende der 40er Jahre Rekordzahlen auf einem Nachkriegsmarkt, den man mit dem Slogan „first by far with a postwar car" in Angriff nahm. Aber Studebaker war zu voreilig und berücksichtigte zuwenig die hohen Kosten; außerdem blieb man zu lange dem Nachkriegsstyling verhaftet. Die vollkommen neue 53er-Modellreihe, angeführt von dem ersten der heute so gesuchten „Loewy Coupés", hätte vielleicht das Ruder herumreißen können, wurde aber stark durch Fehleinschätzungen im Marketing, sich verschlechternder Verarbeitungsqualität und ein auseinanderfallendes Händlernetz behindert . Der verzweifelte Versuch, 1954 mit Packard eine Fusion einzugehen, brachte wiederum andere Probleme mit sich. 1958 schließlich brachten immer schlechter zu verkaufende Produkte und ein rapide abnehmendes Vertrauen seitens der Öffentlichkeit Studebaker an den Rand des Abgrunds.

Eine Gnadenfrist für den angeschlagenen Hersteller bedeutete der 1959 vorgestellte kompakte Lark, der bereits seit 1953 Studebakers Basis-Modellreihe war. Die seit 1955 aktuelle, grobschlächtige Front- und Heckpartie wurde für das neue Modelljahr entschärft. Genau zur richtigen Zeit einem sich zu Wirtschaftlichkeit hin orientierenden Markt präsentiert, sorgte der Lark für die ersten schwarzen Zahlen auf dem Studebaker-Konto seit fünf Jahren. Die ersten „Compacts" der Big Three, die 1960 herauskamen, und die Unfähigkeit Studebakers, den Lark entsprechend konkurrenzfähig zu halten, brachten erneut einen Abfall in den Verkaufszahlen. Studebaker konnte noch andere Modellreihen vorweisen, aber der „family sports car" Hawk und der spätere High-Performance-Avanti waren keine Massenprodukte, die sich in entsprechenden Stückzahlen verkauften. Weitere Finanzierungsmodelle folgten und schlugen fehl, so daß die Geldgeber schließlich aufgaben.

Wie vorauszusehen war, kamen die 60er-Lark als überarbeitete 59er-Modelle auf den Markt, mit leicht veränderter Ausstattung und einem anderen Kühlergrillelement (ein Maschengitter statt der horizontalen Streben). Der Radstand wurde mit 2756 mm beibehalten, mit Ausnahme der Kombis, die weiterhin ein 2870 mm-Fahrgestell aufwiesen und wieder als Viertürer (eine Wiederbelebung der 58er-Modelle) wie auch als Zweitürer zu haben waren. Motoren waren die bekannten Studebaker-Aggregate, der „L-head"-Sechszylinder und der OHV-V8. Der 2,8-Liter-Sechszylinder (169,6 ci) war als Langhuber ausgelegt und lieferte 90 PS in den zwei- und viertürigen Limousinen und Kombis in Deluxe-Ausstattung (eigentlich Basisversion) sowie in der luxuriöseren Regal-Serie (eigentlich Deluxe-Version), bestehend aus viertüriger Limousine, Hardtop Coupé und viertürigem Kombi. Der V8-Motor (1951 vorgestellt) verfügte über einen Hubraum von 4,2 Litern (259 ci) und leistete 180 PS im Basistrimm oder optional 195 PS mit Vierfachvergaser und Doppelauspuffanlage. Der V8 wurde in den gleichen Modellen wie der Sechszylinder angeboten, kostete aber $ 280 extra. Zudem war er Standardmotorisierung im neuen, schön anzusehenden Convertible, das in der Regal-Ausstattung erhältlich war. An Kraftübertragungen gab es ein Dreigang-Schaltgetriebe, dazu wahlweise einen Overdrive (die Hinterachse wurde kürzer übersetzt, um die Fahrleistungen, speziell mit dem Sechszylinder, zu verbessern) und eine Dreigang-Flight-O-Matic von Borg-Warner. Die Preise erhöhten sich gegenüber dem Vorjahr nur leicht und lagen im einem sehr attraktiven Rahmen zwischen $ 2000 und $ 2700.

Attraktiv waren auch die Fahrzeuge selbst. Der offene Regal war unter den 60er Compacts als Convertible eine absolute Ausnahmeerscheinung, allerdings nur für dieses eine Jahr. Studebaker bewarb ihn ganz begeistert als „the means to enjoy the Lark's marvelous maneuverability and stable agility while reveling in the light of refreshing breezes and warm sunshine."

Von der technischen Seite her wurde der Lark mit seiner Karosserie/Chassis-Bauweise als eine solide Konstruktion bezeichnet. *Speed Age* sprach von „sehr geringen Karosserievibrationen" und einem „exzellenten" Fahrverhalten. Die Fahrgastzelle war überaus steif mit dem Fahrgestell verbunden (im Gegensatz zum altmodischen Konkurrenten Rambler American). Die Fahreigenschaften mit dem Sechszylinder (mit „VI"-Karosserieemblemen) waren als gut zu bezeichnen, mit dem V8 (mit „VIII"-Emblemen) verbesserten sie sich natürlich um einiges. Das gleiche galt für die Fahrleistungen. *Speed Age* gelang es, eine 180 PS starke V8-Version in „schnellen" 9,9 s von 0 auf 60 mph (96 km/h) zu beschleunigen. Der Sechszylinder schnitt da natürlich erheblich schlechter ab; Tom McCahill von der Zeitschrift *Mechanix Illustrated* stoppte den „Sechser" mit 16,8 s für die Viertelmeile. Für 1960 hatten eine Überarbeitung der Vergaseranlage und neue Brennräume im Zylinderkopf sowie eine andere Hinterachsübersetzung den Sechszylinder leiser und auch sparsamer gemacht. Der V8 war aber deswegen noch lange kein „Säufer" und gewann in einem Lark mit Automatikgetriebe 1959 den „Mobilgas Economy Run". Auf der Strecke von Kansas City nach Los Angeles war er mit einem Durchschnittsverbrauch von 10,5 l/100 km besser als 37 andere Fahrzeuge, die ebenfalls mit V8-Triebwerken ausgerüstet waren.

Trotz dieser Stärken setzten die neuen Big-Three-Modelle den Lark heftig zu, da sie von einem größeren Händlernetz und einem höheren Werbeetat profitierten. Außerdem kam das bereits ein Jahr alte Studebaker-Design nicht gegen die neuen, frischen Modelle der übermächtigen Konkurrenz an. Studebaker steuerte wieder auf den Abgrund zu, aber diesmal würde es keine Rettung mehr geben.

Der Compact Lark, der inmitten einer Rezession debütierte, rettete (zumindest für eine Weile) das im Sinken begriffene Studebaker-Schiff. Die Sechszylinder (Lark VI) verkauften sich deshalb wesentlich besser als die V8-Versionen (Lark VIII), selbst nachdem es mit der Wirtschaft wieder aufwärts ging.

Technische Daten

Motor:	„L-Head"-Sechszylinder in Reihe, 2780 ccm (76,2 × 101,6), 90 SAE-PS; V8, hängende Ventile, 4248 ccm (90,4 × 82,6), 180/195 SAE-PS
Getriebe:	3-Gang-Schaltgetriebe (wahlweise Overdrive), Flight-O-Matic-Dreigangautomatik
Fahrwerk, vorn:	obere und untere Dreiecksquerlenker, Schraubenfedern
Fahrwerk, hinten:	Starrachse, Halbelliptik-Blattfedern
Bremsen:	vorn/hinten Trommelbremsen
Radstand (mm):	2756 **Wagon** 2870
Gewicht (kg):	1175–1445
Höchstgeschwindigkeit (km/h):	137–153
Beschleunigung 0–96 km/h (s):	9,9–17,0
Produktionszahlen:	**Lark VI** 70 153 **Lark VIII** 57 562

1960-61 Studebaker Hawk

Seit seiner Präsentation gebührte dem Ford Mustang immer die Ehre, der Wagen zu sein, der die „ponycar"-Welle ausgelöst hatte, wohingegen Studebaker-Fans den Hawk als rechtmäßigen Initiator bezeichnen. Geht man davon aus, daß ein „ponycar" durch „2+2"-Konzeption, lange Motorhaube/kurzes Heck, sportliches Interieur, gute Fahrleistungen und eine Knüppelschaltung (vorzugsweise ein Vierganggetriebe) definiert wird, dann liegt der Studebaker gar nicht mal so verkehrt. Der Hawk hatte 1960 all diese Features bis auf die Viergangschaltung, und die kam als Option 1961 hinzu.

Wie auch der Mustang wurden die Hawks von einem 289 ci-V8 angetrieben, der aber von der Technologie her längst nicht so modern war wie das leichtgewichtige „thin-wall"-Design von Ford. Man muß dabei bedenken, daß Studebakers 289er aus dem von 1951 stammenden 232-V8 weiterentwickelt wurde. Er war zu schwer und verlor häufig Öl, aber er sorgte für Mustang-ähnliche Fahrleistungen.

Wenn nun Studebaker, Jahre bevor Ford damit auf den Plan trat, einen Mustang im Progamm hatte, warum verkaufte er sich dann nicht zu Hunderttausenden? Erstens besaß Ford eine wesentlich höhere Produktionskapazität und ein erheblich größeres Händlernetz. Zweitens ließen die Hawks die ellenlange Zubehörliste eines Mustang vermissen, die von Motoren bis zu Polstermaterialien alles bot, damit sich der Kunde *seinen* Mustang auf den Leib schneidern konnte. Ein Hawk war eben nicht als sportlicher, luxuriöser oder sparsamer „Maßanzug" zu bekommen.

Schließlich war es auch das veraltete Studebaker-Werk mit seiner Überkopf-Montage, das für eine kostenungünstige Produktion verantwortlich war. So lagen die Wagen gut $ 500 über dem Preis, für den General Motors sie gewinnbringend hätte verkaufen können. Der 60er Hawk kostete in Basisausführung $ 2650, also sehr nahe an den „magischen" $ 2500, die Iacocca für den Mustang festgelegt hatte. Dieser Preis wurde von Iacocca aber erst im Jahr 1965 bestimmt, in dem die Inflation Studebaker gezwungen hätte, einen Hawk für $ 2820 verkaufen zu müssen. Selbst 1960/61 verkauften sich die meisten Hawks, rechnet man die damals gewünschten Optionen wie Radio, Heizungsgebläse oder Weißwandreifen hinzu, nicht unter $ 3000.

Und da gibt es noch ein Publikum, das sich für alles „Neue" sofort begeistern läßt. Beim Hawk allerdings konnte fast jeder Kunde erkennen, daß sich hinter dem klassisch gehaltenen Kühlergrill und den modischen Heckflossen eine Karosserie verbarg, die bereits als „Loewy Coupé" 1953 debütierte. 1960–61 gab es noch nicht einmal eine Hardtop-Coupé-Version im Stil dieses berühmten Designs. Harold Churchill, der die Studebaker-Packard Corporation mit dem 59er Lark aus der Notlage befreien wollte, beabsichtigte, die Hawk-Serie erst gar nicht fortzuführen, war aber dahingehend erfolgreich, daß die Reihe von ursprünglich vier Modellen (1956) auf ein Modell (1960/61) zusammengestrichen wurde. (1959 bot Studebaker einen Hawk Six an; danach baute man ihn nur noch für den Export.)

Sieht man von seinen Fehlern einmal ab, war der Studebaker Hawk eine gelungene Mischung aus sportlicher Linienführung, Leistungsfähigkeit und robuster Konstruktion. Immer noch mit dem längsten Fahrgestell – Loewys berühmter „rubber frame" – im Hause Studebaker ausgestattet, gab sich der Hawk elegant und wohlproportioniert, aber doch zweckmäßig genug – und das trotz seiner großen, konkaven Heckflossen, die man ihm 1957 „beschert" hatte. Das Coupé mit seiner kräftigen B-Säule wurde der Hardtop-Variante vorgezogen, die man dann 1958 ausrangierte. Der 60er Hawk konnte gegenüber seinem Vorgänger mit besseren Fahrleistungen aufwarten, da Studebaker statt des 259-V8 des Vorjahres wieder den 289-V8 verwendete. Die Leistung betrug in der Standardversion 210 SAE-PS und 225 SAE-PS mit dem optionalen Tuning mittels Vierfachvergaser und Doppelauspuffanlage. Ebenso erhältlich waren ein verstärktes Dreiganggetriebe, ein größerer Kühler, eine größere Kupplung und verrippte Bremstrommeln. Durch diese Extras konnten die Fahreigenschaften verbessert werden. Sitze mit verstellbaren Rückenlehnen und Kopfstützen waren ebenfalls lieferbar. In der Summe war der 60er Hawk der bislang beste seiner Serie – kultivierter, besser zu fahren und schneller als seine Vorgänger, mit Ausnahme des „aufgeladenen" Golden Hawk von 1957/58.

Studebaker war vollauf mit dem Lark beschäftigt, der sich in der Economy-Klasse recht gut geschlagen hatte, und konnte deshalb die Produktion des Hawk erst im Februar 1960 anlaufen lassen. Verkauft wurden in dem Jahr allerdings nur 3939 Stück, obwohl der Nachfolger noch weniger verkaufte Exemplare (3340 Stück) zählen konnte.

Den 61er Hawk hatte Studebaker gegenüber dem 60er modifiziert (und trotzdem verkaufte er sich schlechter). Äußerlich war fast alles beim alten geblieben, das neue mittelgeschaltete, von Warner Gear stammende Vierganggetriebe aber machte den Hawk zu einem richtigen Grand-Touring-Automobil. Ein 210 PS starker Viergang-Hawk „machte" die 0–60 mph in ca. 11 Sekunden; die 225 PS-Maschine reduzierte diesen Wert um eine Sekunde und erhöhte die Höchstgeschwindigkeit von 185 auf ca. 193 km/h. Der 61er bot dem Kunden auch den Komfort ergonomisch geformter, schaumstoffgepolsterter und vinyl- oder stoffbezogener Einzelsitze, was ebenfalls einen Fortschritt bedeutete.

Studebaker warb für den Hawk, indem man die Lobpreisungen der Hawk-Besitzer publizierte, zu denen auch Lucius Beebe und James Mason zählten (interessanterweise besaßen beide Prominente frühe Modelle mit niedriger Fahrgestellnummer). Das war gut gemeint, brachte aber nicht viel: Das Publikum griff reihenweise zu sportlichen Modellen aus dem Big-Three-Supermarkt.

Obwohl sich die Hawk Coupés der Baujahre 1959–61 auf den ersten Blick sehr ähnlich sind, lassen sie sich recht einfach voneinander unterscheiden. Die 59er benutzten ein rot unterlegtes „Adler"-Emblem, die 60er besaßen ein schwarzes Emblem und drei kurze Chromstreifen am Heckflossenansatz, die 61er verzichteten auf die Chromstreifen und betonten die Flossen mit einer breiten, farblich abgesetzten Zierleiste in Höhe der Gürtellinie. Allesamt sind sie heute attraktive Sammlerautos, selbst wenn sie nicht in den (rechtmäßigen?) Genuß kommen, als erste „ponycars" zu gelten.

Der Studebaker Hawk zeichnete sich durch eine Mischung aus Leistungsfähigkeit und Luxus aus, die ihn hätte populär machen müssen. Leider blieb ihm dieser Vorzug versagt. 1960 war nur noch ein B-Säulen-Coupé im Programm, da das (besser aussehende) Partnermodell, ein Hardtop Coupé, 1958 fallengelassen worden war. Das 61er-Modell wurde äußerlich nur wenig geändert, mit Ausnahme der farblich abgesetzten Zierleiste unterhalb der Heckflosse. Die Zubehörliste wurde durch ein Vierganggetriebe und Einzelsitze bereichert.

Technische Daten

Motor:	V8, hängende Ventile, 4737 ccm (90,4 × 92,2), 210/225 SAE-PS
Getriebe:	3-Gang-Schaltgetriebe; auf Wunsch 4-Gang-Schaltgetriebe oder Flight-O-Matic-Dreigangautomatik
Fahrwerk, vorn:	obere und untere Dreiecksquerlenker, Schraubenfedern
Fahrwerk, hinten:	Starrachse, Blattfedern
Bremsen:	vorn/hinten Trommelbremsen
Radstand (mm):	3061
Gewicht (kg):	1455
Höchstgeschwindigkeit (km/h):	185–193
Beschleunigung 0–96 km/h (s):	10,0–11,0
Produktionszahlen:	**1960** 3939 **1961** 3340

DSV 217

1961-63 Studebaker Lark

„Loser“ haben es schwer, und das erklärt, warum Studebaker Ende 1966 den Weg alles Irdischen ging. Als die Verkaufszahlen 1960 zu sinken begannen, sank auch das Vertrauen der Öffentlichkeit, was wiederum die Absatzzahlen weiter nach unten drückte und noch weniger Geld in die Kassen brachte, das für Neuentwicklungen aber dringend benötigt wurde – die klassische Abwärtsspirale, die bereits 1956–58 Studebaker fast die Existenz gekostet hatte. Obwohl der kompaktmaßige 59er Lark diesen Trend temporär umkehren konnte, reichten die erzielten Gewinne nicht aus, ein völlig neues Fahrzeug auf die Beine zu stellen, das Studebaker so dringend benötigte, um den Compacts der Big Three Paroli bieten zu können. Ein schlechtes Vorzeichen bedeutete der Rückgang des 61er-Lark-Verkaufsvolumens um mehr als die Hälfte gegenüber dem Vorjahr, obwohl das 59/60er-Basisdesign verbessert wurde.

Auffällig war das kantigere Design sowie eine flachere Motorhaube und ein abgeflachter Kofferraumdeckel. Die V8-Modelle wurden mit horizontal angeordneten Doppelscheinwerfern ausgestattet. Limousinen und Hardtops hatten eine ebenfalls flachere Dachpartie mit einem neu gestalteten C-Säulenbereich. Aber immer noch machte der Lark eine unmodische, untersetzte Figur.

Die wichtigste technische Neuerung war ein Sechszylindermotor, der jetzt mit hängenden Ventilen arbeitete. Obwohl identisch im Hubraum mit dem alten Seitenventiler, lieferte dieser „Skybolt Six“ über 24 Prozent an Mehrleistung – 112 gegenüber 90 PS – und 6,2 Prozent mehr Drehmoment, was die Beschleunigung (0–60 mph) um drei Sekunden auf 14 Sekunden verbesserte. Leider gab es häufig Risse zwischen den Ventilsitzen, was natürlich erhebliche Garantieansprüche seitens der Kunden mit sich brachte, die nicht nur Studebakers Finanzlage verschlimmerten, sondern auch das bereits angeschlagene Image weiter zersetzten.

Eine 1961 vorgestellte Limousine, der V8 Cruiser, sollte das Image wieder aufpäppeln. Man wollte damit die Tradition des „Luxus-Studebaker“ wieder aufleben lassen. Er benutzte das längere Fahrgestell des Kombi mit einem Radstand von 2870 mm (113 Zoll), was sich durch erhöhte Beinfreiheit für die Fondpassagiere bemerkbar machte. Trotz seines luxuriösen Interieurs konnte der Preis recht akzeptabel gestaltet werden und lag bei $ 2458. Der Cruiser war somit das viertteuerste 61er-Modell hinter dem Regal Convertible und den Kombimodellen.

Im Frühjahr 1961 übernahm ein neuer Mann den Präsidentenstuhl bei Studebaker: Der schwungvolle Sherwood Egbert, der von der McCulloch Corporation übergewechselt war. Kurz nach seinem Eintritt in die Firma bat er den in Milwaukee ansässigen Industriedesigner Brooks Stevens, den Lark und den sportlichen Hawk innerhalb von sechs Monaten für das Modelljahr 1962 zu überarbeiten. Studebakers Chefdesigner, Randall Faurot, überließ Stevens, der überaus effektive Styling-Modifizerungen unter Einhaltung des 7-Millionen-Dollar-Budgets versprach, sein Betätigungsfeld. „Wenn man es genau nimmt, war es absolut unmöglich“, erinnerte sich Stevens später. „Aber Sherwood war kein Kenner der Automobilbranche. Er wußte nicht, daß es unmöglich war.“

Das versprochene Wunder bewahrheitete sich, und Stevens versah das Heck des 62er Lark mit längeren Seitenteilen, die die Gesamtlänge der einzelnen Modelle um 229 bis 330 mm erhöhte, fügte runde Heckleuchten und einen Mercedes-ähnlichen Kühlergrill hinzu (Studebaker war seit 1958 Mercedes-Benz-Importeur für Nordamerika). Bis auf die Kombis zeichneten sich alle Modelle oberhalb der Gürtellinie durch eine klarere Linienführung aus. Die zweitürigen Kombimodelle nahm man aus dem Programm, erweiterte aber die Palette um vier neue Daytona-Modelle: Sechszylinder- und V8-Convertible und -Hardtop mit Einzelsitzen und Deluxe-Ausstattung für $ 90 Aufpreis (legt man den Preis eines vergleichbaren Regal zugrunde). Ein mittelgeschaltetes Vierganggetriebe, das Borg-Warner „T-10“, bereicherte die Optionenliste und paßte sehr gut zum Daytona, der 1962 für die „Indy 500“ als Pace Car bestimmt wurde. Trotz eines 38 Tage dauernden Streiks stiegen die Produktionszahlen des Lark auf 93 000 Einheiten an – 40 Prozent mehr als 1961 – , und Studebaker verzeichnete einen Gewinn von bescheidenen $ 2,56 Millionen. Damit klingelten die Kassen in South Bend zum letzten Mal.

Für das Modelljahr 1963 überarbeitete Stevens den Lark erneut. Er begradigte die A-Säulen, formte die Windschutzscheiben entsprechend um, faßte die Scheiben in dünnere Rahmen ein, änderte wieder das Dachprofil, verkleinerte das Muster des Kühlergrills und spendierte dem neuen Armaturenbrett runde Anzeigeinstrumente sowie ein „vanity“-Handschuhfach mit aufklappbarem (Schmink-) Spiegel. Eine Neuheit war der „Wagonaire“. Angeboten als Standard, Regal und Daytona, war er ausgestattet mit einem Schiebedach im Fondbereich, das sich als sehr praktisch erwies, wenn man lange Gegenstände zu transportieren hatte. Bedauerlicherweise war das Schiebedach des Wagonaire selbst in geschlossenem Zustand alles andere als dicht, und das erklärt, warum im Laufe des Jahres erneut geschlossene Varianten auf den Markt kamen. „Six“- und V8-Limousinen in Standard- und schönerem Custom-Trimm erweiterten das Modellangebot, wobei der Custom preislich zwischen Regal und Daytona lag.

Die größte Überraschung 1963 waren die beiden „Avanti“-V8-Aggregate, die man dem wunderbaren neuen Studebaker GT Coupé entliehen hatte und Mitte des Jahres präsentierte. Basierend auf dem 289 ci (4737 ccm) handelte es sich um einen „R1“ mit Vierfachvergaser und 240 PS sowie um einen „R2“, der mit Paxton-Lader 290 PS leistete. Beide Varianten hatten spezielle Nockenwellen und verstärkte Lager. Zu beiden Motoroptionen gehörte wahlweise ein Viergang-Schaltgetriebe oder ein Heavy-Duty-Automatikgetriebe, ein verstärktes Fahrwerk und neue servounterstützte Scheibenbremsen für die Vorderachse. Diese „Super Lark“ genannten Optionen machten ihrem Namenszusatz alle Ehre.

Dennoch fielen die Verkaufszahlen auf unter 75 000 zurück, gut für einen Platz vor Lincoln und Imperial in der Produktionsstatistik. Egbert, der mit seiner schwachen Gesundheit zu kämpfen hatte, verließ Studebaker im November 1963. (Er starb 1969 an Krebs.) Einen Monat später kündigte der neue Präsident Byers Burlingame die Schließung des geschichtsträchtigen South-Bend-Werkes an, nachdem die letzten Versuche fehlgeschlagen waren, Geldmittel für die Entwicklung neuer Modelle aufzutreiben. Zwei Jahre später segnete Studebaker das Zeitliche.

Der Wagen, der Studebaker 1959/60 „aus der Patsche“ half, wurde für 1961 (ganz oben und rechte Seite, ganz oben) einer leichten kosmetischen Behandlung unterzogen, konnte seine Heldentat aber nicht wiederholen, da ihm die Konkurrenten der „Big Three“ heftig zusetzten. Die 62er-Modelle (diese Seite, Mitte) erfuhren umfangreichere Restylingmaßnahmen und verkauften sich etwas besser, konnten aber den unaufhaltsamen Abstieg nicht verhindern. Die Produktion fiel von 93 000 Einheiten (1962) auf 75 000 Exemplare der fast identischen 63er-Modelle (oben und rechte Seite, unten) zurück.

Technische Daten

Motor:	6 Zylinder in Reihe, hängende Ventile, 2780 ccm (76,2 × 101,6), 112 SAE-PS; V8, hängende Ventile; 4248 ccm (90,4 × 82,6), 180/195 SAE-PS, 4737 ccm (90,4 × 92,2), 210/225/240/290 SAE-PS
Getriebe:	3-Gang-Schaltgetriebe (wahlweise Overdrive), 4-Gang-Schaltgetriebe, Flight-O-Matic-Dreigangautomatik
Fahrwerk, vorn:	obere und untere Dreiecksquerlenker, Schraubenfedern
Fahrwerk, hinten:	Starrachse, Halbelliptik-Blattfedern
Bremsen:	vorn/hinten Trommelbremsen
Radstand (mm):	2870 **2tür.** 2769
Gewicht (kg):	1203–1585
Höchstgeschwindigkeit (km/h):	153–198+
Beschleunigung 0–96 km/h (s):	7,8–14,0
Produktionszahlen:	**1961 Lark VI** 41 035 **Lark VIII** 25 934 **1962 Lark Six** 54 397 **Lark Eight** 38 607 **1963** 74 201

049 PEQ

ONTARIO
63 LARK

1962-64 Studebaker Gran Turismo Hawk

Der 62er GT Hawk (oben und unten; rechte Seite, oben) bekam ein völlig überarbeitetes Design und verlor die Heckflossen, die seine Optik von 1956–61 bestimmt hatten. Wie der Ford Thunderbird stand der Hawk in der Tradition der „luxury sports coupes", war aber um $ 1000 billiger als dieser. Für 1963 wurden nur wenige Änderungen vorgenommen. Den 64er-Modellen (rechte Seite, unten) wurde der Pseudo-Grill am Kofferraumdeckel entfernt und das Blech geglättet; ansonsten änderten sie sich nur im Detail.

Der Studebaker GT Hawk von 1962 zeichnete sich durch das brillianteste Facelifting der sechziger Jahre aus. Hinzu kam noch, daß der Hawk von „Brooks Stevens Design" im Rahmen eines Minimal-Budgets auf die Räder gestellt wurde. Initiator dieser Zusammenarbeit war der junge Sherwood Egbert, früher „Hans Dampf" bei McCulloch, der Anfang 1961 Präsident von Studebaker wurde und sein Können daran setzte, die Firma wieder „aufzumöbeln". Im Gegensatz zu Harold Churchill war Egbert ein Sportwagen-Fan, der, wenn er nicht gerade einen Studebaker probefuhr, einen Mercedes 300SL „Flügeltürer" pilotierte. Egbert fragte Stevens, ob er die beiden Modelle Lark und Hawk innerhalb eines 7-Millionen-Dollar-Budgets neu einkleiden könne – und irgendwie gelang Stevens das Unmögliche.

Der Lark wurde gestylt, der Hawk aber wurde „geschaffen". Stevens schnitt die betagten Heckflossen einfach ab, gab dem Dach eine kantigere, dem des T-Bird ähnelnde Form, rundete sanft die Seitenflanken und betonte schließlich die Gürtellinie, dem Lincoln Continental gleich, mit einer durchgehenden Chromleiste. Heraus kam ein erstaunlich schönes und vor allem kostengünstig zu produzierendes Fahrzeug. Die eingelassene Heckscheibe beispielsweise verlieh dem Wagen eine klare, sachliche Optik – ersparte aber auch die Werkzeugkosten für die Herstellung einer stark gewölbten Scheibe. Ein Pseudo-Grill auf der Kofferraumklappe lag im Trend – deckte aber auch das alte „Rippenmuster" ab, das bereits seit 1956 verwendet wurde. Die Seitenflächen verloren ihre Chromleisten, die Schweller wurden dafür mit Chromplanken versehen.

Die Vorderansicht präsentierte sich ebenso „clean". Stevens wollte ursprünglich die Scheinwerfereinfassungen in Wagenfarbe lackieren, durfte aber nicht, da verchromte Lampenringe noch zuhauf am Lager waren (der Wunsch sollte sich erst 1963 erfüllen). Was er allerdings bekam, war ein „klassischer" Kühlergrill mit einer breiten Chromeinfassung, die den Grill realistischer wirken ließ, aber nicht mehr als Gußteil, sondern als Stanzteil hergestellt wurde. Die seitlichen Öffnungen der Frontpartie verloren ihren Chrom und den gitterförmigen Grill. Neue Radblenden sollten die Optik des Wagens verändern, aber da die alten Blenden der 61er-Modelle noch verfügbar waren, mußte Stevens wohl oder übel so lange darauf verzichten, bis der Lagerbestand verbraucht war.

Brooks Stevens bezeichnete das Armaturenbrett des GT als „richtige Errungenschaft, mit einem Instrumentenbord in drei Ebenen, das die Instrumente zum Fahrer hin anwinkelte. Rechts davon fügten wir ein perforiertes Metallpaneel ein, das die Illusion von Luftigkeit vermittelte und in den Türverkleidungen seine Entsprechungen fand. Hinter diesem Paneel versteckten wir den Radio-Lautsprecher. Keines dieser Stylingdetails wurde von der Konkurrenz verwendet, obwohl bei Ford und GM dieses Armaturenbrett in Mode kam". Perforiert war auch der Dachhimmel aus weißem Vinyl, der durchzogen war mit dünnen Rippen, die das Verdeckgestänge eines Convertible andeuten sollten.

Für das 63er-Modell sah man nur geringe Änderungen vor. Der Kühlergrill bekam ein kariertes Muster, ähnlich dem des 63er Lark; die Öffnungen in der Front versah man mit dem von Stevens so

Technische Daten

Motor:	V8, hängende Ventile, 4737 ccm (90,4 × 92,2), 210/225 SAE-PS, **R1** 240 SAE-PS **R2** 290 SAE-PS
Getriebe:	3-Gang-Schaltgetriebe; auf Wunsch Overdrive, 4-Gang-Schaltgetriebe oder Dreigangautomatik
Fahrwerk, vorn:	obere und untere Dreiecksquerlenker, Schraubenfedern
Fahrwerk, hinten:	Starrachse, Blattfedern
Bremsen:	vorn/hinten Trommelbremsen; auf Wunsch vorn Scheibenbremsen
Radstand (mm):	3061
Gewicht (kg):	1417–1489
Höchstgeschwindigkeit (km/h):	169–177+
Beschleunigung 0–96 km/h (s):	6,7–11,0
Produktionszahlen:	**1962** 9335 **1963** 4634 **1964** 1767

ungeliebten Maschengrill; runde, bernsteinfarbene Parkleuchten wurden installiert. Im Interieur hatte man das Armaturenbrett mit Holzimitat „bekleidet" und den schnell verschleißenden, geriffelten Vinylbezug der Sitze gegen eine plissierte Vinylqualität ausgetauscht. Kleine rot/weiß/blaue Embleme an Türen und Kühlergrill gaben dem 63er GT Hawk eine europäische Note; der Pseudo-Grill an der Heckklappe wurde gewendet und hatte statt der Grill-Optik jetzt mehr dekorativen Charakter.

Das Studebaker-Werk in South Bend schloß seine Tore Ende 1963, nachdem nur 1767 Stück der letzten Hawk-Serie, dem 64er GT Hawk, gebaut wurden. Diese Hawk sind aufgrund ihrer Seltenheit und ihres Status, die letzten dieser Modellserie zu sein, sehr gesuchte Fahrzeuge.

Die umfangreichen Modifikationen, die man in den 64er GT einfließen ließ, machten ihn zum distinguiertesten Modell dieser drei Baujahre. Mit einem optional erhältlichen Vinyldach für den vorderen Teil der Dachkonstruktion kreierte Stevens das Aussehen eines Landaulets. Am Heck eliminierte er das Zierpaneel durch Überarbeiten der Werkzeugform und erhielt dadurch eine angenehmere, weniger gekünstelt wirkende Optik. Der neue GT bekam außerdem verchromte Rückleuchteneinfassungen, ein „S-in-circle"-Motorhaubenornament und ein Hawk-Emblem für den Kühlergrill. Das Armaturenbrett wechselte seine Farbe von Holzimitat zu mattem Schwarz.

Dieser letzte GT Hawk wurde in der Presse mit den gleichen lobenden Worten bedacht wie auch schon seine Vorgänger, und das zu recht. Er war ein ausgezeichnetes, komfortables und schnelles Reisefahrzeug mit ansprechenden Features, einer Unmenge an Instrumenten, luxuriöser Polsterung und einem geschmackvollen Styling. Ein Autotester erreichte mit einem Hawk R2 (mit der Avanti-Motoroption) Beschleunigungszeiten von 6,7 s (0–96 km/h) und weniger als 14 s (0–145 km/h). Bemerkenswert war dabei der Durchschnittsverbrauch von 14,7 l/100 km.

Stevens hatte bereits für 1965 einen komplett neuen GT Hawk angekündigt, als die Schließung des South-Bend-Werkes und Studebakers Emigration nach Kanada im Spätjahr 1963 diesen Plan zunichte machte. Dieser Hawk würde, unabhängig davon, wie gut oder schlecht er geworden wäre, Studebaker kaum vor dem Untergang bewahrt haben, hätte aber sicherlich ein erinnerungswürdiges Automobil abgegeben – wie bereits seine Vorgänger.

Der GT verfügte über Einzelsitze mit Stoff- oder Vinyleinlagen; verstellbare Rückenlehnen gab es auf Wunsch. Der 210 PS-289 ci (4737 ccm) war Standard, die 225 PS-Version indes gegen Aufpreis erhältlich. Wie schon in der Vergangenheit wurden einige Hawks für den Export mit Sechszylindermotoren ausgerüstet. Weitere Zubehöroptionen waren ein Vierganggetriebe von Borg-Warner, ein Overdrive, eine Klimaanlage und Servounterstützung der Fensterheber, Lenkung und Bremsen. Normale GT erreichten eine Höchstgeschwindigkeit von 169 km/h (177 km/h mit dem 225 PS-Motor) und beschleunigten in der Automatikversion von 0 auf 96 km/h in ca. 11 Sekunden (die Viergang-Schaltversion benötigte eine Sekunde weniger).

Bedauerlicherweise verkauften sich von dem 62er-Modell nur 9335 Stück. Die Käufer waren immer mehr der Ansicht, daß Studebaker es nicht mehr lange machen würde, und die Händler begannen, andere Marken ins Programm zu nehmen, was die Lage nur noch verschlimmerte. Der 63er GT Hawk änderte sich nur im Detail und zeigte sich ausgewogener, verkaufte aber nur 4634 Einheiten, inklusive 1000 nach Kanada und Übersee gelieferter Exemplare.

1963-64 Studebaker Avanti

Während Brooks Stevens sich um das Design von Lark und Hawk verdient machte, bat Studebaker-Präsident Sherwood Egbert Designkünstler Raymond Loewy, eine neue Generation von Studebakers zu entwerfen. Loewy, der seit 1956 nicht mehr für Studebaker gearbeitet hatte, versprach Egbert ein Sportcoupé mit revolutionärem Design, aus dem sich eine komplette Modellreihe entwickeln sollte. Noch bevor weitere Modelle in Angriff genommen werden konnten, warf Studebaker das Handtuch. Loewy aber gab mit dem legendären Avanti eine Kostprobe dessen, was daraus hätte werden können.

In aller Abgeschiedenheit von Loewys talentiertem Team, Bob Andrews, Tom Kellogg und John Epstein, entworfen, war der Avanti (italienisch für „Vorwärts!") eine Styling-Sensation. Ein „Coke bottle"-Profil war die Basis für eine filigrane Dachkonstruktion mit Überrollbügel und einer riesigen Heckscheibe. Die Gürtellinie begann vorn an den scharfkantigen Vorderkotflügeln, schwang sich nach hinten und endete in keck hervorstehenden Kotflügelspitzen. Loewy verzichtete bewußt auf einen konventionellen Kühlergrill und versetzte die Lufteintrittsöffnung unter die dünne Stoßstange. Die Motorhaube versah er mit einer langen, asymmetrisch angeordneten Hutze. Das Interieur gestaltete er durch aufwendige, sicherheitsfördernde Polsterungen kombiniert mit vier filigranen, vinylbezogenen Sitzen und einem Instrumentenbord im Stile eines Flugzeugcockpits. Die Studie wurde fast ohne Veränderungen für die Produktion freigegeben, nachdem man Loewys verkleinertes Modell begutachtet hatte.

Aus Zeit- und Kostengründen entschloß sich Studebaker, die Karosserie des Avanti aus Kunststoff zu bauen. Dafür benötigte man ein rigides Chassis, daß Ingenieur Gene Hardig dem Lark entlehnte. Er kürzte und modifizierte es und fügte vorn Stabilisatoren sowie hinten Schubstreben hinzu. Die Bendix-Scheibenbremsen, die im Avanti (auch in einigen Lark und Hawk) eingesetzt wurden, waren die ersten Bremssattel-Scheibenbremsen amerikanischer Produktion. Der Motor war der beste V8, den Studebaker im Programm hatte, und entwickelte 240 PS aus 289 ci in Standardausführung („R1") unter Verwendung von scharfer Nockenwelle, Doppelunterbrecher-Verteiler, Vierfachvergaser und Doppelauspuffanlage. Andy Granatelli und Paxton entwickelten außerdem eine aufgeladene „R2"-Version mit 290 PS sowie eine aufgebohrte 304,5 ci-Variante in drei noch höheren Leistungsstufen: R3, R4 und R5. Nur neun der aufgeladenen R3-Motoren (mit 335 PS) wurden gebaut; R4 und R5 waren Versuchsaggregate. Der R5 wurde von zwei Paxton-Ladern beschickt, einer für jede Zylinderreihe, und war ausgerüstet mit Magnetzündung und Bendix-Einspritzanlage. Die Leistung bertug monströse 575 PS.

Der Avanti wies eine sehr aerodynamische Form auf, obwohl für Loewy keine Zeit blieb, die Karosserie im Windkanal zu testen – es war reine Intuition! Im Spätjahr 1962 brach Granatelli mit einem Avanti R3 in Bonneville 29 Geschwindigkeitsrekorde und fuhr dabei die bislang höchsten Geschwindigkeiten im amerikanischen Stock-Car-Rennsport.

Leider schaffte Studebaker es nicht ganz, den Händlern schnell genug Avantis zu liefern, so daß diese die erste Kaufwelle nicht abdecken konnten. Probleme bei der Aushärtung der Glasfiber-Karosserien waren zum Teil Schuld an der Verzögerung und zwangen Studebaker, die Kunststoffteile in Eigenregie zu produzieren. Als alle Probleme aus der Welt geschafft waren, hatten die meisten Kunden ihre Bestellung zurückgezogen und sich für eine Corvette oder einen Importwagen entschieden. 1963 wurden weniger als 4600 Exemplare gebaut. Die Avanti-Produktion war bereits zum Erliegen gekommen, als Studebaker im Dezember 1963 die Werkstore in South Bend für immer schloß. Trotz des sich hinschleppenden Verkaufs, ließ man bereits ab Juli 1962 etliche Änderungen in die Avanti-Serie einfließen. Offiziell hieß es, daß der Avanti „nicht nach Modelljahren gelistet, sondern kontinuierlich verbessert wird". Einziger Anhaltspunkt war das Datum der Zulassung, so daß man 809 Exemplare als 64er-Modelle ausweisen kann. Eher „Pi mal Daumen" schien es bei der Wahl von runden oder quadratischen Scheinwerfereinfassungen zugegangen zu sein. Die quadratischen Einfassungen kamen im August 1963 zusammen mit den meisten Detailänderungen für die „64er"-Modelle. Studebaker gab aber an, daß es sich um eine Zubehöroption handelte, und so kamen auch einige 64er-Modelle mit runden Scheinwerfereinfassungen zur Auslieferung. Andere „August"-Modifikationen waren u. a. ein Grill für die Kühleröffnung (entgegen dem ursprünglichen Loewy-Design), verchromte Regenrinnen über den Türen, neu gestaltete Parkleuchten und serienmäßig glatte Vinylpolsterung (statt der glatten oder perforierten Vinylbezüge, die vorher nur auf Wunsch zu haben waren). Die Standardausstattung der Avantis war sehr üppig bemessen und beinhaltete solche Dinge wie stärkere Lichtmaschine, drei Aschenbecher, Rückfahrscheinwerfer, 60 Ah-Batterie, Motorchrom, Heizungsgebläse, Uhr, Mittelkonsole, von innen zu öffnende Motorhaube und Kofferraumklappe, Innenraum- und Kofferraumbeleuchtung, gepolsterte Sonnenblenden, getönte Scheiben sowie zweistufige (später stufenlos einstellbare) Scheibenwischer.

Als Studebaker den Avanti Ende 1964 zu den Akten legte, nahmen sich zwei Händler, Leo Newman und Nathan Altman, seiner an und erwarben die Herstellungsrechte. Sie gründeten die Avanti Motor Corporation (siehe eigenes Kapitel) und produzierten den Wagen in einem stillgelegten, ehemaligen Studebaker-Werk. Damit sicherten sie das Überleben einer der revolutionärsten Designstudien der sechziger Jahre.

Der 63er Avanti (diese Seite) präsentierte sich mit einer Kunststoffkarosserie und einem eleganten Design. Das Interieur hat bis heute nichts von seinem zeitlosen Styling eingebüßt. Die 64er-Modelle (rechte Seite) wurden nur in Details geändert, die meisten von ihnen hatten quadratische Scheinwerfereinfassungen.

Technische Daten

Motor: V8, hängende Ventile; **1963–64** 4737 ccm (90,4 × 92,2), 240/290 SAE-PS **1964** 4991 ccm (92,7 × 92,2), 335 SAE-PS

Getriebe:	4-Gang-Schaltgetriebe; auf Wunsch Dreigangautomatik
Fahrwerk, vorn:	obere und untere Dreiecksquerlenker, Schraubenfedern
Fahrwerk, hinten:	Starrachse, Blattfedern
Bremsen:	vorn Scheiben-/hinten Trommelbremsen
Radstand (mm):	2769
Gewicht (kg):	1426–1451
Höchstgeschwindigkeit (km/h):	185–193
Beschleunigung 0–96 km/h (s):	7,0–8,0
Produktionszahlen:	**1963** 3834 **1964** 809

CALIFORNIA
1 OF 756

1964-66 Studebaker

Einige der besten Nachkriegs-Studebaker wurden 1964 in South Bend und Kanada gebaut. Keines dieser Modelle verkaufte sich sonderlich gut, da 1963 bereits jedermann überzeugt war, daß Studebaker vom Markt verschwinden würde, was ja dann auch eintraf. Der Gang nach Kanada sollte die Zukunft sichern, aber es fehlte an qualifizierten Forschungs- und Entwicklungsteams, die für eine lang andauernde Präsenz auf dem Automobilmarkt unumgänglich waren.

Studebaker bot im neuen Jahr den Kunden erstmalig die Möglichkeit, Avanti-Motoren auch in den anderen Modellen ordern zu können. Da nur ein Nicht-Avanti-Modell mit einem R3-V8 ausgerüstet wurde (ein Commander; die übrigen waren: neun Avanti, ein GT Hawk), sind Werte über Fahrleistungen rein spekulativer Natur. Ein Testbericht jedoch gibt eine 0–60 mph-Zeit mit 7,3 s und die Zeit für die Viertelmeile mit 15,8 s an (bei 144,8 km/h). Die R2-Versionen verkauften sich allerdings in größerer Stückzahl und boten ähnliche Fahrwerte. Alle Performance-Optionen wurden jedoch, als die Produktion nach Kanada übersiedelte, fallengelassen.

Brooks Stevens waren finanziell die Hände gebunden, als er die 64er Studebaker überarbeitete, aber er wußte die beschränkten Mittel gut zu nutzen. Die Limousinen hatten bis in Höhe der A-Säulen einen komplett neuen Vorderbau, der auffiel durch eine flachere Motorhaube, scharfkantige Kotflügelspitzen, einen schönen trapezförmigen Kühlergrill und ein aufrecht stehendes „S-in-circle“-Kühlerornament. Daytona und Cruiser hatten Doppelscheinwerfer, die preisgünstigeren Modelle dagegen nur Einfachversionen. Den Rest veränderte Stevens nur geringfügig; das Dach wurde wieder neu gestaltet, und den Kofferraumdeckel versah er an der Kante mit einem Paneel, das links und rechts Aufnahmen für Rückleuchten und Rückfahrscheinwerfer hatte. Daytona und Cruiser bekamen an dieser Stelle ein Chromblech, preiswerte Modelle mußten hingegen ohne dieses Zierblech auskommen. Der Name „Lark“ tauchte aber nirgends mehr auf. „Ich konnte das Management davon überzeugen, den Namen Lark fallenzulassen, der ja seinen eigenen Beiklang hatte“, sagte Stevens.

Die Produktion erfolgte ausschließlich in Hamilton, Ontario, aus der für 1965 eine geschrumpfte Palette an Six- und Eight-Modellen hervorging – Hawk und Avanti waren eingestellt worden. Das Styling wurde komplett beibehalten. Mit dem Slogan von 1964 pries Hamilton seine 65er als „The Common-Sense Cars [which do not] need yearly styling changes“. „Das gesparte Geld kommt Ihnen in Form von Komfort, Qualität und technischen Verbesserungen zugute. Und weil das Studebaker-Design

Trotz düsterer Zukunftsperspektiven und schwindender Verkaufszahlen wurden die 64er-Modelle (beide Seiten) mit einem neuen Vorderteil und einer neu gestalteten Innenausstattung versehen. Das Interieur war gelungen, betont durch ein Armaturenbrett mit runden Instrumenten; teurere Modelle bekamen verstellbare Rückenlehnen für die Vordersitze.

Studebaker

zeitlos ist, können Sie sich Jahr für Jahr aufs neue an Ihrem Auto erfreuen." Das Design mochte wohl zeitlos sein, der Hersteller war es nicht.

Eine wichtige Neuerung gab es aber doch. Als South Bend die Produktion einstellte, fehlten zwangsläufig auch die Motoren. Studebaker wandte sich an General Motors und bekam von Chevrolet einen Sechszylinder mit 194 ci (3180 ccm) und einen V8 mit 283 ci (4638 ccm), die als „Skybolt Six" und „Thunderbolt V8" firmierten. Beide waren sie zuverlässige Aggregate, wobei der V8 von einem der besten Small-Blocks abstammte, der je in Produktion ging. Der Sechszylinder brachte mit seinen 120 PS einen Leistungszuwachs gegenüber dem unrühmlichen Studebaker-Six, den er ersetzte.

Das kanadische Werk war relativ klein und produzierte, als South Bend seine Tore noch nicht geschlossen hatte, im Durchschnitt jährlich nur 7000 Fahrzeuge. Aber in Hamilton begann man unter der Regie von Generalmanager Gordon Grundy die Produktion zu erhöhen und kam 1965 auf einen Ausstoß von fast 20 000 Einheiten, von denen gut die Hälfte in die USA ging.

Im Herbst des gleichen Jahres brachte Studebaker die 66er-Modelle heraus, die letzten aller Studebakers überhaupt. Die Karosserien blieben gleich, wurden aber in Details von dem in Detroit ansässigen Industriedesign-Unternehmen Marcks, Hazelquist, Powers, Inc. neu gestaltet. Die Fahrzeugfront war komplett neu und zeichnete sich jetzt durch Einfach-Scheinwerfer sowie einen neuen Kühlergrill aus, der in vier rechteckige Felder unterteilt war und das alte Hawk-Emblem in seiner Mitte trug. Die seitlichen Zierleisten wurden nach unten verlegt. In die Enden der Heckkotfügel, in denen früher bei den 65er-Modellen die Rückleuchten saßen, hatte man jetzt Luftaustrittsöffnungen integriert; die Rücklichter wanderten an die Stelle der Rückfahrscheinwerfer, und diese wiederum setzte man knapp über die Stoßstange. „Refreshaire" hieß das neue Ventilationssystem, das sich als recht effektiv erwies. Beim Daytona gab es serienmäßig einzeln verstellbare Rückenlehnen für die vordere Sitzbank und eine Transistorzündung; Automatikgetriebe, Servolenkung und Scheibenbremsen vorn waren als Extras zu beziehen. Weiteres Standardzubehör der Daytonas war: Vinyldach, Mittelarmlehne hinten, gepolsterte Sonnenblenden, mattlackierte Scheibenwischerarme, Tandem-Hauptbremszylinder, gepolstertes Armaturenbrett, zweistufige Scheibenwischer, Scheibenwaschanlage, Warnleuchte für die Feststellbremse, Sicherheitsgurte. Sämtliche Karosseriebleche wurden aus Rostschutzgründen aluminiert; die beste Rostvorsorge, die je ein Studebaker erhielt, und die bereits lange überfällig war – leider kamen nicht mehr allzu viele Kunden in den Genuß dieser Wertarbeit.

1966 verließen weniger als 9000 Fahrzeuge das „Emigrationswerk" in Kanada. Danach stellte man für immer die Produktion ein – ein trauriges Ende für Amerikas ältesten Fahrzeughersteller, der seine Laufbahn 1852 als Produzent von Güterwagen begann und 1902 mit dem Bau von Automobilen fortsetzte.

Technische Daten

Motor:	6 Zylinder in Reihe, hängende Ventile; **1964** 2780 ccm (76,2 × 101,6), 112 SAE-PS **1965–66** 3180 ccm (90,4 × 82,6), 120 SAE-PS; V8, hängende Ventile; **1964** 4248 ccm (90,4 × 82,6), 180/195 SAE-PS, 4737 ccm (90,4 × 92,2), 210–290 SAE-PS **1965–66** 4638 ccm (98,6 × 76,2), 195 SAE-PS
Getriebe:	3-Gang-Schaltgetriebe; auf Wunsch Overdrive oder Dreigangautomatik
Fahrwerk, vorn:	obere und untere Dreiecksquerlenker, Schraubenfedern
Fahrwerk, hinten:	Starrachse, Blattfedern
Bremsen:	vorn/hinten Trommelbremsen; auf Wunsch vorn Scheibenbremsen
Radstand (mm):	2870 **2tür.** 2769
Gewicht (kg):	1208–1614
Höchstgeschwindigkeit (km/h):	o. A.
Beschleunigung 0–96 km/h (s):	o. A.
Produktionszahlen:	**1964** 44 184 **1965** 19 435 **1966** 8947

Die 65er Studebaker (diese Seite, ganz oben und links) waren mit den 64ern fast identisch, wurden aber nicht mehr durch hauseigene Motoren angetrieben. Da die Motorenproduktion ebenfalls in South Bend, Indiana, erfolgte, blieb nach Schließung des Werkes nichts anderes übrig, als Fremdaggregate zu verwenden. Chevrolet lieferte 194 ci-Sechszylinder und 283 ci-V8. Die 66er-Modelle (oben und rechte Seite) wurden optisch überarbeitet, waren aber die letzten Studebaker, die überhaupt gebaut wurden.

BYU 836
Daytona

Studebaker

INDEX